CHROMATOGRAPHISCHE METHODEN IN DER PROTEIN-CHEMIE

EINSCHLIESSLICH VERWANDTER METHODEN WIE GEGENSTROMVERTEILUNG, PAPIER-IONOPHORESE

VON

FRITZ TURBA

PROFESSOR DR. RER. NAT.
ORGANISCH-CHEMISCHES UND PHARMAKOLOGISCHES INSTITUT
DER UNIVERSITÄT MAINZ

MIT 258 ABBILDUNGEN

SPRINGER-VERLAG BERLIN HEIDELBERG GMBH
1954

ISBN 978-3-662-27759-1   ISBN 978-3-662-29253-2 (eBook)
DOI 10.1007/978-3-662-29253-2

Vorwort.

Die vorliegende Monographie verdankt ihre Entstehung einer Anregung
Prof. E. ABDERHALDENS, der 1947 für die von ihm herausgegebene Zeitschrift
für Vitamin-, Hormon- und Fermentforschung ein Referat[1] über die Anwendung
chromatographischer Methoden in der Proteinchemie erbat. Die Resonanz, die
der Beitrag in weiten Fachkreisen weckte, bestätigte die Anschauung des Heraus-
gebers, daß eine Betrachtung des Problems unter dem vorgegebenen Gesichts-
winkel nutzbringend sein dürfte; es zeigte sich, daß sich dem Objekt der Darstellung, das noch wenige Jahre zuvor ein sehr spezielles Gebiet der Eiweiß-
chemie bildete, das allgemeine Interesse nicht allein der Chemiker, sondern vor
allem auch der Biologen und Mediziner in immer steigendem Maß zugewandt
hatte, so daß die zugrunde liegenden Methoden für viele unentbehrlich, ja nach-
gerade zu Routineverfahren geworden waren. Um der raschen Weiterentwicklung
der Forschung auf diesem Gebiet gerecht zu werden, war 1949 ein Nachtrag
geplant worden, doch ließ der Wettlauf zwischen Niederschrift und Zuwachs
an wichtiger Literatur bald erkennen, daß es mit einer Ergänzung nicht getan
sein konnte: so wurde das Manuskript neu verfaßt, dann aber im Verlauf der
folgenden Jahre zu wiederholten Malen völlig umgeschrieben. Seine vorliegende
Fassung konnte es erst erhalten, als die Entwicklung auf methodischem Gebiet
einen gewissen Abschluß erreicht und der Schwerpunkt der Forschung sich auf
die *Anwendung* der neu erarbeiteten Methoden auf die verschiedensten Probleme
der Proteinforschung verlagert hatte. Jetzt erst scheint eine Drucklegung angezeigt zu sein: denn der Bestand an *grundlegenden* Verfahren wird kaum noch
wesentlich erweitert werden, wobei neu hinzukommende die vorhandenen
Methoden als überholt erscheinen lassen könnten; der gewaltigen Vermehrung
des Umfangs der Literatur, die vielseitigen Anwendungen betreffend, Schritt
zu halten, ist dagegen weder beabsichtigt noch möglich.

Der Leitgedanke bei der Abfassung des Manuskriptes war der, eine solche
Auswahl zu treffen, daß für ein bestimmtes Problem durch Analogie eine Beurteilung der besten methodischen Möglichkeiten abzuleiten sein sollte. Darum
wurden die experimentellen Details der methodisch wertvollsten Arbeiten so
ausführlich zitiert, daß ein *Nacharbeiten ohne Einsicht der Originalstelle* möglich
wird. Wo immer angängig, wurde versucht, durch Abbildungen, graphische
Darstellungen oder Tabellen das Wesentliche anschaulicher, prägnanter und kürzer
zu fassen als durch umständliche Texte.

Eine Sammlung brauchbarer Vorschriften allein hätte indes die Grenzen
zu eng gezogen. Wenn diese Darstellung auch vor allem für das Laboratorium
gedacht ist, so konnte doch nicht auf eine kurze *Behandlung wichtiger theoretischer Zusammenhänge* verzichtet werden, soweit diese nämlich für den experimentell Arbeitenden zum Verständnis der Grundlagen und zur sinnvollen

---

[1] TURBA, F.: Z. Vitamin-, Hormon- u. Fermentforsch. 2, 49 (1948/49).

Abwandlung bei neu auftretenden Problemen von Interesse sind. Aus dem gleichen Grund wurde nicht nach Art eines Fortschrittberichtes verfahren, der nur die neuesten Arbeiten wiedergibt und auf zeitlich weiter zurückliegende einfach verzichtet; denn sehr oft erwachsen neue fruchtbare Erkenntnisse beim Aufgreifen älterer Befunde, wie das Beispiel der Wiederentdeckung der Adsorptionschromatographie (s. S. 1) oder der Papierionophorese[1] lehrt. In gleiche Richtung, nämlich auf die Entwicklung neuer Verfahren und ihre Anwendung auf neue Probleme zielt die *Diskussion* über Leistungsfähigkeit und Grenzen der einzelnen Verfahren, die sich an vielen Stellen an ihre Schilderung anschließt.

Der Grund, weshalb aus dem Gesamtgebiet der Chromatographie die Anwendung auf *Probleme der Proteinchemie* herausgehoben wird, liegt darin, daß diese Methode hier die bahnbrechendsten Erfolge zu verzeichnen hat. Seit den grundlegenden Arbeiten EMIL FISCHERS und seiner Schule kann die Anwendung chromatographischer Methoden ohne Übertreibung als der größte experimentelle Fortschritt auf dem chemischen Sektor der Eiweißforschung bezeichnet werden: so sehr hat die Leistungsfähigkeit dieser Verfahren die experimentellen Möglichkeiten auf diesem Gebiet erweitert und neue Erkenntnisse gezeitigt. Gleichzeitig machte diese Beschränkung ein wichtiges Auswahlprinzip für die darzustellenden Methoden möglich: die Erprobung der grundlegenden Verfahren im eigenen Labor des Autors. Daß es sich bei dem abgegrenzten Gebiet nicht um ein „Idyll" handelt, beweist einer der objektivsten zeitgenössischen Maßstäbe unserer Wissenschaft: die Verleihung des *Nobel*-Preises für Pionierleistungen auf dem chromatographischen Gebiet, im wesentlichen Arbeiten auf dem Proteingebiet betreffend (A. J. P. MARTIN und R. L. M. SYNGE, Nobelpreis für Chemie 1952; A. TISELIUS, Arbeiten auf elektrophoretischem und adsorptionsanalytischem Gebiet[2], Nobelpreis für Chemie 1948).

Die augenfälligsten Erfolge hat in den letzten Jahren die Papierchromatographie erzielt, die wegen ihrer Einfachheit Eingang in die meisten chemischen und biologischen Laboratorien fand. Waren mit ihrer Hilfe in vielen Fällen auch nur halbquantitative Resultate zu erzielen, so spielte diese Tatsache im Hinblick auf die weiten Perspektiven, die sich der Forschung mit dem neuen Werkzeug der Verteilungschromatographie erschlossen, zunächst keine entscheidende Rolle. In dem Maß allerdings, in dem die Ansprüche in quantitativer Hinsicht stiegen, gewannen die ursprünglichen Säulenverfahren wieder zunehmende Bedeutung. Hatte die Verteilungschromatographie eine Zeitlang fast völlig das Feld beherrscht, so traten neuerdings Ionenaustauschverfahren gleichberechtigt in den Vordergrund. Gegenstromverteilung und Ionophorese traten an ihre Seite. Bei der Lösung vieler praktischer Aufgaben sind diese Verfahren so miteinander verbunden und ineinander verflochten, daß ihre Trennung ein willkürliches und gewaltsames Vorgehen bedeutet hätte. Aber auch aus einem weiteren Grund war eine *gemeinsame Behandlung der verschiedenen chromatographischen Methoden* (Adsorptions-, Verteilungs-, Ionenaustausch-Chromatographie) *und verwandter Verfahren* erwünscht: die strenge Unterscheidung der zugrunde liegenden theoretischen Prinzipien ist nämlich nicht selten lediglich

---

[1] KLOBUSITZKY, P., u. P. KÖNIG: Arch. exper. Path. u. Pharmakol. **192**, 271 (1939).

[2] TISELIUS, A.: Electrophoresis and adsorption analysis as aids in investigation of large molecular weight substances an their breakdown products. Les Prix Nobel en 1948, p. 102.

ein akademisches Problem, während das Experiment alle Übergänge erkennen läßt. Auch hier wird der Experimentierende die größten Erfolge erzielen, der souverän alle gebotenen Möglichkeiten auszunutzen versteht. Es ist verständlich, daß die vorliegende Monographie unter diesem Gesichtspunkt nicht auf eine bestimmte Form der chromatographischen Versuchstechnik, etwa die Papierchromatographie, beschränkt bleiben durfte; auch existieren dafür bereits brauchbare Zusammenfassungen.

Nach dem Gesagten ergibt sich die *Einteilung des Stoffs* zwangsläufig in einen Allgemeinen Teil (Theoretische Grundlagen; Allgemeines über Apparatur, Ablauf des Versuchs, Nachweisverfahren usw., um im speziellen Teil Wiederholungen zu vermeiden) und einen Speziellen Teil mit einer Dreiteilung (Aminosäuren, Peptide und Proteine), wobei sich jeweils eine dreifache Unterteilung nach dem hauptsächlich wirksamen Prinzip (Adsorption, Verteilung, Ionenaustausch) meist durchführen ließ. Anschließend sind charakteristische Anwendungsbeispiele besprochen; eigene Kapitel sind dem besonders wichtigen Problem der Endgruppenbestimmung sowie Untersuchungen im Rahmen der biologischen Peptid- und Proteinsynthese vorbehalten. Der Anhang behandelt verwandte Verfahren: Gegenstromverteilung, Ionophorese in Trägern usw.

Zahlreiche Autoren haben mich hilfsbereit durch Überlassung von Sonderdrucken und Bildmaterial unterstützt. Ganz besonders habe ich folgenden Herren zu danken: A. A. Benson, R. J. Block, Th. Bücher, M. Calvin, C. E. Dent, M. S. Dunn, K. Felix, Cl. Fromageot, C. S. Hanes, H. Hellmann, G. Hesse, A. J. P. Martin, St. Moore, S. M. Partridge, R. R. Porter, M. Rohdewald, F. Sanger, G. Schramm, Ping Shu, H. Svensson, R. L. M. Synge, A. Tiselius, E. R. Tompkins, O. Westphal, Th. Wieland, H. Zahn und L. Zechmeister. Herrn Prof. E. Wicke danke ich für die Durchsicht der Kapitel 12 und 13 und für viele wertvolle Hinweise. Der Deutschen Forschungsgemeinschaft möchte ich auch an dieser Stelle für die Überlassung von Mitteln danken, die Untersuchungen möglich machten, die ihren Niederschlag an manchen Stellen dieser Monographie fanden.

Mein besonderer Dank gilt schließlich dem Verlag für sein großzügiges Eingehen auf alle Wünsche hinsichtlich der Ausstattung.

Mainz, im Januar 1953. F. Turba.

Inhaltsverzeichnis.

1. Allgemeiner Teil.

11. Einleitung:
Entwicklung chromatographischer Verfahren
in der Proteinchemie; Leistungsfähigkeit, Grenzen.

Nach der Wiederentdeckung der TSWETTschen[1] Methodik durch R. KUHN[2] und seine Schule hat es trotz der bedeutenden Erfolge, aus denen die überragende Selektivität derartiger Verfahren hervorging, noch lange gedauert, bis man Proteine und ihre Spaltprodukte in den Kreis der untersuchten Stoffe einschloß. Dabei bedurften gerade diese, in ihrem Verhalten nur allzu ähnlichen und darum schwer zu trennenden und zu reinigenden, häufig dazu hochempfindlichen Stoffe am dringendsten einer Bereicherung der methodischen Möglichkeiten, da man mit den „klassischen" Verfahren offensichtlich an einer selbst durch weitere Verfeinerung nicht mehr zu überschreitenden Grenze angekommen war. WILL-STÄTTER[3] hat auf die Bedeutung des Verfahrens im Zusammenhang mit seinen grundlegenden Untersuchungen über Enzymtrennungen wohl hingewiesen, doch ist die Chromatographie in seinen Laboratorien — von unveröffentlichten Vorversuchen[4] abgesehen — auf Eiweißstoffe und ihre Spaltprodukte (Peptide, Aminosäuren) nicht angewandt worden; wahrscheinlich schien es zur damaligen Zeit wichtiger, die quantitativen Verhältnisse bei jedem Adsorptions- und Elutionsschritt verfolgen zu können. Auch verstand man lange Zeit unter „Chromatographie" fast ausschließlich die Säulentrennung lipophiler Substanzen aus wasserfreien Lösungsmitteln; der Übergang zu wäßrigen Lösungen wurde als besonderer Fortschritt verzeichnet[5]. Nicht zum wenigsten mag auch die Einstellung mancher organischer Chemiker, die neben dem bisherigen Schatz der Kunstgriffe und Erfahrungen Neuerungen dieser Art als „nicht hoffähig" empfanden, einer rascheren Entwicklung entgegengestanden sein.

Nach verschiedenen Vorversuchen (Adsorption in der nicht-chromatographischen Ausführungsform) begannen 1939/40 unabhängig voneinander A. TISELIUS[6] und unser Prager Arbeitskreis[7] das Verhalten von Eiweißspaltprodukten in der chromatographischen Säule zu studieren; dabei beschäftigten sich die schwedischen Autoren vor allem mit den Gesetzmäßigkeiten der Additionsadsorption, während wir es mit p_H-abhängigen Austauschreaktionen zu tun hatten. Bald

---

[1] TSWETT, M.: Ber. dtsch. chem. Ges. **24**, 316 (1906).

[2] KUHN, R., u. E. LEDERER: Ber. dtsch. chem. Ges. **64**, 1349 (1931).

[3] WILLSTÄTTER, R.: Untersuchungen über Enzyme. Berlin: Springer 1928.

[4] Private Mitteilungen von E. WALDSCHMIDT-LEITZ (Versuche zur chromatographischen Reinigung der Peroxydase).

[5] KOSCHARA, W.: Ber. dtsch. chem. Ges. **67**, 761 (1934).

[6] TISELIUS, A.: Ark. kem., Mineral. Geol., Ser. B 14, 22 (1940).

[7] TURBA, F.: Ber. dtsch. chem. Ges. **74**, 1829 (1941). Vgl. WALDSCHMIDT-LEITZ, E., u. F. TURBA: J. prakt. Chem. **156**, 55 (1940).

Tabelle 1. *Auswahl chromatographischer und anderer Verfahren für verschiedene Beispiele.* Die Zahlen bedeuten die Reihenfolge der Anwendung der einzelnen Methoden; Arbeitsvorschriften finden sich im speziellen Teil.

	Isolierungsprozesse (Trennungsprozesse)							Nicht zur Isolierung führende Verfahren	
	Adsorptions-chromatographie	Ionophorese in Trägern	Ionenaustausch-chromatographie	Verteilungs-chromatographie an Stärke-, Papier-, Kieselgelsäulen	Papier-chromatographie	Gegenstrom-verteilung	Fällung	Mikro-biologisches Verfahren	Colorimetrisches Verfahren (für Aminosäuren mit char. Gruppen)
Aminosäureanalyse eines Proteinhydrolysats: qualitativ		(×)			×			(×)	(×)
halbquantitativ		(×)			×			(×)	(×)
quantitativ	(× aromat.)	× 1 (Trennung: bas.-neutral-sauer)	× 2,3	× 3,2	× 2 (mit Isotopenverdünnung)			×	× 4
Serienanalysen: eine oder wenige Aminosäuren					(×)			×	(×)
zahlreiche Aminosäuren					×			(×)	(×)
Aminosäuren in Naturstoffgemischen	× aromat.	× 1 (Hochspannungsionophorese)	× 2,3	× 3,2	× 4			(×)	
Mikropräparative Gewinnung von Aminosäuren (bis 100 mg) Präparative Gewinnung (mehrere Gramm)			× (Elutionsanalyse) × (Verdrängungsanalyse)	(× Papier)	(× zur Identifizierung der Fraktionen)	(×)	×*		
Substituierte Aminosäuren (z. B. bei Endgruppenbestimmung)	(×)	× (Zur Vorfraktionierung)	nicht untersucht	× (Vortrennung Kieselgel- od. Kieselgursäule)	× (Feinfraktionierung)				

Peptidtrennung: niedermolekulare Peptide, aus part. Hydrolysat	× aromat.	× 1 (Hochspannungsionophorese)	× 2,3	× 3,2	× 4	× (bei größeren Mengen)		
Höhermolekulare Peptide	× aromat.	× (Hochspannungsionophorese)	×	(×)	(×)	× (besonders bei lipophilen)		
Reinheitskontrolle synthetischer Peptide					×			
Aminosäureanalyse eines Peptidhydrolysats			(×)	(×)	×			(×)
Proteintrennung: Gemisch globulärer Proteine	(×)	× (110 V, feuchte Kammer)	(×)	(×)		(× nur bei stabilen, etwas lipophilen Proteinen)	×	
Gemisch globulärer und fibrillärer Proteine							×, und fraktionierte Extraktion	
Gemisch biologisch-aktiver Proteine (kleine Konzentrationen)	×	×	×	×	(×)	×		

* Empfehlenswert für *Arginin* (Fällung als Flavianat, eventuell als Benzylidenverbindung), *Cystin* (aus Keratin als schwer löslicher Niederschlag). *Glutaminsäure* (als Hydrochlorid), *Histidin* (aus Blut über die Quecksilberverbindung oder mittels 3,4-Dichlorbenzolsulfonsäure), *Lysin* (als Benzylidenkupfersalz), *Tryptophan* (als Quecksilberverbindung) und *Tyrosin* (als schwer löslicher Niederschlag). Weiter wurden isoliert: Alanin mittels Azobenzolsulfonsäure, Oxyprolin als Reineckat, Prolin als Rhodanilat, Phenylalanin mit 2,5-Dibrombenzolsulfonsäure und Serin mit p-Oxyazobenzolsulfonsäure [vgl. FRUTON, J. S.: Yale J. Biol. Med. **19**, 999 (1947)].

folgten Untersuchungen von TH. WIELAND[1] über Gruppentrennungen von Aminosäuren; etwas später schloß sich SCHRAMM[2] mit Arbeiten ähnlicher Problem-
stellung an. Inzwischen aber hatte das von MARTIN und SYNGE[3] 1941 erstmals
mitgeteilte geniale Verfahren der Verteilungschromatographie, namentlich in
der von CONSDEN, GORDON und MARTIN[4] 1944 angegebenen Form der Papierchromatographie mehr und mehr die gesamte Entwicklung auf diesem Gebiet
gewandelt: die ausgezeichnete Leistungsfähigkeit und nahezu generelle Anwendbarkeit ließ diese Verfahren in vielen Fällen als Methoden der Wahl erscheinen.
Mit ihrer Hilfe wurde es möglich, praktisch sämtliche in Proteinen vorkommenden
Aminosäuren qualitativ zu trennen; ihre quantitative Trennung wurde durch die
von MOORE und STEIN[5] angegebene Stärkesäulen-Chromatographie vervoll-
kommnet. Welchen Fortschritt diese Verfahren gegenüber den früheren von
E. FISCHER, DAKIN usw.[6] bedeuten, kann nur der voll ermessen, der selbst eine
Aminosäureanalyse nach jenen älteren Vorschriften durchgeführt hat: mehrere
hundert Arbeitsstunden mühsamer Operationen führten dabei unter erheblichen
Verlusten nur zu einer teilweisen Auftrennung; dagegen dauert eine vollständige
Analyse nach den modernen chromatographischen Methoden nur wenige Tage,
wobei der Vorgang automatisch abläuft, und das bei einem Substanzbedarf bis
herab zu einigen Milligramm Gesamtgemisch gegenüber etwa 100 g nach den
„klassischen" Verfahren. In wenigen Jahren wurden mit den verteilungschromatographischen Methoden mehr Peptide isoliert und strukturell aufgeklärt als in den
davor liegenden Jahrzehnten mit den älteren Verfahren. Ein besonderer Fortschritt, der gleichfalls auf verteilungschromatographischen Methoden fußt, war
ferner die Endgruppenbestimmung in Proteinen[7]; schon bahnt sich die Aufklärung
der gesamten Aminosäurefolge in bestimmten Proteinen an (SANGER[8]). In der
Zwischenzeit hatten aber auch die Ionenaustauschverfahren, gefördert durch die
Entwicklung synthetischer Austauscher auf Harzbasis, große Fortschritte
gemacht: so baute PARTRIDGE[9] die Verdrängungsanalyse an Austauschern zu
einem leistungsfähigen präparativen Weg zur Isolierung von Aminosäuren aus
Hydrolysaten aus, während MOORE und STEIN[10] in der Elutionsanalyse an Austauscherharzen eine analytische und mikropräparative Methode entwickelten,
die in mancher Hinsicht sogar der Verteilung an Stärkesäulen überlegen und in
Kombination mit ihr höchsten Ansprüchen genügend ist. Neuerdings hat die
Ionophorese in Trägern, besonders in Filterpapier, namentlich für Proteine[11]
entscheidende Vorteile gebracht; bei Verwendung hoher Spannungsgefälle[12]

---

[1] WIELAND, TH.: Hoppe Seylers Z. **273**, 24 (1942).
[2] SCHRAMM, G., u. J. PRIMOSIGH: Ber. dtsch. chem. Ges. **76**, 373 (1943).
[3] MARTIN, A. J. P., u. R. L. M. SYNGE: Biochemic. J. **35**, 1358 (1941).
[4] CONSDEN, R., A. H. GORDON u. A. J. P. MARTIN: Biochemic. J. **38**, 224 (1944).
[5] MOORE, S., u. W. H. STEIN: J. of Biol. Chem. **178**, 53 (1949).
[6] SCHMIDT, C. L. A.: The Chemistry of the amino acids and Proteins. Springfield u. Baltimore: Ch. Thomas 1944.
[7] SANGER, F.: Biochemic. J. **39**, 507 (1945).
[8] SANGER, F., u. H. TUPPY: Biochemic. J. **49**, 463 (1951).
[9] PARTRIDGE, S .M., u. G. WESTALL: Biochemic. J. **44**, 418 (1949).
[10] MOORE, S., u. W. H. STEIN: J. of Biol. Chem. **192**, 663 (1951).
[11] TURBA, F., u. H. J. ENENKEL: Naturwiss. **37**, 93 (1950). — DURRUM, E. L.: J. Amer.
Chem. Soc. **72**, 2943 (1950).
[12] MICHL, H.: Mh. Chem. **82**, 489 (1951).

haben sich in jüngster Zeit aussichtsreiche Perspektiven für die Trennung von Peptiden ergeben, wobei die ionophoretischen die chromatographischen Methoden aufs glücklichste ergänzen.

Charakteristisch für chromatographische Verfahren ist die kleine Beladungsdichte des Säulenfüllmaterials; Ausnahmen gibt es vor allem bei der Verdrängungsentwicklung an wirksamen Austauschern (Substanz: Säulenmaterial 1:6). Bei der Untersuchung kostbarer, z. B. hochgereinigter oder schwer zugänglicher Präparate ist es ein entscheidender Vorteil, daß man mit kleinsten Mengen ausreichen und diese sehr gut handhaben kann. Die Lösungen sollen nicht zu verdünnt sein und sind gegebenenfalls anzureichern; nur bei Ionenaustauschprozessen können auch verdünnteste Lösungen Anwendung finden. Arbeitet man im Elutionsverfahren, so kommt man leicht zu sehr großen Eluatvolumina; trotzdem also die Übertragung der Laboratoriumsverfahren in den groß-präparativen Maßstab (namentlich mit den neuen Austauscherharzen[1]) durchaus möglich ist, setzt die Handhabung derartiger Volumina, ihre Konzentrierung usw. gewisse Schranken. Leistungsfähigkeit und Grenzen der chromatographischen Verfahren und ihre Stellung innerhalb anderer Methoden gehen aus dem Schema (Tabelle 1) hervor, das für eine Reihe wichtiger Beispiele den empfehlenswertesten Weg angibt.

Neutralsalze, die in großem Überschuß vorliegen, stellen das einzig wirklich ernste Hemmnis für chromatographische Verfahren (für verteilungschromatographische mehr noch als für solche auf Austauscherbasis) dar; man sollte die Mühe der Beseitigung an dieser Stelle nicht scheuen.

Ist *eine* Komponente eines Gemisches in extrem kleiner Konzentration enthalten, so wird meist eine Vor-Anreicherung notwendig sein. Je kleiner nämlich die Konzentration, um so stärker ist die Tendenz der chromatographischen Zone zur „Schwanz"-Bildung; es hängt also von der Art und Konzentration der nächstfolgenden Zonen ab, wie weit eine „Überlappung" zustande kommt. Solange die „schwache" Zone noch chemisch nachweisbar ist, kann man gewöhnlich zumindest einen Teil von ihr abtrennen; handelt es sich aber um Spuren, die nur durch Markierung mit Isotopen zu fassen sind, dann kann es zur völligen Verschmierung kommen; biologisch wirksame Peptide z. B. scheinen darum oft von folgenden Zonen hoher Konzentration „adsorbiert", während sie sich nach Anreicherung unter gleichen Versuchsbedingungen glatt abtrennen lassen!

12. Theoretische Grundlagen:
Begriff der Chromatographie;
Zusammenhänge zwischen Konstitution
und Chromatogramm.

Zur Trennung von Substanzen, die ursprünglich in der gleichen Phase vorhanden sind, gibt es grundsätzlich zwei mögliche Verfahrenstypen: Verteilung zwischen zwei verschiedenen Phasen, oder Trennung durch Diffusionsmethoden unter dem Einfluß von Druck-, Temperatur-, Konzentrationsgradienten usw.,

---

[1] Vgl. die Anordnung beweglicher Harzaustauscherböden für den kontinuierlichen Durchsatz großer Mengen: N. K. HEISTER, U. S. Atomic Energy-Commission, C 00—41 (März 1951).

Tabelle 2. *Kombination reversibler Systeme auf chromatographischer Grundlage*
[vgl. J. E. Meinhard, Science **110**, 387 (1949)].

Primäre Art der Reaktion	Typus der konkurrierenden Wechselwirkung		Beispiele
	in der beweglichen Phase	in der stabilen Phase	
Ionisch (Löslichkeitsprodukt, Instabilitätskonstante)	Ionen	Ionen	Ionenaustausch (vgl. S. 18)
	Komplexe	Ionen	Ionenaustausch, seltene Erden an gepufferten Citratsäulen
	Ionen	Komplexe	Anorganische Chromatographie, Kationen an 8-Oxychinolinsäulen
	Komplexe	Komplexe	(Citratkomplexe an 8-Oxychinolinsäulen)
	Ionen	Dispersion[1]	Fraktionierte Zersetzung: Fällung von Kationen als kolloider Niederschlag
	Komplexe	Dispersion	Fraktionierte Zersetzung: Fällung von Komplexen nach Zersetzung als kolloider Niederschlag
	Dispersion	Dispersion	Adsorption löslicher Proteine an unlöslichen Proteinstrukturen
	Ionen	Assoziation[2]	(Elektrokinetische Effekte bei sehr kleinen Konzentrationen)
	Dispersion	Ionen	Proteine an Ionenaustauschern; Zerlegung schwer löslicher Niederschläge an Ionenaustauschern
	Dispersion	Komplexe	Schwer lösliche Metallsalze an 8-Oxychinolinsäulen
Nicht-ionisch (Wasserstoffbindung, Dipol, induzierter Dipol, Geometrie des Moleküls, Verteilungskoeffizient)	Assoziation	Assoziation	Additionsadsorption[3] (vgl. S. 13), Verteilungschromatographie (S. 10)
	Assoziation	Dispersion	(Katalytischer Effekt des Adsorbens, der zur (reversiblen) Polymerisation des gelösten Stoffes führt)
	Assoziation	Ionen	Fettsäuren in Chloroform durch Verteilung an Kieselgelsäulen
	Assoziation	Komplexe	(Trennung von aromatischen Kohlenwasserstoffen an Pikrinsäure, Wasserausschluß)
	Komplexe	Assoziation	Dithizonate von Metallen an Aluminiumoxyd aus organischen Lösungsmitteln
	Dispersion	Assoziation	Trennung submikroskopischer Partikel (S. 304); Aussalzungschromatographie (S. 302)

in Zentrifugal-, elektrischen oder magnetischen Feldern; außerdem kann man durch chemische Methoden die physikalischen Eigenschaften der zu trennenden Stoffe so ändern, daß die Leistungsfähigkeit dieser beiden grundlegenden Verfahren gesteigert wird[4]. Besonders in den letzten Jahren haben Verfahren steigende Bedeutung erlangt, in denen die Einstellung eines Gleichgewichts zwischen den Phasen „im Gegenstrom" oft wiederholt wird, so daß ein kleiner Anreicherungsfaktor dennoch zu guten Trennungen führt. (Destillation über Kolonnen, Gegen-

[1] *Dispersion.* Reversible Wechselwirkung zwischen zwei gelösten Stoffen oder den gelösten Stoffen und dem Lösungsmittel, die zu einer molekularen Species verringerter Assoziation mit dem Lösungsmittel führt (Aggregation der Partikel zu einem Kolloidteilchen oder Niederschlag); z. B. Dispersion von Proteinteilchen.

[2] *Assoziation.* Gegenseitige Anziehung zwischen gelöstem Partikel und einer anderen Substanz (in der flüssigen oder festen Phase oder in beiden), oder zwischen zwei Partikeln der gleichen Species, die nicht zu fixierten Bindungen führt.

[3] Auch bei den üblichen Adsorbentien können Moleküle der flüssigen Phase bis zu einer Tiefe von mehreren Hundert Molekülen eindringen und so eine Art Verteilung veranlassen.

[4] Martin, A. J. P.: Biochem. Soc. Symposia **3**, 4 (1950).

stromverteilung nach CRAIG, Thermodiffusion im Trennrohr nach CLUSIUS, Elektrophoresekonvektion nach KIRKWOOD, Adsorptions-, Ionenaustausch- und Verteilungschromatographie). Über verschiedene Kombinationen reversibler Systeme auf chromatographischer Grundlage vgl. MEINHARD, Tabelle 2. Eigenartigerweise existiert ein solches „Gegenstromverfahren" für die fraktionierte Kristallisation noch nicht (vgl. aber S. 351).

Als Chromatographie bezeichnet man heute allgemein ein Verfahren, bei dem eine Lösung zu trennender Stoffe eine feste (unlösliche) Substanz, die in mehr oder weniger fein verteilter (gekörnter, gepulverter) Form vorliegt, in einer

Tabelle 3. *Nomenklatur bei chromatographischen Techniken* (zum Teil nach H. H. STRAIN).
(Mehrfach ohne Berücksichtigung des Mechanismus des chromatographischen Vorgangs.)

Apparative Anordnung	Benennung des Verfahrens.
Rohr mit festem Material	Adsorptions-, Verteilungs-, Ionenaustausch-Chromatographie, Säulentechnik
Rohr mit Elektroden	Säulenchromatographie/Ionophorese; Elektrochromatographie, Säulentechnik
Flache Streifen (Adsorbens + Stärkekleister) auf Glasplatten	Chromatostripverfahren; Streifenchromatographie[1]
Freitragender Stab aus adsorptionsfähigem Material (Gips + Kieselgel, Aluminiumoxyd, Bleicherden usw.)	Chromatobarverfahren; Stabchromatographie[2]
Einzelner Papierstreifen	eindimensionale Papierchromatographie
Einzelner Papierstreifen + Elektroden	Papierchromatographie/Ionophorese; Elektrochromatographie, Filterpapiertechnik[3]
Einzelner Papierbogen	zweidimensionale Papierchromatographie
Runde Papierfilter	Rundfilterchromatographie
Filterpapier bzw. Säulenmaterial imprägniert mit wasserabstoßendem (lipophilem) Überzug	Verteilungschromatographie mit verkehrten Phasen, reversed partition chromatography; Säulen- bzw. Filterpapiertechnik
Papier imprägniert mit Adsorbentien	Adsorptions-Papierchromatographie
Papier imprägniert mit Ionenaustauschern	Ionenaustausch-Papierchromatographie
Filterpapier bzw. Säulenmaterial imprägniert mit chemisch reaktivem Material	Chemochromatographie
Paket aus Filterpapieren	Chromatopackverfahren; Filterpaket-Chromatographie
Säule aus Rundfiltern	Chromatopileverfahren (Rundfiltersäulen-Chromatographie)

bestimmten Richtung durchströmt, wobei die einzelnen Komponenten, gleichgültig durch welchen Mechanismus (Adsorption, Ionenaustausch, Verteilung) selektiv verzögert werden. Als allgemeinste Formulierung kann nach STRAIN[4] die unterschiedliche, gerichtete Wanderung der zu trennenden Stoffe durch ein mehr-, meist zweiphasiges System unter Ausbildung *reversibler* Gleichgewichte gelten. Eine Übersicht der gebräuchlichsten chromatographischen Systeme gibt Tabelle 3. Abb. 1 zeigt schematisch das Verhalten von Molekülen (bzw. Ionen) bei der Verteilung, Adsorption und beim Ionenaustausch an einem Partikel des Adsorbens (Trägers), bzw. Austauschergels und die zugehörigen Isothermen (nach H. H. STRAIN).

---

[1] Vgl. dazu die „Oberflächenchromatographie" (in dünnen Schichten gepulverten Adsorptionsmittels), die aber nur für Vorversuche in Frage kommt.

[2] MILLER, J. M., u. J. G. KIRCHNER: Analyt. Chem. **23**, 428 (1951).

[3] Zum Unterschied von der Papierionophorese bzw. -elektrophorese.

[4] STRAIN, H. H.: Analyt. Chem. **23**, 26 (1951).

Neben Austausch-, Adsorptions- und Verteilungschromatographie (speziell ein- bzw.
zweidimensionale Papierchromatographie) (Papyrographie) treten als weitere Termini:
„Aussalzchromatographie" und „Elektrochromatographie" (chromatographische Trennung
in einem elektrischen Feld). Der nicht besonders glücklich gewählte Ausdruck Oberflächenchromatographie bezieht sich auf die Adsorption an dünnen Filmen des Adsorbens[1]. H. H.
STRAIN befürwortet den Ausdruck „Eographie" an Stelle der Bezeichnung „Chromatographische Adsorptionsanalyse" (TSWETT-Analyse), da sich die Methode nicht mehr bevorzugt auf gefärbte Substanzen bezieht. Das Auseinanderziehen des ursprünglich einheitlichen
Adsorbats in die einzelnen „Zonen" oder „Banden" (meist durch Nachwaschen mit Lösungsmittel) wird als „Entwickeln" bezeichnet; doch dient der gleiche Ausdruck in Analogie zur

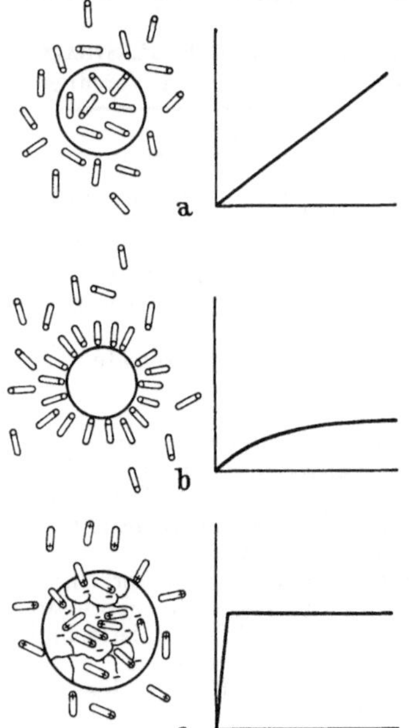

Abb. 1a—c. *Schematische Darstellung* a der Verteilung polarer
Moleküle zwischen 1 Tropfen der stationären und beweglichen
Flüssigkeitsphase *(Verteilungschromatographie)*, b der orientierten
Anlagerung polarer Moleküle an die undurchlässige polare Oberfläche
eines Adsorbenspartikels aus der beweglichen Flüssigkeitsphase
(Adsorptionschromatographie), c der Verteilung ionisierter Moleküle
zwischen einem Austauschergelpartikel und der beweglichen
Flüssigkeitsphase *(Ionenaustauschchromatographie)*. [Darstellung
nach H. H. STRAIN, Analyt. Chem. **23**, 26 (1951).]

Neben der Darstellung des jeweiligen Vorgangs die zugehörigen
Isothermen (Abszisse: Konzentration an der festen Phase, Ordinate:
Konzentration der flüssigen Phase). Während die Isotherme bei der
Verteilung über einen weiten Konzentrationsbereich linear verläuft
(die Zonen bleiben engbegrenzt und scharf), ist die Adsorptionsisotherme gegen die Sättigungskonzentration hin gekrümmt (als
Folge davon sind die Zonenrückfronten [bzw. bei konkaver Isothermenform die Vorderfronten] verschmiert und es kommt zum
Auftreten von „Schwänzen", sog. „tails", da die zurückbleibenden
Anteile infolge geringerer Konzentration relativ stärker adsorbiert werden als die voraneilenden [und vice versa für die
letztere Isothermenform]). Die Isotherme beim Ionenaustausch-
vorgang ähnelt der Adsorptionsisotherme im steilen Anfangsteil,
geht aber mit mehr oder minder scharfem Knick in den Sätti-
gungsast über; der Wegfall des gekrümmten Anteils bedingt ein
stärker ausgeprägtes Scharfbleiben der Zonen bei der Wanderung
durch die Säule. Die Darstellung ist schematisiert, es existieren
Übergangsformen.

Sichtbarmachung eines photographischen Bildes namentlich im Fall des Papierchromatogramms zur Farbbildung ungefärbter Substanzen mit Hilfe geeigneter Reagentien (etwa
Ninhydrin für α-Aminosäuren).

Die Adsorptionschromatographie, die von M. TSWETT entwickelte klassische
Ausführungsform, setzt der quantitativen theoretischen Behandlung große
Schwierigkeiten entgegen. Übersichtlicher liegen die Verhältnisse bei der Verteilungschromatographie (MARTIN und SYNGE). Diese Bezeichnung (LESTER
SMITH) wurde ursprünglich für die Methode geprägt, nach welcher Acetyl-
Aminosäuren zwischen Wasser, das an Kieselgelsäulen gebunden ist, und einem
nicht wassermischbaren organischen Lösungsmittel, das diese Säulen durchströmt, verteilt und so voneinander getrennt werden. In diesem Fall, der den
einen Grenzfall der Verteilungschromatographie darstellt, handelt es sich überwiegend um eine einfache Verteilung der zu trennenden Substanzen zwischen
zwei nicht mischbaren Phasen, von denen die eine (Wasser) unbeweglich und an
einen weitgehend inerten Träger gebunden ist. Für ideale Lösungen, die dem

---

[1] Ein Grenzfall ist die „Filtrationstechnik" genannte Anreicherung einer oder mehrerer
Substanzen aus stark verdünnten Lösungen mittels Filtration durch eine kleine Menge
hochaktiven Materials (z. B. eines Ionenaustauschers).

ROULTschen Gesetz gehorchen, gilt:

$$\ln \alpha = \frac{\Delta \mu_A}{RT}$$

(α Verteilungskoeffizient, $\Delta \mu_A = \mu_A^{S_0} - \mu_A^{B_0}$, worin $\mu_A^{S_0}$ das chemische Potential der Substanz A in einem definierten Standardzustand in der stabilen, $\mu_A^{B_0}$ in der beweglichen Phase darstellt). Setzt man in erster Näherung das Potential des Moleküls A als Summe der Potentialdifferenzen

$$\Delta \mu_A = d\,\Delta \mu_{CH_2} + e\,\Delta \mu_{OOO^-} + f\,\Delta \mu_{NH_3^+} + g\,\Delta \mu_{OH} + \cdots,$$

so folgt für zwei Substanzen A und B (wobei B zusätzlich eine Gruppe X enthält)

$$\ln \alpha_B = \frac{\Delta \mu_B}{RT} + \frac{\Delta \mu_X}{RT}, \quad \text{und} \quad \ln \left(\frac{\alpha_B}{\alpha_A} \right) = \frac{\Delta \mu_X}{RT},$$

d. h. das Hinzutreten der Gruppe X ändert den Verteilungskoeffizienten um einen Faktor, der nur von der Art dieser Gruppe, nicht aber vom Rest des Moleküls abhängt. Das führt zur überraschenden Folgerung, daß bei einer Substitution durch große Radikale in den Derivaten die Unterschiede hinsichtlich der Verteilung und damit der Trennbarkeit *nicht* „verwischt" werden, vorausgesetzt, daß das gleiche Paar von Lösungsmitteln benutzt werden kann und dabei annehmbare Verteilungskoeffizienten erreicht werden. Für zwei Aminosäuren A und B und für das Peptid AB ist zu folgern, daß das Produkt der Verteilungskoeffizienten für A und B geteilt durch den Verteilungskoeffizienten für AB für ein bestimmtes Lösungsmittelpaar konstant ist:

$$RT \ln \left(\frac{\alpha_A \, \alpha_B}{\alpha_{AB}} \right) = \Delta \mu_{NH_3^+} + \Delta \mu_{COO^-} - \Delta \mu_{CONH}.$$

Ein Peptid AB sollte den gleichen Wert wie das Peptid BA haben, und tatsächlich sind für einen weiten Bereich der Verteilungskoeffizienten in verschiedenen Lösungsmittelpaaren Unterschiede von höchstens 30% bei solchen Isomeren beobachtet worden (vgl. ferner S. 218).

Ausnahmen erklären sich aus dem Einfluß des restlichen Moleküls auf die betrachtete Gruppe (alkoholisches Hydroxyl: Phenol), und ferner aus sterischen Gründen, wenn die Energie der Anlagerung des gelösten Stoffes an die Moleküle des Lösungsmittels unter der errechneten Summe für die einzelnen chemischen Gruppen der betreffenden Verbindung bleibt (so ist bei langen Ketten $\Delta \mu_{CH_2}$ kleiner als bei kurzen, offenbar infolge einer Knäuelung der Kette). Ein extremer Fall ist die Trennung von optischen Antipoden aus optisch aktiven Lösungsmitteln. Im Fall von Adsorption der gelösten Stoffe (s. u.) an die Träger der unbeweglichen Phase (z. B. durch Wasserstoffbindung an die Hydroxylgruppen von Stärke, Cellulose usw.) sind Abweichungen von den errechneten Verteilungskoeffizienten zu erwarten. Die Trennung von Isomeren kann hierbei, da nur eine Seite des gelösten Stoffes mit dem Trägeradsorbens in Berührung kommt, besonders begünstigt sein.

Zur Aufklärung des Zusammenhangs zwischen Konstitution der zu trennenden Substanzen und dem Verteilungschromatogramm ist es nach den obigen Gleichungen notwendig, die Änderung der freien Energie ΔF für die Überführung der verschiedenen Gruppen aus der einen Lösungsmittelphase in die andere für das untersuchte Lösungsmittelpaar zu bestimmen (vgl. dazu COHN und EDSALL)[1]. Bei strukturell nahe verwandten Verbindungen, deren chemische Potentiale $\Delta\mu$ wenig verschieden sind, sollte ein Lösungsmittelpaar Erfolg versprechen, das von der kritischen Mischbarkeitsgrenze möglichst weit entfernt ist (z. B. Cyclohexan/Wasser), doch wird durch Unlöslichkeit der Substanzen in der einen Phase, bzw. durch extreme Werte der R_F eine Grenze gesetzt.

Die Größe R, bzw. R_F und R_L[2] bei chromatographischen Untersuchungen bezeichnet das Verhältnis der Wanderung des gelösten Stoffes zur Wanderung des Lösungsmittels (GOPPELSROEDER), vgl. Abb. 2. Aus den Isothermen für Additionsadsorption, Ionenaustausch und Verteilung folgt für die ersten beiden Fälle eine Zunahme der R-Werte für steigende Konzentrationen des gelösten Stoffes (eine Tatsache, die unter Umständen zum Nachziehen der Rückfront der Zone führt, vgl. S. 25), während im Fall der Verteilung die R-Werte über einen weiten Konzentrationsbereich konstant bleiben. Wird das Adsorbens durch eine nicht adsorbierende Filterhilfe „verdünnt", so wird der R-Wert für die Verteilung um einen konstanten Betrag vergrößert, während die Änderung der R-Werte für Adsorption und Ionenaustausch mit der Konzentration stärker wird (vgl. Abb. 3).

In den meisten praktischen Fällen wird der Wert der $\Delta\mu$ kleiner sein als in dem obengenannten Fall, da zur Erzielung brauchbarer R_F-Werte die Zusammensetzung der Phasen nahe der Mischungsgrenze gewählt werden muß (so ist z. B. Collidin/Wasser temperaturempfindlich, d. h. nahe der kritischen Mischungstemperatur, in etwas geringerem Maß auch Phenol/Wasser).

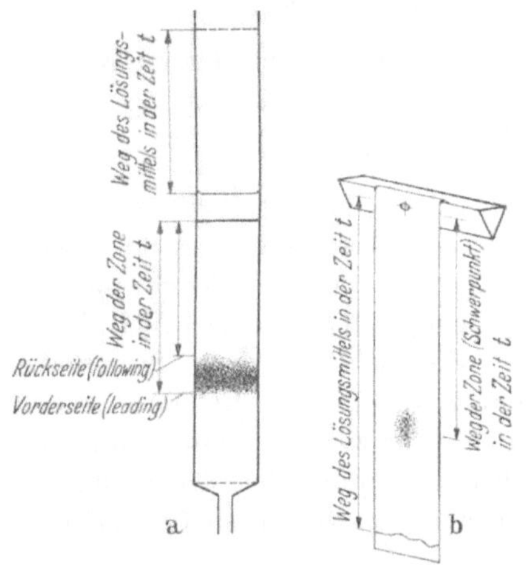

Abb. 2 a u. b. *Schematische Veranschaulichung des R-Wertes, a bei der Säulen-, b bei der Papierchromatographie.*

$$R = \frac{\text{Weg der Zone in der Zeit } t}{\text{Weg des Lösungsmittels in der Zeit } t} \quad (0 < R < 1).$$

Je nachdem, ob man (im Säulenchromatogramm) den Weg für den unteren, meist schärferen, oder für den oberen Zonenrand mißt, erhält man den R_L-, bzw. R_F-Wert (leading, bzw. following). Bei der Papierchromatographie wird aber häufig unter R_F der R-Wert für den Zonenschwerpunkt (Ort größter Konzentration) verstanden (dann: „ratio of front"). Gleichzeitige Angabe von R_F und R_L ist für die Beurteilung der Zonenbreite und damit für die Erfolgsaussichten von Trennungen aufschlußreich.

Umgekehrt lassen sich aus bekannten R_F-Werten (s. z. B. CONSDEN, GORDON, MARTIN), die ΔF-Werte ungefähr abschätzen.

Maßgebend für den *Verteilungskoeffizienten* α sind VAN DER WAALS*sche Kräfte, Wasserstoffbindungen* (PAULING) und *Ionenbindungen* zwischen den Molekülen

---

[1] COHN, E., u. J. T. EDSALL: Proteins, Amino acids and Peptides. New York: Rheinhold Publishing Corp. 1943.

[2] Gelegentlich wird der Ausdruck $R_M = \log(1/R_F - 1)$ verwandt [BATE-SMITH u. G. WESTALL, Biochim. et Biophysica Acta 4, 427 (1950)], der eine einfache Funktion der Temperatur und der relativen Volumina der Flüssigkeitsphasen darstellt. Vgl. dazu die Ableitung nach A. J. P. MARTIN, S. 21ff. In einer homologen Reihe folgt ein geradliniger Zusammenhang zwischen R_M und der Zahl ähnlicher Gruppen. Vgl. ferner die von PARDEE für die R_F-Werte von Peptiden entwickelten Formeln (S. 221). Nach F. A. ISHERWOOD und M. A. JERMIN [Biochemic. J. 48, 515 (1951)] ergibt die Darstellung der Abhängigkeit der Größe R_M von $-\log N$ (N = Molenbruch des Wassers im Solvens) eine gerade Linie (für Zucker).

der Lösungsmittel und der zu verteilenden Substanzen. Die VAN DER WAALS-schen Kräfte zeigen eine gewisse Spezifität: ähnlich wie bei der fraktionierten Kristallisation kann als Faustregel das „similia similibus" gelten (Benzol begünstigt Aromaten gegenüber Cyclohexan, Butylalkohol Aliphaten gegenüber Benzylalkohol). Wasserstoffbindungen sind im allgemeinen fester als VAN DER WAALSsche Kräfte. Dabei ist z. B. Phenol ein Protonendonator, Collidin ein Protonenacceptor, Wasser beides. Daher hat eine NH_3^+-Gruppe wenig Einfluß auf die Verteilung in Phenol/Wasser, verschiebt aber die Verteilung in Collidin/Wasser zugunsten des Wassers (die Diaminosäuren Arginin, Lysin und Histidin wandern mit Phenol im Papierchromatogramm wesentlich schneller als mit Collidin); entsprechendes gilt vice versa für den Einfluß einer Hydroxylgruppe; in der Carboxylgruppe überwiegt der protonenliefernde Charakter der Hydroxylgruppe den protonenaufnehmenden des Carbonyls. Daß in Butanol/Wasser Prolin stärker in der (stabilen) wäßrigen Phase gehalten wird als Valin, während in Phenol/Wasser das Umgekehrte gilt, erklärt sich daraus, daß die Prolin-Iminogruppe ein stärkerer Protonenacceptor als die Valin-Aminogruppe, Phenol ein stärkerer Protonendonator als Butanol ist. Ionenbindungen schließlich sind stärker als Wasserstoffbindungen. Da die Verteilung ionisierter Stoffe aus den meisten Lösungsmittelpaaren ganz auf seiten der stärker polaren Phase liegt, ist in

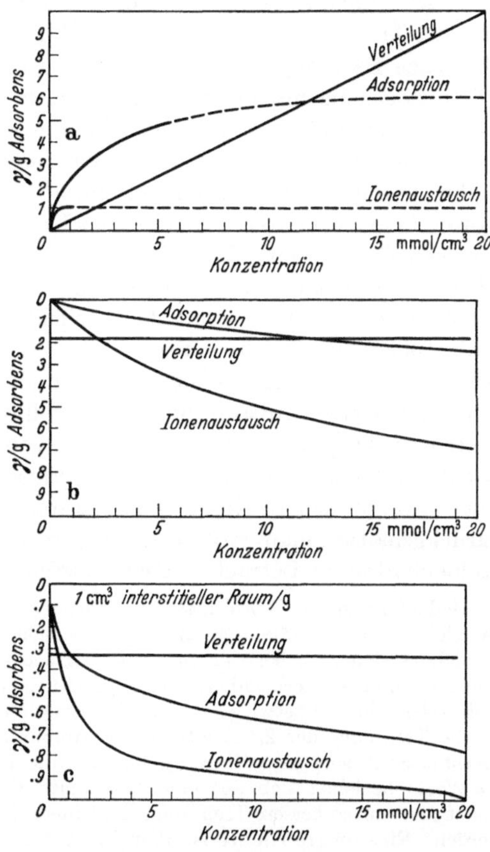

Abb. 3a—c. *Änderung der R_F-Werte* (in Abhängigkeit von der Konzentration in der beweglichen Phase) *bei Verteilung, Adsorption und Ionenaustausch bei „Verdünnung" des Säulenmaterials durch ein inertes Filterhilfsmittel.* a Isothermen; b R_F-Werte vor, c nach dem „Verdünnen".

diesem Fall der Anreicherungsfaktor von Substanzen mit verschiedenen p_K-Werten eine Funktion des p_H. Das erklärt die ausgezeichnete Trennwirkung in Chromatogrammen mit Puffern als stabiler Phase.

Als bewegliche Phase sind vielfach mit Erfolg Lösungsmittel und Gemische von diesen benutzt worden, die mit der stabilen Phase mischbar waren. In diesem anderen Grenzfall wird man nicht ohne weiteres von einer echten Verteilung sprechen können. Beim Zustandekommen der Trennung können Aussalzeffekte (ARDEN), selektive Extraktion (HANES und ISHERWOOD), Adsorption an dem Träger sowie Ausbildung von Bindungen zwischen gelöstem Stoff und Träger, z. B. Wasserstoffbindungen mit Hydroxylgruppen von Cellulose oder Stärke mitwirken. Nach A. J. P. MARTIN[1] sind Chromatogramme an Säulen beliebigen Materials, das mit dem Lösungsmittel gequollen ist (also z.B. auch Austauschharze) als Verteilungschromatogramme anzusehen. Danach ist die „Verteilung" aus wassermischbaren Lösungsmitteln z.B. an Stärkesäulen in folgender Weise zu deuten: nur etwa 6% des Wassers sind chemisch gebunden; der Rest ist in einer amorphen Zone konzentriert, in der sich die hydratisierten Celluloseketten in einer Art „beginnender" Lösung befinden (eine vollständige Lösung wird durch ihre enge Packung innerhalb unhydratisierter kristalliner Regionen verhindert). Diese Zone, die mit einer konzentrierten Glucoselösung vergleichbar ist, bildet zwei Phasen auch mit wassermischbaren Lösungsmitteln (z.B. Propanol), wobei die kohlenhydratreiche Phase relativ mehr Wasser, die andere Phase relativ mehr organisches Lösungsmittel enthält. Langkettige Monoamino-monocarbonsäuren lösen sich entsprechend in der Kohlenhydratzone weniger gut als die kurzkettigen Homologen. Eine Verzögerung der Wanderung der Substanzen gegenüber der Flüssigkeitsfront wäre danach kein unbedingtes Anzeichen für Adsorption; denn selbst wenn die Löslichkeit in der wäßrigen und der Kohlenhydratphase die gleiche wäre, würden die Substanzen je nach dem Verhältnis der Querschnitte für die bewegliche und die stabile Phase doch verlangsamt. Natürlich können Adsorption und Verteilung im gleichen System nebeneinander bestehen; Tryptophan z.B., das auch von Kohle stark adsorbiert wird, dürfte auch von der Stärke- bzw. Cellulosesäule adsorptiv festgehalten werden. Anderseits wird hier das an Kohle ebenfalls stark adsorbierte Acetyl-Tryptophan wenig zurückgehalten: man wird also eine spezifische Wechselwirkung mit dem gelösten Kohlenhydrat in Betracht ziehen müssen.

Jedenfalls ist die *Grenze zwischen Verteilung und Adsorption* in vielen Fällen nicht scharf zu ziehen. Um eindeutige Adsorptionserscheinungen in Verteilungschromatogrammen handelt es sich z.B. bei der Bindung von acetylierten Aminosäuren aus Chloroform oder Cyclohexan an wasserbeladenen Kieselgelsäulen, wo erst ein Zusatz von Alkohol als Eluens mehr oder minder überwiegend Verteilungsverhältnisse herstellt. Nach PORTER und SANGER ist die Trennung der 2,4-Dinitrophenyl-Aminosäuren durch Verteilung an Kieselgel einer bestimmten Adsorptionsaffinität gebunden; die absoluten (und zum Teil auch die relativen) R_F-Werte beziehen sich auf eine bestimmte Kieselgelsorte (TRISTRAM). Im allgemeinen findet man um so bessere Trennung, je kleinere R_F-Werte mit dem betreffenden Gel erhalten werden. Eine untere Grenze ist aber durch das Überwiegen der Adsorption („tailing", d.h. Nachziehen einer langen Zonenrückfront) gegeben. Die Trennung von Substanzen im Papierchromatogramm kann im wesentlichen von der Verteilung von Ionenaustausch- oder Oberflächenadsorptionsvorgängen abhängen; sowohl Papier- wie auch Kieselgelsäulen können mit Ionenaustauschern, Adsorbentien und chemischen Reagentien (Komplexbildnern) imprägniert werden, um optimale Wirkung zu erreichen. Vorwiegend um Adsorptionsvorgänge handelt es sich wohl bei der Papierchromatographie von Proteinen aus wäßrigen Lösungen, Puffern usw. Daneben und nicht scharf von ihnen zu trennen dürften Fällungsvorgänge (Aussalzen) dabei beteiligt sein (TISELIUS). Die Form der Proteinmolekel spielt eine wichtige Rolle: stark asymmetrische Moleküle wie Fibrin, Actomyosin, Myosin und Actin werden stark festgehalten (TURBA). Eine besonders wichtige Rolle spielen diese Tatsachen bei der Papierelektrophorese von Proteinen (vgl. S. 330).

Besonders aufschlußreich ist für die Frage, inwieweit bei der Verteilungschromatographie neben Verteilungsvorgängen noch andere Faktoren mitwirken, der Vergleich mit dem Ausschüttelungsverfahren („counter-current distribution") nach CRAIG (vgl. S. 310).

---

[1] MARTIN, A. J. P.: Annual. Rev. Biochem. **19**, 520 (1950).

Für einen guten Trennungseffekt (Auflösung in die beteiligten Komponenten des Gemisches) ist im Fall der Verteilungschromatographie einheitliche Packung der Säule, langsame Flußgeschwindigkeit des Lösungsmittels und Versuchsbedingungen, unter denen sich die Isothermen relativ linear verhalten, notwendig; das entspricht einheitlicher mechanischer Übertragung der Fraktionen, Erreichen des Gleichgewichts vor jeder Übertragung und konstante Verteilungskoeffizienten im Fall des Ausschüttelungsverfahrens. Nun zeigt es sich bei stufenweiser Durchführung der Ausschüttelung, daß ein gelegentlicher Fehler von 15—20% bei der Übertragung der oberen (oder unteren) Phase in der endgültigen Form oder Lage der Verteilungskurve im Fall zahlreicher Einzelschritte kaum registriert wird. In der chromatographischen Säule haben schlechte Packung oder uneinheitlicher Fluß weit größeren Einfluß, vielleicht infolge Bildung von Rissen usw. Im Fall der Ausschüttelung kommt es kaum (erst in 10—100 facher Konzentration der Stoffe, verglichen mit dem Verteilungschromatogramm) zur Abweichung von der linearen Isotherme A (vgl. Abb. 4). Eine Ausnahme besteht nur, wenn die gelösten Stoffe in beiden Phasen einen verschiedenen Assoziationsgrad zeigen, der konzentrationsabhängig ist, vgl. Kurve B und C.

Dagegen kommt es im Fall einer festen stationären Phase bei hohen Konzentrationen zu der in Kurve B wiedergegebenen Abweichung (entsprechend einer Adsorptionsisotherme). Mangelnde Gleichgewichtseinstellung beeinflußt den Ausschüttelungsvorgang weniger als die Verteilungschromatographie. Im ersteren Fall wird lediglich die Verteilungskurve etwas breiter, wenn der Ungleichgewichtszustand von beiden Phasen zum gleichen Teil erreicht wird; andernfalls verschiebt sich auch das Zentrum nach rechts oder links. Im Fall der Verteilungschromatographie fehlt die Möglichkeit einer direkten experimentellen Prüfung der Abweichung vom Gleichgewichtszustand, und bei der hohen Zahl von Einzelschritten (tausenden von „theoretischen Böden", vgl. S. 21) kann eine minimale Abweichung von der idealen Isotherme oder vom Gleichgewichtszustand sogar die Ursache der erfolgreichen Trennung zweier Komponenten

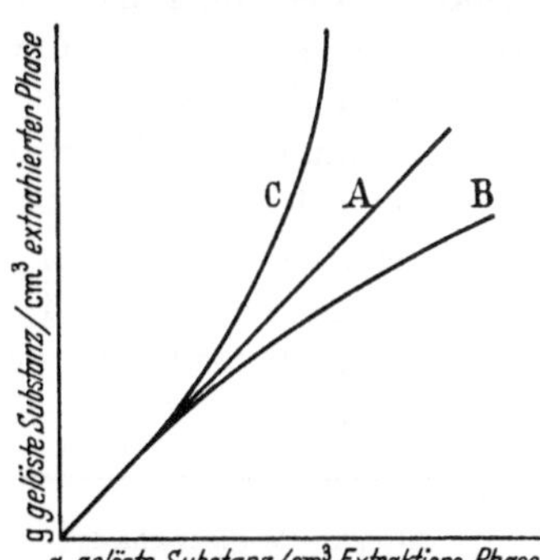

Abb. 4. Verschiedene Typen von Verteilungsisothermen. [L. C. CRAIG, Analyt. Chem. **22**, 1346 (1950).]

sein. Die Übereinstimmung zwischen der auf Grund der Verteilungskoeffizienten berechneten und der experimentell bestimmten Wanderungsgeschwindigkeit beweist nicht notwendig, daß nur reine Verteilungsvorgänge beteiligt sind, während eine Abweichung der R_F-Werte (vgl. das Verhalten aromatischer Aminosäuren an Stärkesäulen) den direkten Nachweis für die Mitbeteiligung anderer Effekte gibt. So haben bisher die Ergebnisse der Verteilungschromatographie wenig Hinweise für geeignete Lösungsmittelsysteme im Ausschüttelungsverfahren gegeben. CRAIG, der darauf hinweist, daß im Fall der Verteilungschromatographie der Träger jedenfalls ein in gewisser Hinsicht aktives Adsorbens darstellt, da er andernfalls die stationäre Phase nicht festhalten könnte, sieht zwischen Verteilungs- und Adsorptionschromatographie engere Beziehungen als zwischen der Verteilung nach dem Ausschüttelungsverfahren und der Verteilungschromatographie.

Nach den voranstehenden Ausführungen gibt es also *bestimmte Formen des Verteilungschromatogramms*, die einen gewissen *Übergang zum Adsorptionschromatogramm* darstellen. Beim letzteren liegen die Verhältnisse von vornherein komplizierter. Während im Fall der Verteilung in reiner Form nur die Kräfte zwischen den Molekülen des gelösten Stoffes und den Lösungsmitteln in Rechnung zu stellen sind, und der Verteilungskoeffizient in den im Chromatogramm in Frage kommenden Grenzen meist praktisch konstant ist, handelt es sich bei der Adsorption um ein Wechselspiel von Adsorbens, adsorbierbarem Stoff und Lösungsmittel:

$$\text{Stationäre Phase} \quad \rightleftharpoons \quad \text{Bewegliche Phase}$$

$$\text{gelöster Stoff} \qquad\qquad\qquad \text{gelöster Stoff}$$
$$\Updownarrow \qquad \Updownarrow \quad \rightleftharpoons \qquad \Updownarrow$$
$$\text{Lösungsmittel} \quad \text{Adsorbens} \qquad \text{Lösungsmittel}$$

Ferner verlaufen die Adsorptionsisothermen nur in einem beschränkten Konzentrationsbereich linear. Dazu kommt, daß sich die zu trennenden Stoffe gegenseitig in ihrer Adsorbierbarkeit beeinflussen und die stärker adsorbierbaren die schwächer haftenden fortlaufend aus ihren Adsorptionsstellen verdrängen. Das von G. HESSE[1] geprägte Wort vom Hindernislauf der Moleküle, wobei die Adsorptionsstellen der Säule die zu überspringenden Hürden darstellen, gibt also nur die eine Seite des Vorgangs wieder. Trotzdem liefert das sehr umfangreiche Versuchsmaterial viele Anhaltspunkte für Zusammenhänge zwischen Konstitution und Adsorptionschromatogramm; sie schließen an vielen Stellen an das für das Verteilungschromatogramm Gesagte an.

Maßgebend für die Adsorbierbarkeit einer Verbindung ist in jedem Fall die Struktur ihres Moleküls. Verschiedene Strukturdetails, besonders funktionelle Gruppen, tragen dazu in unterschiedlichem Maße bei. ZECHMEISTER[2] vergleicht das Problem ihrer Bestimmung mit der Ermittlung der Haptengruppen, die z. B. für die Bindung eines Pharmakons an die adsorbierenden Receptoren des Gewebes verantwortlich ist. Eine Zusammenstellung der Beziehungen zwischen strukturellen Unterschieden und der Trennbarkeit im Adsorptionschromatogramm zeigt die nachstehende Tabelle 4, in der zum Vergleich die entsprechenden Größen auch für die Verteilungs- und Ionenaustauschchromatographie angeführt sind.

Tabelle 4.

Strukturelle Unterschiede	Trennung		
	Adsorption	Ionenaustausch	Verteilung
Molekülgröße	+ bis (+)	+ bis ++	+ bis ++
Strukturisomere:			
Ketten, Ringe	+ bis (+)	—	+
Kettenverzweigung	+ bis (+)	(+)	(+)
Lage von Doppelbindungen . .	+ bis (+)	—	—
Räumliche Isomere:			
cis-trans an Doppelbindung . .	+ bis (+)	+	+
cis-trans am Ring	++ bis (+)	+	+
Optische Isomere	(+)	+ bis (+)	(+)
Zahl der Doppelbindungen	++	—	+
Konjugation der Doppelbindungen	++ bis +	+	+
Zahl unpolarer Substituenten . . .	+ bis (+)	+ bis (+)	+ bis (+)
Zahl polarer Substituenten	++	++	++
Polarität der Substituenten . . .	++	++	++

++ sehr gut; + gut; (+) mäßig; — nicht untersucht.

Zusammenhänge zwischen Konstitution homöopolarer Verbindungen und ihrer Additionsadsorption an hydrophilen Adsorbentien (Oxyden, Oxydhydraten, Salzen), die für das Adsorptionsverhalten von bestimmten Aminosäure- und Peptiddderivaten (z. B. 2,4-Dinitrophenyl-, p-Azobenzolharnstoff-, Naphtholsulfonylabkömmlingen usw.) von Interesse sind, wurden von BROCKMANN[3] übersichtlich

[1] HESSE, G.: Adsorptionsmethoden im chemischen Laboratorium. Berlin: W. de Gruyter & Co. 1943.

[2] ZECHMEISTER, L.: Ann. New York Acad. Sci. **49** (1948).

[3] BROCKMANN, H.: Angew. Chem. **59**, 199 (1947).

zusammengestellt. Über den Einfluß verschiedener Faktoren auf die Reihenfolge im Chromatogramm vgl. ferner H. H. Strain[1].

Folgende Gesichtspunkte verdienen im vorliegenden Zusammenhang hervorgehoben zu werden:

1. Gesättigte Kohlenwasserstoffe werden wenig adsorbiert, ungesättigte um so mehr, je mehr Doppelbindungen sie enthalten und je mehr davon konjugiert sind.

2. Funktionelle Gruppen wirken meist adsorptionsverstärkend, und zwar:

a) COOH-, OH-, NH_2-, CO-, $COOCH_3$-, OCH_3-Gruppen in abnehmender Reihenfolge; Alkylierung setzt die Wirksamkeit der Carboxyl-, Hydroxyl- und Aminogruppe herab, wobei die Reihenfolge der Stammverbindungen nicht erhalten bleibt.

b) Alkylierung erhöht die Adsorption der Aminogruppe und schwächt die der Hydroxylgruppe.

c) Die Carbonylgruppe in Aldehyden, Ketonen und veresterten Carboxylen zeigt keinen wesentlichen Unterschied in ihrem Einfluß auf die Adsorption.

d) Der Einfluß der Nitrogruppe ist gering, der von Methyl und Halogen im Kern unmerklich.

Dieses Schema, das für das „Adsorptionsmilieu" Aluminiumoxyd/Benzol gilt, läßt auf Grund der Faustregel, wonach sich die adsorptive Wirkung des Grundgerüstes und der funktionellen Gruppen grob additiv verhält, oft für das gleiche Milieu eine Abschätzung der chromatographischen Trennbarkeit zu (vgl. die Zerlegung des chemischen Potentials einer Verbindung in die Potentialdifferenzen der Einzelgruppen bei der Verteilung).

Von besonderem Interesse für eine Trennung z. B. der homologen Aminosäuren Glycin, Alanin, α-Aminobuttersäure, Valin, Leucin und Isoleucin ist die Frage nach dem Einfluß der Länge aliphatischer Seitenketten auf die Adsorption. Ein Unterschied um eine CH_2-Gruppe genügt im allgemeinen, d. h. bei geeignetem Adsorptionsmilieu bereits zur Trennung, wobei die längerkettigen Verbindungen meist schwächer adsorbiert werden: Beispiele dafür sind die Trennung der p-Phenyl-Phenacylester der unverzweigten Fettsäuren bis zu zehn Kohlenstoffatomen (aus Benzol/Petroläther 1:1, gefolgt von Aceton) an Kieselsäure[2], sowie die Trennung bestimmter Acyl-Aminosäureester (vgl. S. 184); dagegen trat eine Trennung der Reaktionsprodukte von freien Fettsäuren mit p-Aminoazobenzol auch bei den niederen Gliedern nicht bei aufeinanderfolgenden Angehörigen der homologen Reihe, sondern erst bei größeren Unterschieden der Kettenlänge ein (Cassidy)[3], und auch die Trennung freier Fettsäuren aus Petroläther an Magnesiumoxyd[4] war erst bei einem Unterschied von vier Kohlenstoffatomen erfolgreich.

Eine Voraussage der chromatographischen Reihenfolge von mehreren Komponenten auf Grund der individuellen Adsorptionsisothermen ist oft wegen der gegenseitigen Beeinflussung der Komponenten des Gemisches unmöglich. So fand Cassidy[5] bei der chromatographischen Adsorption eines Gemisches von Laurin- und Stearinsäure an Kohle, daß letztere fester adsorbiert wird, während auf Grund der Adsorptionsisothermen die Verhältnisse umgekehrt liegen müßten. An einer anderen Kohle gelang eine teilweise Trennung trotz nahezu identischer Adsorptionsisothermen. Lottermoser[6] sowie Schaaf und Reinhard[7] haben ähnliche Verhältnisse bezüglich der Austauschadsorption von Aminosäuren beobachtet.

---

[1] Strain, H. H.: Chromatographic Adsorption Analysis, 2. Aufl. New York: Interscience Publ. Inc. 1945.

[2] Kirchner, J. G., A. N. Prater u. A. J. Haagen-Smit: Ind. Engng. Chem., Analyt. Edit. **16**, 31 (1944).

[3] Cassidy, H. G.: J. Amer. Chem. Soc. **62**, 3073 (1940); **63**, 2735 (1941).

[4] Graff, M. L., u. E. L. Skau: Ind. Engng. Chem. Anal., Edit. **15**, 340 (1943).

[5] Cassidy, H. G.: J. Amer. Chem. Soc. **62**, 3076 (1940).

[6] Lottermoser, A., u. K. Edelmann: Kolloid-Z. **83**, 262 (1938).

[7] Schaaf, E., u. O. Reinhard: Ber. dtsch. chem. Ges. **76**, 1171 (1943).

Einen Anhaltspunkt für den Einfluß *sterischer Faktoren* gibt die Beobachtung, daß mit steigendem Dipolmoment die Adsorbierbarkeit der Verbindung ebenfalls meist ansteigt (ARNOLD)[1]. Die weitgehende Spezifität bei der Adsorptionstrennung der Isomeren des β-Carotins (vgl. Abb. 5), wie sie ZECHMEISTER aufzeigen konnte, läßt die Möglichkeit einer Trennung von Proteinen auf Grund der sterischen Anordnung oberflächig gelegener Peptidketten als aussichtsreich erscheinen. Hierin ist die Adsorption der Verteilung sicher überlegen. Bei der Trennung der normalen von den *allo*-Formen des Threonins, bzw. Isoleucins am Kationenaustauscherharz Dowex-50 (vgl. S. 147) dürften neben ionalen auch VAN DER WAALSsche Kräfte usw. wirksam sein.

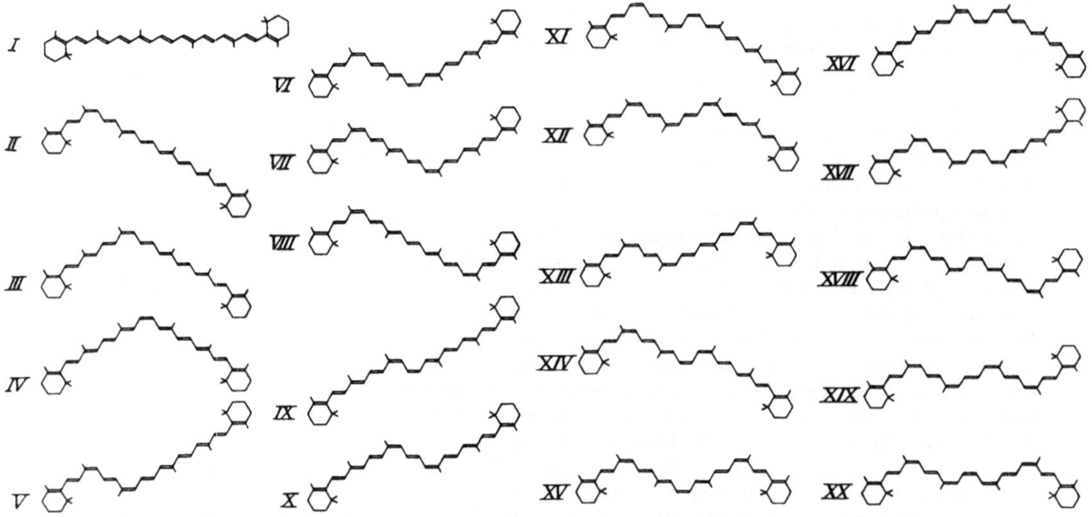

Abb. 5. *Skelettmodelle der 20 isomeren Glieder der β-Carotinreihe.* [L. ZECHMEISTER, Ann. New York Acad. Sci. **49**, 220 (1948).]

Zur Trennung optischer Isomeren ist es nach der oben angeführten Zusammenstellung offenbar notwendig, Lösungsmittel (im Fall vorwiegender Verteilung) bzw. Adsorbentien ausfindig zu machen, die eine besondere Affinität für die einzelnen Komponenten des Gemisches zeigen. In der Natur kommen zahlreiche Systeme mit solchen Eigenschaften vor (vgl. die optische Aktivität der Fermente). Zellmembranen lassen sogar nur bestimmte Ionen passieren, halten aber verwandte Ionen ähnlicher Größe und Hydratation selbst bei großen Konzentrationsgradienten ab (HÖBER)[2]; eine genauere Kenntnis der Mechanismen würde vielversprechende Hinweise für ähnliche Prozeduren an der Adsorptions- (Verteilungs-, Austausch-)Säule geben, und umgekehrt.

Das *Adsorptionsmilieu* ist von ausschlaggebender Bedeutung für das Adsorptionsverhalten einer Substanz (ZECHMEISTER): in einem komplizierten Molekül können sich verschiedene Gruppen an der adsorptiven Bindung beteiligen. Bereits ein geringfügiger Wechsel des Systems (Lösungsmittel/Adsorbens) kann daher zur Bevorzugung einer anderen Molekülorientierung Anlaß geben. So gelingt oft unter Verwendung eines anderen Adsorbens oder anderer Lösungsmittel eine chromatographische Trennung vorher nicht zerlegbarer Gemische.

---

[1] ARNOLD, R. T.: J. Amer. Chem. Soc. **61**, 1611 (1939).

[2] HÖBER, R.: Physikalische Chemie der Zellen und der Gewebe. Bern: Stämpfli & Co. 1947.

Für Verbindungen analoger Strukturen (homologe Aminosäuren) ist eine Änderung der chromatographischen Reihenfolge beim Wechsel des Systems unwahrscheinlich, da alle Komponenten gleichsinnig beeinflußt werden. Dagegen können Verbindungen mit unterschiedlichen Strukturdetails (funktionellen Gruppen) gegensinnig beeinflußt werden, so daß unter Umständen sogar eine Umkehr der Zonenfolge eintritt (STRAIN, MANNING, HARDIN[1]; LE ROSEN[2]; SCHROEDER[3]). Ähnliche Gründe (stark verschiedene Beeinflussung der einzelnen Gruppierungen des gleichen Moleküls durch verschiedene Lösungsmittel bezüglich der Orientierung der aktiven Oberfläche) dürften für die Erscheinung der „Zonenverdopplung" verantwortlich sein, die bei homogenen Verbindungen in Lösungsmittelgemischen bestimmter Zusammensetzung zum Auftreten von zwei getrennten Zonen führt. Eine vollständige Klärung dieses Phänomens steht allerdings noch aus[4]. Gelegentlich führt wohl die partielle Ausfällung einer einheitlichen Substanz durch den nachfolgenden Entwickler, in dem sie weniger löslich ist, zu einer Zonenverdopplung. Vgl. auch das gelegentliche Auftreten einer Zonenverdopplung homogener Substanzen bei Verwendung von Gemischen verschiedener Adsorbentien (ZECHMEISTER und CHOLNOKY)[5]. Über das Auftreten von Doppelflecken bei der Verteilungschromatographie ionisierter Substanzen (z. B. Glutamin- und Asparaginsäure aus Butanol/Eisessig) vgl. S. 175.

Eine grobe Abschätzung für die Auswahl der in Frage kommenden Lösungsmittel ist nach ihrer Stellung innerhalb der „eluotropen Reihe" möglich. In dieser Reihe *nimmt* die *eluierende Wirkung* (in Parallele mit der Dielektrizitätskonstante, der Benetzungswärme und der Löslichkeit in Wasser) für hydrophile Adsorbentien[6] folgendermaßen *zu: Petroläther, Benzin, Schwefelkohlenstoff, Tetrachlorkohlenstoff, Trichloräthylen, Benzol, Methylenchlorid, Chloroform, Äther, Essigester, Aceton, n-Propanol, Äthanol, Methanol, Wasser, Pyridin* (TRAPPE)[7]. OH-haltige Lösungsmittel werden besonders stark adsorbiert, sind also demnach gute Eluentien, wohl weil sich ihre Wasserstoffatome unter Ausbildung von Wasserstoffbindungen an das Adsorbens (z. B. ein einsames Elektronenpaar des Oxydsauerstoffs) anlagern können. Das gleiche gilt für die zu trennenden Verbindungen, die zur

---

[1] STRAIN, H. H., W. M. MANNING u. G. HARDIN: Biol. Bull. **86**, 169 (1944).

[2] LE ROSEN, A. L.: J. Amer. Chem. Soc. **64**, 1905 (1942).

[3] SCHROEDER, W. A.: Ann. New York Acad. Sci. **49**, 204 (1948).

[4] Eine mögliche Ursache für die Entstehung von Doppelzonen ist von T. C. J. OVENSTON [Nature (Lond.) **169**, 924 (1952)] angegeben worden. Die Adsorptionskraft sehr vieler Adsorbentien hängt von ihrem Wassergehalt ab; wäscht man zunächst mit einem stärker eluierenden Medium (Äther), so kann bei weniger aktiven (stärker wasserhaltigen) eine Wasserzone vom oberen Säulenende nach unten geführt werden. Unterbricht man diese Operation und chromatographiert nun eine Substanz z. B. in Petroläther (allgemein in einem weniger eluierend wirkenden Medium), so kann an der Stelle der fast inaktiven Wasserzone eine Zonenverdopplung einer einheitlichen Substanz erfolgen.

[5] ZECHMEISTER, L., u. L. v. CHOLNOKY: Die chromatographische Adsorptionsmethode. Wien: Springer 1938.

[6] Für polare Adsorbentien (z. B. Aluminiumoxyd) und unpolare Lösungsmittel (z. B. Benzol) mischt man das Lösungsmittel zur Beschleunigung der Entwicklung des Chromatogramms mit steigenden Mengen eines polaren Solvens (z. B. Methanol); für unpolare Adsorbentien (Kohle) gilt, z. B. in wäßriger Lösung, das Gegenteilige. Im letzteren Fall steigt die Adsorbierbarkeit mit dem Molekulargewicht (Regel nach TRAUBE); vgl. CLAESSON, S.: Ark. Kem., Mineral. Geol., Ser. A **23**, Nr. 1 (1946).

[7] TRAPPE, W.: Biochem. Z. **305**, 197 (1940).

Ausbildung einer Wasserstoffbrücke befähigt sind, und mutatis mutandis für hydroxylhaltige Adsorbentien (vgl. dazu das bei der Abschätzung von Verteilungskoeffizienten über Wasserstoffbindungen oben Gesagte). Nach einer von CREMER[1] aufgestellten Formel für den Weg, den ein adsorbierbarer Stoff in der Säule zurücklegt $s = \dfrac{tv}{1+x}$ (s Länge der zurückgelegten Strecke in Zentimeter, t die dazu benötigte Zeit in Minuten, v Durchflußgeschwindigkeit der Flüssigkeit, x Konstante, die von der Festigkeit der adsorptiven Bindung des Lösungsmittels an das Adsorbens abhängt), läßt sich die Stellung eines Lösungsmittels innerhalb der oben angeführten Reihe berechnen (LENNARTZ)[2].

Eine Anordnung der üblichen Adsorbentien nach steigender Adsorptionsfähigkeit für nicht dissoziierende Verbindungen aus nicht wäßrigen Lösungsmitteln geht etwa der Härteskala parallel (was dafür spricht, daß Gitterkräfte bei dieser Art der adsorptiven Bindung eine maßgebende Rolle spielen, wobei wohl vorwiegend Ecken bzw. Kanten, an denen Ionen mehr oder minder freiliegen, die Rolle der Zentren spielen; [zur Herleitung der empirischen Exponentialfunktion aus der LANGMUIRschen Formel für die Adsorption durch die Annahme mehrerer Arten von Zentren (CREMER vgl. S. 30)]. Empirisch wurde folgende *Reihe für die Adsorptionsmittel* (beginnend mit den am stärksten adsorbierenden) gefunden: *Aluminiumoxyd, Aluminiumhydroxyd, Calciumhydroxyd, Calciumcarbonat, Calciumsulfat, Calciumphosphat, Talk, Zucker, Inulin* (ZECHMEISTER); vgl. dazu ferner die Aktivitätsreihe auf S. 109.

Die Additionsadsorption (Bildung von Nebenvalenzverbindungen an der Adsorberoberfläche) stellt den einen Grenzfall der Adsorption aus Lösungen dar. Der andere ist die *Austauschadsorption* (Ionenaustausch an der aktiven Oberfläche):

$$(RNH_3^+)\, Cl^- + Na^+\text{-Austauscher}^- \rightleftharpoons (RNH_3^+)\text{-Austauscher}^- + Na^+Cl^-$$

$$Na^+\text{-}RCOO^- + \text{Austauscher}^+\text{-}Cl^- \rightleftharpoons \text{Austauscher}^+\text{-}RCOO^- + Na^+Cl^-.$$

Bei diesem stark p_H-abhängigen Vorgang wird nicht die ganze Verbindung, sondern nur ihr Kation bzw. Anion festgehalten, und ein gleichsinnig geladenes Ion geht aus dem Austauscher mit dem entgegengesetzt geladenen Ion des Stoffes ins Filtrat. Nach HESSE und SAUTER[3] sind bei austauschfähigem Aluminiumoxyd für die beiden Formen der Adsorption verschiedene aktive Zentren verantwortlich; denn während ein saurer Farbstoff (Sudan III) eine mit steigendem p_H fallende, ein basischer Farbstoff (p-Aminoazobenzol) eine ansteigende Adsorption zeigte, wurde das neutrale Azobenzol bei verschiedenem p_H gleich stark, also offenbar an Stellen gebunden, die von dieser Umstimmung nicht betroffen waren (Abb. 6). Entsprechende Kurven darf man auch bei anderen amphoteren Adsorbentien erwarten. Für eine ähnliche p_H-Abhängigkeit der Adsorption bei Kohle (HAUGE und WILLAMAN)[4] nimmt HESSE dagegen an, daß z.B. eine schwache Säure im sauren Medium (R-H) hier besser adsorbiert wird als im alkalischen (R⁻), weil das Anion vom Wasser hydratisiert wird. Es wird also nicht das Adsorbens vom

---

[1] Identisch mit Gleichung S. 10, Fußnote (2): $\log x \equiv R_M$!

[2] LENNARTZ, H. J.: Angew. Chem. **59**, 158 (1947).

[3] HESSE, G., u. O. SAUTER: Naturwiss. **34**, 250 (1947).

[4] HAUGE, S. M., u. J. I. WILLAMAN: Ind. Engng. Chem. **19**, 943 (1927).

p_H beeinflußt, sondern die Gleichgewichtskonzentration der besser adsorbierbaren Form der Substanz erhöht.

Biologisch besonders bedeutungsvoll ist die p_H-Abhängigkeit der Adsorption amphoterer Stoffe an der Oberfläche amphoterer Adsorbentien (z. B. Eiweißmembranen). An amphoterem Aluminiumoxyd als Modell fanden HESSE und SAUTER[1] ein scharfes Maximum der Adsorption in der

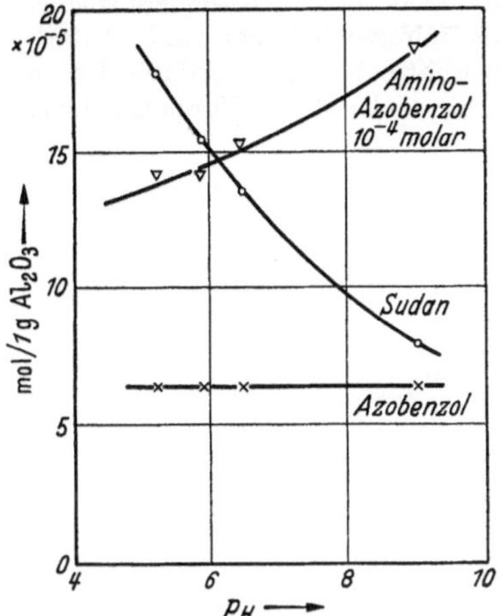

Abb. 6. Unabhängigkeit der Austauschadsorption und der VAN DER WAALSschen Adsorption an Aluminiumoxyd. [G. HESSE und O. SAUTER, Naturwiss. **34**, 250 (1947).]

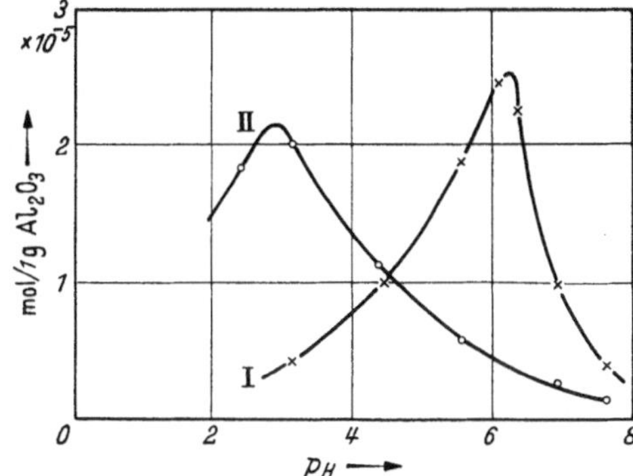

Abb. 7. p_H-Abhängigkeit der Adsorption von Alanin (I; isoelektrischer Punkt 6,15) und Asparaginsäure (II; isoelektrischer Punkt 2,89) an alkalihaltigem Aluminiumoxyd. [G. HESSE und O. SAUTER, Naturwiss. **34**, 277 (1947).]

Nähe des isoelektrischen Punktes der untersuchten Aminosäuren Alanin (6,15) und Asparaginsäure (2,83) (Abb. 7). Für eine Mischlösung ergibt sich also eine spezifische Adsorption des Stoffes mit einem dem p_H der Lösung entsprechenden isoelektrischen Punkt (vgl. die Trennung Asparaginsäure/Glutaminsäure, TURBA und RICHTER).

Die Abhängigkeit der Adsorption einer nicht neutralen Substanz vom p_H-Wert der Lösung beleuchtet die Wichtigkeit von p_H-Messungen an Adsorptionsmitteln. HESSE und SAUTER[2] konnten zeigen, daß in Adsorptionsmittelsuspensionen genügender Konzentration mit der Platin-Wasserstoff- und der Glaselektrode reproduzierbare, konzentrationsunabhängige p_H-Werte zu messen sind

Tabelle 5. *p_H-Messungen in wäßrigen Suspensionen von Adsorbentien* [HESSE G., u. O. SAUTER: Ang. Chem. **61**, 24 (1949)].

Adsorptionsmittel (2 g/5 cm³ Wasser)	p_H-Wert des Adsorbens	Änderung des p_H-Wertes nach Zusatz von	
		1 cm³ 0,1 NaOH	1 cm³ 0,1 n HCl
Al_2O_3 VII	9,2	+1,1	−1,4
Filtrat davon. . .	*9,2*	*+3,1*	*−7,2*
Al_2O_3 VIII	4,7	+1,7	−0,5
Al_2O_3 VI	9,05	+0,7	−0,3
Al_2O_3 XI.	8,6	+1,5	−2,2
Kieselgel.	6,6	+1,0	−
Permutit.	7,9	+2,2	−
Fullererde	8,1	−	−0,1
Floridin XXF . .	8,1	−	−0,3
Frankonit KL . .	2,8	+0,6	−
Bleicherde	5,2	+3,1	−
Carboraffin. . . .	4,8	+1,2	−
Glimmer	8,6	−	−3,1
Fasergips	6,4	+5,1	−
Calciumcarbonat .	9,5	+2,4	−

---

[1] HESSE, G., u. O. SAUTER: Naturwiss. **34**, 277 (1947).

[2] HESSE, G., u. O. SAUTER: Angew. Chem. **61**, 24 (1949).

2*

(vgl. Tabelle 5). Bei neutralen Stoffen ist die Kenntnis dieser p_H-Werte unter Umständen ebenfalls bedeutungsvoll zur Vermeidung von Störungen durch Änderungen der Struktur der untersuchten Verbindungen.

Die geschilderten Untersuchungen über die p_H-Abhängigkeit der Adsorption sind von Bedeutung für das Verständnis vieler Adsorptionserscheinungen in vivo, besonders solcher, an denen amphotere Stoffe wie Proteine und ihre Abkömmlinge[1] beteiligt sind (Anfärbbarkeit und Quellung von Zellbestandteilen, Wirkung von Pharmaka an bestimmten Receptorstellen, katalytische Vorgänge usw.). Die hohe Spezifität vieler dieser Vorgänge dürfte

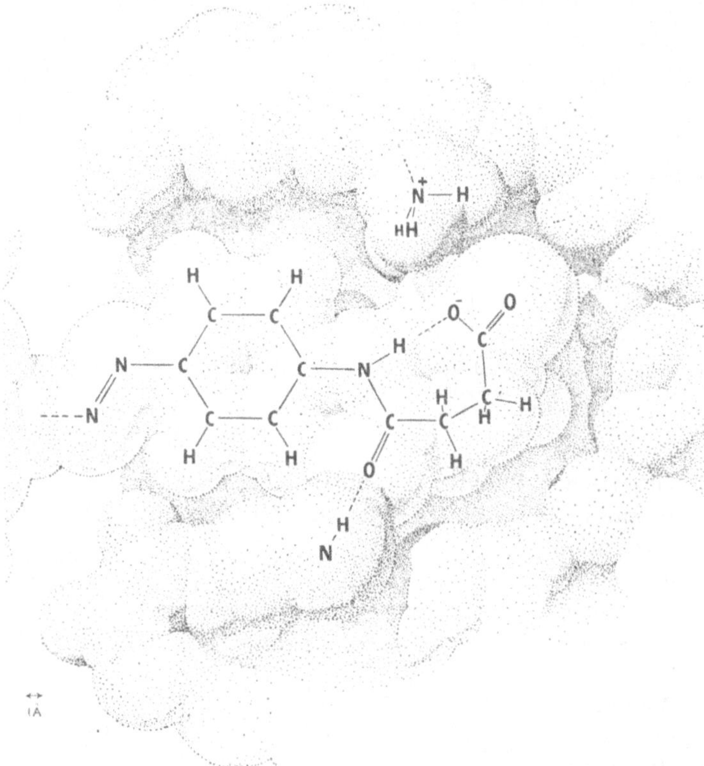

Abb. 8. *Grobmodellmäßige Darstellung einer Haptengruppe* (p-Azosuccinanilat-Ion) *und der komplementären Region ihres spezifischen Antikörpers.* [Nach L. PAULING, Endeavour 7 (1948).]

in der besonderen Architektur vor allem der Zellproteine (vgl. dazu die zwar grobschematische, aber sehr instruktive Abb. 8) begründet sein (sterische Anordnung der Peptidketten, Art und räumliche Lagerung der verschiedenen polaren und apolaren Gruppen und deren gegenseitige Beeinflussung; vgl. die „gekoppelten Funktionen" im Hämoglobinmolekül)[2]. Dabei kann die Art der Haftung über alle Zwischenstufen von einer lockeren bis zur nahezu irreversiblen und von einer ionogenen bis zu einer homöopolaren Bindung reichen. Da an der Oberfläche polarer Adsorbentien mit ihren elektrischen Feldern unpolare Verbindungen durch Induktion polarisiert und polare Verbindungen eine Verstärkung ihrer Polarisation (eventuell

---

[1] Die Untersuchung der chromatographischen Adsorption sowie des Ionenaustauschs von Proteinen und deren Abbauprodukten an unlöslichen Proteinstrukturen ist bisher nicht systematisch durchgeführt worden; hier eröffnet sich ein weites und wichtiges Forschungsgebiet, wobei Erfahrungen der Immunochemie richtungweisend sein können.

[2] Vgl. WYMAN jr., I.: Adv. Protein Chem. 4, 410 (1948).

bis zur Ionisation) erfahren können[1], kann unter Umständen auf diesem Weg eine Erhöhung des Reaktionsvermögens eintreten. Besonders aufschlußreich sind in diesem Zusammenhang Versuche an synthetischen Harzaustauschern, die sich wie unlösliche polyvalente Säuren bzw. Basen verhalten. Sie enthalten oft mehrere Arten reaktionsfähiger Gruppen und bilden so (wenn auch primitive) Modelle für Adsorptionsvorgänge an unlöslichen Zellstrukturen.

Bei der Adsorption, bzw. dem Ionenaustausch von *Hochmolekularen* (Proteinen) spielt schließlich die Morphologie des Adsorbens, bzw. Austauschers, eine wichtige Rolle (DEUEL, SOLMS, ANYAS-WEISZ)[2]. Soweit es sich dabei (wie z.B. bei Kunstharzaustauschern) um innen zugängliche Netzwerke handelt, wirken die Maschen des Netzwerkes wie ein Sieb; die Porenweite beeinflußt daher den Umtausch von Ionen verschiedener Größe. So kann z.B. schon bei der chromatographischen Trennung von Aminosäuren an Kunstharzaustauschern ein Einfluß der Porenweite beobachtet werden (MOORE und STEIN, PARTRIDGE). In stärkerem Maß macht sich diese Erscheinung bei Hochmolekularen geltend. Während Arginin an dem kationenaustauschenden Amberlit IR 120 sehr stark festgehalten wird, wird Clupein (Molekulargewicht 2000 oder mehr, das zu etwa $^2/_3$ aus Arginin besteht) nicht adsorbiert. An vernetzter, unlöslicher Pektinsäure erfolgt Adsorption um so stärker, je größer der Quellungsgrad des Pektingerüstes ist (Arginin wird in allen Fällen vollständig festgehalten). Natürlich spielen auch die äußeren Oberflächen, die Ionen aller Größen zugänglich sind, eine Rolle, so daß bei stark adsorbierbaren (austauschbaren) Ionen ein Effekt auch dann eintritt, wenn diese nicht in das Netzwerk eindringen können: so werden z.B. mit steigenden Austauschermengen zunehmende Mengen der hochpolymeren Polymetaphosphorsäure festgehalten. Nicht selten aber gelingt sogar eine Fraktionierung von Polymerhomologen auf diesem Weg. Über die Trennung von Proteinen an Austauschern, wobei offenbar nur die „Exogruppen" des Austauscherharzes reagieren (MOORE und STEIN) vgl. S. 296.

13. Mathematische Behandlung des Problems der Chromatographie.

Die größere Übersichtlichkeit des Verteilungsvorgangs gegenüber dem Adsorptionsvorgang und seine einfachere mathematische Darstellung machen es verständlich, daß der Prozeß der Verteilungschromatographie einer mathematischen Analyse leichter zugänglich ist. MARTIN und SYNGE[3] veröffentlichten 1941 eine *Theorie der reinen Verteilungschromatographie*, die übrigens bei Annahme linearer Adsorptionskoeffizienten auch auf die Adsorptionschromatographie übertragbar ist.

Für die Aufstellung der Gleichung wurden mehrere vereinfachende Annahmen gemacht: die Diffusion des gelösten Stoffs sollte zu vernachlässigen sein, und das Gleichgewicht der Verteilung sollte nicht abhängen vom absoluten Wert der Konzentration und der Gegenwart anderer gelöster Stoffe. Die aus der Theorie der fraktionierten Destillation bekannte Aufteilung in dünne Schichten[4], deren Höhenäquivalent h hier so definiert sein soll, daß die aus

---

[1] WEITZ, E., u. F. SCHMIDT: Ber. dtsch. chem. Ges. **72**, 1740, 2099 (1939). — WEITZ, E., F. SCHMIDT u. J. SINGER: Z. Elektrochem. angew. physik. Chem. **46**, 222 (1940).

[2] DEUEL, H., J. SOLMS u. L. ANYAS-WEISZ: Helvet. chim. Acta **33**, 2171 (1950).

[3] MARTIN, A. J. P., u. R. L. M. SYNGE: Biochemic. J. **35**, 1358 (1941).

[4] Zur Berechnung mit Hilfe „theoretischer Böden" s. ferner S. 28 und S. 39.

dieser Schicht austretende Lösung mit der Konzentration des in der stationären Phase verbliebenen Stoffes im Gleichgewicht sein soll, bewährte sich für die Ableitung der Stoffmenge Q, die in der $(r+1)$-ten Schicht der Säule nach Durchlauf des Lösungsmittelvolumens v vorhanden ist. Seien ferner

A Fläche des Querschnitts der Säule,
S Fläche des Querschnitts der stabilen Phase,
L Fläche des Querschnitts der beweglichen Phase,
I Fläche des Querschnitts des inerten festen Stoffes $(S + L + I = A)$,
α Verteilungskoeffizient (g Gelöstes/cm^3 der stabilen Phase, geteilt durch
  g Gelöstes/cm^3 der beweglichen Phase),
V $h\,(L + \alpha\,S)$,
r laufende Nummer der theoretischen Scheibe (des Bodens) von oben an gezählt,
Q_r Gesamtmenge des gelösten Stoffs in der Scheibe r,

dann ergibt sich für den Fall, daß 1 g des gelösten Stoffs sich zunächst in der ersten Scheibe findet und mit reinem Lösungsmittel nachgewaschen wird, für die Menge des Stoffs in jeder einzelnen Scheibe, nachdem nacheinander 1, 2, 3 usw. infinitesimale Volumina der beweglichen Phase δv durchgegangen sind:

Volumen des durchgelaufenen Lösungsmittel $(\times\,\delta v)$	Laufende Nummer der Scheibe r				
	1	2	3	4	5
0	1	0	0	0	0
1	$1 - \delta v/V$	$\delta v/V$	0	0	0
2	$(1 - \delta v/V)^2$	$2(1 - \delta v/V)\,(\delta v/V)$	$(\delta v/V)^2$	0	0
3	$(1 - \delta v/V)^3$	$3(1 - \delta v/V)^2(\delta v/V)$	$3(1 - \delta v/V)\,(\delta v/V)^2$	$(\delta v/V)^3$	0
4	$(1 - \delta v/V)^4$	$4(1 - \delta v/V)^3\,(\delta v/V)$	$6(1 - \delta v/V)^2(\delta v/V)^2$	$4(1 - \delta v/V)\,(\delta v/V)^3$	$(\delta v/V)^4$

Die Menge Q in jeder Scheibe entspricht demnach dem binomischen Ausdruck $[(1 - \delta v/V) + \delta v/V]^n$, so daß man nach dem Durchlaufen von n Volumina δv für die $(r+1)$ste Scheibe erhält:

$$Q_{r+1} = \frac{n!\,(1 - \delta v/V)^{n-r}\,(\delta v/V)^r}{r!\,(n-r)!}.$$ Wenn n groß ist, wird

$$Q_{r+1} = \frac{1}{r!}\,(n\,\delta v/V)^r\,e^{-n\,\delta v/V}.$$ Aus $n\,\delta v =$ Menge Entwicklungslösung $= v$ folgt

$$Q_{r+1} = \frac{1}{r!}\,(v/V)^r\,e^{-v/V}$$ und nach STIRLINGS Formel annähernd:

$$Q_{r+1} = \frac{1}{(2\,\pi\,r)^{\frac{1}{2}}}\,(v/V)^r\,e^{-v/V}\,(e/r)^r.$$

Setzt man nach der obigen Gleichung die Konzentration der Substanz in der $(r+1)$-ten Scheibe in Beziehung zu v/V, so erhält man für große r die bekannte Fehlerkurve (Abb. 9). Es läßt sich weiter zeigen, daß zwei Stoffe mit den Verteilungskoeffizienten α und β praktisch vollständig zu trennen sind, wenn die Abszisse der Fehlerkurve $t = 3$ ist; dann sind nur etwa 0,2% der Substanz mit dem Verteilungskoeffizienten α in die $(r+1)$-te Schicht gelangt und 99,8% der Substanz mit dem Verteilungskoeffizienten β hindurch passiert[1]. Den praktisch

---

[1] Da die Fläche unter der Kurve in Abb. 9 gegeben ist durch $v/V = r + t\,r^{\frac{1}{2}} + \dfrac{t^2}{4}$, erhält man für $t = 3$ für die 2 Stoffe (α, β Verteilungskoeffizienten): $\dfrac{L + \alpha\,S}{L + \beta\,S} = \dfrac{r + 3\,r^{\frac{1}{2}} + 2{,}25}{r + 3\,r^{\frac{1}{2}} + 2{,}25}$.

Die entsprechenden Werte für $Q/Q_{\max}$ (bzw. für die Fläche unter dem „Schwanz" der Kurve in Prozent der Gesamtfläche unter der Kurve) für $t = 1, 2, 3$ betragen 0,606 (15,9%) bzw. 0,135 (2,27%) bzw. 0,011 (0,13%).

wichtigen Zusammenhang zwischen den Verteilungskoeffizienten (α, β), der Anzahl der theoretischen Scheiben r und dem Trennungsgrad t zeigt Abb. 10.

Bezeichnet man mit R, der relativen Wanderung einer Bande, die von der Stelle maximaler Konzentration zurückgelegte Strecke, wenn gleichzeitig der Meniscus im leeren Teil der Säule um 1 cm gesunken ist (vgl. S. 10), dann gilt

$$R = \frac{\text{Bewegung der Bande}}{\text{Bewegung der Oberfläche}}$$

$$= \frac{A}{L + \alpha S},$$

denn der von der Front der Flüssigkeit in der Säule zurückgelegte Weg verhält sich zur Strecke, um die der Meniscus gesunken ist, wie der Rohrquerschnitt A zum Querschnitt L, den das Lösungsmittel infolge der Querschnittsverengung durch das Adsorbens in der Säule einnimmt. Ist aber der Verteilungskoeffizient α größer als 0, dann geht beim Eindringen in die Säule die Menge αS in die unbewegliche Phase über. Bei acylierten Aminosäuren und bei den

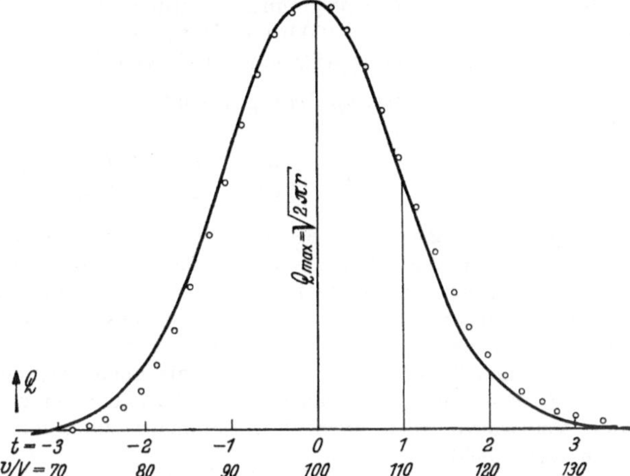

Abb. 9. *Abhängigkeit der Konzentration der Substanz in der* $(r+1)$-*ten Scheibe* (Q_{r+1}) *von Ausdruck* v/V *(zur Nomenklatur vgl. den Text!) für* $r = 100$. Punkte berechnete Werte; ausgezogene Linien entsprechend der Gaußschen Fehlerkurve mit der Abszisse t, d. h. $Q/Q_{\max} = e^{-\frac{1}{2}t^2}$. [A. J. P. Martin und R. L. M. Synge, Biochemic. J. **35**, 1358 (1941).]

Kupfersalzen von Aminosäuren stimmen die experimentell ermittelten Werte von R mit den auf diesem Weg errechneten gut überein (vgl. Abb. 11); Beispiel: Ein Gemisch von 2 mg Acetyl-Prolin und 2 mg Acetyl-Phenylalanin wurde an einer Kieselgelsäule (20 × 1 cm)

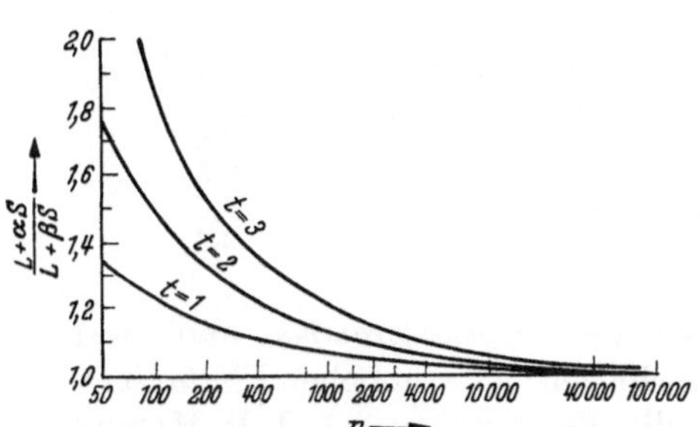

Abb. 10. *Zusammenhang zwischen den Verteilungskoeffizienten* α *und* β *zweier zu trennender Substanzen, der Anzahl der Scheiben* (r) *und dem Trennungsgrad* (t), *entsprechend der Theorie von* Martin *und* Synge.

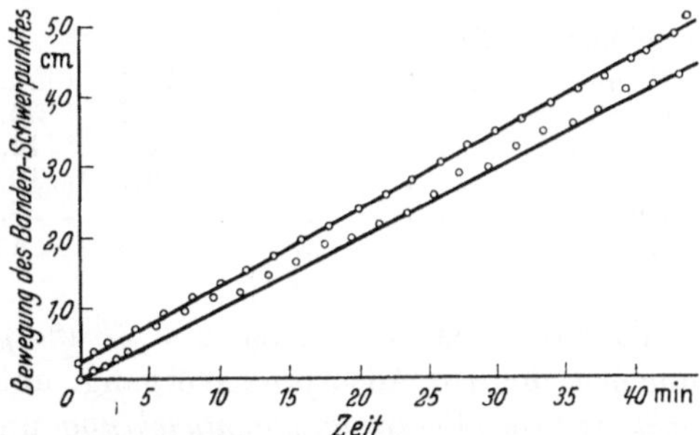

Abb. 11. Vergleich der auf Grund der Verteilungskoeffizienten berechneten und der experimentell bestimmten Zonenwanderungsgeschwindigkeit für Acetyl-Leucin und Acetyl-Phenylalanin an einer Kieselgelsäule. Linien berechnet, Kreise experimentell bestimmte Punkte.

mit Chloroform $+1\%$ n-Butanol entwickelt, bis die Trennung vollständig war; darauf wurde die Abwärtsbewegung der Zonenschwerpunkte für ein bestimmtes Absinken der Flüssigkeitsoberfläche über der Säule gemessen. Die übrigen Daten waren: 5 g trockenes Kieselgel, Dichte 2,3 g/cm³; 3,5 cm³ Wasserphase, 10 cm³ Chloroformphase; $L = 0{,}11$ cm², $S = 0{,}175$ cm², $A = 0{,}5$ cm²; die nach der Gleichung $\alpha = \dfrac{A}{R\,S} - \dfrac{L}{S}$ berechneten Verteilungskoeffizienten $\alpha = 9{,}4$ für Acetyl-Prolin und $1{,}4$ für Acetyl-Phenylalanin decken sich gut mit den Werten der direkten Bestimmung:

Acetyl-Prolin $\qquad\qquad R = 0{,}37$ $\quad\alpha$ (Zonenwanderung) $= 9{,}4$ $\quad\alpha$ (direkte Bestimmung) $= 9{,}5$

Acetyl-Phenylalanin $R = 1{,}07$ $\quad\alpha$ (Zonenwanderung) $= 1{,}4$ $\quad\alpha$ (direkte Bestimmung) $= 1{,}5$.

Der Zahlenwert für die Höhe der theoretischen Scheibe h hängt ab von der Diffusion und der Strömungsgeschwindigkeit. Aus der Bandenbreite von Acetyl-Aminosäuren an Kieselgelsäulen (1 × 30 cm) berechneten MARTIN und SYNGE $h = 0{,}002$ cm. Nach CRAIG ist den Werten für h zwar keine allzu große Bedeutung zuzumessen, da für verschiedene Substanzen verschiedene Zahlen gefunden wurden, doch dürfte die hohe Zahl von „Böden" bei Verteilungssäulen (100—1000) die richtige Größenordnung treffen (gegenüber der Höhe theoretischer Böden bei Destillations- und Extraktionskolonnen von etwa 1 cm).

Für die *Papierchromatographie* gilt analog $\left(\text{und wegen } R_F = \dfrac{R\,L}{A} = \dfrac{L}{L + \alpha\,S}\right)$:

$$\alpha = \frac{L}{R_F\,S} - \frac{L}{S} = \frac{L}{S}\left(\frac{1}{R_F} - 1\right).{}^1$$

Bei bekanntem Wassergehalt des Papiers kann L/S bestimmt werden aus dem Gewichtsverhältnis des trockenen Papiers zu dem des entwickelten Papierchromatogramms. Tabelle 6 zeigt den Vergleich der Werte für die Verteilungskoeffizienten einiger Aminosäuren unter schwach modifizierten Bedingungen einerseits bestimmt aus den Werten für R_F und L/S, anderseits aus direkten Messungen (ENGLAND)[2].

MAYER und TOMPKINS modifizierten die oben besprochene Theorie von MARTIN und SYNGE dahingehend, daß nicht nur das Verhalten der zu trennenden Substanzen in der Säule, sondern vor allem auch die Zusammensetzung der ausfließenden Lösung betrachtet wurde (vgl. S. 39).

Tabelle 6. *Vergleich der Verteilungskoeffizienten für einige Aminosäuren nach direkter Bestimmung und nach Berechnung aus den R_F-Werten.* [Nach BLOCK, R. J.: Paper chromatography, S. 10. New York: Acad. Press. Inc. Publ. 1952. Direkte Messungen nach ENGLAND, H., u. E. J. COHN: J. Amer. Chem. Soc. **57**, 634 (1935).]

Versuch	1	2	3	4	Direkte Bestimmung
Wassergehalt des Papiers in %	28,7	18,0	22,6	17,7	
L/S	3,25	4,56	3,70	2,93	
Verteilungskoeffizienten:					
Glycin	70,4	70,4	70,4	70,4	70,4
Alanin	35,9	39,9	43,7	36,6	42,3
Valin	12,2	14,1	14,8	12,5	13,8
Norvalin	8,7	10,8	10,5	9,2	9,5
Leucin	4,5	5,4	5,6	6,0	5,5
Norleucin	3,5	4,2	4,4	4,6	3,2

TISELIUS[3] hat als erster *drei Grundtypen des Chromatogramms*, und zwar zunächst für den Adsorptionsvorgang, unterschieden: die (übliche) *Elutionsentwicklung*, die *Verdrängungsentwicklung* und die *Frontanalyse*. A. J. P. MARTIN hat die dabei ablaufenden Vorgänge in der Säule und im Eluat graphisch besonders anschaulich dargestellt (Abb. 12). Die gleichen Grundtypen sind entsprechend auch beim Verteilungsvorgang und Ionenaustausch möglich.

Bei der Frontanalyse (Abb. 13) läßt man die Lösung einer adsorbierbaren Substanz (meist von unten her) durch eine Säule des Adsorbens treten; dabei tritt erst reines Lösungsmittel aus, ehe die gelöste Substanz durchbricht. Das Volumen zwischen Meniscus und der

---

[1] Aus der Gleichung $\ln \alpha = \Delta\mu_A/R\,T$ folgt, da für konstante Temperatur L/S konstant und α proportional $\left(\dfrac{1}{R_F} - 1\right)$ ist, für $R_M = \log\left(\dfrac{1}{R_F} - 1\right)$: $\quad R_{MB}/R_{MA} = \Delta\mu_X/R\,T$; ($X = $ Gruppe, durch die sich A und B unterscheiden); vgl. die Fußnote 2, S. 10.

[2] ENGLAND, A., u. E. J. COHN: J. Amer. Chem. Soc. **57**, 634 (1935).

[3] TISELIUS, A.: Ark. Kem., Mineral. Geol., Ser. B **15**, Nr. 6 (1941); Ser. A **16**, Nr. 18 (1943).

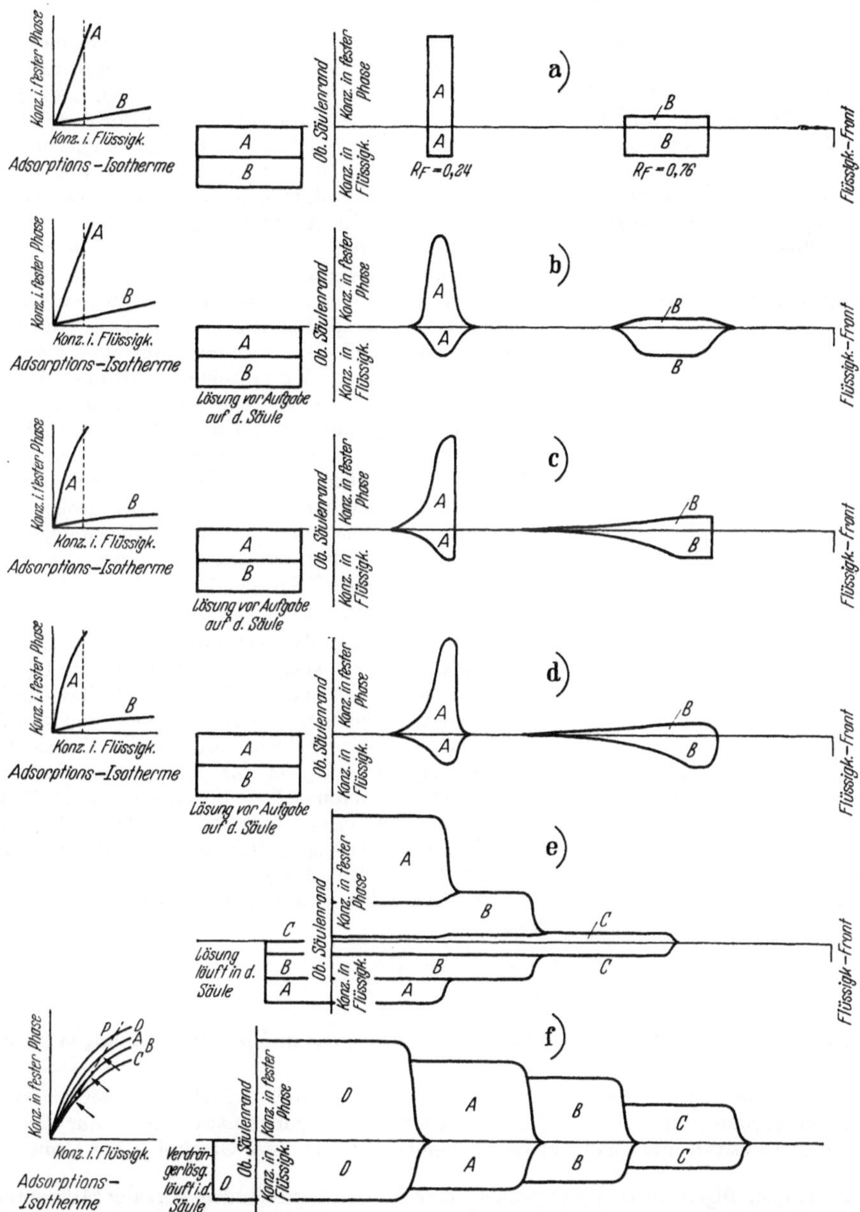

Abb. 12a—f. *Charakteristische Beispiele für Adsorptionschromatogramme.* a Ideales Chromatogramm: sofortige Gleichgewichtseinstellung, keine Diffusion, lineare Isothermen (links). Rechts die Anordnung der Banden auf der Säule (gleiche Mengen der Substanzen A und B); ihre Form ändert sich nicht. b wie a, aber verzögerte Gleichgewichtseinstellung. Banden in der Form von Fehlerkurven. Bei Messung im Bandenmittelpunkt bleiben die R_F-Werte konstant. Die ursprünglich engen Banden verbreitern sich proportional der Quadratwurzel des Abstands von der Säulenoberfläche. c wie b, aber Adsorptionsisothermen nicht linear. R_F der Bandenfront wie in b, aber langsamere Bewegung der Zonenrückseite. d Praktischer Fall. Keine der Bedingungen in a ist erfüllt. Die Bandenvorderseite ist schärfer als die Rückseite. e Frontanalyse. Die Lösung tritt kontinuierlich in die Säule ein, Bildung von aufeinanderfolgenden Fronten, jede Stufe entspricht einer weiteren Komponente. Die stärker adsorbierbaren Komponenten verdrängen die „schwächeren". f Verdrängungsentwicklung. Auf die Lösung der zu trennenden Komponenten folgt die „Verdrängungslösung" der stark adsorbierbaren Substanz D. Die Konzentrationen in der festen und flüssigen Phase folgen aus den Schnittpunkten der Linie OP mit den Adsorptionsisothermen von A, B und C. P ist gegeben durch die Konzentration von D. Für eine vorgegebene Konzentration von D sind die Abstände der Stufen ein Maß für die vorhandene Menge von A, B und C [vgl. A. TISELIUS, Ark. kem. mineral. Geol., Ser. A 16, Nr. 18 (1943)]. [Nach A. J. P. MARTIN, Endeavour 6, 21 (1947).]

Grenzfläche Lösung/Lösungsmittel stellt das Verzögerungsvolumen v_r[1] dar. Bei mehreren gelösten Substanzen erhält man so viele Grenzflächen, als verschieden adsorbierbare Komponenten vorliegen. Sei w das Volumen, ϱ die Dichte des trockenen Adsorbens, c_a die Konzentration der Substanz a in der Lösung und m_a die je Gramm Adsorbens adsorbierte Menge des Stoffes a, so gilt, da das Verzögerungsvolumen der vom Adsorbens aufgenommenen Substanzmenge entspricht, $v_r c_a = w \varrho\, m_a$. Da $m_a/c_a = \alpha_a$ (Adsorptionskoeffizient von a) und $\bar{v}_r$ als spezifisches Verzögerungsvolumen (Verzögerungsvolumen je Gramm) gesetzt werden kann, folgt $\bar{v}_r = \alpha_a$ (genügend schnelle Einstellung des Adsorptionsgleichgewichts vorausgesetzt; über Ausnahmen bei hohem Molekulargewicht vgl. S. 302). Berücksichtigt man, daß die Säule schon vor dem Versuch mit Lösungsmittel durchfeuchtet ist, so erhält man für das beobachtete Verzögerungsvolumen $\bar{v} = \bar{v}_r + \varDelta = \alpha + \varDelta$ ($\varDelta =$ die je Gramm Adsorbens

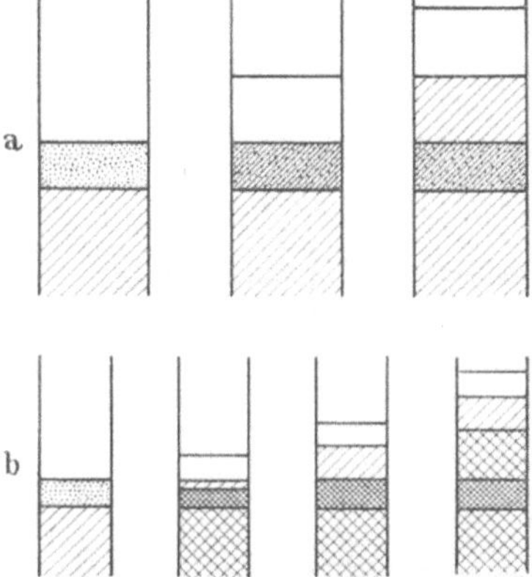

imbibierte Flüssigkeitsmenge). Im Falle mehrerer Komponenten sollte die Frontanalyse durch eine einfache Überlagerung der einzelnen Adsorptionskurven darstellbar sein, wobei jede Schritthöhe der entstehenden treppenförmigen Kurve der Konzentration der betreffenden Komponente in der ursprünglichen Lösung entsprechen sollte. Dies gilt aber nur für schwach adsorbierbare Stoffe oder bei großer Verdünnung. Meist ist die Schritthöhe der weniger adsorbierbaren Komponente gegenüber der Ausgangslösung erhöht, eine Folge der Verdrängung durch die stärkere Komponente.

Betrachtet man das Verhalten von zwei Komponenten a und b (a weniger adsorbierbar) an 1 g Adsorbens, wobei v_a und v_b die Flüssigkeitsvolumina zwischen Meniscus und den Grenzflächen von a und b und die in der a-Schicht beobachtete Konzentration $c_{a\,\text{beob}}$ sein soll. Sei das Volumen $\bar{v}_b$ durch die Säule gepreßt, dann sollte die entsprechende Menge von a, nämlich $\bar{v}_b\, c_a$, teils in der oberen Lösungsschicht $[(\bar{v}_b - \bar{v}_a)\, c_{a\,\text{beob}}]$, teils in der Säule ($\alpha' c_a$) und

Abb. 13a u. b. *Frontanalyse, schematisch.*
a Mit einer gelösten Komponente; b mit zwei gelösten Komponenten. [Nach A. TISELIUS, Kolloid-Z. **105**, 101 (1943).]

im imbibierten Flüssigkeitsvolumen ($\varDelta c_a$) sich befinden. Daher gilt $\bar{v}_b c_a = (\bar{v}_b - \bar{v}_a)\, c_{a\,\text{beob}}$ $+\, \alpha_a' c_a + \varDelta c_a$, wobei α_a' der Adsorptionskoeffizient von a in Gegenwart von b ist (nur für $\alpha_a' = \alpha_a$ ist $c_{a\,\text{beob}} = c_a$). Daraus folgt

$$\frac{c_{a\,\text{beob}}}{c_a} = \frac{\bar{v}_b - \varDelta - \alpha_a'}{\bar{v}_b - \bar{v}_a}.$$

Man kann auf diese Weise die Adsorptionsverdrängung in Mischungen quantitativ feststellen.

Für praktische Zwecke hat die Frontanalyse den Vorteil, daß sie nicht an reversible Adsorption gebunden ist wie die Elutions- oder Verdrängungsentwicklung. Zur Berechnung der qualitativen und quantitativen Zusammensetzung eines Gemisches auf Grund des

[1] Setzt man allgemein $m = f(c)$, wobei f eine für den betreffenden Vorgang (Adsorption, Verteilung) charakteristische Funktion darstellt, so ergibt sich ein einfacher Zusammenhang zwischen dem Verzögerungsvolumen und dem oft zitierten R_F-Wert. Nehme 1 g Säulenmaterial 1 cm³ Volumen ein ($\varDelta v$ cm³ imbibiertes Flüssigkeitsvolumen), so hat die Adsorptionsfront bei Erreichen des Säulenbodens ein Säulenvolumen von 1 cm³, ein Flüssigkeitsvolumen $\varDelta v$ durchwandert; die Solvensfront hat zu dieser Zeit ein Flüssigkeitsvolumen $\varDelta v + \dfrac{f(c)}{c}$ cm³,

entsprechend einem Säulenvolumen $1 + \dfrac{f(c)}{\varDelta v \cdot c}$ cm³ durchwandert. Es folgt:

$$R_F = \frac{1}{1 + \dfrac{1}{\varDelta v} \cdot \dfrac{f(c)}{c}} = \frac{\varDelta v}{\varDelta v + \dfrac{f(c)}{c}}.$$

Frontanalysediagramms aus den Adsorptionsisothermen der Substanzen im Gemisch (LANG-MUIR-Formel) vgl. S. CLAESSON[1].

Bezüglich der Entwicklung des Chromatogramms unterscheidet TISELIUS zwei Typen von Entwicklungsvorgängen, nämlich die durch Elution (wobei durch Nachwaschen mit dem Lösungsmittel die Zonen zu verschieden schnellem Wandern gebracht werden) und jene durch Verdrängung (wobei die entwickelnde Substanz dauernd hinter den zu trennenden Komponenten bleibt). Der von WILSON[2] hergeleitete Schluß, wonach Vorder- und Rückseite der Zone während der Elutionsentwicklung scharf bleiben sollen, erweist sich nach den Messungen von TISELIUS[3] als Grenzfall für konstante Adsorptionskoeffizienten. Die Krümmung der Adsorptionsisotherme führt meist. zu langsamerem Wandern der verdünnteren Zonen, d.h. zu einer Ausbreitung ihrer Rückseite.

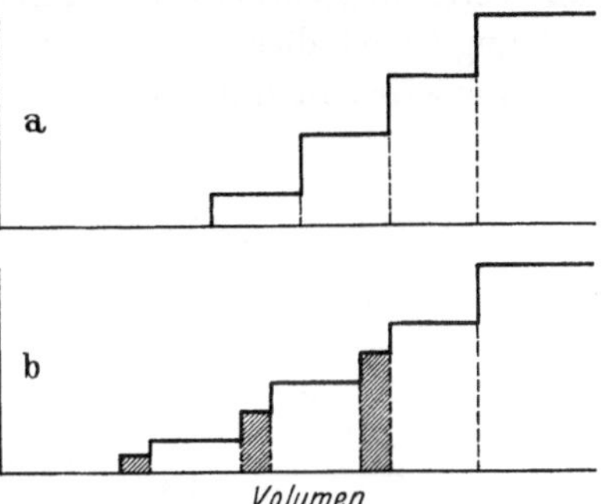

Abb. 14. *Schema der Trägerverdrängung (carrier displacement).* [Nach A. TISELIUS, Endeavour **11** (1952).]

Sei eine Säule des Volumens w mit der Dichte ϱ ganz mit adsorbierter Substanz bedeckt, sei ferner der Adsorptionskoeffizient α_a für die Konzentration c_a, dann ergibt sich aus $\overline{v} = \overline{v}_r + \varDelta$ für das Verhältnis von Volumengeschwindigkeit von Zone und Flüssigkeit:

$$\frac{dw}{dv} = \frac{w}{w\,\varrho\,(\overline{v}_r + \varDelta)} = \frac{1}{\varrho\,(\overline{v}_r + \varDelta)} = \frac{1}{\varrho\,(\alpha_a + \varDelta)}.$$

Es ist also (bei Vernachlässigung des Terms $\varDelta$) die Zonenwanderungsgeschwindigkeit verkehrt proportional dem Adsorptionskoeffizienten; dies führt zu einer Ausbreitung der Zonenrückseite, die bei starker Adsorption und langen Säulen eine Grenze für die Möglichkeiten der Methode setzt. In Übereinstimmung mit diesem Ergebnis stehen auch die Messungen von CASSIDY[4] und MARTIN und SYNGE[5]. Nach WEIL-MALHERBE[6] gilt für das „Schwellenvolumen" v_t, d.h. die Menge an reinem Lösungsmittel, das bis zur beginnenden Elution die Säule passiert, $v_t = K\,m^n$ (K und n Konstanten, m die Menge Adsorbens) und für die Konzentration im Eluat $c_e = a/K m^n$. Damit sich ein Gemisch von zwei Komponenten trennen läßt, müssen sich v_t und K um einen Faktor ≥ 2 unterscheiden.

Bei der *Entwicklung durch Verdrängung* entfällt der Effekt der starken Zonenausbreitung. Die gelösten Substanzen wandern vor der Adsorptionsfront des Verdrängers, wobei eine Zahl scharf abgegrenzter reiner Komponenten entsteht. Nach genügend langer Wanderung stellt sich ein stationärer Zustand ein, der unabhängig von der Menge Adsorbens, von der Menge und der Konzentration der Substanzen und von Beimengungen ist, wodurch die theoretische Behandlung übersichtlich wird. Allerdings ist für die parktische Anwendung der Nachteil zu beachten, daß die Zonen nicht durch Zonen von Lösungsmittel getrennt sind; man kann zwar Substanzen von intermediären Adsorptionskoeffizienten zwischen die zu trennenden Zonen einschieben (Trägerverdrängung = *carrier displacement* [Abb. 14]), doch bedarf dieses Verfahren einer sehr sorgfältigen Auswahl geeigneter Substanzen (vgl. S. 151).

Der Einfluß von Alkoholen, die als Verdränger bei Trägerverdrängungsanalysen von Aminosäure- und Peptidgemischen fungieren (vgl. S. 28), auf die Adsorptionsisothermen an Aktivkohle kann verschiedener Natur sein: In Abb. 15a bewirkt der Zusatz steigender Mengen Äthanol eine zunehmende Begradigung der Adsorptionsisotherme von Phenylalanin an Aktivkohle (Verringerung der Gefahr des „tailing"), während in Abb. 15b Cetylalkohol als Sättiger (Blockierung der aktivsten Adsorptionszentren) wirkt; hier werden Verluste durch irreversible Adsorption vermindert.

[1] CLAESSON, S.: Ark. Kem., Mineral. Geol., Ser. A **24** (7), 1—7 (1947).

[2] WILSON, J. N.: J. Amer. Chem. Soc. **62**, 1583 (1940).

[3] TISELIUS, A.: Ark. Kem., Mineral. Geol., Ser. B **14**, Nr. 22 (1940); Ser. A **16**, Nr. 18 (1943). — Kolloid-Z. **105**, 101 (1943).

[4] CASSIDY, H. G.: J. Amer. Chem. Soc. **63**, 2735 (1943). — CASSIDY, H. G., u. SCOTT E. WOOD: J. Amer. Chem. Soc. **63**, 2628 (1943).

[5] MARTIN, A. J. P., u. R. L. M. SYNGE: Biochemic. J. **35**, 1358 (1941).

[6] WEIL-MALHERBE, H.: Biochemic. J. **36**, XX (1942).

Formuliert man die LANGMUIRsche Adsorptionsisotherme als:

$$m = \frac{a\,b\,c}{1 + b\,c},$$

so wirken sich „Sättiger" nach dem oben Gesagten in der Konstanten a (Verminderung der maximalen Adsorption ohne Formänderung der Isotherme), Elutionsmittel in der Konstanten b aus (Begradigung der Adsorptionsisotherme ohne Verminderung der maximalen Adsorption).

MARTIN[1] hat die theoretischen Grundlagen für die Verdrängungsentwicklung von Verteilungschromatogrammen angegeben. Bei der üblichen Elutionsentwicklung ist nämlich die zulässige Beladung der Säule relativ klein, da der Verteilungskoeffizient nur über einen beschränkten Konzentrationsbereich konstant bleibt und seine Änderung (entsprechend der Krümmung der Adsorptionsisotherme bei der Adsorptionschromatographie) zu einer Verschmierung der Zonen führt. Dagegen ist im Fall der Verdrängungsentwicklung eine Konstanz der Verteilungskoeffizienten nicht nötig, eine eventuelle nebenhergehende Adsorption schadet nicht, und man kann mit hohen Säulenbeladungen arbeiten. Im Fall der Verteilungschromatographie ist es zum Zweck einer Verdrängung notwendig, daß sich der Verteilungskoeffizient in Gegenwart des gelösten Stoffes der folgenden Zone ändert: belädt man z.B. eine Säule mit Säuren, Basen oder entsprechenden Puffern, so führt der bestehende p_H-Gradient zur Verdrängung schwacher Säuren oder Basen.

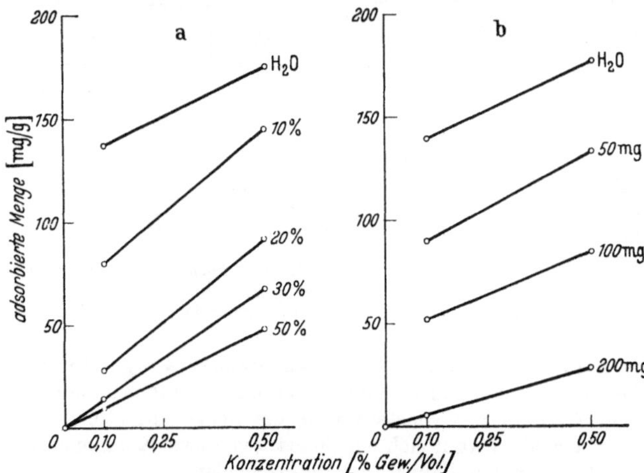

Abb. 15a u. b. a *Adsorptionsisothermen für Phenylalanin an Aktivkohle in Gegenwart steigender Mengen Äthanol;* b *in Gegenwart verschiedener Konzentrationen des „Sättigers" Äthylalkohol.* [Nach A. TISELIUS, Endeavour **11** (1952).]

Zur Berechnung der zur Erzielung eines bestimmten Trenneffektes notwendigen Zahl theoretischer Scheiben entwickelt der Autor die folgende Näherungsformel für die Trennung schwacher Säuren A und B an einer mit Natronlauge vorbeladenen Säule durch Verdrängungsverteilung:

$$2\,n = \frac{\log\left(\dfrac{A^L_{x+n}}{B^L_{x+n}}\right) - \log\left(\dfrac{A^L_{x-n}}{B^L_{x-n}}\right)}{\dfrac{\beta}{\alpha}\left(\dfrac{K_B + H^+}{K_A + H^+}\right)},$$

wobei A^L die Konzentration der Säure in der beweglichen Phase, HA die Konzentration der unionisierten Säure in der stationären Phase, A^- die Konzentration der ionisierten Säure in der stationären Phase (in der beweglichen Phase soll sich keine ionisierte Säure finden), $\alpha = HA/A^L$ Verteilungskoeffizient der nichtionisierten Säure, H^+ die Konzentration der Wasserstoffionen in der stationären Phase, $K_A = H^+ A^-/HA$ die Dissoziationskonstante der

---

[1] MARTIN, A. J. P.: Biochem. Soc. Symposia **3**, 13 (1950).

Säure, L den Säulenquerschnitt der beweglichen Phase, S den Säulenquerschnitt der stationären Phase, V_L das Volumen der beweglichen Phase, die eine gegebene Zone je Zeiteinheit passiert, V_S das Volumen der stationären Phase, die von einer Zone je Zeiteinheit passiert wird und x die Zahl der theoretischen Scheiben (von der Säulenoberfläche her gerechnet) bedeutet.

Beispiel. Für zwei Säuren mit $K_A = K_B = 10^{-5}$, $\alpha = 0,2$; $\beta = 0,1$; $Na^+ = 0,1$ n; $V_L/V_S = 1$

berechnet man
$$H_A^+ = \frac{K_A}{V_L/\alpha\,V_S - 1} = \frac{10^{-5}}{5 - 1}$$
$$= 2,5 \cdot 10^{-6} \quad \text{und} \quad p\,H_A = 5,60$$

bzw.
$$H_B^+ = \frac{K_B}{V_L/\alpha\,V_S - 1} = \frac{10^{-5}}{10 - 1}$$
$$= 1,11 \cdot 10^{-6} \quad \text{und} \quad p\,H_B = 5,95$$

sowie die Konzentration

in der Zone A zu $A^L = \dfrac{Na^+\,H_A^+}{\alpha\,K_A} = 0,125$ n

in der Zone B zu $B^L = 0,111$ n.

Verlangt man, daß das Konzentrationsverhältnis A^L/B^L von 0,001 nach 1000 verschoben werden soll, so sind dafür nach der obigen Gleichung

$$2\,n = \frac{3 + 3}{0,301} = 20$$

theoretische Scheiben notwendig; wäre aber das Verhältnis der Verteilungskoeffizienten α/β statt 2,0 nur 1,1, dann wären für den gleichen Effekt $\dfrac{6}{\log 1,1} = 145$ Scheiben

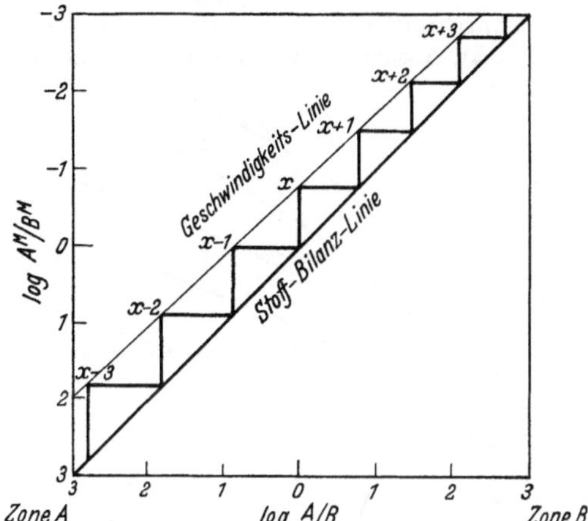

Abb. 16. Diagramm der Beziehung zwischen der Zahl „theoretischer Böden" und der Konzentration in der beweglichen und stationären Phase. [Nach A. J. P. MARTIN, Biochem. Soc. Symposia **3**, 16 (1950).]

notwendig. Das obenstehende Diagramm (Abb. 16) zeigt gemäß den obigen Gleichungen in erster Näherung den graphischen Zusammenhang zwischen der Zahl theoretischer Schichten und den Konzentrationen in der beweglichen und stationären Phase.

Eine Theorie der *Elutionsentwicklung bei der Adsorptionschromatographie* wird insbesondere die verschiedenartigen Formen der Adsorptionsisothermen, die zur Abszisse konvex, konkav oder auch S-förmig verlaufen können, zu berücksichtigen haben.

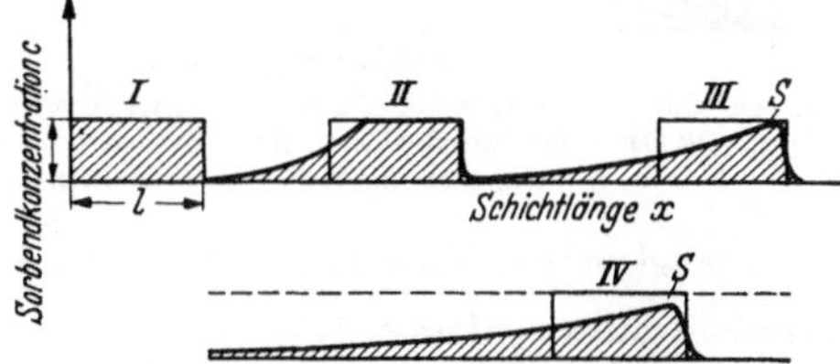

Abb. 17. *Vier Stadien des Konzentrationsprofils des adsorbierbaren Stoffes* (Sorbenden) *beim Durchwandern der Adsorberschicht* (schematisch). [Nach E. WICKE, Angew. Chem. **19**, 15 (1947).]

Die grundlegenden Untersuchungen über die Zerlegung von *Gasgemischen* in durchströmter Adsorberschicht verdanken wir E. WICKE[1] (vgl. ferner DAMKÖHLER und THEILE[2]). Aus ihnen geht hervor, daß die Krümmung der Adsorptionsisothermen für die durch die Adsorberschicht wandernden Konzentrationsprofile und für die erreichbare Trennschärfe von Bedeutung ist. Da man es bei der Adsorptionschromatographie meist ebenfalls mit gekrümmten Adsorptionsisothermen zu tun hat, sind diese wichtigen Überlegungen auch auf die Trennung in *flüssiger Phase* übertragbar; s. dazu die späteren Arbeiten von DE VAULT, WEISS, GLUECKAUF u. a. (S. 32/33).

Beim Durchspülen des Konzentrationsprofils I (Abb. 17) mittels eines Trägergasstroms durch die Adsorberschicht verändert sich seine Gestalt bei gleichbleibendem Flächeninhalt

---

[1] WICKE, E.: Kolloid-Z. **86**, 295 (1939); **90**, 156 (1940); **93**, 129 (1940). — Angew. Chem. **19**, 15 (1947).

[2] DAMKÖHLER, G., u. H. THEILE: Chemie **56**, 353 (1943).

in charakteristischer Weise (II, III, IV); da an seiner Vorderfront Adsorption, an der Rückfront Desorption stattfindet. Für die Desorption folgt aus der Stoffbilanzgleichung (wonach die in jeder Volumeneinheit der Adsorberschicht je Zeiteinheit desorbierte Menge des Sorbenden gleich sein muß der vom Trägergasstrom weggespülten):

$$\frac{w_0}{q} \cdot \frac{\partial c}{\partial x} = -\gamma \frac{\partial m}{\partial t}$$

[c Konzentration im Gasraum zwischen den Adsorptionskörnern zur Zeit t an der Stelle x, m (cm³/g Adsorbens) zugehörige Gleichgewichtsbeladung des Adsorbens, w_0 (cm³/g) Raum-

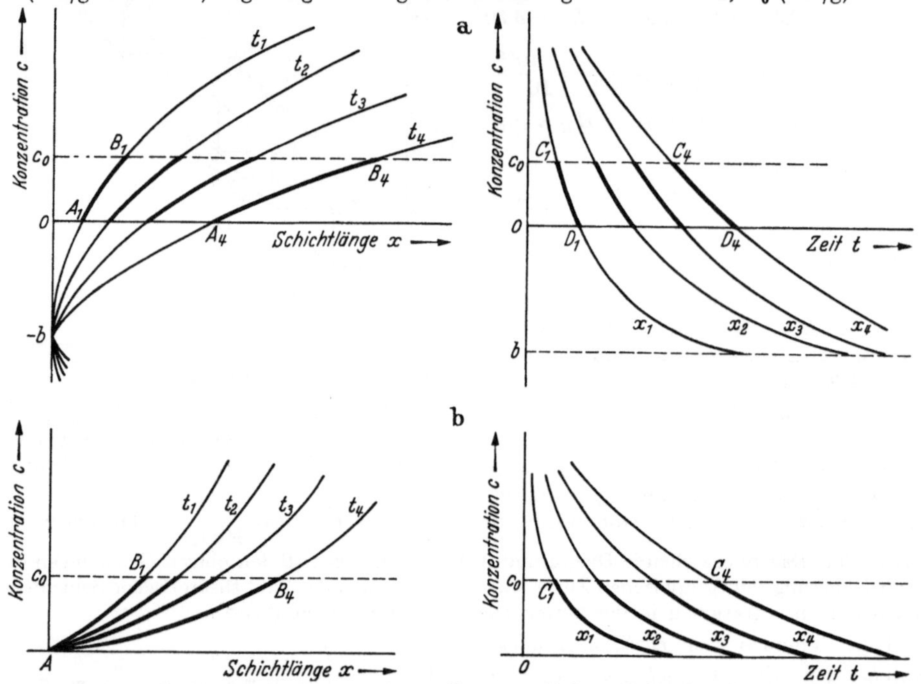

Abb. 18a u. b.   a *Rückfronten des Konzentrationsprofils zu verschiedenen Zeiten* ($t_1 - t_4$) *sowie Desorptionsäste der Ausspülkurven bei verschiedenen Schichtlängen* ($x_1 - x_4$) *im Falle von Langmuir-Isothermen;* b *im Falle der Exponentialformel der Adsorptionsisotherme.* (E. WICKE, s. S. 29.)

geschwindigkeit des Trägergases, γ Schüttgewicht des Adsorbens (g/cm³)] für die LANGMUIRsche Isothermenformel $m = \dfrac{a\,c}{b + c}$:

$$c(x, t) = \sqrt{\frac{A \cdot ab}{w_0 \cdot L}} \cdot \sqrt{\frac{x}{t}} - b$$

(A gesamte Adsorbermenge $= \gamma q L$, wobei L die Schichtlänge in Zentimeter und q der Rohrquerschnitt in Quadratzentimeter ist), d. h. die Profilrückfronten entsprechen den Parabelstücken zwischen 0 und c_0 (Abb. 18a, links), der „Desorptionsschwanz" der Ausspülkurven den Stücken der hyperbelartigen Kurven zwischen c_0 und 0 (Abb. 18a, rechts); anderseits folgt für die empirische Exponentialformel der Adsorptionsisotherme $m = a\,c^b$, die bei der Adsorption aus flüssiger Phase besser anwendbar ist[1] (s. u.),

$$c(x, t) = \left(\frac{A \cdot ab}{w_0 \cdot L} \cdot \frac{x}{t}\right)^{\frac{1}{1-b}}$$

---

[1] Nach E. CREMER [Österr. Chemiker-Ztg **49**, 1 (1948)] kann durch die Annahme, daß die Adsorption an Zentren verschiedener Adsorptionsenergie vor sich geht, wobei die Belegung von Zentren hoher zu solchen niedrigerer Adsorptionsenergie fortschreitet, ein Zusammenhang zwischen der (theoretisch gut begründeten) LANGMUIRschen Isothermenformel und der häufig

d. h., es werden analog die Profilrückfronten durch die Parabelstücke zwischen 0 und c_0 (Abb. 18b, links), die Desorptionsäste der Ausspülkurven bei verschiedenen Schichtlängen durch die Kurvenstücke zwischen c_0 und 0 wiedergegeben (Abb. 18b, rechts).

Ein vollständiges Ausspülen der Schicht ist in diesem Fall grundsätzlich nicht möglich; ein Adsorbens, an dem die Adsorptionsisotherme des zu trennenden Sorbenden streng nach der Exponentialformel verläuft, ist daher zur Trennung in durchströmter Schicht unbrauchbar. In diesem Fall empfiehlt sich eine Vergiftung der aktivsten Adsorptionszentren, Sinterung des Adsorbens oder Vorbelegung mit der besthaftenden Komponente und darauffolgendes Ausspülen. Die aus obigen Gleichungen herzuleitenden Bedingungen für die vollständige Trennung mehrerer Komponenten sind wohl hinreichend, aber nicht immer notwendig; denn infolge der Adsorptionsverdrängung kann völlige Trennung auch erreicht werden, wenn diese Bedingungen für die Adsorptionsisothermen der reinen Komponenten nicht mehr erfüllt sind (so ist z. B. eine fast völlige Trennung noch möglich, wenn die Adsorptionsisotherme der leichter flüchtigen, d. h. weniger haftenden Komponente nach der Exponentialformel verläuft). Durch diese Adsorptionsverdrängung wird nämlich die Rückfront des ersten Konzentrationsprofils, solange sie noch einen Teil der zweiten überlappt, in ihrem Vorschub beschleunigt, „aufgesteilt" und so ihre Trennung beschleunigt. Bei der Chromatographie in flüssiger Phase übernimmt die eigens ausgewählte Lösungs- bzw. Waschflüssigkeit die Funktion des Verdrängers.

Die von J. N. WILSON[1] unter der Annahme, daß sich die Zonenbreite der adsorbierten Substanz während der Entwicklung nicht ändert, und ferner die von J. WEISS, A. C. OFFORD und D. D. VAULT[2] meist unter Zugrundelegung der mathematisch leichter zu handhabenden LANGMUIRschen Isothermenform entwickelten Theorien der Adsorptionschromatographie sind insbesondere von E. GLUECKAUF[3] zusammengefaßt und erweitert worden. Für $\dfrac{dm}{dc} = \dfrac{v}{x}$ (vgl. die allgemeine Gleichung[4]) wurden für einen und mehrere gelöste Stoffe und für die beiden speziellen sowie für die allgemeine Isothermenform Lösungen angegeben, und zwar sowohl für die Entwicklungs- als auch für die Verdrängungschromatographie (vgl. CLAESSON). Die folgenden graphischen Darstellungen zeigen den auf Grund dieser theoretischen Überlegungen erkennbaren Zusammenhang zwischen der je Gramm Adsorbens (Säulenmaterial) festgehaltenen Stoffmenge (m) und der Entfernung des betrachteten Punkts von der Säulenoberfläche im Fall eines einzelnen gelösten Stoffes (x) (Abb. 19) für verschiedene Formen der Adsorptionsisothermen und eines „binären" Chromatogramms (Abb. 20). Aus den experimentell gemessenen Elutionskurven lassen sich umgekehrt auf Grund der Theorie die Adsorptions- und Austauschisothermen berechnen.

An praktischen Folgerungen ergibt sich aus dem Vorstehenden unter anderem als Faustregel für die minimale Menge Adsorbens X_0, die für eine vollständige Trennung ausreicht:

$$X_0 = L_0/(\varDelta x_1/\varDelta x_2 - 1)^2,$$

besser erfüllten, aber empirischen FREUNDLICH-OSTWALDschen Exponentialformel hergestellt werden. Durch Überlagerung mehrerer LANGMUIRschen Isothermen gelangt man zu einer resultierenden Adsorptionsisotherme, die um so ausgeglichener ist, je dichter die Energiewerte der einzelnen Zentren liegen.

<hr>

[1] WILSON, J. N.: J. Amer. Chem. Soc. **62**, 1583 (1940).

[2] VAULT, D. DE: J. Amer. Chem. Soc. **65**, 532 (1943). — WEISS, J.: J. Chem. Soc. (Lond.) **1943**, 297. — OFFORD, A. C., u. J. WEISS: Nature (Lond.) **155**, 725 (1945).

[3] GLUECKAUF, E.: J. Chem. Soc. (Lond.) **1947**, 1302. — Nature (Lond.) **160**, 301 (1947). — COATES, J. I., u. E. GLUECKAUF: J. Chem. Soc. (Lond.) **1947**, 1308. — GLUECKAUF, E., u. J. I. COATES: J. Chem. Soc. (Lond.) **1947**, 1315. — GLUECKAUF, E.: J. Chem. Soc. (Lond.) **1947**, 1321.

[4] Aus der Stoffbilanzgleichung (S. 30 oben, S. 39 unten, Retentionsgleichung S. 35, s. auch S. 26/27) folgt obige Gleichung für konstante Vorschubgeschwindigkeit $\dfrac{dx}{dt}$ der Konzentration c längs der Säule.

worin L_0 die von der ursprünglich unentwickelten Bande eingenommene Menge Adsorbens, und Δx_1 bzw. Δx_2 die Verdrängungen der Vorderfronten der reinen gelösten Einzelstoffe durch gleiche Mengen Lösungsmittel bedeutet. Sind die gelösten Stoffe nicht vollständig zu trennen, so empfiehlt es sich, mit einer Lösung zu entwickeln, die einen dritten, stärker adsorbierbaren Stoff wenigstens der gleichen Konzentration enthält.

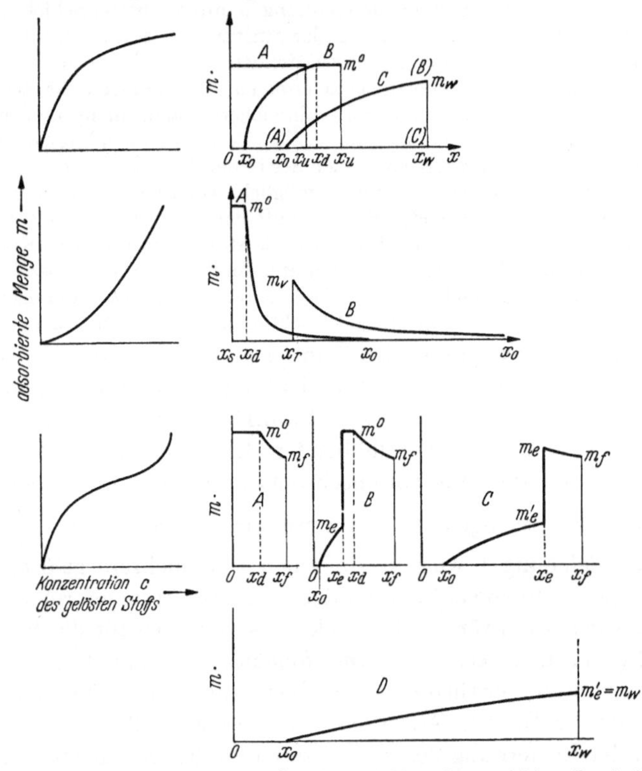

Abb. 19. *Zusammenhang zwischen Isothermenform*[1] *und Entwicklung der zugehörigen Bande in der Adsorptionssäule.* Abszisse im rechten Diagramm: Abstand von der Säulenoberfläche; Ordinate: Menge adsorbierten Stoffes/g Säulenmaterial.

$m = f\,(c)$ Menge des gelösten Stoffes, die von 1 g Adsorbens (einschließlich des Porenraums) aufgenommen wird und im Gleichgewicht mit c steht.

Indices: 0 Punkt der Konzentration Null in der diffusen Zone
[für I, d Punkt der Konzentration c_0 (q_0) in der diffusen Zone
II und III] u unentwickelte Front   *Indices* (für III): e, e', f und ε Punkte
    r scharfe, unentwickelte Vorderfront   einer partiell diffusen Bande.
    s scharfe, unentwickelte Rückfront
    w Front des vollentwickelten Chromatogramms.

Für I und II: (*A*) ursprüngliche Bande, (*B*) unvollständige Entwicklung, (*C*) vollständige Entwicklung.
Für III: (*A*) ursprüngliche Bande, (*B*) unvollständige Entwicklung, (*C*) erste Stufe der Vervollständigung der Entwicklung, (*D*) vollständige Entwicklung.

Während frühere Autoren ihrer Theorie nur die Langmuirsche Isotherme zugrunde legten, zeigte Glueckauf eine graphische Lösung der Fundamentalgleichung auch für die Freundlichsche Exponentialformel. Außerdem konnte dieser Autor den Einfluß unvollständiger Gleichgewichte auf die Form des Chromatogramms nachweisen. Ähnlich wie die Diffusion machen sich Ungleichgewichte am stärksten an Zonen mit hohen Konzentrationsgradienten, also an den steilen

---

[1] S-förmige Isothermen kommen bei Ionenaustauschvorgängen vor, besonders wenn die beiden austauschenden Ionen mit etwa gleicher Affinität aufgenommen werden.

Frontbanden (HG, PQ, Schwellenbanden) und steilen Zwischenbanden (EF, $E'F'$, LK, $L'K'$) bemerkbar (Abb. 20). Nach DE VAULT haben Frontbanden die Tendenz zur Aufsteilung, sofern die Krümmung der Isothermen normal, d.h. konkav zur c-Achse verläuft. Flacht also eine solche Zone z.B. durch mangelnde Einstellung des Gleichgewichts ab, so hat sie eine um so größere Tendenz zum „self-sharpening", je stärker gekrümmt die Isotherme ist; der Effekt verschwindet für lineare Isothermen, die aber bei einem einzelnen gelösten Stoff selten auftreten. Das „self-sharpening" der Zwischenzonen hängt vom Verlauf der „Austausch-

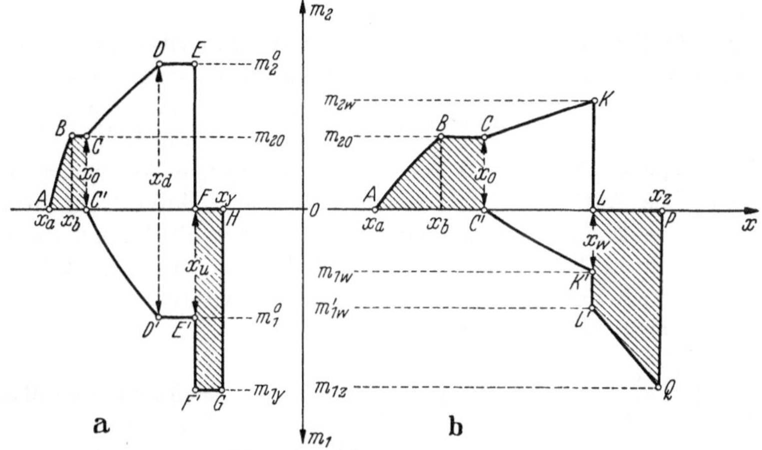

Abb. 20a u. b. *Entwicklung eines binären Chromatogramms:* a teilweise entwickelt; b voll entwickelt. m_1 und m_2 die je Gramm Adsorbens adsorbierten Mengen in Abhängigkeit von x (Entfernung von der Säulenoberfläche), v_0 und c_0 Volumen und Konzentration der ursprünglichen Lösung; $m_0 = f(c_0)$. Einheitliche Vorderfront des Stoffes 1 und einheitliche Rückfront des Stoffes 2 strichliert. Einheitliche Vorderseite der Bande 1 (unentwickeltes Diagramm) F, E', F', G, H; Stoff 1 in der Mischbande C', K', L; einheitliche Rückseite der Bande 2 (unentwickelt und entwickelt) A, B, C, C' (Indices vgl. Abb. 19).

isotherme" der beiden betroffenen Stoffe ab; bei sehr ähnlichen Stoffen ist diese nahezu linear und der Effekt gering.

Diese Überlegungen führen zur praktisch wichtigen Folgerung, daß bei Abnahme von Korngröße und Flußgeschwindigkeit (Begünstigung der Gleichgewichtseinstellung) die Schärfe von nicht selbstaufsteilenden Zonen zunimmt und vorher unvollständige Trennungen vollkommen werden. Man sollte erwarten, daß die Diffusion eine Grenze setzt, doch ist ihr Einfluß klein gegen die Nichteinstellung des Gleichgewichts, so daß selbst bei kleinsten Korngrößen (0,01 mm) und langsamsten Flußzeiten (0,001 cm/sec) noch Verbesserung erzielt werden konnte.

Ionenaustausch und Adsorption schließen einander keineswegs aus; sehr oft wird man damit zu rechnen haben, daß beide Vorgänge gleichzeitig ablaufen. MYERS hat darum mit Recht darauf hingewiesen, daß man zur Unterscheidung beider Prozesse alle ursprünglich vorhandenen und alle gebildeten Bestandteile analysieren muß. Bei der Adsorption organischer Säuren durch Anionenaustauscherharz z.B. scheint in Gegenwart von Wasser vorzugsweise Ionenaustausch, in Gegenwart nicht wäßriger Lösungsmittel Additionsadsorption vor sich zu gehen.

Ionenaustauscher[1] können ganz allgemein als in den üblichen Lösungsmitteln des Laboratoriums unlösliche Substanzen bezeichnet werden, die in polaren

---

[1] Übersicht bei TOMPKINS, R.: Analyt. Chem. **22**, 1352 (1950). — DICKEL, G., u. K. TITZMANN: Angew. Chem. **63**, 450 (1951).

Lösungsmitteln zu ionisieren vermögen. Der Austauschvorgang selbst für ein einwertiges Kation oder Anion entspricht der Gleichung

$$A R + B^{\pm} \rightleftharpoons B R + A^{\pm} \qquad (R \text{ Austauscher, } A^{\pm}, B^{\pm} \text{ Kation, bzw. Anion}).$$

Bezeichnet a die Aktivitäten der Reaktionsteilnehmer, die von den Radien der hydratisierten Ionen, welche um die Erfolgstellen konkurrieren, abhängen, so folgt:

$$K = \frac{a_{BR} \cdot a_{A^{\pm}}}{a_{AR} \cdot a_{B^{\pm}}}.$$

Wendet man die Theorie von DONNAN, wonach die Aktivität jedes diffusiblen Elektrolyten in beiden Phasen beim Gleichgewicht gleich ist, auf das vorliegende Problem an (BAUMANN)[1], so ergibt sich aus $\left(\dfrac{a_{B^{\pm}}}{a_{A^{\pm}}}\right)_R = \left(\dfrac{a_{B^{\pm}}}{a_{A^{\pm}}}\right)_F$ (R Austauscherphase, F Flüssigkeitsphase), daß für kleine Gesamtionenkonzentrationen in beiden Phasen die Aktivitäten der Ionen etwa gleich ihren Konzentrationen sind und keine deutliche Trennung erfolgt[2]. Da aber die Ionenkonzentration im Austauscher sehr hoch (2—6 molar) und auch die Konzentration in der Lösung selbst meist ziemlich hoch ist, können hier die Aktivitäten nicht mehr gleich den Konzentrationen gesetzt werden[3].

Es gilt:

$$\left(\frac{c_{A^{\pm}}}{c_{B^{\pm}}}\right)_R \cdot \left(\frac{c_{B^{\pm}}}{c_{A^{\pm}}}\right)_F = \left(\frac{fB}{fA}\right)_R \cdot \left(\frac{fA}{fB}\right)_F = K \qquad f = \text{Aktivitätskoeffizienten.}$$

Man kommt damit formal zu einer Form des Massenwirkungsgesetzes (zur Anwendung des Massenwirkungsgesetzes auf den Austauschvorgang vgl. KERR[4], VANSELOW[5] sowie KRISHNAMOORTHY, DAVIS und OVERSTREET[6]). Die Größe K, die nur innerhalb eines bestimmten Konzentrationsbereichs konstant ist, erscheint hier einfach als das Verhältnis der Aktivitätskoeffizienten der beteiligten Ionen in beiden Phasen. Vgl. BOYD, SCHUBERT, ADAMSON[7] sowie KRESSMANN und KITCHENER[8].

Aus ihren experimentellen Ergebnissen kommen BAUMANN und EICHHORN[9] zu dem Schluß, daß das Ionenaustauschgleichgewicht zwischen einem mono-

---

[1] BAUMANN, W. C.: Ion Exchange. New York: F. C. Nachod 1949.

[2] Ionen höherer Valenz, aber vergleichbaren Atomgewichts, werden bei niedriger Lösungskonzentration gegen Ionen niederer Valenz ausgetauscht; bei hohen Konzentrationen der Lösung kann sich das Verhältnis aber sogar umkehren.

[3] Der Zusammenhang zwischen Aktivitätskoeffizienten und Austauschgleichgewicht im Sinn der DONNAN-Theorie wird nach BAUMANN durch die Tatsache bestätigt, daß die Zahl der Quervernetzungen (cross linking) in einem Austauscherharzpartikel den Trennungsgrad zweier gelöster Stoffe bestimmt; denn mit zunehmender Zahl der Zwischenbindungen nimmt die Fähigkeit des Harzes ab, sein Porenvolumen durch Quellung zu vergrößern, wobei der Konzentrationsunterschied zwischen Harz- und Flüssigkeitsphase kleiner wird als es im Fall eines stark vernetzten Harzes möglich ist. Allerdings nimmt mit steigendem „cross-linking" die Austauschfähigkeit ab, und speziell große, stark hydratisierte Moleküle werden nicht oder nur unter Sprengung kovalenter Bindungen im Harz, bzw. unter Abstreifung der Hydratwasserhülle in die Poren eindringen können (vgl. S. 21).

[4] KERR, H. W.: J. Amer. Soc. Agron. **20**, 309 (1928).

[5] VANSELOW, A. P.: Soil. Sci. **33**, 69 (1932).

[6] KRISHNAMOORTHY, C., L. E. DAVIS u. R. OVERSTREET: Science (Lancaster, Pa.) **108**, 439 (1948).

[7] BOYD, G. E., J. SCHUBERT u. A. W. ADAMSON: J. Amer. Chem. Soc. **69**, 2818 (1947).

[8] KRESSMANN, T. R. E., u. J. A. KITCHENER: J. Chem. Soc. (Lond.) **1949**, 1190.

[9] BAUMANN, W. C., u. J. EICHHORN: J. Amer. Chem. Soc. **69**, 2830 (1947).

valenten Metallkation an dem Austauscherharz Dowex 50 (das als saure Reste ausschließlich Sulfosäuregruppen enthält) einfach bestimmt wird durch die Differenz der Aktivitätskoeffizienten zwischen der Lösung außerhalb und der sehr konzentrierten Lösung innerhalb des Harzgels, ohne eine spezifische Affinität der Sulfosäuregruppen für das eine oder andere Ion.

Die Austauschreaktion zwischen zwei schwachen organischen Basen (das gleiche gilt vice versa für schwache Säuren) ist indessen deutlich verschieden von der, die z.B. zwischen den Salzen von Alkalimetallen eintritt. Durch Herabsetzung der Dissoziation der einen Base durch die andere können im ersteren Fall die Kationen der stärkeren Base besser mit den negativ geladenen Gruppen des Harzes reagieren. Im speziellen Fall eines Austauschs organischer Kationen zwischen dem Harz und einer Lösung einer schwachen Base oder Aminosäure ist zu erwarten, daß die Unterdrückung der Ionisation der schwächeren Base in der Lösung den Hauptfaktor für die Reihenfolge des Austritts der Substanzen aus der Säule darstellt.

PARTRIDGE und WESTALL[1] haben die theoretischen Zusammenhänge für die Verdrängungsentwicklung von Aminosäuren an Austauscherharzen gründlich studiert. In Analogie zur Adsorptionsisotherme definieren die Autoren für die Retention der untersuchten Ampholyte an der Austauschersäule eine „Retentionsisotherme", in welcher die Menge adsorbierter Substanz/g Adsorbens gegen die Konzentration der Lösung gesetzt ist. Solche Kurven können bestimmt werden durch Messung des Retentionsvolumens für eine vollkommen scharfe Bande V_e (zur Ableitung vgl. Abb. 21) bei verschiedenen Konzentrationen des gelösten Stoffes. Ist ε die Menge festgehaltener (eingetauschter) Substanz (mMol/g trockenes Harz), W das Trockengewicht des Harzes und c die Konzentration (mMol/cm³) der in die Säule

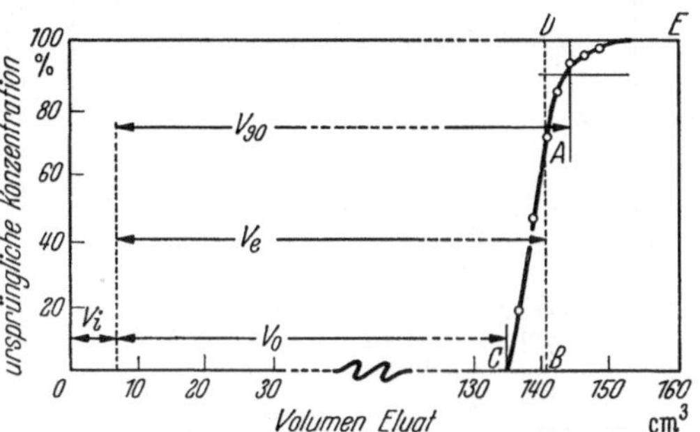

Abb. 21. *Volumen-Konzentrationskurve für das Eluat einer Lösung*, 0,042 n-Ammoniak enthaltend, aus einer Säule von Zeocarb 215 (Durchmesser 8,5 mm); 1,45 g Adsorbens, Maschenzahl 120—150. V_0 Volumen, bei dem der gelöste Stoff (Ammoniak) eben durchbricht; V_{90} Volumen des Eluats, bei dem die Konzentration 90% der Konzentration der ursprünglichen Lösung erreicht; V_e Volumen des Eluats für eine ideal scharfe Bande (Fläche $ABC = ADE$), daher Gesamtmenge adsorbierten Stoffes $V_e \cdot C$ (wenn C die Konzentration der Ausgangslösung ist). V_i Volumen der ursprünglich imbibierten Flüssigkeitsmenge. [S. M. PARTRIDGE und R. G. WESTALL, Biochemic. J. **44**, 418 (1949).]

fließenden Lösung, so gilt $\varepsilon = \dfrac{V_e \cdot c}{W}$. Abb. 23 zeigt die auf diese Weise erhaltenen Retentionskurven für Ammoniak und eine Reihe von Aminosäuren. Wie zu erwarten, weichen die Kurven der stärkeren Basen deutlich von der LANGMUIRschen Formel ab; diese Tatsache erklärt sich aus zwei Variablen, der Konzentration des Kations und der Konzentration der Wasserstoffionen. Der Einfluß des p_H (der Wasserstoffionenkonzentration der in die Säule fließenden Lösung) auf die Adsorption geht aus Abb. 22 hervor; danach verfügt der verwendete Kationenaustauscher (Zeocarb 215) über zwei Sorten adsorbierender Gruppen (Sulfosäurereste entsprechend p_K 1,5, schwach saure phenolische Reste entsprechend p_K 10). Die Bestimmung der Konzentration der gelösten Stoffe in der ausfließenden Lösung gelingt auch hier nach der Methode von CLAESSON. In Abb. 23 ist eine Gerade OD vom Ursprung zu einem Punkt D der Isotherme des Verdrängungsentwicklers gezogen, der der Konzentration des verwendeten Entwicklers entspricht; die Punkte, in denen diese Gerade die Isothermen der einzelnen Komponenten schneidet, geben die Konzentration ihrer ausfließenden Lösungen an. Da nämlich der Gradient von OD $\varDelta\varepsilon/\varDelta c$ und gleichzeitig eine

---

[1] PARTRIDGE, S. M., u. G. WESTALL: Biochemic. J. **44**, 418 (1949). — PARTRIDGE, S. M., u. R. C. BRIMLEY: Biochemic. J. **44**, 513 (1949).

Funktion des Durchbruchvolumens des Entwicklers ist, also $\dfrac{W\,\Delta\varepsilon}{\Delta c} = \dfrac{W\,\varepsilon_d}{C_d} = V_d$ gesetzt werden kann (ε_d, C_d und V_d beziehen sich auf den Entwickler D), gilt für jede andere Komponente A $\dfrac{W\,\Delta\varepsilon}{\Delta c} = \dfrac{W\,\varepsilon_a}{C_a} = V_a$ (ε_a, C_a und V_a beziehen sich auf den Schnittpunkt von OD mit der Isotherme von A). Dieser Schnittpunkt legt die Konzentration von A so fest, daß $V_a = V_d$ wird; ist die Säule genügend lang zur Einstellung des Gleichgewichts, so sollte die Substanz A in der Konzentration C_a ausfließen. Für freie Basen wie Ammoniak, Natrium- oder Bariumhydroxyd als Verdrängungsentwickler von Aminosäuren fand man gute Übereinstimmung der experimentellen und berechneten Werte. Analoge Verhältnisse findet man für die Retention von sauren Aminosäuren an Anionenaustauschern (Abb. 24). Verdrängung mit Salzlösungen dagegen, wobei die Verhältnisse durch die entsprechenden Anionen kompliziert werden. gestatten eine solche Berechnung auf Grund der Isothermen für die freien Basen nicht ohne weiteres.

Für die Reihenfolge der Verdrängung an Adsorbentien wie Kohle ist der Verlauf der betreffenden Isothermen ausschlaggebend: stärker adsorbierbare Substanzen verdrängen

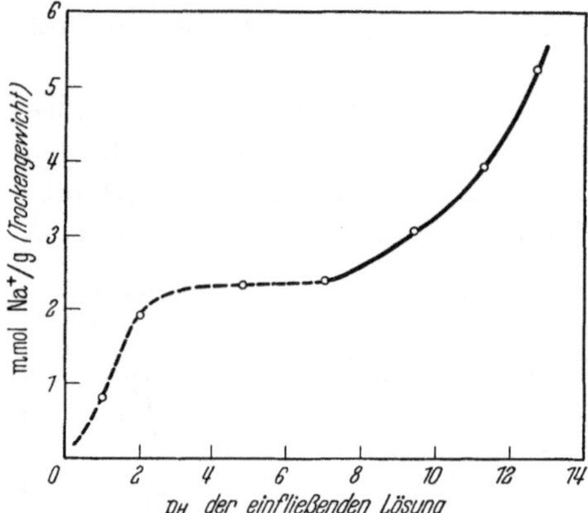

Abb. 22. Adsorption von Natriumionen aus einer Reihe von Puffern (p_H 12,1 — 1,1), die 0,053 n Na$^+$ enthielten.

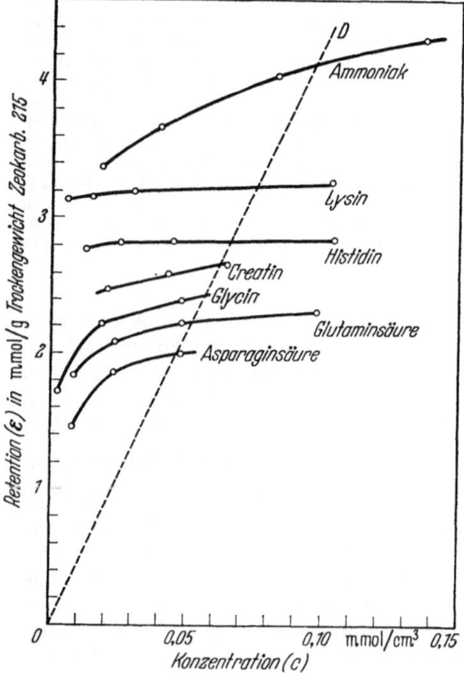

Abb. 23. Retention von Ammoniak und einer Reihe Aminosäuren an Zeocarb 215 (80—100 Maschen). 1,44 g Austauscher, Säule 0,85 cm Durchmesser.

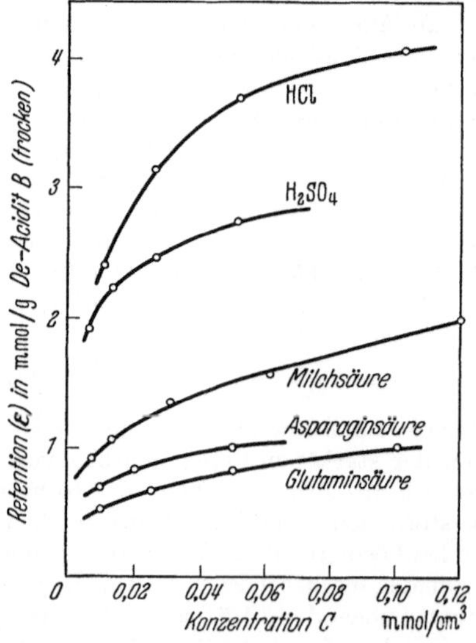

Abb. 24. Retention einer Reihe von Säuren am Anionenaustauscher Deacidit B (80—100 Maschen/inch); 1,6 g Harz, Säulendurchmesser 0,9 cm. [S. M. Partridge und R. C. Brimley, Biochemic. J. **44**, 513 (1949.]

schwächer adsorbierbare (Claesson). Bei Ionenaustauschern gilt dies nicht durchgehend; besonders bei Gemischen von mono- und divalenten Aminosäuren treten Anomalien auf. Tabelle 7 zeigt, daß die Reihenfolge der Verdrängung von Aminosäuren an Zeocarb 215 weniger genau den Werten für ε als dem p_H-Verlauf der ausfließenden Lösung entspricht (s. o.).

Zur Untersuchung der Faktoren, welche die Randbreite der Zonen beeinflussen, setzen die Autoren $\lambda_{90} = \dfrac{V_{90} - V_0}{V_e} L$ (zur Bestimmung von V_i, V_{90}, V_0 und V_e vgl. Abb. 27; L Länge der Säule in Zentimeter). Der Wert für $(V_{90} - V_0)/V_e$, der unabhängig vom Durchmesser und der Länge der Säule und charakteristisch für das verwendete Harz ist, wächst mit steigender Partikelgröße (Abb. 25) und zunehmender Durchflußgeschwindigkeit der Lösung. Tabelle 8 zeigt die Werte für λ_{90} (cm) bei der Verdrängung von Wasserstoff- durch

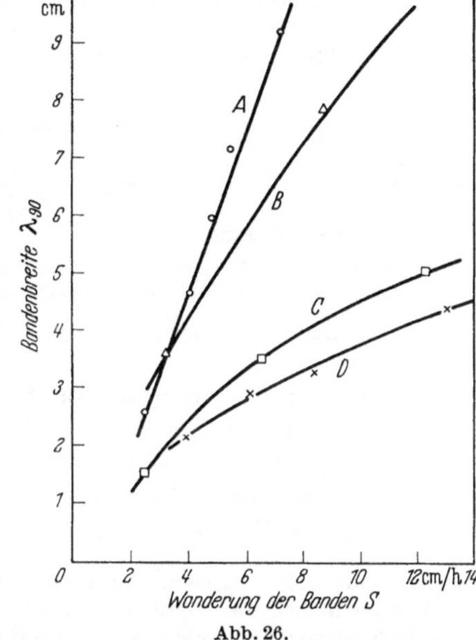

Abb. 25.   Abb. 26.

Abb. 25. Einfluß der Partikelgröße und der Flußgeschwindigkeit auf die Randbreite einer Ammoniumfront (Ammoniumion ersetzt Wasserstoffion an Zeocarb 215). (S. M. PARTRIDGE und R. G. WESTALL, s. S. 35.)

Abb. 26. Randbreiten der Zonen einer Glutaminsäurelösung (0,05 m) an verschiedenen Anionenaustauschern (80—100 Maschen/inch): A Deacidit B; B Amberlit IR 4 (Chloridform; regeneriert mit 0,0005 n HCl); C Wofatit M; D Amberlit IR 4 (regeneriert mit Phosphatpuffer p_H 7). (PARTRIDGE und BRIMLEY, s. S. 35.)

Ammoniumionen; schwache Basen (Kreatin, Kreatinin, Glycin) gaben etwas niedrigere Werte, während starke Basen (Natronlauge, Arginin) breitere Banden, offenbar wegen ihrer Reaktion mit den freien phenolischen Hydroxylen, lieferten. Vgl. dazu die Randbreiten von Glutaminsäurezonen an Anionenaustauschern (Abb. 26).

Aus Abb. 27 läßt sich erkennen, daß die ungefähre Ausbeute (in Prozent) an *reiner* Substanz aus der Bande der ersten Komponente A gegeben ist durch $\left(1 - \dfrac{\lambda^b_{r0}}{2 l^a_e}\right) \times 100$ und daß allgemein die einer anderen

Tabelle 7. *Retention einer Reihe von Basen und Ampholyten am Kationenaustauscher Zeocarb 215.* Die Substanzen sind in der Reihenfolge ihrer Verdrängung angegeben; Substanzen, die mit einer Klammer verbunden sind, trennen sich nicht. Die Lösung der Konzentration c (mMol/cm³) tritt kontinuierlich durch die Austauschersäule.

Substanzen	Gleichgewichts-konzentration c	mMol/g trockener Austauscher	p_H der austretenden Lösung
{Natriumhydroxyd. .	0,071	4,77	12,9
{Bariumhydroxyd . .	0,05	3,38	12,7
Ammoniak	0,05	3,70	11,0
Lysin	0,05	3,20	9,7
Anserin	0,035	2,35	8,3
{Carnosin	0,035	2,35	8,2
{Kreatinin	0,041	2,75	8,2
Kreatin	0,05	2,60	7,0
Glycin	0,05	2,36	6,0
{Serin	0,05	2,26	5,1
{Glutaminsäure . . .	0,05	2,20	3,2
Asparaginsäure . . .	0,05	1,98	2,8

Komponente (M) $\left(1 - \dfrac{\lambda^m_{90} + \lambda^n_{90}}{2 l^m_e}\right) \times 100$ beträgt; sind die Werte für λ_{90} klein und praktisch für alle Komponenten gleich, so läßt sich vereinfachend schreiben $\left(1 - \dfrac{\lambda_{90}}{2 l^a_e}\right) \times 100$ bzw.

Turba, Chromatographische Methoden.   3 b

$$\left(1 - \frac{\lambda_{90}}{l_e^m}\right) \times 100$$ (vgl. die in dieser Weise berechneten Werte verschiedener Randbreiten der Zonen an Zeocarb 215).

Beispiel für die Abschätzung der Mindestsäulenlänge und der Ausbeuten für eine bestimmte Trennung: Setzt man für λ_{90} einen Durchschnittswert von 3,0 (für die Trennung an einem Austauscher der Maschenzahl 40—60 bei einer Wanderungsgeschwindigkeit der Bande an der Säule von 10 cm/Std), so erhält man aus den Werten in Abb. 23 folgende Daten:

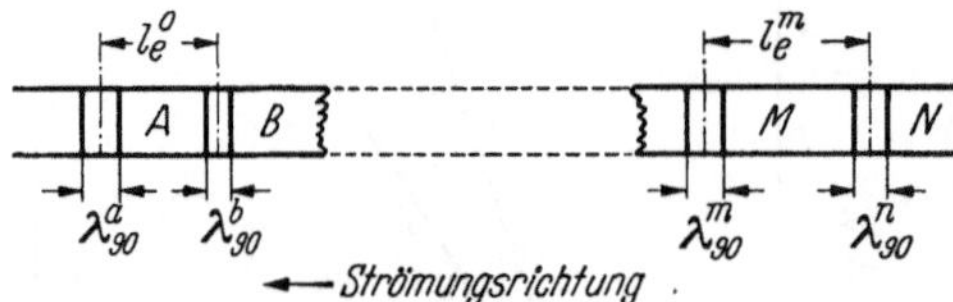

Abb. 27. Diagramm der Banden (A, B, . . . M, N) in einem Chromatogramm bei Verdrängungsentwicklung mit Einzeichnung der Randbreiten: λ_{90}^a, λ_{90}^b, ..., λ_{90}^m, λ_{90}^n. (PARTRIDGE und WESTALL, s. S. 37.)

Die Säule enthielt 0,7 g trockenes Harz/cm Säule. Für 0,1 n-Ammoniak zeigen die Isothermen in Abb. 23 folgende Werte für ε: Histidin 2,82 mMol/g, Glycin 2,4 mMol/g, Asparaginsäure 1,98 mMol/g. Die im Gleichgewicht eingenommenen Säulenabschnitte sind daher 7,2 bzw. 15,9 bzw. 12,8 cm hoch. Die aus den vorstehenden Gleichungen berechneten Ausbeuten betragen 79,2 bzw. 81,2 bzw. 88,4% (gefunden 80,5 bzw. 77 bzw. 81,5%).

Die Größe der Harzpartikel von Austauscherharzen bestimmt Zahl und Form der Flüssigkeitskanäle und damit die Art der Strömung (Bewegung der Ionen in der Flüssigkeitsphase) sowie die durchschnittlichen Wegstrecken, die ein Ion im Harz zu diffundieren hat. Die relativen Konzentrationen der Ionen bedingen das Ausmaß der Diffusion, damit die Verweilzeit in jeder der Phasen und auf diesem Weg den Verteilungskoeffizienten (bei großen Konzentrationsunterschieden ändert sich der Verteilungskoeffizient in den einzelnen Säulenbezirken). Die Temperatur beeinflußt die Diffusion, die Austauschgeschwindigkeit und die Gleichgewichtslage der Austauschreaktion. Säulenlänge und -querschnitt sind leichter zu übersehende Faktoren. Angesichts der Vielzahl der Variablen ist es verständlich, daß

Tabelle 8. *Randbreiten* (λ_{90}) *verschiedener Banden an Zeocarb 215.* (H^+-Ammoniak bedeutet, daß eine Bande der Ammoniumionen die Kationenaustauschersäule in der H^+-Form von oben nach unten durchwandert und dabei H^+-Ionen ersetzt.)

Austauschende Ionen	Maschen/inch	Flußgeschwindigkeit S (cm/Std)	Randbreite der Bande (λ_{90}) cm
H^+-Ammoniak	40—60	10	2,00
H^+-Ammoniak	80—100	10	1,25
H^+-Lysin	80—100	5	2,40
H^+-Histidin	80—100	5	2,56
H^+-Glycin	80—100	5	0,56
H^+-Serin	80—100	5	1,27
H^+-Glutaminsäure . . .	80—100	5	2,10
H^+-Asparaginsäure . . .	80—100	5	2,10
Histidin-Ammoniak . . .	80—100	5	2,14
Glycin-Histidin	40—60	10	3,10
Kreatinin-Ammoniak . .	80—100	5	0,80
Glycin-Kreatinin	80—100	5	0,80
Asparaginsäure-Glycin .	40—60	10	3,50

bisher keine Theorie die Gesamtheit dieser Beziehungen mathematisch zu interpretieren vermochte. Die erfolgreichsten Theorien für den (praktisch wichtigsten) Fall kleiner Ionenkonzentrationen in der Lösung gegenüber der Ionenkonzentration an der Verteilermatrix sind die für die Destillation und Verteilungschromatographie entwickelten Annahmen von „theoretischen Böden" (MARTIN und SYNGE, MAYER und TOMPKINS[1]) sowie die kinetischen Betrachtungen (THOMAS[2]), die ein besseres Verständnis des Mechanismus von Trennungen in Austauschersäulen in Aussicht stellen.

[1] MAYER, S. W., u. E. R. TOMPKINS: J. Amer. Chem. Soc. **69**, 2866 (1947).
[2] THOMAS, H. C.: J. Amer. Chem. Soc. **66**, 1664 (1944).

Auf Grund der Theorie von Mayer und Tompkins, die wiederum auf der Analogie zwischen der chromatographischen Form des Ionenaustausches und der Trennung in einer Fraktionierkolonne oder einer Extraktionssäule beruht, sind Voraussagen nicht nur über die Verteilung der verschiedenen Substanzen in der Säule, sondern vor allem auch direkt über die Zusammensetzung des Eluats möglich, die hier von besonderem praktischen Interesse sind. Seien:

x die Zahl theoretischer Schichten, mit je der Masse m des Austauschers und dem Volumen v der Lösung;

$V = x\,v$ das Volumen der Lösung in der Säule;

n Zahl der v, die zu einer bestimmten Zeit in die betreffende Schicht eingetreten sind;

$F = n/x$ Zahl der V, welche die Säule passiert haben;

G Anteil eines gelösten Stoffes im Volumen v;

H Anteil eines gelösten Stoffes in der festen (Harz-)Phase einer Schicht;

$G_{n,\,x}$ Anteil des gelösten Stoffes im n-ten Volumen v in Gleichgewicht mit der Schicht x;

$H_{n,\,x}$ Anteil des gelösten Stoffes in der festen Phase der Schicht x, wenn das n-te Volumen v im Gleichgewicht mit dieser Schicht steht,

so folgt aus $\alpha = \dfrac{H_{n,\,x}}{G_{n,\,x}}$ (Verteilung der gelösten Substanz zwischen Lösung und Austauscher im Segment x) für das Stoffgleichgewicht $G_{n,\,x} + H_{n,\,x} = G_{n,\,x-1} + H_{n-1,\,x}$ und für große n und x:

$$G_{n,\,x} = \frac{1}{\sqrt{2\pi}} \; \frac{(x+n-1)^{x+n-\frac{1}{2}}\,\alpha^{n-1}}{(n-1)^{n-\frac{1}{2}} \cdot x^{x+\frac{1}{2}}} \cdot \frac{\alpha^{n-1}}{(1-\alpha)^{x+n}} \cdot$$

Bei der Trennung von zwei Stoffen 1 und 2 (entsprechend den „Verteilungsquotienten" α' und α'') läßt sich der Anteil der einen Substanz in jeder Fraktion der anderen im Eluat leicht graphisch bestimmen; denn da im Ausdruck

$$\frac{G'_{n,\,x}}{G''_{n,\,x}} = \text{antilog}\left[\log\frac{\alpha'^{\,x-1}}{(1+\alpha')^{x+n}} - \log\frac{\alpha''^{\,x-1}}{(1+\alpha'')^{x+n}}\right]$$

für konstante x jeder der beiden logarithmischen Ausdrücke (und deren Differenz) eine lineare Funktion von n ist, läßt sich in einem Diagramm [Abszisse: Eluatvolumen F, in V-Einheiten; Ordinate $(n-1)\log\alpha - (n+x)\log(1+\alpha)$] aus dem Ordinatenabstand der beiden Geraden für ein bestimmtes F der antilog des Verhältnisses der G ablesen (Abb. 28).

Die kinetischen Betrachtungen (Beaton und Furnas[1]; Boyd, Adamson, Myers[2]; Walter[3]; Thomas[4]) gehen aus von der Feststellung, daß im Fall der Einstellung des Gleichgewichts an allen Stellen in einem Volumelement der Austauschersäule dx in der Zeit dt die Summe der Konzentrationszunahme in der Harzphase durch Austausch und in der Flüssigkeit durch Transport gleich sein muß der Konzentrationsabnahme in der Flüssigkeitsphase durch Austausch:

$$\frac{\partial c_R}{\partial t}\,dx\,dt + \frac{\partial c_F}{\partial x}\,u\,\Delta\,dx\,dt = -\,\frac{\partial c_F}{\partial t}\,\Delta\,dx\,dt$$

(Δ = Bruchteil der freien Zwischenräume zwischen den Adsorbenspartikeln, u = Strömungsgeschwindigkeit).

Thomas hat eine Lösung dieses Problems versucht unter Annahme einerseits eines bimolekularen Mechanismus, andererseits der Diffusion des gelösten Stoffs durch die Partikel

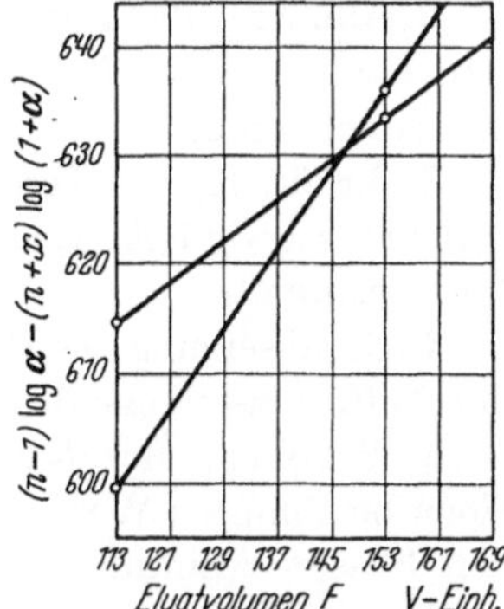

Abb. 28. *Beispiel für die graphische Bestimmung des Trennungsgrades zweier Verbindungen (Bestimmung des Anteils jeder der beiden Substanzen an bestimmten Stellen der Elutionskurve). Zur Nomenklatur s. Text!* [Nach S. W. Mayer und E. R. Tompkins, J. Amer. Chem. Soc. **69**, 2866 (1947).]

[1] Beaton, R. H., u. C. C. Furnas: Ind. Engng. Chem. **33**, 1501 (1941).

[2] Boyd, G. E., A. W. Adamson u. L. S. Myers: J. Amer. Chem. Soc. **69**, 2836 (1947).

[3] Walter, J. E.: J. Chem. Physics **13**, 229 (1945).

[4] Thomas, H. C.: J. Amer. Chem. Soc. **66**, 1664 (1944).

des Austauschers als zeitbestimmende Faktoren; allerdings betrachtet er nur den Grenzfall, daß kein signifikanter Konzentrationsgradient in den Partikeln vorliegt. Lösung der Differentialgleichungen ergibt die Zusammenhänge zwischen dem Abstand von der Säulenoberfläche, ausgedrückt in Menge Harz, der Flußgeschwindigkeit, der Zeit, der Konzentration in jeder der beiden Phasen und dem Porenvolumen der festen Phase (vgl. auch die Lösung für die Annahme eines monomolekularen Reaktionsverlaufs: BOYD, MYERS, ADAMSON[1]). Ein Vergleich mit experimentellen Daten (THOMAS[2], HALE und REICHENBERG[3], JUDA und CARRON[4], ADAMSON und GROSSMANN[5]) läßt vermuten, daß (in Abhängigkeit von der Ionenkonzentration der Lösung) *der zeitbestimmende Faktor* eine chemische Reaktion zweiter Ordnung bzw. die Diffusion durch den Flüssigkeitsfilm um die Harzpartikel bzw. die Diffusion durch die Harzpartikel selbst ist. Die ersten beiden Bedingungen scheinen für Lösungen um 0,003 n, die letztere für konzentriertere Lösungen ($> 0,1$ n) zu gelten.

Wenn man auch von einer vollkommenen theoretischen Erfassung des Geschehens in der Austauschersäule noch weit entfernt ist, so ergeben sich doch einige Zusammenhänge der beteiligten Faktoren, die praktisch wichtig sind (TOMPKINS[6]):

1. Die Trennungswirkung steigt mit der Säulenlänge an; für kleine Konzentrationen (lineare Isothermen) vermag die Theorie der „theoretischen Böden" quantitative Voraussagen zu machen.

2. Abnahme der Flußgeschwindigkeit fördert die Trennung; zur quantitativen Abschätzung des Effekts ist Kenntnis des geschwindigkeitsbegrenzenden Vorgangs notwendig.

3. Erhöhung der Temperatur erhöht die Trennwirkung (Erhöhung der Diffusionsgeschwindigkeit, eventuell Änderung des Verhältnisses der „Verteilungskoeffizienten").

4. Herabsetzung des Partikelvolumens verbessert die Trennung (Herabsetzung der Diffusionsstrecken).

5. Erhöhung der Säulenbeladung (Erhöhung der Ionenkonzentration über einen bestimmten Wert, von dem an sie den „Verteilungskoeffizienten" zwischen den Phasen beeinflußt), verschlechtert die Trennung.

6. Austauscher höherer Kapazität trennen besser als die niederer Kapazität, sofern die Gleichgewichtseinstellung nicht zu ungünstig beeinflußt wird (Vorteil der sulfonierten Kohlenwasserstoffe vor Phenol-Formaldehyd-Sulfosäure-Harzen mit nur der halben bis ein Drittel der Kapazität).

14. Methodik.
141. Geräte zur Säulenchromatographie.

Zur Aufnahme des Adsorbens (bzw. Austauschers) im Fall eines Adsorptions-(bzw. Ionenaustausch-)chromatogramms, des Trägers der stabilen Phase im Fall eines Verteilungschromatogramms dienen meist einseitig verengte Rohre aus Glas oder Kunststoffen (Plexiglas, Cellophan). Abb. 29 zeigt die gebräuchlichsten Formen.

---

[1] BOYD, G. E., L. S. MYERS u. A. W. ADAMSON: J. Amer. Chem. Soc. **69**, 2849 (1947).
[2] THOMAS, H. C.: Ion Exchange. New York: F. C. Nachod 1949.
[3] HALE, D. K., u. D. REICHENBERG: FARADAY Discussions **1949**, No. 7, 79.
[4] JUDA, W., u. M. CARRON: J. Amer. Chem. Soc. **70**, 3295 (1948).
[5] ADAMSON, A. W., u. J. GROSSMANN: J. Chem. Physics **17**, 1002 (1949).
[6] TOMPKINS, E. R.: Analyt. Chem. **22**, 1358 (1950).

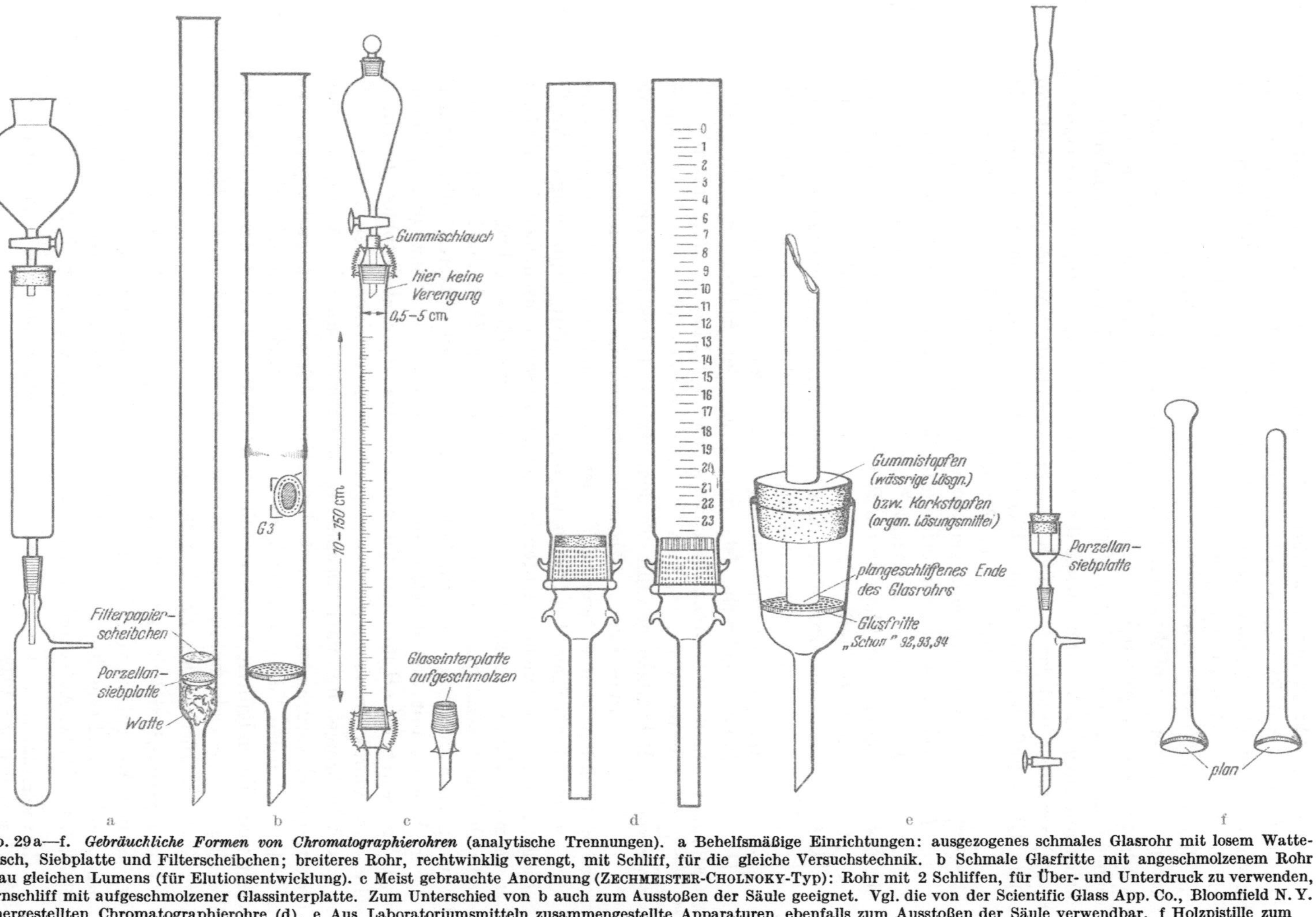

Abb. 29 a—f. *Gebräuchliche Formen von Chromatographierohren* (analytische Trennungen). a Behelfsmäßige Einrichtungen: ausgezogenes schmales Glasrohr mit losem Watte-bausch, Siebplatte und Filterscheibchen; breiteres Rohr, rechtwinklig verengt, mit Schliff, für die gleiche Versuchstechnik. b Schmale Glasfritte mit angeschmolzenem Rohr genau gleichen Lumens (für Elutionsentwicklung). c Meist gebrauchte Anordnung (ZECHMEISTER-CHOLNOKY-Typ): Rohr mit 2 Schliffen, für Über- und Unterdruck zu verwenden, Kernschliff mit aufgeschmolzener Glassinterplatte. Zum Unterschied von b auch zum Ausstoßen der Säule geeignet. Vgl. die von der Scientific Glass App. Co., Bloomfield N.Y. hergestellten Chromatographierohre (d). e Aus Laboratoriumsmitteln zusammengestellte Apparaturen, ebenfalls zum Ausstoßen der Säule verwendbar. f Holzpistille zum Einstampfen des trockenen Adsorbens.

Füllen der Chromatographierohre. Für das Einbringen eines Adsorbens gilt das Übliche (vgl. ZECHMEISTER[1]): vorsichtiges, gleichmäßiges, portionsweises Einstampfen mit einem genau passenden Pistill (am besten aus Holz) in mehreren Schichten, bzw. Einschlämmen mit dem Lösungsmittel (dabei eventuell verschieden schnelles Sedimentieren von Teilchen unterschiedlicher Größe). Das letztere Verfahren empfiehlt sich mehr bei kleinen Säulen, das erstere liefert im allgemeinen bei großen Durchmessern die stabileren Säulen. Bei der Verteilungschromatographie wird der Träger (z.B. Kieselgel oder Papierpulver) zunächst mit einer bestimmten Menge der stabilen Phase (gesättigt mit beweglicher Phase) verrieben und das fast noch trocken scheinende Material dann meist mit einem Überschuß der beweglichen Phase zur Ausbildung einer Säule ins Rohr gespült. STEIN und MOORE geben für die Herstellung von Stärkesäulen eine genaue Vorschrift (s. S. 159). Besondere Vorsichtsmaßnahmen erfordert die Rohrfüllung mit Kieselgur und Papierpulver. Kieselgur[2] wird mit der halben Gewichtsmenge der stabilen Phase in der Reibschale gemischt, mit der beweglichen Phase zu breiiger Konsistenz verrührt und in das Rohr gebracht, wo man zunächst eine Homogenisierung vornimmt (wenige Schläge mit einer durchlöcherten Platte, die genau dem Rohr angepaßt ist und an deren Mitte ein langer Draht als Handhabe angebracht ist; die Größe der Bohrungen richtet sich nach der Grenzflächenspannung der Phasen: MARTIN gibt für große Werte $^1/_{16}$ inch an, für kleinere Werte sollten kleinere Bohrungen gewählt werden, da sonst das Herstellen der Säule zu lange dauert). Dann bringt man die Platte in einige Zentimeter Entfernung vom unteren Ende der Röhre und führt sie langsam nach unten, wobei der Träger dicht gepackt wird, und führt dann einige schnelle Schläge, gefolgt von einem erneuten langsamen Zusammenschieben des Trägers, bis die ganze Säule hergestellt ist. Ist die bewegliche Phase schwerer als Träger + stabile Phase, setzt man einen Korken auf das obere Ende des Rohres, dessen Bohrung eben den Stiel der durchlöcherten Platte durchtreten läßt. Papierpulver, beladen mit der stabilen und suspendiert in der beweglichen Phase, wird am besten mit Hilfe eines Vibrators in das Chromatographierrohr eingeschlämmt; man kann aber auch den Träger trocken in reinem Aceton suspendiert in das Rohr bringen und nach Ausbildung einer festen Säule das Aceton mit dem Lösungsmittel verdrängen, das mit der stabilen Phase gesättigt ist (vgl. auch S. 164). Auf jeden Fall (auch bei Verwendung miteinander mischbarer Phasen) stellt man die endgültige Phasenverteilung am Träger durch langes anhaltendes Waschen mit dem als mobile Phase verwendeten Gemisch her. Zur Herstellung von Ionenaustauschsäulen vgl. S. 129, 138.

Abb. 30. *Glasfritt mit Schliff, für dünne, breite Adsorbensschichten.*

Filtriergeschwindigkeit und Dimensionen der Apparatur. Wäßrige Lösungen, die bei der Adsorption von freien Aminosäuren, Peptiden und Proteinen fast ausschließlich in Frage kommen, filtrieren durch sehr feinkörnige Adsorbentien (Bleicherden, Talk, Aktivkohle usw.) schlecht (d.h. langsamer als 2—20 Tropfen

---

[1] ZECHMEISTER, L., u. L. v. CHOLNOKY: Die chromatographische Adsorptionsmethode, S. 68. Wien: Springer 1938.

[2] MARTIN, A. J. P.: Biochem. Soc. Symposia **3**, 11 (1950).

je Minute). Man hilft sich durch Beimengen porösen oder körnigen Materials (Cellulosepulver, Filtercel, Sand, Glas- oder Quarzpulver usw.); handelt es sich aber um eine „alles-oder-nichts-Adsorption" (Aufteilung in nur zwei oder jedenfalls wenige Fraktionen), dann verwendet man bisweilen mit Vorteil statt der üblichen hohen Säulen relativ dünne Schichten des Adsorbens in Porzellan-Büchnertrichtern oder noch besser in Glasfritten (SCHOTT) G2 oder G3. Schliffapparaturen erleichtern das hier wichtige genau waagerechte Justieren des Frittenbodens (Abb. 30). Hat man dagegen in zahlreiche Komponenten aufzuteilen, so daß man zur Verwendung hoher Säulen gezwungen ist, dann wird man

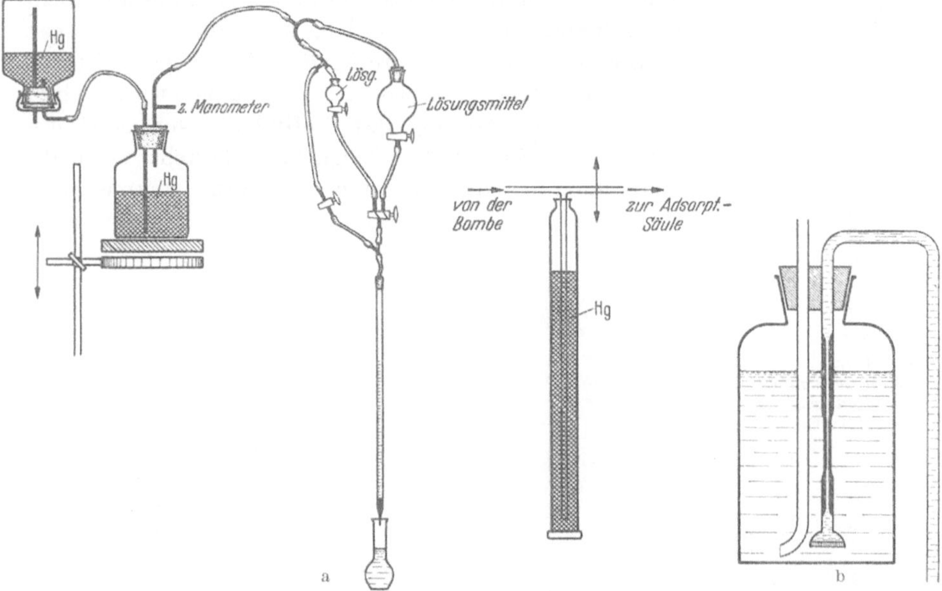

Abb. 31 a u. b. a *Anordnung zur Chromatographie mit Überdruck.* b *Regelung des Nachlaufs zur Konstanthaltung der Filtrationsgeschwindigkeit.* Durch Auswahl einer entsprechenden Capillare (es sollen bei der gewünschten Tropfenzahl noch etwa 5 cm Gefälle zwischen Luftrohr- und Abtropfrohrende notwendig sein!) wählt man das ungefähre Bereich der Strömungsgeschwindigkeit, durch Kippen der Flasche nimmt man die Feinregelung vor. Die Flüssigkeitsfüllung der Capillare schließt Grenzflächenphänomene, Eindunstung usw. aus und schränkt die Wirkung von Temperaturschwankungen ein; durch die vorgeschaltete Glasfritte (behelfsmäßig: Watte) vermeidet man Verstopfung der Engstelle. (W. VOGT, Chemie-Ingenieur-Technik **1951**, 580.)

(ebenso wie bei Verwendung von leicht flüchtigen Lösungsmitteln) besser mit Über-[1] statt mit Unterdruck arbeiten (Abb. 31 a). Anlegen von hohem Vakuum an die Vorlage ist in den meisten Fällen ungünstig, da das Lösungsmittel im unteren Teil der Säule mehr und mehr abdunstet und Diskontinuitäten in der Säule entstehen. Die üblichen Maße für die gebräuchlichsten Adsorptionsrohre bewegen sich um 1—2 cm Durchmesser und 20—60 cm Länge; für schwierige

---

[1] Für das Anlegen von Überdruck eignet sich Luft oder Stickstoff, *nicht aber Kohlendioxyd*, das sich in vielen Lösungsmitteln gut löst und beim Aufhören des Überdrucks (z. B. beim Nachfüllen der Lösung) plötzlich und unter Zerstörung der Säule entweicht. — Eine Drosselung bei zu schneller Filtration (z. B. bei Austauscherharzen) mittels Quetschhahns (eventuell am Luftauslaß der Vorlage) empfiehlt sich meist *nicht*, da im allgemeinen nach mühsamer Einregulierung einer hinreichend kleinen Tropfenzahl nach kurzer Zeit völliger Stillstand eintritt. Besser ist die Anordnung in Abb. 31 b oder Anlegen eines Unterdrucks (tiefgestellte Vorratsflasche) an das obere Säulenende.

Trennungen sind aber bei gleichem Durchmesser auch 1 m lange Rohre verwandt worden. Der Steigerung des Maßstabs ist aber im Hinblick auf die Verschlechterung der Filtrationsgeschwindigkeit, gegebenenfalls auch auf ein notwendiges Auspressen der Adsorptionssäule, eine Grenze gesetzt. Selbstverständlich gibt es kein Schema für die Wahl von Rohrlänge und Durchmesser: Bei einfacher zusammengesetzten Gemischen wird man ein möglichst kurzes, breiteres Glasrohr, im Falle vieler Komponenten, von denen einige nur in kleinsten Mengen zugegen sind, ein schlankes Rohr bevorzugen, da sonst die einzelnen Zonen zu dünn und nicht mehr voneinander trennbar werden. Allenfalls vereinigt man die Eluate der jeweils entsprechenden, herausgeschnittenen Banden vieler Adsorptionssäulen: ZECHMEISTER[1] berichtet z. B. von der Verarbeitung des Stoffinhalts von 380 Chromatogrammen. Eine andere Möglichkeit besteht darin, die erste Trennung in einer größeren Apparatur vorzunehmen,

Abb. 32.
Mikro-Adsorptionsrohr mit Glasnagel (schwach vergrößert).

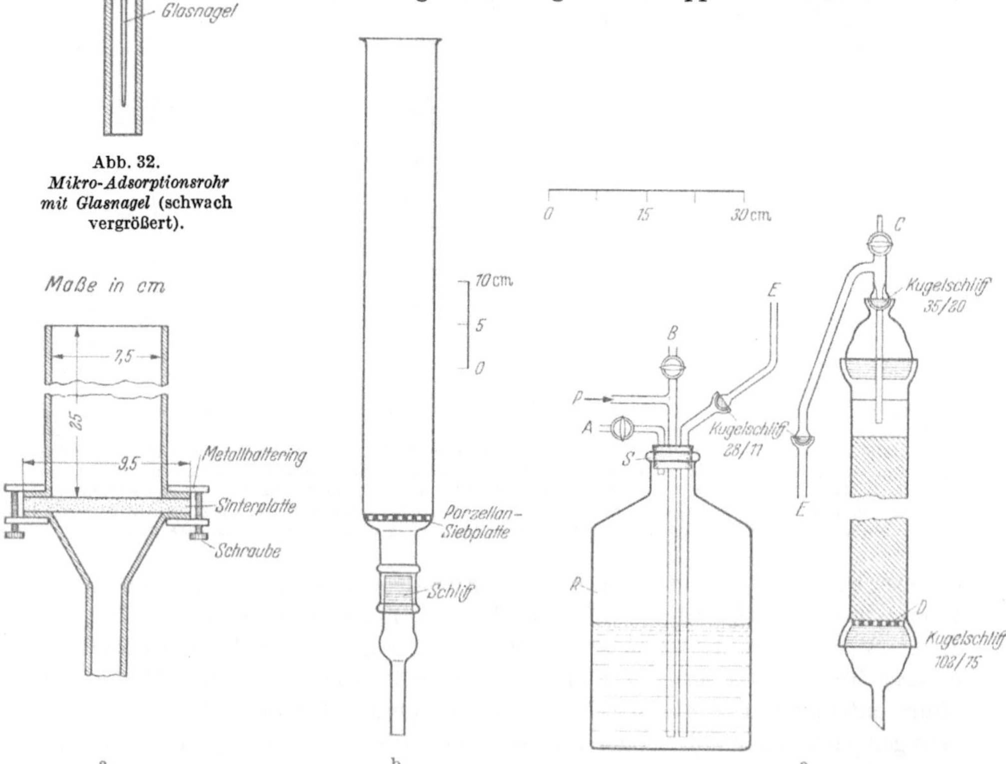

Abb. 33a—c. *Apparaturen zur präparativen Chromatographie.* a Apparatur nach WINTERSTEIN. b Apparatur nach ZECHMEISTER zum Ausstoßen der Säule (Hersteller: Scientific Glass App. Co., Bloomfield, N. Y.). c Apparatur nach HIRS, MOORE und STEIN zur präparativen Aminosäuretrennung an Ionenaustauschern durch Elutionsentwicklung. Durch Kugelschliffe wird das Justieren der Apparatur sehr erleichtert. *A, B, C* Glashähne; *P* Einlaß für den Luftdruckregler; *R* Glasflasche (3 Gallonen); *T* Einlaß für das Lösungsmittel; *D* gesinterter Frittenboden; *E* Rohr zum oberen Säulenende. Vgl. auch Abb. 34e.

---

[1] ZECHMEISTER, L., u. L. v. CHOLNOKY: Die chromatographische Adsorptionsmethode, S. 63. Wien: Springer 1938.

um dann die so erhaltenen Fraktionen in einem schlanken Adsorptionsrohr endgültig zu zerlegen.

Mikroapparaturen. Zu Vorversuchen dienen die üblichen Mikro-Adsorptionsröhrchen (Capillarröhrchen, Röhrchen mit Glasnagel, im einfachsten Fall englumige Meßpipetten) bzw. auf Filterpapier aufgebrachte Adsorbentien (nach Art

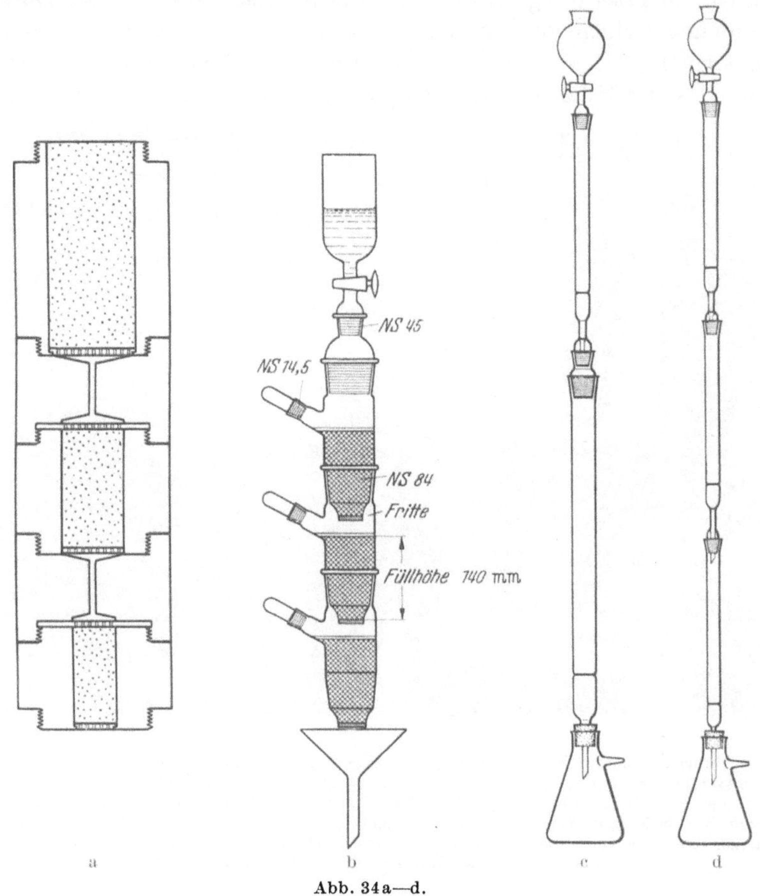

Abb. 34a—d.

der Capillaranalyse). Bewährte Größen für Mengen bis zu 1γ sind etwa 2×30 mm. Für engere Capillaren muß man zum Einfüllen der Lösung ein Glasrohr anschmelzen (Durchmesser 4—5 mm). Zum Füllen einer solchen Mikroapparatur empfiehlt es sich, eine mehrere Millimeter hohe Schicht Adsorbens trocken einzufüllen, wobei man mit der Wasserstrahlpumpe mäßig saugt, dann bei abgestellter Pumpe die Capillare mit Lösungsmittel zu füllen und während des langsamen Durchlaufens der Flüssigkeit aus einem trockenen Trichter Adsorbens in sie sinken zu lassen (s. Abb. 32).

Präparative Apparaturen; Kolonnen aus mehreren Einheiten. Zu präparativen Ansätzen eignen sich große Nutschen oder Fritten (Abb. 23); vgl. auch die von WINTERSTEIN[1], sowie vor allem die von HIRS, MOORE und STEIN[2] angegebene

---

[1] Herstellerfirma: Hormuth & Vetter, Heidelberg.

[2] HIRS, C. W. H., ST. MOORE u. W. H. STEIN: J. of Biol. Chem. **195**, 675 (1952).

Apparatur. Die Übertragung von Versuchsbedingungen in den großen Maßstab bereitet oft Schwierigkeiten. Die einzelnen Zonen sind bei Verwendung breiter Rohre meist nicht mehr plan, sondern erleiden Verzerrungen. Als günstig erweist sich darum die Hintereinanderschaltung von zwei oder mehr Filtern abnehmenden Durchmessers, wobei zwischen jedem Paar eine mit Flüssigkeit gefüllte Kammer mit dem Durchmesser des größeren Filters liegt. Das Verhältnis der Durchmesser zweier aufeinanderfolgender Einheiten soll nicht mehr als 1:5 betragen. Das ganze System läßt sich sowohl aus Glasröhren (vorteilhaft mit Böden aus gesintertem Glas) mit Hilfe von Schliffen passender Größe, als auch aus Metallfiltern,

Abb. 34a—e. *Kolonnenförmige Anordnung der Adsorptionsapparatur aus mehreren Einheiten.* a Apparatur nach CLAESSON (Material: Edelstahl, Plexiglas, Glas in Stahlmanschetten; Einheiten verschraubbar). b Unterteilte Säule zur Papierpulver-Chromatographie (TH. WIELAND). c und d Glasschliffapparaturen mit Übergangsschliffen zur beliebigen Anordnung verschiedener Größen (TURBA). e Präparative Apparatur nach PARTRIDGE zur Trennung von Aminosäuren an Ionenaustauschern durch Verdrängung; 3 Säulen steigender Größe (100 g, 300 g, 1 kg Harz) durch dünne Glasrohre verbunden.

die miteinander verschraubt werden, zusammenstellen (CLAESSON[1], Abb. 34a). Bei dieser Anordnung werden die verzerrten Banden in der zwischen zwei aufeinanderfolgenden Einheiten gelegenen Flüssigkeitsschicht ausgerichtet und die entstandene diffuse, aber plane Zone in der folgenden, kleineren Einheit durch „self-sharpening" aufgesteilt. Übrigens bewährt sich die Zusammensetzung aus zahlreichen Einheiten auch im Fall konstanten Durchmessers; die bekannte, zunehmende Verzerrung der Banden in langen Rohren unterbleibt hier völlig, und man hat zudem den Vorteil, eine bestimmte Einheit aus dem Gesamtsystem herausnehmen und sie gesondert weiterentwickeln zu können (Abb. 34b und d)) Die umgekehrte Anordnung (kleineres Filter über dem größeren) (Abb. 34c und e. ist z.B. dann vorteilhaft, wenn man die basischen (oder sauren) Aminosäuren

---

[1] CLAESSON, ST.: Ark. Kem., Mineral. Geol., Ser. A **24**, Nr. 16 (1947).

durch Ionenaustausch aus einem Hydrolysat abtrennen will, bevor man die Fraktionierung der neutralen Komponenten beginnt.

Temperaturregelung. Zur Verhinderung des Auskristallisierens einer Substanz in der Säule, zur besonders wirksamen Elution, aber auch zur Erzielung bestimmter Trenneffekte (vgl. S. 140) muß die Adsorptionssäule bisweilen auf höherer Temperatur gehalten werden. Schramm[1] gibt eine einfache, dem Schmelzpunktapparat von Thiele nachgebildete Apparatur an. Wir haben die in Abb. 35 b wiedergegebene, einem Liebig-Kühler entsprechende Anordnung in Verbindung mit einem Ultrathermostaten benutzt; diese Apparatur bewährt sich auch für die Trennung von Aminosäuren an Ionenaustauschsäulen nach Moore und Stein[2] (vgl. S. 144). Die gleiche Apparatur erlaubt in Verbindung mit einem Kältespeicher das Adsorbieren bei tiefen Temperaturen, das bei Fermentarbeiten oft erforderlich ist.

Verhütung des Austrocknens und Aufwirbelns der Säule. Eines der wichtigsten Erfordernisse bei jeder Art von Säulenchromatographie ist das Bedecktbleiben der oberen Grenzfläche der Säule mit Flüssigkeit; läuft die Kolonne auch nur wenige Minuten trocken, so kann Luft in sie eindringen und das Gelingen des Versuchs ganz in Frage stellen. Durch eine Heberanordnung kann man die Rohrfüllung vor dieser Gefahr schützen (Abb. 36). Wichtig ist ferner, daß die obere Grenzfläche während des ganzen Versuchs eben bleibt, daß also nicht durch eintropfende Flüssigkeit die feinen Teilchen aufgewirbelt werden und gegebenenfalls Risse entstehen, die das feste Gefüge stören. Man schützt die Säule durch Auflegen eines genau passenden Filtrierpapierplättchens

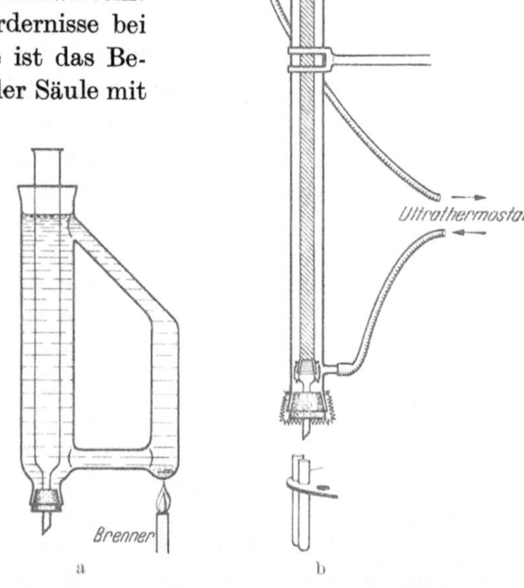

Abb. 35a u. b. *Apparaturen zur Chromatographie bei konstanten (hohen oder tiefen) Temperaturen. a* Anordnung zur Elution bei erhöhter Temperatur. b Heiz-, bzw. Kühlmantel zum Betrieb mit einem Umlaufthermostaten.

bzw. durch einen *lockeren* Wattebausch auf die Rohrfüllung, am besten aber durch die in Abb. 37 angegebene Vorrichtung. Bei engen Rohren ist die Gefahr entsprechend kleiner.

Aufgeben der Analysenlösung. Das Aufgeben der nicht zu verdünnten Analysenlösung erfolgt durch randliches, vorsichtiges Einfließenlassen mit einer

---

[1] Schramm, G., u. J. Primosigh: Ber. dtsch. chem. Ges. **76**, 373 (1943).
[2] Moore, S., u. W. H. Stein: J. of Biol. Chem. **192**, 663 (1951).

Pipette; darauf wird mehrmals mit kleinen Mengen reinen Lösungsmittels nach-
gespült, wobei man jede Portion einsickern läßt. (Bei Verteilungs- und Adsorp-
tionschromatogrammen gibt man nur so viel der Lösung auf, daß höchstens $^1/_5$ der Säulenlänge von der unent-
wickelten Bande eingenommen wird; bei Ionenaustauschern, bei denen Nachwaschen mit ionenfreiem Lösungsmittel nicht zu Bandenverbreiterung führt, kann man auch große Volumina verdünnter Lösungen aufgeben und sie an der Säule konzentrieren, bevor man zu entwickeln beginnt.) Namentlich bei Papierpulversäulen, aber auch in anderen Fällen, ist es vorteilhaft, die Analysenlösung in einer kleinen Menge des Trägers aufzusaugen, den Brei zu trocknen (Exsiccator) oder zu lyophilisieren, und darauf das Pulver auf die fertige Säule je nach deren Herstellung gleichmäßig trocken einzustampfen oder es in der mobilen Phase suspendiert einzuschlämmen.

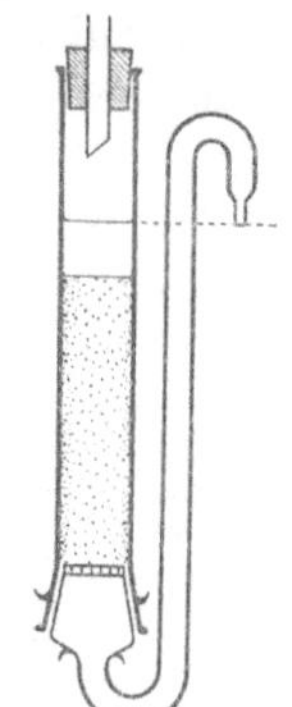

Abb. 36. Hebervorrich-
tung zur Vermeidung des
Austrocknens der Säulen-
oberfläche.

Beschreibung des Säulenbilds. Die Beschreibung eines ent-
wickelten Säulenbildes geschieht zweckmäßig in der Weise, daß neben der schematischen Zeichnung, bzw. einer Photographie des Chromatogramms, die Dicke der einzelnen Zonen in Millimeter angegeben wird (vgl. Abb. 109, S. 154).

Ausstoßen der Säule. Soll die Säule zum Zweck der Elution der einzelnen herausgeschnittenen Säulenteile aus dem Adsorptionsrohr ausgepreßt werden, so darf die Säulen-
füllung weder zu feucht noch zu trocken sein; der optimale Zustand ist für jedes Adsorbens anders und muß durch Er-
fahrung kennengelernt werden. Eingeschlämmte Säulen zerreißen häufig entlang der Längsachse. Bei größeren Säulen ist das Ausstoßen oft mühevoll oder sogar unaus-
führbar; man muß dann das Säulenmaterial mit dem Spatel abräumen. Jedenfalls muß das Auspressen der Säule mög-
lichst flach auf eine vor der Mündung des Adsorptions-
rohrs bereitgehaltene Glasplatte erfolgen. Zur leichteren Zerlegung in die einzelnen Banden sind verschiedene aus-
einandernehmbare Adsorptionsrohre angegeben worden. (Vgl. z.B. Abb. 38; auch eine Anordnung aus zahlreichen Glasringen mit plangeschliffenen Endflächen, die zusammengepreßt und mit Klebstreifen gedichtet werden, wurde vorgeschlagen[1].)

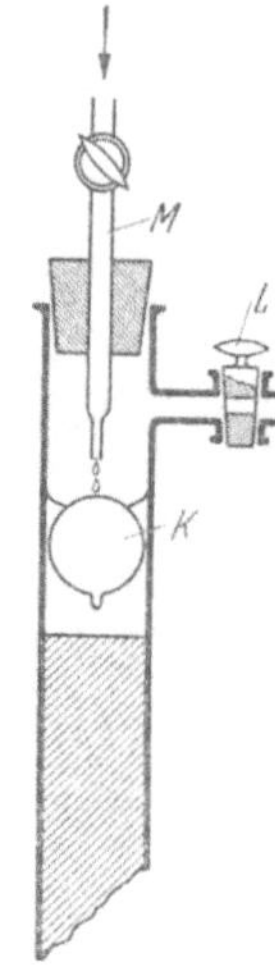

Abb. 37. *Vorrichtung zur
Verhinderung des Aufwir-
belns der Säulenoberfläche.
M* Rohr des aufgesetzten
Tropftrichters, zur Spitze
ausgezogen; *K* Glaskugel,
die auf der Flüssigkeit
schwimmt und die abfal-
lenden Tropfen zerteilt;
L Glashahn zur Einregu-
lierung des Flüssigkeitsni-
veaus. [S. M. PARTRIDGE
und R. G. WESTALL,
Biochemic. J. **44**, 419
(1949).]

„**Flüssiges Chromatogramm**". Häufig wird man, nament-
lich bei Verteilungschromatogrammen, die einzelnen Zonen ohne Zerschneiden der Säule nacheinander ins Filtrat waschen („flüssiges Chromatogramm"), wobei sich durch Wechseln der Vorlage ein bequemer Arbeitsgang ergibt. Diese Technik, bei der die einzelnen Verbindungen nicht unbedingt geometrisch getrennte Zonen bilden müssen, sondern aus einem gemischten Adsorbat durch Entwickler steigender

---

[1] GAULT, H., u. CH. RONÉZ: Bull. Soc. chim. France [5] **17**, 597 (1950).

Elutionsstärke ausgewaschen werden können, ist oft durch relativ kleine Adsorptionssäulen, aber große Eluatvolumina gekennzeichnet. An sich scheint eine spezielle Einrichtung zum automatischen Auffangen der einzelnen aufeinanderfolgenden Fraktionen zunächst nicht mehr zu sein als eine weitere technische Vervollkommnung des Verfahrens des „flüssigen Chromatogramms"; doch haben solche Fraktionensammler oder Fraktionenschneider („fraction-collectors") durch ihre Zeit- und Arbeit-sparende Funktion so sehr zur Entwicklung der modernsten chromatographischen Methoden beigetragen, daß eine eingehende Beschreibung gerechtfertigt ist. (Bei einfachen Chromatogrammen kann die Unterteilung des Eluats in gleiche Fraktionen natürlich auch von Hand erfolgen.)

Fraktionensammler. MOORE und STEIN[1] fangen die einzelnen Fraktionen in Reagensgläsern auf, die auf einer Drehscheibe in vier konzentrischen Kreisen zu je 80 Reagensgläsern angeordnet sind. Die Kubikzentimeterzahl jeder Fraktion wird durch die Anzahl der abfallenden Tropfen bestimmt, die photoelektrisch in der Weise gezählt werden, daß ein unter dem Auslauf des Chromatographierrohrs focussierter Lichtstrahl, der auf eine Photozelle fällt, durch jeden Tropfen, der aus der Säule abfällt, unterbrochen wird. Nach einer beliebig einstellbaren Zahl schaltet der Impulszähler, der seinerseits vom Photostrom über einen Verstärker gesteuert wird, über ein Relais einen Motor an, der mittels einer Nocke die Drehscheibe um ein Reagensglas weiterdreht, danach den Motor wieder abschaltet und das Zählgerät und alle Schaltelemente wieder in die Ausgangsstellung bringt. Das sehr exakt arbeitende Gerät ist allerdings recht kostspielig. Da es mit Ruhestrom funktioniert, ist es gegen Stromschwankungen und Wackelkontakte empfindlich (Abb. 39). Eine einfachere Ausführungsform[2] verzichtet auf die Messung der auslaufenden Flüssigkeit je Fraktion und schaltet nach einer regelbaren Zeit um einen Schritt weiter. Ein elektrisches Uhrwerk gibt jede Minute einen Impuls auf einen Sammler (Telefonrelais); nach einer wählbaren Zeit schiebt sich der Fraktionsrotor weiter, während die Relais wieder in die Nullage zurückkehren. Der Vorteil dieser Anordnung besteht vor allem darin, daß man mehrere Säulen über dem Drehteller anbringen kann. Wir haben eine weniger anspruchsvolle, aber sehr billige mechanische Vorrichtung benutzt, die in Abb. 40c wiedergegeben ist: in mehrere aufeinandergelegte Plexiglasscheiben sind in regelmäßigen Abständen eine verschiedene Zahl von Kontakten (sehr dünnes Messingblech) eingelassen; die Achse ist auf der Minutenachse eines Uhrwerks befestigt, der Abnehmer (Platindraht) ist für jede Scheibe verstellbar.

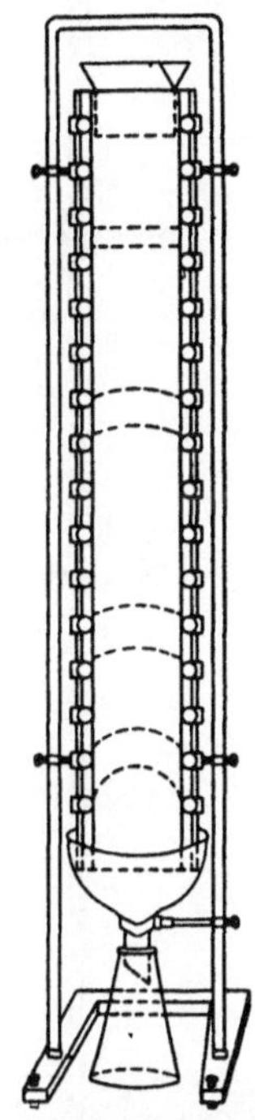

Abb. 38. *Zerlegbares Chromatographie-„Rohr"* aus zwei parallelen Glasplatten (5 mm), dazwischen Korkstreifen, seitlich gedichtet und mit Schrauben zusammengehalten; eine entsprechende Mikroapparatur kann aus Glasplättchen mit Agar gekittet werden. [N. v. BÉKÉSY, Biochem. Z. **312**, 100 (1942).]

Eine von SCHROEDER und COREY[3] angegebene Ausführungsform eines zeitgesteuerten Fraktionensammlers, der zugleich betriebssicher und einfach ist (treibende Kraft: sinkendes Gewicht, das eine Schnurscheibe antreibt) ist in Abb. 40 und 41 im Detail wiedergegeben; *diese Form, die selbstverständlich zu einem Volumen- bzw. Gewicht-gesteuerten Collector umgebaut werden kann, dürfte sich am besten für den Selbstbau im Laboratorium eignen.*

In einem von PHILLIPS[4] angegebenen, sehr einfachen Gerät schwimmt die Scheibe mit Reagensgläsern in einem Becken; bei Füllung eines Glases rutscht es unter eine Schranke

[1] STEIN, W. H., u. ST. MOORE: J. of Biol. Chem. **176**, 337 (1948).
[2] HOUGH, J., J. K. N. JONES u. W. H. WADMAN: J. Chem. Soc. (Lond.) **1949**, 2511.
[3] SCHROEDER, W. A., u. R. B. COREY: Analyt. Chem. **23**, 1723 (1951).
[4] PHILLIPS, D. M. P.: Nature (Lond.) **164**, 545 (1949).

und gibt den Weg bis zum nächsten Glas frei (Voraussetzung: gleiche Form und gleiches
Gewicht aller Gläser). Ein Handelsgerät[1] fraktioniert durch Wägen der einzelnen Reagens-
gläser und elektrischen Weitertransport. Vgl. auch die einfache Transporteinrichtung in
Abb. 43a. FISCHER und WIELAND[2] benutzen eine Abfüllvorrichtung, in der bei bestimmter

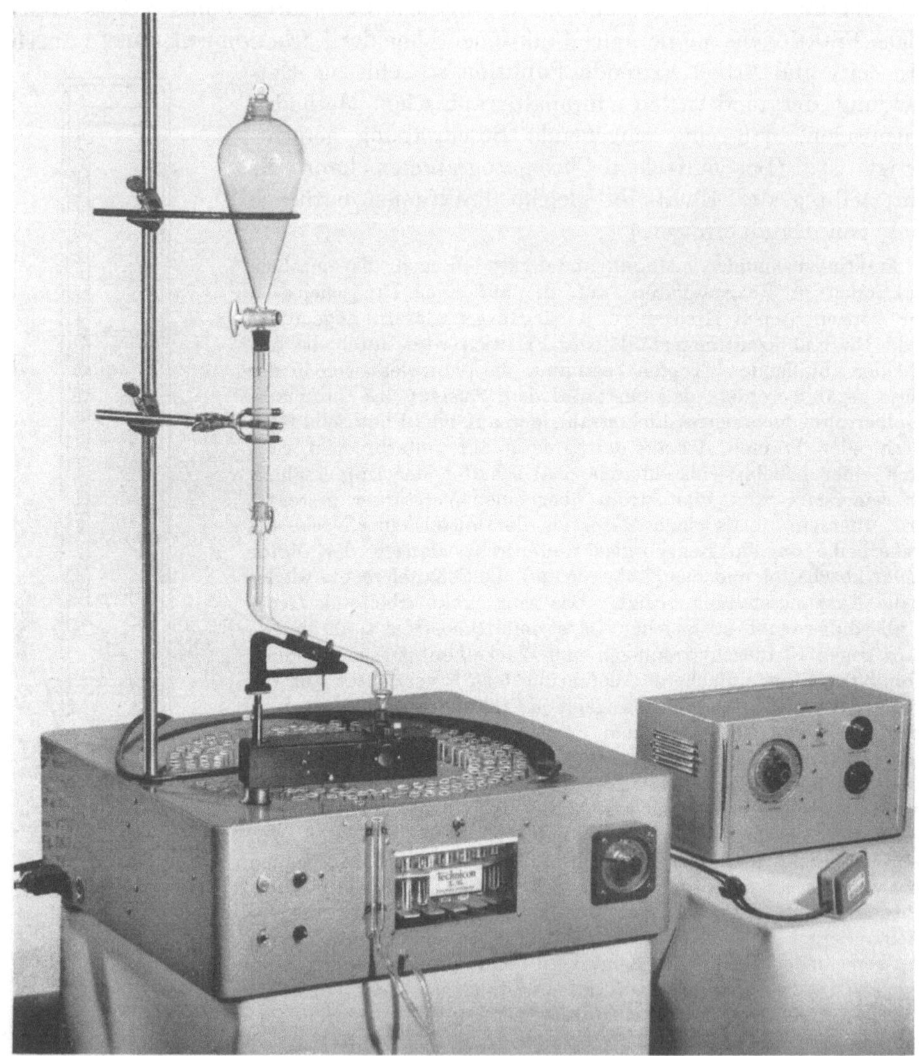

Abb. 39. *Fraktionensammler nach* STEIN *und* MOORE, Herstellerfirma Technicon Chromatography Corp., 215
East, 149 Street, New York 51, N. Y[3]. *T* Tropfenzählgerät; *Ph* Photozellenaggregat (Aufsicht und Schnitt);
K kontinuierlicher Tropfenzähler (zeigt Zahl der Gesamttropfen des Versuchs). [Schaltskizze und Bauplan bei
W. H. STEIN und S. MOORE, J. of biol. Chem. **176**, 346 (1948).]

Steighöhe der Flüssigkeit der Ausfluß elektrisch durch Anheben eines Kugelschliffs geöffnet
wird, und einen Auto-Scheibenwischmotor zum Weitertransport (Abb. 42). Wir haben namentlich bei Verwendung wäßriger Lösungen und niedermolekularer Substanzen gute Erfahrungen

[1] Siehe z. B. die Umschlagblätter der Zeitschrift „Nature".
[2] FISCHER, E., u. TH. WIELAND: Chemie-Ingenieur-Technik **1950**, 485.
[3] Für die Überlassung der Photographie dankt der Autor der Herstellerfirma.

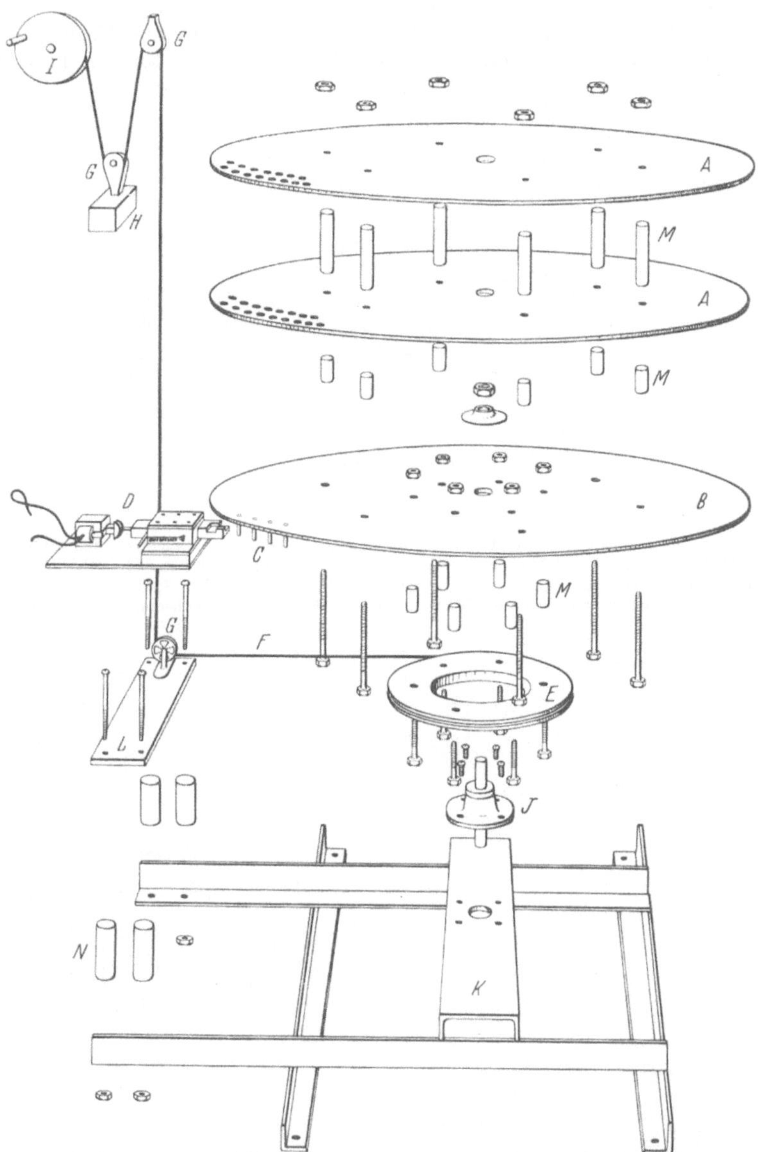

Abb. 40. *Fraktionensammler (Gewichtantrieb, zeitgesteuert)* nach W. A. Schroeder und R. B. Corey [Analyt. Chem. **23**, 1723 (1951)], in Einzelteile zerlegt. *A Drehteller* für Reagensgläser 18 × 150 mm; $^1/_{16}$ inch Duraluminium, Durchmesser 30 inch. 2 Reihen von 80 Bohrungen (0,75 inch) im Radius 13,4 bzw. 14,4 inch; Winkel zweier Bohrungen 4° 30′ ± 10′. Löcher (0,25 inch) zur Montage müssen durch Aufeinanderlegen der entsprechenden Teile gleichzeitig gebohrt werden (Radius 9 inch). *B* Teller des gleichen Durchmessers wie *A* ($^1/_4$ inch Duraluminium). 80 Bohrungen (Durchmesser 0,166 inch) im Radius 14,7 inch. 6 Bohrungen (0,25 inch) zur Befestigung auf *E*. *C Stifte für den Transportmechanismus* (1 inch 8/32 Stahlschrauben). *E Schnurscheibe aus Holz* (Durchmesser 12 inch) mit flexiblem Draht (*F*), der über Rollen (*G*) zum Gewicht (*H*, etwa 0,5 kg) führt. *I Lager*. *K Fuß* 1,5 inch-Winkeleisen und 4 inch-Eisenträger mit Bohrungen für den Aufbau. *L Metallplatte für den Transportmechanismus*, mit Schrauben so befestigt, daß eine Einstellung gegenüber den Stiften *C* möglich ist. *M* und *N Rollen* ($^3/_4$ bzw. $1^1/_4$ inch Aluminium) zur Herstellung der notwendigen Abstände. *D Transportmechanismus* (s. Abb. 41), Metall; *Solenoid (Elektromagnet)*, 110 V, soll etwa für 5 sec erregt und für 3—60 min abgeschaltet werden. Geeignete amerikanische Fabrikate sind: 600-series-timer der Electric Manufacturing Comp. Mankato, Minn.; International Business Machines Program Clock 685—5; timer der Firma R. W. Cramer Co., Centerbrook, Conn. (Kombination der Modelle V-60 M und CF 3—2—60 S).

mit einem Überlaufheber zur Abmessung der Flüssigkeitsfraktionen (Prinzip des SOXLETH, vgl. RANDALL und MARTIN[1]) gemacht (Abb. 43a und b). Eine weitere Möglichkeit ist eine photoelektrische Einrichtung, die nicht durch die Zahl der Tropfen, sondern durch die Höhe

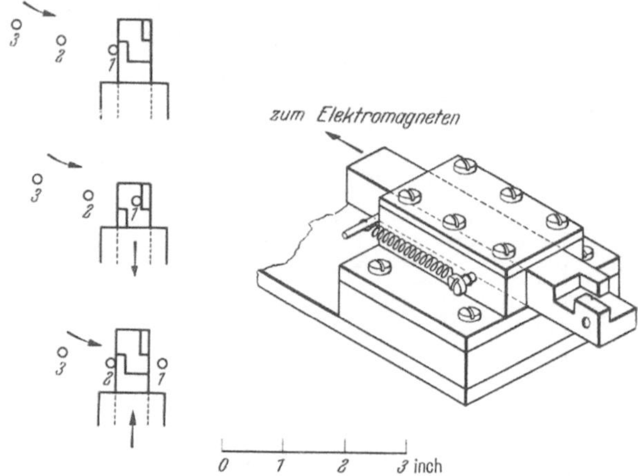

Abb. 41. *Transportmechanismus des in Abb. 40 wiedergegebenen Fraktionensammlers* nach SCHROEDER und COREY, bei dem die treibende Kraft ein Gewicht ist, das über eine auf der Achse des Drehtellers angebrachte Schnurscheibe bei Freigabe eines Zahnes transportiert, indem es etwas sinkt. Links schematische Funktion des Schiebers beim Anziehen und Loslassen des Elektromagneten, rechts Aufsicht der Schiebereinrichtung.

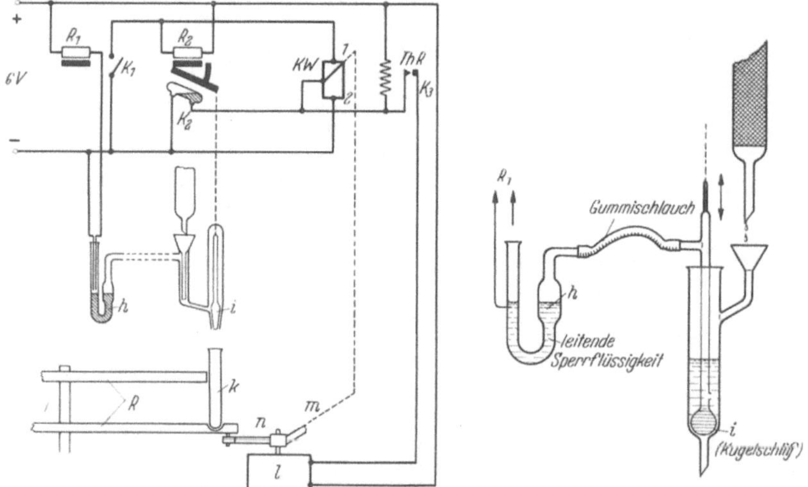

Abb. 42. Fraktionensammler nach E. FISCHER und TH. WIELAND: links Schaltschema, rechts Abfüllvorrichtung. Wirkungsweise der ganzen Anlage: Spricht das Kontaktmanometer h an, so wird R_1 erregt und bringt über seinen Arbeitskontakt K_1 das Ventilrelais R_2 zum Anziehen. Dabei wird der auf ihm angebrachte Quecksilberhaltekontakt K_2 geschlossen, so daß das Relais über K_2 und den Wechselkontakt KW erregt bleibt. R_2 öffnet das Ventil i der Abfüllvorrichtung durch mechanischen Zug, die darin angesammelte Flüssigkeit fließt in das in Auffangposition befindliche Reagensglas k, das Kontaktmanometer öffnet sich, und damit fällt R_1 ab. R_2 hält aber immer noch über K_2. Das Thermorelais ThR mit dem Arbeitskontakt K_3 wurde gleichzeitig mit R_2 unter Strom gesetzt. Schließt nun K_3, so fängt der Motor l des Scheibenwischers an zu laufen, der auf dem Hinweg den Wechselkontakt KW in Stellung 2 umlegt. Damit fällt R_2 mit K_2 wieder ab, das Ventil der Abfüllvorrichtung schließt sich, während über KW das Thermorelais und der Motor weiterlaufen. Auf dem Rückweg bringt dieser das nächste Reagensglas in Auffangstellung und schaltet mit der auf m angebrachten Nase KW in Stellung 1 zurück. So wird die ganze Anlage stromlos und ist wieder auf Ausgangsstellung zurückgebracht. (Chemie-Ingenieur-Technik **1950**, 485.)

---

[1] RANDALL, S. S., u. A. J. P. MARTIN: Biochemic. J. **44**, 11 (1949); vgl. auch CH. MADER, Analyt. Chem. **25**, 1423 (1953), ferner E. SCHRAM u. J. BIGWOOD, ebenda **25**, 1424 (1953).

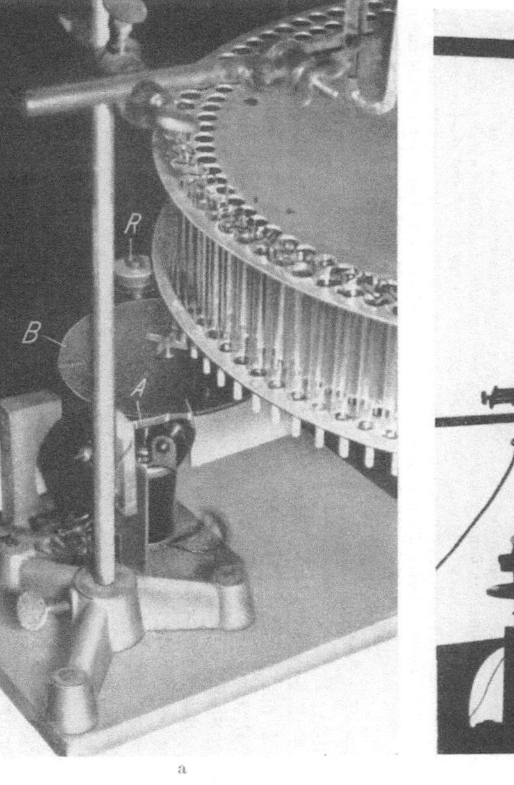

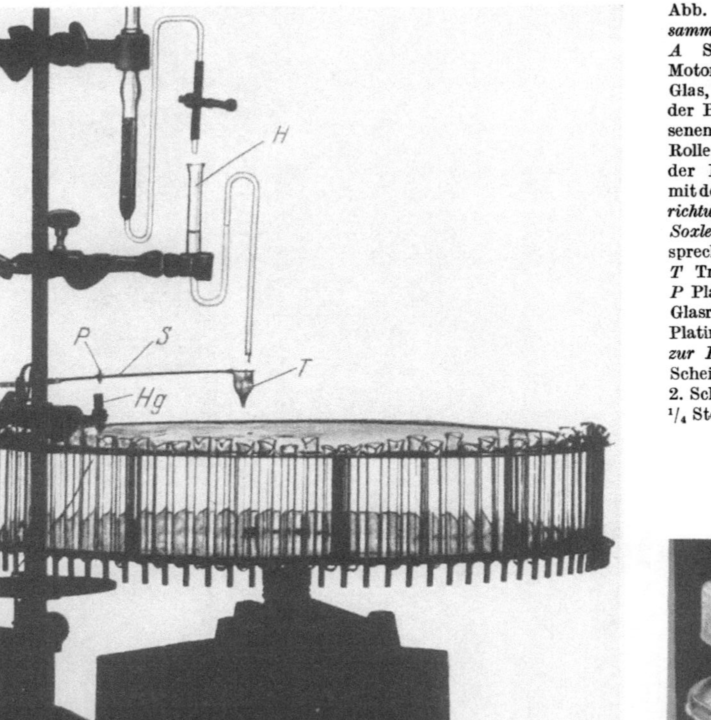

Abb. 43a—c. *Einfacher Fraktionensammler.* a *Transportmechanismus:* A Stromabnehmer (Abschalten des Motors nach Weitertransport um ein Glas, entsprechend $< \frac{1}{4}$ Umdrehung der Bakelitscheibe B mit vier eingelassenen Kontakten); R gummiüberzogene Rolle, gefedert (zur genauen Fixierung der Drehscheibe nach Weitertransport mit dem Glas unter dem Auslauf). b *Einrichtung zur Fraktionierung nach dem Soxleth-Prinzip:* H Heber mit entsprechendem Volumen, S Strohhalm, T Trichterchen mit engem Auslauf; P Platinkontakt; Hg Quecksilber (in Glasröhrchen mit eingeschmolzenem Platinkontakt. c *Einfache Vorrichtung zur Fraktionierung nach Zeit:* Oberste Scheibe Kontaktschluß nach je 1 Std, 2. Scheibe nach $\frac{1}{2}$ Std, 3. Scheibe nach $\frac{1}{4}$ Std usw.; montiert auf der Minutenachse einer Weckeruhr.

der Flüssigkeit in den einzelnen Gläsern gesteuert wird. Eine von DRAKE[1] angegebene, einer Dauerinfusionsapparatur (mechanisch angetriebene Injektionsspritze) entsprechende Einrichtung (Abb. 44) drückt in bestimmten Zeitabständen einen Tropfen des Eluats auf einen Filterpapierzylinder, der gleichzeitig schraubenförmig vorgeschoben wird. Selbstverständlich kann dieses Prinzip dazu dienen, die in die Säule eintretende Flüssigkeitsmenge zu dosieren und nach jeweils einem bestimmten eingepreßten Volumen das Vorlagegefäß automatisch zu wechseln (Abb. 45). Weitere Angaben über Fraktionensammler s. [2].

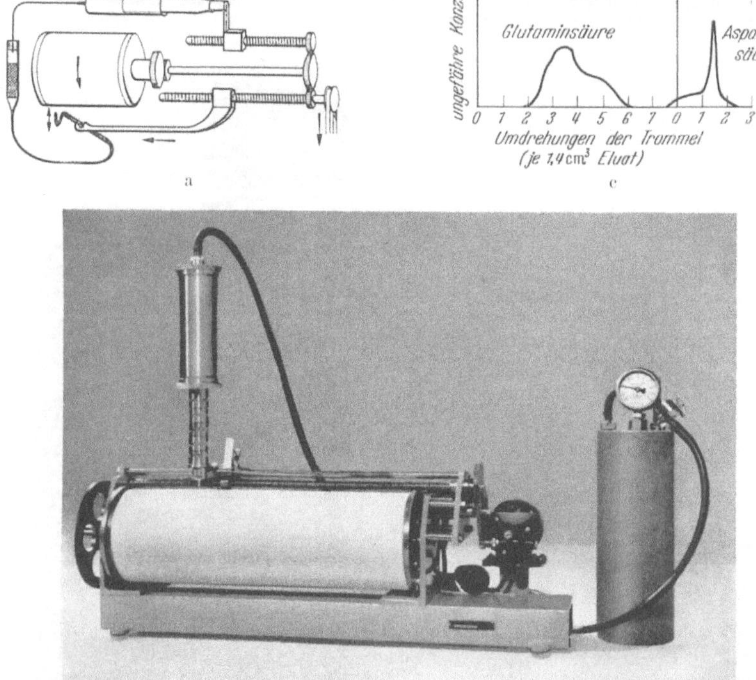

Abb. 44a—c. *Apparatur zur Aufzeichnung von Eluatkurven* (auf chemischem Weg); Beispiel der Wirkungsweise. a Schema des Geräts: Die einzelnen Tropfen bilden infolge des Vorschubs eine Spirale auf der *ll* Filterpapiertrommel. Auf einer Trommel 120 × 75 mm wurden mit Hilfe einer 20 cm³-Spritze (in 0,1 cm³ geteilt) 200 Punkte gesetzt. b Ansicht des Geräts. c Trennung von je 3 mg Glutamin- und Asparaginsäure an Amberlit I R 4 (630 mm³), vorbehandelt mit Salzsäure, durch Elution zuerst mit 11 cm³ 0,05 n-Essigsäure, dann mit 4 cm³ n-Salzsäure (je 30 min). [B. DRAKE, Nature (Lond.) **160**, 602 (1947).]

[1] DRAKE, B.: Nature (Lond.) **160**, 602 (1947).
[2] BRIMLEY, R. C., u. A. SNOW: J. Sci. Instr. **62**, 73 (1949). — CUCKOW, F. W., R. J. C. HARRIS u. F. E. SPEED: J. Soc. Chem. Ind. **68**, 208 (1949). — EDMAN, P.: Acta chem. scand. (København) **2**, 592 (1948). — DURSO, D. F., E. D. SCHALL, R. J. WHISTLER: Analyt. Chem. **23**, 425 (1951) (präparativer Fraktionensammler). — Eine elegante Abfüllvorrichtung geben H. J. DUTTON und F. J. CASTLE (Analyt. Chem. **25**, 1423 (1953)] an: Ein Schwimmer (innen versilberte Glaskugel) unterbricht den Lichtweg zu einer Photozelle, sobald die Flüssigkeit hoch genug im Abfüllrohr gestiegen ist; dadurch wird eine Magnetspule erregt, die einen Eisenkern vom Kugelschliff des Auslaufs abhebt und so den Verschluß des Rohres öffnet. — Weitgehender Anwendung fähig ist der von R. J. DIMLER, J. W. VAN CLEVE, E. N. MONTGOMERY, L. B. BAIR, F. J. CASTLE und J. A. WHITEHEAD angegebene Kunstgriff, in die einzelnen Auffanggefäße (Reagensgläser, Flaschen usw.) Glasrohre zu stecken, denen am oberen Ende schräge Schaufeln angeschmolzen sind, die sich dachziegelartig überdecken; der Fraktionensammler dreht sich in diesem Fall einfach kontinuierlich [Analyt. Chem. **25**, 1428 (1953)].

Während die oben angeführten Fraktionensammler, die nach dem ein- oder austretenden Volumen der Flüssigkeit fraktionieren, unabhängig von der Flußgeschwindigkeit das Eluat in gleiche Teile schneiden, ist das bei den einfacheren, zeitgesteuerten Apparaten nur für

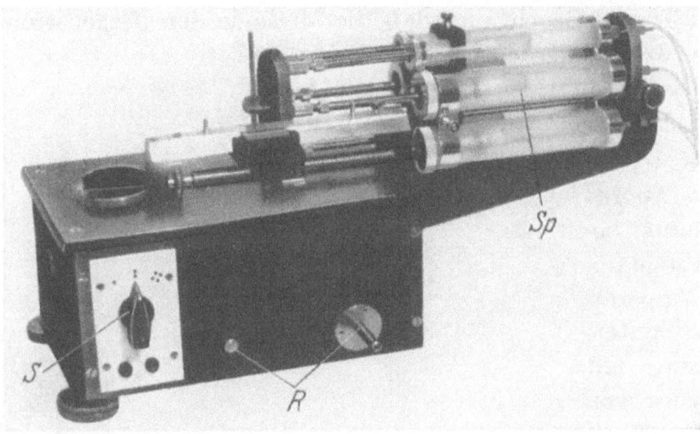

Abb. 45. *Gerät nach Art einer Dauerinfusionsapparatur zum gleichzeitigen Betrieb bis zu 6 Säulen an* **einem** *Fraktionensammler.* Nach dem Einpressen von 1 bzw. 2 bzw. 4 cm³ durch Vorschub des Spritzenkolbens in wählbarer Zeit (12 Geschwindigkeitsstufen) wird ein Kontakt geschlossen, der den Rotationsteller des Sammlers um ein Auffanggefäß weiterrücken läßt. *S* Schalter zur Einstellung des gewünschten Füllvolumens; *R* Regelung der Vorschubgeschwindigkeit; *Sp* Injektionsspritzen (4 zu 60 cm³, 2 zu 20 cm³). (Nach Angaben des Autors hergestellt von der Firma Braun-Melsungen.)

den Fall konstanter Flußgeschwindigkeit zutreffend. Da sich aber durch Quellungs- bzw. Schrumpfungserscheinungen der Säule beim Wechseln des Flüssigkeitsmilieus die Flußgeschwindigkeit meist ändert, ist es in diesen Fällen notwendig, durch besondere Zusatz-

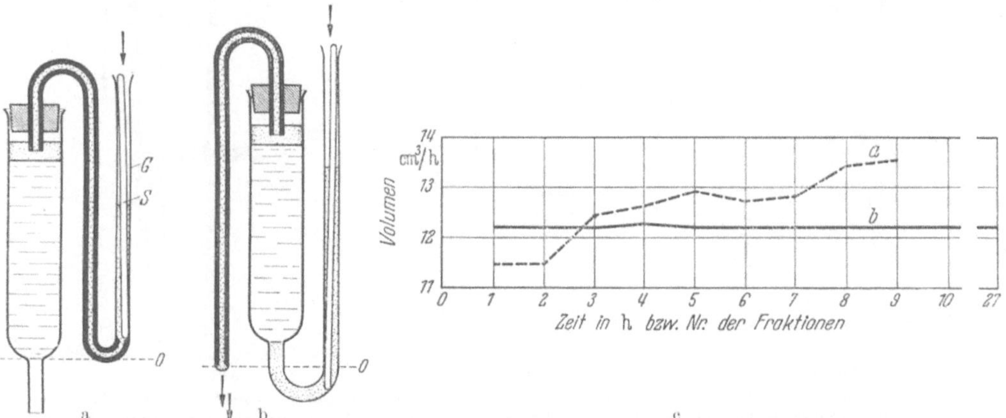

Abb. 46a—c. *Vorrichtung zur Konstanthaltung der Flußgeschwindigkeit; Wirkung des Geräts.* (W. Vogt, Chemie-Ingenieur-Technik **1951**, 581.) a Adsorptionssäule für Durchströmung von oben nach unten; b von unten nach oben. *G* Glasrohr 4 mm Innendurchmesser; *S* Glasstab 3 mm, *O* Niveau des Säulenendes (Abflußrohrendes). Erhöht sich der Durchflußwiderstand der Säule, so steigt (bei konstanter Nachflußgeschwindigkeit, s. Abb. 31b) das Flüssigkeitsniveau im Eintropfrohr bis zur Erreichung der ursprünglichen Ausflußgeschwindigkeit aus der Säule, und umgekehrt. c Durchfluß eines Organextrakts durch eine Aluminiumoxydsäule; gestrichelte Linie: unter konstantem Druck einer Mariotteschen Flasche; ausgezogene Linie: mit nebenstehender Regelungseinrichtung.

einrichtungen die Durchflußgeschwindigkeit zu stabilisieren; eine einfache Anordnung gibt W. Vogt an (Abb. 46).

Da Ammoniakdämpfe (z. B. schon in Zigarettenrauch) die Ninhydrinreaktion in den im Fraktionensammler gewonnenen Fraktionen stark beeinträchtigen, kann man die Gläser vorteilhaft nach Füllung verschließen (Abb. 47).

Andere apparative Einrichtungen (BROWN[1], CROWE[2], LAPP und ERALLI[3],
LOWMAN[4]) sind den beschriebenen Anordnungen zur Chromatographie wohl
kaum gleichwertig. Hingegen verdient der Hinweis von CRAIG, COLUMBIC,
MIGHTON und TITUS[5] Beachtung, daß die Methode der „Gegenstromverteilung"
dahingehend erweitert werden kann, daß eine der
Flüssigkeitsphasen durch ein geeignetes festes
Adsorbens ersetzt wird. Über Apparaturen zur
Zerschäumung (Adsorption an Schaum) vgl. [6].

**TISELIUS - Anord-
nung[7]**. TISELIUS be-
nutzte für wäßrige Lö-
sungen einen Apparat,
in dem die zu unter-
suchende Lösung mit
einem Überdruck von
0,1 bis 1 Atm. und mit
einer Geschwindigkeit
von etwa 50 cm³/Std
durch die Adsorptions-
zellen (2 × 4 bzw. 1 × 2
bzw.   0,5 × 0,5 cm
Durchmesser), gefüllt

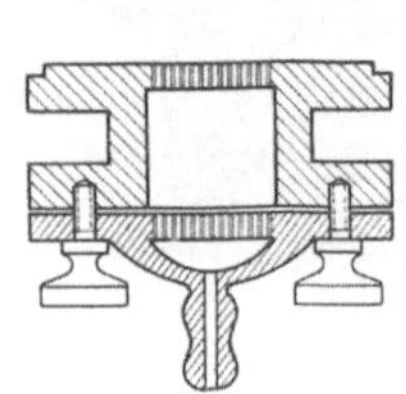

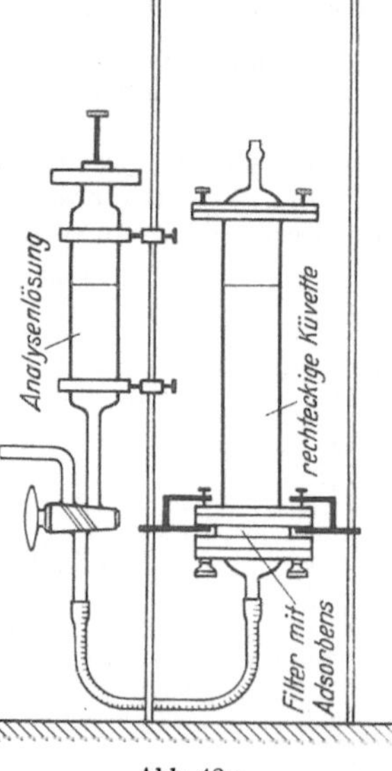

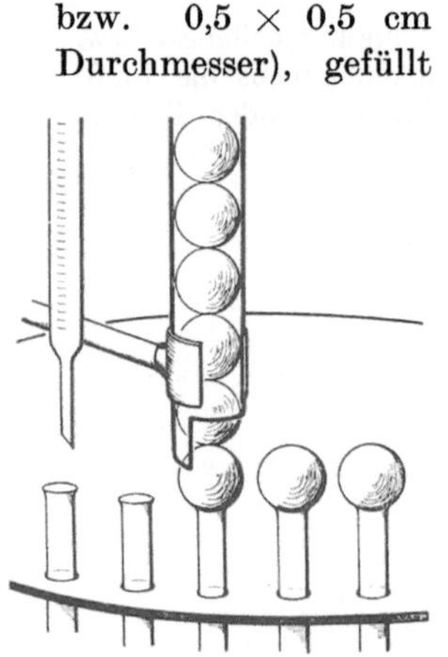

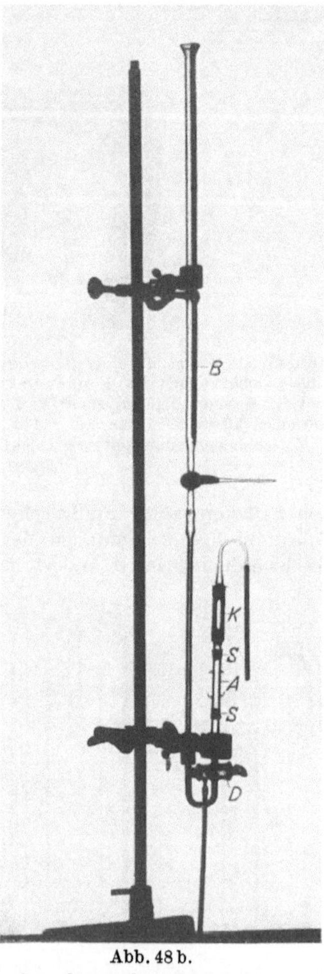

Abb. 47.   Abb. 48 a.   Abb. 48 b.

Abb. 47. *Einfache Vorrichtung zum Verschließen der einzelnen Gläschen des Sammlers nach erfolgter Füllung*, um
mechanische Verunreinigungen oder unerwünschte Agentien fernzuhalten. (Nach SCHROEDER und COREY, s. S. 49.)

Abb. 48 a u. b. a *Apparat zur Adsorptionsanalyse (Frontanalyse) mit Schlierenbeobachtung, darüber zugehöriges
Adsorptionsfilter; nach* TISELIUS [A. TISELIUS und L. HAHN, Kolloid-Z. **105**, 177 (1943).] b *Einfache Apparatur
zur Frontanalyse:* B Bürette mit Feineinstellhahn; S Schliffe; A Adsorptionsrohr; K Cuvette mit planparallelen
Fenstern (Objektträger, Picein-verkittet); D Dreiweghahn.

[1] BROWN, W. G.: Nature (Lond.) **143**, 377 (1939).
[2] CROWE, M. O'L: Ind. Engng. Chem., Analyt. Edit. **13**, 845 (1941).
[3] LAPP, CH., u. K. ERALLI: Bull. Sci. pharmacol. **47**, 49 (1940).
[4] LOWMAN, A.: Science (Lancaster, Pa.) **96**, 211 (1942); **101**, 183 (1945).
[5] CRAIG, L. C., C. COLUMBIC, H. MIGHTON u. E. TITUS: Science (Lancaster, Pa.) **103**,
587 (1946).
[6] SHEDLOVSKY, L.: Ann. New York Acad. Sci. **49**, 279 (1948).
[7] Vgl. TISELIUS, A.: Adv. Protein Chem. **3**, 70 (1947).

mit Aktivkohle (vgl. Abb. 48a), von unten nach oben hindurchgepreßt wurde; die Banden wurden nach der TÖEPLERschen Schlierenmethode in der über dem Adsorptionsfilter angebrachten Beobachtungszelle (Cuvette), die bei rechteckigem Querschnitt (5 × 0,5 cm) einen runden Einlaß des gleichen Durch-

messers wie das Adsorptionsfilter besaß, sichtbar gemacht und auf diese Weise der Konzentrations·gradient bestimmt. Für den Gebrauch organischer Flüssigkeiten waren alle Metalloberflächen, die mit Flüssigkeit in Berührung kamen, vergoldet. Vgl. die einfache, aus Labormitteln zusammengestellte Anordnung (Abb. 48b).

Wegen der Schwierigkeiten, die mit organischen Lösungsmitteln in Hinblick auf die Instabilität der Flüssigkeitssäule in der Meß·cuvette infolge der Unterschiede der spezifischen Dichten entstanden, konstruierten TISELIUS und CLAESSON[1] eine mikrointerferometrische Anordnung, die eine kontinuierliche Ablesung des Brechungsindex und eine Abtrennung der einzelnen durch das Interferometer hindurchgegangenen Fraktionen erlaubt (Abb. 49). Das Entweichen von Luftbläschen, die die Messung störten, wurde durch eine einer Injektionsspritze ähnliche Anordnung vermieden.

Eine selbst registrierende Apparatur von CLAESSON[2] bestimmt den Brechungsindex und das Gewicht der Lösung mit Genauigkeiten von 10^{-5} bzw. 0,1 cm³ so, daß die beiden jeweiligen Meßwerte zu einer Kurve auf Photopapier koordiniert werden.

Abb. 49. *Mikro-Interferometer in Verbindung mit einer Kolonne aus Adsorptionseinheiten* (vgl. den Querschnitt dieser Einheiten, Abb. 34) zur Messung von Konzentrationsgradienten im Eluat. [Nach A. TISELIUS, Endeavour 11 (1952).]

DUTTON[3] gibt eine Apparatur für die periodische refraktometrische Messung von Filtraten der üblichen chromatographischen Säulen an, wobei ein hochempfindliches Differentialrefraktometer für kontinuierlichen Durchfluß Verwendung findet.

---

[1] Vgl. CLAESSON, S.: Ark. Kem., Mineral. Geol., Ser. A **23**, Nr. 1 (1946).

[2] CLAESSON, S.: The Svedberg 1884—1944, S. 82. Uppsala: Almquist & Wicksell. New York: Stechert 1944; vgl. N. HELLSTRÖM, Acta chem. Scand. **7**, 329 (1953).

[3] DUTTON, H. J.: J. Physic. Chem. **48**, 179 (1944).

142. Geräte zur Papierchromatographie.

Apparaturen zur analytischen Trennung. Besonders zahlreich sind naturgemäß apparative Vorschläge hinsichtlich der „Filterpapierchromatographie". Es sind die verschiedensten Verfahren angegeben worden, Filterpapierbogen und -streifen mit Lösungsmittel ansaugen zu lassen, und zwar sowohl mit auf- wie mit absteigender Flüssigkeitsfront. Das erstere Verfahren führt zu etwas längeren Laufzeiten, was unter Umständen erwünscht sein kann, das letztere scheint

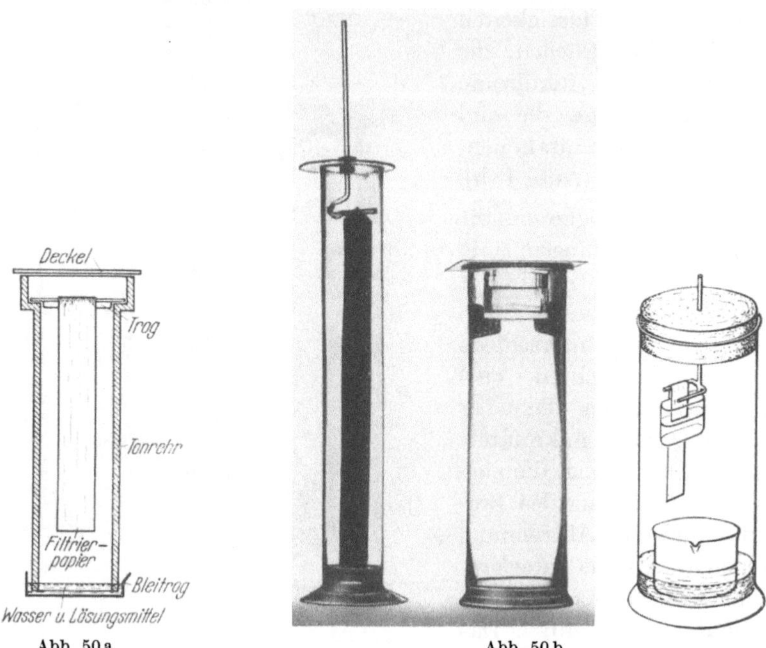

Abb. 50a. Abb. 50b.

Abb. 50a—g. *Apparaturen zur eindimensionalen Papierchromatographie.* a *Anordnung nach* GORDON *und* MARTIN (Tonrohr mit aufgeschliffenem Deckel). b *Behelfsmäßige Einrichtung zur auf- und absteigenden Papierchromatographie:* Mensuren mit plangeschliffenem Rand; *links* durchbohrter Glasdeckel mit Gummistopfen, darin verschiebbarer Halter für elastisch gegeneinander federnde Glasschenkel für den Filterstreifen (Eintauchen in das Lösungsmittel nach Sättigung bei geschlossener Kammer); *Mitte* Glasstreifen zwischen eingekerbten Korken als Halterung für den Trog (kleine Cuvette); *rechts* Anordnung mit Gummi- oder Korkstopfen nach F. H. BURSTALL und N. F. KEMBER, The Indust. Chemist, Sept. 1950, S. 3. c *Großer Glaszylinder* (33 × 100 cm) beiderseits plangeschliffen, 1 cm Wandstärke, mit Porzellanschiffchen (Seifenschalen, mit zwei seitlichen Bohrungen zur Aufhängung). d *Einrichtung nach* WINSTON: zwei durch Glasstab verbundene Petrischalen; *S* Stahldraht zur Verhinderung des Anklatschens der Streifen; *G* Glasstab zur Beschwerung; *K* Kristallisierschale; *F* Filterstreifen; *B* Baumwollfaden zur Erleichterung der Sättigung. e *Batterieglas mit Glasglocke.* f und g Edelstahl-Träger für 2 verschiedene Formen von Entwicklungskammern der Firma Research Equipment Corporation, Oakland 20, Californien.

besser reproduzierbare Resultate zu geben. Es erlaubt vor allem, das Lösungsmittel die mehrfache Länge des Papiers ohne zusätzliche Einrichtung durchströmen zu lassen, was bei Substanzen mit kleinen R_F-Werten vorteilhaft ist. Das gleichmäßige Abtropfen des Lösungsmittels kann durch Anschneiden des unteren Randes des Filterpapiers in Zackenform erleichtert werden. MIETTINEN und VIRTANEN[1] bringen zum gleichen Zweck ein Paket saugfähigen Materials (Zellstoff, Filterpapier) an den Rand des Bogens oder Streifens und setzen das Entwickeln bis zu mehreren Wochen fort; dabei trennen sich unter Umständen

---

[1] MIETTINEN, J. K., u. A. I. VIRTANEN: Acta chem. scand. (Københ.) **3**, 459 (1949).

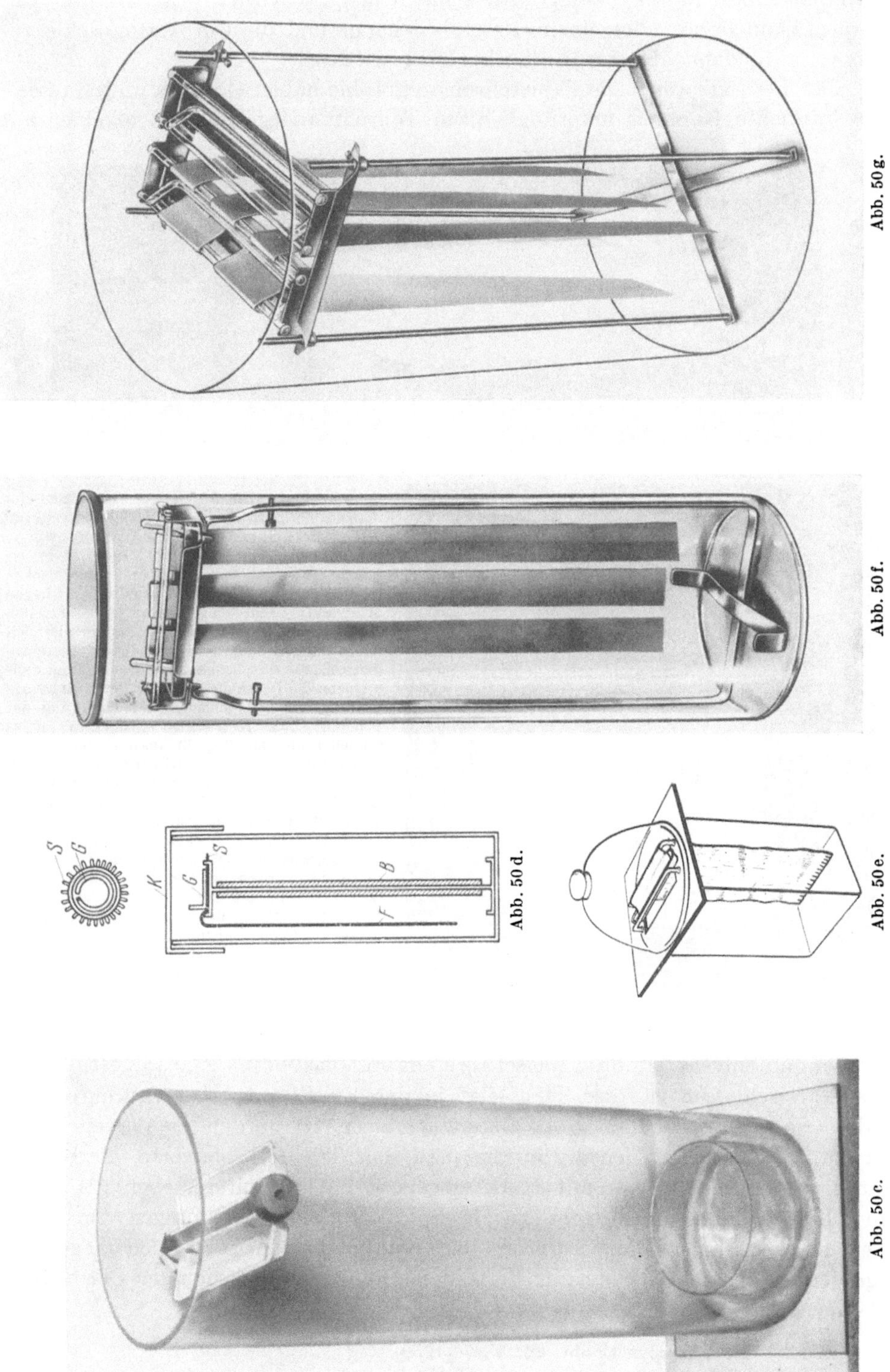

Abb. 50g.

Abb. 50f.

Abb. 50d.

Abb. 50e.

Abb. 50c.

Komponenten mit sehr wenig unterschiedlichen R_F-Werten (vgl. S. 169). Das Papier kann ferner über einen Glasstab gehängt und die Chromatographie zunächst auf-, dann absteigend durchgeführt werden[1].

Für die *eindimensionale* Papierchromatographie haben GORDON und MARTIN[2] als luftdichte Kammer ursprünglich ein Tonrohr angegeben, das in einer mit

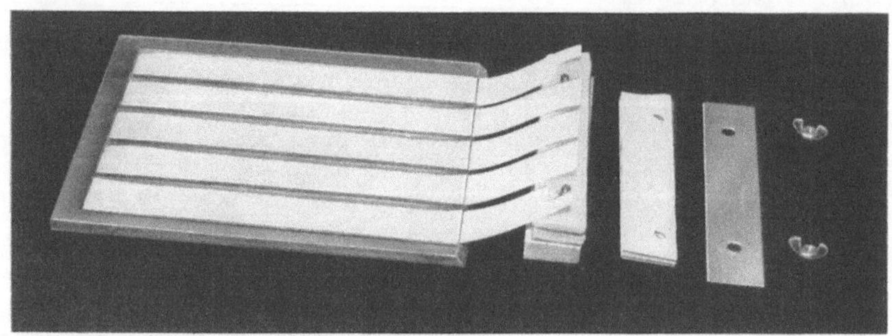

a

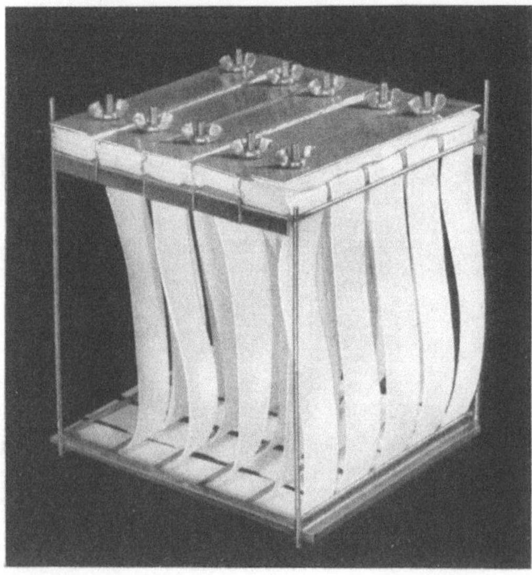

b

Abb. 51 a u. b. *Einrichtung zur Herstellung eindimensionaler, aufsteigender Chromatogramme mit verlängerter Laufzeit in Serie.* a Glasrahmen (verschmolzene Glasstäbe 5 × 6 × 6 inch); 4 Filterpakete zwischen verschraubbaren Stahlblechen (je 40 Streifen 1 × 6 inch Whatman Nr. 1) liegen oben auf; darin eingeklemmt je 5 Streifen (1 × 7,5 inch) Whatman Nr. 1-Papier, die nach unten hängen und zur eigentlichen Papierchromatographie dienen; am Boden des Glasgestells 6 Querstäbe (einschließlich der Seitenstäbe des Gestells) zur Ausrichtung und Halterung der Streifen; eine rechteckige Glasplatte (etwas schmäler als das Gestell) kann in der zu den Bodenstäben senkrechten Richtung eingeschoben werden und fixiert die Streifen endgültig; das ganze Aggregat wird in einem Aquarium passender Größe in das Lösungsmittel eingestellt und mit dicht sitzendem Deckel verschlossen. Wegen der Saugwirkung der Pakete kann der Versuch sehr lange ausgedehnt werden. b Halter zum bequemen Einlegen der Streifen in das Paket, bestehend aus 2 Celluloidplatten, zwischen denen schmale Führungsleisten aus Celluloid eingekittet sind: ein Ende ist ebenfalls durch einen Celluloidstreifen verschlossen. [PING-SHU, Canad. J. Res. Sect. B **28**, 527 (1950).]

Wasser und Solvens gefüllten Bleischale steht und oben durch eine aufgeschliffene Platte verschlossen ist; der Trog sitzt in der Erweiterung des Tonrohres auf (Abb. 50a). Analog können große Glaszylinder benutzt werden [zu Vorversuchen eine abgesprengte 2 l-Mensur, in die man den Trog (Glascuvette, Färbetrog für histologische Zwecke) mit Kork eingepaßt hat]. Weitere, ebenfalls leicht aus Laboratoriumshilfsmitteln zu improvisierenden Anordnungen zur aufsteigenden eindimensionalen Chromatographie sind in Abb. 50 wiedergegeben; vgl. ferner die Einrichtung zur Serienherstellung eindimensionaler Chromatogramme (Abb. 51).

---

[1] BLOCK, R. J.: Analyt. Chem. **22**, 1327 (1950).

[2] GORDON, A. H.: Angew. Chem. **61**, 367 (1949).

ROCKLAND und DUNN[1] haben die aufsteigende Chromatographie von WILLIAMS und KIRBY[2] zu einer bequemen, schnellen und ökonomischen Mikrotrennung an Filterpapierstreifen (13,5 × 1,80 × 1,00 cm) in gewöhnlichen Reagensgläsern benutzt (Abb. 52).

Eine weitere Anordnung (Abb. 53a) besteht in der Verwendung von *Rundfiltern* (11 cm), die einen bis zum Zentrum angeschnittenen Papiersteg (2 mm

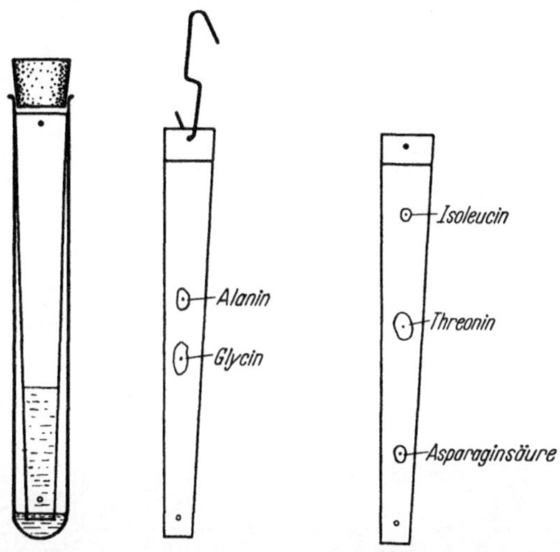

Abb. 52. *Mikroapparatur zur aufsteigenden eindimensionalen Papierchromatographie.* Auf die Filterpapierstreifen 13,5 × 1,80 × 1,00 cm der abgebildeten Form werden etwa 6 mm vom unteren Rand entfernt so viel der Analysenlösung aufgebracht, daß ein Kreis von 1,5 mm Durchmesser entsteht. Die Streifen werden so in ein passendes Reagensglas, in dem sich 0,4 cm³ Lösungsmittel befinden, eingeführt, daß ein Saum von 1—2 mm eintaucht, die Ränder aber die Wand nicht berühren. Laufzeit einige Stunden. Die sichtbar gemachten Flecke werden im durchfallenden Licht betrachtet. Gute Ergebnisse wurden mit 0,0002 cm³ von 0,03 m Aminosäurelösungen erzielt (vgl. die R_F-Werte). Zum Aufgeben der Lösung eignet sich eine Pipette aus 5 mm-Capillarglas, das auf 2 mm ausgezogen und dessen Spitze mit Carborundum (400—600 Maschen) auf 0,5 mm abgeschliffen wurde.
[L. B. ROCKLAND und M. S. DUNN, Science (Lancaster, Pa.) **109**, 2839 (1949).]

R_F-*Werte von Aminosäuren nach der Mikromethode.*

Aminosäure	CONSDEN und Mitarb.	WILLIAMS und KIRBY	Autoren	Aminosäure	CONSDEN und Mitarb.	WILLIAMS und KIRBY	Autoren
Alanin	0,59	0,58	0,62	Methionin	0,81	0,74	0,74
Arginin	0,62	0,54	0,53	Phenylalanin	0,93	0,83	0,87
Asparaginsäure	0,17	0,22	0,25	Prolin	0,86	0,88	0,87
Glutaminsäure	0,28	0,23	0,39	Serin	0,36	0,30	0,33
Glycin	0,42	0,36	0,49	Threonin	0,50	0,43	0,57
Histidin	0,69	0,62	0,81	Tryptophan	0,86	0,71	0,81
Isoleucin	0,86	0,83	0,85	Tyrosin	0,62	0,55	0,53
Leucin	0,88	0,80	0,86	Valin	0,77	0,72	0,82
Lysin	0,48	0,41	0,41				

breit, 1,5 cm lang) erhalten; das Chromatogramm zeigt die Form konzentrischer Kreise, die mit steigendem Radius an Schärfe zunehmen. Als Kammer dient z.B. eine Petrischale (RUTTER)[3]. Zur Bestimmung ungefärbter Substanzen wird ein Testsektor ausgeschnitten. Vergleiche auch die Modifikationen in Abb. 53b und d.

[1] ROCKLAND, L. B., u. M. S. DUNN: J. Amer. Chem. Soc. **71**, 4121 (1949).
[2] WILLIAMS, R. J., u. H. KIRBY: Science (Lancaster, Pa.) **107**, 481 (1948).
[3] MARCHAL, J. G., u. T. MITTWER: C. r. Séances Soc. Biol. Filiales **145**, 417 (1951).

Wichtig ist bei der „Ringpapierchromatographie" eine möglichst gleichmäßige Zufuhr von Lösungsmittel in das Zentrum des Rundfilters bei der Entwicklung; SCHWERDTFEGER[1] beschreibt eine zweckmäßige Einrichtung, die bessere Bilder liefert als die übliche Tropfmethode (vgl. Abb. 54); vgl. auch die Anordnung nach BROCKMANN und Mitarbeiter auf S. 69.

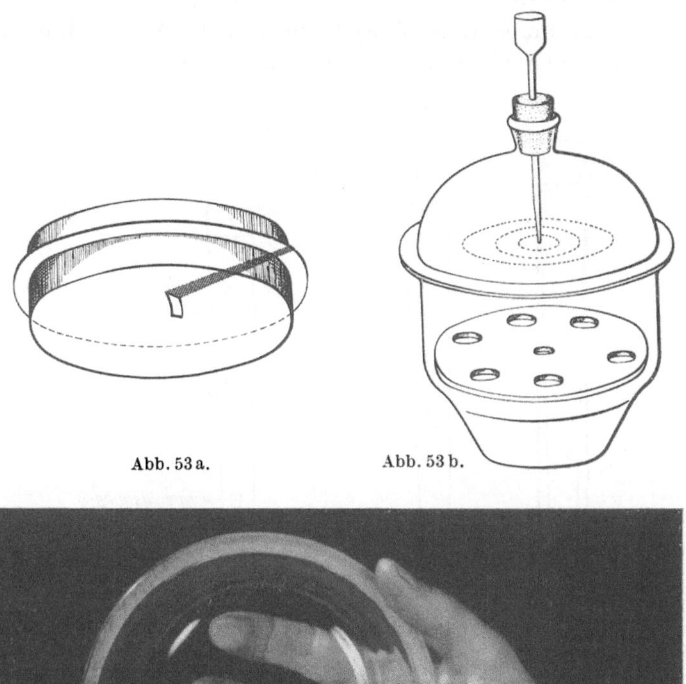

Abb. 53 a.   Abb. 53 b.

Abb. 53 c.

MARCHAL und MITTWER empfehlen zur Trennung von Aminosäuren mit nahe benachbarten R_F-Werten durch eindimensionale Papierchromatographie eine Kombination von Streifen- und Rundfilterchromatographie: an einen Streifen (40 × 10 cm) wird am unteren Ende ein Rechteck (4 × 2 cm) angeschnitten, in dessen Mitte man die Substanz aufträgt; es bleibt durch einen Steg (15 × 3 mm)

---

[1] SCHWERDTFEGER, E.: Naturwiss. **40**, 201 (1953).

mit dem Streifen verbunden. Der Mittelpunkt der nach Färbung sichtbar werdenden Kreisbögen liegt an der Brücke zum Rechteck.

Zur *zweidimensionalen* Chromatographie beschreiben CONSDEN, GORDON und MARTIN[1] gasdichte Glaskästen. [Nach DENT: Dimensionen (Innenmaße)

Abb. 53 a—d. *Einrichtungen zur Rundfilterchromatographie. a Obere Hälften zweier Petrischalen.* Steg im Rundfilter etwa 15 × 2 mm. Entwicklungsdauer bei 6 cm-Rundfiltern etwa 10 min (hängt ab von Breite des Stegs und Entfernung des Lösungsmittelspiegels). Sichtbarmachung der Zonen durch Ansprüchen eines „Testsektors". Zur Elution werden die beiden Enden des ausgeschnittenen Rings in das Elutionsmittel getaucht und die Substanz im mittleren Teil konzentriert. [L. RUTTER, Nature (Lond.) **161**, 435 (1948). — Analyst **75**, 37 (1950).] b Modifikation nach G. ZIMMERMANN und K. NEHRING [Angew. Chem. **61**, 556 (1951).] Rundfilter zwischen Deckel und Boden eines Exsiccators; Nachschub des Lösungsmittels durch eine ausgezogene Capillare, die einige Millimeter über dem Papier endet (10 Tropfen/min). Zeitdauer für ein Chromatogramm: 32 cm-Filter 4—5 Std, 20 cm 2 Std. c Pyrex-Schalen mit breiten geschliffenen Rändern zur Rundfilter-Chromatographie (für die Überlassung des Bildes dankt der Autor der Herstellerfirma Research Equipment Corporation, Oakland 20, Californien. d Aufgabe der Analysen- und Kontrollproben in Punkten, die konzentrisch um den Mittelpunkt liegen [K. V. GIRI, u. N. A. N. RAD, Nature (Lond.) **169**, 923 (1952)].

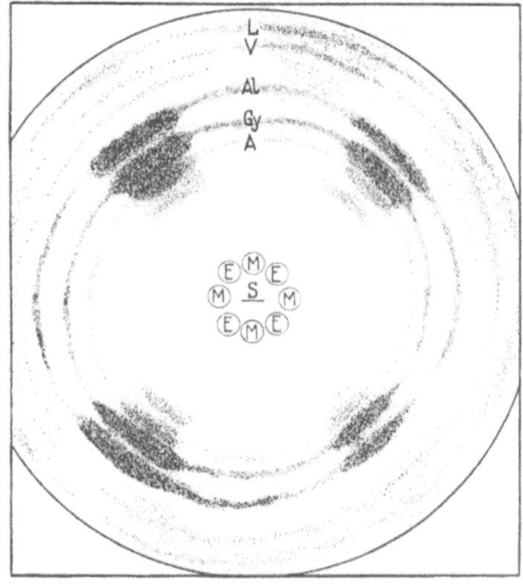

Abb. 53 d.

81 × 81 × 20 cm; Holzdicke 1,6 cm; zwei Glasfenster 60 × 60 cm; 10 cm vom oberen Rand Leisten mit Vertiefungen zum Einsetzen der Tröge; Deckel mit Gummirahmen wird durch sechs Flügelschrauben luftdicht aufgepreßt.] WIELAND und FELD[2] geben einige zweckmäßige Verbesserungen an (vgl. die von der Firma Hormuth & Vetter, Heidelberg, hergestellte Kammer, Abb. 55 b).

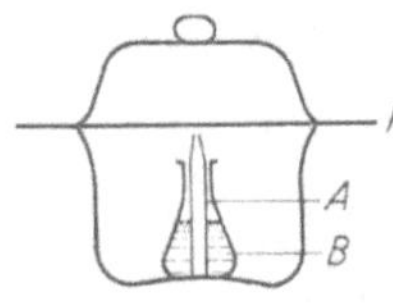

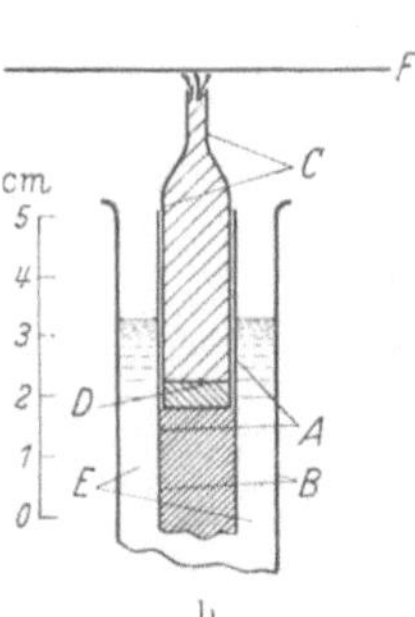

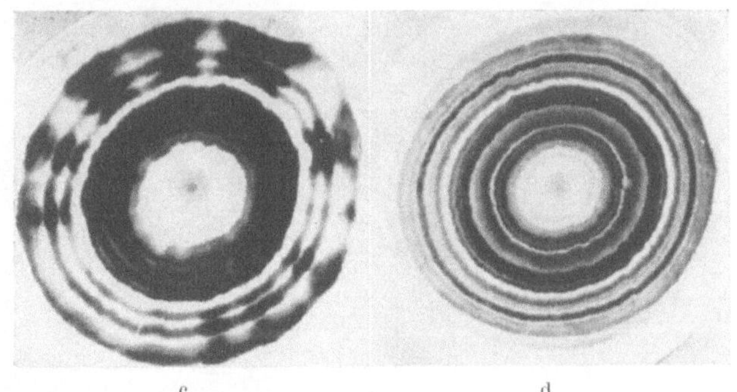

Abb. 54 a—d. a und b *Entwicklungseinrichtung zur Ringpapierchromatographie. A* Mit Watte gefülltes Glasrohr; *C* engeres Rohr, oben verjüngt, wattegefüllt, mit Wattedocht; *B* Vorratsgefäß mit Entwicklerflüssigkeit *E*; *D* Aufgabestelle des zu trennenden Gemisches (wird mit Capillare eingebracht). c Beispiel des Ringchromatogramms (Caseinhydrolysat, 25 mm³ = 880 γ-N), entwickelt nach der Tropfmethode. d Caseintotalhydrolysat (25 mm³ = 880 γ-N), entwickelt mit der vorstehend abgebildeten Einrichtung. [Nach E. SCHWERDTFEGER, Naturwiss. **40**, 201 (1953).]

[1] CONSDEN, R., A. H. GORDON u. A. J. P. MARTIN: Biochemic. J. **38**, 224 (1944).
[2] WIELAND, TH., u. U. FELD: Angew. Chem. **63**, 258 (1951).

Die Kammer besteht aus speziallackiertem Holz. Die Seiten sind lösungsmittelfest
verglast. Der mit Gummi gedichtete Deckel trägt eine Glasplatte mit drei auf der kurzen
Mittelachse angeordneten Bohrungen (15 mm Durchmesser) zum Beschicken jedes der drei

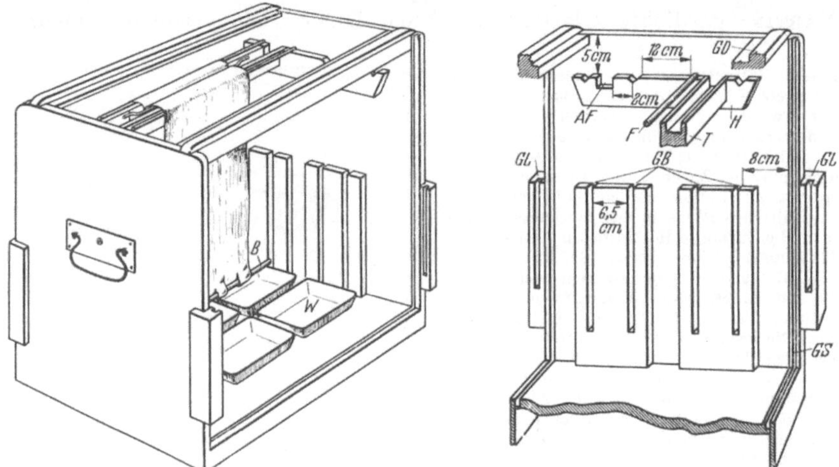

Abb. 55a. *Dimensionen einer Chromatographiekammer nach* Heyns. Innenmaße 74 × 65 × 45 cm; Spiegel-
glasscheiben 2 Stück 75 × 71 cm, 1 Stück 78 × 40 cm; Rinnen: 18 mm Glas, Länge 74 cm, Schliff 60 cm,
Fassung etwa 100 cm³; Glasstäbe: Länge 74 cm, F 8 mm, B 6 mm ⌀; *T* Tragleiste, *F* Führungsstab, *B* Beschwerungsstab, *H* Halterung für *T* und *F*, *AF*, *T* Aufnahme für *T* und *F*, *GB* Gleitnuten für *B*, *GS* Gleitnuten
für Glasscheiben, *GD* Gleitnut für Deckplatte, *W* Wanne, *R* Glasrinne, *Gl* Gleitnuten zum Abstellen von
Glasscheiben. [K. Heyns und G. Anders, Hoppe-Seylers Z. **287**, 1 (1951).]

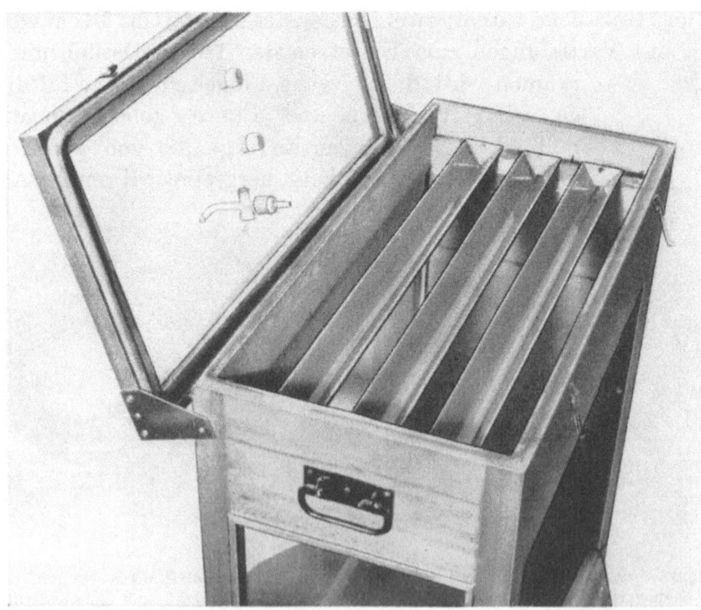

Abb. 55b. *Große Chromatographiekammer* (Firma Hormuth und Vetter), mit 3 V-Trögen (emailliert), innen
speziallackiert. Nach unseren Erfahrungen empfiehlt sich die Imprägnierung des Innenkastens mit heißem
Paraffin (Aufnahme Labor des Autors).

Tröge mit Lösungsmittel bei geschlossenem Deckel. Zur Erleichterung des Sättigens des
Papiers mit Lösungsmitteldampf vor dem eigentlichen Versuch kann durch einen seitlichen Tubus Luft, gesättigt mit dem Solvens, eingeblasen werden.

Die Dimensionen einer von HEYNS[1] angegebenen Chromatographiekammer sind in Abb. 55a angegeben. Wir haben gute Erfahrungen mit einem Kasten gemacht, in dem in einen Holzrahmen eingekittet Glas auf Glas sitzt; auch am oberen Rand sind ohne Fugen Glasstreifen aufgekittet, auf welche die gläserne

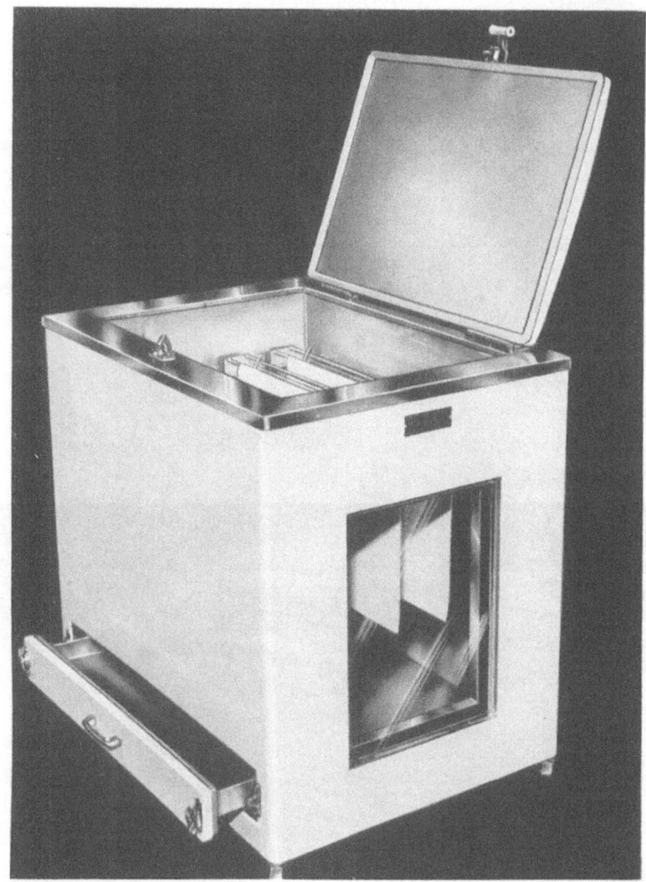

Abb. 55c. Große Chromatographiekammer der Firma Research Equipment Corporation, Oakland 20, Californien, mit Glaströgen (vgl. Abb. 61e); Modell A 300 mit Glaswolle-Isolierschicht und Nivellierschrauben.

Deckelplatte wie auf einen Exsiccator aufgeschliffen ist. Besonders vorteilhaft ist die Verwendung großer Ganzglasaquarien. — Befestigung der Papierbogen s. Abb. 56.

Große Filterbogen lassen sich auch zu Zylindern (Abb. 59a, b) oder Spiralen rollen und auf diese Weise raumsparend zur aufsteigenden Chromatographie in zylindrischen Gefäßen verwenden. Nach Trocknen des Chromatogramms und „Umrollen" entwickelt man in der zweiten Dimension. WILLIAMS und KIRBY[2] beschreiben eine Anordnung, mit der bis zu 450 Chromatogramme täglich zu bewältigen sind. Besonders bei Äther oder anderen flüchtigen Solventien, die

<hr>

[1] HEYNS, K., u. G. ANDERS: Hoppe-Seylers Z. **287**, 1 (1951).
[2] WILLIAMS, R., u. H. KIRBY: Science (Lancaster, Pa.) **107**, 481 (1948).

zumeist auch gegen die Wirkung der Schwerkraft höher aufzusteigen vermögen[1], empfiehlt sich dieses Kleinhalten des Volumens der Kammer. Eine weitere praktische Einrichtung zur Serienherstellung zweidimensionaler aufsteigender Chromatogramme, die gleichzeitig ein bequemes Trocknen erlaubt, ist in Abb. 57 und 58 wiedergegeben.

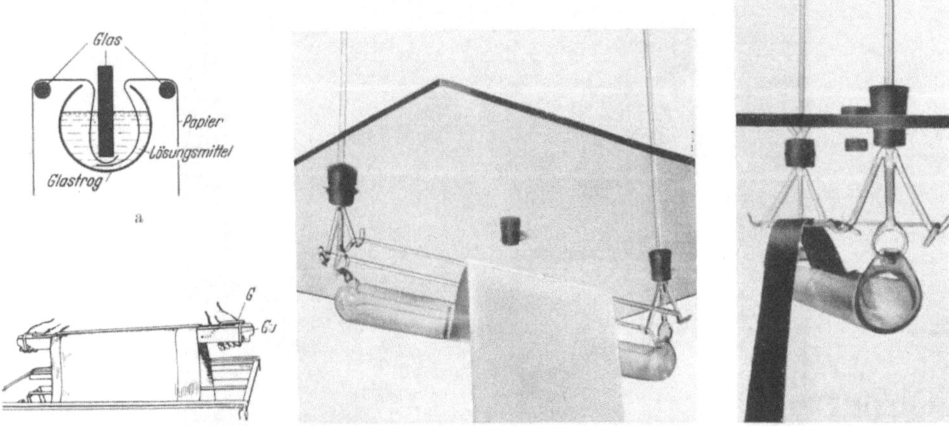

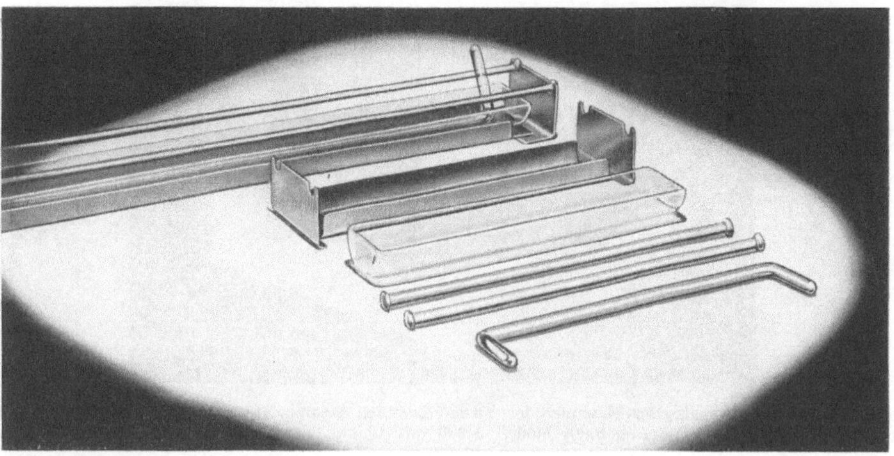

Abb. 56a—e. *Befestigung der Filterstreifen bzw. -bögen im Trog.* a Querschnitt durch den Trog zur eindimensionalen Chromatographie (CONSDEN, GORDON und MARTIN); zur zweidimensionalen Chromatographie verwenden die Autoren an Stelle der Glasstäbe stabilere Glasstreifen, die in einem Metallbügel gefaßt sind. b Befestigung der Bogen nach HEYNS durch einen gläsernen Haltebügel *G*, der mittels Gummiringen (*Gu*) über Rinne und Tragleiste leicht federnd eingedrückt wird. c und d Trog mit Haltevorrichtung (Öffnung zum Einfüllen des Lösungsmittels, Höhe der Aufhängung verstellbar). Labor des Autors, unveröffentlichte Aufnahme. e Glaströge mit Stahlhalterung und Haltestäben, zusammengesetzt und auseinandergenommen. Aufnahme der Herstellerfirma: Research Equipment Corporation, Oakland 20, Californien.

Besondere Beachtung verdient das Material, aus dem der *Trog* für das Lösungsmittel hergestellt wird. GORDON und MARTIN[2] empfehlen für absteigende Chromatogramme ein der Längsachse nach aufgefeiltes Glasrohr. Die durchaus

---

[1] Man wird im Durchschnitt mit einer Aufstiegstrecke von 20—35 cm ($^1/_4$—$^1/_2$ Bogen) rechnen dürfen und die Dimensionen (eventuell nach Vorversuchen) entsprechend wählen.

[2] Vgl. GORDON, A. H.: Angew. Chem. **61**, 367 (1949).

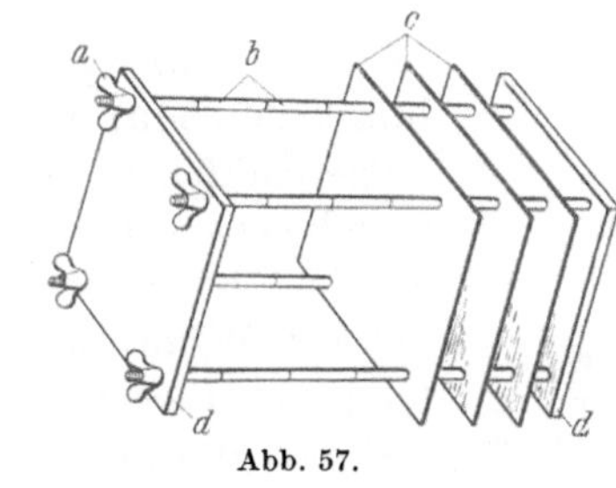

Abb. 57.

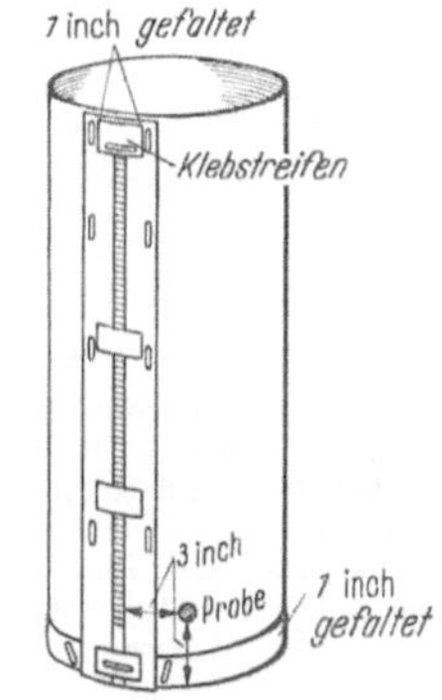

Abb. 59 a.

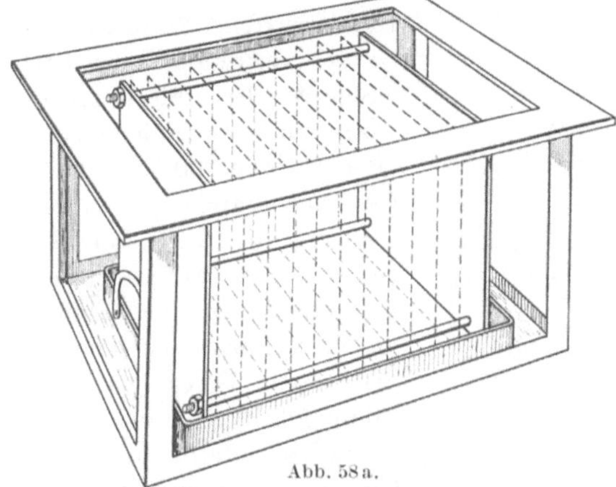

Abb. 58 a.

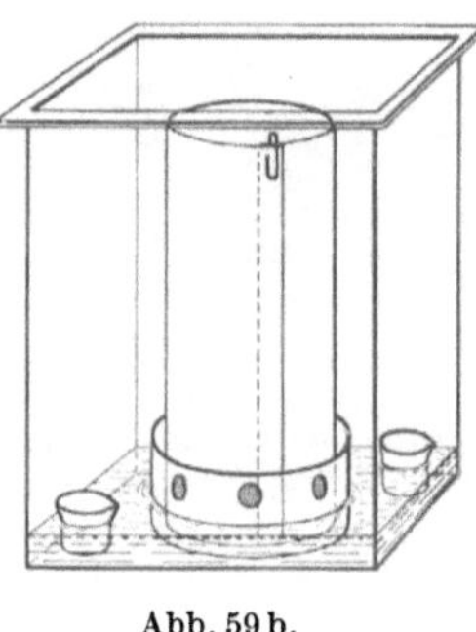

Abb. 59 b.

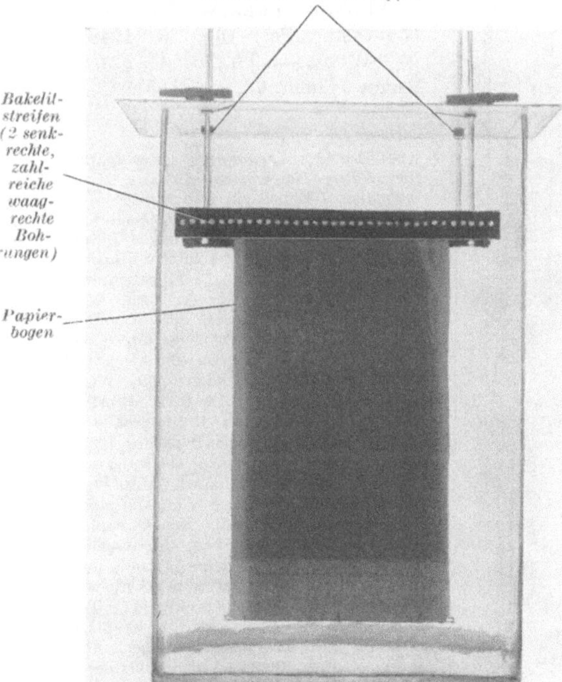

Abb. 58 b.

Abb. 57. *Spannrahmen für die Serienherstellung zweidimensionaler Chromatogramme.* a Flügelschrauben, b abnehmbare Röhrchen, c Papier, d Deckplatten 20 × 20. [Nach C. E. DENT, S. DATTA und H. HARRIS, Biochemic. J. **46**, XLII (1950).]

Abb. 58a u. b. a *Tank mit Einsatz (2 Querplatten aus Aluminium, 4 Aluminiumhaltestäbe) zur Serienherstellung zweidimensionaler Chromatogramme.* Herstellerfirma: Shandon scientific Company. Die Papierbogen werden mittels Schablone gelocht; gleichmäßiger Abstand durch Glas- oder Prozellanringe usw. b Anordnung mit Batteriegläsern 60 × 40 × 20 cm; nach dem Sättigen werden die Chromatogramme eingetaucht (Aufnahme Labor des Autors).

Abb. 59a u. b. a *Einrichtung zur zweidimensionalen aufsteigenden Papierchromatographie (Zylindermethode) nach* WILLIAMS *und* KIRBY, in der Ausführungsform von W. Q. WOLFSON, C. COHN und A. DEVANEY [Science, **109**, 541 (1949)]. Verwendetes Papier: Schleicher-Schüll (amer.) 604. Als Kammer diente ein 20 Gallonen-Stahltank (24 × 16 inch; American Stainless equipment Comp., 2312 Greenview Avenue, Chicago III). Das Zusammenklammern des Zylinders kann behelfsmäßig mit einer Büroklammer (am oberen Ende) erfolgen (b).

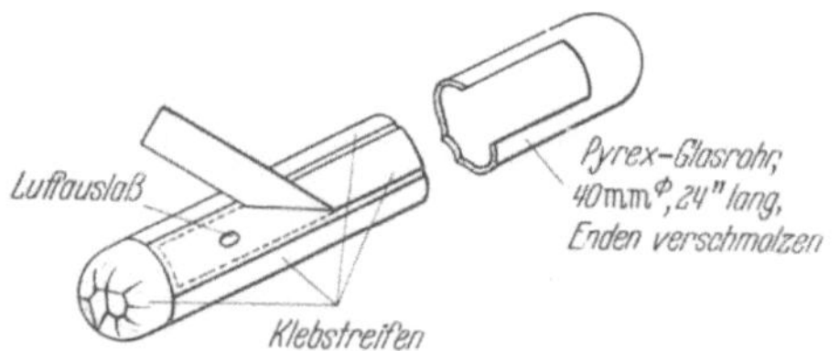

Abb. 60a. *Herstellung eines Glastrogs zur absteigenden Papier-chromatographie.* [Nach W. H. LONGENECKER, Science (Lancaster, Pa.) **107**, 23 (1948).] Aufschleifen des beiderseits abgeschmolzenen Glasrohrs (Luftauslaß!) nach Bekleben mit Streifen in der angegebenen Weise mit einer 5 cm-Carborundumscheibe, die an einer elastischen Achse befestigt ist, unter dauerndem Bespülen mit einem Wasserstrahl (vgl. Abb. 61c, d).

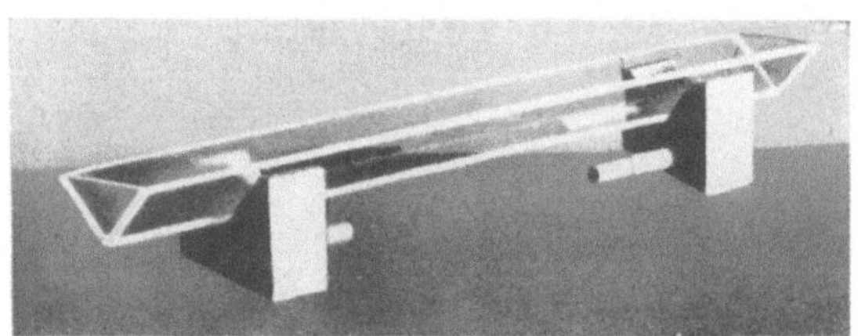

Abb. 60b. *V-Trog aus Spiegelglas, feuerfest verschmolzen,* für angreifende Lösungsmittel und Arbeiten mit Substanzen, deren Ultraviolett-Spektrum zur Bestimmung dient (Hergestellt von der Firma Hellige, Freiburg, Aufnahme Labor des Autors).

nicht schwierige Herstellung (Abb. 60a) eines solchen aufgeschliffenen Rohrs zur zweidimensionalen Chromatographie beschreibt LONGENECKER[1]. Wichtig ist gute Kühlung mit fließendem Wasser während des Schleifprozesses. PARTRIDGE gibt als Trogmaterial rostfreien Stahl an. WIELAND[2] verwendet emaillierte Tröge aus Eisenblech mit der Form einer V-förmigen Rinne (Bodenwinkel 90°). Für die Chromatographie von Substanzen, die durch ihr UV-Spektrum charakterisiert wurden, fanden wir einen Trog der gleichen Form aus feuerfest gekittetem Spiegelglas (Abbildung 60b) als sehr geeignet (Metallspuren störten bei dieser Untersuchung empfindlich).

[1] LONGENECKER, W. H.: Science (Lancaster, Pa.) **107**, 23 (1948).
[2] WIELAND, TH., u. U. FELD: Angew. Chem. **63**, 258 (1951).

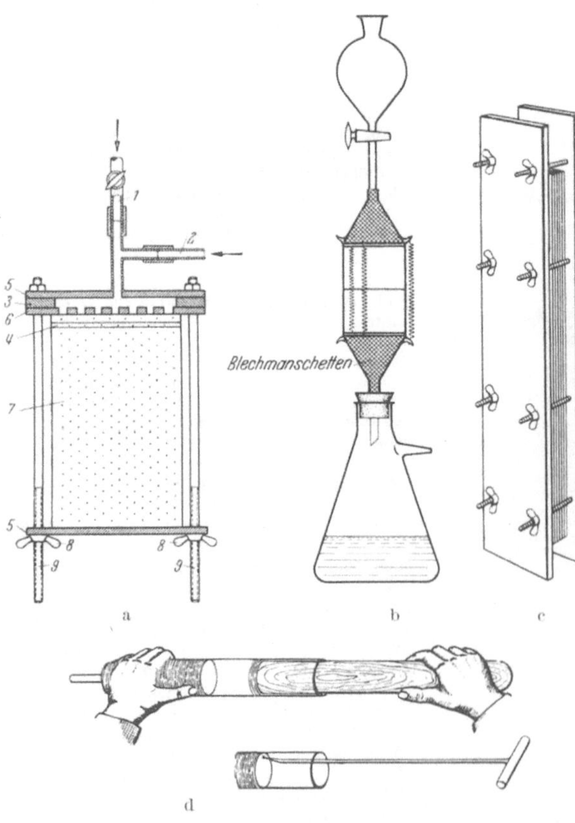

Abb. 61a—d. *Apparaturen zur präparativen Filterpapierchromatographie.* a *Chromatopile:* 1 Einlaß zur Füllung des Hebers; 2 Nachlauf des Lösungsmittels durch den Heber; 3 Gummidichtung; 4 Filter mit der Substanz; 5 Deckplatten; 6 Lochplatte; 7 Filterscheiben; 8 Flügelschrauben; 9 Schraubgewinde (D. BELL und D. NORTHCOTE, J. Chem. Soc., London 1944, 1950). Herstellerfirma: Precision Scientific Co., vgl. Technical Data Department, Analytical Chemistry 332 West 42 nd Street New York 18, N. Y., Dimensionen: 9,5 × 6,25 inch. b *Einfache Anordnung zur Papiersäulenchromatographie aus zwei Jenenser Glasfritten,* Dichtung mit einem Stück Fahrradschlauch (Aufnahme Labor des Autors). c *Chromatopack:* 100 Streifen Whatman Nr. 1-Papier (12 × 50 cm) mit je 0,01 cm³ Analysenlösung, beiderseits je 10 leere Streifen, das Paket zwischen Stahlplatten mit 8 Flügelschrauben zusammengepreßt. [L. W. PORTER, Anal. Chem. **23**, 412 (1951).] d *Rundfiltersäule in der „klassischen" Anordnung nach* ZECHMEISTER; Herstellen und Auseinandernehmen der Säule; vgl. auch S. 165. [L. ZECHMEISTER, Science (Lancaster, Pa.) **113**, 35 (1951).]

Apparaturen zur präparativen Trennung. Einen Übergang zur Papierpulver-säule bildet die Rundfiltersäule: mehrere hundert Papierfilter werden aufeinander gestapelt und z. B. zwischen Glasfritten zusammengepreßt, so daß das ganze wie eine Chromatographiesäule von oben mit Lösungsmittel durchströmt werden kann. Der Vorteil liegt in der Möglichkeit einer feinen Zerlegung der Säule in einzelne Filter; außerdem kann jede Zone wieder auf eine neue Rundfiltersäule gebracht und erneut chromatographiert werden.

MITCHELL, GORDON und HASKINS[1] schichten 400—450 Filterpapiere aufeinander, bringen die Probe in 20—30 Bogen nahe der obersten Schicht unter und klammern das ganze Paket zwischen perforierten Stahlplatten fest ein; diese Säule wird als solche eluiert. In ähnlicher Weise lassen sich Versuche mit Asbestpapier, Glaswolle usw. durchführen. Vgl. Abb. 61.

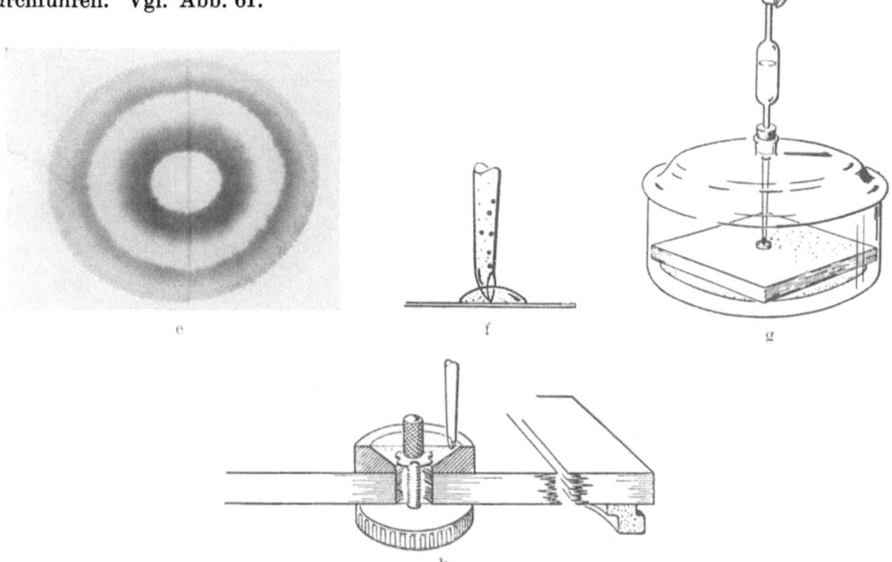

Abb. 61 e—h. e Trennung von Rhodomycin A (innerer Ring) und Rhodomycin B im System n-Butanol: m/15 Phosphatpuffer (pH 5,8). f Unteres Ende der automatischen Vorratspipette (schräg abgeschliffenes, verjüngtes Ausflußrohr), bei der erst Flüssigkeit nachfließt, wenn nach teilweisem Aufsaugen des Flüssigkeitstropfens Luft im Ablaufrohr aufsteigen kann. g Papierpack in Glaskammer (aufliegend auf Porzellanring eines Wasser-bads). h Tränkvorrichtung (zentrale Preßvorrichtung) für den Papierpack mit dem unteren Ende der Vorratspipette. [H. BROCKMANN und P. PATT, Naturwiss. **40**, 222 (1953).]

Eine andere Versuchsanordnung besteht darin, große Bögen (23 × 23 inch) so aufein-anderzustapeln, daß sie durch ihre eigene Steifigkeit aufrechtstehen (WOLFSON, COHN und DEVANEY)[2]; als Behälter diente hier ein 20 Gallonen-Stahltank.

Einen Papierpack mit 60 Schichten (aus 15 2mal rechtwinklig gefalteten Papierbogen Schleicher-Schüll 2043b) zur Rundfilterchromatographie größerer Substanzmengen be-schreiben H. BROCKMANN und P. PATT[3]; Abb. 61 e—h zeigt neben einer Trennung der roten Antibiotika aus Streptomyces purpurascens, Rhodomycin A und B, die automatische Vor-ratspipette, die Anordnung der Chromatographiekammer sowie die zentrale Preßvorrichtung. Es ist wichtig, daß die einzelnen Bögen außerhalb der zentralen Preßzone möglichst locker aufliegen, um Capillarerscheinungen zwischen den Papierschichten zu vermeiden. Die

---

[1] MITCHELL, H. K., u. F. A. HASKINS: Science (Lancaster, Pa.) **110**, 278 (1949). Vgl. auch J. of Biol. Chem. **180**, 1071 (1949).

[2] WOLFSON, W. Q., C. COHN u. W. A. DEVANEY: Science (Lancaster, Pa.) **109**, 541 (1949).

[3] BROCKMANN, H., u. P. PATT: Naturwiss. **40**, 222 (1953).

Trennung von 600 mg Roh-Rhodomycin in 60 Bögen 29,7 × 29,7 cm mit 400 cm³ Butanol entsprach einer Gegenstromverteilung in 550 Stufen mit 13 Liter n-Butanol.

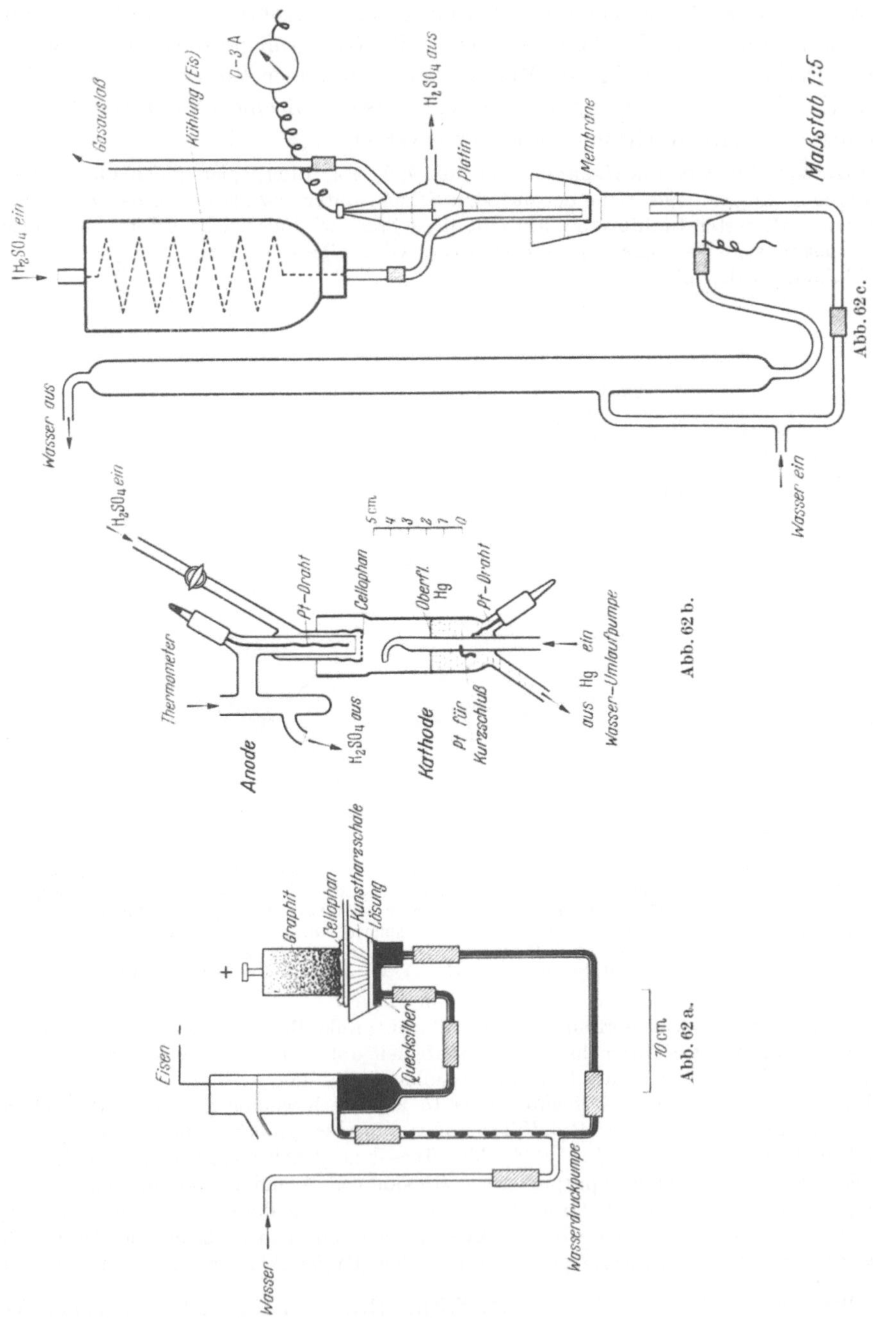

Hilfsapparaturen usw. Zur Verteilungschromatographie sind verschiedene Hilfsapparaturen konstruiert und Hilfsverfahren beschrieben worden, die zum

Teil auch für die übrigen chromatographischen Verfahren wichtig sind (vgl. die Fraktionensammler).

Einer der wichtigsten Kunstgriffe zur *Handhabung kleinster Flüssigkeitsmengen* (z. B. Eluate) besteht nach MARTIN und SYNGE in der verlustlosen Übertragung von und auf Kunststoff-(Plexiglas-)Streifen [1] (man nimmt zweckmäßig auf der Drehbank flache Ver-

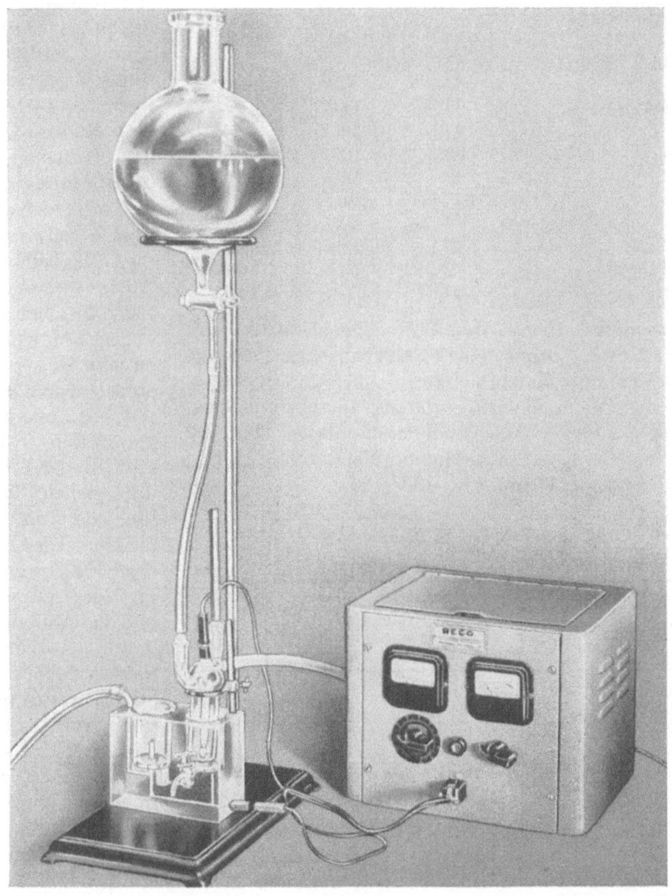

Abb. 62 d.

Abb. 62a—d. *Apparaturen zur elektrolytischen Entsalzung von Aminosäure- und Peptidlösungen.* a Anordnung nach GORDON [Angew. Chem. **61**, 367 (1949).] b Anordnung nach T. ASTRUP, G. STAGE und E. OLSON [Acta chem. scand. (Kobenh.) **5**, 1343 (1951)]. c Anordnung nach C. E. DENT, Hersteller: Shandon Scientific Co., London WC 2. (Für die freundliche Überlassung der Skizze hat der Autor Herrn Dr. C. E. DENT zu danken.) d Handelsgerät zur Entsalzung (Research Equipment Corporation, Oakland 20, Californien).

tiefungen aus und poliert mit geschlämmter Kreide wieder auf Durchsichtigkeit); da das Material von wäßrigen Lösungen nicht benetzt wird, findet kein Auseinanderlaufen statt.

Eine *Entsalzungsapparatur* von CONSDEN, GORDON und MARTIN [2] ermöglicht es, Lösungen von Aminosäuren und Peptiden, die größere Mengen Neutralsalze enthalten (z. B. biologische Flüssigkeiten) so vorzureinigen, daß danach verteilungschromatographische Methoden anwendbar sind; bei den in Abb. 62 wiedergegebenen Apparaturen werden die Kationen (z. B.

---

[1] LINDERSTRÖM-LANG hat schon früher Paraffinblöcke bei wäßrigen Lösungen für den gleichen Zweck verwandt.

[2] Vgl. GORDON, A. H.: Angew. Chem. **61**, 367 (1949).

Tabelle 9. *Ausbeuten an verschiedenen Aminosäuren aus bekannten Gemischen nach elektrolytischer Entsalzung.*
a) Nach der Methode von GORDON *u. a.*
[Angew. Chem. **61**, 367 (1949)].

Aminosäure	Versuch I	Versuch II	Versuch III
Leucin-Isoleucin-Phenyl-alanin	95	94	94
Valin-Methionin-Tyrosin[1] .	*88*	*88*	*84*
Prolin	*81*	*83*	*92*
Glutaminsäure-Alanin . .	95	90	94
Threonin	94	96	95
Asparaginsäure	92	87	86
Serin	103	98	105
Glycin	105	106	111
Arginin	*47*	*18*	*48*
Lysin	89	86	99
Histidin	*89*	*67*	*69*
Cystin-Ornithin.	140	171	115

Versuchsbedingungen. 15 mg Aminosäuregemisch zu 37,5 cm³ Wasser und 12,5 cm³ Lösung eines Salzgemisches (200 mg Ammonsulfat + 900 mg Natriumchlorid + 275 mg Kaliumphosphat + 20 mg Calciumchlorid + 50 mg Magnesiumsulfat in 100 cm³ Wasser) zugegeben, elektrolytisch entsalzt (110 V). Analyse durch Verteilung an Stärkesäulen. [Nach STEIN, W.H., u. S. MOORE: J. of Biol. Chem. **190**, 105 (1951).]

b) Nach der Methode von ASTRUP, STAGE *und* OLSON[3]
[Acta chem. scand. (Københ.) **5**, 1343 (1951)].

Aminosäure	N-Verlust während Entsalzung (mg N/2 cm³)		%
	vorher	nachher	
Glycin	0,90	0,90	0
Asparaginsäure	0,64	0,64	0
Arginin	1,00	0,93	7
Taurin	0,96	0,89	7
Aminoäthylphosphat . . .	0,91	0,91	0

Versuchsbedingungen. Vgl. Tabelle 9 a.

Tabelle 10. *Daten zur elektrolytischen Entsalzung nach* ASTRUP, STAGE *und* OLSON.

Salz	Zeit in min	Stromstärke Ampere		Widerstand Ohm		Verbrauchte H_2SO_4 in Liter
		Beginn	Ende	Beginn	Ende	
NaCl . .	55	1,6	0,3	30	400	8
Na-Acetat	120	1,2	0,3	35	800	15
Na_2HPO_4	120	1,5	0,3	35	1000	15

Natrium oder Kalium) von der Quecksilberkathode aufgenommen, während die Anionen starker Säuren durch die Membran in den Anodenraum (verdünnte Schwefelsäure) wandern; schwache Säuren (Aminosäuren) verlieren ihre Ladung dagegen an der Membran. Die kathodisch gerichtete Elektro-Osmose wirkt der Diffusion durch die Membran entgegen. Allerdings erleiden einige Aminosäuren teilweise Zerstörung (vgl. Tabelle 9 und 10). Auch vereinfachte Apparaturen gleichen Prinzips sind angegeben worden. Recht zweckmäßig ist es, die zu entsalzende Lösung in einem mit Ammonacetatpuffer[2] getränkten Filterpapierstreifen der Ionophorese zu unterziehen; Verluste treten, da die Ionen der meisten Salze rascher wandern als Aminosäuren und Peptide, dabei nicht auf, und das Ammonacetat kann durch Aufbewahren des Papierstreifens über Nacht im Hochvakuum über konzentrierter · Schwefelsäure und Ätzkali wieder entfernt werden. Über das Entfernen flüchtiger Puffersalze (Ammoniumformiat und -acetat) durch Sublimation vgl. HIRS, MOORE und STEIN (S. 198). Auch durch *Ionenaustausch* kann man eine wirksame Entsalzung von Lösungen erreichen. Läßt man z. B. eine natriumchloridhaltige Lösung von Aminosäuren (70% alkoholisch) durch eine Säule des Anionenaustauschers

---

[1] Die Verluste betreffen Methionin oder Tyrosin; Valin ist unter den Versuchsbedingungen stabil.

[2] Im p_H-Bereich von 2—6 können auch Pyridin-Essigsäure- und Pyridin-Ameisensäuregemische nach MICHL verwendet werden (s. S. 335).

[3] Vorteile der Versuchsanordnung: Kleine Volumina, hohe Entsalzungskapazität, geringe Hitzeentwicklung. Keine Rückdiffusion von Chlor, kleine Quecksilberoberfläche (wenig sekundäre Prozesse: Arginin!).

Nalcit SAR (Hydroxylform) laufen, so werden alle Aminosäuren (ausgenommen Arginin) unter diesen basischen Bedingungen als Anionen zurückgehalten; sie können danach mit Salzsäure eluiert werden. Bringt man das Eluat mit der Bicarbonatform des gleichen

Versuchsbedingungen. 0,1 Mol jeder Aminosäure + 2 mg Natriumchlorid je cm³. 18 cm³ dieser Lösung adsorbiert an einer Säule von Nalcit SAR 11 cm × 0,37 cm² (Hydroxylform), 0,3 cm³/min. 6 cm³ 70%igen Alkohol in zwei Portionen nachwaschen. Elution mit 1 n-Salzsäure in 70% Äthanol, Filtrat verwerfen bis kurz vor Erreichen kongosaurer Reaktion, 27 cm³ des sauren Eluats sammeln. Mit 11 g lufttrocknem Nalcit (8% „crosslinked") in der Bicarbonatform schütteln, nach Erreichen neutraler Reaktion gegen Kongorot filtrieren. Zur Analyse 1 cm³ der entsalzten Lösung und eine entsprechende Menge Ausgangslösung (Kontrolle) nach URBACH (s. u.) auf einem Papierstreifen konzentrieren (Durchmesser des Flecks 5 mm) und in den genannten Lösungsmitteln chromatographieren; Bestimmung der Ausbeute durch direkte Colorimetrie am Streifen.

Tabelle 11. *Ausbeuten an verschiedenen Aminosäuren nach Entsalzung durch Ionenaustausch* [PIEZ, K. A., E. B. TOOPER u. L. S. FOSDICK: J. of Biol. Chem. **194**, 669 (1952)].

Aminosäure	% Ausbeute im Chromatogramm mit	
	Lutidin–Wasser (3:2)	Butanol–Essigsäure–Wasser (4:1:2)
Arginin	0	6
Lysin	57	92
Glycin	118	102
α-Alanin	117	91
α-Aminobuttersäure	104	92
Valin	110	98
Leucin	101	74
Asparaginsäure . .	71	84
Cystein		92
β-Alanin	107	99
Tyrosin	84	132

Durchschnitt 96%

Austauschers zur Reaktion, so werden die Aminosäuren nun wegen ihres Kationencharakters nicht aufgenommen, während die Reaktion mit den übrigen Anionen wegen des Entweichens von Kohlendioxyd praktisch vollständig verläuft. Die Versuchsbedingungen sowie die Ausbeuten sind aus Tabelle 11 zu entnehmen.

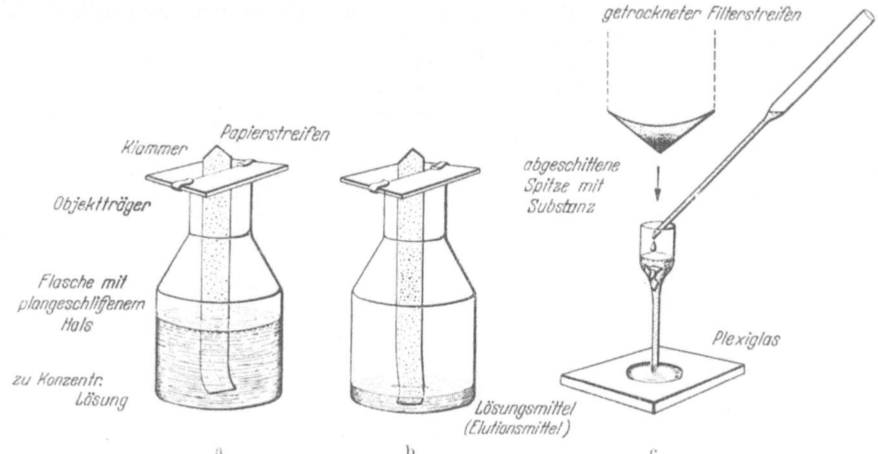

Abb. 63 a—c. *Schonende Konzentrierung verdünnter Lösungen und Elution zur darauffolgenden Papierchromatographie* (vgl. Abb. 63 b). a und b verkleinert, c ²/₃ natürliche Größe. Beschleunigung des Vorgangs mit kaltem oder *mäßig* erwärmtem Luftstrom.

Eine Anordnung zur Konzentrierung verdünnter Lösungen am Filterpapier gibt URBACH [1] an; vgl. dazu auch Abb. 63. Bewährte Vorrichtungen zur *Elution von Flecken aus*

[1] URBACH, K.: Science (Lancaster, Pa.) **109**, 259 (1949).

Papierchromatogrammen sind in Abb. 64 wiedergegeben. Zur *Entfernung von Mineralsäuren* aus Proteinhydrolysaten durch Behandeln mit langkettigen Aminen vgl. SMITH und PAGE [1].

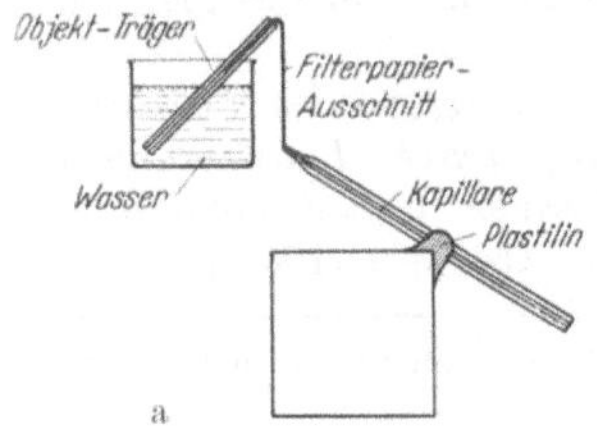

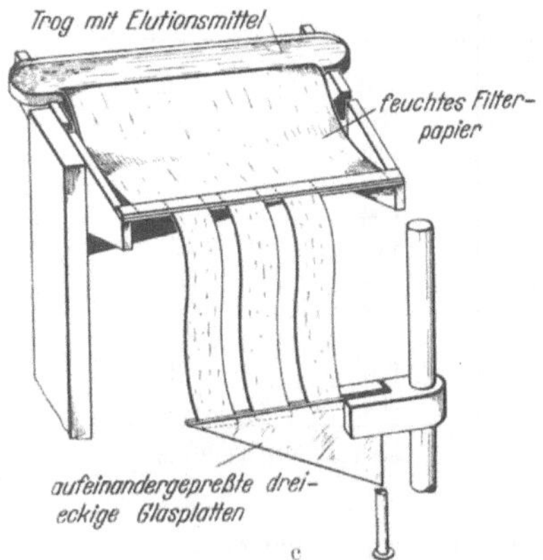

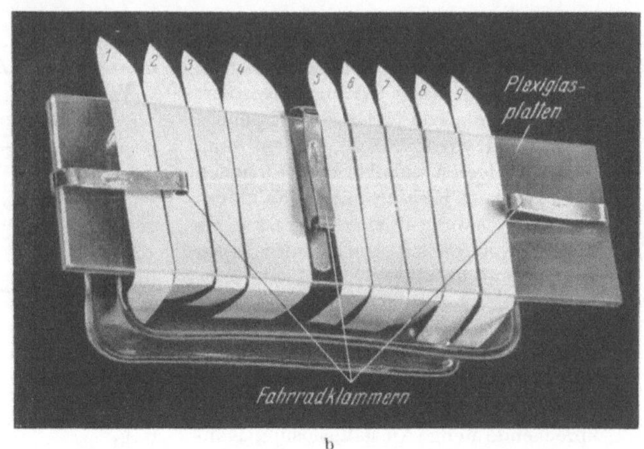

Abb. 64a—c. *Elution von Substanzflecken aus Papierchromatogrammen.* a Aufsaugen des Eluats aus einem Filterausschnitt in eine Capillare [F. SANGER und H. TUPPY, Biochem. J. **49**, 466 (1951)]; der Ausschnitt kann auch an einen Streifen unbeladenen Filterpapiers angelegt oder angenäht werden. b Konzentrierende Elution; die in die Spitze getriebene Substanz reichert sich durch Verdunsten des Lösungsmittels weiter an [P. DECKER, Naturwiss. **38**, 287 (1951)]. Aufnahme Labor des Autors. c Elutionseinrichtung für mikro-präparative Zwecke [E. WORK, Biochim. et Biophys. Acta **3**, 400 (1949)].

Einengen von Lösungen empfindlicher Substanzen oder bei extremen p_H-Werten erfolgt am besten durch *Gefriertrocknung*. Abb. 65a zeigt eine aus Labormitteln herzustellende Einrichtung, Abb. 65b eine Mikroeinrichtung nach Art einer „Spinne" bei der Destillation. Ein von der Precision Scientific Company (3737 Cortland Street Chicago 47) gelieferte Anlage hoher Leistung bewährte

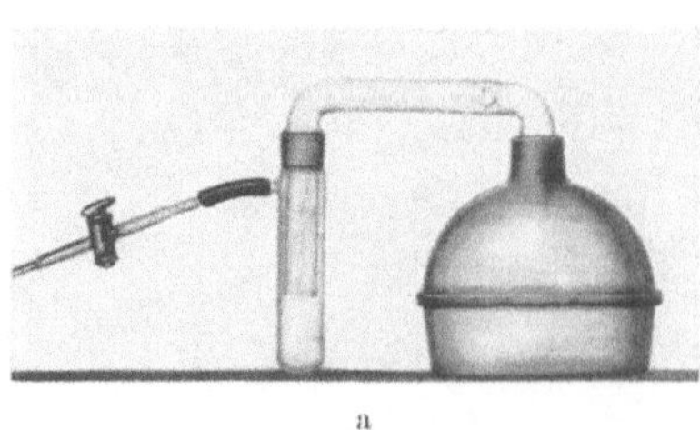

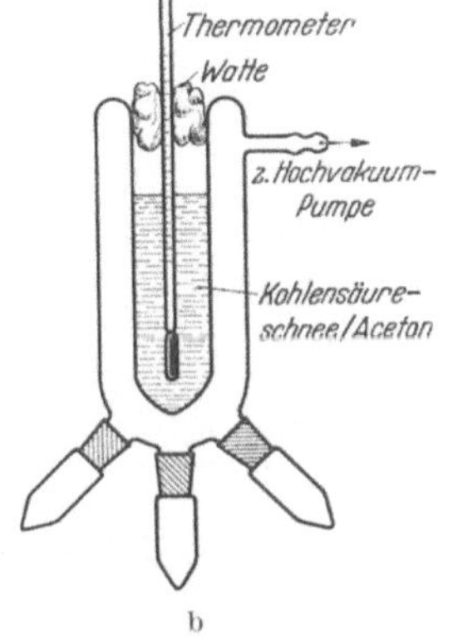

Abb. 65a u. b. *Einrichtungen zur Gefriertrocknung von Eluaten usw.* a Exsiccator aus Duranglas, durch weites Rohr mit 2 Schliffen mit der Falle verbunden, die mit Kohlensäureschnee-Aceton gekühlt wird; nach Erreichen des Vakuums von 0,1 mm wird der Exsiccator durch Einstellen in ein Bad geheizt (20—50°); Einfrieren der Probe in Petrischalen. b Mikroeinrichtung zum Lyophilisieren nach Art eines DEWAR-Gefäßes.

sich bei allen chromatographischen Untersuchungen, bei denen große Eluatvolumina auftraten, vorzüglich.

---

[1] SMITH, E. L., u. J. E. PAGE: J. Soc. Chem. Ind. **67**, 48 (1948).

Zum Trocknen lösungsmittelfeuchter Papierchromatogramme eignen sich besonders Trockenschränke mit Luftumwälzung (z. B. die Ventilator-Lacktrockenöfen der Firma

a

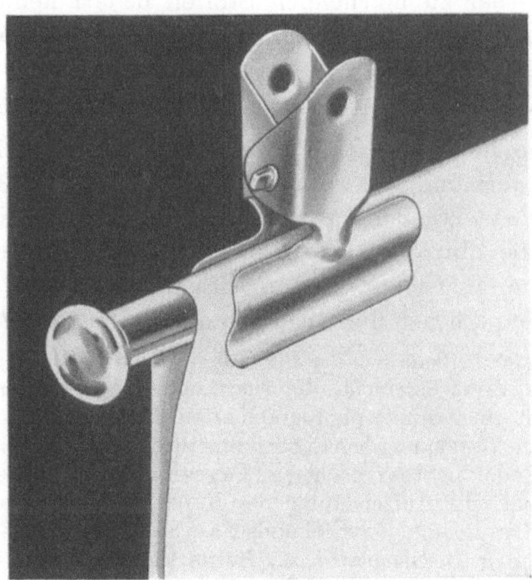

b

Abb. 66a u. b. *Haltevorrichtung eines Lufttrockenschranks für Papierchromatogramme.* a Trägersystem. b Einzelklammer zum Halten des Papierbogens am Glasstab. (Herstellerfirma Research Equipment Corporation, Oakland 20, Californien.)

Heraeus, Hanau, eventuell mit Explosionsschutz). Eine sehr zweckmäßige Vorrichtung zum Einhängen der Papierbogen in den Trockenschrank einer amerikanischen Firma zeigt Abb. 66a und b.

143. Nachweis und Bestimmung der getrennten Fraktionen.
1431. Säulentechnik.

Reaktionen an der Säule. Bei der Säulenchromatographie *ungefärbter Substanzen* (freier Aminosäuren, Peptide und Proteine) verzichtet man oft auf eine Erkennung der einzelnen Banden an der Säule selbst (eine Ausnahme bildet die Rundfiltersäule, deren Vorteil eben in ihrer leichten Zerlegbarkeit besteht). Gelegentlich besitzen allerdings auch Verfahren zur direkten Sichtbarmachung von Zonen an der Säule Interesse, z. B. um bei komplizierten Gemischen die Entwicklung entsprechend abgestuft verlaufen zu lassen. Stark basische oder saure Stoffe kann man am Umschlagen eines dem Säulenmaterial zugesetzten Indicators (der unter den Versuchsbedingungen nicht eluierbar sein darf) erkennen. Banden fluorescierender Stoffe kann man im UV-Licht, Zonen absorbierender Stoffe durch Löschung der Fluorescenz auf fluorescierendem Säulenmaterial erkennen (BROCKMANN[1], SEASE[2]); allerdings hat die letztere Methode in der Proteinchemie noch wenig Anwendung gefunden. Ein von CLAESSON[3] vorgeschlagenes, auch für ungefärbte Verbindungen allgemein brauchbares Verfahren beruht auf der Sichtbarmachung der Unterschiede im Brechungsindex entlang der Säule. Zur Markierung der Zonen durch Messung der Dielektrizitätskonstanten (z. B. mittels eines Hochfrequenzoscillators) vgl. [4]. Radioaktive Substanzen geben sich beim Abfahren der Säule mittels eines geeigneten Zählrohrs zu erkennen. Die Aufteilung in Zonen bei gefärbten, bei der Adsorption sich färbenden, bzw. beim Nachwaschen oder Bepinseln der Säule mit einem geeigneten Reagens (ZECHMEISTER) sichtbar zu machenden Stoffen bedarf keiner Erläuterung; ein Verfahren zur Ermittlung der Spektren adsorbierter Verbindungen hat SCHWAB[5] angegeben.

Reaktionen im Filtrat. Meist wäscht man die einzelnen Komponenten durch Elutionsentwicklung im „flüssigen Chromatogramm" nacheinander ins Filtrat, in dem man Nachweis und quantitative Bestimmung vornimmt. Oft erkennt man das Auftreten einer neuen Fraktion an der einsetzenden Schlierenbildung im Filtrat durch die abtropfenden Anteile. Bei der Adsorptionsanalyse nach TISELIUS sind (in Analogie zur „freien" Elektrophorese) vor allem Methoden herangezogen worden, die sich die *Änderung des Brechungsindex* zunutze machen.

Die „Skalenmethode" bedient sich des Bildfehlers, der beim Photographieren einer feinen Strichskala durch die Versuchsschicht, die einen oder mehrere Konzentrationsgradienten enthält, verglichen mit einer direkt photographierten Skala entsteht (Abb. 67). Man kann auch, der ursprünglichen TOEPPLERschen Schlierenmethode folgend, Konzentrationsgradienten mittels der „Spaltmethode" sichtbar machen und messen. Die bekannteste Methode auf dieser Basis, die eine automatische Aufzeichnung der Konzentrationskurve liefert, ist die nach PHILPOT-SVENSSON[6]. Um Beugungserscheinungen am Spalt zu umgehen, kann man an dessen Stelle eine Phasenkante (z. B. Glasplatte, zur Hälfte bedampft mit einer Antireflexschicht)

[1] BROCKMANN, H., u. E. BEYER: Z. angew. Chem. **63**, 133 (1951).

[2] SEASE, J. W.: J. Amer. Chem. Soc. **69**, 2242 (1947).

[3] CLAESSON, S.: Nature (Lond.) **159**, 708 (1947).

[4] TROITZKII, G. V.: Biochimija USSR. **5**, 375 (1940). — MONAGHAN, P. H., P. B. MOSELEY, T. S. BURSTALLER: Analyt. Chem. **23**, 193 (1951).

[5] SCHWAB, G. M., u. A. ISSIDORIS: Z. physik. Chem., Abt. B **53**, 1 (1942).

[6] PHILPOT, J. ST. L.: Biochemic. J. **33**, 1707 (1939). — Nature (Lond.) **141**, 283 (1938). — SVENSSON, H.: Kolloid-Z. **87**, 181 (1939).

benutzen, die zwar den Lichtstrom auf beiden Seiten frei durchläßt, ihn jedoch auf einer Seite um $\lambda/2$ gegenüber dem unbehinderten Teil verzögert (Abb. 68). Eine weitere, meist die empfehlenswerteste Möglichkeit ist die interferometrische Meßmethode[1]. Setzt man hinter den horizontalen Spalt, der als Lichtquelle im RAYLEIGH-Interferometer dient, ein vertikales

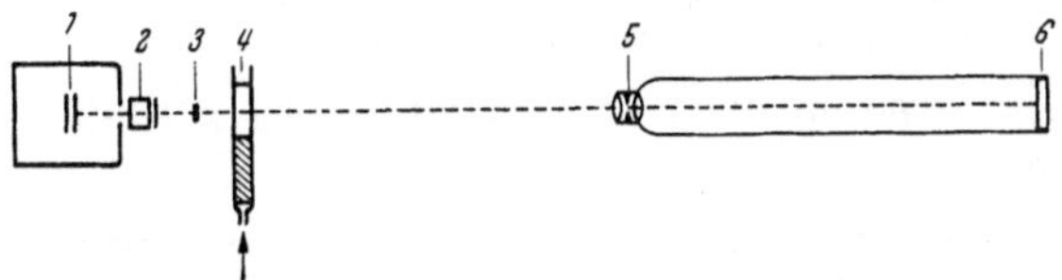

Abb. 67. *Messung von Konzentrationsgradienten mit der Skalenmethode* [O. LAMM, Z. physik. Chem. Abt. A **138**, 313 (1928)]. *1* Ultraviolettlampe, *2* Lichtfilter, *3* Skala (in 0,135 mm geteilt), *4* Cuvette mit planparallelen Fenstern über der Chromatographiesäule, *5* photographisches Objektiv (2 mit den Objektseiten sich berührende ZEISS-TESSARE, F = 36 cm); Blende 1:36; eingestellt auf natürliche Größe; *6* photographische Platte. — Man mißt die Verschiebungen Z der Linien gegenüber der Vergleichsskala und trägt diese Differenzen als Ordinaten in einem Diagramm gegen die zugehörigen Ablesungen der Vergleichsskala (z) auf; man erhält ein (z, Z)-Diagramm, das der Änderung des Brechungsindex in Richtung der Säulenachse $\left(\text{Diagramm: } x, \frac{du}{dx}, n = \text{Brechungsindex}\right)$ äquivalent ist.

Raster, so kann man bei entsprechender optischer Einrichtung Bilder wie in Abb. 68 c erhalten (Kombination mit der Schlieren-Schattenmethode).

Photometrische Versuchsanordnungen (gegebenenfalls mit Quarzcuvetten und -optik und ultraviolettempfindlicher Photozelle, am besten mit Sekundärelektronenvervielfacher) ist zur kontinuierlichen Registrierung von Banden z. B. von aromatischen Aminosäuren und Proteinen mit aromatischen Resten

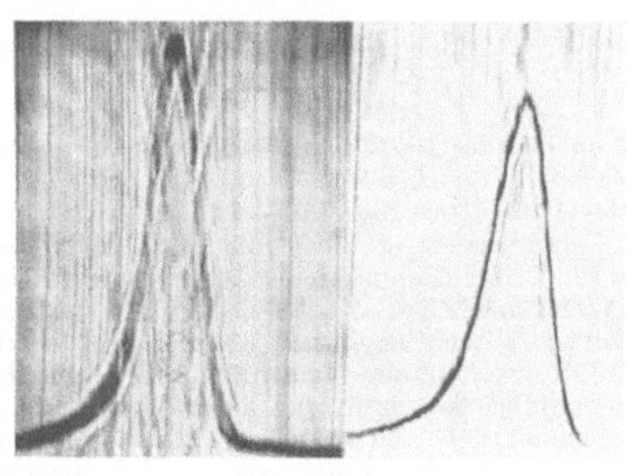

a

b

Abb. 68 a u. b. *Vergleich der Aufnahme eines Konzentrationsgradienten nach* PHILPOT-SVENSSON *mit einem* (um 60° geneigten) *Draht* (a) *mit der entsprechenden Aufnahme unter Benutzung einer Phasenkante* (b); im letzteren Fall stören Beugungserscheinungen nicht. [Nach G. ARMBRUSTER, W. KOSSEL und K. STROHMAIER, Z. Naturforsch. **6**a, 510 (1951).]

Abb. 68 c. Diagramm nach Trennung von 3 Aminosäuren im Elektrophoreseapparat nach TISELIUS, erhalten durch Anbringung eines vertikalen Rasters hinter den horizontalen Lichtspalt eines RAYLEIGH-Interferometers: Kombination der Interferenz- mit der Schlieren-Schattenmethode im gleichen Versuch wie a. [H. SVENSSON, Acta chem. scand. (Kobenh.) **5**, 1301 (1951).]

geeignet. Universell verwendbar für Aminosäuren und Proteinspaltprodukte ist die Messung der Leitfähigkeit des Filtrats, die auch kontinuierlich erfolgen kann. Im Falle von Ionenaustauschern spielt die fortlaufende p_H-Messung eine wichtige Rolle. PARTRIDGE und WESTALL[2] geben eine ausgezeichnete Konstruktion (Abb. 69) für beide Zwecke aus Bauelementen an. Über einen Potentialindicator (ZAHN

---

[1] Vgl. z. B. das tragbare Flüssigkeitsinterferometer der Firma C. Zeiß.

[2] PARTRIDGE, S. M., u. G. WESTALL: Biochemic. J. **44**, 419 (1949).

und RAUEN)[1] vgl. Abb. 70. Hat man das Filtrat z. B. mit einem Fraktionensammler in kleine, untereinander gleiche Portionen unterteilt, so läßt sich die
Konzentrationsvolumenkurve durch quantitative Bestimmung der in Frage
kommenden Komponenten auf physikalischem oder chemischem Weg sichtbar
machen, wobei alle Methoden für Proteine und ihre Spaltprodukte Anwendung
finden können, soweit sie in den vorliegenden, meist geringen Konzentrationen
durchführbar sind.

Das einfachste Verfahren ist die Bestimmung von Gewichtskurven: nach
CRAIG und Mitarbeitern[2] bestimmt man die Gesamtmenge an nichtflüchtigem,

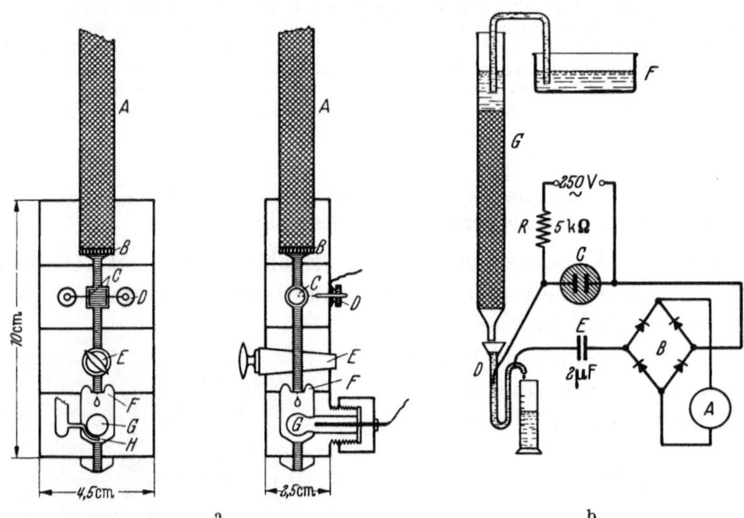

Abb. 69a u. b. *Apparaturen zur kontinuierlichen Messung des* p_H *und der Leitfähigkeit in Eluaten von Amino-
säurechromatogrammen.* a *Einrichtung zur fortlaufenden Verfolgung der elektrischen Leitfähigkeit und des* p_H.
[Nach S. M. PARTRIDGE und G. WESTALL, Biochemic. J. **44**, 419 (1949).] Austauschbare Einheiten aus Plexi-
glasblöcken: *1* Block für Chromatographierohre verschiedenen Durchmessers; *2* Block mit Leitfähigkeitszelle;
3 Block mit Hahn zur Regulierung der Flußgeschwindigkeit; *4* Block mit Glaselektrode; Blöcke untereinander
gedichtet mit weicher Vaseline. *A* Glasrohr mit perforierter Plexiglasscheibe; *B, C* Platinschwarzelektroden
(1 cm ⌀), nur eine Seite jeder Elektrode der Flüssigkeit ausgesetzt; *D* Zuleitungen mit Klemme; *E* Plexiglas-
hahn, geschmiert mit Vaseline; *G* Glaselektrode, gefüllt mit 0,1 n-Salzsäure, mit einer feinen Capillare *H* unmittel-
bar unterhalb der Elektrode zur Verbindung mit der Kaliumchloridbrücke. b *Einrichtung nach* GLUECKAUF
zur kontinuierlichen Leitfähigkeitsmessung im Eluat: *A* Amperemeter (bis 100 μA), *B* Vollweggleichrichter,
C Stabilisatorröhre, *D* Capillaren mit Platinelektroden, Kondensator 2 μF, *F* konstantes Niveau, *G* Austauschersäule, *R* Widerstand 5000 Ω. [E. GLUECKAUF, J. Chem. Soc. (Lond.) **1947**, 1302.]

gelösten Stoff (Aminosäure, Peptid) etwa in 0,1—0,3 cm³ Filtrat der chromatographischen Säule durch Eindampfen in halbkugeligen Glasschälchen (0,5 g;
3,3 cm Durchmesser) auf einem Dampfbad unter Aufblasen filtrierter Luft;
man trocknet im Vakuum bei 100° und wägt auf einer Halbmikrowaage (Zeitbedarf einige Minuten). Die Substanz bleibt erhalten; Puffersalze usw. dürfen
selbstverständlich nicht anwesend sein.

Zur Bestimmung des Gesamt-Stickstoffs nach KJELDAHL eignet sich Selen als Katalysator
der Veraschung besonders. Bei stickstoffhaltigen Substanzen wie anionischen Harzaustauschern (Aminen) ist Vorsicht geboten; Aktivkohle wird durch Auskochen mit Essigsäure

---

[1] ZAHN, R. K., W. STAMM u. H. M. RAUEN: Angew. Chem. **63**, 280 (1951).

[2] CRAIG, L. C., W. HAUSMANN, E. AHRENS u. E. J. HARFENIST: Analyt. Chem. **23**, 1326
(1951).

von löslichem Stickstoff befreit, Bleicherden durch Erhitzen auf 250° in offener Schale [1]. Für kleinste Mengen ist colorimetrische Bestimmung des überdestillierten Ammoniaks mit NESSLERs Reagens anzuraten; auch die blaue Farbe, die aus Ammoniak mit Hypochlorit und Phenolat entsteht, eignet sich dafür. Bei γ-Mengen ersetzt man die Destillation durch Mikrodiffusion in CONWAY-Einheiten; vgl. auch die ausgezeichnet durchgearbeiteten Arbeitsvorschriften von LINDERSTRÖM-LANG [2]. Schnell durchführbar und spezifisch ist die Bestimmung freier Aminogruppen mit salpetriger Säure nach VAN SLYKE; mit der gasometrischen Methode mißt man Mengen bis zu 0,1 mg Amino-N recht genau, für kleinere Mengen empfiehlt sich die manometrische Anordnung [3].

Die bei der Reaktion mit Ninhydrin bzw. verwandten Verbindungen (z.B. Perinaphthindantrion) [4] aus Aminosäuren gebildeten Produkte (Ammoniak, Kohlendioxyd, Aldehyd, Farbstoff) lassen sich sämtlich zu quantitativen Bestimmungen heranziehen. Die manometrische Bestimmung des Kohlendioxyds nach VAN SLYKE [5] verdient für genaue Bestimmungen den Vorrang; auch die titrimetrische Methode leistet Gutes. Die bei der Reaktion entstehenden Aldehyde können durch Zusatz von Hydrazin zur Reaktionslösung oder zur Lauge in der Vorlage unschädlich gemacht werden.

Sind die zu trennenden Verbindungen deutlich sauer (Acyl-aminosäuren usw.), so kann man das Eluat direkt titrieren. Eine vollautomatische Einrichtung zur kontinuierlichen Titration in den austretenden Eluatanteilen geben JAMES und MARTIN [6] an. Vgl. ferner die ursprünglich zur Auswertung mikrobiologischer Versuche ausgearbeitete Methode zur schnellen elektrometrischen Titration [7], die für die Analyse der zahlreichen Portionen in einem Fraktionensammler große Vorteile bietet. Bei freien Aminosäuren und Peptiden ist die Formoltitration unter Ver-

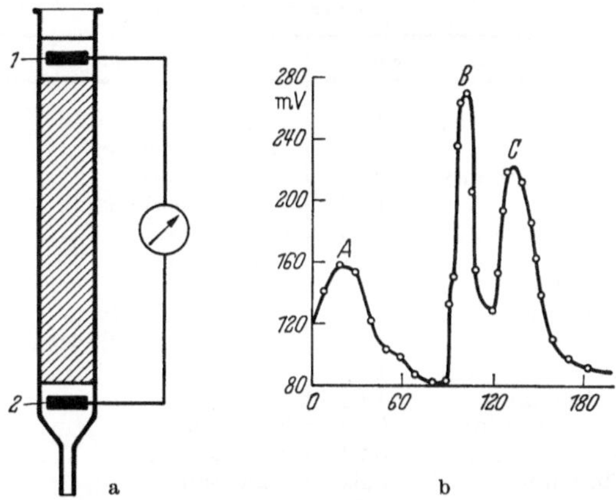

Abb. 70a u. b. *Potentialindicator* zur Konzentrationsmessung in Eluaten von Verteilungschromatogrammen. a *Meßprinzip:* ⌐A₁⌐ ⌐————A₂———— Ag/AgCl/HCl/H₂/H₂/Aminosäure + Aminosäure-HCl/AgCl/Ag; *1* und *2* Ag/AgCl-Elektroden; A₁ und A₂ sind bei auslaufenden Aminosäuren verschieden, dem Substanzmaximum entspricht ein Potentialextremum. b *Potentialänderung an einer Stärkesäule: A* Vorwascheffekt, *B* Serin-, *C* Leucingipfel. [R. K. ZAHN, W. STAMM und H. M. RAUEN, Angew. Chem. **63**, 280 (1951).]

wendung der Glaselektrode sowie das Verfahren nach LINDERSTRÖM-LANG [8] mit Naphthylrot als Indicator in acetonischer Lösung gut geeignet; die besten Resultate gibt nach unserer Erfahrung die Titration in Perchlorsäure mit Eisessig unter Verwendung von Brillantkresylblau oder Kristallviolett als Indicatoren [9].

[1] SCHRAMM, G., u. J. PRIMOSIGH: Ber. dtsch. chem. Ges. **77**, 426 (1944).

[2] LINDERSTRÖM-LANG, K., u. H. HOLTER: Die enzymatische Histochemie. In Die Methoden der Fermentforschung (BAMANN-MYRBÄCK). Leipzig: Georg Thieme 1941.

[3] SLYKE, D. D. VAN: Ber. dtsch. chem. Ges. **43**, 3170 (1910). — J. of Biol. Chem. **16**, 121 (1913); **23**, 407 (1915); **83**, 425 (1929).

[4] MOUBASHER, R. u. a.: J. of Biol. Chem. **184**, 693 (1950).

[5] SLYKE, D.D. VAN, u. R. T. DILLON: Proc. Soc. Exper. Biol. Med. **34**, 362 (1936). — SLYKE, D. D. VAN, R. T. DILLON, F. A. McFADYEN u. P. HAMILTON: J. of Biol. Chem. **141**, 627 (1941). — SLYKE, D.D. VAN, D. A.McFADYEN u. P. HAMILTON: J. of Biol. Chem. **141**, 671 (1941). Vgl. zur Ausführung R. L. M. SYNGE, Biochemic. J. **49**, 646 (1951).

[6] JAMES, A. T., u. A. J. P. MARTIN: Biochemic. J. **50**, 679 (1952).

[7] ROCKLAND, L. B., u. M. S. DUNN: Analyt. Chem. **19**, 812 (1947).

[8] NORTHROP, J. H.: J. Gen. Physiol. **9**, 767 (1926). — LINDERSTRÖM-LANG, K.: Hoppe-Seylers Z. **173**, 32 (1928).

[9] Vgl. NADEAU, G. F., u. L. E. BRANCHEN: J. Amer. Chem. Soc. **57**, 1363 (1935). — TOENNIES, G., u. T. P. CALLAN: J. of Biol. Chem. **125**, 259 (1938).

Die beim Schütteln der Lösungen von Aminosäuren und Peptiden mit frisch gefälltem Kupferhydroxyd (KOBER und SUGIURA)[1] oder besser mit Kupferphosphat[2] quantitativ entstehenden Kupferverbindungen lassen sich nach verschiedenen Methoden zur Bestimmung heranziehen: man titriert jodometrisch, bestimmt das Kupfer mit Diäthyl-Dithiocarbamat oder mit dem Polarographen (s. unten bei der quantitativen Auswertung von Papierchromatogrammen).

Um im sichtbaren Licht colorimetrieren zu können, kann man die Aminosäuren oder Peptide quantitativ in gefärbte Derivate überführen: dafür eignen sich die Dinitrophenyl- wie auch die Azophenylharnstoffderivate, die bei der Reaktion mit Dinitrofluorbenzol, bzw. Azophenylisocyanat auf die alkalischen Lösungen von Aminosäuren usw. entstehen; die bei der Reaktion mit Phenylsenföl sich bildenden Thioharnstoffderivate lassen sich im UV in ähnlicher Weise bestimmen.

Tabelle 12. *Farbausbeuten bei der Ninhydrinreaktion von Aminosäuren und anderen Verbindungen in molarem Verhältnis zu Leucin.*

Verbindung	Färbung	Verbindung	Färbung
Alanin	1,01	Glutathion	0,76
Arginin	1,00	Glycinäthylester . . .	1,00
Asparaginsäure	0,88	Glycyltyrosin	0,88
Citrullin . . .	1,03	Glycylphenylalanin . .	1,04
Glutaminsäure	1,05	Glycylglycin	0,89
Glycin	1,01	Glycylleucin	1,05
Histidin . . .	1,04	Leucylglycin	0,92
Isoleucin . . .	1,00	Phenylalanylglycin . .	0,97
Leucin . . .	1,00	Phenylalaninäthylester	0,98
Lysin	1,12	Histamin	0,65
Methionin . .	1,00	Taurin	0,97
Phenylalanin .	0,88	Tyramin	0,64
Serin	0,94	Sarkosin	0,84
Threonin . . .	0,92	Glucosamin	1,00
Tyrosin . . .	0,88	Kreatin	0,03
Valin	1,02	Kreatinin	0,03
Cystein	0,15	Dibenzylamin . . .	0,04
Cystin (Hälfte)	0,54	Glycinanhydrid . . .	0,01
Tryptophan . .	0,72	Harnstoff	0,03
Prolin	0,05	Adenin	0,00
Oxyprolin . . .	0,03	p-Aminobenzoesäure .	0,00
Ammonium . .	0,98	Diäthylbarbitursäure .	0,00
Asparagin . .	0,94	Glucose	0,00
Glutamin . . .	0,99	Harnsäure	0,00

Versuchsbedingungen. Wäßrige Lösungen der Substanzen (2 mMol): 0,1 cm³; 20 min erhitzt; abgelesen bei 570 mμ. Genauigkeit 2% für 2,5 γ α-Aminostickstoff.

Unter den Farbreaktionen auf Aminosäuren sind vor allem die Ninhydrinreaktion, in zweiter Linie auch die mit β-Naphthochinonsulfonat im vorliegenden Zusammenhang von Bedeutung.

Während die *Ninhydrinreaktion* wegen ihrer enormen Empfindlichkeit und generellen Anwendbarkeit auf Spaltprodukte von Proteinen seit langem zum qualitativen Nachweis Verwendung findet, stieß die quantitative Ausführung bis vor kurzem wegen der Inkonstanz der gebildeten Färbung auf große Schwierigkeiten. Erst MOORE und STEIN[3] konnten zeigen, daß durch Zusatz von Zinn-(2)-chlorid (durch Vermeidung der Oxydation des Diketohydrindols durch den Luftsauerstoff) bei Einhaltung von Standardbedingungen eine nicht allein beständige, sondern vor allem reproduzierbare, bei 570 mμ meßbare Blaufärbung entsteht; das Verhältnis der Farbintensität zur molaren Konzentration der Aminosäure (Leucin = 1,00) geht aus Tabelle 12 hervor (vgl. auch Abb. 71).

[1] KOBER, P. A., u. K. SUGIURA: J. Amer. Chem. Soc. **35**, 1546 (1913). — Ind. Engng. Chem. **9**, 501 (1917). — J. of Biol. Chem. **1912**, 13. — Amer. Chem. J. **48**, 383 (1912).

[2] POPE, C. G., u. M. F. STEVENS: Biochemic. J. **33**, 1070 (1939). — Vgl. dazu SCHROEDER, W. A., L. M. KAY u. R. S. MILLS: Analyt. Chem. **22**, 760 (1950). — RAUEN, H. M., G. LEONHARDI u. M. BUCHKA: Hoppe-Seylers Z. **284**, 178 (1949).

[3] MOORE, S., u. W. H. STEIN: J. of Biol. Chem. **176**, 367 (1948). — Vgl. dazu auch FOWDEN, L.: Biochemic. J. **48**, 327 (1951).

0,1 cm³ der 1—10 γ-Aminosäure in wassergesättigtem Butanol enthaltenden Lösung (wenn sauer, neutralisiert gegen Methylrot) werden mit 1 oder 2 cm³ der Ninhydrinlösung [0,8 g $SnCl_2 \cdot 2\,H_2O$ werden in 500 cm³ 0,2 m Citratpuffer des p_H 5[1] gelöst und mit einer Lösung von 20 g umkristallisiertem[2] Ninhydrin in 500 cm³ Cellosolve[3] (Glykolmonomethyl-äther) vermischt und 30 min Stickstoff durchgeleitet; unter Stickstoff 1 Monat haltbar] 20 min im siedenden Wasserbad erhitzt und nach Abkühlung je nach Intensität mit Wasser-n-Propanol (1:1) verdünnt (meist 5 ± 0,03 cm³). Die rotgelbe Farbe, die mit Prolin und Oxy-prolin entsteht, wird bei 440 mμ gemessen. Ablesen nach 15 min. Völlige Reinheit aller Ge-fäße! (Spülen mit 0,2% Seifenflocken-Lösung).

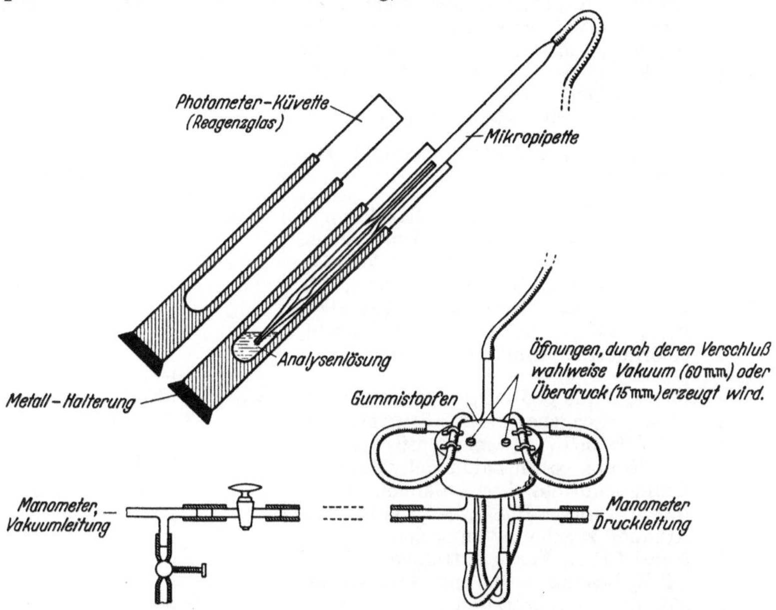

Abb. 71. *Apparatur zum Pipettieren einer großen Zahl kleiner Proben* (z.B. für die Ninhydrinbestimmung nach MOORE und STEIN in Verbindung mit einem Fraktionensammler). Pipetten mit 0,05 bzw. 0,1 bzw. 0,2 bzw. 0,5 cm³, 3 T-Stücke, verbunden durch weichen Gummischlauch.

Die Ursache für die unterschiedlichen Farbausbeuten bei der Ninhydrin-prozedur nach MOORE und STEIN, die in keinem Fall der molaren Ausbeute an Diketohydrindyliden-Diketohydrindamin (DYDA) entspricht, wie es nach dem Reaktionsschema nach RUHEMANN zu erwarten wäre,

$$2\ \text{(CO)(CO)(CO)} + \text{R—CH—COOH} \rightarrow \text{(CO)(CO)} \text{C=N—CH} \text{(CO)(CO)} + NH_3 + CO_2 + \text{R—CHO}$$
$$\underset{NH_2}{}$$
(DYDA)

liegt nach TROLL und CANNAN[4] in der partiellen Zerstörung von DYDA bei 20 min dauerndem Erhitzen der Reaktionslösung auf 100°. In Phenol:Pyridin

---

[1] 21,008 g Citronensäure, 200 cm³ 1 n-Natronlauge, ad 500 cm³ mit destilliertem Wasser; Thymol zur Konservierung.

[2] 100 g Ninhydrin mit 250 cm³ Wasser zum Sieden, 5 g Kohle, bei 4° ü. N. Mit 20 cm³-Portion eiskalten Wassers waschen. Ausbeute 85—90%.

[3] Beim Verdünnen mit dem gleichen Volum Wasser darf keine Trübung auftreten. Negativer Peroxydtest mit 10% wäßrigem Kaliumjodid.

[4] TROLL, W., u. R. K. CANNAN: J. of Biol. Chem. **200**, 803 (1953).

Tabelle 13. *Auswahl einiger der bewährtesten Farbreaktionen für Aminosäuren,* die zum individuellen Nachweis, zum Teil auch zur quantitativen Bestimmung in chromatographischen Eluaten (Lokalisation bestimmter „Gipfel" im Konzentrations/Volumen-Diagramm) geeignet sind.

Aminosäure	Reagentien	Farbe	Bemerkung
Arginin	a) Zu 2 cm³ Probe (5—50 γ Arginin) 0,5 cm³ Naphthol-Harnstofflösung (0,2% α-Naphthol in absolutem Äthanol + 4 Vol. 10% Harnstoff vor Gebrauch), dazu nach 2 min 0,2 cm³ NaOBr (0,66 cm³ Br$_2$ in 100 cm³ 5% NaOH), 20 min bei 0°, rasch auf Raumtemperatur, colorimetrieren bei 525 mμ [1].	blutrot	auch im unhydrolysierten Protein als qualitative Farbreaktion.
	b) Reaktion mit Acetyl-Benzoyl (200 γ bis 800 γ) [2].	rot	weniger empfehlenswert als a).
Histidin	Zu 5—100 γ Histidin, 2 Vol. Diazolösung I (0,5 g p-Chloranilin + 5 cm³ konz. HCl + 200 cm³ Wasser) + 1 Vol. Diazolösung II (0,5% NaNO$_2$), dazu 0,53% Na$_2$CO$_3$ (wasserfrei)-Lösung bis alkalisch, Farbe in Butanol schütteln, colorimetrieren mit Filter S 45 [3].	gelbrot	Tyrosin stört.
Glycin	Zu 0,5 cm³ (50 γ Glycin) 0,75 cm³ gepuffertes Reagens nach ZIMMERMANN (25 Vol. m/15 Phosphatpuffer p$_H$ 8,0 + 75 Vol. o-Phthaldialdehydlösung), 2 min schütteln, 1 cm³ alkohol. H$_2$SO$_4$ (5 Vol. konz. H$_2$SO$_4$ + 30 Vol. 95% Äthanol) zugeben, 2 min schütteln, mit 5 cm³ CHCl$_3$ Farbe extrahieren, 3 cm³ CHCl$_3$-Lösung + 0,5 cm³ Äthanol bei 570 mμ colorimetrieren [4].	violett	NH$_3$, Tryptophan stören; bei Peptiden positive Reaktion nur bei amino-endständigem Glycinrest.
Tyrosin	Zu 20—500 γ Tyrosin in 1 cm³ 5% NaOH, 3 cm³ Eisessig, 2 cm³ 10% HgSO$_4$ in 5% H$_2$SO$_4$ + 1 Tropfen 0,5% NaNO$_2$-Lösung, mäßig erwärmt bis Farbe konstant. Filter S 50 [5].	blutrot	Tryptophan stört kaum; auch im unhydrolysierten Protein anwendbar.
Phenylalanin	500—2000 γ Phenylalanin enthaltende Probe zur Trockene, 20 min bei 100° mit 2 cm³ 20% KNO$_3$ in konz. H$_2$SO$_4$ nitrieren, bei 0° 2,5 cm³ 30% NH$_2$OH·HCl zugeben, mit kaltem konz. Ammoniak ad 25 cm³, mischen (sorgfältig!), 45 min Raumtemperatur, colorimetrieren bei 560 mμ. Kontrolle ohne NH$_2$OH·HCl [6].	violett	Tyrosin stört (Entfernung mit KMnO$_4$). Wegen der geringen Empfindlichkeit nur in eingedampfter Gesamtprobe.
Tryptophan	5—150 γ Tryptophan + 0,5 cm³ Glyoxylsäure (100 cm³ 5% wäßrige Oxalsäure + 3,0 cm³ 0,2 n-HgCl$_2$ + Al-Draht, 5 min 100°, 5 min Raumtemperatur, filtrieren, + 2 cm³ H$_2$SO$_4$; kühl aufbewahren!) +0,5 cm³ m/25 CuSO$_4$, dazu 0,5 + 1,0 + 1,5 + 2,0 cm³-Portionen konz. H$_2$SO$_4$ (Kühlung), 10 min Raumtemperatur, 5 min 100°, dazu 10 cm³ H$_2$SO$_4$ (5:3 verdünnt). Nach 15 min bei 540 (bzw. 520) mμ colorimetrieren [7].	violett	H$_2$O$_2$ stört.

Tabelle 13. (Fortsetzung.)

Aminosäure	Reagentien	Farbe	Bemerkung
Aromatische Aminosäuren	UV-Spektroskopie (280—305 mμ) [8].	—	Differenzierung von Tyrosin im alkalischen Milieu (0,1 n-NaOH): m (Molare Konz.) Tyrosin = 1,0 E_{305} — 0,092 E_{280}; m Tryptophan = 0,21 E_{280} — 0,288 E_{305} (E Extinktion).
Cystein (Cystin)	50—1000 γ Cystin (Cystein). a) Cystein. 5 cm³ der Lösung in 0,1 n-HCl + 1 cm³ 1% KCN in 0,8 n-NaOH, dazu 1 cm³ 0,5% 1,2-Naphthochinon-4-sulfonsaures Na in Wasser, + 5 cm³ 10—20% Na-Sulfit in 0,5 n-NaOH, nach 30 min 1 cm³ 2% NaHSO₃ in 0,5 n-NaOH; Filter S 50. b) Cystin. 5 cm³ der Lösung in 0,1 n-HCl werden mit 1 cm³ 5% KCN-Lösung versetzt und nach 10 min weiter wie unter a) verfahren [9].	rot	Oxydationsmittel und Schwermetallsalze stören.
	Reaktion mit Phosphorwolframsäure [10].	tiefblau	nur unter Standardbedingungen.
Methionin	Etwa 1000 γ Methionin + 1 cm³ 14,3 n-NaOH + 1 cm³ 1% Glycinlösung + 0,3 cm³ 10% Na-Nitroprussidlösung, 10 min 30°, 2 min 0°, dazu 5 cm³ HCl:H_3PO_4 (9:1); nach 10 min colorimetrieren [11].	braunrot	spezifisch; wegen der geringen Empfindlichkeit nur in eingedampfter Gesamtprobe.
Prolin	Einige γ Prolin (Oxyprolin) in m/15 Phosphatpuffer p_H 7,0 mit großem Überschuß Isatin mehrere Minuten auf 100° [12].	blau	zum qualitativen Nachweis: Aufziehen des Farbstoffs auf Acetatseide.

Auf die Aufzählung von Nachweis- und Bestimmungsverfahren von Aminosäuren, die umständliche Prozeduren (Destillation usw.) erfordern, wurde im vorliegenden Zusammenhang verzichtet. Zusammenfassende Darstellung s. [13].

[1] DUBNOFF, J. W.: J. of Biol. Chem. **138**, 381 (1941).

[2] LANG, K.: Hoppe-Seylers Z. **208**, 273 (1932).

[3] EDLBACHER, S.: Hoppe-Seylers Z. **270**, 158 (1941).

[4] KLEIN, G., u. H. LINSER: Hoppe-Seylers Z. **205**, 251 (1932).

[5] ZUWERKALOW, D.: Hoppe-Seylers Z. **163**, 185 (1927). — Vgl. KUHN, R.: Ber. dtsch. chem. Ges. **70**, 1907 (1937).

[6] KAPELLER-ADLER, R.: Biochem. Z. **252**, 185 (1932); **271**, 206 (1934).

[7] SHAW, J. L. D., u. W. D. McFARLANE: J. of Biol. Chem. **132**, 387 (1940).

[8] HOLIDAY, E. R.: Biochemic. J. **30**, 1795 (1936).

[9] SULLIVAN, M. X., W. C. HESS u. H. W. HOWARD: J. of Biol. Chem. **145**, 621 (1942). — Zur polarographischen Bestimmung vgl. STERN, A., F. BEACH u. J. G. MACY: J. of Biol. Chem. **130**, 753 (1939) (15 γ Cystin/1 cm³).

[10] SCHÖBERL, A., u. E. LUDWIG: Ber. dtsch. Chem. Ges. **70**, 1422 (1937). — SCHÖBERL, A., u. P. RAMBACHER: Biochem. Z. **295**, 377 (1938).

[11] SULLIVAN, M. X., u. T. E. McCARTLEY: J. of Biol. Chem. **141**, 871 (1941).

[12] GRASSMANN, W., u. K. v.ARNIM: Liebigs Ann. **519**, 192 (1935).

[13] Vgl. BLOCK, R. J., u. D. BOLLING: The Amino acid composition of proteins and foods. Springfield Illinois: Ch. C. Thomas 1945. — MARTIN, A. J. P., u. R. L. M. SYNGE: Adv. Protein Chem. **2** (1945). — Annual Rev. Biochem. 1946—1953 (15—22), Annual Rev. Inc., Stanford, California.

6*

dagegen ist die Bildungsgeschwindigkeit von DYDA relativ zur Zerstörung stark erhöht; in einem 5% Wasser enthaltenden System geben praktisch *alle* Aminosäuren in 3—5 min bei 100° quantitative Ausbeuten (schon bei Zimmertemperatur erreichen viele Aminosäuren in 20 min nahezu 100%).

0,4—0,5 cm³ der wäßrigen Aminosäurelösung (enthaltend 0,05—0,5 µMole) werden mit 1 cm³ *Kaliumcyanid-Pyridin-Reagens* (2 cm³ 0,01 m-KCN auf 100 cm³ aufgefüllt mit Pyridin, das vorher mit 1 g Permutit/100 cm³ 20 min geschüttelt worden war) und 1 cm³ *Phenol-Reagens* (80 g Phenol p. a. in 20 cm³ absolutem Äthanol unter Erwärmen gelöst, die Lösung durch 20 min dauerndes Schütteln mit 1 g Permutit von Ammoniakspuren befreit und dekantiert) im siedenden Wasserbad erhitzt. Nach Erreichen der Temperatur werden 0,2 cm³ Ninhydrinlösung (500 mg Ninhydrin in 10 cm³ absolutem Äthanol) zugegeben. Das Gefäß wird verschlossen, nach 3—5 min Erhitzen gekühlt, mit 60% (Volumen/Volumen) Äthanol aufgefüllt und bei 570 mµ photometriert. Kontrollversuch mit 0,4—0,5 cm³ ammoniakfreiem Wasser!

Die Iminosäuren Prolin und Oxyprolin geben unter den üblichen Bedingungen der Ninhydrinbestimmung gelbe Produkte (s. o.). Extrahiert man hingegen das Reaktionsgemisch kontinuierlich mit Benzol, so gelingt die quantitative Gewinnung der rotgefärbten Verbindungen (di-Diketohydrindyliden-Pyrrole); da Prolin die „rote Stufe" schneller durchläuft als Oxyprolin, läßt sich das letztere so quantitativ bestimmen.

Einige weitere (mehr oder minder *spezifische*) *Farbreaktionen* für Aminosäuren (meist auch für solche im Peptidverband), die zum qualitativen Nachweis, oft auch zur quantitativen Bestimmung geeignet sind, können aus Tabelle 13 entnommen werden.

Eine der wichtigsten *Kontrollen* für den Verlauf des flüssigen Chromatogramms ist die auf die Einzelfraktionen angewandte *Papierchromatographie*. Für die Charakterisierung von Peptiden (Ermittlung der Aminosäurereste nach Hydrolyse) ist diese Methode das Verfahren der Wahl.

Auf *mikrobiologische Analysenmethoden* * für Aminosäuren bleibt in diesem Zusammenhang nur kurz hinzuweisen (Zusammenfassung s. [1]).

Läßt man aus einem optimal zusammengesetzten Grundmedium z.B. eines Milchsäure-Bakterienstammes diejenige Aminosäure weg, deren Konzentration bestimmt werden soll, und auf deren Zufuhr der Mikroorganismus angewiesen ist, gibt in einer Reihe von Versuchen steigende Mengen der zu untersuchenden Aminosäurelösung und in einer Vergleichsreihe

---

* Vgl. dazu andere enzymatische Bestimmungsmethoden[2] von Aminosäuren (Bestimmung von Arginin mit Arginase und Urease [HUNTER und DAUPHINÉE[3]], Verwendung spezifischer Decarboxylasen z.B. für Tyrosin[4], Lysin[4], Histidin[4] und Glutaminsäure[4,5]; Abbau von d-Aminosäuren durch d-Aminosäure-Oxydasen[6]).

[1] Zusammenfassung bei DUNN, M. S.: Physiologic. Rev. **29**, 219 (1949).

[2] Zusammenfassende Darstellung über „biologische Reagentien" zur Aminosäurebestimmung: MARTIN, A. J. P., u. R. L. M. SYNGE: Adv. Protein Chem. **2**, 51 (1947). — ARCHIBALD, R. M.: Ann. New York Acad. Sci. **47**, 181 (1946).

[3] HUNTER, A., u. J. A. DAUPHINÉE: J. of Biol. Chem. **85**, 627 (1930). — MOUROT, G., u. O. HOFFER: Bull. Soc. Chim. France **20**, 274 (1938).

[4] GALE, E. F.: Biochemic. J. **39**, 46 (1944/45).

[5] Vgl. die Überführung in Bernsteinsäure und Bestimmung mit Bernsteinsäure-Dehydrase: COHEN, P. A.: Biochemic. J. **33**, 551 (1939).

[6] KREBS, H. A.: Biochemic. J. **29**, 1620 (1935). Vgl. z.B. auch LIPMANN, F., R. D. HOTCHKISS u. R. J. DUBOS: J. of Biol. Chem. **141**, 163 (1941). Zur Spezifität: FELIX, K., u. K. ZORN: Hoppe-Seylers Z. **258**, 16 (1939); siehe auch HOROWITZ, N. H.: J. of Biol. Chem. **154**, 141 (1944).

abgestufte Mengen einer Standardlösung derselben Aminosäure zu, mißt nach entsprechend langer Inkubation die Bakterienvermehrung photoelektrisch (Trübung) oder titrimetrisch (z. B. produzierte Milchsäure), dann gibt der Vergleich der Kurven von unbekannter und bekannter Konzentration die gesuchte Menge. Abgesehen von bestimmten Fehlermöglichkeiten, die sich durch Antagonismen ergeben, liefert dieses Verfahren bei technisch einfacher Durchführung recht genaue Werte; doch ist zur Auswertung von Fraktionen einer vorangegangenen chromatographischen Trennung die Papierchromatographie im allgemeinen wohl vorzuziehen.

Bei *Proteinen* tritt an die Stelle der beiden zuletzt erwähnten Methoden die *Papierelektrophorese* zur Charakterisierung chromatographisch gewonnener Fraktionen. Hier hat sich für Nachweis und Bestimmung die *Biuretreaktion* (HILLER,

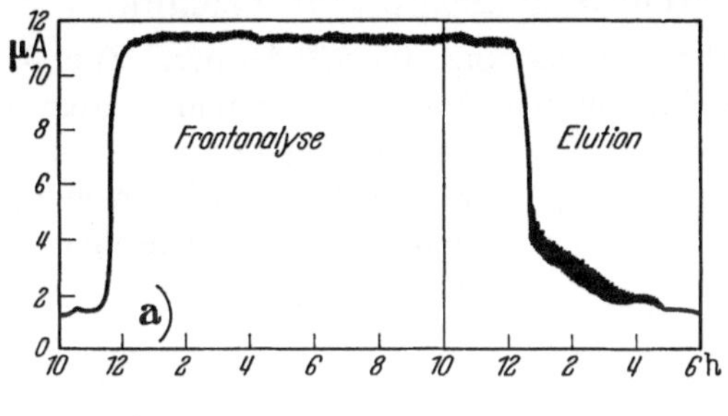

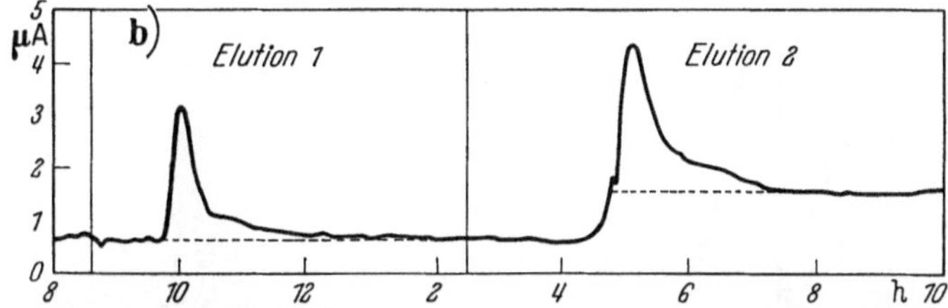

Abb. 72a u. b. *Automatische polarographische Registrierung im Eluat von Proteinchromatogrammen.* [Nach B. DRAKE, Acta chem. scand. (Kobenh.) **4**, 554 (1950).] a Frontanalyse von 0,05 % Serumalbumin, gefolgt von dessen Elution. b Stufenweise Elution von je 0,2 mg Serumglobulin und Serumalbumin. Grundlinie gestrichelt.

Versuchsbedingungen. 0,05 % Serumalbumin in 0,35 m-Phosphat p · 6,7, an Hyflo Supercel (1000 π/mm³) adsorbiert. Frontanalyse 21 cm³, Elution mit dem Solvens 8 cm³. — Adsorption von Globulin und Albumin an 2000 π mm³ (6,3 cm³): 1 + 4 Tricalciumphosphat + Supercel. Eluens: 21 cm³ 0,035 m-Phosphat (Globulin) und 20 cm³ 0,105 Phosphat (beide p_H 6,7) (Albumin). Konzentration der Gipfel etwa 0,02 %.

Apparatur. Plexiglascuvette. Eintritt des Eluats (gegebenenfalls der Waschflüssigkeit) bei einer seitlichen Bohrung, an der Gegenseite Öffnung für die Verbindung zur Kalomelelektrode. Vertikale Bohrung (unten offen) nimmt oben die Quecksilber-Abtropfcapillare auf; dieser Hohlcylinder enthält 0,1—0,2 cm³ Flüssigkeit (Adhäsion). Eluat und Quecksilber fließen durch die gleiche Öffnung ab. Quecksilber-Tropfpotential optimal bei — 1,7 bis — 2,0 V; optimale Proteinkonzentration bei 0,005—0,1 %. Bei hohen Salzkonzentrationen (0,003 % Protein in 80 % gesättigtem Phosphat) ist die Methode viel spezifischer als die interferometrische.

GREIF und BECKMANN)[1], und die *Titration mit „Detergents"* (CHINARD)[2] namentlich für kleinste Mengen bewährt; doch ist auch die *Ninhydrin*methode anwendbar (vgl. S. 296). Das FOLINsche Phenolreagens erfaßt noch 0,2 γ Protein![3]

Proteinbestimmung nach der Biuretmethode. 5—20 mg Protein werden mit 10 % Trichloressigsäure gefällt, nach 10 min die Lösung zentrifugiert, der Niederschlag in 2 cm³ 3 % Natronlauge gelöst, mit der gleichen Lauge auf 10 cm³ aufgefüllt, 0,25 cm³ einer Kupfersulfatlösung (20 g CuSO₄ · 5 H₂O ad 100 cm³ mit Wasser) zugefügt, 15mal geschüttelt; nach 10 min Stehen 4 min zentrifugiert und bei 560 mµ colorimetriert. — Vergleichslösung: 0,5 % Cr₂(SO₄)₃ · (NH₄)₂ SO₄ · 24 H₂O in Wasser.

[1] HILLER, GREIF u. BECKMANN: J. of Biol. Chem. **176**, 1421 (1948).

[2] CHINARD, F. P.: J. of Biol. Chem. **176**, 1439 (1948).

[3] LOWRY, O. H., N. J. ROSEBROUGH, A. L. FARR u. R. J. RANDALL: J. of Biol. Chem. **193**, 265 (1951).

Proteinbestimmung durch Titration mit quartären Ammoniumverbindungen. 0,1 cm³ Proteinlösung (mindestens 400 γ Protein), werden mit 2 n-NaOH auf p_H 13 gebracht, auf 4 cm³ verdünnt und mit einer 0,1%igen Lösung von Alkyl-Dimethyl-Benzyl-ammoniumchlorid bis zur bleibenden Trübung titriert (schwarzer Hintergrund, Licht von unten).

Zur automatischen *polarographischen* Registrierung von Proteinen[1] vgl. Abb. 72 (s. auch S. 103). Bei physiologisch aktiven Eiweißstoffen (Toxinen, Virusstoffen, Fermenten, Hormonen usw.) tritt die Messung der *biologischen Aktivität* an Stelle der direkten chemischen Reaktion.

1432. Papierchromatographische Technik.

Qualitativer Nachweis, Charakterisierung, Identifizierung. Zum Unterschied von der Säulenchromatographie ist man bei der Papierchromatographie ungefärbter Substanzen stets zu einer nachträglichen Sichtbarmachung zwecks Lokalisation der einzelnen Substanzen

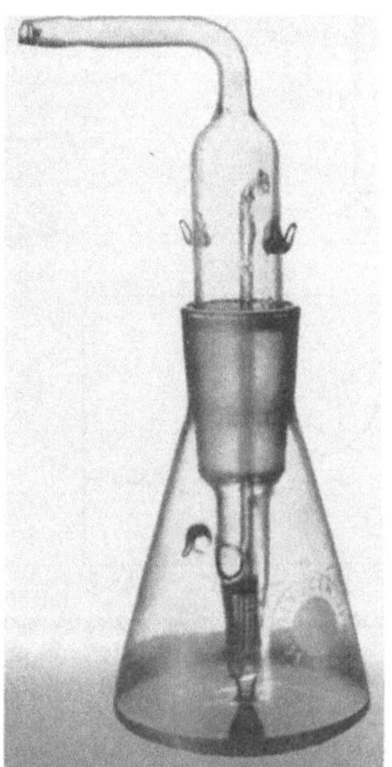
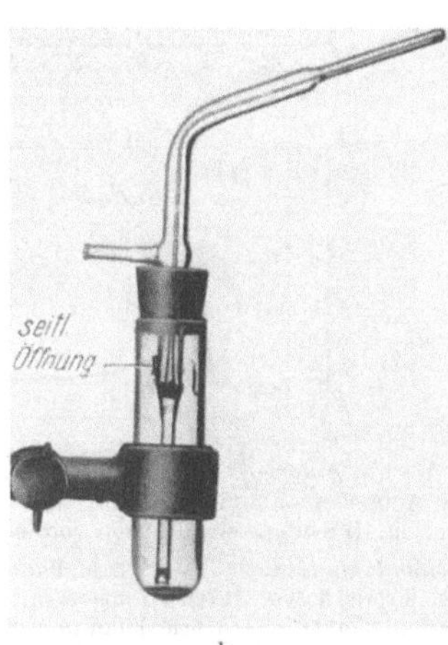

Abb. 73a u. b. *Vorrichtungen zum Besprühen von Papierchromatogrammen mit Reagenslösungen.* a Für größere Flüssigkeitsvolumina (Erlenmeyerform); b für kleine Volumina, z. B. für nicht haltbare Reagentien wie Diazoniumsalzlösungen, oder für das Besprühen schmaler Streifen (Reagensglasform). Man sprüht bis zur Erreichung eines „seidigen" Glanzes (ohne zu sehr anzufeuchten), gegebenenfalls mehrmals und auf beiden Seiten des Papiers.

am Träger selbst gezwungen[2]. In den weitaus meisten Fällen hat man dafür bei Aminosäuren und Peptiden die *Ninhydrinreaktion* verwandt.

Die Papierbogen werden nach Wegtrocknen der Lösungsmittel (vorteilhaft in *mäßig* warmem Luftstrom) mittels eines Zerstäubers (Abb. 73) mit einer etwa 0,1%igen Lösung von Ninhydrin meist in Wasser gesättigtem Butanol, Propanol oder Äther (eventuell unter Zusatz von einigen Tropfen Eisessig) besprüht, dann einige Minuten im Trockenschrank bei 80—100° oder besser 24 Std bei Zimmertemperatur belassen. Im letzteren Fall erlaubt die Reihenfolge des Sichtbarwerdens bereits gewisse Rückschlüsse auf die Konzentration der betreffenden Komponenten. Farbnuancen und Empfindlichkeit sind aus *Tabelle 14* zu ent-

---

[1] DRAKE, B.: Acta chem. scand. (København.) **4**, 554 (1950).

[2] R. J. BLOCK (Paper Chromatography, Acad. Press. Inc. Publ., New York 1952) erwähnt als Vorläufer PLINIUS, bei dem sich ein Nachweis von Eisen(2)-sulfat mit Hilfe von Papyrusblättern findet, die man mit Galläpfelextrakt getränkt hatte.

nehmen; allerdings sind beide Kriterien von der Art der verwendeten Lösungsmittel usw. in gewissem Maß abhängig, so daß in jedem Fall ein Kontrollversuch
mit bekannten Substanzen unter den gleichen Versuchsbedingungen ratsam ist.

Tabelle 14. *Empfindlichkeit der Ninhydrinreaktion in Papierchromatogrammen, Farbton
mit verschiedenen Aminosäuren.*

Verbindung	R_F-Wert Phenol (28 Std)	Collidin/Lutidin (60 Std)	Minimale erkennbare Menge	Farbe
Alanin	0,63	0,41	0,2	purpur
β-Alanin	0,71	0,33	0,2	blau
Alanylglycin	0,56	0,36	3	rosarot
α-Amino-n-Buttersäure	0,77	0,46	0,2	purpur
ε-Amino-n-Capronsäure	0,91	0,34	0,5	purpur
Arginin · HCl	0,66	0,14	4	blaurot
Asparagin	0,42	0,29	1	braungelb
Asparaginsäure	0,19	0,24	0,4	blau
Citrullin	0,67	0,31	0,5	purpur
Cysteinsäure	0,10	0,43	8	blau
Glucosamin · HCl	0,52	0,65	4	rotbraun
Glutaminsäure	0,32	0,26	0,1	purpur
Glutamin	0,62	0,32	2	purpur
Glutathion	0,10	0,16	10	blaurot
Glycin	0,42	0,33	0,1	rosarot
Histamin · 2 HCl	0,92	0,46	12	gelbbraun
Histidin · HCl	0,77	0,34	25	braun
Homocystin	0,38	0,28	4	purpur
Oxyprolin	0,72	0,42	1	braungelb
Isoleucin	0,88	0,62	0,5	purpur
Leucin	0,88	0,65	0,5	purpur
Lysin · HCl	0,56	0,14	3	purpur
Methionin	0,85	0,61	1	purpur
Methionin-Sulfon	0,66	0,51	5	braunrot
Methionin-Sulfoxyd	0,84	0,34	1	purpur
Nor-Leucin	0,89	0,69	0,4	purpur
Nor-Valin	0,84	0,56	0,5	purpur
Ornithin · HCl	0,42	0,13	3	purpur
Phenylalanin	0,90	0,67	5	graubraun
Prolin	0,90	0,41	1	gelb
Serin	0,37	0,37	0,3	braunrot
Taurin	0,39	0,50	1	purpur
Threonin	0,53	0,43	2	rosarot
Tryptophan	0,79	0,66	2	gelbbraun
Tyrosin	0,63	0,74	3	braun
Valin	0,82	0,53	0,2	purpur

Versuchsbedingungen. Sprühreagens 1% Ninhydrin in Butanol, 5 min bei 80—100°.
Die Farbintensität nimmt bei der Wanderung besonders für Histidin, Arginin, Phenylalanin
und Histamin ab. [Nach J. J. PRATT und J. L. AUCLAIR: Science (Lancaster, Pa.) **108**,
213 (1948).]

Weitere Angaben über Zusammensetzung des Ninhydrinsprüh-Reagens:

1. *Stammlösung:* 2 g Ninhydrin in 50 cm³ Wasser, dazu 80 mg $SnCl_2$ in 50 cm³ Wasser,
nach 24 Std filtrieren; im Eisschrank 2 Monate haltbar. Zum Gebrauch 25 cm³ + 25 cm³
Wasser + 450 cm³ Isopropanol (0,1% Ninhydrin Endkonzentration). Besprühten Bogen
60—90 min bei 35°, 24 Std im Dunkeln aufbewahren (R. J. BLOCK).

2. 0,2%ige Lösung von Ninhydrin in 95% Äthanol; Aufbewahren der besprühten Bogen
für 18 Std im Dunkeln. Die quantitative Auswertung (opt. Durchlässigkeit/Zeit) ist nach
A. R. PATTON und P. CHISM [1] besser als bei der üblichen butanolischen Ninhydrinlösung.

---

[1] PATTON, A. R., u. P. CHISM: Analyt. Chem. **23**, 1683 (1951).

3. 0,4% Ninhydrin in Citratpuffer p_H 5,0; 30 min lufttrocknen, dann für genau 10 min in einem wassergesättigten Trockenschrank auf $90 \pm 1°$ erwärmen (REDFIELD und BARRON[1]; zur Methode vgl. Abb. 83, S. 99).

Um ein Ausbleichen der mit Ninhydrin entstandenen Färbung (besonders bei Belichtung) zu vermeiden, wird folgendes Verfahren empfohlen: Besprühen mit einer Lösung aus 1 cm³ gesättigtem $Cn(NO_3)_2$-Lösung + 0,2 cm³ 10% HNO_3 in 100 cm³ Äthanol, sofortiges Einhängen in Ammoniakdämpfe und darauffolgendes Eintauchen in eine gesättigte Lösung von „Perspex" (Polymethacrylsäure) in Chloroform. Die entstehenden Kupferkomplexe sind stabil[2].

Peptide geben meist langsamer eine Färbung, die gewöhnlich schwächer und oft braun bis grau ist. Von einem Zusatz von Ninhydrin zur Entwicklerflüssigkeit (NICHOLSON)[3] rät MARTIN[4] ab. Nur kurz soll hier darauf hingewiesen werden,

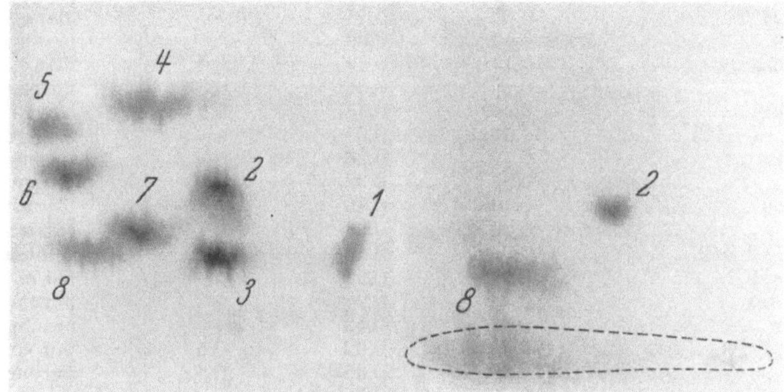

Abb. 74. *Test zur Unterscheidung von α-Aminosäuren im Papierchromatogramm.* [Nach H. R. CRUMPLER und C. E. DENT, Nature (Lond.) **164**, 441 (1949).] Links Kontrollchromatogramm (Phenol, ↑ Collidin-Lutidin) ohne Zusätze. Rechts Chromatogramm nach Bestauben der ersten (Phenol-)Laufstrecke (punktiert) mit basischem Kupfercarbonat (nur ganz schwach grüne Färbung!) vor Versuchsbeginn. Bogen 10—15 cm Seitenlänge, Laufzeit 2—3 Std, Aminosäuremengen um 1 γ. *1* Cysteinsäure, *2* Taurin, *3* Glycin, *4* Tyrosin, *5* Leucin, *6* Valin, *7* Alanin, *8* γ-Aminobuttersäure. Während die α-Aminosäuren infolge Bildung von Kupferkomplexen keine Farbe mit Ninhydrin entwickeln, „überleben": Taurin, γ-Aminobuttersäure, Amine, Sarkosin, größere Mengen β-Aminobuttersäure.

daß im Fall einer papierchromatographischen Trennung von C^{14}-markierten Aminosäuren bei Behandlung des Chromatogramms mit Ninhydrin die Aktivität verlorengehen kann, wenn nämlich der aktive Kohlenstoff dem Carboxyl angehört; anderseits hat man auf diesem Weg die Möglichkeit, durch Anfertigung eines Radioautogramms vor und nach Behandlung mit Ninhydrin einen Anhaltspunkt für die Stellung des aktiven Kohlenstoffs in den papierchromatographisch getrennten Aminosäuren zu gewinnen. Eine interessante Methode zur Unterscheidung von α-Aminosäuren von anderen mit Ninhydrin reagierenden Substanzen geben CRUMPLER und DENT[5] an: sie bestäuben das Papier mit Kupfercarbonat und führen so die α-Aminosäuren spezifisch in die nicht mit Ninhydrin reagierenden Kupferkomplexe über (Abb. 74).

[1] REDFIELD, R. R., u. E. S. G. BARRON: Arch. of Biochem. a. Biophysics **35**, 443 (1952).
[2] KAWERAU, E., u. TH. WIELAND: Nature (Lond.) **168**, 77 (1951).
[3] NICOLSON, E. D.: Nature (Lond.) **163**, 954 (1949).
[4] MARTIN, A. J. P.: Annual. Rev. Biochem. **19**, 525 (1950).
[5] CRUMPLER, H. R., u. C. E. DENT: Nature (Lond.) **164**, 441 (1949).

BRANTE[1] hat Jod (als Dampf oder durch Aufsprühen der alkoholischen Lösung) zur Lokalisation von stickstoffhaltigen Substanzen im Papierchromatogramm benutzt (vgl. dazu das Verfahren unter Benutzung von Chlorgas, S. 92). Die entstehenden gelbbraunen Flecken verschwinden bald wieder, müssen also bald markiert werden; doch tritt keine Zerstörung der Substanzen wie bei den meisten anderen Farbreaktionen ein, so daß sie weiter verarbeitet werden können. (Die Methode ist aber bei weitem nicht so leistungsfähig wie das Ninhydrinverfahren.) Ebenso gelingt es unter nur geringfügiger Zerstörung, α-Aminosäuren am Papier nach kurzem Erhitzen auf etwa 100° durch ihre Fluorescenz im UV-Licht ($^3/_8$ Zoll WOOD-Glasfilter) sichtbar zu machen (PHILLIPS)[2]; die Empfindlichkeit ist allerdings geringer als die der Ninhydrinreaktion ($20\,\gamma/cm^3$); Spuren von Phenol führen zur Zerstörung von Aminosäuren; man extrahiert das Papier vor dem Erhitzen mit Äther. Für den Nachweis von Histidin und Tyrosin (Chromatogramm nicht mit Phenol entwickeln!) empfiehlt DENT[3] die PAULYsche Diazoreaktion (diazotierte Sulfanilsäure 0,1—0,2%ig in 1 n-Natriumcarbonat)[4]. Für schwefelhaltige Aminosäuren wird ein Reagens aus gleichen Teilen 0,17%igem Platin-Tetrachlorid (an Stelle von Platinchlorid kann man auch Palladium-(2)-chlorid in 0,1 n-HCl verwenden)[5] und 0,83%igem Natriumjodid, für Oxysäuren als Testlösung NESSLERs Reagens angegeben, dem feste Perjodsäure bis zur Wiederauflösung des Niederschlags zugesetzt ist[6]. Glykokoll läßt sich nach PATTON und FOREMAN[7] mit der o-Phthaldialdehydreaktion[8] nachweisen (grüner, schokoladebraun fluorescierender Fleck).

Analog lassen sich auch viele weitere hinreichend empfindliche Farbreaktionen auf Aminosäuren nutzbar machen (vgl. die Zusammenstellung Tabelle 13). Tryptophan läßt sich nach

---

[1] BRANTE, G.: Nature (Lond.) **163**, 651 (1949).

[2] PHILLIPS, D. M. P.: Nature (Lond.) **164**, 545 (1949).

[3] DENT, C. E.: Biochemic. J. **43**, 168 (1948). Siehe auch BOLLING, D., H. A. SOBER u. R. J. BLOCK: Federat. Proc. 8, 185 (1949).

[4] Histamin, Tyramin, Phenole, aromatische Amine usw. reagieren ebenfalls. — *Andere Vorschriften zur Diazotierung:* a) 5 cm³ 1% Sulfanilamid in 10% Salzsäure + 5 cm³ 5% Natriumnitrit werden gemischt und nach 1 min mit n-Butanol auf 50 cm³ verdünnt (1. Sprühreagens); nach 5 min dauerndem Trocknen des Chromatogramms besprüht man mit halbgesättigter Natriumcarbonatlösung (Histidin kirschrot). b) An Stelle von Sulfanilamid kann man mit Vorteil p-Bromanilin verwenden. — c) Gleiche Volumina 1% Anisidin in 0,1 n salzsäurehaltigem Äthanol und 10% Amylnitrit werden gemischt, nach 5 min das Chromatogramm besprüht, getrocknet und in NH_3-Dampf gebracht, bzw. mit 1% äthanolischer Kalilauge besprüht [BLOCK, R. J.: Paper Chromatography, S. 64. New York: Academic Press Inc. Publishers 1952. — SANGER, F., u. H. TUPPY: Biochemic. J. **49**, 463 (1951).]

[5] WINEGARD, H. M., G. TOENNIES u. R. J. BLOCK: Science (Lancaster, Pa.) **108**, 506 (1948); vgl. dazu Fußnote 7 auf S. 90; verbesserte Reaktion nach TOENNIES, G., u. J. J. KOLB: Analyt. Chem. **23**, 823 (1951): 4 cm³ 0,002 m H_2PtCl_6, 0,25 cm³ 1 n-KJ, 0,4 cm³ 2 n-HCl, 76 cm³ Aceton (weißer Fleck auf purpurnem Grund).

[6] CONSDEN, R., A. H. GORDON u. A. J. P. MARTIN: Biochemic. J. **40**, 33 (1946).

[7] PATTON, A. R., u. E. M. FOREMAN: Science (Lancaster, Pa.) **109**, 339 (1949).

[8] Aromatische Lösungsmittel stören [PATTON, A. R., u. E. M. FOREMAN: Science (Lancaster, Pa.) **109**, 339 (1949)]; Ammonium-Ionen geben einen dunkelgrauen, Histidin und Tryptophan einen bei 3650 A° intensiv gelb fluoreszierenden Fleck. Darstellung des (im Handel nicht erhältlichen) Reagens: 10 g Tetrabrom-o-xylol wird nach der Vorschrift von PATTON [J. of Biol. Chem. **108**, 267 (1935)] mit 9 g Kaliumoxalat, je 62 cm³ Wasser und Äthanol 41 Std unter Rückfluß gekocht, 50 cm³ abdestilliert, zu 300 cm³ Wasser mit 21,3 g Trinatriumphosphat · 12 H_2O zugegeben und 300 cm³ von dieser Lösung abdestilliert (Kristalle werden aus dem Kühler geschmolzen). Im Dunkeln aufzubewahren.

WIELAND[1] durch Besprühen mit 1% Zimtaldehyd (in Methanol) und Räuchern mit HCl-Gas sichtbar machen; BLOCK verwendet hierfür p-Dimethylaminobenzaldehyd[2] in etwa 3%iger wäßriger Salzsäure. Prolin und Oxyprolin[3] erscheinen auf Besprühen mit Isatin (0,2% in 4% Eisessig enthaltendem Butanol). Sehr wichtig ist die empfindliche und spezifische Rotfärbung von Arginin- und Argininpeptidflecken (allgemein: substituierte Guanidinverbindung, auch Streptomycin) mit dem „Sakaguchi-Reagens"[4] (nacheinander aufsprühen: 5% Natronlauge, alkoholisch; 0,5% α-Naphthol in 80% Alkohol; wäßrige Hypobromitlösung aus 100 cm³ 5% Natronlauge + 2 cm³ Brom)[5]. Sulfhydrylgruppenhaltige Substanzen lassen sich durch Besprühen mit Nitroprussid-Natrium[6] (7% wäßrig) und Einsenken in Ammoniak-Atmosphäre sichtbar machen[7]; bei S-Acylverbindungen tritt die Rotfärbung verzögert, bei S—S-Verbindungen erst nach Besprühen mit 10% wäßriger Kaliumcyanidlösung auf. Das MILLONsche Reagens[8] verrät Tyrosinflecken[9], das FOLINsche Reagens[10] reduzierende Aminosäuren (allgemein alle reduzierenden Substanzen[11]). Beim Ansprühen mit alkalischer Permanganatlösung[12] (1% $KMnO_4$, 2% Na_2CO_3, wäßrig) erscheint Methionin gelb auf violettem Grund, während die meisten anderen Aminosäuren erst nach einigen Minuten reagieren. Nach Angaben von D. MÜTING[13] gibt eine Lösung von 1,2-Naphthochinon-4-sulfonsäure (0,02% in 5% wäßriger Sodalösung) mit zahlreichen Aminosäuren am Papier nach Trocknen bei Zimmertemperatur deutlich unterschiedene Farben; die Empfindlichkeit soll fast die der Ninhydrinreaktion erreichen (nach unseren Erfahrungen scheint der Unterschied der einzelnen Färbungen — ausgenommen für Prolin, das eine schöne rote Farbe liefert — nicht ganz charakteristisch und die Empfindlichkeit geringer zu sein). Einen Fortschritt bedeutet die folgende Arbeitsvorschrift[14]: Das Chromatogramm wird in die Reagenslösung I eingetaucht (0,1% Na-Naphthochinonsulfonat in Aceton : 0,3 g Reagens in 10 cm³ Wasser gelöst und mit Aceton auf 300 cm³ aufgefüllt; in der Kälte 1 Woche haltbar) und 3—5 min auf 80—90° erhitzt, wobei rosafarbene Flecken ohne Farbunterschiede entstehen; danach 1—1¹/₂ min bis zur Entwicklung intensiver Farben in Reagenslösung II eingetaucht gehalten (2 cm³ wäßrige 5 n-NaOH auf 100 cm³ mit 95% Alkohol auffüllen) und bei Zimmertemperatur getrocknet. Die entstehenden Farben ($>5 \gamma$ Aminosäure) werden wie folgt beschrieben:

[1] WIELAND, TH., u. L. BAUER: Angew. Chem. **63**, 511 (1951).

[2] BLOCK, R. J.: Paper Chromatography, S. 65. — TAMBONE, J., D. ROBERT u. J. TROESTLER: Bull. Soc. Chim. biol. Paris **30**, 547 (1948).

[3] ACHER, R., C. FROMAGEOT u. M. JUTISZ: Biochim. et Biophysica Acta **5**, 81 (1950).

[4] WILLIAMS, R. J.: Biochem. Inst. Studies **1950**, Nr. 5109, 205 (Univ. of Texas, Austin).

[5] Man kann auch direkt 0,1% α-Naphthol in 1 n-Natronlauge und darauf die Hypochloritlösung aufsprühen; ACHER u. CROCKER (s. [11]) lösen vor Gebrauch etwa 5% Pottasche in der Stammlösung (0,01% α-Naphthol in Alkohol, 5% Harnstoff enthaltend, besprühen, trocknen an der Luft und besprühen nun mit der Hypobromitlösung (0,7 cm³ Brom in 100 cm³ 5% NaOH); Empfindlichkeit 0,2 γ Arginin.

[6] TOENNIES, G., u. J. J. KOLB: Analyt. Chem. **23**, 823 (1951).

[7] Andere Vorschrift: 1,5 g Natriumnitroprussid in 5 cm³ 2 n-Schwefelsäure + 95 cm³ Methanol + 10 cm³ 28% Ammoniak (filtriert) für Cystein. Für Cystin nach Ansprühen und schwachem Trocknen als zweites Sprühreagens 2 g NaCN in 5 cm³ Wasser + 95 cm³ Methanol. Man kann auch mit FEIGLs Reagens besprühen (0,05 n-Jod in 50% Äthanol + 1,5% Na-azid); Betrachten am besten im Ultraviolett; Methionin gibt die Reaktion ebenfalls. Besser ist die bereits erwähnte Reaktion mit $Pt J_6''$.

[8] Siehe Tabelle 13.

[9] Besser eignet sich zum Tyrosinnachweis eine 0,1% alkoholische Lösung von α-Nitroso-β-Naphthol; nach dem Trocknen im kalten Luftstrom besprüht man das Chromatogramm mit 10% Salpetersäure und erhitzt 3 min auf 100°. Tyrosin und Tyrosinabkömmlinge geben rote Flecken; Empfindlichkeit 1—2 γ [ACHER, R., u. C. CROCKER: Biochim. et Biophysica Acta **9**, 704 (1952)].

[10] BLOCK, R. J.: Paper Chromatography, S. 63.

[11] Cystin wird mit 1% Na_2SO_3-Lösung besprüht und so zu Cystein reduziert. Sichtbarmachung mit Phosphor-18-Wolframsäure + $NaHCO_3$.

[12] DALGLIESH, C. E.: Nature (Lond.) **166**, 1076 (1950).

[13] MÜTING, D.: Naturwiss. **39**, 303 (1952).

[14] GIRI, K. V., u. A. NAGABHUSHANAN: Naturwiss. **39**, 548 (1952).

Leucin grünblau, Isoleucin hellgrün, Phenylalanin hellgrün, Valin blaugrün, Methionin blaugrün, Tyrosin grau, Tryptophan braun, γ-Aminobuttersäure blau, α-Aminobuttersäure blau, β-Aminobuttersäure braun, Prolin orange, Alanin grün, β-Alanin blau, Glutaminsäure grün, Threonin grün, Serin grün, Oxyprolin orange, Glycin grünlichblau, Asparaginsäure hellblau, Arginin hellblau, Lysin hellblau, Ornithin hellblau, Histidin violett, Cystin dunkelblau,

Cystein dunkelblau, Glutamin grünlichblau (vgl. Abb. 75). Prolin und Oxyprolin lassen sich so quantitativ bestimmen. Bei Peptiden fand man folgende Farben: Alanylglycin blaugrün; Glycylglycin, Glycyltryptophan und Glycylleucin gelbgrün; Triglycin grün; Leucyldiglycin hellgrün; Glutathion braun.

Eine interessante Methode zur Lokalisierung von Aminosäuren, Peptiden und Proteinen im Papierchromatogramm besteht nach PORATH und

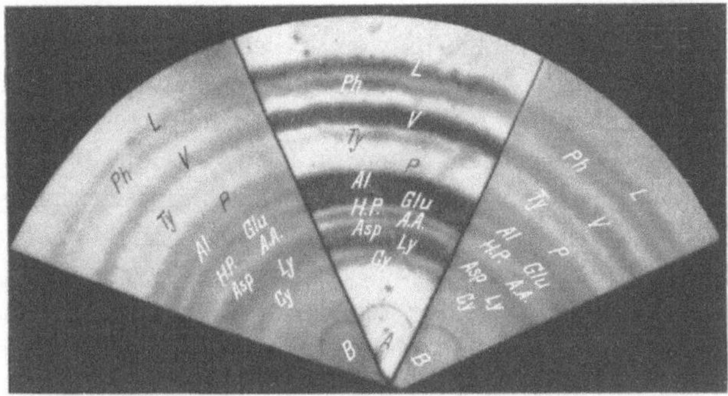

Abb. 75. *Vergleich der Sichtbarmachung von Aminosäuren im Ringpapierchromatogramm A mit Ninhydrin, B mit 1,2 Naphthochinon-4-sulfonat (Sektorenverfahren)*. [Nach K. V. GIRI und A. NAGABHUSHANAN, Naturwiss. **39**, 549 (1952).]

FLODIN[1] darin, das Papier mit verdünnter Säure (0,004 n-Schwefelsäure in 96%igem Äthanol) anzusprühen und bei 110—120° eine halbe Stunde zu trocknen; Hydrolyse der Cellulose tritt nur an den Stellen ein, die nicht durch puffernde Substanzen

	Ber. (γ)	Gef. (γ)
Leucin. . . .	5,0	5,7
	10,0	9,5
	15,0	15,1
	20,0	19,9
Glutaminsäure	10,0	9,0
	15,0	14,5
	20,0	21,2
Lysin	10,0	11,3
	20,0	19,7
	25,0	23,5

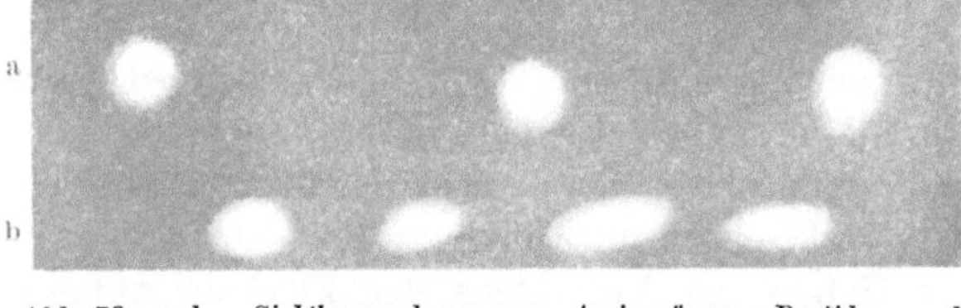

Abb. 76a u. b. *Sichtbarmachung von Aminosäuren, Peptiden und Proteinen (sowie anderer puffernder Substanzen) im Papierchromatogramm durch Hydrolyse der Cellulose an den unbeladenen Stellen.* (Nach J. PORATH und P. FLODIN.) *Rechts:* a Flecken mit 5, 10 und 15 γ Leucin; b Flecken mit (von links nach rechts) 5 γ Glycin, 10 γ Alanin, 15 γ Tryptophan, 15 γ Isoleucin. Weiße Flecken auf violettem Grund. *Links:* Tabelle mit Ausbeuten nach Sichtbarmachung (Bestimmung im Eluat nach MOORE und STEIN).

Versuchsbedingungen. Das trockene Chromatogramm wird mit einer Lösung von 0,1% Orcin in 96% Äthanol, 0,004 n-Schwefelsäure (Menge muß eventuell variiert werden) enthaltend, besprüht, bei 110—120° getrocknet, wobei innerhalb $^{1}/_{2}$ Std die Farbe entsteht; vorteilhaft ist Betrachten im Ultraviolett.

(Eiweißspaltprodukte) belegt sind. Behandelt man das Chromatogramm jetzt mit einem Glucosereagens (0,1% Orcin, zweckmäßig bereits dem Hydrolysengemisch zugesetzt), so erscheinen die Flecken weiß gegen einen rot-violetten Hintergrund (vgl. Abb. 76). Bestimmung der eluierten Aminosäuren nach der Ninhydrinmethode von STEIN und MOORE zeigen praktisch quantitative Ausbeuten; die Substanzen wurden also durch die Orcinbehandlung nicht zerstört. 0,1 γ-Mengen können eben noch entdeckt werden. Da die Ninhydrinmethode spezifischer ist, läßt man bei zweidimensionalen Chromatogrammen zweckmäßig eine Kontrolle mitlaufen, die mit Ninhydrin entwickelt wird, um die Lokalisierung der Flecken

---

[1] PORATH, J., u. P. FLODIN: Nature (Lond.) **168**, 202 (1951).

zu erleichtern. Das zweite Chromatogramm wird dann, wie beschrieben, mit Orcin entwickelt, die Flecken ausgeschnitten, eluiert und quantitativ nach einer entsprechenden Methode bestimmt. Peptide und Proteine können zwar ebenfalls in kleinsten Mengen entdeckt werden, erleiden aber offenbar eine gewisse Hydrolyse.

Zur Charakterisierung einer bestimmten Substanz, insbesondere im Papierchromatogramm (aber auch an der Adsorptions- oder Verteilungssäule), kann unter genau definierten Versuchsbedingungen (Aktivität und Partikelgröße des Adsorbens, Eigenschaften des Trägers, Gehalt an stabiler Phase, Reinheit der Lösungsmittel, Säulendurchmesser, Flußgeschwindigkeit, Temperatur usw.) der R_F-Wert dienen. Bei Einhaltung aller Vorsichtsmaßregeln kann die Reproduzierbarkeit dann ziemlich gut sein. BATE-SMITH[1] gibt folgende Bedingungen für die Erreichung exakter R_F-Werte im Papierchromatogramm an: Temperaturkonstanz auf $\pm 0,5°$; gleiche Wanderungszeit; Einstellung des Gleichgewichts zwischen Papier und Lösungsmitteldämpfen während 24 Std (HANES und ISHERWOOD[2] kürzen diese Zeit durch Bewegen des Papiers, an dessen Ende ein Eisenstift befestigt ist, mittels eines kleinen Elektromagneten, WIELAND und FELD mittels Durchleiten von Lösungsmitteldampf durch die Kammer ab); Verwendung der gleichen Papiercharge; gleichzeitiges Wandernlassen einer Kontrollsubstanz; Stehenlassen von Lösungsmitteln, die eine Veränderung (z. B. Veresterung) erleiden, für die Zeit von 3 Tagen. Die R_F-Werte sollen um nicht mehr als um $\pm 0,02$ schwanken.

Ein wichtiges Hilfsmittel für die Bestimmung der *optischen Konfiguration* vieler Aminosäuren ist das Besprühen des Papierchromatogramms mit D-Aminosäureoxydase-Lösung[3]; D-Aminosäuren werden dabei zerstört, die entsprechenden Flecken sind daher nach erfolgter Inkubation nicht mehr mit Ninhydrin nachweisbar[4]. Die nach der Vorschrift von NEGELEIN und BRÖMEL[5] aus Schafsniere dargestellte Fermentlösung wird mit 0,06 m Pyrophosphatpuffer *vorsichtig* (wegen der Gefahr des Verlaufens der Flecken) aufgesprüht und bei $37°$ $2^1/_2$ Std in einem wassergesättigten Raum zur Einwirkung belassen.

Unabhängig voneinander entwickelten H. ZAHN[6] sowie H. N. RYDON und P. W. SMITH[7] ein Nachweisverfahren von Polyamiden bzw. Aminosäuren, Peptiden und Proteinen auf der Basis einer *Chlorierung*. Die letzteren Autoren geben folgende Arbeitsvorschrift an: nach gutem Trocknen (2 Std bei 60°, über Nacht im Lufttrockenschrank, dann 30 min bei 60°) wird das Papierchromatogramm für 20 min in eine Chloratmosphäre gebracht, dann 30 min mit einem Luftstrom bespült, bis mit Kaliumjodidstärke keine „Hintergrundfarbe" mehr entsteht, dann mit einer Lösung von 1% Kaliumjodid-1% Stärke besprüht:

[1] BATE-SMITH, E. C.: Symposia Biochem. Soc. **3**, 62 (1949).

[2] HANES, C. S., u. F. A. ISHERWOOD: Zit. nach A. J. P. MARTIN, Annual. Rev. Biochem. **19**, 523 (1950).

[3] SYNGE, R. L. M.: Biochemic. J. **44**, 542 (1949).

[4] Bei Verwendung spezifischer Decarboxylasen usw. sollten solche enzymatische Methoden zur Identifizierung von Aminosäuren in Papierchromatogrammen geeignet sein (vgl. S. 203).

[5] NEGELEIN, E., u. H. BRÖMEL: Biochem. Z. **300**, 229 (1939).

[6] ZAHN, H., u. H. WOLF: Melliand Textilber. **32**, 317 (1951).

[7] RYDON, H. N., u. P. W. SMITH: Nature (Lond.) **168**, 922 (1952).

dunkelblaue Flecken auf hellblauem Grund. Die zugrunde liegende Reaktion wird folgendermaßen formuliert:

$$-CO \cdot NH- \xrightarrow{Cl_2} -CO \cdot NCl- \xrightarrow{KJ} -CO \cdot NH- + KCl + \tfrac{1}{2} J_2.$$

Das Verfahren ist anwendbar auf Peptide, Peptidester, Diketopiperazine, Acylaminosäuren (mit mindestens 1 Wasserstoffatom am acylierten Stickstoff), Benzoyl- und Carbobenzoxy-Aminosäuren. Phthalyl-Glycin reagiert nicht, wohl aber Phthalyl-Diglycin. Viele Aminosäuren zeigen positive Reaktion (Glycin, Alanin, Leucin, Serin, Threonin, Glutaminsäure, Lysin, Phenylalanin, Histidin; Prolin reagiert schwach). Negativ reagieren: Cystein, Cystin, Methionin, Tyrosin. Der entscheidende *Vorteil vor der Ninhydrinreaktion* ist der positive Ausfall mit *substituierten Aminosäuren und Peptiden*, die bei Synthesen auftreten. Ferner besteht eine sehr bemerkenswerte Empfindlichkeit bei *höheren Peptiden und Proteinen*, wieder im Gegensatz zur Ninhydrinreaktion. Nachstehende Zusammenstellung gibt einen Hinweis auf die Empfindlichkeit:

Gesuchte Substanz	Entdeckbare Mengen (γ)	
	Chlor-Kaliumjodidstärke	Ninhydrin
Glycin	0,3	0,3
Albumin	0,5	40

Eine vorteilhafte Modifikation beschreiben F. REINDEL und W. HOPPE[1]: danach wird das getrocknete Chromatogramm in ein Lösungsmittelgemisch aus Alkohol:Aceton (1:1) getaucht (zu 100 cm³ 10 Tropfen Eisessig), der Überschuß abgefließt, sofort für 2 min in eine (deutlich gelbe) Gasatmosphäre, entwickelt aus Kaliumchlorat-Salzsäure, gebracht und in eine Lösung von 1% *Benzidin* in 10% Essigsäure bis zur maximalen Farbintensität entwickelt; schließlich badet man 3mal in Äthanol. Die intensiv blauen Flecken sind haltbar; möglicherweise eignet sich das Verfahren zur quantitativen Bestimmung von Aminosäuren, Peptiden und Proteinen. Allerdings stören alle Verbindungen, die Derivate mit aktivem Chlor liefern.

Zur Charakterisierung und Identifizierung papierchromatographisch getrennter Aminosäuren sind außer den erwähnten auch modernste *physikalische Methoden* herangezogen worden: so das Verfahren der *Röntgenstrahl-* und *Elektronenstreuung*[2] sowie besonders die Bestimmung der *Ultrarotspektren*[3]. (Nähere Details sind aus Abb. 77 zu ersehen.) Diese Methoden, die sicherlich von hervorragender Leistungsfähigkeit sind, stellen allerdings derartig hohe apparative Anforderungen, daß man sie nur in Sonderfällen wird heranziehen können. Meist wird man sich damit begnügen, zur Identifizierung einer bestimmten Substanz ein dem „Mischschmelzpunkt" analoges „Mischchromatogramm" aus verschiedenen Lösungsmitteln möglichst differenten Charakters durchzuführen.

Zur Charakterisierung und Identifizierung papierchromatographisch getrennter Aminosäuren und zum Beweis der An- oder Abwesenheit einer bestimmten

[1] REINDEL, F., u. W. HOPPE: Naturwiss. **40**, 221 (1953).

[2] CHRIST, C. L., C. J. BURTON u. M. C. BOTTY: Science (Lancaster, Pa.) **108**, 91 (1948).

[3] DARMON, S. E., G. B. B. M. SUTHERLAND u. G. R. TRISTRAM: Biochemic. J. **42**, 508 (1948).

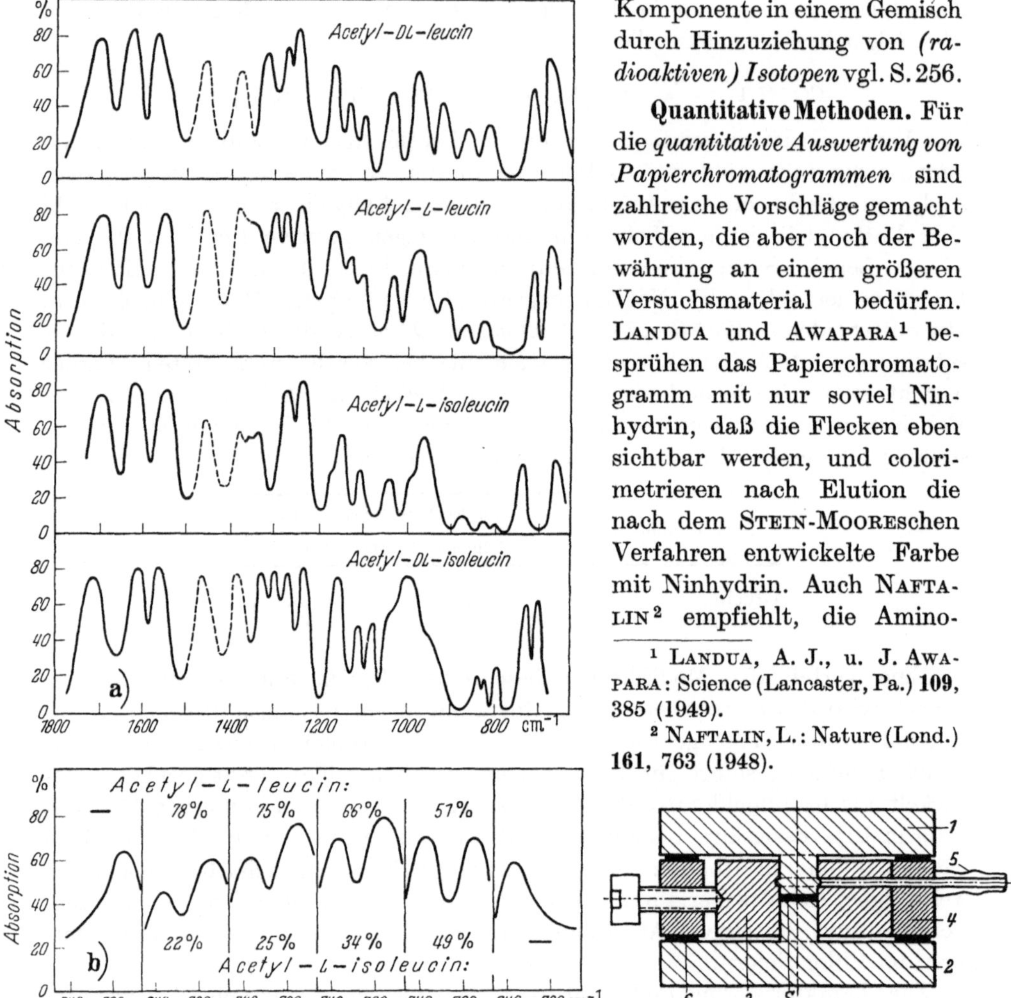

Abb. 77 a u. b.

Komponente in einem Gemisch durch Hinzuziehung von *(radioaktiven) Isotopen* vgl. S. 256.

Quantitative Methoden. Für die *quantitative Auswertung von Papierchromatogrammen* sind zahlreiche Vorschläge gemacht worden, die aber noch der Bewährung an einem größeren Versuchsmaterial bedürfen. LANDUA und AWAPARA[1] besprühen das Papierchromatogramm mit nur soviel Ninhydrin, daß die Flecken eben sichtbar werden, und colorimetrieren nach Elution die nach dem STEIN-MOOREschen Verfahren entwickelte Farbe mit Ninhydrin. Auch NAFTALIN[2] empfiehlt, die Amino-

[1] LANDUA, A. J., u. J. AWAPARA: Science (Lancaster, Pa.) **109**, 385 (1949).

[2] NAFTALIN, L.: Nature (Lond.) **161**, 763 (1948).

Abb. 77 a u. b. *Infrarot-Absorptionsspektren von Acetyl-Leucinen.* a Spektren für Acetyl-Leucin (L und DL) und für Acetyl-Isoleucin (L und DL) bei 1800—650 cm⁻¹ (gestrichelte Linien bedeuten Absorption von „Nujol"). b Spektren von Gemischen bekannter Zusammensetzung aus Acetyl-L-leucin und Acetyl-L-isoleucin bei 745 bis 710 cm⁻¹. [Nach S. E. DARMON, G. B. B. M. SUTHERLAND und G. R. TRISTRAM, Biochemic. J. **42**, 508 (1948).]

Versuchsbedingungen. Das nach der Methode von GORDON, MARTIN und SYNGE (s. S. 184) acetylierte Hydrolysat wurde an einer Kieselgelsäule aus 17% Butanol-Chloroform chromatographiert, die Leucin-Isoleucinbande von Verunreinigungen an einer 2. Kieselgelsäule (aus Cyclohexan-5%-Propanol) befreit, die Acetyl-Leucine im Vakuum vom Lösungsmittel befreit, die trockenen Kristalle (10 mg) mit Paraffin („Nujol") zu einer feinen Paste verrieben und diese zwischen 2 NaCl oder NaBr-Platten zu einer dünnen Schicht gepreßt (30 μ). Aufnahme mit einem 2-Strahl-Hilger D 209-Spektrographen.

Abb. 77 c. *Vorrichtung zum Einpressen von Substanzen in klare Kaliumbromidscheiben für die Herstellung von Ultrarotspektren.* [U. SCHIEDT, Z. Naturforsch. **8**b, 66 (1953).] *1* und *2* Stempel mit Platten; *3* Außenseite der in 2 Hälften *geteilten* Fassung (zur leichteren Entnahme der gepreßten Platten); *4* äußerer Ring mit Halteschraube; *5* Ansaugstutzen zur Wasserstrahlpumpe; *6* Gummidichtung; *S* gepreßte Substanz.

Bei 6,7 t/cm² Belastungszeit 5 min; Substanzbedarf für 22 mm-Scheiben 2—4 mg, für 12 mm-Scheiben 600—800 γ. Vor dem Pressen wird die Substanz zusammen mit Kaliumbromid mittels eines Vibrators homogenisiert. Diese Einbettungsmethode ist besonders für polare Substanzen (Aminosäuren und Peptide), die sich in unpolaren, ultrarot-durchlässigen Lösungsmitteln wenig lösen, geeignet. Kaliumbromid absorbiert zum Unterschied von anderen Einbettungsmitteln, wie Paraffinöl (Nujol), Hexachlorbutadien, Perfluorcerosin zwischen 2—25 μ nicht selektiv. Die besten Ergebnisse erzielt man durch Lösen der Substanz mit Kaliumbromid in Wasser und anschließendes Lyophilisieren (ideale Mischung!).

säuren durch Besprühen mit verdünnter (0,025—0,05 %iger) Ninhydrinlösung eben sichtbar zu machen, an den ausgeschnittenen Flecken mit 5 %iger butanolisch-wäßriger Ninhydrinlösung die Farbe voll zu entwickeln und den mit Aceton extrahierten Farbstoff zu colorimetrieren. Nach einem ähnlichen Prinzip geht BOISSONAS[1] vor: das Chromatogramm wird zunächst punktweise entwickelt, Ammoniumionen mit methanolischer Kalilauge entfernt und die ausgeschnittenen Flecken mit dem Ninhydrinreagens nach STEIN und MOORE behandelt.

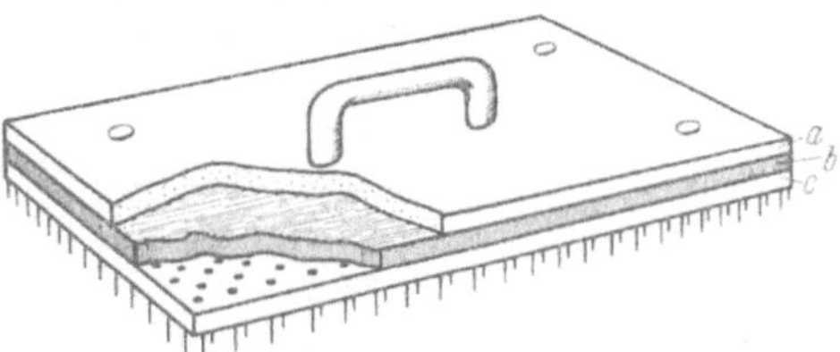

Abb. 78. Stempel zum Aufdrücken des Entwicklers. *a* Deckplatte, *b* Gummi, *c* Kunststoff. Abstand der Nadeln oder Nägel voneinander 7 mm. Nagellänge (herausragender Teil) 10 mm, Stärke 0,7 mm. Die Nägel müssen in den Löchern etwas Spielraum haben. [Nach R. A. BOISSONAS, Helvet. chim. Acta **33**, 1975 (1950).]

Mittels eines Stempels (Abb. 78) wird ein durch Glycerin gedicktes Ninhydrinreagens (3 g Ninhydrin, 50 cm³ tert.-Butanol, 40 cm³ Glycerin, 10 cm³ Wasser) in Punkten von 0,5 mm² Querschnitt in 7 mm Abstand über die Fläche verteilt, die Konturen der Flecken mit Bleistift markiert, methanolische Kalilauge (1 %ig KOH in wasserfreiem Methanol) aufgesprüht und das Papier 15 min bei 60° gehalten. Die ausgeschnittenen Flecken werden im Reagensglas mit 5 cm³ des Ninhydrinreagens (5 g Ninhydrin, 500 mg Zinn(2)-Chlorid-Dihydrat, gelöst in 500 cm³ Glykolmonoäthyläther, 250 cm³ 1 n-Natronlauge und 250 cm³ 2 n-Essigsäure; unter Stickstoff aufzubewahren) übergossen, 20 min auf 100° erhitzt, sofort gekühlt, mit 5 cm³ n-Propanol/Wasser 1:1 verdünnt und nach frühestens 10 min bei 570 (für Prolin 440) mμ photometriert. Die Genauigkeit wird mit ± 5 % angegeben, der Blindwert von WHATMAN-Papier, das mit alkoholischer Kalilauge vorbehandelt war, ist zu vernachlässigen. 0,2—0,3 mg Proteinhydrolysat genügen für die Bestimmung. Die Methode ist auch für zweidimensionale Chromatogramme geeignet; doch gehen gelegentlich Feinheiten des Chromatogramms verloren.

Eine von den übrigen Ninhydrinmethoden abweichende quantitative Bestimmung von Aminosäuren im Papierchromatogramm benutzt den *Kupferkomplex* des bei der Reaktion der Aminosäuren mit *Ninhydrin* gebildeten *Farbstoffs*[2]. Das Chromatogramm wird bei 80 bis 100° getrocknet, mit einer Lösung von 0,5% Ninhydrin in wassergesättigtem Butanol besprüht, 30 min bei 80° belassen, dann mit Wasser fein besprüht,

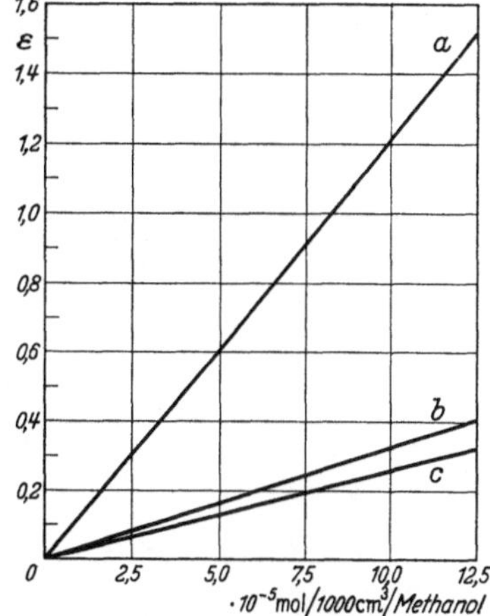

Abb. 79. *Extinktionswerte für Aminosäuren, Ninhydrinkupfermethode.* Gemessen mit dem BECKMAN-Spektrophotometer DU, bei 510 mμ. *a* Kurve für Leucin, Alanin, Glycin, Phenylalanin, Histidin, Glutaminsäure, Valin und Serin; *b* Kurve für Tyrosin; *c* Kurve für Cystein. [Nach F. BODE u. a., Naturwiss. **39**, 525 (1952).]

---

[1] BOISSONAS, R. A.: Helvet. chim. Acta **33**, 1975 (1950).

[2] BODE, F., H. J. HÜBENER, H. BRÜCKNER u. K. HOERES: Naturwiss. **39**, 524 (1952). — Nach F. G. FISCHER u. H. DÖRFEL [Biochem. Z. **324**, 544, (1953)] zählt die Bestimmung des mit Ninhydrin im Papier entwickelten Farbstoffs nach Überführung in die Kupferverbindung zu den besten colorimetrischen Methoden zur quantitativen Bestimmung von Aminosäuren in Papierchromatogrammen, wenn man die Substanz nicht punktförmig, sondern *im Strich* [vgl. E. HILLER, F. ZINNERT u. G. FRESE, Biochem. Z. **323**, 245 (1952)] aufgegeben und mit den von McFARREN [Analyt. Chem. **23**, 168 (1951); E. F. McFARREN, K. BRAND u. H. R. RUTKOWSKI, Analyt. Chem. **23**, 1146 (1951); E. F. McFARREN u. J. A. MILLS, Analyt. Chem. **24**, 650 (1952)] angegebenen Lösungsmitteln (vgl. S. 170) eindimensional entwickelt hat. Allerdings muß man unbedingt zu jeder Bestimmung ein Vergleichschromatogramm mit bekannten Aminosäuremengen anfertigen!

nochmals getrocknet, wieder mit Ninhydrin besprüht (von beiden Seiten), erneut getrocknet und nun gut mit dem Kupferreagens besprüht (1 cm³ gesättigte $Cu(NO_3)_2$ + 0,2 cm³ 10% HNO_3 + 99 cm³ 95% Äthanol[1]), die Flecken mit Methanol eluiert und die Farblösungen bei 510 mμ photometriert; die untersuchten Aminosäuren folgen dem LAMBERT-BEERschen Gesetz. Tyrosin und Cystein geben abweichende Kurven (Abb. 79).

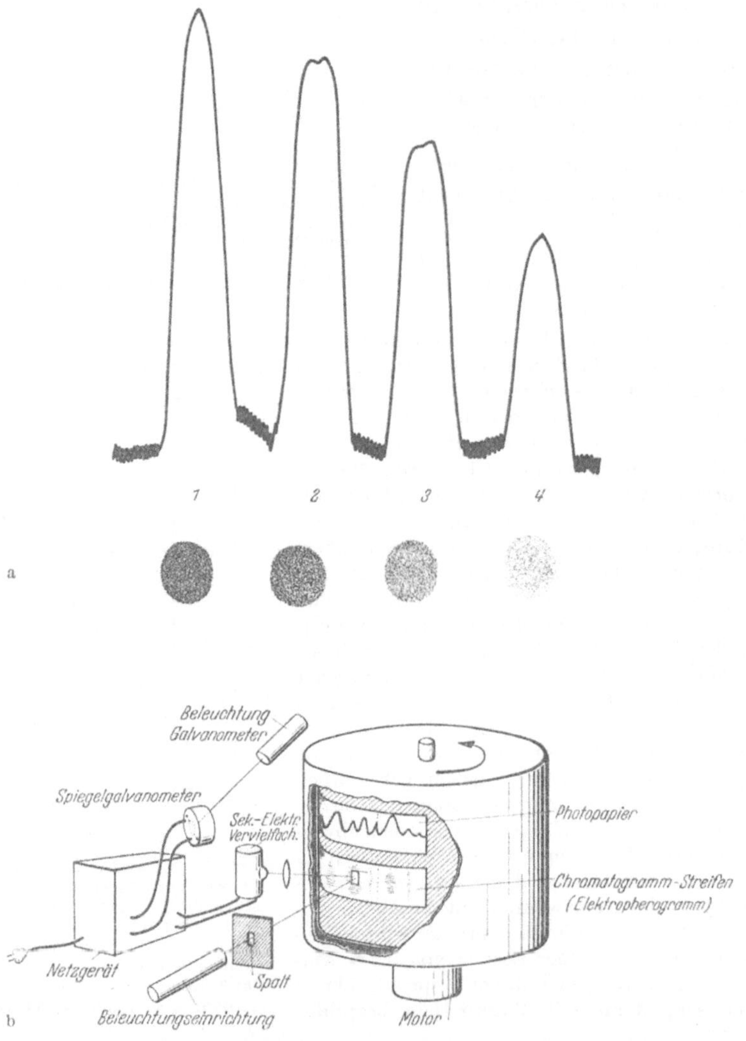

Abb. 80a u. b. *Vollautomatische photographische Registrierung der Farbenintensität von Zonen eines Papierchromatogramms (Elektropherogramms) durch Messung des reflektierten Lichts mit Hilfe eines Sekundär-Elektronenvervielfachers* (TURBA, unveröffentlicht). a Photographisch aufgezeichnete Ausschläge des Spiegelgalvanometers beim Ausmessen der abgebildeten Farbflecken (500 γ, 160 γ, 53 γ, 18 γ Clupeinsulfat, angefärbt mit Neococcin). b Schematische Darstellung der Apparatur.

Statt die Aminosäuren zu eluieren und ihre Konzentration danach mittels der Ninhydrinmethode zu bestimmen, kann man die mit Ninhydrin gefärbten Papierstreifen so in einem Halter befestigen, daß eine dem Fleck entsprechende Fläche frei bleibt oder auch vor einem mehr oder minder engen

---

[1] Vgl. WIELAND, T., u. E. KAWERAU: Nature (Lond.) **168**, 4263 (1951).

Spalt einer *Photozelle*[1] vorbeibewegen und die Intensität des jeweils *durchtretenden* Lichtes in Abhängigkeit von der Wanderungsstrecke registrieren (R. J. BLOCK[2]; BULL, HAHN und BAPTIST[3]; FOSDICK, BLACKWELL[4]; ROCKLAND,

Tabelle 15. *Quantitative Bestimmung von Alanin und Glycin in einem Hydrolysat von Seidenfibroin im Papierchromatogramm durch direkte Photometrie der mit Ninhydrin gefärbten Zonen* [ROCKLAND, L. B., u. M. S. DUNN: J. Amer. Chem. Soc. 71, 4121 (1949)].

		Alanin	Glycin
Analyse in Papierchromatogrammen	Indirekt photometrisch (POLSON u. a.) „spot dilution", vgl. S. 246	37,6	39,9
	direkt photometrisch (ROCKLAND und DUNN) .	*34,0*	*42,4*
	direkt visuell (POLSON u. a.), vgl. S. 246 . .	34,9	43,4
Selektive Fällung (BERGMANN und NIEMANN)[5]		26,4	43,8
Mikrobiologisch (SHANKMAN u. a.)[6]		—	43,6

Versuchsbedingungen. Reagensglas-Chromatographie nach ROCKLAND und DUNN (vgl. S. 61). Zehn Verdünnungen zu je $2 \cdot 10^{-4}$ cm³ Glycin und Alanin (0,625—6,250 mg/cm³) und 7 Verdünnungen des Seidenfibroinhydrolysats (3,010—12,040 mg/cm³) wurden in gleicher Weise auf Whatman Nr. 1 ($10 \times 18 \times 140$ mm) chromatographiert (3 Std mit wäßrigem Phenol). 5 min bei 100° getrocknet, auf beiden Seiten des Streifens je 8mal mit 0,25% Ninhydrin in wäßrigem Butanol schwach besprüht, 5 min auf 100° erhitzt, die Streifen in einem Halter so befestigt, daß eben die Fläche der einzelnen Zonen freiblieb und mit einem Lumetron-402-EF-Photometer die Farbintensitäten direkt gemessen. Eichkurven aus den Kontrollwerten: Prozent Durchlässigkeit gegen Aminosäurekonzentration auf Koordinatenpapier.

Abb. 81a. „*Densitometer*". [Nach D. M. TENNENT, K. FLOREY und J. B. WHITLA, Analyt. Chem. **23**, 1748 (1951).] *Zusatzgerät zum* BECKMAN-*Spektrophotometer, Modell D U* zur Messung in sichtbarem und ultraviolettem Licht. Das Zusatzgerät paßt in den Cuvettenbehälter des Photometers. Der Streifen des Papierchromatogramms wird um die 2 Spindeln gewickelt und durch den Halterahmen am Fenster vorbeigeführt. Der Gummiring an der dritten Achse, der auf den Papierstreifen drückt, dreht sich beim Vorbeiziehen des Streifens mit und gibt die durchlaufenen Zentimeter an. Man setzt den Einstellkopf des Photometers auf 100% Durchlässigkeit, den „selector switch" auf 0,1, bringt den Dunkelstrom auf 0, gibt den Weg zur Photozelle frei, bringt durch Einstellung der Spaltweite und der Empfindlichkeit auf 0, führt das Papier um 5—10 mm

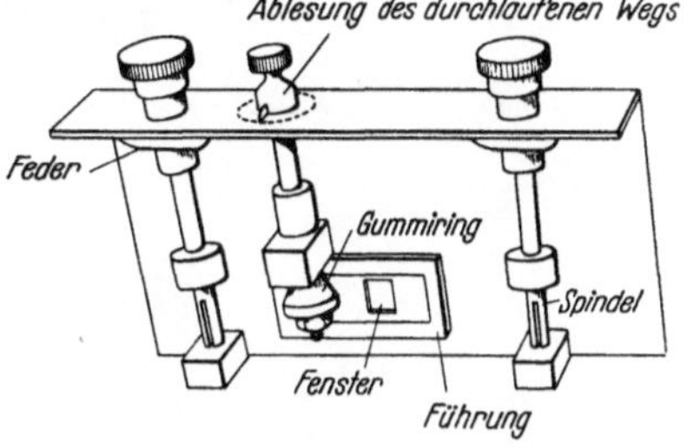

($^1/_8$—$^1/_4$ Drehung der Anzeigevorrichtung) weiter, ändert die Durchlässigkeitseinstellung bis zum erneuten Erreichen der Nullstellung, liest ab usw. Man erhält so die R_F-Werte der Komponenten und eine fast quantitative Bestimmung der einzelnen Mengen.

---

[1] Jedes gute Photozellenkolorimeter ist dafür brauchbar; die unbeladenen Papierstellen ergeben die Höhe der Nullinie; selbstverständlich kann man auch im Ultraviolett messen (Thiohydantoinderivate von Aminosäuren usw.). — Ein eigens für den oben genannten Zweck entwickeltes Instrument [Photozellenkolorimeter zum Ausmessen von Papierchromatogrammen (Papier-Elektrophergrammen) durch langsamen Vorschub vor einem Spalt] haben L. S. FOSDICK und R. Q. BLACKWELL [Science (Lancaster, Pa.) **109**, 314 (1949)] angegeben; später sind Geräte ähnlichen Prinzips von verschiedenen Autoren beschrieben worden [vgl. z.B. GRASSMANN, W., K. HANNIG u. M. KNEDEL: Dtsch. med. Wschr. **76**, 333 (1951)]; über ein selbstregistrierendes Instrument s. MIETTINEN, J.K.: Suomen Kemistilehdesta A **2**, 49 (1953).

[2] BLOCK, R. J.: Analyt. Chem. **22**, 1327 (1950).

[3] BULL, H. B., J. W. HAHN u. V. H. BAPTIST: J. Amer. Chem. Soc. **71**, 550 (1949). Siehe auch BRÜGGEMANN, J., u. K. DREPPER: Naturwiss. **39**, 301 (1952).

[4] FOSDICK, L. S., u. R. Q. BLACKWELL: Science (Lancaster, Pa.) **109**, 314 (1949).

[5] BERGMANN, M., u. K. NIEMANN: J. of Biol. Chem. **122**, 577 (1937/38).

[6] SHANKMAN, CAMIEN u. DUNN: J. of Biol. Chem. **168**, 51 (1947).

Dunn[1]). Zur erzielbaren Genauigkeit vgl. Tabelle 15. Zur automatischen photographischen Registrierung des *reflektierten* Lichts[2] mit Hilfe eines Sekundär-

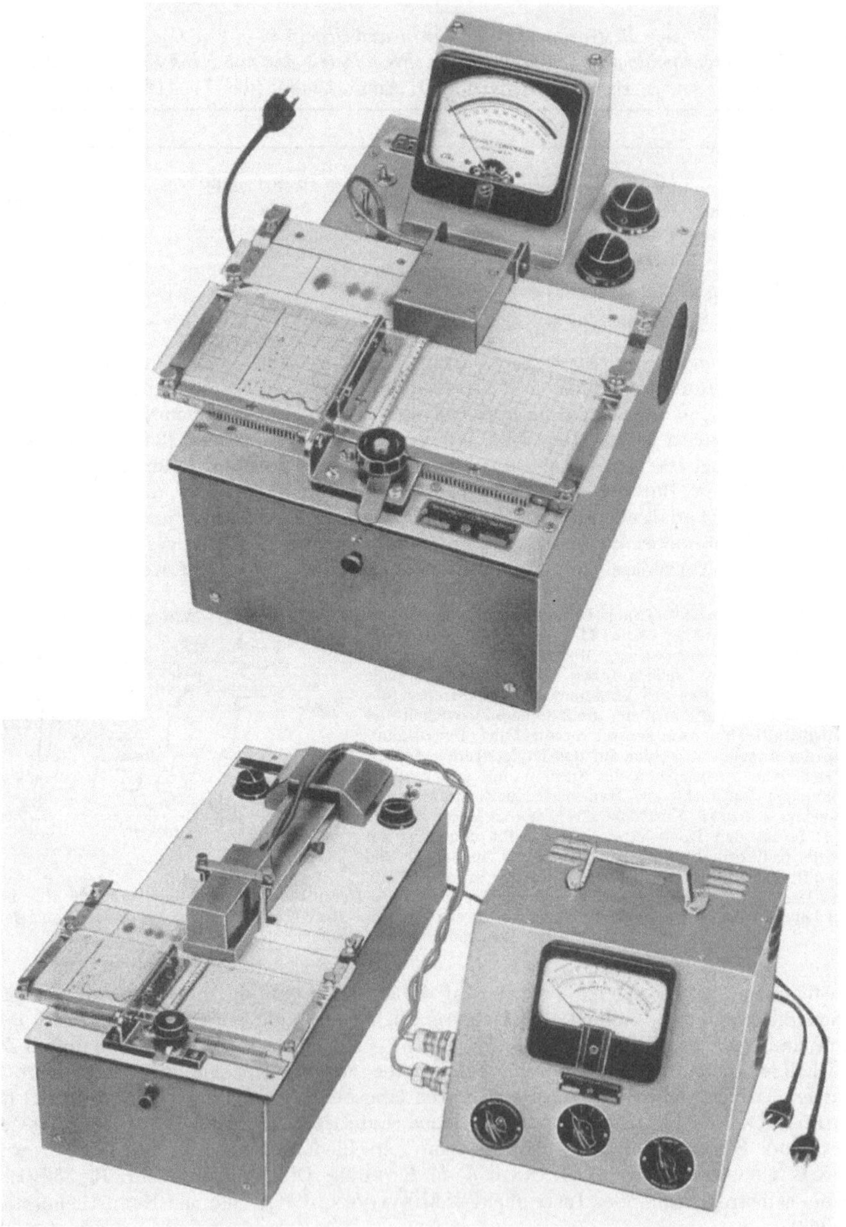

Abb. 81b. „Densitometer" Modell 425 und „Elektronisches Densitometer" Modell 525 zur Auswertung von Filterpapier-Chromatogrammen und Ionopherogrammen. (Für die Überlassung der Photographien dankt der Autor der Photovolt Corporation, 95 Madison Ave., New York 16.)

[1] Rockland, L. B., u. M. S. Dunn: J. Amer. Chem. Soc. **71**, 4121 (1949). — Analyt. Chem. **23**, 1142 (1951).

[2] Vgl. auch Müller, R. H.: Analyt. Chem. **22**, 72 (1950), sowie ferner Röttger, H.: Klin. Wschr. **1953**, 85.

elektronen-Vervielfachers vgl. Abb. 80 (s. auch S. 337). Abb. 81a zeigt ein besonders zweckmäßiges Zusatzgerät („Densitometer") zum bekannten BECKMAN-Spektrophotometer (vgl. ferner Abb. 81 b).

Quantitative Auswertung von eindimensionalen Papierchromatogrammen nach der Methode der Bestimmung der Gesamtfarbe der Flecken (BLOCK; BULL), modifiziert nach R. R. REDFIELD und E. S. G. BARRON, Arch. Biochem. Biophys. **35**, 443 (1952). Vgl. Abb. 82 und 83.
5—10 mm³ der Analysenlösung werden eindimensional chromatographiert, nach Entwicklung

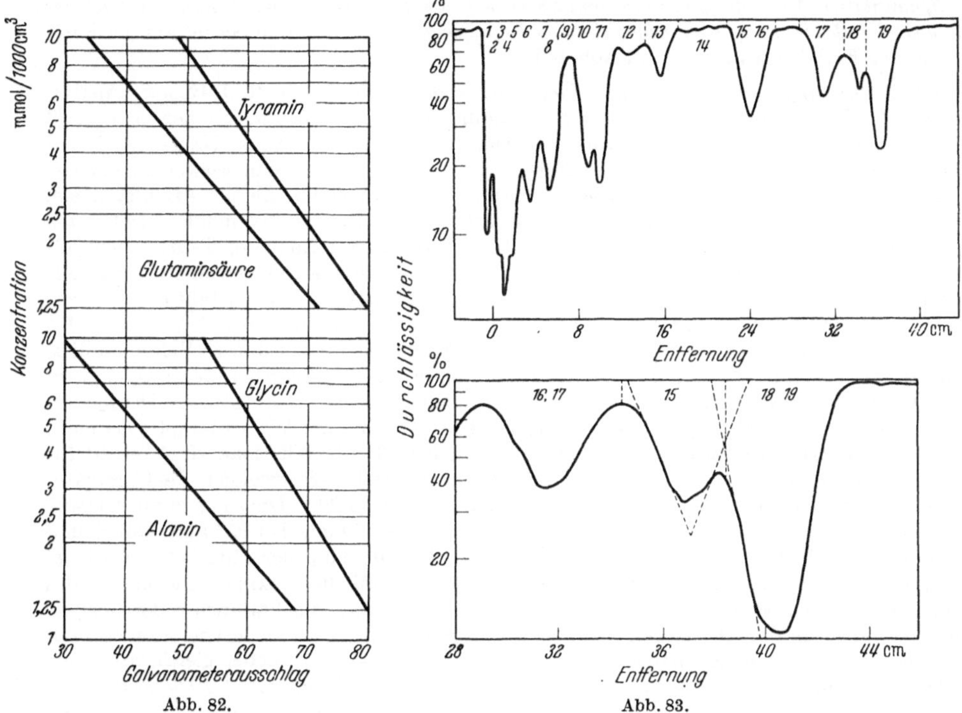

Abb. 82.　　　　　　　　　　　　　　Abb. 83.

Abb. 82. *Typische Kalibrierungskurven einiger Aminosäuren.* [R. J. BLOCK, Analyt. Chem. **22**, 1327 (1950).] (Methode der quantitativen Bestimmung von Aminosäuren im Papierchromatogramm durch Messung der Gesamtfarbe der Flecken.)

Abb. 83. *Direkte Bestimmung der Aminosäuren im Papierchromatogramm nach der Methode der Bestimmung der Gesamtfarbe der Flecken.* [R. R. REDFIELD und E. S. G. BARRON, Arch. of Biochem. a. Biophysics **35**, 443 (1952).] Die Durchlässigkeitskurven wurden auf semilogarithmischem Papier gegen den Abstand in Zentimeter aufgetragen und die Flächen der einzelnen Flecken planimetrisch ausgemessen (oberes Bild). Bei geringfügigem Überlappen der beiden Gipfel wurde die Trennungslinie von der tiefsten Stelle des „Tals" senkrecht zur Grundlinie gezogen, die sich aus den unbeladenen Papierstellen ergibt. Bei starken Überschneidungen wurde das im unteren Bild schematisch dargestellte Verfahren zur Bestimmung der Trennungslinien benutzt. Das Verfahren beruht auf der Beobachtung, daß der Abfall der Gipfel beidseitig symmetrisch erfolgt [R. J. BLOCK, Analyt. Chem. **22**, 1327 (1950)]. Man nimmt die Tangente an den Abfall der Kurven der nicht überlappenden Seite der ersten Bande als die eine Seite eines gleichschenkligen Dreiecks (Scheitel über dem Gipfelpunkt der Kurve) mit der „Nullinie" als Basis und konstruiert den zweiten Schenkel des Dreiecks dazu; ähnlich verfährt man bei der zweiten überlappenden Bande. Die gesuchte Trennungslinie der beiden Banden teilt die Flächen zwischen der Basislinie, den Kurven und den strichlierten Linien in ungefähr gleiche Flächen. Die Genauigkeit dieser Methode entspricht etwa dem Bestimmungsverfahren, sofern ein deutlich ausgeprägtes Tal zwischen den Gipfeln erkennbar ist (keine „Schulter"!).

der Farbe die Bogen in Streifen parallel zur Flußrichtung des Solvens zerschnitten und in 5 mm Abständen die Durchlässigkeit mit einem Densitometer (z.B. Abb. 81b) bestimmt. Man führt Parallelbestimmungen mit mindestens zehn gefärbten Streifen und Kontrollbestimmungen mit eben so vielen unbeladenen Papierstreifen (gesetzt für 100% Durchlässigkeit) aus und nimmt den Mittelwert.

Turba, Chromatographische Methoden.　　　　　　　　　　　　　　7a

Quantitative Auswertung von eindimensionalen Papierchromatogrammen nach der Methode der Bestimmung der Gesamtfarbe der Flecken nach ROCKLAND (vgl. Tabelle 15). Man chromatographiert 0,1 mm³ der Analysenlösung in einem Reagensglas (Abb. 52, S. 61). Das fertige Chromatogramm wird in einem entsprechenden Halter so gefaßt, daß nur der gefärbte Fleck durchleuchtet wird. Man benötigt eine Reihe von Masken, deren Größe den erwarteten Konzentrationen entspricht. Man kann in jedem photoelektrischen Colorimeter messen, benötigt aber Chromatogramme, deren Flecken sich nicht überdecken und die rund oder höchstens schwach elliptisch sind. Verzerrung der Flecken verursacht große Fehler.

Quantitative Auswertung von ein- und zweidimensionalen Papierchromatogrammen nach der Methode der Bestimmung des Farbmaximums der Flecken. Das Verfahren beruht auf der Symmetrie der Farbdichtekurven (vgl. Abb. 83).

a) Auswertung zweidimensionaler Papierchromatogramme [nach R. J. BLOCK, Analyt. Chem. **22**, 1327 (1950)]. Man benutzt zweckmäßig ein Glasaquarium von der in Abb. 58 wiedergegebenen Art. 2,5 mm³ der Analysenlösung werden auf Whatman Nr. 1- oder Nr. 4-Papier (205 × 205 mm) 2 cm von einer Ecke entfernt aufgegeben. Man verwendet ein Gemisch von Asparaginsäure, Glutaminsäure, Serin, Glycin, Threonin, Alanin, Arginin, Lysin, Tyrosin, Phenylalanin, Valin und Histidin, gelöst in 10% Isopropanol mit einem Tropfen 6 n-Salzsäure (Endkonzentration 8,0 mMol). Eine Lösung von 2,5 mMol Taurin dient als Standard; 2,5 mm³ Lösung geben auf Whatman Nr. 1 eine Durchlässigkeit von 50 ± 2%. Als Lösungsmittel verwendet man Phenol (80 cm³ flüssiges Phenol + 20 cm³ metallfreies Wasser; ausreichend für 18 Chromatogramme; 50—100 mg Natriumcyanid in 4—6 cm³ Wasser werden gleichfalls in die Kammer gestellt), und Lutidin (55 Volumina 2,6 Lutidin, 25 Volumina 95% Äthanol, 20 Volumina Wasser, 1 Volumen Diäthylamin). Nach Aufgeben der Lösung wird der Überschuß Säure durch Räuchern mit 4 n-Ammoniak (4 min) neutralisiert. Die Papierbogen werden nach Aufbringen auf das Haltegestell 10—15 min mit Wasserdampf behandelt, die Chromatogramme entwickelt (7 Std mit Phenol bei 23° für Whatman Nr. 1, 4 Std für Whatman Nr. 4; mit Lutidin über Nacht), die Lösungsmittel weggetrocknet, die Chromatogramme in das Ninhydrinreagens getaucht (0,1% Ninhydrin in 90% Isopropanol mit 0,004% Stannochlorid), 10 min in warmer Luft getrocknet, weitere 60 min bei 35° aufbewahrt und dann im Dunkeln bis zum nächsten Tag belassen. Die Messung der Farbdichte wird bei 570 mµ und einer Spaltöffnung von 3 mm so ausgeführt, daß die maximale Farbdichte des Taurinflecks gleich 50% Durchlässigkeit gesetzt und die maximale Farbdichte der übrigen Aminosäureflecken darauf bezogen wird. Man bestimmt Konzentrationen von Aminosäuren zwischen 1,0 und 10,0 mMolen/1000 cm³. 12 Aminosäuren lassen sich in den gleichzeitig entwickelten 18 Chromatogrammen in 45—50 min mit einer Genauigkeit von ± 10% bestimmen.

b) Auswertung eindimensionaler Papierchromatogramme [nach R. J. BLOCK, l. c.; A. R. PATTON und P. CHISM, Analyt. Chem. **23**, 1683 (1951)].

Cystin, Cystein, Methionin, Prolin, Oxyprolin, Tryptophan, Leucin und Isoleucin, die bei der voranstehenden Methode nicht erfaßt werden, lassen sich entweder durch spezifische Farbreaktionen erkennen (1% p-Dimethylaminobenzaldehyd in 3,7% wäßriger Salzsäure für Tryptophan, 0,2% Isatin in n-Butanol mit 4% Essigsäure für Prolin und Oxyprolin) oder durch eindimensionale Chromatographie aus bestimmten Lösungsmitteln vom Gemisch absondern (Cystin mit 90% Ameisensäure:Wasser:tert. Butylalkohol = 15:15:70; die übrigen angeführten Aminosäuren nach dem Verfahren von McFARREN s. S. 170). Die Auswertung erfolgt wie unter a) angegeben.

Eine andere Methode der quantitativen Auswertung von Papierchromatogrammen benutzt die logarithmische Relation zwischen Fleckengröße (bzw. zwischen maximaler Ausdehnung des Flecks in der Flußrichtung des Chromatogramms) und der Konzentration der betreffenden Aminosäure (FISHER, PARSONS, MORRISON[1]). Am besten gelingt das Verfahren an den scharf umschriebenen Flecken, die man nach Behandeln mit Ninhydrin bei Kopieren des Chromatogramms auf Photopapier nach dem Kontaktverfahren erhält (Abb. 84).

---

[1] FISHER, R. B., D. PARSONS u. R. HOLMES: Nature (Lond.) **164**, 183 (1949).

5 mm³ der Analysenlösung (1,25; 2,5; 5,0; 10,0 mMol der Aminosäuren in 1000 cm³) werden in 2 cm-Abständen auf das Papier aufgebracht, eindimensional entwickelt, mit Ninhydrin besprüht und nach dem Hervortreten der Farben die Flächen direkt oder nach Herstellen einer Kontaktkopie mittels Planimeters (bzw. durch Ausschneiden und Wiegen) bestimmt. Man benötigt 6—10 Parallelbestimmungen für jeden Wert. Die numerischen Werte der Flächen auf halb-logarithmischem Papier gegen die Konzentration aufgetragen ergeben eine Gerade (Abb. 84 b). Sind die Mengen S_1 und S_2 (bekannt) und U_1 und U_2 (unbekannt) zu analysieren, wobei $S_1/S_2 = U_1/U_2 = k$ ist, so gilt für die entsprechenden Flächen der Flecken im entwickelten Chromatogramm die logarithmische Abhängigkeit:

$$\log \frac{U_1}{S_1} = \frac{(U_1 + U_2) - (S_1 + S_2)}{(U_1 - U_2) + (S_1 - S_2)} \log k \,.$$

Man erreicht eine Genauigkeit bis zu 5%. Das Chromatogramm darf nur wenige, scharf getrennte Komponenten enthalten.

Ein anderes Verfahren besteht darin, neben der Lösung unbekannter Konzentration die gleiche Substanz in abnehmenden Konzentrationen im gleichen Chromatogramm aufzugeben („spot dilution"). Die Methode scheint besonders für rasche und nicht zu genaue Analysen (bestenfalls $\pm 10\%$) geeignet zu sein (vgl. die Analysen auf S. 246).

Geeignet substituierte, gefärbte oder ungefärbte Derivate von Aminosäuren und Peptiden (gegebenenfalls auch von Proteinen) lassen sich nach Elution (oder nach der oben angeführten Methode auch im Filterpapier) durch ihr Absorptionsspektrum charakterisieren und im sichtbaren bzw. UV-Licht photometrisch bestimmen (so z. B. Dinitrophenyl-, Azophenylharnstoff-, Hydantoin- und Thiohydantoinderivate). Fluorescieren die Flecken oder ist an den Stellen die Fluorescenz des Untergrunds gelöscht, so kann eine Messung entsprechend Abb. 85 erfolgen. Über gefärbte Proteide vgl. S. 298. TURBA und ENENKEL[1] haben für die quantitative Bestimmung von Eiweißstoffen eine empfindliche Methode durch Anfärbung der Proteinflecken mit Azokarmin in essigsauer-alkoholischer Lösung angegeben (vgl. S. 336); das Verfahren wurde von WIELAND[2] auch zur Fixierung vor der Retentio.

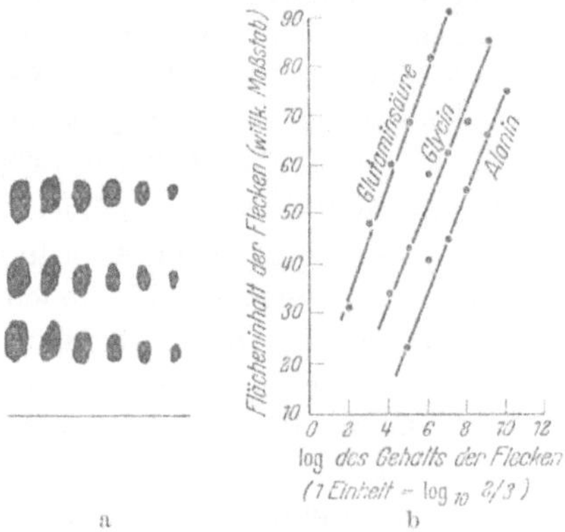

Abb. 84 a u. b. *Quantitative Auswertung von Papierchromatogrammen durch Benutzung der Relation zwischen dem log der Konzentration und der Fleckengröße bzw. maximaler Ausdehnung des Flecks in der Wanderungsrichtung des eindimensionalen Chromatogramms.* a Phenolchromatogramm ($+ 0,7\%$ NH₃) von Glutaminsäure, Glycin und Alanin (5 µl-Flecken, 0,062 m Lösungen, Verdünnungsfaktor ²/₃); Kontaktkopie. b Diagramm der Fläche der Flecken, aufgetragen gegen den log des Gehalts. [Nach R. FISHER, D. PARSONS und G. MORRISON, Nature (Lond.) **161**, 764 (1948).]

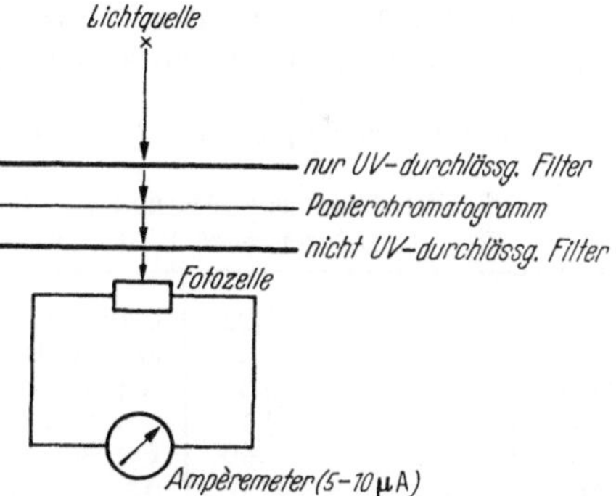

Abb. 85. *Messung der Fluorescenz in Papierchromatogrammen* (schematisch). [Nach K. SEMM und R. FRIED, Naturwiss. **39**, 227 (1952).] Beim Auftreffen von Ultraviolettlicht auf die fluorescierende Bande wird sichtbares Licht emittiert und von der Photozelle registriert, während das anregende Ultraviolettlicht herausgefiltert wird.

---

[1] TURBA, F., u. H. J. ENENKEL: Naturwiss. **37**, 93 (1950).

[2] WIELAND, TH., u. L. WIRTH: Angew. Chem. **62**, 473 (1950).

graphie von Proteinen (um die störenden Puffersalze auswaschen zu können) benutzt. GRASSMANN und Mitarbeiter[1] modifizierten die Methode durch Verwendung des Farbstoffs Amidoschwarz; allerdings macht das Auswaschen des von diesen Autoren vorgeschlagenen Farbstoffs aus den unbeladenen Papierflächen Schwierigkeiten (WUHRMANN und WUNDERLY)[2]. CREMER und TISELIUS[3] haben die von DURRUM[4] angegebene Methode (Behandlung der Proteinflecken mit alkoholischer Quecksilber(2)-Chloridlösung, Sichtbarmachung der Flecken mit Bromphenolblau) übernommen. Zur Bindung von Farbstoffen an Proteinen in der chromatographischen Anordnung vgl. ferner WESTPHAL, GEDIGK, MEYER[5].

Zu den erfolgreichsten Methoden der quantitativen Auswertung von Papierchromatogrammen zählen diejenigen, die eine *Überführung* der Aminosäuren bzw. Peptide *in ihre Kupferkomplexe* benutzen und im wesentlichen Modifikationen der Methode von POPE und STEVENS darstellen. So haben MARTIN und MITTELMANN[6] unter mehreren untersuchten Methoden (Folintechnik nach FRAME, RUSSELL, WILHELMI[7], Mikro-Kjeldahl nach HAWES und STAVINSKY[8], Titration in Eisessig nach HARRIS[9]) *der polarographischen Kupferbestimmung* (Abb. 86) im Anschluß an die Technik von POPE und STEVENS den Vorzug gegeben. WOIWOOD[10] markiert die Flecken mit wenig Ninhydrin, führt die Aminosäuren in die Kupferkomplexe über und bestimmt das Kupfer colorimetrisch mit Diäthyl-Dithiocarbamat. Zur polarographischen Kupferbestimmung nach Behandeln mit dem WOIWOODschen Reagens vgl. JONES[11].

Zusammensetzung des Reagens: 0,16 m $CuCl_2 \cdot 2\ H_2O$ (1 Volumen) zu Na_3PO_4 (1 Volumen). Kupferphosphatsuspension (1 Volumen) mit 0,18 m $Na_2HPO_4 \cdot 12\ H_2O$ (2 Volumina) 30 min unter Rückfluß kochen; einige Wochen stabil. — Aminosäure (1—30 γ α-Amino-N) in 0,18 m $Na_2HPO_4 \cdot 12\ H_2O$ (enthaltend 4,0 g $Na_2B_4O_7 \cdot 10\ H_2O$/l) pipettieren, das gleiche Volumen Kupferphosphatreagens zugeben, 30 min bei 20° stehen lassen, filtrieren; danach Bestimmung des Kupfers nach einer der oben angegebenen Methoden (vgl. Abb. 86). Das Verhältnis von Aminostickstoff zu Kupfer für verschiedene Aminosäuren ist aus Tabelle 16 zu entnehmen.

Tabelle 16. *Verhältnis von Aminostickstoff zu Kupfer für die Mikrobestimmung von Aminosäuren nach* WOIWOOD (Versuchsbedingungen s. Text!).

Alanyl-Glycin	0,22	Glutaminsäure	0,42	Tryptophan	0,46
Histidin	0,25	Methionin	0,42	Glutamin	0,46
Oxyprolin	0,38	Asparaginsäure	0,43	Alanin	0,46
Serin	0,40	Glycin	0,43	Prolin	0,48
Threonin	0,40	Tyrosin	0,43	Lysin	0,52
Valin	0,41	Arginin	0,44	Ornithin	0,58
Leucin	0,41	Phenylalanin	0,45	Glucosamin	1,11
Isoleucin	0,41	Cystin	0,45	β-Alanin	6,89

[1] GRASSMANN, W.: Naturwiss. 38, 200 (1951).
[2] WUHRMANN u. WUNDERLY: Die Bluteiweißkörper des Menschen. Basel 1952.
[3] CREMER, H., u. A. TISELIUS: Biochem. Z. 320, 273 (1950).
[4] DURRUM, E. L.: J. Amer. Chem. Soc. 72, 2943 (1950); 73, 4875 (1951).
[5] WESTPHAL, U., P. GEDIGK u. F. MEYER: Z. physiol. Chem. 285, 36 (1950).
[6] MARTIN, A. J. P., u. R. MITTELMANN: Biochemic. J. 43, 353 (1948).
[7] FRAME, E. G., J. A. RUSSELL u. A. E. WILHELMI: J. of Biol. Chem. 149, 255 (1943).
[8] HAWES, R. E., u. E. R. STAVINSKY: Ind. Engng. Chem., Analyt. Edit. 14, 917 (1942).
[9] HARRIS, L. J.: Biochemic. J. 29, 2820 (1935).
[10] WOIWOOD, A. J.: Nature (Lond.) 161, 169 (1948). — Biochemic. J. 42, XXVIII (1948); 45, 412 (1949).
[11] JONES, T. S. G.: Biochemic. J. 42, LIX (1948).

Ein oft anwendbares Verfahren der quantitativen Auswertung von eindimensionalen Papierchromatogrammen ist die „Retentionsanalyse", bei der eine planimetrische Ausmessung der Lücken vorgenommen wird, die dadurch entstanden sind, daß Moleküle oder Ionen beim Aufsteigen ihrer Lösung über einen auf

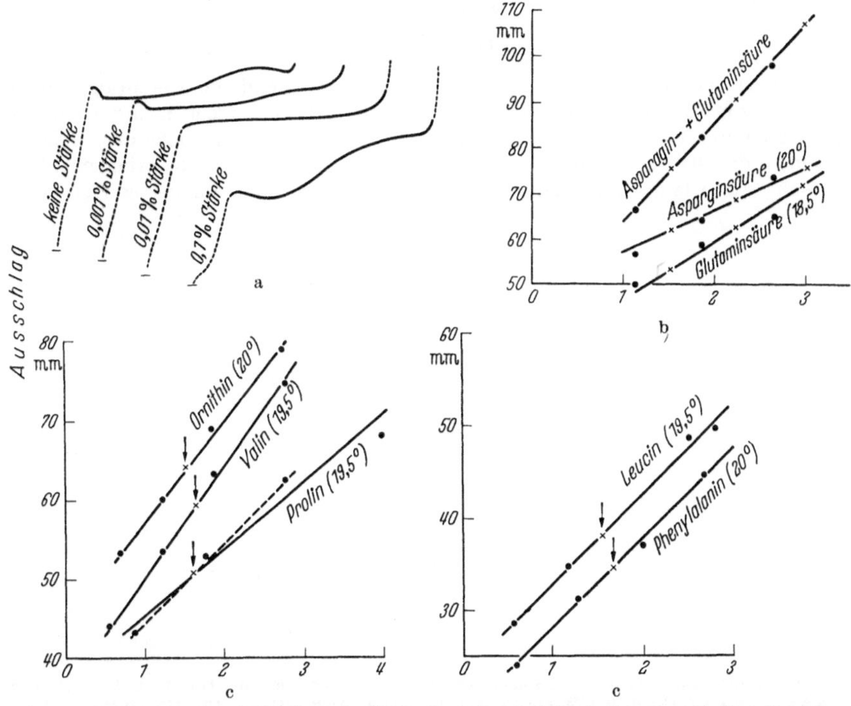

Abb. 86a—c. *Bestimmung von Aminosäuren im Papierchromatogramm durch Polarographie ihrer Kupferkomplexe.* a Einfluß von Stärke auf die Stromspannungskurve des Glutaminsäurekupferkomplexes. Der kurze Querstrich zu Beginn der Kurve ist die „Nullstellung" des Instruments. b Glutaminsäure und Asparaginsäure, chromatographisch aus einem Gemisch abgetrennt. Galvanometerempfindlichkeit $^1/_2$. × Kontrollen der einzelnen Aminosäuren; • Aminosäuren, als Gemisch aufgegeben. c Analyse von Gramicidin, Mittel aus 4 bzw. 5 Bestimmungen mit 10 µl Hydrolysat (×); • einzelne Punkte der Kontrollgemische. [A. J. P. MARTIN und R. MITTELMANN, Biochemic. J. **43**, 353 (1948).]

Versuchsbedingungen. Technik nach CONSDEN, GORDON, MARTIN (1947); Whatman Nr. 4-Papier, Phenol + HCN; *breite* Streifen (Bogen mit Bleistift unterteilt in 4 cm-Streifen, Analysenlösung aus Mikrobürette auf Streifen 3, 5, 7 und 9, 7 cm vom Rand entfernt; aufgegebene Mengen etwa 20 γ; Kontrollgemische auf Streifen 2, 4, 6, 8, Mengen in arithmetischem Anstieg, Menge in 1 und 10 gleich der in 8). Randstreifen (1, 10) nach *gutem* Trocknen abgeschnitten, Ninhydrinfärbung, Analysenstreifen nach Leitstreifen zerschnitten. Zur sicheren Trennung Entwicklungszeit gegenüber qualitativen Analysen verlängert. Papierausschnitt mit Aminosäure (4,0 cm²) in 10 mm²-Anteile zerschnitten, im Zentrifugenglas mit 3 cm³ „Grundlösung" übergossen, über Nacht extrahiert, abzentrifugiert, in Polarographenzelle überführt.

Grundlösung. Lösung von 50 g $CuCl_2 \cdot 2\ H_2O$ unter Rühren zu 200 g $Na_2HPO_4 \cdot 12\ H_2O$ in 1,5 Liter destilliertem Wasser, NaOH ad pн 9,0. Niederschlag über Büchnertrichter filtriert, mit 2% Boraxlösung gewaschen und in 2% Borax (1000 cm³) suspendiert (haltbar). 5 cm³ dieser Lösung + 1,70 g $Na_2HPO_4 \cdot 2\ H_2O$ + 2 cm³ Stärkelösung (POPE und STEVENS: 0,01%); ad 200 cm³ mit 2% Boraxlösung; Aminosäure zu bekanntem Volumen der Suspension, nach $^1/_2$—24 Std zentrifugiert, 1—2 cm³ in polarographischer Zelle, 2 mg Na_2SO_3 darin gelöst, Tropfelektrode 2 min in Funktion, dann Strom bei −0,5 V in Minutenintervallen gemessen, bis konstant (∼ 3 min). Höhe des Quecksilbers 62 cm, Tropfzeit 2,4 sec, (2 · 70 mg/sec); Polarographenzelle 0,9 × 8 cm (1—2 cm³) bzw. 0,3 × 3 cm (0,2 cm³); Bezugspunkt: Stellung des Galvanometers bei 0,0 V.

Filtrierpapier befindlichen Substanzfleck von diesem je nach Konzentration mehr oder weniger weit gegenüber der auf beiden Seiten ungehindert vorbeiwandernden Front zurückgehalten (retiniert) wird (TH. WIELAND)[1].

---

[1] WIELAND, TH., u. L. WIRTH: Angew. Chem. **62**, 473 (1950).

Versuchsbedingungen. Whatman Nr. 1-Papier, Aminosäureflecken (aus etwa 1%iger Lösung) mit etwa 5 mm Durchmesser, Aufsteigen einer Lösung von 0,1% *Kupferacetat* in 5% Wasser enthaltendem Tetrahydrofuran (auf 100 cm³ Zusatz von etwa 5 Tropfen Eisessig); Versuch in geschlossener Kammer. Der untere Rand des Papiers taucht etwa 5 mm in die Lösung. Verdeutlichung durch nachträgliches Besprühen mit 1% Rubeanwasserstoff

$$S=C\!-\!C=S$$
$$H_2N \quad NH_2$$

in Aceton (graugrüne Färbung mit Cu(2)-Ionen). Abb. 87a zeigt ein Retentiogramm nach einem Papierchromatogramm von fünf Aminosäuren. Da bei Flecken unterschiedlicher Konzentration unter Umständen eine größere Substanzmenge noch nicht ausreagiert hat, wenn in einem daneben gelegenen Fleck kleinerer Konzentration die Reaktion mit der Retentionslösung schon längst stattgefunden hat, gibt man die Substanz besser nicht punkt-,

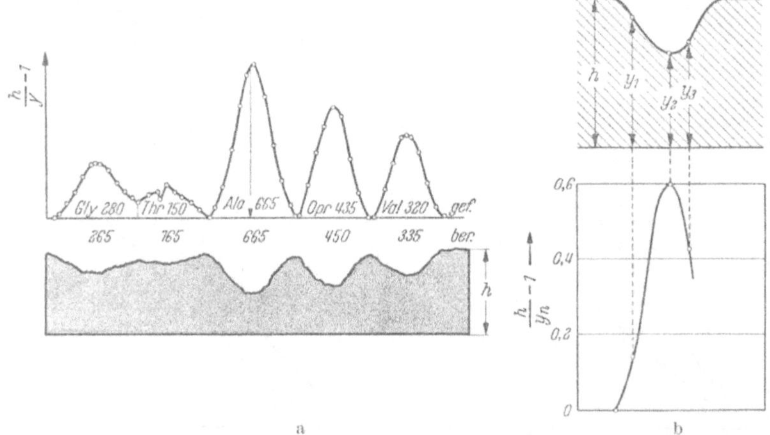

Abb. 87a u. b. a *Retentiogramm von 5 Aminosäuren* (Versuchsbedingungen im Text!). b *Umzeichnung der Retentionslücken.* [Nach TH. WIELAND und L. WIRTH, Angew. Chem. **62**, 473 (1950).]

sondern streifenförmig auf. Es ergibt sich ein charakteristisches Bild (Abb. 87b), aus dem die Konzentrationskurve mit der Ordinate $\frac{n}{y_n} - 1$ mittels der unteren Retentionskurve errechnet werden kann. Durch Planimetrieren erhält man die der Konzentration der Aminosäuren proportionalen Flächen; ein Fleck bekannter Konzentration wird zum Vergleich daneben aufgegeben. Die Methode setzt voraus, daß die im Retentiogramm entstehende Verbindung im verwendeten Lösungsmittel praktisch unlöslich ist; für Isoleucinkupfer[1] trifft dies beispielsweise nicht hinreichend zu. Über die Retentiographie von Proteinen s. unten.

Eine besonders wirksame und allgemein verwendbare Methode ist die *Markierung* der zu trennenden Verbindungen *mit Isotopen*, namentlich mit radioaktiven Elementen. So haben BLACKBURN und ROBSON[2] eine Technik zur Mikrobestimmung von α-Aminosäuren in Papierchromatogrammen mit radioaktivem Cu (Halbwertszeit 12,8 Std) angegeben, die im wesentlichen auf der oben angeführten Methode von POPE und STEVENS basiert.

0,5 g Kupferdraht (etwa 3 m Curie Cu⁶⁴ wird zum Kupferchlorid gelöst, eine Menge der Lösung entsprechend 0,1 g Kupfer gleichzeitig mit der Lösung von 1,1 g $Na_2HPO_4 \cdot 12\ H_2O$

---

[1] Die Kupfersalze von Alanin, Valin und Threonin lösen sich in Tetrahydrofuran nur mäßig; bei Leucin-, Phenylalanin und besonders Isoleucinkupfer ist aber die Löslichkeit so groß, daß ein Zusatz von 80% Isopropanol nötig wird. Phosphat-, Sulfat-, Chlorid-Ionen stören in Konzentrationen von 1% und darüber, ebenso Malonat, Citrat, Tartrat usw.

[2] BLACKBURN, S., u. A. ROBSON: Chem. and Ind. **1950**, 615.

in 150 cm³ Wasser unter Rühren eingetropft, das p_H mit Natronlauge auf 9 gebracht, der Niederschlag abzentrifugiert und das Kupferphosphat in 200 cm³ 2%iger Boraxlösung mit 17,5 g $Na_2HPO_4 \cdot 12\,H_2O/l$ suspendiert. — 0,5—8 γ Aminostickstoff in 1—16 µl wird zum Gemisch von 2 cm³ der Kupfersuspension und 2 cm³ 0,18 m Na_2HPO_4 gegeben, 30 min geschüttelt, durch Whatman Nr. 42-Filter filtriert, 0,4 cm³ des Filtrats in Aluminiumschälchen von 2 cm Durchmesser eingedunstet und die Bestimmung im Zählrohr vorgenommen. Die Kontrollbestimmung erfolgt in gleicher Weise ohne Aminosäure. Die Eichkurve ist aus Abb. 88 zu ersehen. Verschiedene Sorten und verschieden lang gealterte Kupferphosphatsuspensionen geben Streuungen bis zu 15%. Es ist daher nötig, für jede neu bereitete Suspension eine neue Eichkurve anzufertigen.

KESTON, UDENFRIEND und LEVY[1] chromatographierten ein Gemisch von Aminosäuren, die sie mit Phenyl-p-J^{131}-Sulfonylresten (Pipsylresten) markiert und mit S^{35}-Pipsyl markierten Aminosäurederivaten gemischt hatten, bestimmten die Aktivität von J^{131} und S^{35} unabhängig voneinander und fanden so die Aminosäurekonzentration im ursprünglichen Gemisch (s. S. 247). Vollständige Trennung der Zonen ist in diesem Fall nicht notwendig; es genügt, die Stelle zu finden, wo das Verhältnis J^{131}/S^{35} konstant ist. Über die Trennung von weiteren mit J^{131} markierten Verbindungen (FINK, DENT und FINK[2]; TAUROG, TONG, CHAIKOFF[3,4]; TISHKOFF[5] u. a.) sowie von S^{35} markiertem Penicillin (L. SMITH[6]) s. S. 233, 266. Eine praktische Meßanordnung zur Auswertung radioaktiv markierter Substanzen im Papierchromatogramm haben z. B. TOMARELLI und FLOREY[7] angegeben. Da

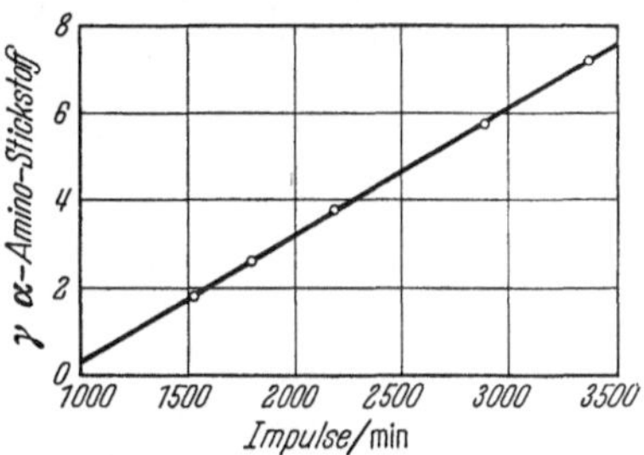

Abb. 88. *Bestimmung von α-Aminostickstoff mit radioaktivem Kupfer.* Die *Eichkurve* zeigt den Zusammenhang zwischen Aminostickstoffkonzentration und Zahl der Impulse je Minute. (Nach S. BLACKBURN und A. ROBSON, Chem. a. Industr. **1950**, 615.)

das Durchzählen von Papierchromatogrammen (eindimensionalen oder in Streifen zerschnittenen zweidimensionalen) eine sehr zeitraubende Aufgabe ist, falls man nicht Feinheiten durch zu große Spaltöffnung verloren gehen lassen will, sind automatische Einrichtungen zur Bestimmung der Radioaktivität von Filterpapierchromatogrammen entwickelt worden; der relativ hohe Aufwand wird (ebenso wie in den analogen Fällen der Fraktionensammler, automatischen Titriereinrichtungen, Aufzeichnung von Banden im Eluat durch physikalische Methoden usw.) namentlich für Serienuntersuchungen durch Einsparung von Zeit und Arbeitskraft sehr rasch wieder wettgemacht[8].

Abb. 89 a u. b zeigt den Transportmechanismus für den Filterpapierstreifen in einem von ROCKLAND, LIEBERMANN und DUNN[9] angegebenen automatischen Gerät der erwähnten Art,

[1] KESTON, A. S., S. UDENFRIEND u. M. LEVY: J. Amer. Chem. Soc. **72**, 748 (1950).

[2] FINK, R. M., C. E. DENT u. K. FINK: Nature (Lond.) **160**, 801 (1947).

[3] TAUROG, A., I. L. CHAIKOFF u. W. TONG: J. of Biol. Chem **178**, 997 (1949).

[4] TAUROG, A., W. TONG u. I. L. CHAIKOFF: Nature (Lond.) **164**, 181 (1949).

[5] TISHKOFF, G. H., R. BENNET, V. BENNET u. L. L. MILLER: Science (Lancaster, Pa.) **110**. 452 (1949).

[6] LESTER-SMITH, E.: Symposia Biochem. Soc. **3**, 89 (1949).

[7] TOMARELLI, R. M., u. K. FLOREY: Science (Lancaster, Pa.) **107**, 630 (1948).

[8] Gegenüber der *Radioautographie* (Versuchsbedingungen s. S. 269) haben diese Methoden den Vorteil der beträchtlichen (bis 1000fachen) Zeitersparnis und der unmittelbaren quantitativen Auswertbarkeit; jene Methode, die vor allem bei zweidimensionalen Papierchromatogrammen zu empfehlen ist, hat den Vorteil der Anschaulichkeit der Zonenformen.

[9] ROCKLAND, L. B., J. LIEBERMANN u. M. S. DUNN: Analyt. Chem. **24**, 778 (1952).

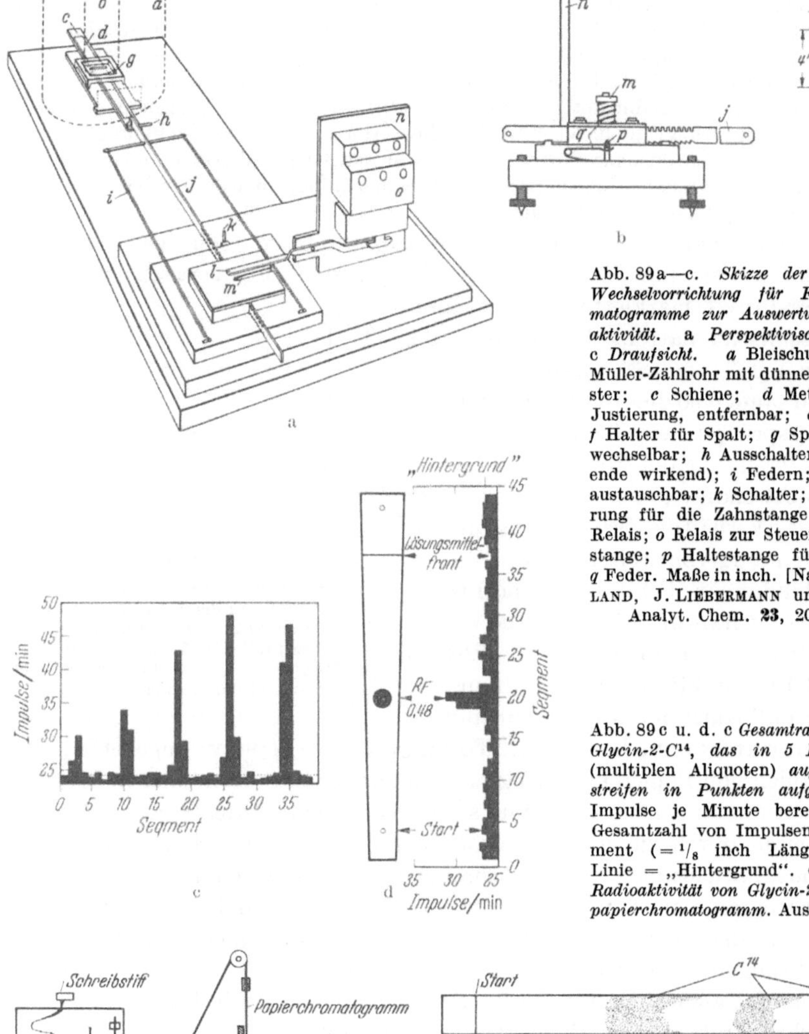

Abb. 89a—c. *Skizze der automatischen Wechselvorrichtung für Filterpapierchromatogramme zur Auswertung der Radioaktivität.* a *Perspektivische,* b *Seiten-,* c *Draufsicht.* a Bleischutz; b Geiger-Müller-Zählrohr mit dünnem Glimmerfenster; c Schiene; d Metallstreifen zur Justierung, entfernbar; e feste Platte; f Halter für Spalt; g Spaltblende, auswechselbar; h Ausschalter (bei Versuchsende wirkend); i Federn; j Zahnstange, austauschbar; k Schalter; l und m Steuerung für die Zahnstange; n Brett für Relais; o Relais zur Steuerung der Zahnstange; p Haltestange für Zahnstange; q Feder. Maße in inch. [Nach R. B. ROCKLAND, J. LIEBERMANN und M. S. DUNN, Analyt. Chem. **23**, 207 (1952).]

Abb. 89c u. d. c *Gesamtradioaktivität von Glycin-2-C^{14}, das in 5 Konzentrationen* (multiplen Aliquoten) *auf einen Filterstreifen in Punkten aufgebracht wurde.* Impulse je Minute berechnet aus der Gesamtzahl von Impulsen (4096) je Segment ($= ^1/_8$ inch Länge); punktierte Linie = „Hintergrund". d *R_F-Wert und Radioaktivität von Glycin-2-C^{14} im Filterpapierchromatogramm. Ausbeute $85 \pm 6\%$.*

Abb. 90a u. b. a *Vorrichtung zur automatischen Registrierung der Radioaktivität in Papierchromatogrammen.* b *Vergleich eines so gewonnenen Diagramms mit dem entsprechenden Radioautogramm.* [Nach R. W. MÜLLER und E. N. WISE, Analyt. Chem. **23**, 208 (1951).]

Abb. 89 c u. d die mittels dieses Apparates erhaltenen Diagramme in zwei Beispielen. Das Prinzip besteht darin, daß nach Erreichen einer vorgegebenen Zahl gezählter Impulse automatisch die benötigte Zeit registriert, das System in Nullstellung zurückversetzt und der Streifen um einen kleinen Betrag weitertransportiert wird. Man benötigt neben dem eigentlichen Zählgerät einen automatischen Zeitschreiber, eine Zahl von Relais usw.; die nicht ganz einfache Schaltung, die den amerikanischen Handelsgeräten angepaßt ist, muß im Original eingesehen werden. Eine einfachere, aber (namentlich bei kleinen Aktivitäten) weniger genaue Anordnung[1] ist in Abb. 90 schematisch wiedergegeben.

Wuchsstoffe können im Papierchromatogramm durch ihre fördernde, *Anti-wuchsstoffe (Hemmstoffe)* durch ihre hemmende Wirkung z.B. auf Agarkulturen geeigneter Mikroorganismen erkannt werden („Bioautographie"); die von der Penicillintestung her bekannte Methode der Ausmessung der Radien von Hemm-höfen (bzw. Wachstumshöfen) kann zur ungefähren Bestimmung der Konzentration Anwendung finden (vgl. dazu S. 233).

144. Adsorbentien bzw. Träger; Lösungsmittel.

Standardisierung. Ein wesentliches Hemmnis für die Verbreitung chromatographischer Adsorptionsmethoden, häufig auch für ihre Reproduzierbarkeit, ist das Fehlen standardisierter Adsorbentien; hier liegt noch ein wichtiges Aufgabengebiet für die chemische Industrie[2]. Unterschiede in der Aktivität können bedingt sein durch verschiedenen Bau der Oberfläche (verschiedene Gittertypen) oder durch die Größe der aktiven Oberfläche, z B. bei verschiedener Teilchengröße (verschiedene Zahl der aktiven Stellen). Die erstere Eigenschaft bedingt die *Bindungsintensität* (Bindungsfestigkeit), die zweite außerdem die *Kapazität* des Adsorbens.

Calorimetrische Messungen (Messung der Wärmetönung beim Zusammenbringen mit reinsten Lösungsmitteln vgl. Tabelle 17) oder Bestimmung der *Adsorptions-Isotherme* geben

Tabelle 17. *Calorimetrische Messungen an Aluminiumoxyd mit verschiedenem Wassergehalt.*
[Nach Müller, P. B.: Helvet. chim. Acta **26**, 1945 (1943); **27**, 404 bzw. 443 (1944); **30**, 1172 (1947).]

g Wasser/100 g Aluminiumoxyd. . . .	0	0,5	1	2	4	16	24
$T \cdot W_k$ (cal)	19,3	16,2	14,6	12,3	9,2	1,9	0,55

W_k Wärmekapazität des Calorimeters.

darum keinen unmittelbaren Anhalt für die Bindungsfestigkeit, von der die Wanderungsgeschwindigkeit der chromatographischen Zonen abhängt, da diese Werte auch von Kapazität des Adsorbens abhängen.

Bei der Additionsadsorption aus nichtwäßrigem Medium ist vor allem der Wassergehalt des Adsorbens für die Aktivität bestimmend. Diese Tatsache bietet für die Praxis der Adsorptionschromatographie die Möglichkeit, von einigen der gebräuchlichen Adsorbentien Präparate mit abgestufter und reproduzierbarer Aktivität herzustellen. (Brockmann)[3]: beim Behandeln mit Wasserdampf binden nämlich zunächst die aktivsten Stellen Wasser, danach die weniger aktiven

---

[1] Müller, R. H., u. E. N. Wise: Analyt. Chem. **23**, 207 (1951).

[2] Einen dankenswerten Beginn (abgesehen von dem „nach Brockmann standardisierten Aluminiumoxyd" der Fa. Merck, Darmstadt) in dieser Richtung macht die Fa. Woelm (Eschwege) mit der Herstellung verschiedener, standardisierter Sorten von Aluminiumoxyd (s. S.110).

[3] Brockmann, H., u. H. Schodder: Ber. dtsch. chem. Ges. **74**, 73 (1941).

Zentren usw. bis zur völligen Inaktivierung (CREMER)[1]. Eine Standardisierung
gelingt gegenüber einer Reihe ausgewählter Testfarbstoffe; in Tabelle 18 zeigen
die Adsorbentien einer Querreihe gleiche Aktivität gegenüber dem Testfarbstoff;
der Ziffer I entspricht die höchste Aktivitätsstufe. Obgleich diese Testmethode
keine Zahlenangabe über die Adsorptionsaktivität macht, kennzeichnet sie diese
mit einer Genauigkeit, die für die chromatographische Praxis ausreicht.

Tabelle 18. *Standardisierung von Adsorbentien mittels binärer Gemische einiger Azofarbstoffe*
(BROCKMANN u. SCHODDER).

Reihenfolge der Zonen an der Säule				
p-Methoxyazobenzol . . . . . Azobenzol	} Al_2O_3I	SiO_2I	MgO I	
Sudangelb . . . . p-Methoxyazobenzol	} Al_2O_3II	SiO_2II	MgO II	$CaSO_4$ I
Sudanrot. . . . . Sudangelb	} Al_2O_3III	SiO_2III	MgO III	$CaSO_4$ II
p-Aminoazobenzol . . . . . . Sudanrot.	} Al_2O_3IV	SiO_2IV		
p-Oxyazobenzol . . . . p-Aminoazobenzol	} Al_2O_3V		$MgCO_3$ I	
p-Oxyazobenzol . . . . p-Aminoazobenzol (Filtrat!) . .	}		$CaCO_3$ I	
Fettorange . . . . Fettblau	}		$CaCO_3$ II	$CaSO_4$ III

Versuchsbedingungen. Das Adsorbens wird in ein Rohr ($10 \times 1{,}5$ cm lichte Weite) 5 cm
hoch eingefüllt, mit einem Filterplättchen bedeckt, 4 mg der Farbstoffe in 2 cm³ reinstem
(über Kaliumhydroxyd destilliertem) Benzol + 8 cm³ Leichtbenzin aufgegeben und das
Chromatogramm mit 20 cm³ Benzol-Leichtbenzin 4 : 1 mit einer Flußgeschwindigkeit von
20—30 Tropfen/min entwickelt.

Darstellung von Aluminiumoxyd standardisierter Aktivität. Aktivität I: Kleine Portionen
des Adsorbens werden in einer Eisenschale unter Rühren auf Rotglut erhitzt und in den
Exsiccator zur Auskühlung eingestellt. Test: p-Methoxyazobenzol muß in einer 4—5 mm
breiten scharfen Zone nahe dem oberen Säulenrand, deutlich abgesetzt von der Azobenzolzone
(Breite 2—3 cm) mit einer 3—4 mm breiten, fast farblosen Zwischenzone fixiert werden.
Falls die Azobenzolzone den unteren Säulenrand erreicht, ist das Adsorbens zu schwach.

Aktivität II: Das in einer 3 cm dicken Schicht mit einem Brenner 4—6 Std erhitzte
Aluminiumoxyd wird in dünner Schicht an der Luft ausgebreitet und nach $^1/_2$ Std getestet.
Azobenzol muß ins Filtrat gehen, während Methoxyazobenzol 1 cm unter dem oberen Rand
bleibt.

Aktivität III, IV und V: Adsorbens II mit feuchter Luft geschüttelt und von Zeit zu
Zeit getestet. III: Sudanrot 1 cm-Zone unter dem oberen Säulenrand, Sudangelb in gut
getrennter, etwas breiterer Zone darunter; IV: Sudangelb im Filtrat, Sudanrot 1—2 cm
vom oberen Rand entfernt; V: p-Oxyazobenzol nahe dem oberen Rand, p-Aminoazobenzol
in gut getrennter 2 cm-Zone darunter.

G. HESSE und Mitarbeiter[2] haben die Sättigungskapazität (maximale Adsorption) verschiedener Sorten Aluminiumoxyd sowie einer Reihe weiterer Adsorbentien gegenüber einer Reihe von Stoffen bestimmt, bei der alle für die
Adsorption in Frage kommenden Zentren besetzt sind (bei der Adsorptionsanalyse

[1] CREMER, E.: Österr. Chem.-Ztg. **49**, 1 (1948).
[2] HESSE, G., I. DANIEL u. G. WOHLLEBEN: Angew. Chem. **64**, 105 (1952).

liegt die angebotene Konzentration der betreffenden Stoffe zu Anfang immer über diesem Minimalwert). Die *Aktivitätsreihe* für das neutrale und unpolare *Azobenzol* lautet danach: Aktivkohle > Kieselgel > Frankonit > Floridin > Aluminiumoxyd, sauer > Aluminiumoxyd, basisch > Chromtrioxyd > Zinksulfid > Zuckerkohle > Aluminiumoxyd (MERCK) > Calciumfluorid > Calciumoxyd. Trägt man die Aktivitäten gegenüber anderen neutralen Stoffen in der gleichen Reihenfolge ab (Abb. 91), so erhält man bei neutralen Stoffen im allgemeinen wieder absteigende Folgen (nur gelegentlich machen sich spezifische Affinitäten bemerkbar), während Stoffe, die zur Salzbildung befähigt sind (Aminoazobenzol, Alizarin) aus der Reihe fallen. Die Aktivitäten gegenüber neutralen Stoffen sinken, je weiter rechts das verwendete Lösungsmittel in der Lösungsmittelreihe steht; aus Wasser findet praktisch keine Bindung statt (vgl. Tabelle 19). Hat man ein Präparat hoher Aktivität (bestimmt nach BROCKMANN, s. oben), so kann man sich leicht durch Zugabe abgemessener Mengen Wasser die anderen Stufen herstellen.

Man gibt in eine Pulverflasche die aus Tabelle 20 zu entnehmende Menge Wasser, fügt das Aluminiumoxyd hinzu und läßt über Nacht stehen; danach hat das Adsorbens einheitliche Aktivität angenommen.

Tabelle 19. *Einstellung der Aktivität von Aluminiumoxyd durch Zusatz von Wasser.* [Nach HESSE, G., I. DANIEL u. G. WOHLLEBEN: Angew. Chem. **64**, 105 (1952).]

Wasserzusatz %	Aktivitätsstufe nach BROCKMANN (s. S. 108)	Azobenzolzahl (10^{-5} Mol/g)
0	I	26
3	II	21
6	III	18
10	IV	13
15	V	0

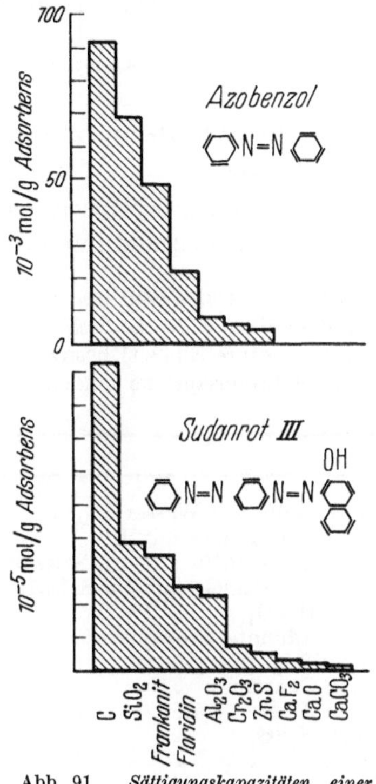

Abb. 91. *Sättigungskapazitäten einer Reihe von Adsorbentien gegenüber Azobenzol und Sudanrot III.* (Nach G. HESSE und Mitarbeitern.)

Das Austauschvermögen (über Austauscher vgl. S. 125) kationotroper Präparate messen diese Autoren durch die Adsorption des basischen Farbstoffs Methylenblau, bei anionotropen Oxyden dient die Adsorption von Naphtholorange oder Orange GG (CASSELLA) zur Messung der Aktivität.

1. Azobenzolzahl: 0,5 g Adsorbens mit 3 cm³ 0,1 m Azobenzol in absolutem Cyclohexan geschüttelt, nach 1 Std zentrifugiert, danach der Verlust an Azobenzol photometrisch festgestellt.

2. Methylenblauzahl: Entsprechend mit 0,25 g Adsorbens und 15 cm³ einer 10 m-Lösung von Methylenblau in Wasser.

3. Orangezahl: Entsprechend mit 0,5 g Adsorbens und 7,5 cm³ einer 0,01 m-Lösung von Orange GG.

Die im Durchschnitt bei vielen technischen Herstellungen erhaltenen Werte sind aus Tabelle 20 zu entnehmen.

Zur Standardisierung von anionotropem Aluminiumoxyd definieren RAUEN und WOLF als Glutaminsäureeinheit (GSE) das Adsorptionsvermögen von

Tabelle 20. *Kennzahlen zur Standardisierung* (s. Text) *für drei Sorten von Aluminiumoxyd.*
Durchschnittswerte zahlreicher technischer Herstellungen.
(Nach G. HESSE und Mitarb., l.c.).

Aluminiumoxyd Woelm	pH	Filtriergeschwindigkeit für Wasser (cm³/min)	Aktivitätsstufe	Austauschzahl		Salze, auswaschbare (%)
				Methylenblau ×10⁻⁶ Mol/g	Orange ×10⁻⁵ Mol/g	
Alkalisch (kationotrop) . . .	9	0,13	I	30	0	0,15
Alkalifrei (ähnlich γ-Al$_2$O$_3$) .	7,5	0,13	I	0	0	0,06
Sauer (anionotrop).	4	0,15	I	0	10	0,18

Halbwertszeiten besser als 5 sec.   Schüttdichten zwischen 0,9 und 1.

trockenem Adsorbens, von dem 1 g die Menge von 1 mg Glutaminsäure bindet
(vgl. Tabelle 21).

Für viele Adsorbentien, namentlich für die Adsorption aus wäßriger Lösung,
die bei Proteinen und ihren Spaltprodukten meist vorliegt, existiert bisher keine

Tabelle 21. *Aktivierung von aniotropem Aluminiumoxyd durch verschiedene Vorbehandlung:*
Standardisierung durch Bestimmung der Gesamtkapazität gegenüber Glutaminsäure. 1 GSE
(Glutaminsäure-Einheit) besitzt ein Aluminiumoxyd, wenn 1 g trockenes Produkt maximal
1 mg Glutaminsäure zu binden vermag. [Nach RAUEN, H. M., u. L. WOLF: Hoppe-Seylers
Z. **283**, 233 (1949).]

Vorbehandlung	GSE
1. Destilliertes Wasser	2,2
2. Vorbehandeln mit 1 n-Salzsäure, Auswaschen bis pH 3	12,9
3. Vorbehandeln mit 1 n-Salzsäure, Auswaschen bis schwach saure Reaktion	9,55
4. Vorbehandeln mit 1 n-Salzsäure, Auswaschen bis lackmusneutrale Reaktion	4,2
5. n-H$_3$PO$_4$	1,9
6. Verdünnte Propionsäure	2,2
7. 10%ige Essigsäure	2,3
8. n-Oxalsäure	3,3
9. n-Ameisensäure	3,9
10. n-H$_2$SO$_4$	6,35
11. n-HBr	7,9
12. m-AlCl$_3$.	9,9
13. Al$_2$O$_3$ mit AlCl$_3$ erhitzt	14,85

Bei den Ansätzen 3—12 wurden je 50 g Al$_2$O$_3$ mit je 200 cm³ der in der Tabelle angegebenen
Vorbehandlungsflüssigkeiten aufgeschlämmt und nach 12—24 Std abgegossen. Das Auswaschen mit Wasser benötigte bei den Ansätzen 3, 5—8, 11 und 12 je 3 Wochen, bei 4
5 Wochen. Ansatz 13: 50 g Al$_2$O$_3$ + 20 g AlCl$_3$·6 H$_2$O verrieben, 5 Std über der Flamme erhitzt, in Wasser aufgeschlämmt und lackmusneutral gewaschen.

solche Standardisierung (vgl. aber unten). Bei den meisten technisch hergestellten
Adsorbentien empfiehlt es sich darum, wegen der Inkonstanz der Eigenschaften
einen größeren Vorrat der gleichen Charge (mehrere Kilogramm) vorrätig zu
halten. Aber auch von einem chemisch einheitlichen Adsorbens können sich
Partikel verschiedener Größe durchaus unterschiedlich verhalten, ja, es können
sogar feinste Partikel geradezu wie ein anderes Adsorbens wirken und z.B. völlig
irreversible adsorbieren. Jedenfalls beeinflußt die Verteilung der *Partikelgröße*
die Flußgeschwindigkeit; an den Stellen geringsten Widerstandes bilden sich bei
uneinheitlicher Teilchengröße leicht Kanäle durch die Säule, wodurch die Banden
unscharf und eventuell verzerrt werden. Man wird also stets Partikel möglichst

einheitlicher Größe auszusieben oder auszuschlämmen versuchen und die verwendete Teilchengröße angeben (Definition der „Maschenzahl" S. 113). Eine Zusammenstellung der durchschnittlichen Teilchengröße verschiedener Adsorbentien gibt Tabelle 22.

PARTRIDGE empfiehlt, das ausgesiebte Adsorbens, das während der Vorbehandlung zur Adsorption nochmals (unter Bildung feinerer Partikel) angerieben wird, durch Auswaschen im aufwärts gerichteten Flüssigkeitsstrom auf der Glasfritte von feinsten Teilchen zu befreien. GLÜCKAUF fraktioniert Teilchen verschiedener Größe mittels eines über das Pulver geleiteten Luftstroms. Kleinere Teilchen begünstigen die Gleichgewichtseinstellung, geben also schärfere Zonen; andererseits setzt die abnehmende Flußgeschwindigkeit eine untere Grenze, namentlich für die Filtration in wäßrigen Medien, die häufig sehr langsam verläuft. Über Abhilfe durch Beimischen grobpulvrigen, porösen, faserigen (inerten) Materials vgl. S. 43.

LE ROSEN[1] hat für die Standardisierung die *mittlere Packungsdichte* der Säule (Verhältnis der Adsorptionssäulenlänge mit 1 Vol. Einheit Lösungsmittel/erforderliche Rohrlänge für das gleiche Volumen Lösungsmittel), die sich konstant einstellende *Strömungsgeschwindigkeit* mm/min der Flüssigkeit und das *Verhältnis R der Wanderungsgeschwindigkeit der Adsorbatzone zu derjenigen des reinen Lösungsmittels* (vorteilhaft 0,1—0,3) vorgeschlagen. Diese Größen sind für die Charakterisierung von Adsorbentien wie für die Voraussage der relativen Lage der Zonen des Chromatogramms meist gut geeignet, aber umständlich zu bestimmen.

Zur Testung der *Filtriergeschwindigkeit* (an der viele, sonst gut brauchbare Adsorptionsmittel scheitern) benutzt HESSE[2] die Zeit zur vollständigen Durchfeuchtung bzw. zum Durchfluß definierter Flüssigkeitsvolumina (5, 10, 20 cm³) bei lose in das Teströhrchen eingefülltem Adsorbens (Säule 10 × 0,7 cm) unter Standardbedingungen[3] (ohne Saugen).

Tabelle 22. *Oberflächen und Dichten einiger Adsorbentien und verwandter Stoffe.*
[Nach DEITZ, V. R.: Ann. New York Acad. Sci. 49, 319 (1947).]

Material	Oberfläche (m²/g)	Dichte (g/cm³)
A. Kohle-Adsorbentien.		
Knochenkohle	120	2,88
Kokoskohle	1700	2,08
„Darco G 60"	1300	—
„Darco S 51"	500	—
Granulierte „Darco"	620	2,14
„Darco"-Kohle	560	2,086
„Columbia"-Kohle	1397	1,897
Gepulverter Graphit	30,73	2,26
Ruß:		
„Arrow black" (0,03 μ)	112	—
„Acetylene black" (0,05 μ)	64,5	—
„Micronex" (0,03 μ)	106,7	—
„Thermatomic carbon" (0,5 μ)	6,81	—
„Norit"	930	2,04
„Suchar"	850	—
Petroleumkoks	0,52	—
„Zeocarb"	0,2	—

---

[1] ROSEN, AL. LE: J. Amer. Chem. Soc. 64, 1905 (1942); 67, 1683 (1945).

[2] HESSE, G., I. DANIEL u. G. WOHLLEBEN: Angew. Chem. 64, 105 (1952).

[3] Nach LE ROSEN: T_{50} = Zahl der Sekunden, die ein Lösungsmittel zu 50 mm tiefem Eindringen in eine 75 × 9 mm-Säule unter Wasserstrahlvakuum benötigt (zweckmäßig T_{50} = 20—100 sec).

Tabelle 22. (Fortsetzung.)

Material	Oberfläche (m²/g)	Dichte (g/cm³)
B. Mineralische und anorganische Adsorbentien.		
Aktiviertes Aluminiumoxyd „Alorco"	200	—
Aktivierter Ton	147—223	2,495—2,614
Aktiviertes Aluminiumoxyd, Trockenmittel	175	3,675
Attapulgus Ton	170	—
Asbest	18	—
Basisches Bleicarbonat	1,1	—
Barytweiß	0,59	—
Bariumsulfat	0,43	—
Bauxit 8—14 Maschen	223	3,622
Blanc fixe (Pigment)	2,2	—
Bentonit ($< 0,3\,\mu$)	18,7	—
Ton	10	—
Wasserfreies Kupfersulfat	6,23	—
Chromoxyd-Gel	228	—
Chromoxyd-Gel gesintert	28,3	—
Diatomeenerde	< 1—4,2	2,327—2,265
Eisenoxyd-Gel	211	—
Eisenoxyd-Gel wassergealtert	52	—
Fullererde	129	2,660
Glasperlen ($7,2\,\mu$)	0,55	2,237
Glas gefrittet (8—14 Maschen)	0,69	—
Glas porös (Corning Glass Comp.)	120	—
Kaolin ($< 3\,\mu$)	15,5	—
Kieselgur	22,2	—
Montmorillonit	11,2—15,5	—
Palladiumkatalysator	0,35	—
Papier, gemahlen	0,55	—
Pariserweiß	2	—
Porzellan, gemahlen	1,6	2,612
Kaliumchlorid (< 200 Maschen)	0,24	—
Quarz 400 Maschen	0,361	—
Quarz, flint (4—6 Maschen)	< 1	2,641
Silika-Gel (4—8 Maschen)	669	2,251
Silika-Gel (10—30 Maschen)	602	2,12
Silika-Aerogel	393—690	—
Kieselsäure-Aluminiumhydroxyd-Gel	201—476	2,3—2,4
Titandioxyd, Pigment	8,2	—
Titandioxyd	13,9	—
Ultramarinblau, Pigment	13	—
Zinkoxyd, Pigment	0,6—9,48	—
Zirkon-orthosilicat	2,76	—

Zur Standardisierung von Adsorbentien auf Grund des „*Schwellenvolumens*" (WEIL-MALHERBE)[1] s. S. 27; vgl. das „Retentions"-Volumen (TISELIUS).

Zur Charakterisierung von Adsorbentien und Austauschern auf Grund des p_H-*Wertes* ihrer wäßrigen Suspensionen vgl. Tabelle 5, S. 19.

Eine Charakterisierung zahlreicher Adsorbentien nach ihrer *aktiven Oberfläche* (m/g) und *Schüttdichte* (g/cm³), Daten, deren Kenntnis für praktische Zwecke oft nützlich ist, findet man bei DEITZ[2]; vgl. Tabelle 22.

Ein wesentlicher Faktor für die Beurteilung eines Adsorbens im chromatographischen Versuch ist die *Adsorptionsgeschwindigkeit*. HESSE weist darauf hin,

[1] WEIL-MALHERBE, H.: J. Chem. Soc. **1943**, 303. — Biochemic. J. **38**, 135 (1944).
[2] DEITZ, V. R.: Ann. New York Acad. Sci. **49**, 319 (1947).

daß poröse, schwammige Teilchen, welche die aufgesaugte Lösung in Spalten und Rissen dem Kontakt mit dem Flüssigkeitsstrom entziehen, zu unscharfen Chromatogrammen und Substanzverlusten führen. Die aktivsten Präparate haben meist eine schlechte Halbwertszeit, so daß man auf einen Kompromiß angewiesen ist (s. auch Tabelle 20).

Zur Trennung von Substanzen mit relativ kleinen Unterschieden in der Struktur (Peptide, Proteine) sind Adsorbentien mit ausgeprägter *Spezifität* der aktiven Oberfläche notwendig; die Auswahl erfolgt meist empirisch. Käufliche Adsorbentien werden diesen Bedingungen nur in seltenen Fällen entsprechen. Meist empfiehlt es sich, eine Herstellungsvorschrift für das Adsorbens im speziellen Fall selbst zu erarbeiten. Systematische Untersuchungen könnten großen praktischen Wert haben (STRAIN)[1]. Die Angabe PAULINGs, vgl.[1], daß die Anwesenheit eines gelösten Stoffes während der Darstellung des Adsorptionsmittels die Adsorptionseigenschaften modifizieren kann, deutet auf experimentelle Möglichkeiten in dieser Richtung.

Eine Übersicht über Adsorbentien gibt KAINER[2]. Vgl. ferner die Monographie über „Aktive Tonerde" von KRCZIL[3].

1441. Anorganische Adsorbentien.

Aluminiumoxyde (und -hydroxyde). Meist verwendetes Adsorbens (z. B. Aluminium oxydatum anhydricum der Handelsfirmen). Zeigt in nicht wäßrigem Medium starke Additionsadsorption. Standardisierung (z. B. nach BROCKMANN) s. o. *Aktivierung* durch Vorbehandeln mit 5%iger Calciumhydroxydlösung oder Waschen mit hartem Leitungswasser[4], anschließend Erhitzen (400—500°, JACOBS, TOMPKINS[5]). *Inaktivierung* durch Vorbehandeln mit Methanol, Trocknen an der Luft[6]. Zur Fermenttrennung verwandte ZECHMEISTER[7] Säulen von Aluminiumoxyd Alorco (Grade F), Feinheit 200 Maschen[8], gemischt mit 20% Celit Nr. 535, wobei jenes vorher durch starkes Erhitzen auf maximale Adsorptionsfähigkeit gebracht und dann durch Schütteln mit 0,5—1% Wasser auf die passende Aktivität eingestellt worden war. Aluminiumoxyd kann auch gute *Austauscheigenschaften* haben. Für *Kationen*austausch verwendetes Aluminiumoxyd reagiert stark alkalisch (p_H 9,9). Die Aktivität kann durch Zusatz von verdünnter Sodalösung vor dem Glühen erhöht werden; alkalifreies Aluminiumoxyd (durch Hydrolyse von Aluminiumchlorid mit Ammoniak-Wasser und Glühen) ist zur Ionenaustauschadsorption ungeeignet.

---

[1] STRAIN, H. H.: Analyt. Chem. **23**, 26 (1951). — Chromatographie adsorption analysis, 2. Aufl. New York: Interscience Publ. inc. 1945.

[2] KAINER, F.: Kolloid-Z. **103**, 84, 252; **104**, 129 (1943).

[3] KRCZIL, F.: Aktive Tonerde. Stuttgart: Ferdinand Enke 1938.

[4] RUGGLI, P., u. P. JENSEN: Helvet. chim. Acta 18, 624 (1935); **19**, 64 (1936).

[5] JACOBS, P. W. M., u. F. C. TOMPKINS: Trans. Faraday Soc. **41**, 388 (1945).

[6] HEILBRON, J. M., u. R. F. PHIPERS: Biochemic. J. **29**, 1369 (1935).

[7] ZECHMEISTER, L.: Enzymologia **13**, 388 (1949); **15**, 109 (1951).

[8] Angaben über Korngrößen, die meist in Maschenzahl je Zentimeter eines Siebes angegeben werden, das ein Pulver der gewünschten Korngröße eben durchläßt, sind zur Reproduktion eines Verfahrens unbedingt einzuhalten. 100 Maschen/cm entsprechen etwa 0,05 mm. In der englischen Literatur findet man auch „mesh/inch" (inch = 2,54 cm).

Die alkalische Reaktion des KAHLBAUMschen und MERCKschen Aluminiumoxyds beruht nach SIEWERT und JUNGNICKEL[1] auf seinem Gehalt an Natriumcarbonat und -bicarbonat; Natriumaluminat ist praktisch nicht vorhanden. Der Alkaligehalt läßt sich vermindern durch Waschen mit Phenol in Petroläther, oder Auswaschen mit destilliertem Wasser nach Erhitzen auf 400°, und nachfolgendes Wiederaktivieren bei etwa 200°. Basische Adsorptionssäulen von alkalisch reagierendem Aluminiumoxyd sollen nur mit kohlendioxyd-freiem Wasser gewaschen werden. Man kann die Aktivität von Aluminiumoxyd danach abschätzen, ob es feinpulvrig ist und an den Wänden der Gefäße haftet; bei längerem Verweilen an feuchter Luft wird es grießartig und die Aktivität sinkt.

Durch Behandeln mit überschüssigen Säuren (Salzsäure, etwa 1 n) oder sauren Pufferlösungen (z. B. 1 n-Essigsäure-Acetat) und anschließendes Neutralwaschen mit Wasser[2] erhält man *anionotropes („saures") Aluminiumoxyd*[3]. Für die Adsorption von sauren Substanzen aus nichtwäßrigem Milieu erhitzt man vorher durch schwaches Glühen aktiviertes Aluminiumoxyd mit methanolischer oder ätherischer Salzsäure.

Andere Sorten sind: Fasertonerde (gewachsene Tonerde) aus Aluminiumgrieß mit Sublimat bzw. Quecksilberacetat, ziemlich aktiv[4]; Hydralo (amerikanisches Trockenmittel), noch aktiver als Fasertonerde; aktiviertes Aluminiumoxyd aus Bauxit; Bauxit (für die Trennung von Enzymgemischen zwecks besserer Filtration mit 30 Gewichtsteilen Sand vermischt[5]; Zusammensetzung z. B 54 % Aluminiumoxyd, 4—8 % Kieselsäure, 17—20 % Eisenoxyd, 2,5—3 % Titanoxyd); aktivierter Bauxit (z. B. mit Salzsäure behandelt und erhitzt[6]).

Weniger aktiv sind im allgemeinen *Aluminiumhydroxyde*. Ein Präparat AlO(OH) (Hydroxyd bei 250° entwässert) entspricht etwa dem Aluminiumoxyd mittlerer Aktivität. Ein mineralisches Präparat ist Diaspor. Ein schuppiges Aluminiumhydroxydgel wird von BILTZ beschrieben (Darstellung ähnlich der Fasertonerde). Die von WILLSTÄTTER[7] beschriebenen Gele (gefällt, gealtert) zeigen zum Teil hervorragend selektive Adsorptionseigenschaften; sie sind wegen der schlechten Filtrationsgeschwindigkeit für chromatographische Zwecke zwar noch kaum benutzt worden, doch ist ihre Verwendung bei Zusatz geeigneter Filterhilfsmittel ohne weiteres möglich.

Silicatische Adsorbentien. *Bleicherden.* Technisch verwandte Aluminium-Magnesium-Hydrosilicate vom Montmorillonit- und Bentonittyp. „Naturerden" sind nur gesiebt, „aktivierte Erden" mit Säuren (meist Salzsäure) vorbehandelt; lang dauerndes Erhitzen führt unter Umständen wieder zur Aktivitätsminderung. Spezielle Sorten sind: *Florida-Erden* (Floridin B mit 16—30 Maschen, Floridin S mit 30—60 Maschen, Floridin XXS mit 60—100 Maschen, Floridin XXF, 90 %

---

[1] SIEWERT, G., u. H. JUNGNICKEL: Ber. dtsch. chem. Ges. **76**, 210 (1943).

[2] Meist genügt Auswaschen bis zur Neutralität gegen Kongorot; beim Waschen bis p_H 7, das mehrere Wochen beansprucht, sinkt die Aktivität (vgl. Tabelle 21).

[3] WIELAND, TH.: Hoppe-Seylers Z. **273**, 24 (1942). — TURBA, F., u. M. RICHTER: Ber. dtsch. chem. Ges. **75**, 340 (1942).

[4] WISLICENUS, H.: Collegium **1906**. — RENZ, J.: Hoppe-Seylers Z. **230**, 245 (1934).

[5] ZECHMEISTER, L., u. G. TOTH: Enzymologia **7**, 165 (1939).

[6] Zum Beispiel „Porocel", „Florite" der Porocel Corp. Philadelphia, Pa.: Floridin Comp. Inc. Warren, Pa.

[7] WILLSTÄTTER, R.: Untersuchungen über Enzyme. Berlin: Springer 1928.

durch ein Sieb mit 100 Maschen, Floridin XXX, 90% durch 200 Maschen)[1],
ferner *Filtrol*produkte[2], die aktiviert[3] sind; *Desiccite*, entwässerte Bentonite für
Adsorption in wasserfreiem Medium. *Frankonit* KL z. B. der Pfirschinger Mineral-
werke (salzsäureaktiviert, kongosauer). *Fullererden* (,,LLOYDS Reagens''), meist
sauer reagierend, gewöhnlich dunkler als Bleicherden. *Montmorillonite, Bentonite*[4], aktivierte *Tone, Kaolin*. Die Eigenschaften dieser Adsorbentien ändern
sich beim Lagern nicht unwesentlich. Über Zeolithe und Grünsande[5] s. auch
unter Austauschern.

Magnesium-Silicate (Talk, Magnesium-Trisilicat[6]).

Aluminium-Silicate. Mischgele von Kieselsäurehydrat mit Aluminiumoxyd[7].

Calcium-Silicate[8].

Erteilung von saurem oder basischem Charakter durch Niederschlagen eines
unlöslichen Produkts (z. B. Calciumcarbonat) auf der Oberfläche von inaktivem
Kieselgel[9]; Verhältnis zwischen Niederschlag und Träger etwa 1:40 (s. ferner
S. 232).

Kieselgel. Vor allem als Träger bei der Verteilungschromatographie an Säulen
verwendet. *Darstellung:* käufliches Wasserglas[10] (140° Tw) wird mit Wasser auf
das dreifache Volumen verdünnt, 10 n-Salzsäure in dünnem Strahl unter heftigem
Rühren bis zur sauren Reaktion gegen Thymolblau hinzugegeben, nach 3 Std
filtriert, mit destilliertem Wasser (2 l/250 g Gel) gewaschen, in n/5-Salzsäure
suspendiert, 2 Tage bei Raumtemperatur gealtert, gut ausgewaschen (5 l/250 g),
zerkleinert und bei 110° getrocknet (GORDON, MARTIN, SYNGE[11]). SANGER
empfiehlt für die Trennung der 2,4 DPN-Aminosäuren ebenfalls nach dieser Vorschrift bereitetes Kieselgel. Als *Standardtest* wird zweckmäßig die Trennung von
3 mg Acetyl-Phenylalanin und 3 mg Acetyl-Leucin an 3 g des betreffenden Kieselgels (Säulendurchmesser 1 cm) durch Entwickeln mit 1—3% Butanol-Chloroform
empfohlen. Die Titrationswerte für die getrennten und die Kontrollproben sollen
nicht mehr als 2% auseinanderliegen[12].

Für die Adsorption aus organischen Lösungsmitteln fand ZECHMEISTER das
Kieselgel ,,Intermediate activated''[13], unelastisch, geeignet. Andere bewährte

---

[1] Floridin Comp. Inc. Warren, Pa.

[2] Filtrol Corp. Los Angeles, Calif.

[3] Filtrol Neutrol, das zur Trennung von Arginin und Lysin zunächst nicht geeignet war,
ließ sich in folgender Weise reaktivieren: nach 12stündigem Stehen mit einem Überschuß
konzentrierter HCl bei Zimmertemperatur wurde mit destilliertem Wasser neutral gewaschen,
mit m/10 KH$_2$PO$_4$ behandelt und bei 100° getrocknet (F. TURBA und M. TURBA, unveröffentlicht).

[4] ,,Volclay'', Am. Colloid Co., Chicago, Ill.

[5] ,,Zeo-Dur'', Permutit Co., New York, N.Y.

[6] ,,Magnesol'', Westvaco Chlorine Prod. Corp., New York, N.Y. — ,,Florisil'', Floridin
Comp. Inc. Warren, Pa. — Mg-trisilicat Nr. 34, Philadelphia Quartz Comp., Berkeley, Calif.

[7] THORNTON, M. H., H. R. KRAYBILL, J. H. MITCHELL jr.: J. Amer. Chem. Soc. 62, 2006
(1940).

[8] ,,SILENE EF'' (synth. saures Ca-Hydrosilicat) Columbia chem. Division, Pittsburg.

[9] CATCH, J. R., A. H. COOK u. J. M. HEILBRON: Nature (Lond.) 150, 633 (1942).

[10] In der Originalarbeit wird ein Präparat der Fa. J. Crossfield Ltd. verwandt; doch
kommt es weniger auf die Sorte Wasserglas als auf die Präparation des Gels an.

[11] GORDON, A. H., A. J. P. MARTIN u. R. L. M. SYNGE: Biochemic. J. 37, 79 (1943).

[12] Vgl. HARRIS, R., u. A. N. WICK: Ind. Engng. Chem., Analyt. Edit. 18, 276 (1946).

[13] Silica Gel Corp., Baltimore.

8*

Sorten sind: „Protex-Sorb"[1], Santocel[2], ein Kiesel-Aerogel, und Kieselgel „Merck".

Aus wäßrigen Lösungen adsorbieren alkalifreie Sorten von Kieselgel niedermolekulare, basische Verbindungen wie Aminosäuren oder Peptide so gut wie nicht. Zur Herstellung eines für die Trennung basischer Aminosäuren geeigneten Kieselgels empfiehlt es sich, die Fällung im alkalischen Bereich (nicht unter p_H 8) vorzunehmen; es wirkt dann als Kationenaustauscher. Behandelt man ein solches Präparat mit überschüssiger Säure, so erhält man anionenaustauschende Sorten; das Verhalten ist also dem Aluminiumoxyd analog. Zur Entfernung von stickstoffhaltigen Substanzen empfiehlt SCHRAMM[3], das Kieselgel mehrere Tage mit 20%iger Essigsäure stehenzulassen und dann mit Wasser zu dekantieren, bis das p_H 6,0 beträgt.

Weniger aktiv ist *Kieselgur (Diatomeenerde)*, das sich darum als Trägersubstanz für Verteilungssäulen, als inertes Filterhilfsmittel für schlecht filtrierende Säulen (Celit, Hyflo Supercel, Kieselgur Merck) und zur Adsorption von Hochmolekularen (Proteinen, Virusstoffen) eignet.

Zum Überziehen von *Kieselgur* mit einer *siliconartigen, wasserabweisenden Oberfläche*, um es als Träger der lipophilen Phase bei der „reversed partition chromatography" verwenden zu können, wird es mit Dimethyldichlorsilan-Dampf behandelt[4].

Nach Trocknen von Hyflo Supercel bei 110° und Abkühlen im Exsiccator wird unter schwachem Rühren des Pulvers ein Luftstrom, der getrocknet und mit Dichlordimethylsilandampf beladen wurde, hindurchgeleitet, bis eine Probe des Materials, mit Wasser geschüttelt, auf der Oberfläche schwimmt. Man wäscht mit Methanol säurefrei und trocknet bei 110°.

Kohlen. Zur chromatographischen Adsorption nur beschränkt verwendbar wegen „Schwanzbildung" der Zonen (Ausnahme: Frontanalyse, Verdrängungselution). Zwischen den einzelnen Präparaten bestehen sehr große Unterschiede. Adsorptionskohlen, die für wäßrige Lösungen geeignet sind, enthalten von ihrer Darstellung her (Verkohlen von organischen Substanzen wie Blut, Knochen, Holz, Zucker, Zellstoffabfällen usw., oft unter Zusatz von basischen oder sauren Reagentien wie Zinkchlorid) Ionen. Sie wirken gleichzeitig als Oberflächen- und Austauschadsorbentien. Stickstoffhaltige Verunreinigungen lassen sich durch Auskochen mit etwa 50%iger Essigsäure entfernen (SCHRAMM)[5]. Um die aktivsten Zentren, die oft irreversibel adsorbieren, vorzubelegen, kann man mit Pyridin, Phenol, Ephedrin oder Stearinsäure[6] vorbehandeln, muß dann aber (mit Ausnahme der letzten Substanz) den Überschuß an Reagens gut auswaschen, da

---

[1] Davidson Chem. Comp. Baltimore.

[2] Monsanto Chem. Comp., Boston, Mass.

[3] SCHRAMM, G., u. J. PRIMOSIGH: Ber. dtsch. chem. Ges. **77**, 417 (1944).

[4] HOWARD, G. A., u. A. J. P. MARTIN: Biochem. J. **46**, 532 (1950).

[5] SCHRAMM, G., u. J. PRIMOSIGH: Ber. dtsch. chem. Ges. **77**, 417 (1944). — JUTISZ, M., u. E. LEDERER: Nature (Lond.) **159**, 445 (1947).

[6] 50 g Aktivkohle werden mit 200 cm³ Äthanol (2—6% des Kohlegewichts Stearinsäure [KAHLBAUM] enthaltend) 1 Std gerührt, mit Wasser portionsweise auf 2000 cm³ verdünnt; man läßt die Kohle absitzen, wäscht 10mal mit Wasser aus und trocknet im Vakuum über Schwefelsäure und Natronkalk. Die so vorbehandelte Kohle unterscheidet sich im Aussehen nicht von der Ausgangssubstanz. Die Adsorptionsisothermen mancher Verbindungen sind für die vorbehandelte Kohle wesentlich weniger gekrümmt (s. S. 215). [SYNGE, R. L. M., u. A. TISELIUS: Acta chem. scand. (Københ.) **3**, 231, (1949).

sonst die Trennschärfe leidet. Oxydation an Metallzentren vermeidet man durch Behandeln mit 1%iger Blausäure (WARBURG[1]). Eine starke Aktivierung (z.B. zum Zweck der präparativen Aminosäuretrennung) gelingt nach KOSCHARA[2] mit Schwefelwasserstoff.

Bewährte Sorten sind z.B.: Blutkohle, A-Kohle (gekörnt), Clarocarbon B und C, Aktivkohle p. a. „MERCK"[3]; granulierte Aktivkohle „Schering" (das käufliche Produkt wurde mit einem 28 Maschen-Sieb von groben, mit einem Tuch von feinsten Anteilen befreit, mit 10%iger Essigsäure ausgekocht und mit 50 mg KCN/100 g Kohle behandelt und ausgewaschen[4]); Aktivkohle „Kahlbaum"; Carboraffinkohlen (Chlorzink-Holzkohlen); wasserdampfaktivierte Kohlen: Norit, Supra-Norit[5], Eponit 3n[6]; „Darco G 60" und „S 51"[7] aus Lignin und Holz; Wechar-Kohlen[8] aus Lignin; „Cliffchar" (Aktivkohle aus Holz)[9]; Kokoskohlen[10]; „Nuchar"- und „Suchar"-Kohlen aus Papierabfällen[11]; Zuckerkohlen (Handelsfirmen).

Graphit adsorbiert im allgemeinen zu schwach.

Adsorbentien zur Ausbildung „sekundärer Adsorbate" (E. WEISS)[12].

Adsorbiert man an Aktivkohle (oder Aluminiumoxyd) Stoffe wie z.B. Fettsäuren oder Lecithin, so erhält man ein oberflächenaktives und wasserlösliches „primäres Adsorbat", das seinerseits als Adsorbens oder als Ionenaustauscher Verwendung finden kann. Bei alkalischer Reaktion entstehen mit Kationen oder Basen sekundäre Adsorbate (Salze), die durch Säuren zu eluieren sind. Umgekehrt kann man primär Basen binden. Zur Herstellung solcher „sekundärer Adsorbentien" läßt sich z.B. auch die Bildung von Symplexen aus Lignin und Proteinen ausnützen. Durch Bindung von Säuren und Basen geeigneter Stärke gelingt auf diesem Weg ganz allgemein die Darstellung einer Vielzahl von Austauschadsorbentien mit entsprechenden isoelektrischen Punkten, z.B. aus Kohle.

Seltener verwendete anorganische Adsorbentien: *Bleiphosphat.* Zur Adsorption von Proteinen bisweilen geeignet.

Calciumhydroxyd. Nur für wasserfreie Lösungsmittel, dann aber hervorragend brauchbar (aus käuflichem gebrannten Kalk durch Besprühen mit Wasser bis eben zum Zerfallen).

Calciumcarbonat (Aktivierung durch Erhitzen auf 150°); *Calciumsulfat* (Alabastergips; Alba Floc der US. Gypsum Comp., Chicago; Drierite). Schwache, selektive Adsorbentien für wasserfreie Lösungen.

Calciumphosphat. Als Adsorbens für Proteine recht gut geeignet.

---

[1] WARBURG, O.: Schwermetalle als Wirkungsgruppen von Fermenten, S. 33ff. Berlin: W. Saenger 1948.

[2] KOSCHARA, W.: Hoppe-Seylers Z. **280**, 55 (1944).

[3] MERCK-Katalog 1951, Darmstadt.

[4] SCHRAMM, G. u. I. PRIMOSIGH: Ber. dtsch. chem. Ges. **77**, 417 (1944). — JUTISZ, M. u. E. LEDERER: Nature (Lond.) **159**, 445 (1947).

[5] Am. Norit Comp. Inc. Jacksonville, Florida.

[6] Lurgi, Frankfurt a./M.

[7] Darco Comp. New York.

[8] Western Filter Comp. Denver, Colorado.

[9] Cliff Dow Comp. Macquette, Michigan.

[10] Carbide and Carbon Chem. Comp. New York.

[11] West Virginia Pulp & Paper Comp. New York.

[12] WEISS, E.: Nature (Lond.) **162**, 372 (1948).

Zu 450 g Rohrzucker in 2000 cm³ Wasser gab man 75 g CaO (bereitet durch Erhitzen von 150 g gefälltem $CaCO_3$ durch Erhitzen auf 1000° für 3 Std); nach mehreren Stunden Rühren wurde vom Ungelösten filtriert, etwa 18 cm³ konzentrierte Phosphorsäure tropfenweise im Verlauf einer Stunde zu 800 cm³ der Lösung unter Rühren zugegeben, und nach Erreichen eines p_H von 9,5 bei 5° vier weitere Stunden gerührt. Man wusch auf der Zentrifuge mit großen Mengen Wasser; CO_2 wurde nicht besonders ausgeschlossen. Das voluminöse, gelatinöse Material wurde als Suspension aufbewahrt (80 mg/cm³) [1].

Bariumsulfat. Trotz seiner nur mäßigen Eignung hinsichtlich der Adsorption niedermolekularer, saurer Verbindungen (Glutaminsäure) und aromatischer Aminosäuren (irreversible Bindung!) bewährt es sich unter Umständen ausgezeichnet bei der Adsorption von Proteinen.

Eisenoxyd-(Hydroxyd). Gealterte Gele sind wertvolle Adsorbentien für Proteine. Hämatit adsorbiert schwach, aber selektiv.

Magnesiumoxyd [2] (durch Verbrennen des Metalls; aktivere Präparate durch Entwässern des Hydroxyds; sehr aktiv ist das Micron Brand Magnesium Oxyd der Calif. Chem. Corp. Newark). Nur für nicht wäßrige Lösungsmittel.

Magnesiumcarbonat. Ähnlich Calciumcarbonat.

Silbersulfid. Zur Adsorption von Aminosäuren vorgeschlagen.

Aus Silbernitrat (äquivalent zu 12,5 g Sulfid) in 2000 cm³ Wasser. Nach dem Filtrieren und Entfernen des Wassers wird das Sulfid gepulvert, durch Belassen mit 1—2% Silbernitratlösung (3 Std) aktiviert und darauf chloridfrei gewaschen; Behandeln mit 0,1 n-Salpetersäure verdoppelt die Adsorptionsfähigkeit [3]. Bei der Verwendung in wäßrigen Lösungen spielt Ionenaustausch sicher eine wesentliche Rolle. Besser sind die neueren Harzaustauscher.

Titandioxyd. Als Adsorbens für aromatische Aminosäuren erwähnt [4].

Zinkcarbonat. Hat sehr wertvolle Eigenschaften. Als basisches Carbonat von KARRER [5] bevorzugt. Aktivierung des gefällten (neutralen) Carbonats [6]:

280 g Zinksulfat · 7 H_2O wurden in 1000 cm³ Wasser gelöst, unter heftigem Rühren eine Lösung von 200 g Kaliumbicarbonat in 1000 cm³ Wasser in einem Schuß zugegeben, 1 min weitergerührt (heftiges Schäumen), nach 12stündigem Stehen der zu einer Gallerte erstarrte Inhalt des Gefäßes (am besten emaillierter Topf) im Verlauf von 10 min auf 70° erhitzt und 1 Std bei der Temperatur belassen. Man filtriert heiß, wäscht mit Wasser aus, behandelt mit Aceton und trocknet bei 90°. — Ähnlich wie beim Kieselgel gelingt nicht jeder Ansatz; der Grund konnte nicht aufgedeckt werden. Man testet jede neue Charge z. B. durch Trennung der Dinitrophenylhydrazone der dem Alanin und Phenylalanin zugrunde liegenden Aldehyde (Acetaldehyd, Phenylacetaldehyd).

1442. Organische Adsorbentien, bzw. Träger.

Es sind vor allem Kohlenhydrate und in geringem Umfang Kunststoffe verwendet worden. Meist sind organische Substanzen schwache Adsorbentien, eignen sich also vor allem zur verlustlosen und schonenden Bindung sehr stark adsorbierbarer Stoffe (wie etwa der Chlorophylle usw.); aus dem gleichen Grund sind sie zur Verwendung als inerte Träger der Verteilungschromatographie prädestiniert.

---

[1] SWINGLE, S. M., u. A. TISELIUS: Biochemic. J. **48**, 171 (1951).
[2] Vgl. STRAIN, H. H.: J. Amer. Chem. Soc. **57**, 758 (1935).
[3] HAMOIR, G. C. M.: C. r. Soc. Biol. (Paris) **137**, 734 (1943). — Biochemic. J. **39**, 485 (1945).
[4] WACHTEL, J., u. H. J. CASSIDY: J. Amer. Chem. Soc. **65**, 665 (1943).
[5] KARRER, P., R. KELLER u. G. SCÖNYI: Helvet. chim. Acta **26**, 38 (1943).
[6] TURBA, F.: Z. Vitamin-, Hormon- u. Fermentforsch. **2**, 49 (1948/49).

Stärke. Gewaschene rohe Kartoffelstärke wird von MOORE und STEIN[1] als Träger bei der Säulen-Verteilungschromatographie von Aminosäuren und Peptiden verwendet.

Die Stärke gab folgende *Analysenwerte*: 0,3% Asche, 0,5% Stickstoff, 15—20% Feuchtigkeit, eine Korngröße zwischen 0,01—0,06 mm (mittlere Korngröße 0,03 mm). 1 g verbrauchte 1,5 cm³ 0,01 n-Salzsäure. Das Produkt wurde mit 6 Volumina destilliertem Wasser und mit Alkohol gewaschen und Metallspuren mit 8-Oxychinolin entfernt.

Darstellung von Stärke zur Verteilungschromatographie nach SYNGE[2]: Das rohe Material (man reibt z. B. die Kartoffeln fein und dekantiert oft und sorgfältig vom schweren Schlamm, der sich gut absetzt) wurde weiter durch Dekantieren mit Wasser gewaschen (6 × 10 Teile), bis die Ninhydrinreaktion einer Probe beim Erhitzen negativ wurde, an der Luft getrocknet, mit Butanol (gesättigt mit Wasser, 20 cm³/5 g) 24 Std bei Raumtemperatur, bzw. mit Methanol (3 l/kg Stärke) bei 55° 36 Std extrahiert, bei 37° getrocknet, und vor Gebrauch mit einer Säulenlänge feuchten Butanols gewaschen.

Cellulose. Ein ausgezeichneter Träger für die Säulenverteilungschromatographie ist Cellulosepulver, das sich gegenüber Stärke durch höhere Kapazität auszeichnet. Handelspräparate: Whatman[3] „ashless" und „B" (die Eigenschaften unterscheiden sich etwas von den Whatman-Filterpapieren); JOHNSON, JÖRGENSEN und WETTRE Ltd. (26 Farington Street, London E. C. 4) stellen ein Cellulosepulver einheitlicher Faserlänge (150 Maschen) her, aus dem nach R. R. GOODALL[4] Säulen mit einem Wassergehalt bis 30% hergestellt werden können; „*Solca Floc*" *B W 200* (Brown. Comp. Berlin, New Hampshire, M. H.); *Zellstoffpulver* der Zellstoff-Fabrik *Waldhof* A G., Mannheim, Filterpapierpulver der Firma Schleicher & Schüll. Die Produkte, die noch Fäserchen zeigen, eignen sich weniger als die pulvrigen Sorten.

Zur *Darstellung* von Cellulosepulver geben CONSDEN, GORDON und MARTIN[5] folgende Vorschrift: Man läßt Whatman „Accelerator" (170 g) unter gelegentlichem Rühren mit 1500 cm³ 0,1 n-Salzsäure 30 min stehen, wiederholt die Behandlung nochmals, wäscht mit Wasser gegen Methylrot neutral, trocknet bei 90—100°, zerreibt mit Gummihandschuhen in einem Leinwandbeutel und gibt durch ein 30-Maschensieb[6].

Nach unseren Erfahrungen gelingt eine Herstellung von Filterpapierpulver aus zerkleinerten Filterpapierbogen am besten in folgender Weise: „Schleicher-Schüll 2043 b" wird 2 Std bei 100° mit 1 n-HCl digeriert, mit Wasser neutral gewaschen, scharf bei 105° getrocknet und die spröden Klumpen in einer türkischen Kaffeemühle gemahlen. Man erhält ein feines Mehl, das bei Betrachtung mit bloßem Auge keine Faserstruktur mehr zeigt.

Zur *Papierchromatographie* in der üblichen Form dienen Streifen oder Bogen bestimmter Filterpapiersorten als Träger der stabilen Phase. Die ersten Arbeiten und eine Vielzahl der folgenden Untersuchungen wurden mit den Whatmansorten Nr. 1 (dünner und härter) und Nr. 4 (dicker und weicher) durchgeführt, die hervorragende Eigenschaften haben. Zu den bekanntesten deutschen Sorten

---

[1] MOORE, S., u. W. H. STEIN: J. of Biol. Chem. **176**, 337 (1948).

[2] SYNGE, R. L. M.: Biochemic. J. **38**, 285 (1944).

[3] Hersteller: Reeve und Angel Ltd., London E. C. 4, Bridewall Plane.

[4] GOODALL, R. R.: Biochem. Soc. Symposia **3**, 82 (1950).

[5] CONSDEN, R., A. H. GORDON u. A. J. P. MARTIN: Biochemic. J. **40**, 33 (1946).

[6] Eine andere Vorschrift (F. H. BURSTALL und N. F. KEMBER, The Indust. Chemist, Sept. 1950, S. 3) geht von Whatman's aschefreien Filtertabletten aus, die mit 5% (*v/v*) Salpetersäure 2 min zum Sieden erhitzt, mit Wasser ausgewaschen und getrocknet werden. Zu langes Kochen gibt zu feine Pulver. Durch die Säurebehandlung wird die Aktivität erhöht!

Tabelle 23. *Eigenschaften von „Selecta"-Filterpapieren*

Sorte	Material	m^2-Gewicht g	Qualität	Dicke in 0,01 mm
2040a 2040b (entsprechend Whatman Nr. 4)	Linters Linters	80—95 120	} weich, schnell laufend	R[1] 19—20 R 23—24

2043a
 	
2043b[3]
(entsprechend
Whatman Nr. 1)
	Linters
	
	Linters
		80—95
		
		120
			mittel,
			mittlere
			Laufzeit
				} R 18—19
				  L[2] 15—16
				} R 25—26
				  L 19—20

2045a[4] *2045b*[4]	Linters Linters	80—95 120	} hart, langsam laufend	R 16—17 R 23—24
598 G 602 hP	} Linters und Linters/Zellstoff		sehr weich hart, langsam laufend	R 29—34
1101 1041	} Zellstoff/Linters			
2181[5] 2071[6] } Karton 2230[6]	Linters Linters Linters	2400—2600 } 600—700		7 mm 1—2 mm
Zellulosepulver (123)	Linters			

gehören die Filterpapiere Schleicher-Schüll Nr. 2043a (dünner, $m^2 = 80$ g) und
2043b (dicker, $m^2 = 120$ g), die den englischen Papieren meist gleichwertig,
in wenigen Fällen unter-, in anderen überlegen sind (vgl. die Tabelle 23). Auch
Kartone sind für mikro-präparative Arbeiten neuerdings verfügbar (Schleicher-
Schüll). Da die dicken Papiere (z.B. Whatman 3MM) im allgemeinen zu schnell
saugen und darum mangelhaft trennen, näht man zweckmäßig einen Streifen
dünnen und harten Papieres an das Ende des Filterpapiers (doppelte Näh-
maschinennaht mit reinem weißem Baumwollzwirn), so daß die Schnelligkeit
des Einsaugens des Lösungsmittels durch diesen „Ventilstreifen" reguliert wird[7].
Auch für die quantitative Bestimmung von Aminosäuren, z.B. über die Kupferkomplexe nach WOIWOOD hat dieses Verfahren Bedeutung: man kann so an
Whatman Nr. 4 (46×114 cm) bis zu 5 mg Aminosäuren zweidimensional chromatographieren. Über die Laufzeiten in verschiedenen Papieren unter ver-

---

[1] Hergestellt auf Rundsiebmaschinen (Laufzeiten langsamer, besonders auf die letzten
Zentimeter des 58×58-Blattes; auf Satinierung der Oberfläche achten, da sonst unter
Umständen „Schwänze" auftreten! Wasserzeichenpfeil in Laufrichtung angebracht. (Winkel-
rechte Blattform.)

[2] Hergestellt auf Langsiebmaschinen.

[3] Bevorzugt für Papierelektrophorese und Papierchromatographie; zu empfehlen mit
glatter Oberfläche.

[4] Besonders für Rundfilter-(Ring-)Chromatographie.

[5] Zur präparativen Chromatographie.

[6] Zur präparativen Papierelektrophorese.

[7] MUELLER, J. H.: Science (Lancaster, Pa.) **112**, 405 (1950).

zur Chromatographie der Fa. Schleicher & Schüll, Dassel[1].

Asche (mg/100 g)[2]		Eisen	Adsorption von Uranylacetat	Steighöhe nach KLEMM[3]	Wasseraufnahme[4] (6 Std in wasser-gesättigtem Raum)
vor	nach				
Auswaschen mit destilliertem Wasser		(mg/100 g)[2]	(mg U_2O_1/100 g)	(mm/10 min)	
68	45	1,6	93	86	4,97
75	30	1,6	108	72	4,41
R 66—70	R 45—50	R 0,6—1,0	R 80—105	R 54	R 6,05—7,14
L 54	L 44	L 1,4	L 102	L 76	L 5,03
R 66		R 0,6—1,0			
L 72	L 65	L 1,4	L 80	L 65	L 4,90—5,63
R 56	R 54	R 0,7	103	38	4,43
R 67	R 40	R 0,7	110	31	4,80
			117		
			85		
			993		
			615		
0,07%					
0,07%					
290		14	1280		

gleichbaren Bedingungen gibt Tabelle 24 Auskunft; vgl. die Zusammenstellung amerikanischer Papiere hinsichtlich ihrer Eignung für bestimmte Lösungsmittel in Tabelle 25, sowie die Kennzeichnung von Filterpapieren zur Chromatographie durch physikalisch-chemische Kriterien[5].

Tabelle 24. *Vergleich von Filterpapieren hinsichtlich ihrer Eignung für die Papierchromatographie* (Anordnung nach abnehmender Qualität).

Lösungsmittel	Filtrierpapiersorte
Collidin	W 3, SS 595, W 4, W 1
Phenol	W 3, SS 595, W 1, W 4
1-Butanol	SS 589 Black Ribbon, 595, 598, W 3
2-Butanol/Ameisensäure	W 3, 1, 2, SS 602
2-Butanol/Ammoniak	SS 598, Blue, Red, White Ribbon, W 1

W = Whatman; SS = Schleicher-Schüll, amerikanisch (Schwarz-, Weiß-, Rot- und Blauband). (Nach R. J. BLOCK, „Paper Chromatography", Acad. Press Inc. Publ. New York 1952, S. 27).

---

[1] Die Daten wurden entgegenkommenderweise von Dr. A. GRÜNE (Fa. Schleicher & Schüll) zur Verfügung gestellt.

[2] Aschen- und Eisengehalt unterliegen geringfügigen Schwankungen (Ungleichmäßigkeit des Rohstoffes; Messerabnutzung bei Mahlung; jahreszeitliche Schwankungen in der Härte des Fabrikationswassers usw.).

[3] Streifen 15 × 250 mm, Mittelwert in Laufrichtung und senkrecht dazu.

[4] Bezogen auf lufttrockenes (nicht absolut trockenes) Papier.

[5] MÜLLER, R. H., u. D. L. CLEGG: Analyt. Chem. **23**, 403, 408 (1951).

Tabelle 25. *Charakteristische Daten einiger Filterpapiere zur Papierchromatographie.*

Typ	Textur*	Ein-heitlichkeit**	Laufzeit†(min)
SS 589 Blue	B	A	260
SS 507	A	A	240
SS 589 Red	B	A	180
SS 602 E & D (Eaton & Dikeman) . .	B	A	270
Whatman 1.	B	B	190
SS 602	B	A	280
SS 576	A	A	280
Munktells 0	C	B	60
SS 598 YD	B	A	100
E & D 7	B	C	120
Munktells IF	D	B	80
E & D 248	D	B	240
E & D 613	D	A	180

* A, weich; B, mittel; C, grob; D, sehr grob.

** Durchlässigkeit für Licht an vier verschiedenen Flächen des Papiers: mittlere Abwei-chung. A: 0—1%; B: 1—2%; C: mehr als 2%.

† Steigzeit für wäßriges Phenol bei 26° (120 mm).

[ROCKLAND, L. B., J. L. BLATT und M. S. DUNN: Analyt. Chem. **23**, 1142 (1951).]

Häufig enthalten auch die zur chromatographischen Trennung geeigneten Papiere *Verunreinigungen*, die bei bestimmten Vorhaben stören; dabei werden neutrale Verbindungen durch Verunreinigungen weniger beeinflußt als Ionen. WYNN[1] entfernt Peptide durch 48 Std dauerndes Waschen mit destilliertem Wasser. HANES und ISHERWOOD[2] behandeln mehrmals mit Säuren und darauf einigemal mit 8-Oxychinolin oder mit Schwefelwasserstoff, um Schwermetallspuren und andere störende Substanzen (z. B. Calciumverbindungen), welche die Ausbildung von Schwänzen begünstigen, auszuschließen. Andererseits kann durch Waschen die Fähigkeit des Papiers zu fluorescieren, und damit die Nachweisbarkeit z. B. von Aminosäuren auf diesem Weg verlorengehen (JOHNES[3]). Für quantitative Aminosäure-analysen ist eine Vorbehandlung des Papiers unter Umständen von ausschlaggebender Bedeutung. So findet NOVELLIE[4] (vgl. auch FOWDEN und PENNEY[5]), daß nach Auskochen des verwendeten Papiers (Whatman Nr. 54) mit 1% Alkali keine Verluste an Aminosäuren auftreten, während die Verluste an unbehandeltem Papier hoch waren. Vorwaschen (bzw. Durchströmen) der Papiere mit Butanol-Essigsäure-Wasser usw. entfernt Verunreinigungen, die bei 265 mμ stark absorbieren und mit R_F nahe 1 wandern. Vergleichende Untersuchungen verschiedener Papiersorten (und Arbeitstechniken) s. bei [6].

Oxydierte Cellulose. Durch Behandeln von Cellulosepulver mit nitrosen Gasen erhält man Produkte, die bis zu 20% Carboxylgruppen enthalten (Cellulose selbst enthält etwa 0,28% COOH-Gruppen, wirkt also nur schwach kationen-austauschend). Sie reagieren als Kationenaustauscher. Die Aktivität läßt sich durch Zumischung von unbehandeltem Cellulosepulver beliebig abstufen. Man arbeitet in saurem oder neutralem Milieu, da sich das Produkt in Alkalien löst. Zur Papierchromatographie formt man Bögen aus dem Oxycellulosepulver,

---

[1] WYNN, V.: Nature (Lond.) **164**, 445 (1949).

[2] HANES, C. S., u. F. A. ISHERWOOD: Biochemic. J., zit. nach A. J. P. MARTIN in Annual. Rev. Biochem. **19**, 523 (1950).

[3] JONES, T. S. G.: Chromatographic analysis, Discuss. Faraday Soc. No 6 **1949**.

[4] NOVELLIE, L.: Nature (Lond.) **166**, 1000 (1950).

[5] FOWDEN, L., u. J. R. PENNEY: Nature (Lond.) **165**, 846 (1950). Vgl. weiter FOWDEN, L.: Biochemic. J. **48**, 327 (1950); ferner auch BRUSH, M. K., R. K. BOOTWELL, A. D. BARTON u. C. HEIDELBERGER: Science (Lancaster, Pa.) **113**, 4 (1951).

[6] KOWKABANY, G. N., u. H. G. CASSIDY: Analyt. Chem. **22**, 817 (1950).

eventuell unter Zumischen geeigneter Mengen nicht oxydierter Fasern; dagegen erwies sich eine direkte Oxydation von Filterpapierbogen nicht als zweckmäßig[1].

Nach W. Lautsch, G. Manecke und W. Broser[2] gelingt die Einführung von Carboxylgruppen in Filterpapier in der Weise, daß man nach 8tägigem Quellen der Bogen bei Zimmertemperatur in gesättigter Harnstofflösung und gutem Auswaschen mit Wasser mit kalt gesättigter methanolischer Kalilauge 1 Std am Wasserbad behandelt, das Produkt 48 Std bei Raumtemperatur mit einer Lösung von 92 g Natriumhydroxyd und 160 g Chloressigsäure/Liter stehen läßt und auswäscht; das so behandelte Papier bindet 0,22—0,26 val NaOH/kg lufttrockene Substanz.

Sulfogruppen-enthaltende Cellulose. —$CH_2O(CH_2)_2CH(SO_3H)CH_3$.

Man läßt Papierstreifen in 18%iger Natronlauge 12 Std quellen, besprüht beiderseits mit Butansulfon (bzw. einem beliebigen aliphatischen oder aromatischen Sulfon), läßt 1 Std in geschlossenem Gefäß stehen, erhitzt unter Überleiten von Stickstoff 1 Std auf 100°, kühlt ab, quillt mit Methanol und wäscht mit Wasser: 0,29 val NaOH/kg (Kationenaustauscher).

Pyridiniumgruppen-enthaltende Cellulose.

2 g Filterpapier in 55 cm³ Pyridin werden am Wasserbad tropfenweise mit 10 g p-Toluolsulfochlorid in 20 cm³ Pyridin zur Reaktion gebracht, danach 6 Std am Wasserbad erhitzt und mit Alkohol und Wasser gut gewaschen: 0,14 val/kg. Die Reaktion verläuft nicht an allen Stellen des Bogens gleichmäßig; besser ist Behandeln der Cellulosefasern und nachträgliches Verarbeiten zu Bogen.

Acetylcellulose. Zur Chromatographie von Substanzen, deren Verteilungskoeffizienten zu sehr auf seiten der beweglichen Phase liegen, hat man nach Trägern gesucht, welche die weniger polare Phase vorwiegend festhalten (umgekehrte Verteilungschromatographie, „reversed partition chromatography"). Für diesen Zweck ist unter anderem acetyliertes Filterpapier vorgeschlagen worden (Boskott[3]). (Vgl. das Überziehen von Kieselgur mit einer Siliconschicht.)

Zur direkten Acetylierung von Filterpapier wurden 52 g Schleicher-Schüll-Papier 595 in Streifen mit 870 cm³ Acetanhydrid-Toluol (oder Xylol) 1:10 (Vol) 1 Std bei Zimmertemperatur, dann 20 Std bei 38° geschüttelt, gewaschen und an der Luft getrocknet. Bräunliche Zersetzungsprodukte wurden mit Methanol ausgewaschen[4].

Imprägnierte Filterpapiere. Wasserabweisende Filterpapiere. Mit Latex[5], Kunstharzen, Silicon[6], Paraffin oder Quilon[7] (Chromstearat) imprägnierte Filterpapiere können als Träger der deutlicher lipophilen Phase bei der Verteilungschromatographie mit „vertauschten Phasen" dienen.

So kann man nach Boldhing durch Baden des Papiers in Latex 30% seines Gewichts an Gummi unterbringen, ohne daß seine Saugfähigkeit erlischt. Bei seiner Verwendung wird dann die wasserreiche Phase zur mobilen.

Nach Kritchevsky und A. Tiselius zieht man Filterstreifen (Munktell 20, 1506) durch eine Lösung von 5 Vol.-% Silikon (Dow Corning, Nr. 1107) in Cyclohexan, trocknet die überschüssige Lösung zwischen Filterpapier ab und hält 1 Std bei 110° im Trockenschrank.

[1] Wieland, Th., u. A. Berg: Angew. Chem. **64**, 418 (1952).

[2] Lautsch, W., G. Manecke u. W. Broser: Z. Naturforsch. **8b**, 232 (1953).

[3] Boscott, R. J.: Nature (Lond.) **159**, 342 (1947).

[4] Koštíř, J. V., u. K. Slavík: Chem. listy Ved. Průmysl. **44**, 17 (1950); siehe auch Micheel, F., u. H. Schwepp: Naturwiss. **39**, 380 (1952).

[5] Boldhing, J.: Experientia (Basel) **4**, 270 (1948). — Discuss. Faraday Soc. **7**, 162 (1949).

[6] Kritchevsky, Th. H., u. A. Tiselius: Science (Lancaster, Pa.) **114**, 299 (1951).

[7] Kritschevsky, D., u. M. Calvin: Amer. Soc. **72**, 4330 (1950).

Formamid, Glycerin oder Glykol dienen manchmal in ähnlicher Weise an Stelle des Wassers als stabile Phase bei der Papierchromatographie wasserunlöslicher Substanzen.

Pufferbeladene Filterpapiere. Durch Tränken von Filterpapier mit geeigneten Pufferlösungen, anschließendes Trocknen an der Luft und Glätten der Bogen erhält man Träger, die zur Verteilungschromatographie polarer Verbindungen mitunter besonders geeignet sind.

Harzaustauscherpapiere. Durch Beladen von Papieren mit Kunstharzaustauschern (KRESSMANN und KITCHENER[1]) kommt man zu kationen- oder anionenaustauschenden Filterpapieren. Sie sind noch wenig verwendet worden, versprechen aber für die Chromatographie von Eiweißspaltprodukten wertvolle Hilfsmittel zu werden (s. oben Carboxylcellulose).

Adsorberpapiere. Mit Adsorbentien beladene Filterpapiere können in wasserfreien Lösungsmitteln an Stelle der entsprechenden Adsorptionssäulen zur bequemen Adsorptionstrennung kleiner Substanzmengen benützt werden; infolge der großen Oberfläche ist die Aktivität gewöhnlich gesteigert. In luftfeuchtem Zustand wirkt die Imprägnierung wohl als Träger der stabilen Phase eines Verteilungschromatogramms, wenn auch Adsorptionseffekte nebenher gehen können.

Aluminiumhydroxydpapier[2]. Man tränkt das Filterpapier mit einer Lösung von 20 g Kaliumaluminiumsulfat in 100 cm³ Wasser, preßt zwischen Filterbögen ab, beläßt über Nacht in der Atmosphäre von konzentriertem Ammoniak, wäscht etwa 6 Std mit fließendem Wasser und trocknet bei 110°. Die Aktivität kommt dem Säulenaluminiumoxyd nahe.

Kieselgelpapier[3]. Man tränkt das Papier mit 1:1 verdünntem Wasserglas, preßt ab, legt in 6 n-Salzsäure ein, wäscht mit fließendem Wasser 1 Tag aus und trocknet bei 110°.

Dünne Streifen aus einer Masse von Adsorbens und Stärke (an Stelle des Papiers in den vorstehenden Beispielen) bilden die sog.

Chromatostrips [4] **(Chromatographiestreifen).** Man rührt z. B. 6,2 g Adsorbens, 3,5 g Celit und 0,5 g Stärke mit 36 g Wasser in einem 250 cm³ Becherglas bei 85° am Wasserbad bis zum Dicken (1—2 min), erhitzt noch 30 sec unter Rühren, fügt 2—7 cm³ Wasser zu, gießt auf Glasstreifen oder Glasplatten (für zweidimensionale Chromatographie) bis zur Dicke von 0,02 inch, trocknet im Vakuum über Ätzkali und hebt im trockenen Zustand auf. Man chromatographiert in lösungsmittelgesättigter Kammer durch Aufsteigenlassen des Solvens in den Leisten. Die folgende Tabelle 26 gibt einige Daten über Festigkeit und Trennfähigkeit (Angaben für Lipoide).

Tabelle 26. *Eigenschaften (Haltbarkeit, Trennfähigkeit) von Chromatostrips.*

Adsorbens	Festigkeit des Streifens	Trennung
Magnesiumoxyd	weich	kaum
Aluminiumoxyd	sehr gut	gut
Aluminiumoxyd + Kieselgel . .	sehr gut	gut
Calciumphosphat	mäßig	befriedigend
Bleicherde	gut	gut
Calciumcarbonat	gut	mäßig
Kieselsäure	sehr gut	sehr gut
Florisil	gut	gut

---

[1] KRESSMANN, T. R. E.: Nature (Lond.) **165**, 568 (1950).
[2] DATTA, S., u. B. OVERELL: Biochemic. J. **44**, XLIII (1949).
[3] KIRCHNER, J., u. G. KELLER: J. Amer. Chem. Soc. **72**, 1867 (1950).
[4] KIRCHNER, J. G., J. M. MILLER, G. J. KELLER: Analyt. Chem. **23**, 420 (1951); vgl. MEINHARD, J. E., u. N. F. HALL: Analyt. Chem. **21**, 185 (1949).

Kunststoffe. *Austauscherharze* (vgl. den folgenden Abschnitt) können außer ihren ionenaustauschenden Qualitäten auch in wäßrigen Lösungen die Fähigkeit zur Additionsadsorption zeigen (s. S. 33). *Eigentliche Kunststoffe* sind bisher relativ selten verwandt worden; sie adsorbieren kaum, können aber als Träger namentlich der lipophilen Phase im Verteilungschromatogramm mit „vertauschten Phasen" dienen. Feingepulvertes „Chloropren" (60—80 Maschen) bewährte sich bei der „reversed phase"-Chromatographie von DNP-Aminosäuren aus Butanol-Puffergemischen[1]. Vgl. ferner die Verwendung von *Kieselgur mit Siliconüberzug* für die gleiche Form der Verteilungschromatographie (Darstellung S. 116).

1443. Ionenaustauscherharze[2].

Die wichtigsten ionenaustauschenden Adsorbentien, die für eine Trennung von Aminosäuren und Peptiden, in Einzelfällen auch von Proteinen Verwendung gefunden haben, sind solche, die auf Kunstharzbasis[3] synthetisiert wurden[4]. Andere Ionenaustauscher wie natürliche und künstliche *Zeolithe* (wasserhaltige Aluminiumsilicate), die ihnen konstitutionell nahestehenden *Grünsande*, die *Humuskörper* (alkaliempfindliche, leicht peptisierbare Stoffe, die im Ackerboden vorkommen und zum Kationenaustausch befähigt sind), sowie die anionenaustauschenden säurevorbehandelten *Hydroxyde des Aluminiums* und *Eisens* spielen im vorliegenden Zusammenhang gegenüber den Kunstharzaustauschern keine wesentliche Rolle. Lediglich *Kohleaustauscher* (die durch Einwirkung von Oleum, gasförmigem SO_3, Chlorsulfonsäure u. dgl. auf Holz, Torf, Braunkohle, Steinkohle usw. dargestellten „halbsynthetischen" Kationenaustauscher) besitzen zum Teil so vorzügliche Eigenschaften, daß sie den Vergleich mit den vollsynthetischen Harzaustauschern aushalten. Eine gewisse Bedeutung hat allenfalls noch das *anionotrope Aluminiumoxyd* wegen seiner bequemen Zugänglichkeit (s. oben). Eine Zusammenstellung der wichtigsten Austauscher zeigt Tabelle 27; vgl. Abb. 92.

Durch Darstellung von stark sauren und stark basischen Austauscherharzen sind in den letzten Jahren auch schwach-basische bzw. -saure Substanzen dem Ionenaustauschverfahren zugänglich geworden. Die heute vorzugsweise verwandten synthetischen *Kationenaustauscher* sind die stark sauren, kernsulfonierten Kohlenwasserstoffe vom *Polystyrol*typ sowie die Sulfongruppen-enthaltenden *Phenol-Formaldehyd*-Harze vom Bakelittyp; die ersteren sind im allgemeinen vorzuziehen, da bei den Bakelitharzen durch Mitreagieren der phenolischen Hydroxyle im stark alkalischen Gebiet Störungen entstehen können. Zur selektiven Bindung stärker basischer Stoffe benutzt man die schwach sauren Carboxylharze, die übrigens eine ähnliche Maximalkapazität (rund 1—5 mg-Äquiv./g) besitzen.

Die wichtigsten *Anionenaustauscher* sind Harze, die entweder *quartäre* Ammoniumgruppen oder *tertiär* gebundenen Stickstoff enthalten; die ersteren

---

[1] PARTRIDGE, S. M., u. T. SWAIN: Nature (Lond.) **166**, 272 (1950).

[2] Vgl. NACHOD, F.: Ion Exchange. New York: Academic press 1949.

[3] Vgl. die Herstellung von ionenaustauschender Baumwolle durch chemische Behandlung [Ind. Engng. Chem. **43**, No 10, 15a (1951)].

[4] Vgl. dazu: BHATNAGAR, M. S.: Ind. Engng. Chem. **43**, 2108 (1951). — WHEATON, R. M., u. W. C. BAUMAN: Ind. Engng. Chem. **43**, 1088 (1951).

fungieren als stark-, die letzteren als schwach-basische Austauscher. Salze der schwach-basischen und schwach-sauren Austauscher sind in wäßrigen Lösungen erheblich hydrolysiert; Amberlit IR 4B hydrolysiert beispielsweise in der Chlorid-

Tabelle 27. *Zusammenstellung der wichtigsten im Handel erhältlichen Ionenaustauscher auf Harzbasis.*

Bezeichnung	Firma	Maschenzahl	Form	Kapazität
		Kationenaustauscher		
	Ringkohlenwasserstoffe mit Sulfongruppen.			
Amberlite IR 120 B	Rohm & Haas, Philadelphia	20—40	Kugeln	
Amberlite XE 64 B (bzw. Amberlit JR 100 und JR 105)		200—300	Kugeln	
Dowex 50	Dow Chem. Comp. Midland, Mich.	von 20/40 bis 250/500	Kugeln	Austauschkapazität etwa 5 mÄquiv./g
Permutit Q	Permutit Co, New York	16—50	Kugeln	
Duolit C 20	Chem. Proc. Comp. Redwood City, Calif.	20—40	Kugeln	
Zeocarb (auf Kohlebasis)	Permutit Co			Austauschkapazität etwas geringer
	Phenol-Formaldehydharze mit Sulfongruppen.			
Wofatit K, KS, P[1]	Bayerwerke Leverkusen	mehrere mm ⌀	Granula	Austauschkapazität 1,5—3,5 mÄquiv./g
Amberlite IR 100	Rohm & Haas	20—40	Körner	
Duolit C 3	Chem. Proc. Comp.	20—40		
Nalcit MX	National Alum. Corp. Chicago, Ill.			Austauschkapazität 0,52—0,70 mÄquiv./cm^3
	Carboxylgruppenhaltige Austauscher.			
Wofatit C	Bayerwerke Leverkusen	mehrere mm ⌀	Granula	Austauschkapazität hängt sehr stark vom p_H ab.
Amberlite IR 50	Rohm & Haas	20—40	Kugeln	
Amberlite XE 97	Rohm & Haas	200—300	Kugeln	
Duolit CS 100	Chem. Proc. Comp.	20—40		
		Anionenaustauscher		
	Stark basische Typen, vergleichbar mit NaOH (R · N:OH ⇌ R · N$^+$ + OH$^-$)			
Amberlit IR A 400	Rohm & Haas	20—40	Kugeln	Austauschkapazität 2,3 mVal/3
Amberlit XE 59	Rohm & Haas	200—300	Kugeln	
Dowex 2	Dow Chem. Comp.	20—40 / 200—400	} Kugeln	
	Schwach basische Typen, vergleichbar mit NH$_4$OH (R . NH$_3$OH ⇌ R . NH$_3^+$ + OH).			
Wofatit M	Bayerwerke Leverkusen	mehrere mm ⌀	Granula	
Amberlite IR 4 B	Rohm & Haas	20—40	Granula	Austauschkapazität 1,66m Äquiv./cm^3
Duolit A 2	Chem. Proc. Comp.	20—40		Austauschkapazität 2,2 mÄquiv./cm^3
A 300	Cyanamid Comp. New York	20—40	Granula	Austauschkapazität 1,5 mÄquiv./cm^3
Deacidit	Permutit Co., New York	16—50	Granula	Austauschkapazität 0,55—1,2mÄquiv./cm^3

[1] Doppelt gehärtet, beständig gegen heiße Lösungen.

Austauscherharze der Firma Bayerwerke, Leverkusen, „Lewatite".

Handelsname	Typ	Akt. Gruppe	Form	Austausch-leistung g CaO/l	Körnung	Beständig-keit bis °C
Kationenaustauscher						
Lewatit PN . .	Polykondensationsharz	$-CH_2-SO_3H$	gekörnt	13—14	0,5—2,0	100
Lewatit KS . .	Polykondensationsharz	$-SO_3H$	gekörnt	16—18	0,5—1,5	50
Lewatit KSN .	Polykondensationsharz	$-SO_3H$	gekörnt	24—26	0,5—1,5	30
Lewatit CN . .	Polykondensationsharz	$-COOH$	gekörnt	20—40	0,5—1,5	100
Lewatit S 100 .	Polymerisat	$-SO_3H$	kugelig	40	0,4—0,8	100
Anionenaustauscher						
Lewatit M . . .	Polykondensationsharz	$-NH_2$ $-NH-$	gekörnt	10—13	0,5—2,0	30
Lewatit M 1 . .	Polykondensationsharz	$-NH_2$ $-NH-$	gekörnt	30	0,5—2,0	30
Lewatit M 2 . .	Polykondensationsharz	NH_2 quartäre Ammoniumbasen	gekörnt	10—15	0,5—2,0	30

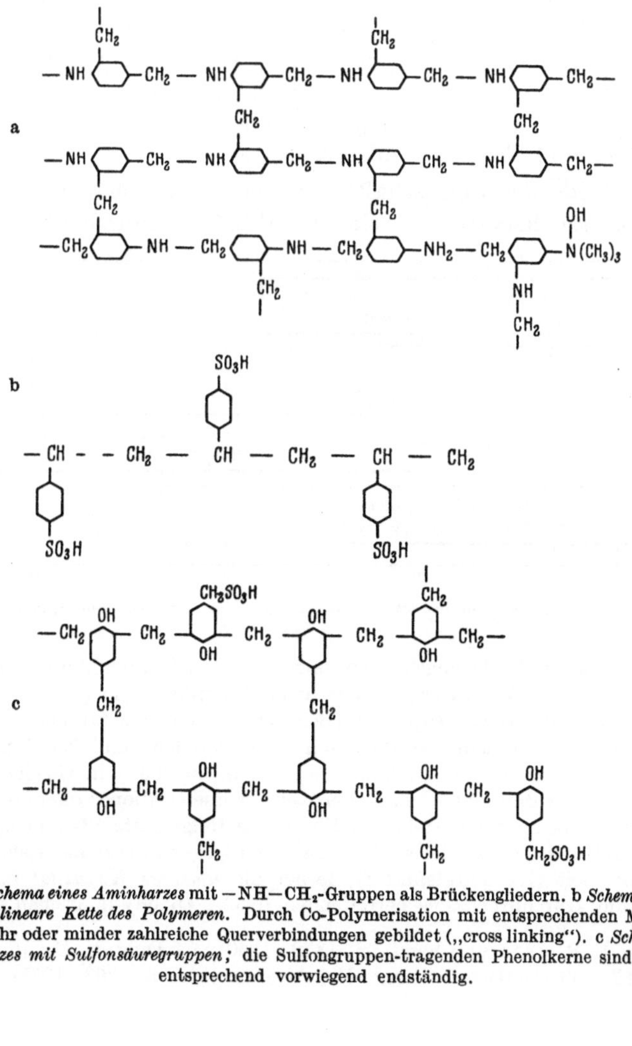

Abb. 92a—c. a *Schema eines Aminharzes* mit $-NH-CH_2$-Gruppen als Brückengliedern. b *Schema eines sulfurierten Polystyrolharzes; lineare Kette des Polymeren.* Durch Co-Polymerisation mit entsprechenden Mengen p-Divinylbenzol werden mehr oder minder zahlreiche Querverbindungen gebildet („cross linking"). c *Schema eines Phenol-Formaldehydharzes mit Sulfonsäuregruppen;* die Sulfongruppen-tragenden Phenolkerne sind der Abbildung entsprechend vorwiegend endständig.

form beim Durchwaschen mit 20 Säulenvolumina Wasser zu etwa 20% (*Abhilfe:* sehr konzentrierte Lösungen zum Vorbehandeln; Zusatz von Alkohol usw.).

Ferner seien erwähnt: Ionac A 293 (Anionenaustauscher), Ionac A 300 (Anionenaustauscher) und Ionac C 200 (Kationenaustauscher mit Sulfongruppen) der American Cyanamid Comp. New York, sowie an *anorganischen* Austauschern: „Decalso" (synthetische Kationenaustauscher, Natriumaluminiumsilicat) der Permutit Comp. New York, sowie „Zeo-Dur" (chem. modifiziert Glaukonit, Kalium-Eisen-Aluminium-silicat) der gleichen Firma.

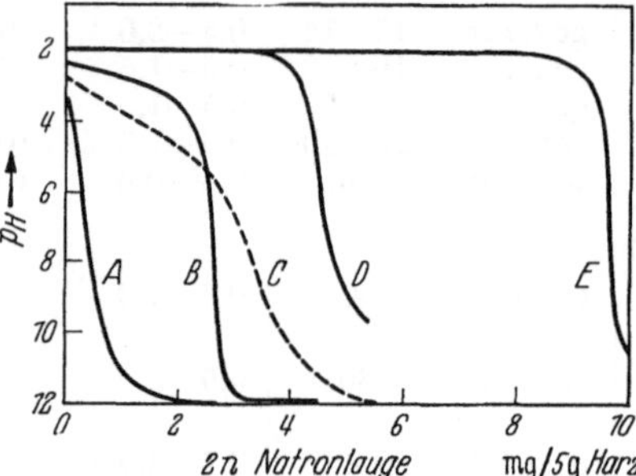

Abb. 93. *Titrationskurven einiger Kationenaustauscher.* Funktionelle Gruppen: *A* Phenolische Hydroxyle; *B* Methylen-Sulfonsäuregruppen; *C* Carboxylgruppen; *D* und *E* Kernsulfonsäuregruppen. [Nach E. R. Tompkins, Analyt. Chem. **22**, 1352 (1950).]

Die angegebenen Werte für die Kapazität geben nur die Größenordnung an. Die tatsächliche Kapazität hängt ab: 1. vom Regenerierungsmittel, 2. von dessen Konzentration, 3. von dessen Gesamtmenge, 4. von der Zeit des Kontakts mit dem Regenerans, 5. von der Gesamtmenge an Stoffen in der Lösung, 6. von der Art und Menge vorhandener Ionen, 7. von der Flußgeschwindigkeit der untersuchten Lösung, 8. von der Form und Tiefe des Adsorberbettes.

Die Unterschiede der Eigenschaften einiger Kationenharze, wie sie aus den p_H-*Pufferungskurven* hervorgehen, sind in Abb. 93 veranschaulicht.

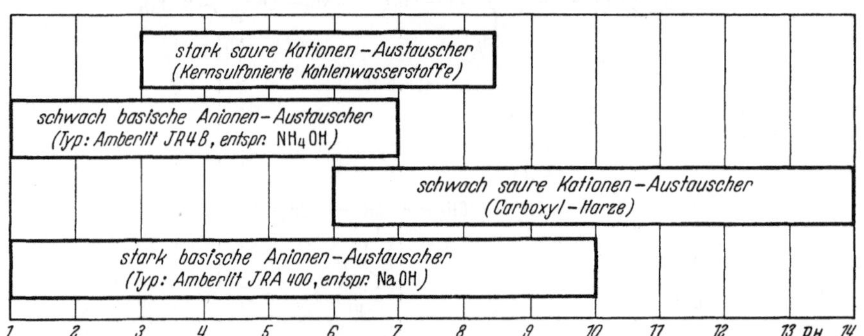

Abb. 94. *Diagramm des wirksamen* p_H-*Bereichs der Haupttypen von Kationen- und Anionenaustauscherharzen.*

Die wiedergegebenen Pufferungskurven zeigen das p_H-Intervall, innerhalb dessen der Austauscher für selektive Austauschvorgänge benützt werden kann (vgl. Abb. 94). Andere wichtige Daten[1] sind die *Gesamtkapazität* (Beispiel: Kationenaustauscher mit $CaCl_2$ aufsättigen, mit kohlensäurefreiem Wasser chloridfrei waschen, mit Natriumchlorid, bzw. Salzsäure regenerieren, im Filtrat Calcium bestimmen), die meist in Gewichtsprozent ausgedrückt wird; die *Neutralsalzspaltung* (Beispiel: Wasserstoffionenaustauscher mit einer bestimmten Menge Kochsalz schütteln, im Filtrat die freigesetzte Säuremenge die bedingt ist durch die individuelle Stärke der austauschaktiven Gruppen (Intensitätsfaktor) und ihre Zahl je Mengeneinheit (Kapazitätsfaktor); ferner die *nutzbare Kapazität im Filterversuch* (Filtrieren bis zum Durchbruch des betreffenden Ions). An physikalischen Größen ist be-

<hr>

[1] Tompkins, E. R.: Analyt. Chem. **22**, 1352 (1950). — Dickel, G., u. K. Titzmann: Angew. Chem. **63**, 450 (1951). — Stach, H.: Angew. Chem. **63**, 263 (1951).

sonders das *Litergewicht* (g/l), das *wahre spezifische Gewicht* (Trockengewicht in g/Vol. von Wasser, verdrängt von der Säule), die *Korngröße* (technisch meist 0,1—2,5 mm; für Laborversuche 0,01—0,1 mm)[1], sowie die *Quellbarkeit* (s. S. 21, 34) von Bedeutung. Maßgebend ist weiter der *Polymerisationsgrad* („*cross linking*" = Quervernetzung), der die Permeabilität des Austauschers für den gelösten Stoff und das Lösungsmittel bedingt und so die Kapazität und Austauschgeschwindigkeit beeinflußt, die wiederum die Schnelligkeit der Zonenwanderung an der Säule und die Verteilung der gelösten Substanz in der Adsorptionszone bestimmen. Sehr wesentlich ist schließlich die *chemische Beständigkeit*; mittels der Permanganattitration lassen sich im allgemeinen leicht die Bedingungen prüfen, unter denen meßbare Mengen löslicher oder peptisierbarer Stoffe in das Filtrat abgegeben werden. Kationenaustauscher sind meist beständiger als Anionenaustauscher, die oft beträchtliche Mengen Stickstoff abgeben; sehr häufiges (unter Umständen wochenlanges) abwechselndes Vorbehandeln mit Säuren und Laugen verbessern die Beständigkeit.

Zur Selbstdarstellung eines Sulfogruppen enthaltenden Phenol-Formaldehydharzes (Kationenaustauschers) vgl. KRESSMANN und KITCHENER[2]. Siehe auch BRENNER und BURCKHARDT[3] (Darstellung eines Harzaustauschers „JS" mit Sulfosäuregruppen auf Phenol-Formaldehydbasis mit guten Eigenschaften besonders in Bezug auf leichte Eluierbarkeit).

Vorbehandlung des Austauscherharzes für den Versuch. Das Harz (für vergleichende Untersuchungen wird der Feuchtigkeitsgehalt durch 48—72 Std dauerndes Trocknen bei 110° bestimmt), wird durch Mahlen (am besten nicht in einer Kugelmühle, sondern in einer Kaffee- oder Mokkamühle, wobei weniger Abfall entsteht) auf die gewünschte Korngröße gebracht, feinste Teilchen in einem hohen Standgefäß mit Wasser abflotiert, das Adsorptionsrohr mit destilliertem Wasser gefüllt und die Harzsuspension in mehreren Portionen eingeschlämmt. Bei sehr kleinen Partikelgrößen kann es zur rascheren Ausbildung der Säule vorteilhaft sein, während des Einsinkens der Harzpartikel das Wasser langsam unten aus der Säule austreten zu lassen. Da käufliche Harze meist verunreinigende Ionen enthalten, läßt man am besten eine 1—6 m-Lösung, die das entsprechende Ion enthält, durch die Säule laufen, bis eintretende und austretende Lösung keinen Konzentrationsunterschied mehr zeigen (z.B. Salzsäure oder Schwefelsäure zur Überführung eines Kationenaustauschers in die H^+-Form, bzw. eines Anionenaustauschers in die Chlorid- oder Sulfatform; entsprechend erhält man durch Waschen eines Anionenaustauschers z.B. mit Natron- oder Kalilauge die OH^--Form). Beim Durchfluß einer konzentrierten Lösung schrumpft das Gel, beim Waschen mit Wasser quillt es, wobei die Säule reißen kann; man läßt in letzterem Fall das Wasser besser vom Boden der Säule eintreten und oben ablaufen. Das Nachwaschen muß bis zum Verschwinden des durch Vorbehandlung verwendeten Ions fortgesetzt werden.

Beispiele der Anwendung der stark basischen Anionenaustauscher, die für Zwecke der Proteinchemie bisher nicht genügend ausgenützt wurden, sind im folgenden kurz zusammengestellt; zahlreiche Anwendungsbeispiele der anderen Harztypen finden sich im speziellen Hauptteil.

Anwendungsbeispiele für stark-basische Austauscher (Typ: Amberlit J R A 400, Dowex 2).

$R \cdot N : OH + NaCl \rightleftharpoons R \cdot N : Cl + NaOH$ *(Neutralsalzspaltung)*;

$R \cdot N : Cl + NaHCO_3 \rightleftharpoons R \cdot N : HCO_3 + NaCl$ } *(Spaltung von Salzen starker Basen*
$R \cdot N : Cl + Na_2S + H_2O \rightleftharpoons R \cdot N : SH + NaCl + NaOH$ }   *mit schwachen Säuren)*;

$R \cdot N : OH + C_6H_5OH \rightleftharpoons R \cdot N : OC_6H_5 + H_2O$ } *(Bindung der Anionen*
$R \cdot N : OH + CO_2 + H_2O \rightleftharpoons (R \cdot N)_2 : CO_3 + 2\,H_2O$ }   *schwacher Säuren)*;

desgleichen Phosphate, Borate, Cyanide usw.

$R \cdot N : OH + NH_2 \cdot CH(R)COOH \rightleftharpoons R \cdot N : OOC \cdot CH(R) \cdot NH_2 + H_2O$ } *(Bindung von Aminosäuren* mit isoelektrischem Punkt < 10).

---

[1] Der „Einheitlichkeitsfaktor" beträgt für gute Produkte 1,5—2,0.

[2] KRESSMANN, T. R. E., u. J. A. KITCHENER: J. Chem. Soc. **1949**, 1190.

[3] BRENNER, M., u. C. H. BURCKHARDT: Helvet. chim. Acta **34**, 1070 (1951).

1444. Lösungsmittel.

Die Wahl der Solventien wird sich zunächst nach den Löslichkeitsverhält-
nissen der zu trennenden Stoffe richten. Über die Auswahl der Lösungsmittel
bei der *Adsorptionschromatographie* ist auf S. 17 das Grundsätzliche gesagt.
Bei nicht wäßrigen Lösungsmitteln wird man zweckmäßig selbst Spuren von
Feuchtigkeit ausschließen. Auch die Reinheit ist in vielen Fällen entscheidend
(nochmalige Destillation von Handelspräparaten aus Glasgefäßen!); Gegenwart
von nur 1% Äthanol etwa im verwendeten Chloroform kann das Verhalten der
Substanz ändern. Ebenso stören Schwermetallspuren oft empfindlich. Besonders für die Identifizierung durch UV-Spektroskopie nach erfolgter chromatographischer Trennung ist auf äußerste Reinheit der zum Entwickeln bzw.
Eluieren verwendeten Lösungsmittel zu achten (eventuell vor dem Versuch
durch das betreffende Adsorbens filtrieren!). Aktivkohle und Silicagel wurden
zur Entfernung fluorescierender Verunreinigungen[1], Aluminiumoxyd z.B. zur
Befreiung des Äthers von Peroxyden empfohlen[2]. Trotzdem die Konzentration
der Lösung meist nicht mehr als einige Prozent betragen wird, ist auf gute Löslichkeit der betreffenden Substanz in dem verwandten Lösungsmittel zu achten;
ein Auskristallisieren an der Säule führt oft zu lästigen Störungen. Gegebenenfalls erhöht man die Temperatur. Da jedes Lösungsmittel gleichzeitig
als Elutionsmittel wirkt, wird man durch Kombination mit einem geeigneten
Adsorbens ein optimales Adsorptionsmilieu zu schaffen versuchen: zu starke
Fixierung der Substanz erschwert die Elution, zu geringe Adsorption führt
zum Durchlaufen des Gemisches ohne vorherige Trennung. Auf die gesund-
heitsschädigende Wirkung zahlreicher Lösungsmittel sei hier wegen der oft beträchtlichen eingesetzten Quantitäten eigens hingewiesen. Für Routineuntersuchungen, bei denen Lösungsmittelgemische Verwendung finden, die sich beim
Stehen nicht verändern (z.B. verestern), wie etwa bei wassergesättigtem Butanol
usw., empfiehlt sich die Verwendung größerer Glasballons mit Hebervorrichtung
und Ablaßhahn. Die verwendeten Lösungsmittel sollen vorher *entgast* sein,
gleichgültig, ob mit Über- oder Unterdruck gearbeitet wird.

Viel verwandte Lösungsmittel sind:

Benzin, Petroläther (40—60°), *Ligroin* (60—80°). Zur Entfernung ungesättigter Bestandteile wird mit konzentrierter oder rauchender Schwefelsäure mehrere Stunden geschüttelt
und destilliert. Beim Ausschütteln darf Wasser keine saure Reaktion annehmen. Man trocknet
ebenso wie bei den folgenden Kohlenwasserstoffen mit Natriumdraht.

Benzol (80,4°). Wirkt stärker eluierend als Benzin, daher oft im Gemisch damit verwandt. Befreiung von Thiophen durch Schütteln mit rauchender Salzsäure, darauf mit
rauchender Schwefelsäure bzw. mit Phthalsäureanhydrid und wasserfreiem Aluminiumchlorid.

Cyclohexan (81°). Befreiung von Benzol mit Nitriersäure. An Stelle von Heptan verwendbar. Das höhersiedende Dekalin (188°) ist nur selten verwandt worden.

Tetrachlorkohlenstoff (77°), *Chloroform* (61°). Befreiung des Chloroforms von stark eluierend wirkendem Alkohol durch mehrtägiges Schütteln mit konzentrierter Schwefelsäure
bis zum Aufhören der Verfärbung und darauffolgendes Auswaschen mit Wasser, Ammoniak,
Wasser, verdünnte Schwefelsäure, Natriumcarbonat. Trocknen mit Pottasche, Ätzkali

---

[1] GRAFF, M. M., R. T. O'CONNOR u. E. L. SKAU: Ind. Engng. Chem., Analyt. Edit. **16**,
556 (1944).
[2] FICHLER, M.: Pharmac. Acta Helvet. **13**, 123 (1938).

oder Phosphorpentoxyd. Abdestillieren unter Feuchtigkeitsausschluß; alle Operationen im Dunkeln! Beim Trocknen über Calciumchlorid entsteht unter Umständen Phosgen.

Aceton (56°), *Methyläthylketon* (88°). Reinigung von reduzierenden Bestandteilen durch Schütteln mit Permanganat/Soda und Destillieren. Trocknen über Pottasche oder Calciumchlorid. Nach Trocknung mit entwässertem Kupfersulfat für chromatographische Zwecke unbedingt nochmals destillieren! Aceton ist lichtempfindlich.

Methylacetat (57°), *Äthylacetat* (77°). Reinigung durch Ausschütteln mit Soda oder Bicarbonat, Wasser und Calciumchlorid, Trocknen und Destillieren über Calciumchlorid. Völlig wasserfrei durch Destillation über Natriumdraht.

Alkohole. Methanol (65°) dient oft, mitunter schon in Zusätzen von einigen Prozent, als wirksames Eluens. Man verwendet am besten nur p. a.-Qualität. Trocknen durch Kochen mit Kalk oder Bariumoxyd. Bei Destillation über Natrium tritt Aldehyd auf. *Äthanol* (78°) enthält oft Benzolspuren, die im Ultraviolett stören. *Propyl-, Butyl-, Amylalkohole* werden entsprechend getrocknet, Amylalkohol durch Schütteln mit verdünnter Salzsäure von basischen Verunreinigungen befreit. *Benzylalkohol* enthält oft Quecksilberspuren (Unschädlichmachung z. B. durch Thiolverbindungen).

Glykol (197°), *Glykolmonoäthyläther* = Cellosolve.

Pyridin. In vielen Fällen das wirksamste Elutionsmittel, eventuell im Gemisch mit wäßrigen Säuren. Homologe stören meistens wenig. Reinigung durch Kochen mit verdünnter Permanganatlösung, Trocknen über Ätzkali oder Bariumoxyd. Die *Picoline, Lutidine* und *Collidine* werden analog behandelt. Trennung durch Destillation über hochwirksame Kolonnen.

Zur Auswahl des geeigneten Lösungsmittels für ein Adsorptionschromatogramm beginnt man zweckmäßig mit Aluminiumoxyd als Adsorbens in der Lösungsmittelreihe (S. 17) möglichst weit links und geht, eventuell durch portionsweises oder sogar *kontinuierliches*[1] Zumischen Schritt für Schritt in der eluotropen Reihe nach rechts in Richtung stärkerer Eluentien, bis sich die Zonen vom oberen Säulenrand lösen und mäßig schnell unter Trennung nach unten wandern.

Für *verteilungschromatographische* Zwecke spielt die richtige Auswahl des Lösungsmittelpaares mehr noch als bei der Adsorptionschromatographie eine entscheidende Rolle. Meist muß man eine geeignete Kombination von Lösungsmitteln für den vorliegenden Fall auf empirischem Weg finden. Die auf S. 11 angegebenen theoretischen Zusammenhänge zwischen Verteilungskoeffizienten und der Art der Lösungsmittel können, wenn man erst ein annähernd brauchbares System gefunden hat, dazu dienen, durch sinnvolle Abwandlung das Verfahren weiter auszubauen. Handelt es sich um zwei nur begrenzt miteinander mischbare Phasen, so nimmt man zweckmäßig Vorproben in kleinen Schütteltrichtern oder Reagensgläsern vor, wobei man versucht, eine Kombination ausfindig zu machen, bei der der Verteilungskoeffizient etwas unter 1 liegt und die lipophile Phase die kleinere Konzentration zeigt (bei der „reversed chromatography" gilt sinngemäß das Umgekehrte). Handelt es sich um konstitutionell nahe Verwandte, also schwierig zu trennende Verbindungen, so wird man ein Lösungsmittelsystem wählen, bei dem der Verteilungskoeffizient klein ist, um dadurch zu kleinen R_F-Werten zu kommen: denn je langsamer die Wanderung der Substanzen relativ zur Flüssigkeitsfront ist, um so besser sind im allgemeinen die Trennungen, desto größer allerdings auch die durchfließenden Flüssigkeitsvolumina und desto länger die Versuchszeiten. Zur Erzielung brauchbarer R_F-Werte muß man die Zusammensetzung der beiden Phasen häufig nahe der

---

[1] Zur kontinuierlichen Steigerung der Polarität des Eluens vgl. DONALDSON, K. O., V. J. TULANE u. L. M. MARSHALL: Analyt. Chem. **23**, 185 (1951).

Mischungsgrenze wählen (Collidin/Wasser). In vielen Fällen zieht man wassermischbare Lösungsmittel vor. Als Faustregel kann dabei gelten, daß man 10 bis 20% der stabilen Phase (meist Wasser) der beweglichen, lipophilen zusetzt. Die genaue Zusammensetzung muß hier durch zahlreiche Vorversuche ermittelt werden. Im allgemeinen wird man bestrebt sein für papierchromatographische Verfahren durch geeignete Auswahl der Lösungsmittel die R_F-Werte höher zu halten als für die Säulenchromatographie, bei der man ein Vielfaches des Säulenvolumens an Entwicklungsflüssigkeit hindurchschicken kann. Insbesondere bei der Papierchromatographie mit Lösungsmittelsystemen, die sich chemisch verändern bzw. auf die zu trennenden Substanzen zersetzend wirken (Phenol auf manche Aminosäuren), wird man auf nicht zu lange Versuchszeiten achten müssen.

In den letzten Jahren sind bei den vielen verteilungschromatographischen Untersuchungen mehrere tausend Lösungsmittelkombinationen auf ihre Brauchbarkeit hin untersucht worden. Nur eine relativ kleine Zahl hat sich dabei als ziemlich generell brauchbar erwiesen, von denen die in vorliegendem Zusammenhang wichtigsten im folgenden erwähnt sind, während seltener verwandte und für besondere Zwecke brauchbare Kombinationen im speziellen Teil angeführt sind.

Phenol:Wasser[1]. Phenol wird mit 12% Wasser verflüssigt und zunächst bei Atmosphärendruck, später bei 25 mm über 0,1% Aluminiumspänen und 0,05% Natriumbicarbonat destilliert (POLLARD)[2]. Zur Reinigung durch Vakuumdestillation über Zinkspänen vgl. TH. WIELAND[3], durch Wasserdampfdestillation nach mehrstündigem Schütteln mit verdünntem Ammoniak vgl. PARTRIDGE[4].

Meist verwendet man ein Gemisch Phenol/Wasser 80:20. Zur Vermeidung von schmutzig braunen oder rosafarbenen Fronten in Papierchromatogrammen wurde der Zusatz von 0,1 g Natriumcyanid zum „Sättigungsphenol", bzw. von 0,1% „Cupron"[5] (bzw. 8-Oxychinolin) zum Entwicklungsphenol vorgeschlagen. DUNN bevorzugt „pink fronts", während HEYNS ein Verziehen der Substanzflecken dabei beobachtete. Schwermetallspuren kann man durch eine Leuchtgasatmosphäre unwirksam machen. Auch Homologe des Phenols Cresol usw.) haben Verwendung gefunden[6].

Collidin: Wasser. Zur Reinigung wird Collidin mit Brom (5—10 cm³/l) geschüttelt, filtriert, mit Thiosulfat behandelt, nach erneutem Filtrieren 24 Std über Ätznatron getrocknet und die bei 172° übergehende Fraktion gesammelt[7]. Man kann auch technisches Collidin

---

[1] Die Komponenten der Lösungsmittelgemische für verteilungschromatographische Trennungen sind im folgenden durch : miteinander verbunden.

[2] POLLARD, F., McOMIE u. I. I. ELBETH: Nature (Lond.) **163**, 292 (1949).

[3] WIELAND, TH.: Chem. Ber. **82**, 468 (1949).

[4] PARTRIDGE, S. M.: Biochemic. J. **42**, 238 (1948).

[5] FROMAGEOT, C., u. M. PRIVAT DE GARILHE: Biochim. et Biophysica Acta **4**, 509 (1950).

[6] Vgl. ferner: *Gepuffertes Phenol.* a) 100 g kristallisiertes Phenol wird mit 20 cm³ der wäßrigen Lösung von 6,3% Na-Citrat, 3,7% KH_2PO_4 und 0,5% Vitamin C geschüttelt [BERRY, H. K., u. L. CAIN: Arch. of Biochem. **24**, 179 (1949)]; b) 100 cm³ verflüssigtes Phenol werden bei $22 \pm 1°$ C mit Phosphatpuffer p_H 12,0 (50 cm³ 0,067 m-Na_2HPO_4 + 50 cm³ 0,067 n-NaOH) geschüttelt, das Papier mit der wäßrigen Phase getränkt und die Kammer mit beiden Phasen gesättigt (McFARREN, vgl. S. 170). Ähnlich verwendet man gepuffertes Cresol. — Hervorragend bewährt sich nach A. L. LEVY u. D. CHUNG [Analyt. Chem. **25**, 396 (1953)] ein *mit Boratpuffer p_H 9,3 gesättigtes Gemisch von Phenol:Cresol 1:1.* 200 cm³ 0,1 m-Borsäure und 113,5 cm³ 0,1 n-Natronlauge werden gemischt, 7 cm³ dieses Puffers mit 25 g Phenol und 25 g m-Cresol (p. a.) zur mobilen Phase vereinigt; die Sättigungsphase enthält 250 cm³ Puffer und 8 cm³ der mobilen Phase.

[7] PARTRIDGE, S. M.: Biochemic. J. **42**, 238 (1948).

* Besonders bewährt.

6 Std über festem Kaliumpermanganat kochen und die Fraktion bei 172° nach dem Schütteln mit Wasser zur Chromatographie verwenden. Häufig verwendet man ein Gemisch aus gleichen Volumenteilen 2,4,6-Trimethylpyridin + 2,4-Dimethylpyridin (Lutidin) + Wasser (1:1:1) + 1% Diäthylamin. Für viele Zwecke genügt es sogar, die rohe Pyridinbasenfraktion bis 160° zu nehmen[1]. Sind die R_F-Werte zu hoch, so fügt man mehr von der Fraktion um 170° hinzu. — 5 cm³ Collidin sollen beim Schütteln mit 5 cm³ Wasser 1 cm³ wäßrige Phase ungelöst lassen; bleiben mehr als 1,5 cm³ ungelöst, so fügt man etwas Lutidin hinzu, da andernfalls die R_F-Werte für die meisten Zwecke zu niedrig ausfallen[2]. *Besondere Sorgfalt ist bei diesem Lösungsmittel auf das Sättigen mit Wasser bei der Arbeitstemperatur zu legen!*

Weitere organische Basen:
2,6-Lutidin:Äthanol:Wasser 55:20:25, mit 1—2% Diäthylamin.
2,6-Lutidin:tert.-Amylalkohol:Wasser 50:20:25 mit Diäthylamin, unterhalb 20° zu verwenden. — Andere Zusammensetzung:
2,6-Lutidin:tert.-Amylalkohol zu gleichen Teilen gemischt, mit Wasser sättigen, Zusatz von 0,1% Diäthylamin.
Picolin 60% (wäßrig);
Picolin:Ammoniak:Wasser 70:2:28; (konzentrierter Ammoniak).
Pyridin:tert.-Amylalkohol:Wasser 35:35:30 (statt Lutidin).

Alkohole, besonders Butanol:
n-Butanol, wassergesättigt.
n-Butanol:Äthanol:Wasser 50:10:40.
*n-Butanol:Essigsäure:Wasser;
    a) 80:20:20,
    b) 80:20:100 (obere Phase); Aufbewahren in Gegenwart der wäßrigen Phase.
    c) 68:5:27.
*n-Butanol:Propionsäure:Wasser (Bereitung des Gemisches s. S. 269).
*sec-Butanol:Ameisensäure:Wasser 75:13:12 (wasserfreie Säure) bzw.
                75:15:10 (85%ige wäßrige Säure).
tert.-Butanol:Ameisensäure:Wasser 70:15:15 (90%ige Säure) zur Trennung schwefelhaltiger Aminosäuren und Peptide.
*tert.-Butanol : Methyläthylketon : Ameisensäure : Wasser 160:160:1:39 (konzentrierte Säure); trennt Leucin von Isoleucin.
n-Butanol:tert.-Butanol:Salzsäure (0,1 n) 3:1:1.
iso-Butanol:Essigsäure (2 n) 400:75.
iso-Propanol:Eisessig:Wasser 70:20:10.
n-Butanol, gesättigt mit 2n-Ammoniak, bzw. sec.-Butanol, gesättigt mit 3% Ammoniak (wäßrig).
Isopropanol:Ammoniak:Wasser 6:3:1 (konzentrierter Ammoniak).
n-Butanol:Glykolmonochlorhydrin:Ammoniak 50:10:5 (konzentrierter Ammoniak).
n-Butanol:Glykolmonochlorhydrin:Wasser 50:10:16.
tert.-Butanol:Methanol:Wasser 4:5:1.
Methanol:Wasser 9:1.
Methanol:Ammoniak:Wasser 90:2:8.

Ketone, Äther usw.
*Methyläthylketon:Pyridin:Wasser 70:15:15.
*Methyläthylketon:Äthanol:Wasser 70:15:15 (trennt Leucin von Isoleucin ausgezeichnet; Durchlaufverfahren!).
Aceton:Wasser (mit 0,5% Harnstoff) 60:40.
Methylcellosolve (= Glykolmonomethyläther):Wasser.
Mesityloxyd[3]:Ameisensäure:Wasser 1:1:2 (85%ige Säure); obere Phase.

---

[1] DENT, C. E.: Biochemic. J. **41**, 240 (1947); **43**, 168 (1948).
[2] Zur Verwendung *gepufferten Lutidins* (MCFARREN) s. S. 170.
[3] Peroxydfrei, destilliert, Kp: 129—130°.
* Besonders bewährt.

Carbonsäuren.

    *Isobuttersäure:Eisessig:Wasser 80:20:20.

    Isobuttersäure:Wasser 80:20.

    *Eisessig:Pyridin:Wasser 50:35:15.

Auf die Konstanthaltung der Zusammensetzung der Phasen durch gute Sättigung der Atmosphäre und Temperaturkonstanz ist besonders zu achten. Ein portionsweises oder kontinuierliches Zumischen eines stärker eluierend wirkenden Lösungsmittels zur Entwicklungsflüssigkeit ist selbstverständlich ähnlich wie bei der Adsorptionschromatographie auch bei der Verteilungschromatographie möglich. Kontinuierliche Konzentrationserhöhung des Eluens bewirkt, daß jede Komponente vom Eluens der kritischen Konzentration umgeben wird, wodurch ein „tailing" vermindert oder ausgeschaltet wird; denn die Rückseite der Zone befindet sich immer in einem stärker eluierend wirkenden Medium als die Vorderseite (Abb. 95).

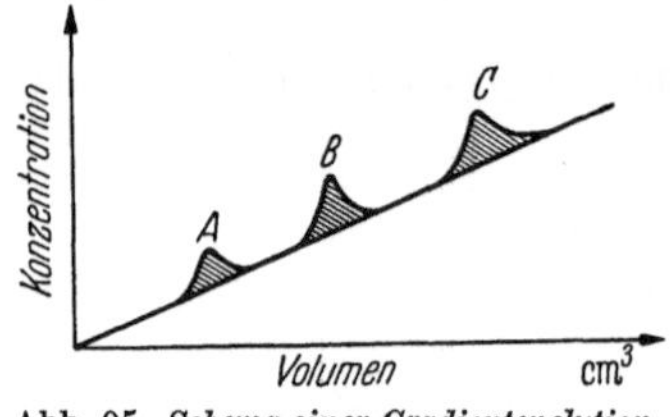

Abb. 95. *Schema einer Gradientenelution.*
[Nach A. TISELIUS, Endeavour **11** (1952).]

Als Lösungsmittel für die *Ionenaustauschchromatographie* kommen fast immer ionenhaltige, wäßrige Lösungen in Frage. Die wirksamste Elution bewirken bei Kationenaustauschern Wasserstoffionen, bei Anionenaustauschern Hydroxylionen. Dementsprechend ist für eine selektive Entwicklung in einzelne Komponenten die richtige Abstufung des p_H und der Ionenkonzentration maßgebend; sie kann wiederum kontinuierlich erfolgen. Beispiele für geeignete Pufferlösungen findet man auf S. 143, 200.

2. Spezieller Teil.

21. Trennung, Identifizierung und Bestimmung der Aminosäuren[1].

Zur analytischen Trennung der Aminosäuren empfiehlt sich nach dem heutigen Stand der Erfahrung die Elutionsentwicklung an kernsulfurierten Harzaustauschern; auch die Stärkesäule gibt gute Resultate. Für halbquantitative und qualitative Zwecke und ganz besonders für Reihenversuche ist die Papierchromatographie die Methode der Wahl. Für präparative Zwecke verdient die Verdrängungsentwicklung an Ionenaustauschern den Vorzug.

---

* Besonders bewährt.

[1] Zum „Einschießen" eines bestimmten Verfahrens benötigt man authentische Proben der zu trennenden Aminosäuren; die meisten wichtigen Vertreter dieser Klasse sind von den einschlägigen Handelsfirmen zu beziehen; auch einige Peptide werden hergestellt. Zur Synthese und Isolierung aus natürlichem Material s. M. S. DUNN und L. B. ROCKLAND: Adv. Protein Chem. **3**, 295—382 (1947) [dort auch eine ausgezeichnete Zusammenstellung der Reinheitskriterien]. Über die Mängel der sterischen Reinheit von Handels-Aminosäuren sowie über Reinigung und Bestimmung der sterischen Reinheit (bis auf 99,99%) vgl. GREENSTEIN, J. P., S. M. BIRNBAUM u. M. C. OTEY: J. of Biol. Chem. **204**, 307 (1953) und frühere Arbeiten.

211. Analytische Trennung.

2111. Ionenaustausch.

Durch Anwendung stark basischer, bzw. saurer Adsorbentien gelingt eine Aufteilung der Aminosäuren in drei Gruppen: in die sauren Monoamino-Dicarbonsäuren, die basischen Diamino-Monocarbonsäuren und die neutralen Monoamino-Monocarbonsäuren. Innerhalb dieser Gruppen ist eine weitere Aufteilung auf Grund der verschiedenen Acidität bzw. Basizität der einzelnen Komponenten möglich (Literaturübersichten bei CANNAN[1]; MARTIN und SYNGE[2]; TISELIUS[3]; TURBA[4]; WIELAND[5]).

Basische Aminosäuren. F. TURBA[6] wandte als erster die chromatographische Versuchstechnik auf die Trennung der basischen Aminosäuren von den neutralen und sauren sowie der Basen voneinander an (vgl. S. 1); beim Filtrieren einer neutralen Lösung von *Arginin, Lysin und Histidin* durch eine Schicht der säureaktivierten Bleicherde Filtrol-Neutrol werden die basischen Aminosäuren quantitativ adsorbiert, während die übrigen ins Filtrat gehen (Ausbeute nahezu 100%). Die unvorbehandelte Naturerde Floridin (XXF oder XS) hält dagegen nur Arginin und Lysin fest; das schwächer basische Histidin geht mit den Monoaminosäuren ins Filtrat (bei aktiveren Chargen der Bleicherde setzt man 0,5% Pyridin der Waschlösung zu). Zur Trennung von Arginin und Lysin entwickelt man das gemeinsame Adsorbat an Filtrol-Neutrol mit prim.-Kaliumphosphat, wobei Lysin zuerst ins Filtrat geht[7]. Die Elution aller adsorbierten Aminosäuren erfolgt mit einem Gemisch Pyridin:1 n-Schwefelsäure 5:1; man fällt zur Analyse mit Baryt und verdampft das Pyridin im Vakuum. Ähnliche Ergebnisse erzielten M. S. BERGDOLL und D. M. DOTY[8] mit dem verwandten Adsorbens „Lloyds Reagens" (vgl. das Schema der Trennung in Abb. 96). Auch Guanido-essigsäure und Arginin können nach Adsorption an Permutit getrennt bestimmt werden (J. W. DUBNOFF und H. BORSOOK[9]). G. SCHRAMM[10] schlug zur Adsorption der Aminosäurebasen an Stelle der sauren Silicate zunächst Kieselgel vor, aus dem sich die adsorbierten Aminosäuren schon mit Mineralsäure eluieren lassen; da aber die Kapazität des Adsorbens sehr gering ist (vgl. auch die ungünstigen Erfahrungen von TISELIUS[11]), führte er spätere Arbeiten mit Wofatit C als Basenaustauscher durch (s. S. 155). Nach TH. WIELAND[12] vermag auch basisches Aluminiumoxyd die an den austauschfähigen Stellen befindlichen Natriumionen in neutraler Lösung gegen die Kationen von Arginin und Lysin einzutauschen, während Histidin und die Monoaminosäuren ins Filtrat wandern. Die Elution gelingt sehr leicht mit verdünnten Mineralsäuren; allerdings ist die Kapazität des Adsorbens entsprechend

---

[1] CANNAN, R. K.: Ann. New York Acad. Sci. **47**, 135 (1946).

[2] MARTIN, A. J. P., u. R. L. M. SYNGE: Adv. Protein Chem. **2**, 1 (1945).

[3] TISELIUS, A.: Adv. Protein Chem. **3**, 67 (1946).

[4] TURBA, F.: Z. Vitamin-, Hormon- u. Fermentforsch. **2**, 49 (1948/49).

[5] WIELAND, TH.: Angew. Chem. **56**, 213 (1943).

[6] TURBA, F.: Ber. dtsch. chem. Ges. **74**, 1829 (1941).

[7] SCHRAMM, G., und J. PRIMOSIGH konnten die quantitative Abtrennung des Histidins mit Floridin bestätigen, fanden aber ein „Überlappen" von Arginin und Lysin beim Entwickeln des Adsorbats an Filtrol-Neutrol mit primärem Phosphat. Dieser Befund dürfte auf eine nicht genügend aktive Charge der Bleicherde zurückgehen; wir konnten nach Behandeln von nicht trennfähigem Filtrol-Neutrol mit Säure (vgl. S. 115) unsere Befunde reproduzieren: Ausbeute an Lysin (argininfrei: Sakaguchi-Test) z.B. 0,97; 0,98; 0,95 mg-N (KJELDAHL); ber. 0,99 mg-N. — Die Wirkung der zum Entwickeln benutzten Phosphationen beruht zum Teil auf der Verschiebung des p_H, zum anderen auf der Affinität des Phosphats zu den kationischen Bestandteilen der Säule (Aluminium, Magnesium, Eisen).

[8] BERGDOLL, M. S., u. D. M. DOTY: Ind. Engng. Chem., Analyt. Edit. **18**, 600 (1946).

[9] DUBNOFF, J. W., u. H. BORSOOK: J. of Biol. Chem. **138**, 381 (1941).

[10] SCHRAMM, G., u. J. PRIMOSIGH: Ber. dtsch. chem. Ges. **77**, 417 (1944).

[11] TISELIUS, A.: Adv. Protein Chem. **3**, 88 (1946).

[12] WIELAND, TH.: Hoppe-Seylers Z. **273**, 24 (1942).

gering (1 mg Base/4 g); Harzaustauscher besitzen eine etwa 20fache Austauschkapazität, Bleicherden immerhin die 5—10fache.

Wenn auch die modernen Ionenaustauschharze wegen ihrer reproduzierbaren Eigenschaften, der Regenerierbarkeit und Beständigkeit in saurer und alkalischer Lösung bevorzugte Verwendung finden, so ist doch (z.B. für die Befreiung eines Aminosäuregemisches von den Basen, bzw. für die Bestimmung des Basenstickstoffs durch Differenzbildung zwischen Ausgangs- und Eluatwert) die Adsorption an Bleicherden oder Permutiten wegen der Einfachheit, Exaktheit und Zuverlässigkeit auch beim heutigen Stand der Verfahren zu empfehlen. Vgl. dazu auch die Erfahrungen von Rauen und Felix mit dem Carboxylharz Wofatit C (S. 137).

Quantitative Trennung einer basischen von einer neutralen (oder sauren) Aminosäure an Filtrol-Neutrol. Eine wäßrige Suspension von 3 g Filtrol-Neutrol (wenn nötig, aktiviert), wird auf eine Glasfritte G 2 oder 3 gegeben, nach 5 min schwach mit der Wasserstrahlpumpe

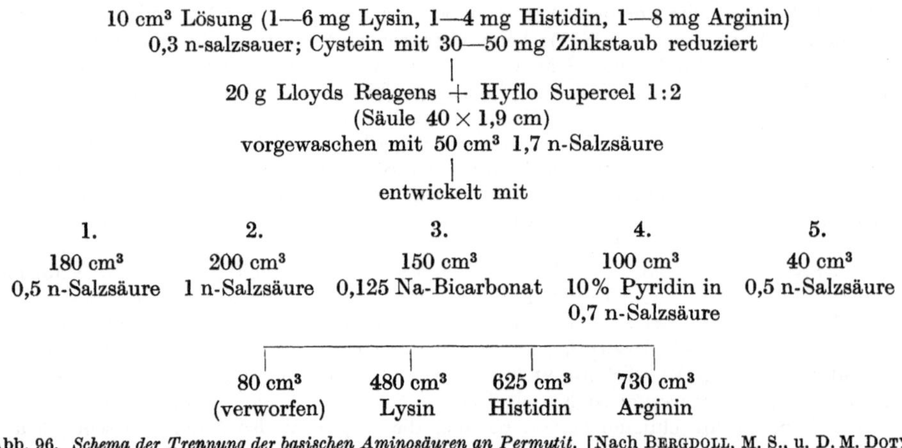

Abb. 96. *Schema der Trennung der basischen Aminosäuren an Permutit.* [Nach Bergdoll, M. S., u. D. M. Doty: Ind. Engng. Chem., Analyt. Edit. **18**, 600 (1946).]

angesaugt, die Lösung mit je 5—10 mg der Komponenten ohne aufzuwirbeln aufgegeben (2 cm³, p_H 7), mit 30—60 cm³ Wasser bis zum Verschwinden der Ninhydrinreaktion nachgewaschen und gegebenenfalls die Base mit 80 cm³ 1 n-Schwefelsäure-Pyridin-Wasser 5:1:4 eluiert.

Zur quantitativen Abtrennung und Bestimmung basischer Aminosäuren durch Ionenaustausch verwendet man neuerdings fast ausschließlich synthetische Austauscher auf Harzbasis, deren Kapazität die der meisten übrigen Adsorbentien weitaus übertrifft; dabei ist das Aufnahmevermögen der Wasserstoffionenformen größer als das der Alkaliionenformen und das der Sulfosäureharze größer als das der Carboxylharze.

Freudenberg, Walch und Molter[1] fanden 1942, daß von bestimmten Sulfosäureaustauschern (Wofatit K, KS, A, Ligninsulfosäuren) nach Vorbehandlung mit Säuren alle Aminosäuren festgehalten werden. Aus dem Adsorbat wurden die neutralen und sauren Aminosäuren mit wäßrigem Pyridin eluiert; die basischen Aminosäuren ließen sich durch Salzsäure (wonach das entstehende Pyridinhydrochlorid aus dem Eluat mit Chloroform entfernt werden konnte) oder noch besser mit Ammoniak vom Austauscher ablösen. — Nach Th. Wieland[2] hält das Carboxylharz Wofatit C als Wasserstoffionenaustauscher die basischen, nicht aber die neutralen oder sauren Aminosäuren fest; als K⁺-Austauscher fungiert es als Adsorbens nur für Arginin und Lysin, während Histidin mit den neutralen Aminosäuren ins Filtrat geht; Alkaliionen mit kleineren Ionenradien (Li^+, Na^+) haften

[1] Freudenberg, K., H. Walch u. H. Molter: Naturwiss. **30**, 87 (1942).
[2] Wieland, Th.: Ber. dtsch. chem. Ges. **77**, 539 (1944).

dagegen fester am Kunstharz und tauschen nur unvollkommen gegen die Aminosäure-basen aus.

Nach den Erfahrungen von RAUEN und FELIX[1] mit Hydrolysaten des Protamins Clupein (das als einzige basische Aminosäure Arginin enthält) stimmen die durch Ionenaustausch an Wofatit C gewonnenen Werte für den Argininstickstoff mit denen der Flaviansäure-fällung überein; allerdings streuten die Werte für die Adsorptionsversuche zwischen 87,9 und 91%, während die durch Fällung gewonnenen mit 90,3 und 90,6% Übereinstimmung zeigten; man muß also bei den Versuchen mit Wofatit das Mittel aus einer größeren Zahl von Einzelwerten nehmen und mit einer bewährten Methode kontrollieren, bis sie sich zuverlässig handhaben läßt.

Um Trennungen der basischen Aminosäuren an einem Carboxylgruppen-enthaltenden Austauscher handelt es sich auch bei der Chromatographie an Filterpapieren, bei denen ein Teil der Glucosereste mit Distickstofftetroxyd[2] zu den Uronsäuren oxydiert wurden; bei einem Carboxylgehalt von 1—4% sind diese Produkte bei einem p_H von 8—9 noch nicht wasserlöslich. Bei p_H 9 betrugen die R_F-Werte bei Verwendung von 1% COOH-Gruppen enthaltendem Papier: Neutrale Aminosäuren $\sim$ 1,0; Histidin 0,7; Lysin 0,5; Arginin 0,3 (m/20 Ammoniumformiat als Entwicklungsflüssigkeit)[3]. Vgl. die Trennung von ACTH-Peptiden an Carboxylcellulose (Abb. 213).

Behandelt man Sulfosäureaustauscher, die in der H^+-Form alle Aminosäuren festhalten (s. oben) mit Alkali vor, so werden nur die basischen Aminosäuren festgehalten (vgl. dazu das nachstehend geschilderte Verfahren von STEIN und MOORE mit dem Sulfosäureharz Dowex 50); aus dem Adsorbat läßt sich Histidin mit verdünntem Ammoniak in Freiheit setzen (TURBA[4]). Alle diese genannten Verfahren können zur quantitativen Trennung und Bestimmung der basischen Aminosäuren dienen. Eine vollständige und quantitative Trennung von Histidin und Lysin erreichten HEMS, PAGE und WALTER[5] auch an dem Sulfo-säureaustauscher Zeokarb 215; dagegen war die Ausbeute an Arginin unbefriedigend. Auch in Hydrolysaten von Gelatine, Hämoglobin und Arachin fanden die Autoren zu niedrige Argininwerte[6].

Das leistungsfähigste Verfahren der analytischen Trennung der basischen Aminosäuren von den übrigen und voneinander durch Ionenaustausch und eines der wertvollsten Trennungsverfahren für die „Hexonbasen" überhaupt ist die von MOORE und STEIN[7] neuerdings mitgeteilte Methode unter Verwendung des *Sulfosäureaustauschers Dowex 50*, die auf den vorstehend angeführten früheren Verfahren basiert. Die Kapazität des Austauschers ist größer als die der Stärkesäule im Verteilungsverfahren, die Trennung an einigen Stellen schärfer und die benötigte Zeit kleiner; auch stören anorganische Salze weniger. So konnte z. B. das konzentrierte Dialysat von Blutplasma direkt ohne Entsalzung verwendet werden. Bei Urin mit einem hohen Gehalt an Harnstoff und anderen Bestandteilen, die eine Verbreiterung der einzelnen „Gipfel" hervorrufen würden, eliminierte man diese Störung durch Vorwaschen der Säule mit Citratpuffer

[1] RAUEN, H. M., u. K. FELIX: Hoppe-Seylers Z. **283**, 139 (1948).

[2] YACKEL, E. C., u. O. KENYON: J. Amer. Chem. Soc. **64**, 121 (1952).

[3] WIELAND, TH., u. A. BERG: Angew. Chem. **64**, 418 (1952).

[4] TURBA, F.: Z. Vitamin-, Hormon- u. Fermentforsch. **2**, 67 (1948/49).

[5] HEMS, B. A., J. E. PAGE u. J. G. WALTER: J. Soc. Chem. Ind. **67**, 77 (1948).

[6] *Weitere Beispiele:* Bestimmung von *Guanidoessigsäure* im Urin mit Amberlit JR-100-H [SIMS, E. A. H.: J. of Biol. Chem. **158**, 239 (1945)]; Bestimmung von *Citrullin* im Plasma mit dem gleichen Austauscher [ARCHIBALD, R. H.: J. of Biol. Chem. **156**, 121 (1944)]: der Harnstoff wird durch Urease und KCN entfernt, das Dialysat durch den Austauscher filtriert, der Citrullin, aber nicht Allantoin festhält (Säule 24 × 0,8 cm, vorbehandelt mit 10 cm³ 10% NaCl, 5 cm³ Wasser, 10 cm³ 12 n-Salzsäure, 25 cm³ Wasser, 5 cm³ Alkohol, 5 cm³ Äther, danach luftgetrocknet). Citrullingehalt aus der Differenz der Färbung mit Diacetyl-monoxim + Schwefelsäure vor und nach der Filtration durch den Austauscher.

[7] MOORE, S., u. W. H. STEIN: J. of Biol. Chem. **152**, 663 (1951).

(p_H 2,5), bevor man mit dem eigentlichen Fraktionierungsversuch (Puffer p_H 2,92 und danach p_H 3,42) begann; die untersuchten Aminosäuren (mit Ausnahme von Taurin) bewegen sich nämlich bei dem sauren p_H zum Unterschied von den Verunreinigungen an der Säule kaum nach unten.

Herstellung der Austauschersäulen. Für die Vorbereitung des Harzes Dowex 50[1] gilt das auf S. 129 Gesagte. Das Harz (250—500 Maschen, erhältlich von der Microchemical Specialties Comp., Berkeley 3, California) wurde im Büchnertrichter mit 4 n-Salzsäure (4—8 1/500 g) gewaschen, wobei das anfangs gelbe Filtrat farblos wurde. Dann wurde zweimal mit destilliertem Wasser, darauf zweimal mit 2 n-Natronlauge gewaschen (Filtrat alkalisch). Das Harz wurde nun mit dem dreifachen Volumen 1 n-Natronlauge am Dampfbad unter gelegentlichem Schütteln erhitzt, nach einer halben Stunde Absitzenlassen dekantiert und diese Prozedur insgesamt fünfmal wiederholt, dann der Austauscher frei von Alkali gewaschen und darauf

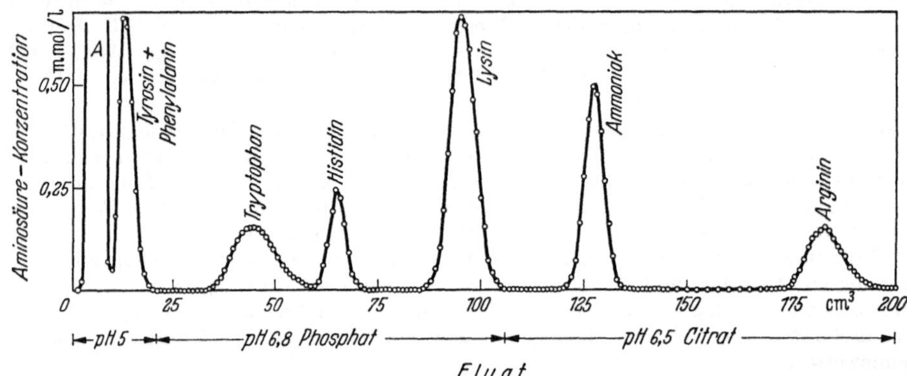

Abb. 97. *Trennung der basischen Aminosäuren an einer Säule von Dowex-50 (0,9 × 15 cm).* Das Harz lag in der Na-Form vor. Angewandt 6 mg Aminosäuren insgesamt (neutrale + basische). Der „Gipfel" *A* entspricht den vor Tyrosin austretenden Aminosäuren.

mit 6—8 Liter destilliertem Wasser durch ein 120-Maschensieb gegeben. Die Aufbewahrung erfolgte in Form des feuchten Natriumsalzes. — Zur Füllung des Adsorptionsrohres (ZECHMEISTER-CHOLNOKY-Typ mit Schliff und gesinterter Grundplatte, innere Maße der Säule 0,9 × 15 cm) schlämmte man das Harz unter Vermeidung von Luftblasen mit 0,1 m-Citrat (Zusammensetzung der Puffer vgl. Tabelle 29) p_H 3,4 in 1—2 Anteilen ein, setzte einen 300 cm³-Tropftrichter auf und spülte die Säule vor Beginn des Versuchs mit 100 cm³ des gleichen Puffers.

Durchführung des Versuchs. p_H der zu untersuchenden Probe bei 4, Versuchstemperatur 25°. Zur Verhinderung zu schnellen Strömens (nicht mehr als 4 cm³/Std!) wurde ein schwach negativer Druck angelegt[2]. Das Wechseln der Pufferlösungen während des Versuchs (von p_H 5 zu 0,1 m-Phosphat, p 6,8 und 0,2 m-Citrat p_H 6,5) geht aus dem Diagramm (Abb. 97) hervor; wenn Histidin zu nahe an Lysin austrat, wurde ein Phosphatpuffer 6,85 oder 6,90 verwandt. Die Säule wurde vor Wiederverwendung mit 0,2 n-Natronlauge regeneriert.

---

[1] Das verwendete Dowexharz wurde aus Styrol durch Copolymerisation mit 8% Divinylbenzol gewonnen (8% „cross linking"). Aus einem Harz mit 16% Quervernetzung wurde nur mangelhafte Trennung trotz gleicher Korngröße erreicht. Auch zu 2% quervernetztes Harz zeigte geringere Trennschärfe. Außerdem quellen und schrumpfen solche Säulen infolge mangelnder mechanischer Stabilität beträchtlich. Die Teilchengröße ist ebenfalls wesentlich: ein 100-Maschenpräparat ergab unter sonst gleichen Bedingungen doppelt so breite „Gipfel" wie das 200—500-Maschenpräparat.

[2] Die Einstellung des Gleichgewichts erfolgt bei den Harzgelen relativ langsam: während z. B. die Trennung von Blattfarbstoffen an einer Zuckersäule in 20 min beendet sein kann, benötigt man für eine chromatographische Analyse an einer Harzaustauschersäule gleicher Dimension unter Umständen mehrere Tage [vgl. STRAIN, H. H., u. G. W. MURPHY: Analyt. Chem. **24**, 52 (1952)].

Analyse. Die ausfließenden Anteile von je 1 cm³ wurden mit 1—2 0,05 cm³-Tropfen von Salzsäure oder Natronlauge geeigneter Konzentration auf p_H 5 gebracht und nach der photometrischen Ninhydrinmethode (s. S. 81) bestimmt. Fast gleich gute Resultate wie mit je 2 cm³ Ninhydrinlösung erzielte man mit 1 cm³ Ninhydrinportionen, wenn das Erhitzen auf 30 min (an Stelle von 20 min) ausgedehnt wurde[1]. Der Vergleich der Intensitäten der erzielten Färbungen geht aus Tabelle 12, S. 80 hervor.

Nullwerte. Die Ermittlung der Nullwerte, von denen aus die „Gipfel" („peaks") der einzelnen Aminosäuren berechnet werden, sind für genaue quantitative Bestimmungen wichtig. Beim Austritt des Puffers von p_H 6,5 findet man einen leichten Anstieg in der optischen Dichte des Nullwerts um etwa 0,15; der Nullwert für den Ammoniakwert soll besser nach dem Abfall von dessen Gipfel genommen werden. Im allgemeinen fällt der Nullwert vor dem Arginingipfel wieder auf den ursprünglichen niedrigen Wert.

Ausbeuten (vgl. Tabelle 28). Nimmt man alkalischen Puffer als Elutionsmittel für die basischen Aminosäuren, so findet man aus noch ungeklärten Gründen zu niedrige Ausbeuten, unabhängig von der Art des Puffers, Gegenwart von Antioxydantien, der Temperatur usw. Zur Erzielung quantitativer Ausbeuten sind Puffer vom p_H 7 oder darunter erforderlich. Darum ist es für quantitative Analysen sämtlicher Aminosäuren eines Hydrolysats notwendig, einen gesonderten Versuch für die basischen Aminosäuren in der oben geschilderten Weise anzusetzen (vgl. S. 145).

Tabelle 28. *Ausbeute an Aminosäuren aus einer Säule von Dowex 50* (Höhe 15 cm). Versuchsbedingungen entsprechend den in Abb. 97 angegebenen. [Nach MOORE, ST., und W. H. STEIN: J. of Biol. Chem. **152**, 663 (1951).]

Aminosäure	Chromatogramm			
	I	II	III	IV
	% Ausbeute			
Tryptophan . . .	100	102	104	108
Histidin	99	98	102	102
Lysin	101	100	102	101
Ammoniak	99	96	—	—
Arginin	101	100	102	101

Saure Aminosäuren. SCHWAB und DATTLER[2] machten als erste Gebrauch von der Beobachtung, daß durch Behandeln von kationotropem Aluminiumoxyd mit verdünnten Säuren (meist Mineralsäuren) die Natriumionen von Wasserstoffionen verdrängt und gleichzeitig die Aluminationen zu Al^{+++}-Ionen umgeladen werden, die nun an das Anion der zum Vorbehandeln benutzten Säure gebunden vorliegen: sie benutzten nämlich dieses anionotrope Aluminiumoxyd als Austauscher für verschiedene anorganische und organische Säuren, wobei das Säulenanion durch die Anionen der Analysenlösung verdrängt wird.

Es lag nahe, dieses Verfahren zur Abtrennung der sauren Aminosäuren Asparaginsäure und Glutaminsäure von den neutralen und basischen Aminosäuren (TH. WIELAND[3], TURBA und RICHTER[4]) sowie zur Trennung dieser Dicarbonsäuren voneinander (TURBA und RICHTER[4], TH. WIELAND[5]) zu verwenden. An einer Säule von Aluminiumoxyd, das mit Salzsäure oder einem sauren Puffer vorbehandelt wurde, lassen sich die Aminodicarbonsäuren aus neutraler oder schwach-basischer Lösung quantitativ und spezifisch von den übrigen Aminosäuren trennen. Nur Cystin fällt infolge seiner Schwerlöslichkeit an der salzsäurevorbehandelten Säule aus, kann aber durch Reduktion mit Schwefelwasserstoffwasser in das leichter eluierbare Cystein übergeführt werden[6]. An einer mit Essigsäureacetat p_H 3,3 vorbehandelten

---

[1] Abweichungen der „Faktoren" bei folgenden Aminosäuren: Asparaginsäure (0,93), Serin (0,97), Alanin (0,99), Valin (1,00), Tyrosin und Phenylalanin (0,91).

[2] SCHWAB, G. M., u. G. DATTLER: Angew. Chem. **50**, 691 (1937); **51**, 709 (1938).

[3] WIELAND, TH.: Hoppe-Seylers Z. **273**, 24 (1942). — Ber. dtsch. chem. Ges. **75**, 100 (1942). — Naturwiss. **30**, 374 (1942).

[4] TURBA, F., u. M. RICHTER: Ber. dtsch. chem. Ges. **75**, 340 (1942).

[5] WIELAND, TH., u. L. WIRTH: Ber. dtsch. chem. Ges. **76**, 824 (1943).

[6] Vgl. die Anreicherung der *Pantothensäure* aus Thunfischleber [Ber. dtsch. chem. Ges. **73**, 962 (1940)] sowie die Abtrennung der *Aminodicarbonsäuren* aus Proteinhydrolysaten von *Brown-Pearce-* und *Impftumoren* [Ber. dtsch. chem. Ges. **75**, 1001 (1942); **77**, 34 (1944)].

Säule entfällt diese Störung, wenn man der Analysenlösung einige Tropfen des gleichen Puffers vorher zugesetzt hat. Allerdings sind die benötigten Mengen Adsorbens im letzteren Fall größer.

Da das Gleichgewicht $Al_2O_3^+Ac^- + Na^+$ Asparaginat$^- \gtreqless Al_2O_3^+$ Asparaginat$^- + Na^+Ac^-$ infolge der stärkeren Dissoziation der Asparaginsäure weiter nach rechts verschoben ist als im analogen Fall der Glutaminsäure, gelingt es durch Nachwaschen mit 1 n-Essigsäure-Acetatpuffer (bei 50°, um ein Unlöslichwerden der Substanz an der Säule zu vermeiden), die Glutaminsäure (nach Entfernung der Monocarbonsäuren mit Wasser) unter den gleichen Bedingungen quantitativ in das Filtrat zu waschen, unter denen Asparaginsäure vollständig im Adsorbat verbleibt (TURBA und RICHTER). Später hat WIELAND über die Abtrennung der Glutaminsäure aus dem gemeinsamen Adsorbat mit Asparaginsäure an salzsäurevorbehandeltem Aluminiumoxyd durch Waschen mit n/2-Essigsäure berichtet. Die Elution der adsorbierten Dicarbonsäuren gelingt am besten durch verdünnte Lauge oder mit einem Gemisch von verdünntem Ammoniak mit Pyridin; weniger wirksam sind mehrwertige Anionen (Phosphat) oder verdünnte Mineralsäuren.

Beispiel einer Abtrennung der Dicarbonsäuren von neutralen und basischen Aminosäuren an anionotropem Aluminiumoxyd. 50 mg Asparaginsäure werden bei p_H 7,5 von 4,0 g salzsäurevorbehandeltem Aluminiumoxyd festgehalten; 10 mg Alanin werden unter gleichen Bedingungen mit 10 cm³ Wasser ausgewaschen. — 5 g Aluminiumoxyd wurden mit 10 cm³ 1 n-Essigsäure-Acetatpuffer[1] (p_H 3,3) versetzt, 10 min geschüttelt, das Aluminiumoxyd zweimal mit je 10 cm³ Wasser gewaschen, in das Chromatographierohr eingefüllt, 20—30 mg der Dicarbonsäuren + einem Überschuß an neutralen Aminosäuren aufgegeben, 3—5mal mit je 10 cm³ Wasser gewaschen (Ninhydrinreaktion im Filtrat negativ), das Vorlagegefäß gewechselt und mit n/20 Natronlauge (40 cm³, dann 6mal je 10 cm³) die sauren Aminosäuren eluiert. Nach Ansäuern mit 6 n-Salzsäure dampfte man im Vakuum zur Trockne und bestimmte den Aminostickstoff nach VAN SLYKE.

Anmerkung. Weniger wichtig ist die Trennung von Aminosäuren an gefälltem Silbersulfid (HAMOIR[2]) oder Bariumsulfat (TARTE[3]). Das nach der Vorschrift S. 118 dargestellte Silbersulfid trennt Aminosäuren in folgende Gruppen:

1. Cystin, Cystein (nicht eluiert mit 1 n-Essigsäure);
2. Methionin (wie 3, aber bei saurem p_H fester haftend);
3. Glutaminsäure, Asparaginsäure, Tryptophan, Histidin, Phenylalanin, Tyrosin (adsorbierbar bei p_H 6; Reihenfolge nach steigender Eluierbarkeit);
4. Glycin, Alanin, Serin, Valin, Threonin, Leucin, Prolin, Oxyprolin, Lysin, Arginin (bei p_H 6—7 nicht adsorbiert).

Die Haftfestigkeit der Aminosäuren an Bariumsulfat geht der Schwerlöslichkeit der Bariumsalze parallel. Man kann z. B. aus einem Adsorbat von Glutamin- und Asparaginsäure die erstere mit 0,001 n, die letztere mit 0,02 n-Essigsäure eluieren; neutrale Aminosäuren gehen schon mit Wasser ins Filtrat. Vgl. dazu auch die Adsorption von Proteinen an diesem Adsorbens.

Auch bei der Trennung der sauren Aminosäuren spielen heute *Austauscher auf Harzbasis* die wichtigste Rolle. Die dieser Methode zugrunde liegende Reaktion entspricht *mutatis mutandis* der Reaktion basischer Aminosäuren an Kationenaustauschern (s. oben).

FREUDENBERG[4] konnte als erster zeigen, daß an dem Anionenaustauscher Wofatit M die Anionen der Aminodicarbonsäuren unter Austausch gegen Hydroxylionen festgehalten werden. — Interessanterweise hat CANNAN[5] für die Abtrennung der sauren Aminosäuren

---

[1] Verwendet man Ammonacetat an Stelle von Natriumacetat im Puffer, so kann man nach Sublimation die Dicarbonsäuren salzfrei gewinnen, was für mikropräparative Zwecke von Bedeutung ist (vgl. S. 198).

[2] HAMOIR, G. C. M.: C. r. Soc. Biol. Paris **137**, 734 (1943). — Biochemic. J. **39**, 485 (1945).

[3] TARTE, P.: Rev. canad. de Biol. **4**, 477 (1945).

[4] FREUDENBERG, K., H. WALCH u. H. MOLTER: Naturwiss. **30**, 87 (1942).

[5] CANNAN, R. R.: J. of Biol. Chem. **152**, 401 (1944).

aus Hydrolysaten mit Hilfe des Anionenaustauscherharzes Amberlite IR 4 die Schüttelmethode, nicht das chromatographische Verfahren benutzt. Obwohl die Wirksamkeit dieser Prozedur sicher geringer ist, konnte er Glutaminsäurehydrochlorid und Asparaginsäurekupfer besser kristallisiert erhalten als nach dem FOREMAN-Verfahren (Fällung der Calciumsalze mit Alkohol); die Ausbeuten waren ausgezeichnet. Die Elution erfolgte mit verdünnter Salzsäure.

Eine gründliche Untersuchung zur Trennung der sauren Aminosäuren an dem Anionenaustauscherharz Amberlite IR 4B verdanken wir CONSDEN, GORDON und MARTIN[1]. Wie aus Abb. 98 hervorgeht, wäre das optimale p_H für die Trennung von Asparagin-, Glutamin- und Cysteinsäure etwa 4,0, bei dem der größte Unterschied der Ladungen besteht. Dennoch schließen sich auch diese Autoren den Arbeitsvorschriften der oben angeführten Untersucher an und führen die Trennung bei p_H 2,5 durch, da andernfalls die Elutionsvolumina zu groß werden. Da die Ladungen für Glutaminsäure bzw. Asparaginsäure bei diesem p_H + 0,29 bzw. + 0,13 betragen, die Dicarbonsäuren, die also kationisch reagieren, aber dennoch festgehalten werden, ist anzunehmen, daß bei der Adsorption der p_K-Wert dieser Aminosäuren erniedrigt wird. Ebenso wird Cysteinsäure bei p_H 1,5 festgehalten, obwohl die Nettoladung dabei etwa 0 ist. Zur Abtrennung der basischen und neutralen Aminosäuren wählen die Autoren ein p_H 3—4, wobei das Austauscherharz erfolgreich mit den basischen Aminosäuren um die sauren Aminodicarbonsäuren konkurrieren kann. Unter p_H 1 tritt offenbar Zersetzung ein (hoher Stickstoffwert der Eluate).

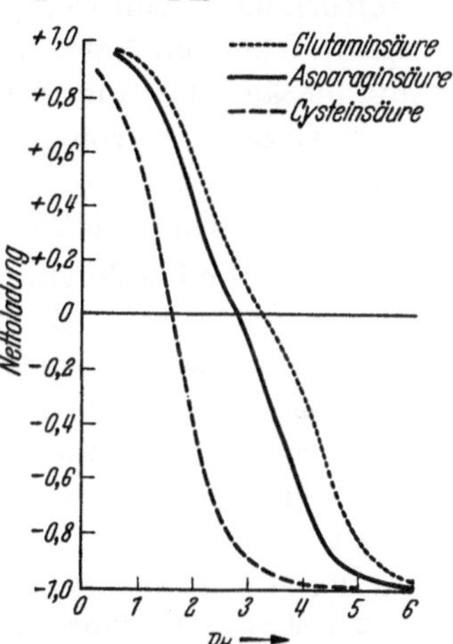

Abb. 98. *Nettoladung von Glutamin-, Asparagin- und Cysteinsäure bei verschiedenen p_H-Werten.* [Nach R. CONSDON, A. H. GORDON und A. J. P. MARTIN, Biochemic. J. **42**, 443 (1948).]

Zur möglichst vollständigen Einstellung des Gleichgewichts wurden hohe, schmale Säulen benutzt und die Durchflußgeschwindigkeit klein gehalten.

Beispiel einer Trennung von Glutamin- und Asparaginsäure voneinander und von neutralen (basischen) Aminosäuren am Anionenaustauscherharz Amberlite IR—4B. Das auf eine Korngröße von 90—200 Maschen zerkleinerte Harz wurde mit 1 n-Salzsäure bis zur sauren Reaktion gegen Thymolblau (p_H < 1) versetzt, mit Wasser gewaschen und diese Behandlung mehrfach wiederholt. Das Harz (überstehende Lösung < 0,001 n an Säure) wurde in Rohre (0,5 cm Durchmesser) gespült und eine Säule von 20 cm sowie eine von 30 cm Höhe hergestellt (entsprechend etwa 2 bzw. 3 g des trockenen Harzes). Die erste Säule wird über Nacht mit Wasser (15 cm³/Std) gespült, die zweite genau auf ein p_H von 2,5 gebracht.

Das Hydrolysat wird von überschüssiger Salzsäure durch Eindampfen im Vakuum und Stehen über Ätzkali soweit als möglich befreit und eine Menge entsprechend 15 mg Dicarbonsäuren auf die erste Säule gebracht. Die neutralen und basischen Aminosäuren finden sich bei Nachwaschen mit 25 cm³ Wasser im Filtrat, die nächsten 5 cm³ sind frei von Aminosäuren. (Zum Nachweis wird ein Teil der ersten 25 cm³ und die 5 cm³ des „Zwischenlaufs" im Vakuum von HCl befreit und kleine Proben papierchromatographisch [Whatman Nr. 4, Phenol-NH₃, 5 Std] getestet; falls Cystin anwesend ist, oxydiert man das Eluat mit Brom, da die gebildete Cysteinsäure die Dicarbonsäuren im Papierchromatogramm nicht überlappt.)

Die adsorbierten Dicarbonsäuren werden mit 1 n-Salzsäure eluiert, das Eluat wie oben vollständig von überschüssiger Salzsäure befreit, quantitativ auf die zweite Säule übertragen

---

[1] CONSDEN, R., A. H. GORDON u. A. J. P. MARTIN: Biochemic. J. **42**, 443 (1948).

und mit 0,003 n-Salzsäure entwickelt. Man fängt 10 cm³-Portionen auf und testet nach 5fachem Konzentrieren (im Vakuum) mit 4 mm³-Portionen papierchromatographisch.

Zur Analyse werden die im Vakuum zur Trockne gebrachten Eluate mit 5 (bzw. 10) cm³ Kupferphosphat-Puffersuspension aufgenommen und 1 cm³-Portionen des Filtrats mit 0,1 n-Thiosulfat (20—50 mm³) titriert.

Isolierung von Cysteinsäure. Aus einer Säule (30 × 0,5 cm) eluierte man mit 0,03 n-Salzsäure (25 cm³) die neutralen, basischen und Dicarbonsäuren; die Elution der Cysteinsäure konnte dann mit 1 n-Salzsäure beschleunigt werden.

Zur Trennung der sauren Aminosäuren an Harzaustauschern vgl. ferner die Untersuchungen von CLEAVER, HARDY und CASSIDY[1]. Diese Autoren, die eine Kapazität des mit Natronlauge behandelten Harzes Amberlite IR—4B mit 0,5 g Glutaminsäure/1 g Austauscher feststellten, fanden eine verminderte Haftfestigkeit in Gegenwart von Arginin-monochlorhydrat, da infolge bevorzugten Austauschens der Salzsäure des Chlorhydrats das Ausgangs-p_H der Lösung im Verlauf der Adsorption erhöht wird.

Neutrale Aminosäuren. Von den schwach basischen, bzw. schwach sauren Austauschern werden die neutralen Aminosäuren nicht oder nicht wesentlich festgehalten; das ermöglicht ihre Abtrennung von den sauren, bzw. basischen Aminosäuren (s. oben). Eine Steigerung der Adsorbierbarkeit neutraler Aminosäuren hat man in früheren Versuchen durch Verstärkung ihrer basischen bzw. sauren Funktion, und zwar durch Maskierung ihrer Carboxyl- bzw. Aminogruppen erreicht.

Während z.B. alle Monoamino-Monocarbonsäuren durch eine Säule von „saurem" Aluminiumoxyd glatt durchlaufen, kann man nach SCHRAMM[2] aus einer 10% Formaldehyd[3] enthaltenden, gegen Phenolphthalein neutralen Lösung Glycin, Cystein und die Oxyaminosäuren gemeinsam durch Adsorption an diesem Adsorbens von den übrigen neutralen Aminosäuren trennen: 10 g Aluminiumoxyd halten etwa 4 mg Glycin oder 12 mg Serin fest. Man eluiert mit 0,5 n-Kalilauge.

Eine ziemlich weitgehende Aufteilung der neutralen Aminosäuren gelingt durch Ionenaustausch an Kationen- bzw. Anionenaustauschern aus alkoholisch[4]-wäßriger Lösung (TURBA[5]).

Zur Trennung acylierter Aminosäuren vgl. S. 154.

Eine direkte Aufteilung der neutralen Aminosäuren ist neuerdings aber durch Entwicklung der stark sauren Sulfosäureaustauscher möglich geworden. Die

---

[1] CLEAVER, C., R. A. HARDY u. H. G. CASSIDY: J. Amer. Chem. Soc. **67**, 1343 (1945).

[2] SCHRAMM, G., u. J. PRIMOSIGH: Ber. dtsch. chem. Ges. **76**, 373 (1943).

[3] Durch Zusatz von Formaldehyd wird das p_K (p_H, bei dem 50% Dissoziation vorliegt) der α-Aminosäuren ins Saure verschoben:

$$\text{H} \cdot \text{CHO} + {}^-\text{OOC} \cdot \text{R} \cdot \text{NH}_3^+ \rightleftharpoons {}^-\text{OOC} \cdot \text{R} \cdot \text{NH}_2 \cdot \text{CH}_2\text{O} + \text{H}^+.$$

Diese Verschiebung geht beim Glycin und Serin sowie bei Cystein weiter als bei den übrigen Aminosäuren, im ersten Fall wohl aus sterischen Gründen, in den beiden letzteren Fällen wegen der Bildung ringförmiger Verbindungen. Der stärkeren Verschiebung ins Saure entspricht die bessere Austauschbarkeit z.B. an anionotropem Aluminiumoxyd.

[4] Durch Zusatz von Alkohol werden die der COO^--Gruppe entsprechenden p_{K1}-Werte stärker erhöht als die NH_3^+-Gruppe entsprechenden p_{K2}-Werte. Dadurch gelang in diesen früheren Versuchen eine Fixierung der neutralen Aminosäuren an schwachen Austauschern wie aniotropem Aluminiumoxyd- oder Bleicherden, die aus wäßrigen Lösungen die Monoamino-Monocarbonsäuren nicht festhalten (s. oben). Bei stark sauren Austauschern (wie bei den neuzeitlichen Sulfosäureharzen) oder bei stark basischen Austauschern ist dagegen der Kunstgriff der Veränderung der p_K-Werte durch Zusatz von Alkohol oder anderer Lösungsmittel (Aceton, Dioxan) nicht mehr nötig, da bei ihnen die neutralen Aminosäuren auch aus wäßrigen Lösungen festgehalten werden.

[5] TURBA, F., M. RICHTER u. F. KUCHAŘ: Naturwiss. **31**, 508 (1943).

Daten von ENGLIS und FIESS[1] hatten schon früher einen gewissen Hinweis darauf erbracht, daß verschiedene Monoaminosäuren durch Sulfosäureharze unterschiedlich festgehalten werden; später zeigten PARTRIDGE und Mitarbeiter[2] die Möglichkeit einer präparativen Fraktionierung von Aminosäuregemischen durch Verdrängungsanalyse an solchen Harzaustauschern (s. S. 196). Die Übertragung dieser Methode in den analytischen Maßstab durch Anwendung der „Elutionsentwicklung", die auch die quantitative, präparative Trennung kleiner Mengen gestattet, erfolgte in den nachstehend ausführlich geschilderten Versuchen von MOORE und STEIN[3].

Herstellung der Austauschersäulen. Für die Trennung neutraler Aminosäuren dienen Rohre der Abmessung $0,9 \times 110$ cm; $^{1}/_{2}$ kg des in der Wasserstoffionenform gelieferten Harzes genügt zur Herstellung von etwa 4 Säulen. Das Adsorptionsrohr ist mit einem Heizmantel 108×2 cm umgeben, in dem Wasser aus einem Thermostaten zirkuliert. Das Einschlämmen geschieht in fünf einzelnen 50 cm³-Portionen, um einheitliche Packung zu erzielen. Die Säulenhöhe beträgt in allen Fällen 100 cm. Die Zusammensetzung der verwendeten Puffer geht aus Tabelle 29 hervor. Zusatz eines Polyäthylenglykoläthers (1 cm³/100 cm³

Tabelle 29. *Zusammensetzung der bei der Ionenaustauschchromatographie an Dowex 50 verwandten Puffer.* (Nach MOORE, S., u. W. H. STEIN: J. of Biol. Chem. **1952.**)

pH	Zusammensetzung[4]	Menge HCl oder NaOH um 1 cm³ Puffer auf pH 5 zu bringen
$3,42 \pm 0,01$	500 cm³ Natriumcitrat[5] $+ 110$ cm³ 1,0 n-HCl $+$ 390 cm³ Wasser $+ 0,5$ cm³ Thiodiglykol auf 100 cm³.	0,1 cm³ n-NaOH
$4,25 \pm 0,05$	500 cm³ p_H 5 Natriumcitrat[5] $+ 50$ cm³ n-HCl $+ 450$ cm³ Wasser $+ 0,5$ cm³ Thiodiglykol und 1,0 cm³ Benzylalkohol[6]/100 cm³.	0,05 cm³ n-NaOH
$6,7 \pm 0,1$	21 mg Citronensäure-Monohydrat $+ 290$ cm³ n-NaOH, ad 1000 cm³.	0,05 cm³ 0,5 n-HCl
$8,3 \pm 0,05$	250 cm³ 0,2 m-NaHCO$_3$[7, 8] $+ 5$ cm³ 0,1 m-Na$_2$CO$_3$.	0,1 cm³ 2 n-HCl
$9,2 \pm 0,05$	500 cm³ 0,2 m-NaHCO$_3$[7] $+ 90$ cm³ 0,2 n-NaOH	0,1 cm³ 2 n-HCl
$11,0 \pm 0,05$	0,1 m-Na$_2$CO$_3$.	0,1 cm³ 2 n-HCl
$5,0 \pm 0,1$	500 cm Natriumcitrat p_H 5[5] $+ 500$ cm³ Wasser $+ 0,1$ g „Dinatriumversene"[9] und 1,5 cm³ Benzylalkohol/100 cm³.	—
$6,8 \pm 0,03$	500 cm³ 0,1 m-Na$_2$HPO$_4$ $+ 450$ cm³ 0,1 m-NaH$_2$PO$_4 \cdot$ H$_2$O $+ 0,1$ g „Dinatriumversene"[9] und 1,5 cm³ Benzylalkohol/100 cm³.	0,05 cm 0,5 n-HCl
$6,5 \pm 0,05$	42 g Citronensäure-Monohydrat $+ 580$ cm³ 1,0 n-NaOH ad 1000 cm³ $+ 0,1$ g Dinatriumversene[9] und 1,5 cm³ Benzylalkohol/100 cm³.	0,05 cm³ 2 n-HCl

[1] ENGLIS, D. T., u. H. A. FIESS: Ind. Engng. Chem. **36**, 604 (1944).

[2] PARTRIDGE, S. M., u. G. WESTALL: Biochemic. J. **44**, 418 (1949). — PARTRIDGE, S. M., u. R. C. BRIMLEY: Biochemic. J. **44**, 513 (1949).

[3] MOORE, S., u. W. H. STEIN: J. of Biol. Chem. **152**, 663 (1951).

[4] Allen Puffern wurde 1 cm³ „BRIJ 35"-Lösung (Polyäthylenglykoläther) zugesetzt.

[5] Identisch mit dem bei der Ninhydrinmethode verwandten Puffer p_H 5 (0,2 m).

[6] Benzylalkohol verbessert die Trennung von Tyrosin und Phenylalanin.

[7] Frisch vor Gebrauch angesetzt.

[8] Entweichen von CO_2 wird durch eine dünne Schicht Mineralöl verhindert.

[9] p. a.-Qualität (= Äthylendiamin-Tetraacetat).

Puffer) kurz vor Gebrauch erlaubt Erhöhung der Flußgeschwindigkeit ohne Verbreiterung der „Gipfel". Um ein Quellen oder Schrumpfen des Harzes in erträglichen Grenzen zu halten, wird die Natriumionenkonzentration (0,2 m) in allen Versuchen mit der 100 cm-Säule konstant gehalten. Um Verluste an Methionin zu verhindern, ist es nötig, Thiodiglykol (vakuumdestilliert) als Antioxydans zuzusetzen. Die Einstellung des Puffers vom p_H 3,42

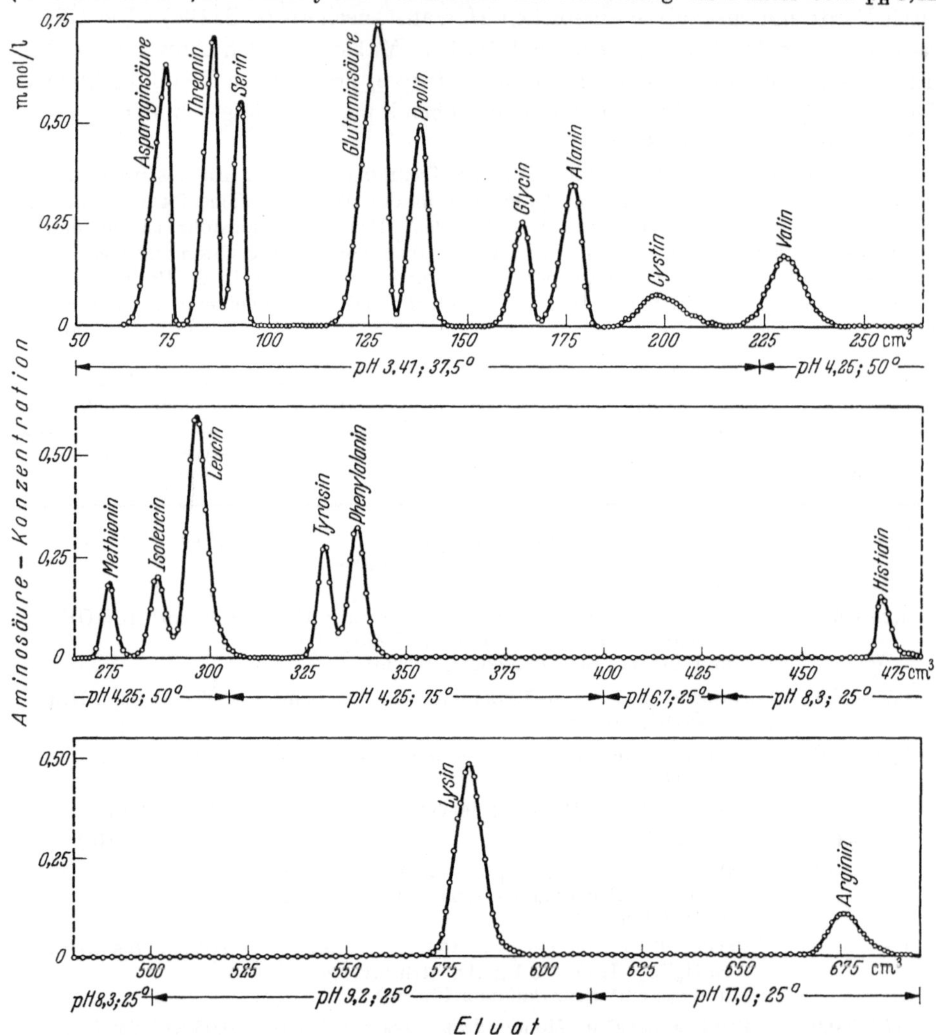

Abb. 99. *Trennung eines künstlichen, einem Hydrolysat entsprechenden Aminosäuregemisches an einer Säule von Dowex-50 (Na-Form), 0,9 × 100 cm.* Angewandt insgesamt etwa 6 mg Aminosäuren (vgl. Tabelle 30).

erfolgt mittels eines Probechromatogramms so, daß der Gipfel des Cystins in der Mitte zwischen Alanin und Valin austritt (bei p_H 3,47 läuft Cystin mit Alanin, bei 3,37 überlappt es das Valin).

Gang des Versuchs. Etwa 1 Std. vor Gebrauch wird die Säule über dem Fraktionensammler angebracht und der Wassermantel auf 37,5 ± 0,5° gehalten. 0,1 cm³ des Aminosäuregemisches (enthaltend 5 mg Aminosäuregemisch insgesamt, entsprechend 0,1—0,5 mg jeder Aminosäure) werden zu 1 cm³ des Puffers p_H 3,42, der durch vorheriges Erhitzen luftfrei gemacht wurde, gegeben, 0,5 cm³ der so erhaltenen Lösung[1] auf die Säule gebracht,

---

[1] Von verdünnteren Hydrolysaten kann entsprechend mehr des Gemisches mit Puffer aufgegeben werden.

3mal mit je 0,3 cm³ Puffer gewaschen (das p_H muß gleich dem Säulen-p_H oder niedriger, es darf aber nicht höher sein, da sonst ein Verbreitern der Banden eintritt) und die Flußgeschwindigkeit auf 4 cm³/Std eingestellt; schnelleres Laufen verschmiert besonders die Leucin-Isoleucin-Bande. Die ausfließende Lösung wird in 1 cm³-Portionen aufgefangen. Der Wechsel der Puffer ergibt sich aus Abb. 99; der Puffer vom p_H 4,25 wird am Beginn des Valinhügels (etwa nach 225 cm³; als Faustregel gilt: Lage des Prolinhügels, multipliziert mit 1,63) eingesetzt und zur gleichen Zeit die Temperatur auf 50° gesteigert. Nach weiteren 75 cm³ wird zur besseren Trennung von Tyrosin und Phenylalanin die Temperatur auf 75° erhöht. Die Elution der basischen Aminosäuren kann nun nicht mehr quantitativ erfolgen (vgl. S. 139); sie wird gegebenenfalls bei 25° durch Wechseln der Puffer des p_H 6,7; 8,3; 9,2 und 11 vorgenommen.

Die Regeneration der Säule erfolgt nach Abschluß des Versuchs mit 100 cm³ Polyäthylenglykoläther enthaltender 2 n-Natronlauge und Wiedereinstellen des p_H auf 3,42. Die Säule kann beliebig oft wieder verwendet werden.

Analyse. Die aufgefangenen 1 cm³-Portionen werden mit 1—2 0,05 cm³-Tropfen Salzsäure bzw. Natronlauge auf p_H 5 gebracht und nach der photometrischen Ninhydrinmethode analysiert. Die Lage der „Nullinie", die für exakte quantitative Analysen wesentlich ist (Vorsicht gegen Absorption von Ammoniakdämpfen während des Versuchs!) kann für den Asparaginsäure-Prolinbereich aus der Tiefe der „Täler" in diesem Teil des Diagramms abgeleitet werden, ihre Lage nach dem Prolingipfel als Bezugspunkt für den Glycin- und Alaningipfel dienen. Die Basis für Cystin und Valin kann nach dem Valingipfel, die Basis für die folgenden Gipfel nach dem Leucinabfall dem Diagramm entnommen werden (Abb. 99).

Diskussion des Verfahrens. Die durch Integration der in Abb. 99 wiedergegebenen Kurven erhaltenen Werte sind in Tabelle 30 zusammengefaßt; aus ihr geht hervor, daß die meisten

Tabelle 30. *Ausbeuten an Aminosäuren aus bekannten Gemischen nach Ionenaustauschchromatographie an Dowex 50.* (STEIN, W. H., und ST. MOORE: J. of Biol. Chem. **1952.**) Ausführung der Trennung entsprechend Abb. 99. Ungefähr 6 mg Aminosäuren wurden für jedes Chromatogramm eingesetzt.

Aminosäure	Durchschnittliche Ausbeute %	Mittlerer Fehler %	Anzahl der Chromatogramme
Asparaginsäure	99,6	± 2,7	12
Threonin	101,9	± 3,2	12
Serin	100,4	± 2,6	12
Glutaminsäure	96,7	± 2,1	11
Prolin	101,0	± 2,4	11
Glycin	99,2	± 2,8	12
Alanin	100,7	± 2,2	12
Cystin	96,1	± 1,9	10
Valin	100,8	± 2,9	12
Methionin	95,8	± 2,2	11
Isoleucin	101,0	± 1,4	7
Leucin	100,6	± 2,1	12
Tyrosin	99,8	± 2,6	5
Phenylalanin	98,2	± 1,4	5
Histidin	70 ca.	± 11 ca.	9
Lysin	82 ca.	± 5 ca.	9
Arginin	71 ca.	± 6 ca.	8

Aminosäuren zu $100 \pm 2\%$ nach diesem Verfahren wiedergefunden werden. Die Werte für Glutaminsäure wurden offenbar infolge Bildung von Pyrrolidoncarbonsäure in Gegenwart des sauren Puffers konstant um etwa 3% zu niedrig gefunden. Über die zu niedrigen Ausbeuten an basischen Aminosäuren im Falle der Anwendung alkalischer Puffer vgl. S. 139. Die Trennung weiterer, insgesamt 32 ninhydrinpositiver Substanzen ist in Abb. 100a wiedergegeben. Durch Kombination verschiedener Puffer ist eine weitgehende Trennung komplexer Mischungen möglich: bei p_H 3,2 läuft Oxyprolin weit vor Asparaginsäure, bei p_H 3,6 trennt sich Cystin gut von α-Amino-n-Buttersäure. Cystein wird zu Cystin oxydiert und liefert keinen besonderen Gipfel.

Durch *Änderung des* p_H und der *Ionenstärke* des Eluens kann das Chromatogramm stark modifiziert werden: im allgemeinen verzögert ein Puffer von niedrigem p_H, während ein solcher von höherem p_H beschleunigend wirkt. Erhöhung der Natriumionenkonzentration wirkt

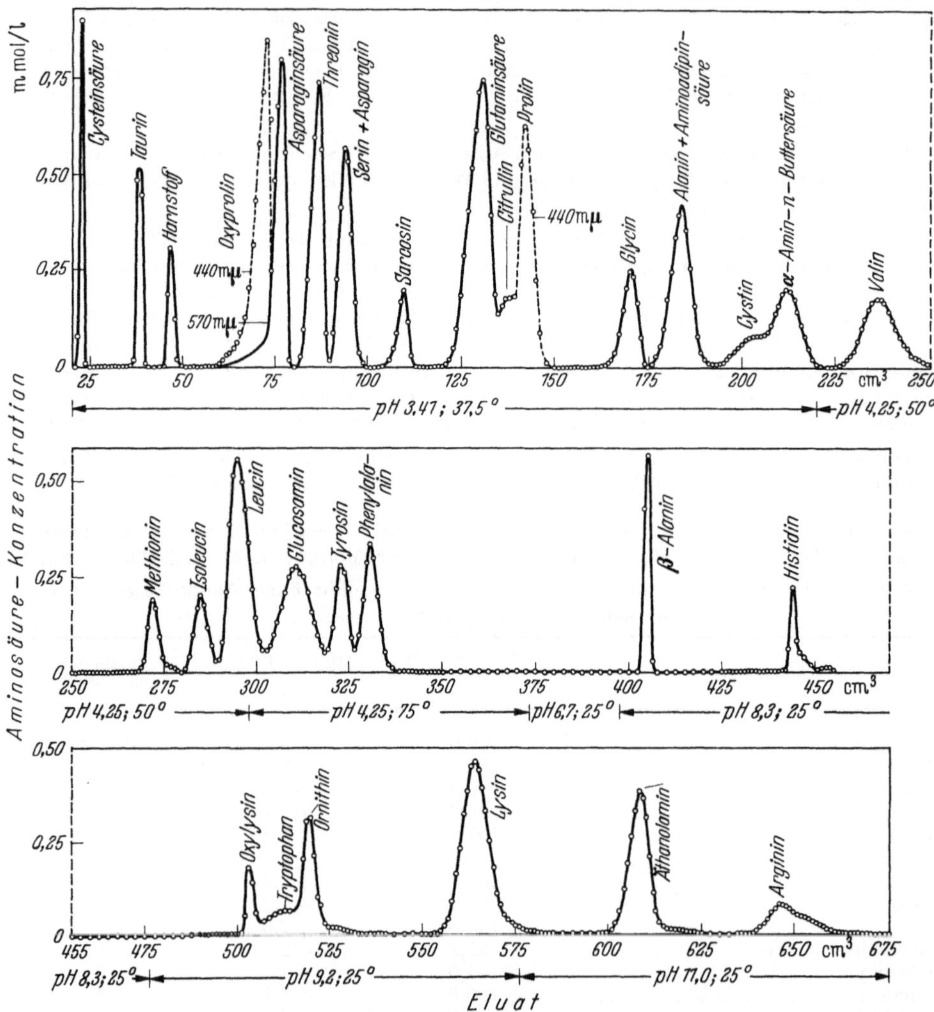

Abb. 100a. Trennung von Aminosäuren und verwandten Verbindungen aus einem künstlichen Gemisch von 32 Komponenten. Experimentelle Bedingungen wie in Abb. 99.

ähnlich wie Erhöhung des p_H. Durch *Zugabe organischer Solventien* kann die Eigenschaft eines Elutionsmittels weiter verändert werden: so hat 1% Benzylalkohol einen günstigen Einfluß auf die Trennung der Aromaten, während z. B. Propylalkohol die Aminosäuren mit längeren unpolaren Seitenketten beschleunigt.

Erhöhung der Temperatur erhöht im allgemeinen die Wanderungsgeschwindigkeit der Aminosäuren an der Säule. Ein Teil des Effekts geht auf die Erhöhung des p_H des Puffers bei Temperatursteigerung zurück. Daneben liegen aber auch spezifische Wirkungen vor: so erscheinen Methionin und Isoleucin bei 25° gemeinsam, bei 60° dagegen läuft Methionin gut getrennt voraus; ebenso lassen sich Tyrosin und Phenylalanin bei 60° trennen, obwohl sie bei 25° oder 37° gemeinsam aus der Säule austreten. Andererseits wird Leucin von Isoleucin bei 60° schlechter getrennt. Da bei höherer Temperatur eine raschere Verteilung der Aminosäuren zwischen Lösung und Harz erfolgt, kann die Flußgeschwindigkeit in diesem Fall ohne Nachteil höher gewählt werden.

Statt durch Pufferlösungen fraktioniert zu eluieren, kann man eine Fraktionierung auch durch einen *Wasserstoffionencyclus* erreichen (vgl. Abb. 101 b). Durch Entfernen der Salzsäure im Vakuum erhält man salzfreie Eindampfrückstände, was für präparative Zwecke sehr von Vorteil ist. Noch günstiger ist die Verwendung von *Ammoniumsalzen als Puffern*

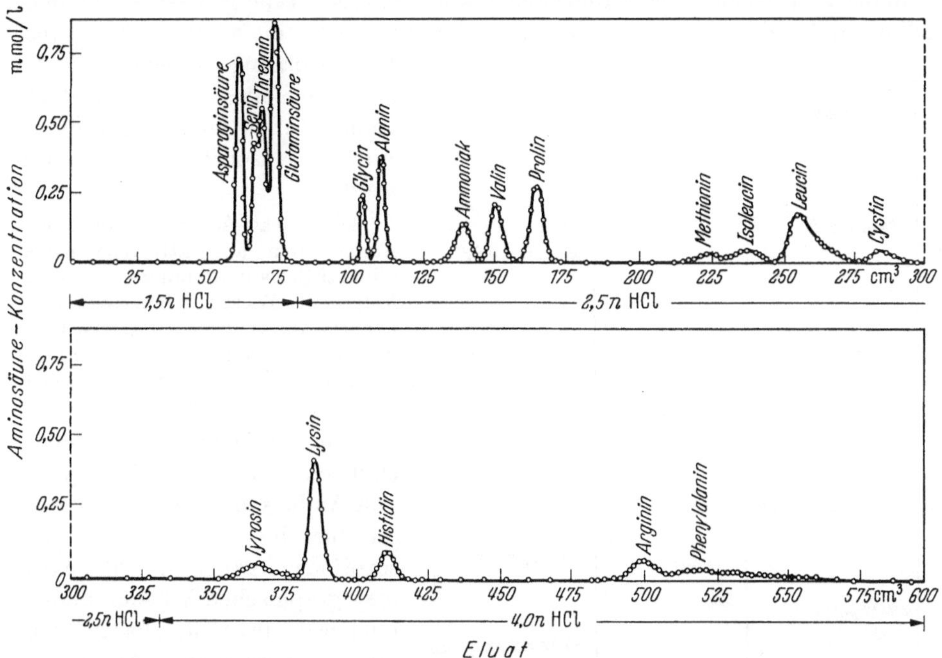

Abb. 100 b. *Fraktionierung eines bekannten Gemisches an Dowex-50 im „Wasserstoffionencyclus". Säule 0,9 × 50 cm. Angewandt etwa 3 mg Aminosäuregemisch.* [Nach W. H. STEIN und ST. MOORE, Cold Spring Harbor Symp. Quant. Biol. **14**, 189 (1949).]

(Formiat, Acetat, Carbonat), die im Vakuum bei Zimmertemperatur durch Sublimation zu entfernen sind (Vorschrift S. 201).

Verglichen mit der Stärkesäulentechnik (s. S. 159) hat die Austauschermethode den Vorteil der etwa doppelten Schnelligkeit in der Durchführung (5 Tage für eine vollständige Trennung an der 100 cm³-Säule); es treten keine Kohlenhydratspuren in den Eluaten auf, die Isolierungsprozeduren erschweren, die Empfindlichkeit gegen Neutralsalze ist wesentlich geringer als bei der Verteilungsmethode und die Kapazität der Säule ist größer.

Die große Selektivität der Säulenchromatographie an Austauscherharzen kommt in der Trennung des DL-Threonins vom DL-allo-Threonin an Dowex 50 (250/500 Maschen) überzeugend zum Ausdruck, VON DER LIEN, SHULGIN, GAL und GREENBERG[1] berichten; das Verfahren wurde auf β-substituierte Alanine und Isoleucine ausgedehnt. Während bei der rein chemischen Trennung z.B. allo-Threonin mit Threonin verunreinigt bleibt, erzielt man hier quantitative Trennung. Die mikrobiologische Prüfung mit L. faecalis erwies die Reinheit der Produkte.

---

[1] LIEN, O. G., A. T. SHULGIN, E. M. GAL u. D. M. GREENBERG: Nature (Lond.) **169**, 707 (1952).

2112. Additionsadsorption.

Freie Aminosäuren. Von basischen bzw. sauren Adsorbentien werden die sauren bzw. basischen Aminosäuren im allgemeinen unter Ionenaustausch festgehalten, wenn auch, wie z. B. bei den Bleicherden, Adsorptionseffekte sekundär mitspielen können. Die neutralen Aminosäuren gehen unter diesen Bedingungen ins Filtrat, sofern nicht auch sie, wie z. B. an stark sauren Sulfosäureaustauschern, ebenfalls als Kationen unter Ionenaustausch reagieren. Eine gewisse Ausnahmestellung unter den Adsorbentien nimmt die *Aktivkohle* ein; an ihr spielen Austauschvorgänge gewöhnlich die kleinere Rolle, so daß neutrale Aminosäuren vorwiegend durch Additionsadsorption festgehalten werden.

Die starke Adsorbierbarkeit von Aminosäuren an Aktivkohle haben schon 1919 ABDERHALDEN und FODOR[1] festgestellt. WARBURG und NEGELEIN[2] konnten die verschieden starke Oxydierbarkeit von Aminosäuren an Kohleoberflächen durch unterschiedliche Adsorption erklären.

Eine Reihe von Untersuchungen über die Adsorption von Aminosäuren an Aktivkohle, die für die Kenntnis des Adsorptionsvorgangs in der chromatographischen Versuchsanordnung bedeutsam sind, hat A. TISELIUS[3] durchgeführt. An diesem Beispiel wurden die grundlegenden Techniken der *Frontal-, Elutions- und Verdrängungsanalyse* ausgearbeitet.

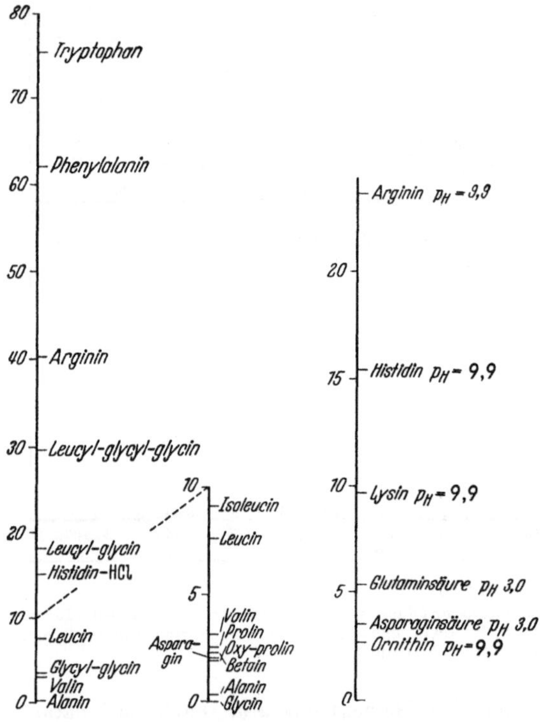

Abb. 101. *Spezifische Verzögerungsvolumina* (cm³/g Adsorbens) *für 0,5%ige Lösungen von Aminosäuren und Peptiden.* Temperatur 20°.

Zur Frontanalyse ließ TISELIUS[4] ein Gemisch neutraler Aminosäuren in 0,1 m wäßriger Natriumchlorid-, bzw. Natriumsulfatlösung (bzw. ein Gemisch der Basen in Glycinpuffer p_H 9,2) von unten her durch die Adsorptionssäule (Aktivkohle) treten und beobachtete in der oben ausfließenden Lösung mittels der Schlierenmethode oder interferometrisch, daß die einzelnen Komponenten mehr oder minder stark verzögert erschienen (vgl. Diagramm der „Verzögerungs-" oder „Retentions"-Volumina in Abb. 101: während Glycin praktisch un-

---

[1] ABDERHALDEN, E., u. A. FODOR: Fermentforsch. **2**, 74 (1919); vgl. ITOH, T.: Bull. Agric. Chem. Soc. Jap. **8**, 59 (1932).

[2] WARBURG, O., u. E. NEGELEIN: Biochem. Z. **113**, 257 (1921).

[3] TISELIUS, A.: Adv. Protein Chem. **3**, 67 (1946).

[4] TISELIUS, A.: Ark. Kem., Mineral. Geol., Ser. B **14**, 1940, Nr. 22; 1941, Nr. 32. — Science (Lancaster, Pa.) **94**, 145 (1941). — Ark. Kem., Mineral. Geol., Ser. A **16**, Nr. 18 (1943). — TISELIUS, A., u. S. CLAESSON: Ark. Kem., Mineral. Geol., Ser. B **15**, Nr. 18 (1942).— Kolloid-Z. **105**, 101 (1943). — Übersicht: Adv. Colloid Sci. **1**, 81 (1942). — Adv. Protein Chem. **3**, 70 (1947). — Endeavour **11** (1952).

verzögert aus der Säule austritt, erscheint z. B. Phenylalanin erst nach einem leeren Volumen von 62,5 cm³ je 1 g Adsorbens). Genügend langsame Durchströmung des Adsorbens und erschütterungsfreie Aufstellung vorausgesetzt, kommt es zu einem scharfen „Durchbruch" jeder verschieden stark adsorbierbaren Komponente an einer charakteristischen Stelle des Ausflußdiagramms. Die Methode hat nur analytische Bedeutung, da nur ein Teil der ersten Komponente rein erscheint (vgl. die Parallele zur Elektrophorese im U-Rohr nach NERNST). In praxi kommt es fast stets zu einer gegenseitigen Verdrängung der einzelnen Komponenten des Gemisches am Adsorbens. Nur im Idealfall der gegenseitigen Unabhängigkeit der Adsorption der einzelnen Partner ist die Differenz der aufeinanderfolgenden Stufenhöhen ein Maß für die Konzentration im ursprünglichen Gemisch; das gilt annähernd für schwach adsorbierbare Stoffe und kleine Konzentrationen. Die benötigten Mengen Adsorbens sind hoch.

Aus Abb. 102 geht der Verlauf einer Trennung von Alanin (0,159 mg N/cm³) und Leucin (0,104 mg N/cm³) an 1,5 g Aktivkohle (Norit P 3 Special) hervor: die erste Stufe entspricht reinem Alanin (0,161 mg N/cm³). Ähnliche Versuche wurden mit Mischungen von Glycin oder Alanin mit Valin, Methionin, Tryptophan und Phenol mit ähnlichen Ergebnissen durchgeführt.

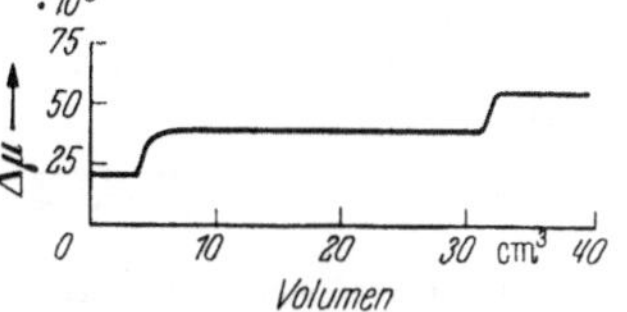

Abb. 102. *Frontanalyse eines Gemisches von Alanin und Leucin.* (Nach A. TISELIUS, The Svedberg, S. 373, 1944.)

Bei der Elutionsanalyse, der üblichen chromatographischen Versuchsanordnung, werden zwar die genannten Nachteile der Frontanalyse vermieden (die Komponenten erscheinen im Idealfall nacheinander, durch leere Zonen reinen Lösungsmittels getrennt, im Eluat, und die gegenseitige Verdrängung am Adsorbens ist hier sogar ein Vorteil), doch macht sich gerade bei der Additionsadsorption von Aminosäuren aus wäßriger Lösung an Aktivkohle die Inkonstanz (Krümmung) der Adsorptionsisotherme bei verschiedenen Konzentrationen (aus verdünnter Lösung wird relativ mehr adsorbiert als aus konzentrierter) schwerwiegend bemerkbar: je stärker eine Komponente adsorbiert wurde, desto langsamer fällt nach raschem Durchbruch die Konzentration wieder auf 0, d. h. die Rückseite der Zone zeigt einen Schwanz, und dieser Effekt wird mit steigender Säulenlänge immer störender.

Ein typisches Beispiel ist in Abb. 103 wiedergegeben. An einer Säule von 1,5 g Carboraffin C wurden 3 cm³ einer Lösung, enthaltend 1,55 mg N-Alanin, 1,06 mg N-Valin und 0,97 mg N-Leucin adsorbiert und mit Wasser eluiert; das am stärksten adsorbierte Leucin zeigt starkes Nachziehen eines Schwanzes. Die Analyse ergab 1,59 bzw. 1,05 bzw. 0,82 mg N, woraus die mangelhafte Elution des Leucins durch Wasser folgt.

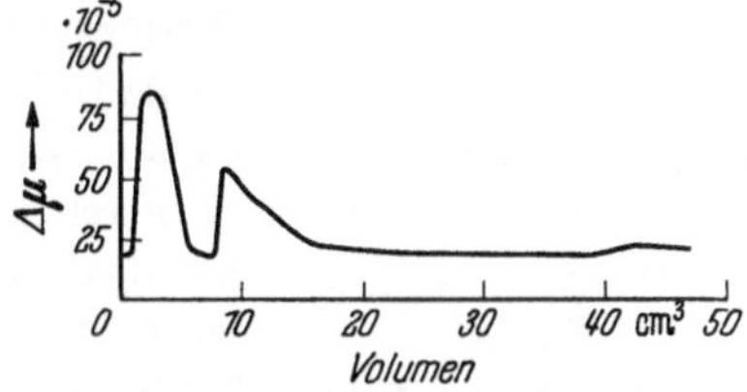

Abb. 103. *Elutionsanalyse eines Gemisches von Alanin, Valin und Leucin.* (Nach A. TISELIUS, s. Abb. 102.)

Den hauptsächlichsten Fehler der Elutionsanalyse, das „tailing" bei Verwendung von Aktivkohle als Adsorbens, vermeidet die Verdrängungsanalyse. Hier wird zur Elution eine stark adsorbierbare Substanz (Phenol in Wasser, Essigester in Wasser, Ephedrin usw.) verwendet, welche die vor ihrer Front befindliche Aminosäure vor sich her drängt, bis sich eine konstante Gleichgewichtskonzentration eingestellt hat; die verdrängte Aminosäure schiebt die nächst schwächer adsorbierte ihrerseits vor sich her usw. Das Ergebnis ist ein Eluat, in dem die einzelnen Komponenten ohne leere Lösungsmittelzwischenläufe einander folgen. Zum Unterschied von der Elutionsmethode sind hier die einzelnen Fraktionen elutionsmittelfrei. Für analytische Zwecke besteht die Schwierigkeit des Wechsels der Vorlage zwischen den Zonen; für präparative Zwecke hat diese gedrängte Form der Elution den Vorteil relativ kleiner Elutionsvolumina (vgl. S. 25). Ein weiterer Vorteil ist die Möglichkeit der Verwendung trennfähiger, langer Adsorptionssäulen.

In vielen praktischen Fällen wird es sich allerdings nicht streng feststellen lassen, ob es sich vorwiegend um eine Verdrängungs- oder Elutionsanalyse handelt. Wenn die verdrängende Substanz in hoher Konzentration vorliegt oder relativ rasch zugeführt wird, so wird sich ein stationärer Zustand in der kurzen Zeit nicht ausbilden können: die ersten Zonen werden dann vom Verdränger „überrannt", und es kommt zu einer gemischten Form der Elutions- und Verdrängungsanalyse. Ebenso wird die stationäre, sehr niedrige Konzentration bei schwach adsorbierbaren Substanzen nur an sehr langen Säulen erreicht; im andern Fall kommt es wieder zur partiellen Elutionsanalyse neben der Verdrängung.

Abb. 104 zeigt ein Beispiel, in dem ein Gemisch von Valin (1,28 mg N), Leucin (1,06mg N) und Methionin (0,95 mg N) an einer vergleichsweise kurzen Säule von 1,5 g Carboraffin C durch eine 0,5%ige Lösung von Äthylacetat verdrängt wurde. Die kleine Menge Adsorbens gestattet hier nicht das Erreichen des stationären Zustands bei Valin und Leucin („Gipfel"!),

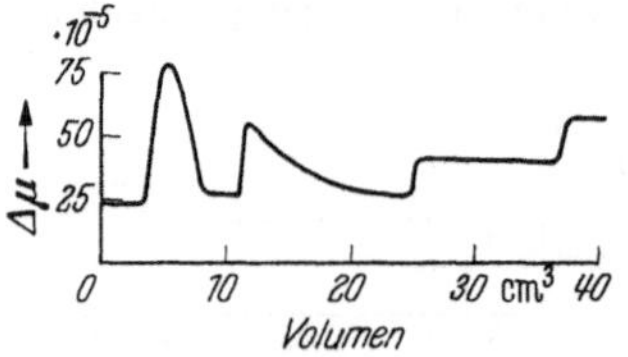

Abb. 104. *Verdrängungsanalyse eines Gemisches von Valin, Leucin und Methionin.* Verdränger: 0,5% Äthylacetat. (Nach A. TISELIUS, The Svedberg, S. 374, 1944.)

während das stärker adsorbierbare Methionin (im Diagramm rechts) diesen Zustand erreicht hat. Die 3 Portionen ergaben bei der Analyse 1,30 bzw. 1,02 bzw. 0,84 mg N; das verbleibende Methionin konnte mit 5% Äthylacetat eluiert werden (0,95 mg N Gesamtausbeute). — Während das vorangehende Beispiel noch eine Kombination von Elutions- und Verdrängungsanalyse darstellt (Elution des Valins, Verdrängung des Methionins, zeigt Abb. 105 eine reine Form der Verdrängung: an 1,5 g Carboraffin wurden Valin (1,28 mg N) und Leucin (0,96 mg N) durch 5% Phenol eluiert (Ausbeute 1,35 mg N bzw. 0,88 mg N).

In den weitaus meisten praktischen Fällen wird die Adsorptionstrennung von Aminosäuren an Aktivkohle wenig Bedeutung gegenüber den Ionenaustausch und Verteilungsverfahren haben; ihre Bedeutung liegt vielmehr in der Aufklärung der theoretisch interessanten Phänomene der Chromatographie. Nur in einem Fall dürfte sie als „Alles-oder-Nichts"-Methode auch zur Ausführung von Routineanalysen brauchbar sein, nämlich für die quantitative Abtrennung der aromatischen Aminosäuren (Tyrosin, Phenylalanin, Tryptophan) von den aliphatischen

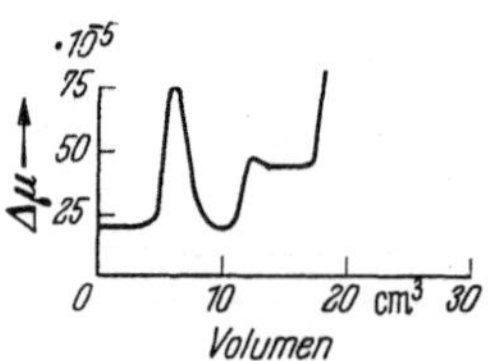

Abb. 105. *Verdrängungsanalyse eines Gemisches von Valin und Leucin.* Verdränger: 5% wäßr. Phenol. (Nach A. TISELIUS, s. S. 104.)

Aminosäuren. Da die Aminosäuren bei der Adsorption an Aktivkohle zum Teil durch Desaminierung und Oxydation Zersetzung erleiden, wie auf Grund früherer Beobachtungen (WARBURG und NEGELEIN) über den katalytischen Effekt der Aktivkohle zu erwarten war, ist es für quantitative Analysen notwendig, die Aktivkohle durch Vorbehandeln mit Cyanid zu vergiften und nicht zu langsam zu arbeiten (SCHRAMM, TURBA, TISELIUS).

Die aus den stark unterschiedlichen Verzögerungsvolumina der aromatischen und aliphatischen Aminosäuren abzuleitende verschieden starke Adsorbierbarkeit an Aktivkohle, die den Gedanken einer chromatographischen Trennung der beiden Gruppen nahelegt, war schon von WACHTEL und CASSIDY[1] zur Trennung eines Gemisches von Tyrosin und Phenylalanin von den aliphatischen Monoaminosäuren Glycin und Leucin benutzt worden. SCHRAMM und PRIMOSIGH[2] konnten die aromatischen Aminosäuren an granulierter, gesiebter Aktivkohle „Schering", die mit Essigsäure ausgekocht und mit Kaliumcyanid vorbehandelt war, aus 5% essigsaurer Lösung quantitativ und spezifisch adsorbieren (1 mg aromatischer Aminosäure/1 g Adsorbens), während die aliphatischen Aminosäuren ins Filtrat gingen. Die Elution erfolgte mit einer Lösung von 5% Phenol in 20%iger Essigsäure; durch den Überschuß undissoziierten Phenols wird auch das mit seinem phenolischen Hydroxyl besonders fest haftende Tyrosin eluiert. TISELIUS[3] bevorzugt an Stelle der granulierten Kohle fein gepulverte Entfärbungskohle und erreicht bei einem Überdruck von 0,5—1 Atm. bei

[1] WACHTEL, J., u. H. G. CASSIDY: Science (Lancaster, Pa.) **95**, 233 (1942). — J. Amer. Chem. Soc. **65**, 665 (1943).

[2] SCHRAMM, G., u. J. PRIMOSIGH: Ber. dtsch. chem. Ges. **76**, 373 (1943).

[3] TISELIUS, A.: Adv. Protein Chem. **3**, 85 (1947).

Säulenhöhen von 10—20 mm ausreichende Flußgeschwindigkeit; der Vorzug der fein gepulverten Präparate ist die sehr viel schnellere Gleichgewichtseinstellung. Auch TURBA, RICHTER und KUCHAŘ[1], die unabhängig von den genannten Autoren ein Verfahren zur Abtrennung der aromatischen Aminosäuren an Aktivkohle entwickelt haben, verwenden fein gepulverte Aktivkohle „Merck", die mit Blausäure vorbehandelt war, und eluieren die Aromaten mit Pyridin-Eisessig, worin diese Aminosäuren beständiger sind als in Phenol.

Eine Trennung der aromatischen Aminosäuren an Aktivkohle voneinander gelingt trotz ihrer unterschiedlichen Haftfestigkeit an Aktivkohle nicht direkt. Mit heißer 20%iger Essigsäure wird neben der ganzen Menge Phenylalanin auch ein Teil des Tyrosins und Tryptophans eluiert. Dagegen konnten D. A. HALL und A. TISELIUS[2] die drei aromatischen Aminosäuren durch „Trägerverdrängung" voneinander trennen.

Auf Grund des Befunds von CLAESSON[3], wonach innerhalb einer homologen Reihe Siedepunkt und Retentionsvolumen gleichsinnig ansteigen, wurden geeignete Verbindungen zur Trägerverdrängung („carrier displacement") der drei aromatischen Aminosäuren an Kohlensäulen ausfindig gemacht. Dabei werden Zonen von inerten Substanzen, deren Adsorptionsaffinität zwischen denen der zu trennenden Substanzen liegt, „eingeschoben". Wie aus Abb. 106 hervorgeht, erfüllen aus einer Zahl untersuchter Verbindungen die nachstehend aufgeführten Alkohole diese Aufgabe: n-Butanol (I), 2-Methyl-2-Butanol (II). 3-Methyl-1-Butanol (III) und Benzylalkohol (IV). 104 γ Tyrosin, 120 γ Phenylalanin, 97 γ Methionin und 140 γ Tryptophan wurden in 0,1 m-Natriumcarbonat/Bicarbonat-Puffer (p_H 9,7)

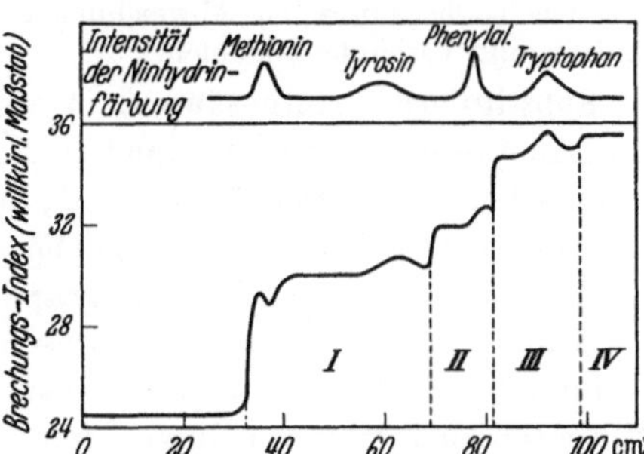

Abb. 106. *Trennung von aromatischen Aminosäuren in 100 γ-Mengen durch „Trägerverdrängung" an 14,1 cm³ Carboraffin-Supercel (1:3). I n-Butanol: II 2-Methyl-2-Butanol; III 3-Methyl-1-Butanol: IV Benzylalkohol.* [Nach A. HALL und A. TISELIUS. Acta chem. scand. (København) **5**, 854 (1951).]

auf eine Säule von Carboraffin-Supercel (1:3) von 14 cm³ Gesamtvolumen gegeben und mit einem Gemisch der angeführten Alkohole in 1%iger Lösung im gleichen Puffer gewaschen. Die einzelnen Stufen wurden nach Verdünnen der Lösungen papierchromatographisch identifiziert; die Ausbeute betrug um 96%. Für quantitative Zwecke wurde die Kohle wie das Supercel mit Salzsäure und

Tabelle 31. *Trägerverdrängungsanalyse von Aminosäuren an Aktivkohle in 1,0 n Salzsäure* [TISELIUS, A.: Endeavour **11** (1952)].

Methanol Wasser	Glycin, Alanin
Äthanol/Wasser	Asparaginsäure
Äthanol/Methanol	Prolin, Oxyprolin
sec-Propanol/Äthanol	Glutaminsäure
Propanol/Äthanol	Valin, Leucin
Butanol/Propanol	Methionin
Isoamylalkohol/Butanol	Phenylalanin
Isoamylalkohol/tert.-Amylalkohol	Tyrosin, Phenylalanin

Ammoniak gewaschen und mit Butanol extrahiert. Allerdings eignen sich Säulen des beschriebenen Fassungsvermögens nicht für die Trennung der Aromaten aus Proteinhydrolysaten; möglicherweise muß eine Gruppentrennung vorgeschaltet werden.

Ein weiteres instruktives Beispiel für eine Trägerverdrängung von Aminosäuren an Aktivkohle geht aus Tabelle 31 hervor. Die Aminosäuren trennen sich in Gruppen, die durch die angegebenen Alkohole im Eluat voneinander scharf geschieden sind[4]. In der beschriebenen Versuchsanordnung können kleinste Mengen an Aminosäuren Verwendung finden, die in

[1] TURBA, F., M. RICHTER u. F. KUCHAŘ: Naturwiss. **31**, 508 (1943).
[2] HALL, D. A., u. A. TISELIUS: Acta chem. scand. (København) **5**, 854 (1951).
[3] CLAESSON, S.: Ark. Kem., Mineral. Geol., Ser. A **23**, Nr. 1 (1946).
[4] TISELIUS, A.: Endeavour **11** (1952).

der Elutionsanalyse dem interferometrischen Nachweis entgehen würden. Die Isolierung erfolgt einfach durch Verdampfen der Alkohole.

Die Methode ist deshalb nur begrenzt anwendbar, weil die Verdränger ähnliche Adsorptionsisothermen zeigen müssen wie die zu verdrängenden Aminosäuren, Peptide usw.; während bei Vertretern homologer Reihen die Reihenfolge der Verdrängung im Gemisch dem Verhalten der Einzelsubstanzen entspricht, kommt es bei Mischungen von Substanzen verschiedenen Charakters zu Abweichungen, die eine erfolgreiche Trennung durch Trägerverdrängung verhindern können.

Substituierte Aminosäuren, Aminosäureabkömmlinge. Durch Substitution der Aminosäuren mit geeigneten Radikalen entstehen Verbindungen, die in organischen Solventien löslich sind; ihre Trennung ist bisweilen durch Additionsadsorption möglich (neuerdings bevorzugt man allerdings für diesen Zweck häufig die Verteilungschromatographie). Für analytische Zwecke stellt dieses Verfahren freilich einen unerwünschten Umweg dar, bei dem nicht nur die Trennung der Verbindungen selbst, sondern auch die Einführung der Substituenten quantitativ gelingen muß. Im allgemeinen haben darum diese Verfahren neben den neueren Methoden, die unsubstituierte Aminosäuren benutzen, an Bedeutung verloren. Eine wichtige Ausnahmestellung nehmen aber solche Derivate ein, in denen der eingeführte Rest fest haftet und z.B. durch hydrolytische Prozeduren nicht oder nur schwierig zu entfernen ist und so zur Kennzeichnung eines endständigen Aminosäurerestes in einem Peptid oder Protein dienen kann. Einen gewissen Vorteil der Substitution kann man ferner allgemein darin erblicken, daß man zu gefärbten Derivaten kommen kann, deren Trennung in der TSWETTschen Säule leicht verfolgt und dadurch sicherer gelenkt werden kann. Auch gelingt die Abtrennung substituierter Aminosäuren von Salzen, Kohlenhydraten usw. unter Umständen durch Ausschütteln mit organischen Solventien leicht und vollständig.

Als erste haben KARRER[1] und Mitarbeiter die rotbraunen Kupplungsprodukte der Methylester von Glycin, Alanin, Valin und Leucin mit *p-Phenylazobenzoylchlorid* der allgemeinen Formel

$$\left\langle\bigcirc\right\rangle\!-\!N\!=\!N\!-\!\left\langle\bigcirc\right\rangle\!-\!CO\cdot NH\cdot \underset{\overset{|}{R}}{CH}\cdot COOCH_3$$

(die freien Aminosäuren reagieren uneinheitlich mit dem Säurechlorid unter Bildung der Laktone[2] neben den Acylaminosäuren) aus einem Gemisch von 95% Ligroin und 5% Benzol

Tabelle 32. *Trennung der N-p-Phenyl-azobenzoyl-Aminosäure-methylester an basischem Zinkcarbonat.* [Nach KARRER, P., R. KELLER und G. SZÖNYI: Helv. Chim. Acta **26**, 38 (1943).]

Zone I.   35 mm. Kleine Mengen Phenyl-Azobenzoyl-Glycin. Eluiert mit Alkali.
Zone II. 100 mm. Eluiert mit Benzol, Eindampfrückstand ausgekocht mit Petroläther. Reiner p-Phenyl-Azobenzoyl-Glycinmethylester.
Zone III. 85 mm. Behandelt wie II. Reiner p-Phenyl-Azobenzoyl-Alaninmethylester.
Zone IV. 130 mm. Obere Hälfte wie II aufgearbeitet, ergab p-Phenylazobenzoyl-Leucinmethylester; Untere Hälfte nach erneutem Chromatographieren an basischem Zinkcarbonat p-Phenyl-Azobenzoyl-Valinmethylester.

Versuchsbedingungen. Je 50 mg der vier Acylester in insgesamt 10 cm³ Benzol wurden auf eine mit 70 cm³ Benzol vorgewaschene Säule von basischem Zinkcarbonat gegossen (2,6 × 50 cm) und mit 430 cm³ Petroläther (70—80), der 5% Benzol enthielt, gewaschen.

---

[1] KARRER, P., R. KELLER u. G. SZÖNYI: Helvet. chim. Acta **26**, 38 (1943).

[2] $\left\langle\bigcirc\right\rangle\!-\!N\!=\!N\!-\!\left\langle\bigcirc\right\rangle\!-\!\underset{N}{\overset{O\text{----}CO}{C}}\!CH\!-\!R.$

an einer Säule 2,6 × 50 cm aus basischem Zinkcarbonat (je 5 mg der Komponenten) getrennt. Als Elutionsmittel diente Benzol. Die Acylierung ist nicht quantitativ. Zur Trennung vgl. Tabelle 32.

Vom Standpunkt der quantitativen Acylierung besser geeignet sind die nach der Reaktionsgleichung

$$\text{C}_6\text{H}_4\!\!-\!\!N\!=\!N\!\!-\!\!\text{C}_6\text{H}_4\!\!-\!\!N\!=\!C\!=\!O + NH_2 \cdot \underset{R}{CH} \cdot COONa \rightarrow$$

$$\rightarrow \text{C}_6\text{H}_4\!\!-\!\!N\!=\!N\!\!-\!\!\text{C}_6\text{H}_4\,NH \cdot CO \cdot NH \cdot \underset{R}{CH} \cdot COONa$$

aus Benzol-Azoisocyanat und der betreffenden Aminosäure quantitativ sich bildenden gelben bis rotgelben *p-Azobenzolharnstoffderivate* (ZEILE, KRUCKENBERG[1]). Bei den basischen Aminosäuren entstehen allerdings Mono- und Di-Derivate nebeneinander. In Gruppen vorgetrennt (s. S. 155) lassen sich diese Derivate an Zinkcarbonat voneinander trennen[2] (siehe Tabelle 33). Ein Nachteil des Verfahrens besteht darin, daß die freien Säuren, die sich von

Tabelle 33. *Trennung der p-Azobenzol-Harnstoffderivate von Aminosäuren (bzw. deren Ester) an neutralem Zinkcarbonat. Reihenfolge in der Säule von oben nach unten*[3].
(Nach TURBA, F., und E. v. SCHRADER-BEIELSTEIN.)

Derivate der Monoamino-monocarbonsäuren	Derivate der β-substituierten Amino-säuren (Ester)	Derivate der Aromaten (Ester)	Derivate der Amino-Dicarbonsäuren (Ester)
(I)	(II)	(III)	(IV)
Methionin	Cystein	Tyrosin	Glutaminsäure (Di-ester)
Alanin	{ Serin +	Tryptophan	Asparaginsäure (Di-ester)
Oxyprolin	{ Threonin	Phenylalanin	
{ Leucin +	Glycin		
{ Valin + Isoleucin			
Prolin			

Versuchsbedingungen. Säulen 9 × 1,2 cm. Adsorption der Derivate der Monocarbonsäuren (I) aus Tetrahydrofuran:Tetrachlorkohlenstoff 1:1; der β-substituierten Aminosäureester (II) aus Tetrahydrofuran-Chloroform 1:2; der Derivate der Ester der Aromaten(III) aus Chloroform-Tetrachlorkohlenstoff 1:1; der Derivate der Dicarbonsäureester (IV) aus dem gleichen Lösungsmittel. Die durch eine Klammer verbundenen Substanzen sind nur durch erneutes Chromatographieren an langen Säulen zu trennen (Trennung nicht quantitativ). Angewandt etwa 300 γ jeder Substanz. Die Reinheit der verwandten Ester wurde durch Methoxylbestimmungen geprüft; die entsprechenden Hydantoine verhalten sich anders.

den Oxysäuren, Aromaten und Dicarbonsäuren herleiten, zu stark adsorbiert werden, so daß die Überführung in die Methylester mit Diazomethan notwendig ist (vgl. Abb. 107); dabei muß in methanolfreier Lösung gearbeitet werden, da sonst die entsprechenden Hydantoine entstehen.

(Die Trennung der *Phenylhydantoine, Phenylthiohydantoine* und *Azophenylhydantoine* durch Adsorptionsanalyse ist anscheinend noch nicht durchgeführt worden; sie dürfte nach den bisherigen Erfahrungen erfolgversprechend sein, und wäre darum von Bedeutung, weil diese Stoffe bei der Strukturaufklärung von Peptiden durch Abbau vom freien Aminoende her eine bedeutsame Rolle spielen, s. S. 206.)

---

[1] ZEILE, K.: Naturwiss. **33**, 252 (1946). — KRUCKENBERG, W.: Hoppe-Seylers Z. **284**, 19 (1949).

[2] TURBA, F., u. E. v. SCHRADER-BEIELSTEIN: Naturwiss. **35**, 123 (1948).

[3] In der vorläufigen Mitteilung [Naturwiss. **35**, 123 (1948)] war diese Reihenfolge irrtümlicherweise anders angegeben worden.

Am gleichen Adsorbens, Zinkcarbonat, lassen sich auch die *2,4-Dinitrophenylhydrazone* von Aldehyden trennen, die bei Einwirkung von Ninhydrin auf α-Aminosäuren entstehen (VIRTANEN[1]):

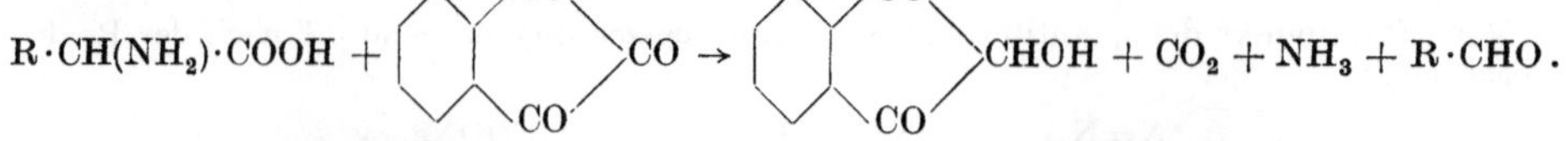

$$R\cdot CH(NH_2)\cdot COOH + \text{[Struktur]} \rightarrow \text{[Struktur]} CHOH + CO_2 + NH_3 + R\cdot CHO.$$

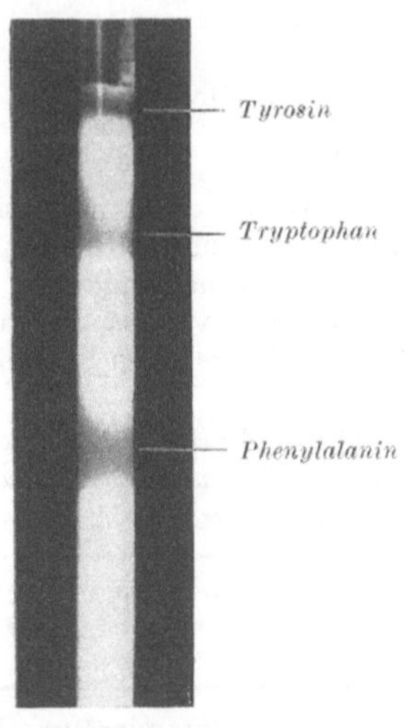

Abb. 107. *Trennung der p-Azobenzolharnstoff-Derivate der Methylester der aromatischen Aminosäuren.* Abstand der Zonenmitten vom oberen Säulenrand nach beendeter Entwicklung: Tyrosin 0,2 cm; Tryptophan 1,3 cm; Phenylalanin 3,3 cm. (F. TURBA, unveröffentlichte Aufnahme).

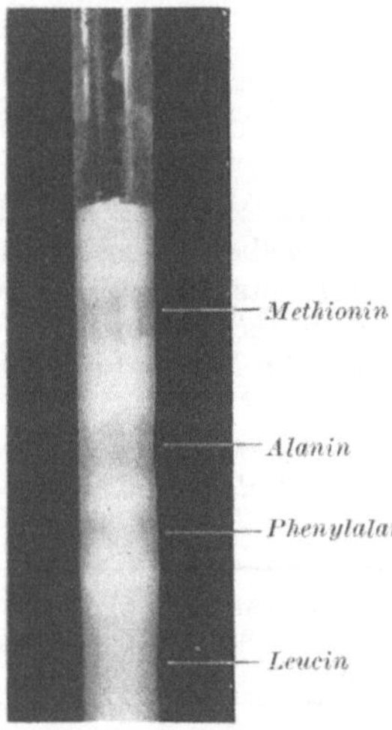

Abb. 108. *Trennung der 2,4-Dinitrophenylhydrazone der durch Ninhydrinbehandlung von α-Aminosäuren entstehenden Aldehyde.* 20 γ der aus Methionin, 30 γ der aus Alanin, 25 γ der aus Phenylalanin, 100 γ der aus Leucin entstandenen Verbindung adsorbiert an 1,5 g Zinkcarbonat; Lösungsmittel Tetrachlorkohlenstoff: Petroläther 1:2. (F. TURBA, unveröffentlichte Aufnahme).

Da nur die den homologen aliphatischen Aminosäuren, dem Phenylalanin und Methionin entsprechenden Aldehyde wasserdampfflüchtig sind, lassen sich diese von den Umsetzungsprodukten der übrigen Aminosäuren quantitativ abtrennen. Aus Petroläther-Tetrachlorkohlenstoff werden die Hydrazone in der Reihenfolge der entsprechenden Aminosäuren: Methionin, Alanin, Phenylalanin, Leucin + Valin + Isoleucin festgehalten; nach Elution mit Chloroform erfolgt die colorimetrische Bestimmung[2]. Über die chromatographische Trennung ähnlicher Hydrazone an Bentonit in Äther:Hexan vgl.[3] LÖHR[4], dem an Zinkcarbonat die Trennung der genannten Hydrazone nur unvollkommen (vgl. aber Abb. 108) gelang, bevorzugt als Adsorbens Aluminiumoxyd und verwendet als Lösungsmittel Methylacetat; dabei soll sich das Dinitrophenylhydrazon des Aldehyds aus Isoleucin als vorderste Zone abtrennen, während die dem Alanin, Phenylalanin und Methionin entsprechenden Verbindungen

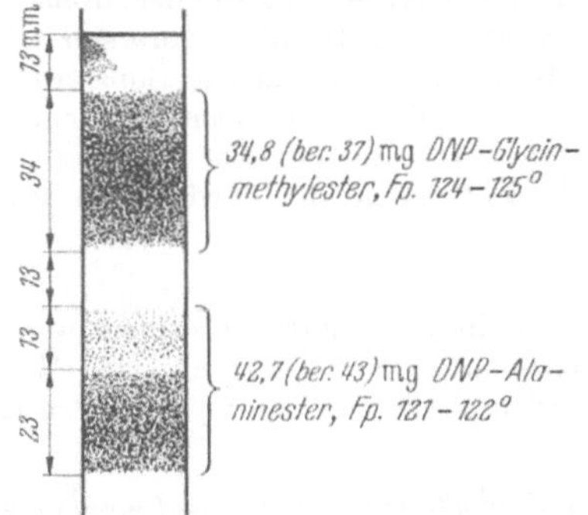

Abb. 109. *Schema des Säulenbildes einer Trennung der 2,4-Dinitrophenyl-Derivate von Glycin- und Alaninmethylester* in 8 cm³ Benzol an 130 g essigsäurevorbehandeltem (trockenem) Aluminiumoxyd; entwickelt mit 400 cm³ Benzol:Ligroin (60—80) 1:3; Elution mit Aceton-Methanol 1:1. [Nach A. G. LOWTHER und W. S. REITH, Biochemic. J. **45**, VI (1949).[

[1] VIRTANEN, A. I., T. LAINE u. T. TOIVONEN: Hoppe-Seylers Z. **266**, 193 (1940).
[2] TURBA, F., u. E. v. SCHRADER-BEIELSTEIN: Naturwiss. **35**, 57 (1948).
[3] STRAIN, H. H.: J. Amer. Chem. Soc. **57**, 758 (1935).
[4] LÖHR, K.: Biochem. Z. **320**, 115 (1950).

(zum Unterschied von der Trennung an Zinkcarbonat) nicht getrennt werden können; nach unseren Beobachtungen macht allerdings auch die Trennung Valin:Isoleucin unter den von Löhr angegebenen Bedingungen Schwierigkeiten.

Die *Methylester* einiger *2,4-Dinitrophenyl-Aminosäuren* lassen sich nach A. G. Lowther und W. S. Reith an essigsäurevorbehandeltem, trocknem Aluminiumoxyd voneinander trennen; Versuchsbedingungen s. Abb. 109.

Vergleiche auch die Trennung von p-Azobenzolsulfosäure-Derivaten von Aminosäuren an essigsäurevorbehandeltem Aluminiumoxyd (Flowers und Reith)[1]. Auch an Stelle des Phenyl-iso-Thiocyanats als Hilfsmittel zum stufenweisen Abbau von Peptiden (vgl. S. 206) wurden gefärbte Substitutionsprodukte (3,5-Dinitro-4-Dimethylamino-Phenyl-iso-Thiocyanat) vorgeschlagen; die gefärbten Kupplungsprodukte mit Aminosäuren können durch Adsorptionschromatographie an dem vorgenannten Adsorbens getrennt werden.

Anhang: Vereinfachte Trennungen (Gruppentrennungen). Für viele Zwecke genügt es, die Gesamtheit der Aminosäuren z.B. eines Hydrolysats in mehrere charakteristische Gruppen funktionell verwandter Aminosäuren aufzuteilen (z.B.: basische-neutrale-saure Aminosäuren); vgl. dazu die älteren Methoden mit ähnlicher Zielsetzung nach van Slyke[2], Hausmann[3] usw. Auch als Vorfraktionierung für eine darauffolgende Feinaufteilung haben sich solche Gruppentrennungen bewährt. Die meisten vorstehend aufgeführten Methoden lassen sich zu solchen Gruppenaufteilungen sinnvoll kombinieren. Genaue Arbeitsvorschriften sind für die Aufteilung in fünf Gruppen ausgearbeitet worden, und zwar in die aromatischen, sauren, basischen, Oxy-Aminosäuren (mit Einschluß des Cysteins und Glycins) und in die restlichen neutralen Aminosäuren. Eine solche Kombination bereits beschriebener Verfahren ist von Schramm und Primosigh[4] mitgeteilt, das Verfahren danach von Schramm und Braunitzer[5] verbessert worden. Es gliedert sich in folgende Arbeitsgänge:

1. Bestimmung der aromatischen Aminosäuren. Granulierte Aktivkohle „Merck", gepulvert und von feinsten Teilen durch Sieben mit einem Tuch befreit, wird mit der 5 bis 10fachen Menge 20% Essigsäure ausgekocht, heiß abgenutscht und N-frei gewaschen, dann mit 50 mg Kaliumcyanid je 100 g Kohle einige Minuten auf 60° erwärmt. Nach dem Auswaschen aufbewahren in 5% Essigsäure bei 0°. — Säulenhöhe 4 cm, Adsorptionsrohr 1,2 × 30 cm. Adsorption der Aromaten (etwa 10 mg N) aus 5% Essigsäure, die mit Schwefelwasserstoff gesättigt ist. Prüfung des Adsorptionsverhaltens der aliphatischen Aminosäuren am vorliegenden Kohlepräparat mit dem am stärksten adsorbierbaren Isoleucin. Waschvolumen 50—70 cm³. Elution mit 5% Phenol (aus ätherischer Lösung mit 2 n-Schwefelsäure gereinigt), gelöst in 20% Essigsäure. N-Bestimmung statt im Eluat besser durch Differenzbestimmung.

2. Bestimmung der basischen Aminosäuren. Wofatit C, getrocknet bei 60°, wird gepulvert, gröbere Anteile ausgesiebt, feinste Teile abflotiert. Säulenhöhe 2 cm. Bei kleiner Durchflußgeschwindigkeit Adsorption der von aromatischen Aminosäuren befreiten Lösung nach Entfernung der Essigsäure (12 Std im Vakuum über Ätzkali) aus wäßriger Schwefelwasserstofflösung. Die neutralen Aminosäuren sind in dem ersten 50 cm³-Filtrat enthalten. Bei Elution mit wäßriger 2 n-Salzsäure liegen die Werte 10% zu niedrig, bei Elution mit phenolgesättigter 2 n-Salzsäure um 2% zu niedrig; Stickstoffbestimmung daher besser durch Differenzverfahren.

[1] Flowers, H. M., u. W. S. Reith: Biochemic. J. **53**, 657 (1953).
[2] Slyke, D. D. van: J. of Biol. Chem. **10**, 15 (1911); **22**, 281 (1915); **39**, 479 (1919).
[3] Hausmann, A.: Hoppe-Seylers Z. **27**, 95 (1899); **29**, 136 (1900); vgl. Cawett, J. W.: J. of Biol. Chem. **95**, 335 (1932).
[4] Schramm, G., u. J. Primosigh: Ber. dtsch. chem. Ges. **77**, 417 (1944).
[5] Schramm, G., u. G. Braunitzer: Z. Naturforsch. **5**b, 297 (1950).

3. Bestimmung der sauren Aminosäuren. Als Adsorbens für den Durchlauf der Wofatitsäule (eingedampft nach Neutralisation gegen Bromthymolblau, gesättigt mit Schwefelwasserstoff) diente eine 10 cm hohe Säule von salzsäurevorbehandeltem Aluminiumoxyd (Aktivitätstest: Bromthymolblau muß fest adsorbiert werden). Auswaschen der neutralen Aminosäuren mit 50 cm³ Wasser, bzw. bei Anwesenheit von Cystein mit 100 cm³ schwefelwasserstoffgesättigtem Wasser. Elution der sauren Aminosäuren mit 25 cm³ 0,5 n-Kalilauge. N-Bestimmung im Filtrat oder Eluat.

4. Bestimmung der β-substituierten Säuren und des Glycins. 20 g salzsäurevorbehandeltes Aluminiumoxyd, Säule 1,8 × 10 cm. Restlösung nach Adsorption der Dicarbonsäuren auf

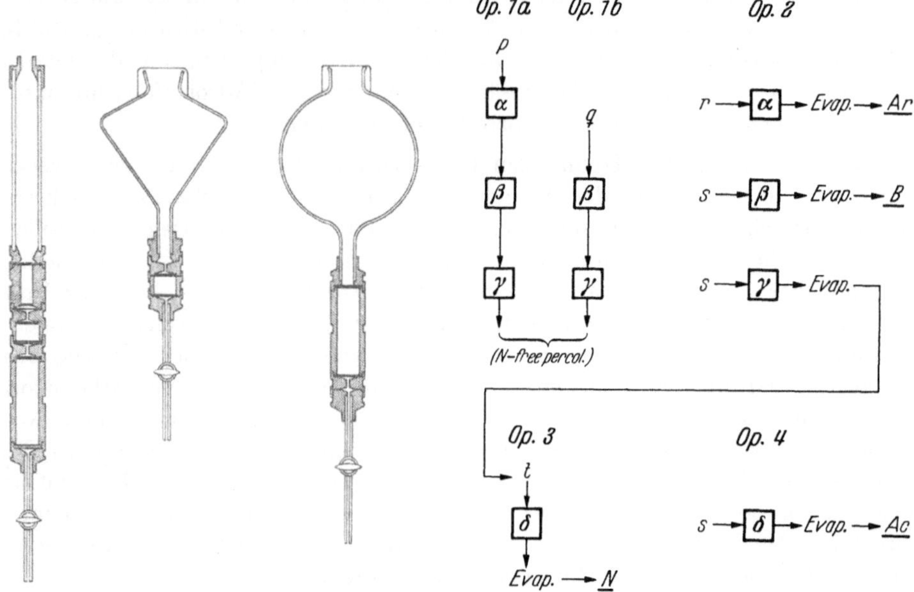

Abb. 110. *Querschnitt durch die für eine Gruppentrennung von Aminosäuren benutzten Metallfilter,* die durch Verbindungsstücke verschraubt und mit Behältern für das Elutionsmittel versehen sind. Die einzelnen Kombinationen entsprechen (von links nach rechts) den Operationen Nr.1 α, 2 β und 2 γ (im letzten Fall ist das Filter umgedreht). [Nach A. TISELIUS, B. DRAKE und L. HAGDAHL, Experientia (Basel) **3**, 21 (1947).]

Abb. 111. *Diagramm des Analysenvorgangs bei der Gruppentrennung der Aminosäuren.* Die Quadrate entsprechen den einzelnen Filtern. α Aktivkohle, β Wofatit C, γ Wofatit KS, δ Amberlite IR 4. *Op* Vorgang, *Evap* Eindampfen. *Ar* Aromaten, *B* Basen, *Ac* Säuren, *N* Neutrale. Elutionsmittel: *p* 5%ige Essigsäure, *q* 20%ige Essigsäure, *r* 5% Phenol in 20% Essigsäure, *s* 1 n-Salzsäure, *t* destilliertes Wasser. (Nach A. TISELIUS und Mitarbeitern, s. Text.)

3—5 cm³ eingeengt, bei 60° 5 min mit Schwefelwasserstoff behandelt, um Cystin zu reduzieren, 30—40% Formaldehyd (ameisensäurefrei) zugesetzt, so daß eine 10%ige Formaldehydlösung entsteht, die gegen Bromthymolblau auf schwach blau titriert wird. Adsorptionssäule mit 50 cm³ neutraler, schwefelwasserstoffgesättigter Formaldehydlösung gespült, 100 cm³ des Durchlaufs aufgefangen, Stickstoffbestimmung (Kontrolle mit gleichartig behandelter Formaldehydlösung). Elution mit 50 cm³ 0,5 n-Kalilauge. Zur Stickstoffbestimmung des Eluats wurde als Kontrolle die gleiche Menge Kalilauge durch eine gleichartige Säule filtriert.

Eine Fortentwicklung des oben geschilderten Arbeitsgangs stellt die Trennung eines Aminosäuregemisches in vier Gruppen dar, für die TISELIUS und Mitarbeiter[1] eine geeignete Apparatur angeben: etwa 50 mg Aminosäuregemisch werden ohne zeitraubendes Eindampfen in aromatische, basische, saure und neutrale Anteile zerlegt (vgl. Abb. 110 und 111).

---

[1] TISELIUS, A., B. DRAKE u. L. HAGDAHL: Experientia (Basel) **3**, 21 (1947).

Die Aromaten werden an Aktivkohle, die Basen (aus 20% Essigsäure, um Verluste bei der Adsorption zu vermeiden) an Wofatit C, der Rest der Aminosäuren an Wofatit KS und aus dem Eluat davon die Säuren an Amberlite IR 4 adsorbiert. Die ersten drei Adsorptionsfilter (aufeinandergeschraubte Metallfilter, und zwar in der Reihenfolge von oben nach unten: 1. $1000\,\pi\,mm^3$: essigsäurevorbehandelte Aktivkohle „Carbo activatus Merck", 2. $2000\,\pi\,mm^3$: Wofatit C, 0,1 mm-Granula, gewaschen mit 1 n-Salzsäure-Wasser-0,5 n-Natronlauge-Wasser-Salzsäure, vorbehandelt mit 20% Essigsäure, 3. $8000\,\pi\,mm^3$: Wofatit KS, in gleicher Weise vorbehandelt) werden hintereinander geschaltet, die in 10 cm³ 5% Essigsäure gelösten Aminosäuren hindurchgepreßt, dann mit 50 cm³ 5% Essigsäure gewaschen (Adsorption der Aromaten im ersten Filter, das zur Elution mit 300 cm³ 5% Phenol in 20% Essigsäure abgeschraubt wird); Nachwaschen von 2 und 3 mit 20% Essigsäure, so daß kein Histidin aus 2 austritt; Elution von 2 mit 500 cm³ n-Salzsäure (basische Aminosäuren); Elution von 3 mit 750 cm³ n-Salzsäure (saure + neutrale Aminosäuren), Eindampfen dieses Eluats zur Trockne, Aufnehmen in wenig Wasser, Adsorption an Filter 4 ($4000\,\pi\,mm^3$ Amberlite IR 4, 0,1 mm-Granula, vorbehandelt mit Salzsäure); Elution von 4 mit 250 cm³ n-Salzsäure (saure Aminosäuren); Filtrat:neutrale Aminosäuren. Tabelle 34 zeigt den Vergleich der experimentell gefundenen Werte mit den berechneten Mengen in zwei Versuchen.

Tabelle 34. *Vergleich der experimentell gefundenen mit den berechneten Werten bei der Gruppentrennung der Aminosäuren nach* TISELIUS *in zwei getrennten Versuchen.*
(A. TISELIUS und Mitarbeiter, s. Text.)

Gruppe	Aminosäuren	Lösung Nr. 1		Lösung Nr. 2	
		mg	γ N	mg	γ N
Ar	Phenylalanin	5,0	410	3,92	531
	Tryptophan			1,96	
B	Arginin	7,5	2815	1,96	1361
	Histidin-HCl.	2,5		3,92	
Ac	Asparaginsäure.			2,35	981
	Glutaminsäure-HCl . . .	7,5	575	9,80	
N	Glycin	15,0	4030	5,61	2520
	Leucin	12,5		9,36	
	Cystein-HCl			1,87	
	Oxyprolin			3,74	
	Summe	50,0	7830	44,5	5393

Lösung Nr. 1. Gefundener N in den Gruppen als % des (ber.) Gesamtstickstoffs.

Versuchs Nr.	Arom.	Bas.	saure + neutral	Summe
1	5,5	32,5	62,1	100,2
2	5,5	30,9	62,0	98,3
3	5,3	31,1	62,7	99,1
Mittelwert	5,4	31,5	62,3	99,2
berechnet	5,5	32,5	62,1	100

Lösung Nr. 2.

Versuchs Nr.	Arom.	Bas.	saure + neutral	Neutral	saure	Summe
4	10,7	22,6	67,0	47,2	18,2	99—100
5	10,5	24,8	64,0	46,3	17,3	99
Mittelwert	10,6	23,7	(65,5)	46,8	17,8	99—100
berechnet	9,9	24,8	65,3	47,0	18,3	100

2113. Verteilung.

Nach Vorversuchen[1] zur Trennung von Acetylaminosäuren durch Verteilung zwischen Wasser und Chloroform in einer vielstufigen Apparatur entwickelten MARTIN und SYNGE[2] die geniale Versuchsanordnung des Verteilungschromatogramms, bei dem in einem Chromatographierohr an Stelle des üblichen Adsorbens ein gepulverter oder gekörnter, fester Stoff, z.B. Silicagel, als inerter Träger einer stabilen Flüssigkeitsphase (Wasser) dient, an dem eine mit der ersteren nicht mischbare Phase (organische Lösungsmittel) so vorbeiströmt, daß der oftmals wiederholte Verteilungsvorgang zwischen den beiden Phasen an die Stelle der Adsorption als physikalisches Kriterium der Trennung zu treten vermag.

Diese von den englischen Autoren ursprünglich entwickelte, nunmehr schon klassische Technik zur Trennung der Acetylaminosäuren an wassergesättigtem Kieselgel hat heute gegenüber der Verteilungschromatographie der freien Aminosäuren an geeigneten Trägern (Papierpulver, Filterpapier, Stärke) für analytische Zwecke an praktischer Bedeutung verloren; sie ist jedoch von großer Wichtigkeit für die Aufteilung substituierter Aminosäuren, wie z.B. der 2,4-Dinitrophenylaminosäuren.

Freie Aminosäuren.

Schon DAKIN[3] hatte beobachtet, daß bei der Extraktion der Monoaminosäuren aus Proteinhydrolysaten mit Butanol eine gewisse Fraktionierung eintritt. Deutlicher noch hatten die von ENGLAND und COHN[4] bestimmten Verteilungskoeffizienten auf die Möglichkeit einer Trennung durch eine entsprechende chromatographische Technik hingewiesen (vgl.

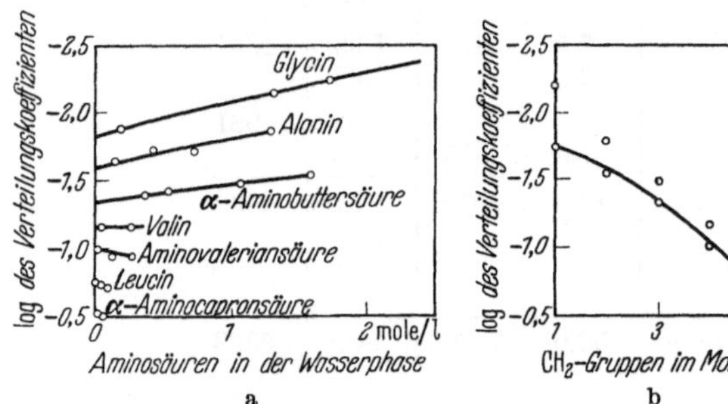

Abb. 112a u. b. *Verteilung der homologen aliphatischen α-Aminosäuren zwischen Wasser und Butanol.* a Abhängigkeit der Verteilungskoeffizienten von der Konzentration in der wäßrigen Phase; b Abhängigkeit der Verteilungskoeffizienten von der Zahl der CH₂-Gruppen im Molekül. [Nach A. ENGLAND und E. J. COHN, J. Amer. Chem. Soc. **57**, 634 (1935).]

Abb. 112). Zur Trennung von Thyroxin und Dijodtyrosin durch Butanolextraktion vgl. LELAND und FOSTER[5].

Einer Anwendung des bei den Acetylaminosäuren bewährten Prinzips auf die freien Aminosäuren stand die Schwierigkeit entgegen, daß die freien Aminosäuren, namentlich die mit höherem Molekulargewicht, aus den bewährten Lösungsmitteln, z.B. Butanol, zu stark durch das verwandte Kieselgel adsorbiert

wurden. ELSDEN und SYNGE[6] benutzten daher gewaschene Kartoffelstärke als Träger der stabilen wäßrigen Phase; das Eluat wurde in kleinen Anteilen aufgefangen und die einzelnen Aminosäurefraktionen mit Ninhydrin nachgewiesen; eine andere

[1] MARTIN, A. J. P., u. R. L. M. SYNGE: Biochemic. J. **35**, 91 (1941); vgl. SYNGE: Biochemic. J. **33**, 1913, 1918, 1924, 1931 (1939).

[2] MARTIN, A. J. P., u. R. L. M. SYNGE: Biochemic. J. **35**, 1358 (1941).

[3] DAKIN, H. D.: Biochemic. J. **12**, 290 (1918). — J. of Biol. Chem. **44**, 499 (1920). — Hoppe-Seylers Z. **130**, 159 (1923).

[4] ENGLAND, A., u. E. J. COHN: J. Amer. Chem. Soc. **57**, 634 (1935).

[5] LELAND, J. P., u. G. L. FOSTER: J. of Biol. Chem. **95**, 165 (1932).

[6] SYNGE, R. L. M.: Biochemic. J. **38**, 285 (1944). — ELSDEN, S. R., u. R. L. M. SYNGE: Biochemic. J. **38**, IX (1944).

Arbeitstechnik bestand darin, daß man die Aminosäuren an der Säule selbst durch Nachspülen mit einer ätherischen Ninhydrinlösung und Erwärmen sichtbar machte.

Diese Trennung von Aminosäuren (und Peptiden) an der Stärkesäule wurde darauf von Moore und Stein[1], die ihre technische Durchführung mittels des vollautomatischen „fraction collectors" vereinfachten und die Ninhydrinmethode[2] zu einem zuverlässigen quantitativen Verfahren der Aminosäurebestimmung entwickelten, zu einer Routinemethode der Trennung und Analyse von Aminosäuregemischen ausgearbeitet, die neben der Ionenaustauschmethode zu den besten quantitativen Verfahren in dieser Körperklasse zählt.

Trennung von Aminosäuren durch Verteilungschromatographie an der Stärkesäule (Moore und Stein). *Adsorptionsrohre.* Als Rohre verwendeten die Autoren solche mit gesinterten Glasböden (Innenmaße 0,9 × 40 cm). Die Säulen sind im allgemeinen 30 cm hoch.

Träger. Eine Probe der verwendeten Stärke (Zusammensetzung S. 119) wurde zur Bestimmung des Wassergehalts bei 110° bis zur Konstanz getrocknet. Eine Menge, die 13,4 g trockener Stärke entsprach, wurde mit 25 cm³ trockenem Butanol und so viel Wasser versetzt, daß der Wassergehalt 30% des Trockengewichts der Stärke ausmachte (Beispiel: 16,8 g 20% wasserhaltige Stärke + 25 cm³ Butanol mit 0,7 cm³ Wasser). Nach gutem Verrühren zur Beseitigung aller Klümpchen wurde mit einem an die Wand anliegenden Trichter ins Chromatographierohr gegossen, mit Gummischlauch ein Rohr gleichen Durchmessers aufgesetzt und 1—3 Std mit Luft (5—10 cm Quecksilber) gedrückt. Nach Absetzen der Stärke wurde das Butanol abgesaugt und Lösungsmittel bis 5 cm unter den Rand des Chromatographierohrs aufgefüllt. Nach Aufsetzen eines 125 cm³-Schütteltrichters wurden mit einem Druck von 8 cm Quecksilbersäule in 36 Std 50 cm³ Lösungsmittel hindurchgedrückt; durch Quellung kann die Säule 1—2 cm höher werden; mit Butanol-Benzylalkohol wird sie durchscheinend. Bei einem Druck von 15 cm Quecksilber sollen jetzt bei Verwendung eines 0,9 cm-Rohrs 1,25—150 cm³, bzw. 2,0—2,4 cm³/cm-Rohr bei 30 cm Säulenhöhe durchfließen. Das Lösungsmittel wurde bis auf 1—2 mm abgesaugt, ein Druck von 7 cm Quecksilber angelegt, bis die Oberfläche eben frei lag und diese gegebenenfalls geebnet. Jetzt wurden 25 mg 8-Oxychinolin in 2,5 cm³ Lösungsmittel unter 15 cm Quecksilber eingepreßt, bis sich die grünliche Bande 5 cm unter der Oberfläche befand. Die Säule konnte in dieser Form mehrere Wochen belassen werden. Das Ausspülen gelingt leicht mit einem Wasserstrahl.

Durchführung des Versuchs. Etwa 1 g Aminosäure wurde in 1,5 cm³ 6 n-Salzsäure gelöst, mit Wasser auf 10 cm³ aufgefüllt, 0,5 cm³ davon in ein 10 cm³-Kölbchen gebracht und mit trockenem Butanol oder Butanol-Benzylalkohol zur Marke aufgefüllt (man setzt nötigenfalls 0,2—0,4 cm³ Äthanol, bzw. 1—2 Tropfen 6 n-Salzsäure zur Lösung zu).

Auf die 0,9 cm-Säule wurde 0,5 cm³ Probelösung (entsprechend 2,5 mg Aminosäure) aufgebracht, mit 15 cm Quecksilberdruck die Flüssigkeit eingepreßt und dreimal mit je 0,2 cm³ Lösung nachgewaschen. Zur Verarbeitung eines Proteinhydrolysats vgl. S. 239 ff. Darauf wurde der Tropftrichter aufgesetzt, das entsprechende Lösungsmittel eingefüllt und der Fraktionensammler in Gang gesetzt.

Lösungsmittel. Der Wassergehalt der Lösungsmittel ist wesentlich. Die wichtigsten der verwandten Lösungsmittel sind im folgenden aufgezählt:

1. n-Butanol wurde mit 150 cm³ Wasser versetzt, so daß 1 Liter Lösung entstand (170 cm³ Wasser entsprächen bei der Versuchstemperatur der Sättigung).

2. n-Butanol wurde mit 170 cm³ 0,57 n-Salzsäure versetzt, so daß 1 Liter Lösung entstand.

3. n-Butanol (500 cm³) + Benzylalkohol (500 cm³) + Wasser (144 cm³) 1:1:0,288, versetzt mit 5 cm³ Thiodiglykol (zur Vermeidung der Oxydation von Methionin durch Quecksilberspuren im Benzylalkohol); ohne Thiodiglykol nur 142 cm³ Wasser.

4. n-Butanol + n-Propanol + 0,1 n-Salzsäure 1:2:1.

5. n-Propanol + 0,5 n-Salzsäure 2:1.

6. tert.-Butanol + sec.-Butanol + 0,1 n-Salzsäure 2:1:1.

---

[1] Moore, S., u. W. H. Stein: Ann. New York Acad. Sci. **49**, 265 (1948). — J. of Biol. Chem. **178**, 53 (1949). — Stein, W. H., u. S. Moore: J. of Biol. Chem. **176**, 337 (1948); **178**, 79 (1949).

[2] Moore, S., u. W. H. Stein: J. of Biol. Chem. **176**, 367 (1948).

Analyse. Zur Analyse werden die 1 cm³-Portionen des Durchlaufs direkt verwandt. Gegen das „Überkriechen" des organischen Lösungsmittels in den Gläsern bewährte sich Überziehen mit Silicon, gegen Verunreinigung der Analysenproben durch Luftammoniak Zudecken mit citronensäuregetränktem Filterpapier. Zur Ausführung der photometrischen Ninhydrinbestimmung vgl. S. 81.

Ergebnisse der Methode. Abb. 113 zeigt das Ergebnis der Fraktionierung eines komplexen Aminosäuregemisches, das entsprechend einem Hydrolysat von Rinderserumalbumin

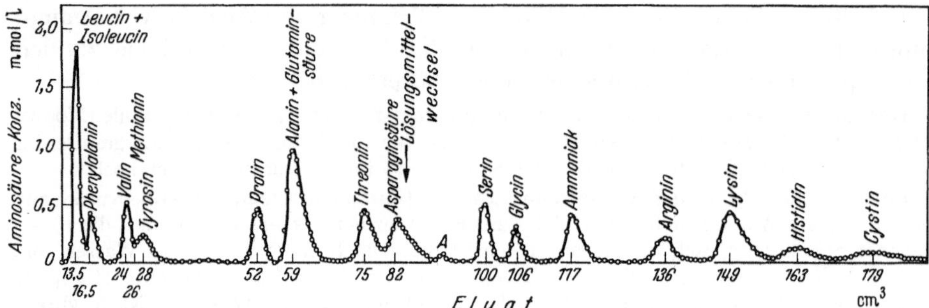

Abb. 113. *Trennung der Aminosäuren eines künstlichen Gemisches* (17 Aminosäuren + Ammonchlorid) *an der Stärkesäule.* Lösungsmittel 1:2:1 n-Butanol : n-Propanol ; 0,1 n-Salzsäure, gefolgt von : 1 n-Propanol : 0,5 n-Salzsäure. Säule: 13,4 g Stärke (wasserfrei); Durchmesser etwa 0,9 cm. Gemisch: etwa 3 mg Aminosäuren. Eluat aufgefangen in 0,5 cm³-Portionen. *A* Artefact.

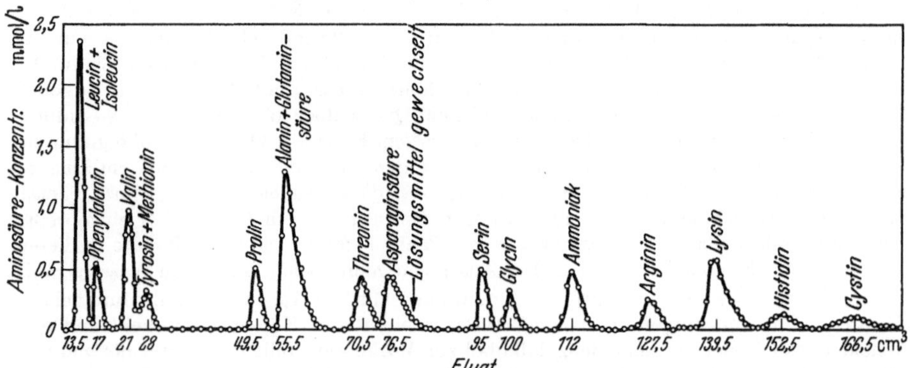

Abb. 114. *Stärkesäulenchromatographie eines Hydrolysats von Rinderserumalbumin.* Analysenlösung entsprechend 2,5 mg Protein. Versuchsbedingungen wie in Abb. 113.

aus 18 Komponenten zusammengesetzt wurde (vgl. Abb. 114). Als Lösungsmittel dienten 1:2:1 n-Butanol-n-Propanol-0,1 n-Salzsäure, gefolgt von 2:1 n-Propanol-0,5 n-Salzsäure. Aus Tabelle 35 geht hervor, daß bei Auswertung dieser Kurve die Aminosäuren generell fast

Tabelle 35. *Ausbeuten an Aminosäuren nach Stärkesäulenchromatographie eines 18-Komponentengemisches.* (Versuchsbedingungen s. Abb. 115).

Aminosäure	mg	% Ausbeute (Mittelwert)	Aminosäure	mg	% Ausbeute (Mittelwert)
Leucin-Isoleucin . . .	0,364	100,3	Glycin	0,051	100,2
Phenylalanin	0,165	95,2	Ammoniak	0,024	102,0
Valin-Methionin-Tyrosin	0,354	100,2	Arginin	0,143	101,8
Prolin	0,136	99,2	Lysin	0,302	99,6
Glutaminsäure-Alanin .	0,515	95,5	Histidin	0,094	100,6
Threonin	0,201	100,2	Cystin	0,133	97,9
Asparaginsäure[1] . . .	0,267	94,1	Summe der Bestandteile	2,867	98,7
Serin	0,118	100,3			

[1] Korrigiert man die Werte für die Dicarbonsäuren um 7% (Glutaminsäure) bzw. 6% (Asparaginsäure) wegen der eingetretenen Veresterung, so erhöhen sich die Werte auf 100%.

quantitativ wiedergefunden wurden (über Korrekturen vgl. die Legende zu Tabelle 35).
Das hohe Auflösungsvermögen der Stärkesäule kommt darin zum Ausdruck, daß von den

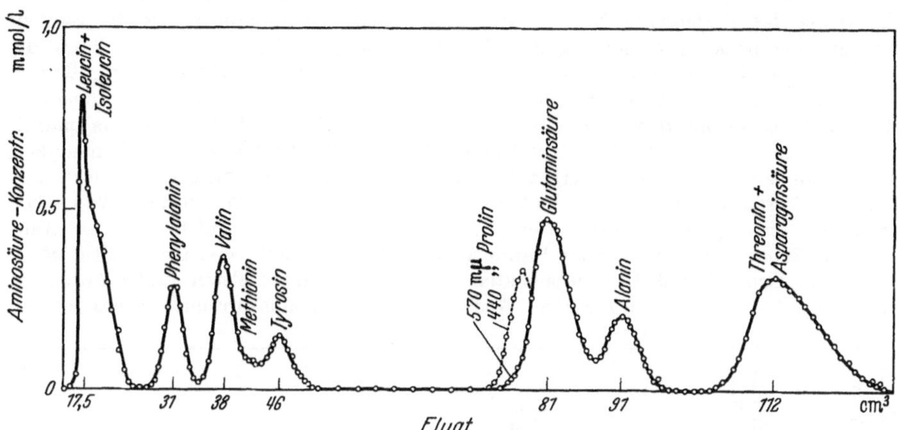

Abb. 115. *Trennung von Glutaminsäure, Alanin und weiteren Aminosäuren aus einem 18-Komponentengemisch.*
Lösungsmittel 2:1:1 tert-Butanol : sec-Butanol : 0,1 n-Salzsäure. Übrige Versuchsbedingungen wie in Abb. 113.
[Nach W. H. STEIN und S. MOORE, Cold Spring Harbor Symp. Quant. Biol. **14**, 179 (1949).]

18 Aminosäuren 14 „Gipfel" gebildet werden; allerdings kommen einige Überlappungen vor:
Leucin, Isoleucin und Phenylalanin sind nicht gut getrennt, das gleiche gilt für Valin, Methio-

nin und Tyrosin, und Glutaminsäure läuft gemeinsam mit Alanin aus der Säule. Diese Überlappungen können durch geeignet gewählte Lösungsmittel weiter aufgeteilt werden. Abb. 115 zeigt, daß Glutaminsäure und Alanin in 2:1:1 tert.-Butanol-sec.-Butanol-0,1 n-Salzsäure getrennt werden, und eine Bestimmung von Phenylalanin möglich wird. Aus Tabelle 36 gehen die quantitativen

Tabelle 36. *Ausbeuten an Glutaminsäure, Alanin und anderen Aminosäuren nach Stärkesäulenchromatographie eines 18-Komponentengemisches.*
Versuchsbedingungen wie in Abb. 113.

Aminosäure	mg	% Ausbeute
Leucin-Isoleucin	0,373	99,9
Phenylalanin	0,169	102,6
Valin-Methionin-Tyrosin	0,363	102,5
Glutaminsäure	0,426	98,1
Alanin	0,102	98,7

Ergebnisse dieser Trennung hervor. Die noch verbleibenden Überlappungen können
schließlich aus dem Benzylalkohol-Butanol-Wasser-Thiodiglykolgemisch getrennt werden:

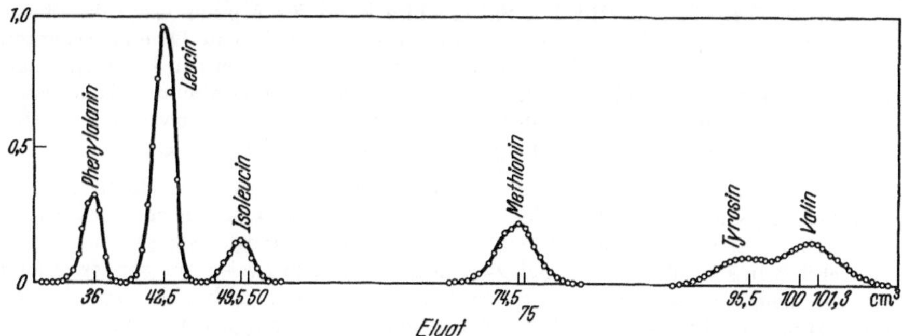

Abb. 116. Trennung von Aminosäuren aus einem 18-Komponentengemisch durch Stärkesäulenchromatographie.
Lösungsmittel: 1:1; 0,288 n-Butanol-Benzylalkohol : Wasser, 0,5% Thiodiglykol enthaltend.
Versuchsbedingungen wie in Abb. 113.

Phenylalanin, Leucin und Isoleucin treten hier als diskrete Zonen aus (Abb. 116). Mit
Hilfe dieser drei Chromatogramme können also alle 18 Aminosäuren des oben erwähnten

Turba, Chromatographische Methoden. 11

Gemisches getrennt und quantitativ bestimmt werden. Vgl. die etwas abweichenden Ergebnisse S. 240.

Diskussion des Verfahrens. Für exakte quantitative Bestimmungen ist die Säulenchromatographie besser geeignet als die Papierchromatographie. Im Prinzip kann die Stärkesäulenmethode sogar für mikro-präparative Zwecke verwandt werden (Vergrößerung des Maßstabs auf das 100 fache: Säulendurchmesser 8 cm), doch ist sie darin der Ionenaustauschmethode sicher unterlegen. Das Kernstück der analytischen Methode ist das quantitative Ninhydrinverfahren, das bei einer Empfindlichkeit von 1:1000000 eine Genauigkeit von 1—2% für 2—3 γ Aminosäure erlaubt; es ist daher viel geeigneter, als etwa das interferometrische Verfahren, dessen Empfindlichkeit nur etwa 1/150 dessen beträgt. Wesentlich ist ferner, daß die Lage eines bestimmten Gipfels in der Eluatkurve auf 5—10% konstant und reproduzierbar ist: so tritt etwa Prolin an der gleichen Stelle aus, gleichgültig ob es allein oder im Gemisch mit 18 Komponenten vorliegt. Für die meisten Aminosäuren ist die Ausbeute 100 + 3%; die zu niedrigen Ausbeuten an Glutaminsäure und Asparaginsäure

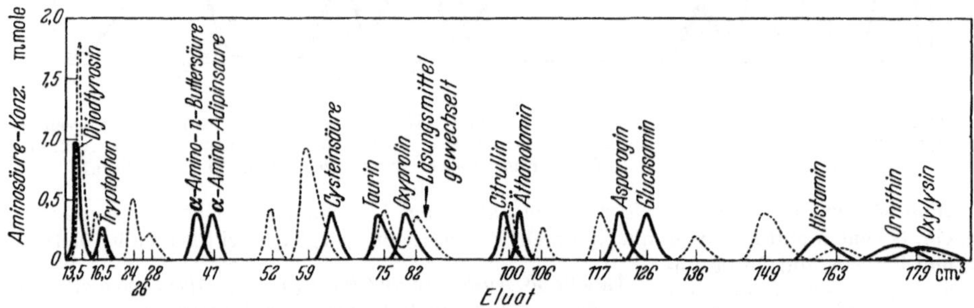

Abb. 117. Chromatographisches Verhalten einer Reihe stickstoffhaltiger Substanzen. Die „Hintergrundkurve" (gestrichelte Linie) entspricht der Kurve in Abb. 113. [Nach W. H. STEIN und S. MOORE, Cold Spring Harbor Symp. Quant. Biol. **14**, 179 (1949).]

(—6%), die infolge Veresterung durch das saure Lösungsmittel zustande kommen, sind unabhängig von der Aminosäurekonzentration und können daher auch in unbekannten Gemischen durch Berücksichtigung dieses Faktors eliminiert werden. Die Gesamtausbeute im Fall von Gemischen beträgt oft 99%.

Bei Anwendung der Methode auf unbekannte Gemische ist das erste Erfordernis die Identifizierung der einzelnen Gipfel (vgl. Abb. 117). Von einer Isolierung und Identifizierung jeder einzelnen Substanz durch Elementaranalyse, optische Drehung usw. wird man gewöhnlich absehen müssen; doch gelingt es mit großer Sicherheit, nach Festlegung bestimmter Bezugsaminosäuren (z.B. durch Farbreaktionen: Gelbfärbung von Prolin mit Ninhydrin, Diazoreaktion für Tyrosin und Histidin, Sakaguchireaktion für Arginin usw.) die übrigen „peaks", deren Lage zueinander noch besser definiert ist als die absolute Lage im Diagramm (vgl. die analoge Situation bezüglich der Festlegung der Flecken bei der Papierchromatographie) zu identifizieren. Noch kennzeichnender ist der Zusatz von bestimmten Aminosäuren zum Gemisch der zu untersuchenden Substanzen und Feststellung des Zuwachses der Höhe eines bestimmten Gipfels ohne Ausbildung einer Asymmetrie der Kurve.

Zur Erzielung maximaler Auflösung sind vor allem drei Kriterien zu beachten: geeignete Partikelgröße, langsamer Durchfluß des Lösungsmittels und einheitliche Packung des Adsorbens. Bilden sich Kanäle in der Säule, scheiden sich Flüssigkeitströpfchen aus oder ist der Durchfluß zu schnell, so bildet sich zwischen den Gipfeln zweier aufeinanderfolgender Komponenten kein Tal, sondern es tritt ein Verschmieren ein (Abb. 118). Die Partikelgröße soll 0,04 mm nicht übersteigen; Kartoffelstärke ist darum geeignet, während „Canna"-Stärke weniger gut trennt und Reisstärke infolge ihrer Feinheit der Filtration einen zu großen Widerstand entgegensetzt. Weiter darf zur Erzielung günstiger Trennungen die Säule nicht überladen sein: 0,3 mg einer Aminosäure/cm Querschnitt sind optimal, bei 5—10 mg bilden sich breite Gipfel mit langen Schwänzen, da bei hoher Konzentration die Isothermen nicht mehr linear sind. Ein weiteres Kriterium für die saubere Aufteilung in die individuellen Komponenten des Gemisches ist das Ausmaß der Verzögerung der Substanz an der Säule: wird die betreffende Aminosäure nicht oder kaum festgehalten, so ist die Trennung an dieser Stelle des Eluats geringfügig. Aus den Ableitungen von MAYER und TOMPKINS (s. S. 39) folgt, daß maximale Auflösung für Stärkesäulen von 30 cm Höhe dann statthat, wenn 4—5 Säulenvolumina Solvens (etwa 30 cm³) durch die Säule gelaufen sind (Prolin und nachfolgende Aminosäuren).

Andererseits ist meist nach 10—20 Säulenvolumina ein Wechsel des Lösungsmittels nötig, da sonst die austretenden Komponenten in so kleiner Konzentration vorliegen, daß sie sich dem Nachweis entziehen. Das stärkere Lösungsmittel steilt die flachen Gipfel wieder auf.

Nach der Ansicht von STEIN und MOORE liegt in der Stärkechromatographie allerdings *keine völlig reine Form der Verteilungschromatographie* vor. Gegen einen Verteilungsmechanismus spricht z. B. das Verhalten der Aromaten: nach den Verteilungskoeffizienten (Schütteltrichter) sollte Tryptophan so weit über Phenylalanin liegen wie Isoleucin über Valin; tatsächlich aber liegt es darunter. Ebenso sollte Tyrosin zwischen Isoleucin und Methionin liegen, folgt aber tatsächlich als letztes. Abweichungen dieser Art sind in Butanol-Benzylalkohol größer als in Butanol (vgl. Tabelle 37); sie machen sich aber auch in Butanol-0,5 n-Salzsäure bemerkbar. Auch die Tatsache, daß aus Wasser eine Frak-

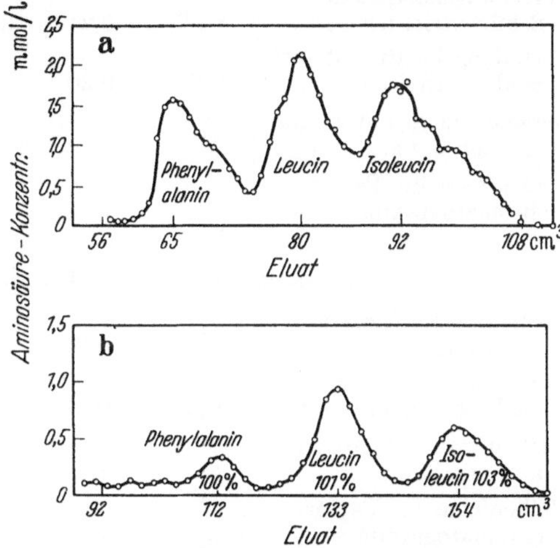

Abb. 118a u. b. Stärkesäulenchromatographie, Auswirkungen einer Nichteinhaltung der Versuchsbedingungen. a Schlechte Packung der Säule, zu rascher Fluß des Lösungsmittels, Ausscheidung von Wassertröpfchen in der organischen Phase. b Abweichendes Verhalten der ersten Aminosäure im Eluat (Phenylalanin) beim Weglassen von 8-Oxychinolin (Cupron hat keinen Einfluß!). Lösungsmittel: 1:1 Butanol: Benzylalkohol. Säulenhöhe: 15 cm (a), 22,5 cm (b). [Nach S. MOORE und W. H. STEIN, Ann. New York Acad. Sci. **49**, 265 (1948).]

tionierung an der Stärkesäule stattfindet (Abb. 119), spricht für eine Adsorption an die Stärkekörner, wie sie schon von H. H. STRAIN beschrieben wurde. Dieser Effekt ist nicht p_H-empfindlich (vgl. die gestrichelte Kurve für die Hydrochloride aus 0,1 n-Salzsäure). — Gegen einen vorwiegenden Adsorptionscharakter der Trennung spricht andererseits die Tatsache, daß die ausfließenden Aminosäuren symmetrische Konzentrationskurven liefern (Linearität der Isothermen), daß die Lage der Gipfel im Spektrum abweichend von den Verhältnissen bei der Adsorptionschromatographie (ZECHMEISTER, CANNAN) unabhängig von der Gegenwart anderer Aminosäuren ist, und daß schließlich in vielen Fällen (z.B. bei der Trennung von Leucin und Isoleucin aus Butanol-Benzylalkohol) die aus den R_F-Werten berechneten und tatsächlich gemessenen Verteilungskoeffizienten weitgehend übereinstimmen. Im Licht der letzteren Betrachtung handelt es sich entsprechend den Ableitungen von MARTIN und SYNGE bei einer 30 cm-Stärkesäule um einen Verteilungsmechanismus mit mehreren Tausend theoretischen Böden.

Ein Nachteil der Stärkesäule, die relativ kleine *Kapazität*, die sich bei präparativen Arbeiten störend bemerkbar macht, läßt sich verbessern durch

Tabelle 37. *Vergleich der Verteilungskoeffizienten einiger Aminosäuren mit ihrer Wanderung an der Stärkesäule.* [Nach MOORE, S., und W. H. STEIN: Ann. New York Acad. Sci. **49**, 265 (1948).]

Aminosäure	Trypto-phan	Phenyl-alanin	Leucin	Isoleucin	Tyrosin	Methionin	Valin
Lösungsmittelsystem: n-Butanol:Wasser.							
Verteilungskoeffizient Schütteltrichter . . .	0,56	0,240	0,181	0,132	0,117	0,091	0,056
Verteilungskoeffizient nach Säulenverhalten[1] . . .	0,22	0,20	0,22	0,18	0,080	0,096	0,086
Reihenfolge des Austritts aus der Säule	2	3	1	4	7	5	6
Reihenfolge im Papier-chromatogramm[2] . . .	4	1	2	3	5	6	7
Lösungsmittelsystem: 1:1 n-Butanol:Benzylalkohol.							
Verteilungskoeffizient Schütteltrichter . . .	0,60	0,270	0,123	0,097	0,104	0,082	0,044
Verteilungskoeffizient nach Säulenverhalten[1]	0,20	0,21	0,18	0,15	0,072	0,094	0,068
Reihenfolge des Austritts aus der Säule	2	1	3	4	6	5	7
Reihenfolge im Papier-chromatogramm[2] . . .	3	1	2	4	6	5	7

Verwendung von Cellulose als Träger, sei es in Form der „Papierpulver"-Säule, sei es als „chromatopile" oder „chromatopack" (vgl. S. 68).

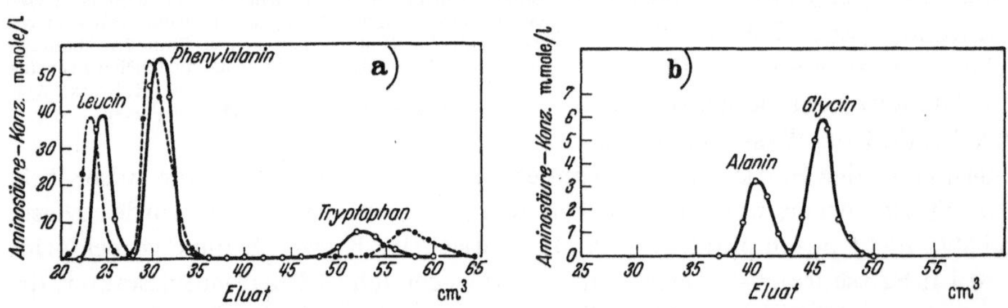

Abb. 119a u. b. *Stärkesäulenchromatographie in wäßrigem Milieu.* a *Trennung von Leucin, Phenylalanin und Tryptophan.* Ausgezogene Kurve: Wasser; gestrichelte Kurve: 0,1 n wäßrige Salzsäure als Lösungsmittel. Säulenhöhe 15 cm. Der Effekt ist kaum p_H-empfindlich. b *Trennung von Alanin und Glycin.* Lösungsmittel Wasser. Säulenhöhe: 30 cm. [Nach S. MOORE und W. H. STEIN, Ann. New York Acad. Sci. **49**, 265 (1948).]

Zur Füllung von Säulen mit Papierpulver empfiehlt es sich, entweder nach der allgemeinen Vorschrift von ZECHMEISTER kleine Anteile trocken gleichmäßig einzustampfen und dann mit der beweglichen Phase, die an stabiler Phase gesättigt ist, 10—20 Säulenvolumina hindurch zu waschen, bis eintretende und ausfließende Lösung gleiche Zusammensetzung haben, oder das in trockenem Aceton suspendierte Papierpulver einzugießen und nach Ausbildung der Säule mit dem wassergesättigten Lösungsmittel das Aceton zu verdrängen. Klopfen an der Rohrwand während des Einfüllens, besser noch Erschüttern der Suspension mit einem Vibrator erleichtern eine gleichmäßige mechanische Packung, die von großer Be-

---

[1] Berechnet nach der Theorie von MARTIN und SYNGE.

[2] Daten nach CONSDEN, GORDON und MARTIN.

deutung ist[1]. Es ist immer vorteilhaft, die Innenwand des Glasrohrs mit einem wasserabstoßenden Überzug zu versehen, um „Wandeffekte" zu vermeiden: Dichlordimethyl-Silan
$(CH_3)_2SiCl_2$ oder Dow-Corning-Fluid 200 (Albright & Wilson, Ltd.) in Tetrachlorkohlenstoff
eignet sich dafür (im letzteren Fall muß das Glas nach Behandlung auf 260° erhitzt werden,
um einen beständigen Überzug zu erhalten).

ZECHMEISTER[2] hat neuerdings gezeigt, daß sich Rundfilter, statt sie zum Chromatopile
zu stapeln, auch in den üblichen Adsorptionsrohren verwenden lassen, wenn man mittels
eines Stempels die (feuchten) Filter zunächst genauestens auf den inneren Durchmesser
des Rohres bringt, so daß randliche Capillarspalten vermieden werden; die Anordnung
zur Füllung und portionsweisen Entleerung des Rohrs ergibt sich ohne weiteres aus Abb. 61 d.
Auch hierbei dürfte die Herstellung eines wasserabstoßenden Überzugs des Chromatographierohrs von Nutzen sein.

Neben der oben besprochenen, vorzüglich durchgearbeiteten Methode von STEIN und MOORE, die sich allen
übrigen in praxi auftretenden Fällen der Aminosäuretrennung wird anpassen lassen, besitzen frühere Versuche
in dieser Richtung (Verteilung der Kupferkomplexe der
Aminosäuren[3] an wassergesättigtem Silikagel (vgl. Abb. 120)

Abb. 120. *Trennung der Kupferkomplexe von Alanin und Valin durch Verteilungschromatographie aus Phenol an wassergesättigtem Kieselgel.* 1 g Kieselgel, befeuchtet
mit 1 cm³ einer wassergesättigten Phenollösung, wurde in Phenol:Chloroform 1:1
(gesättigt mit Wasser) suspendiert, in das Rohr eingefüllt, je 8 mg Alanin- und
Valinkupfer in 0,6 cm³ Phenol:Chloroform 2:1 (gesättigt mit Wasser) aufgegeben
und darauf mit dem gleichen Lösungsmittel entwickelt. Jodometrisch gefunden:
erste Zone (Valin): 7,9 mg Kupfersalz, zweite Zone (Alanin): 7,6 mg Kupfersalz.
Reihenfolge der übrigen Aminosäure-Kupferkomplexe: Serin, Glycin < Oxyprolin < Alanin < Valin, Prolin, Leucin, Methionin. [Methode nach TH. WIELAND
und FREMEREY, Abbildung nach A. J. P. MARTIN, Endeavour, **6**, 21 (1947).]

bzw. der freien Aminosäuren an Aluminiumoxyd[4] aus wassergesättigtem Butanol
oder Phenol), zum Teil wegen des zu starken Haftens der Aminosäuren an den
als Trägern verwendeten Adsorbentien, nur noch in Sonderfällen Bedeutung.

Papierchromatographie. In Analogie zu den älteren Versuchen von SCHÖN-
BEIN und GOPPELSRÖDER[5] („Capillaranalyse") gingen CONSDEN, GORDON und
MARTIN dazu über, Filterpapierbogen und Streifen als inerten Träger der stabilen
wäßrigen Phase zu verwenden. So entstand die populärste[6] Form der Verteilungschromatographie, die „Papierchromatographie". Der Hauptunterschied zur

---

[1] Kleinere Rohre füllt man in der auf S. 42 für Kieselgur angegebenen Weise, indem
man das Rohr halb mit Flüssigkeit (mobile Phase) füllt, eine kleine Menge Papierpulver
zugibt und mittels eines Glasstabs, dessen verbreitertes, abgeflachtes Ende fast den Rohr-
durchmesser besitzt, durch Auf- und Abstoßen alle Klumpen zerkleinert, bis der Stab ohne
Widerstand vom Boden bis zum oberen Ende der Säule gezogen werden kann. Nach Zugabe
einer genügenden Menge Papierpulver läßt man einen Teil der Flüssigkeit zur Ausbildung
der Säule auslaufen, preßt mit dem Stempel fest und wiederholt den Vorgang (BURSTALL,
F. H., u. N. F. KEMBER: The Indust. Chemist., Sept. 1950, S. 3).

[2] ZECHMEISTER, L.: Science (Lancaster, Pa.) **113**, 35 (1951).

[3] WIELAND, TH., u. H. FREMEREY: Ber. dtsch. chem. Ges. **77**, 234 (1944).

[4] WIELAND, TH.: Chemie **56**, 213 (1943).

[5] GOPPELSRÖDER, F.: Kolloid-Z. **4**, 23, 94, 191, 236, 312 (1909). — Capillaranalyse,
beruhend auf Capillar- und Adsorptionserscheinungen. Basel: Birkhäuser 1901. — Vgl.
RHEINBOLDT, F.: Houben „Methoden", 1. Aufl., Bd. 1. Leipzig: Georg Thieme 1921.

[6] Gerade wegen der Vorteile, welche die Papierchromatographie auszeichnen, sollte
man ihre Grenzen mehr beachten, als dies heute oft der Fall ist. Die relativ großen Ober-

Capillaranalyse besteht darin, daß nach Aufbringen einer relativ kleinen Menge des zu analysierenden Gemisches mit reinem Lösungsmittel nachgesaugt wird, während bei der Capillaranalyse der Streifen dauernd in die zu untersuchende Lösung eintaucht; die beiden Formen verhalten sich zueinander wie die Elutions- zur Frontanalyse im Falle der Adsorption. Die übrigen Unterschiede sind hinfällig geworden, seit man auch zur Papierchromatographie wassermischbare Lösungsmittel herangezogen und neben der absteigenden auch die aufsteigende Form gewählt hat; das „zweidimensionale" Papierchromatogramm hat seinen Vorläufer in der „Kreuzanalyse" von LIESEGANG. Zusammenfassende Literatur siehe [1].

Von nur wenigen speziellen analytischen Methoden sind nach der ursprünglich angegebenen Ausführung so viele, in einem oder mehreren Details oft nur geringfügig abweichende Formen veröffentlicht worden wie von der Papierchromatographie. Im ganzen gesehen, ist bei diesen Versuchen mit ganz wenigen Ausnahmen methodisch wenig hinzugekommen, was über das von den englischen Autoren angegebene Verfahren wesentlich hinausgegangen wäre. Schon in der ursprünglichen Veröffentlichung wurden als beste Lösungsmittel für die bewegliche Phase Phenol, Collidin oder Butanol-Benzylalkohol angegeben; in 200—400 γ Protein konnten bereits 22 Aminosäuren nachgewiesen werden (vgl. dazu die „Karte" von DENT, Abb. 121a).

Das Grundsätzliche über die apparativen Einrichtungen zur ein- bzw. zweidimensionalen Papierchromatographie in auf- bzw. absteigender Richtung ist bereits auf S. 58ff. beschrieben.

Durchführung des Versuchs. Von der zu untersuchenden Lösung der Aminosäuren (1—10%ige, möglichst neutrale, wenn nötig, mit den Dämpfen von 4 n-Ammoniak am Papier neutralisierte, weitgehend von Salzen befreite Lösung) werden etwa 2,5—5 mm³ (μl) mit Hilfe einer Mikropipette (Leukocytenpipette; ausgezogenes Capillarrohr[2] von einigen Zehntel Millimeter ursprünglichen Durchmessers, dessen Ende mit Sandpapier abgeschliffen wurde) auf den Startpunkt des Filterpapierbogens bzw. Streifens und zwar mindestens 2—3 cm

---

flächen, auf die die Analysensubstanzen verteilt sind (und die offenbar eine nicht unwesentliche Voraussetzung der Linearität der Isothermen besonders im Fall mitbeteiligter Adsorptionsvorgänge bilden) bringen erhöhte Gefahr der Zersetzung durch Licht, Oxydation usw. mit sich; leicht flüchtige Lösungsmittel begünstigen unvollständige Einstellung des Gleichgewichts der Phasen. Die Säulentechnik vermag manche dieser Nachteile zu vermeiden und größere Substanzmengen zu bewältigen; auch kann man bei Säulen die Durchflußgeschwindigkeit beliebig einstellen, was bei „schnellaufenden" Lösungsmitteln für den Erfolg entscheidend sein kann. Schließlich kann man bei Solventien, in denen die zu trennenden Substanzen kleine R_F-Werte zeigen (was für schwierige Trennungen günstig ist) die ausfließende („leere") Flüssigkeit wieder auf die Säule geben und so kostbare Lösungsmittel einsparen, wie auch die zur Sättigung der Kammer benötigten Mengen entfallen. — Für quantitative Analysen ist die Säulenanordnung auf jeden Fall vorzuziehen.

[1] BLOCK, R. J., u. D. BOLLING: Amino acid Composition of proteins and foods, 2. Aufl. Springfield, Ill.: Ch. C. Thomas 1951. — BLOCK, R. J., u. H. A. SOBER: Colloid Chemistry, Bd. 7, S. 181. New York: Reinhold Publ. Corp. 1950. — BLOCK, R. J., R. LE STRANGE u. G. ZWEIG: Paper chromatography. New York: Acad. Press. Incorp. Publ. 1952. — CRAMER, F.: Papierchromatographie, 2. Aufl. Weinheim: Verlag Chemie 1953. — GORDON, A. H.: Diskussion Faraday Soc. 7, 128 (1949). — JONES, T. S. G.: Faraday Soc. 7, 285 (1949). — MARTIN, A. J. P.: Annual. Rev. Biochem. 19, 517 (1950). — MOORE, ST., u. W. H. STEIN: Annual. Rev. Biochem. 21, 521 (1952). — STRAIN, H. H.: Analyt. Chem. 23, 25 (1951). — WIELAND, TH., u. F. TURBA: Chromatographische Analyse. In HOUBEN-WEYL, Methoden der organischen Chemie, Bd. II. Stuttgart: Georg Thieme 1953.

[2] Es ist für analytische Untersuchungen notwendig, das genaue Fassungsvermögen der Pipette durch Auswägen mit Quecksilber festzustellen.

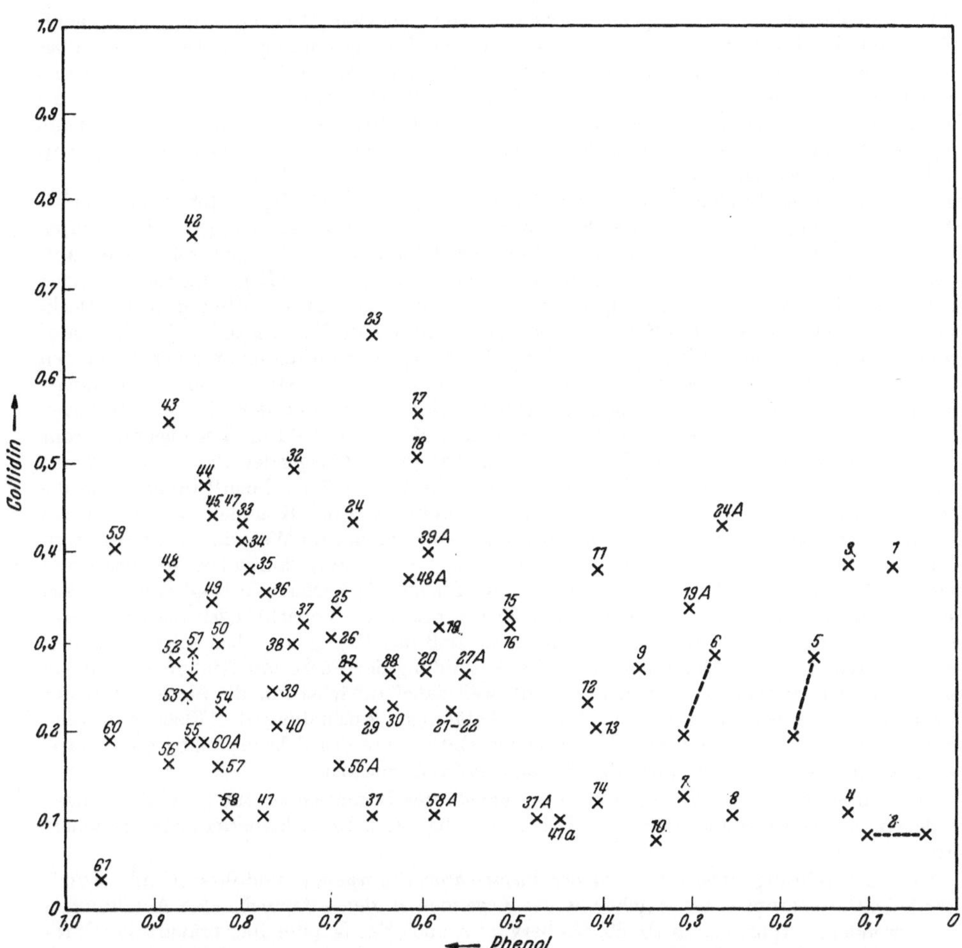

Abb. 121 a. *„Karte" des Phenol/Collidin-Chromatogramms zahlreicher Aminosäuren und verwandter Verbindungen.*
[Nach C. E. DENT, Biochemic. J. **41**, 240 (1947).]

α-Alanin (2 γ, purpur) (20)	Äthanolamin-Phosphorsäure (10)	Monojodtyrosin (23)
β-Alanin (5 γ, bläulich) (29)	Glucosamin (24)	Norleucin (47)
allo-Threonin (15)	Glutaminsäure (6)	Norvalin (35)
α-Aminobuttersäure (26)	Glutamin (21)	Ornithin (41)
α-Amino-iso-buttersäure (37)	Glutathion (4)	Phenylalanin (44)
γ-Aminobuttersäure (40)	Glycin (12)	Prolin (52)
ε-Amino-n-capronsäure (55)	Histamin [16] (59)	Serin (9)
α-Amino-ε-oxy-capronsäure (38)	Histidin (27)	Serin-Phosphorsäure (2)
α-Aminocaprylsäure (43)	Homocysteinsäure (3)	Taurin (11)
δ-Amino-n-valeriansäure	Oxylysin (31)	Penicillamin (oxyd) (19)
α-Amino-Phenylessigsäure (33)	Oxyprolin (28)	Threonin (16)
Arginin (56)	Lanthionin (8)	Thyroxin (42)
Asparagin (13)	Leucin (45)	Tryptophan (32)
Asparaginsäure (15)	Isoleucin (46)	Tyrosin (18)
Carnosin (54)	Lysin (58)	„Unter"-alanin (22)
Citrullin (30)	Methionin (34)	Valin (36)
Cystathion (7)	Methionin-sulfon (25)	„schnelle" Aminobuttersäure (50)
Cysteinsäure (1)	Methionin-sulfoxyd (39)[1]	„schnelles" Arginin (60)
Dijodtyrosin (17)	Methyl-Aminobuttersäure (49)	grüner Fleck (53)
Djenkolsäure (14)	Methylhistidin (51)	Peptid bei Nephrose (61)
Äthanolamin (48)		

---

[1] β-Amino-Isobuttersäure ? [Nature (Lond.) **167**, 307 (1951).]

Turba, Chromatographische Methoden.

von jedem Papierrand und gegebenenfalls von dem nächsten Fleck entfernt aufgegeben[1]. (Man setzt das Pipettenende sanft auf und läßt die Lösung einsaugen.) Das Filterpapier wird (eventuell nach vorherigem Behandeln mit Wasserdampf, vgl. R. J. BLOCK[2]) sodann im Fall *absteigender* Chromatographie im Trog mit Beschwerungsstab befestigt, bzw. bei Trögen mit V-förmigem Querschnitt mit dem eingeknifften Rand in das Lösungsmittel eingehängt und mit einem Glasstab luftblasenfrei an die schräge Seitenwand angeklatscht, so daß der Filterbogen bzw. Streifen durch Adhäsion haftet. Die Kammer war vorher mit den Lösungsmitteldämpfen gesättigt worden (mindestens 12-stündiges Stehen mit beiden Phasen bei genügend großen Flüssigkeitsoberflächen; ein rascheres Sättigen gelingt durch mehrstündiges Durchleiten eines mit den Lösungsmitteldämpfen in Frittenwaschflaschen aufgesättigten Luft- bzw. Leuchtgasstroms). Sehr zweckmäßig ist es, die Bogen mehrere Stunden in die gesättigte Kammer einzuhängen, bevor man durch eine kleine Öffnung in der Deckplatte mittels einer Pipette das Solvens in den Trog einfüllt. Im Falle *aufsteigender* Chromatogramme kann man die Streifen, Bögen oder Zylinder durch Anbringung an einer geeigneten Trägervorrichtung (z. B. wie in Abb. 58 b) nach mehrstündigem Sättigen in das Lösungsmittel einsenken. Die Entwicklungszeit rechnet vom Überschreiten der Startpunkte durch die Flüssigkeitsfront an; sie beträgt bei Phenol rund 30 Std. Sobald die Lösungsmittelfront die untere, bzw. obere Front des Papiers erreicht hat (bei aufsteigenden Chromatogrammen steigen die üblichen Lösungsmittel nur etwa 30 bis höchstens 40 cm hoch!) nimmt man die Streifen oder Bogen am besten mit Gummihandschuhen aus der Kammer (wobei man ein Zerreißen vermeiden muß). Das Trocknen erfolgt zweckmäßig im Warmlufttrockenschrank bei nicht zu hohen Temperaturen: bei 150° treten hohe Verluste auf, während bei Temperaturen zwischen 50 und 100° selbst bei Verwendung von Phenol die Verluste in tragbaren Grenzen bleiben. Dann sprüht man mit den auf S. 86 beschriebenen Vorrichtungen die Chromatogramme mit den gewünschten Reagentien so an, daß das Papier nur eben schwach feucht erscheint, aber keine Tropfen entstehen. Die Ausbildung der Farbe mit Ninhydrin geht am besten bei Raumtemperatur vor sich (24 Std), weil dabei zunächst nur die Stellen stärkster Konzentration sauber hervortreten. Nach vollständiger Ausbildung der Flecken werden die Farbzonen mit Bleistift umrandet[3] und die Entfernung des Schwerpunkts vom Startpunkt ausgemessen; ebenso wird die Flüssigkeitsfront markiert.

Die Durchführung des Versuchs muß bei konstanter Raumtemperatur ($\pm 1°$ C) erfolgen (Kellerraum, gegebenenfalls elektrische Beheizung, die durch Kontaktthermometer gesteuert wird).

Die Durchführung *anderer Formen der Papierchromatographie* (Rundfiltertechnik, Rundfiltersäule, Chromatopack usw.) geht aus den Legenden zu den entsprechenden Abbildungen der verwendeten Apparaturen (S. 62, 68) hervor; s. auch das Kapitel über präparative Chromatographie, und zwar S. 204.

Lösungsmittel. Das Grundsätzliche über Auswahl und Reinigung der Lösungsmittel sowie eine Zusammenstellung der wichtigsten Lösungsmittelsysteme findet sich auf S. 131. Es muß betont werden, daß es für die Trennung von Aminosäuren durch Papierchromatographie ein generell verwendbares Lösungsmittel ebenso wenig gibt wie ein „bestes".

Durch *eindimensionale Papierchromatographie* gelingt eine vollständige Trennung komplizierter Aminosäuregemische (z. B. Proteinhydrolysate) stets nur unvollkommen, welches Lösungsmittel man auch gebraucht. So ist z. B. in Phenolchromatogrammen bisweilen nur Asparaginsäure, in Collidinchromatogrammen oft nur Valin als einzige Aminosäure scharf abgetrennt, während die Flecken der übrigen Aminosäuren ineinander übergehen. Höhere Alkohole zeigen zwar sehr gute Trennwirkung, aber meist zu kleine R_F-Werte: in Benzylalkohol ist z. B. der R_F-Wert der schnellsten Aminosäure Phenylalanin 0,36; in tert. Amylalkohol der von Leucin 0,30. So bildet das Gemisch von Aminosäuren eines Hydrolysats eine dicht gepackte Gruppe nahe der Aufgabestelle, wenn die Lösungsmittelfront das Ende des

---

[1] Der Durchmesser des Startflecks soll auch bei großen Bögen 0,5—1 cm nicht überschreiten.

[2] BLOCK, R. J.: Paper chromatography, S. 46. New York: Acad. Press. Inc. Publ. 1952.

[3] Zur Haltbarmachung der Ninhydrinfärbung in Papierchromatogrammen durch Behandeln mit Kupfersalzlösungen vgl. KAWERAU, E. u. TH. WIELAND: Nature (Lond.) 168, 77 (1951).

Bogens erreicht hat. Nach MIETTINEN und VIRTANEN [1] gelingt ein längeres Entwickeln und damit eine wirkungsvolle Trennung dadurch, daß an das untere Ende des Bogens ein Paket saugfähigen Materials (Zellstoff oder dgl.) gebracht wird. Die Entwicklungsdauer für einen 60 × 60 cm Whatman Nr. 1-Filterbogen beträgt für tert.-Amylalkohol 2—3 Wochen, für n-Butanol oder Benzylalkohol 5—6 Tage. Die Ergebnisse dieses Verfahrens sind aus Abb.121 b zu entnehmen. Häufig genügt es auch, den unteren Rand des Filterpapiers in Zacken anzuschneiden und so das Lösungsmittel gleichmäßig in eine darunter gestellte Wanne abtropfen zu lassen. Eine andere Möglichkeit, die eindimensionale Papierchromatographie, die vor der zweidimensionalen den Vorzug größerer Schnelligkeit, Einfachheit und Billigkeit hat, bezüglich der Trennung komplizierter Aminosäuregemische wirkungsvoller zu gestalten,

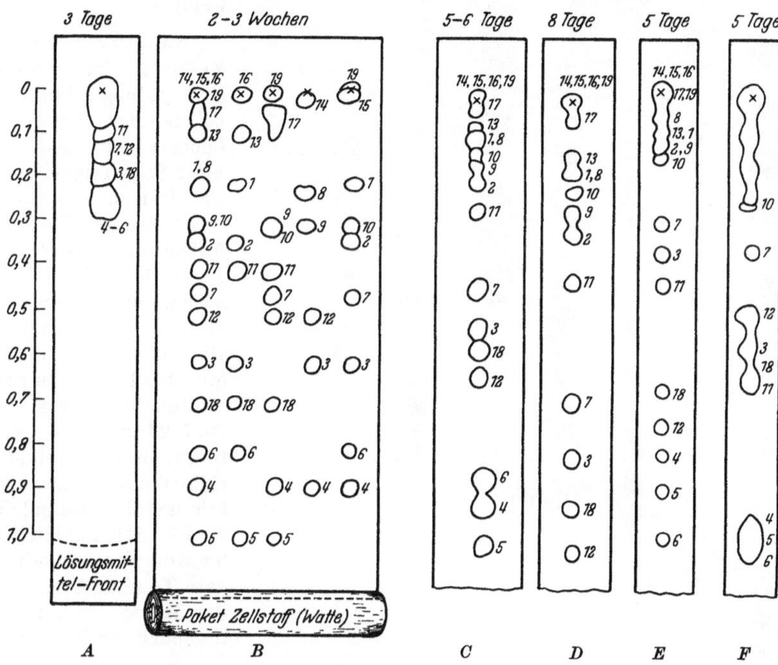

Abb. 121 b. *Anordnung nach J. K. MIETTINEN und A. I. VIRTANEN* [Acta chem. scand. (Kobenh.) **3**, 459 (1949)] *zur Verlängerung der Entwicklung von Papierchromatogrammen.* Eindimensionale Chromatogramme: *1* Glykokoll, *2* Alanin, *3* Valin, *4* Isoleucin, *5* Leucin, *6* Phenylalanin, *7* Tyrosin, *8* Serin, *9* Threonin, *10* Oxyprolin, *11* Prolin, *12* Tryptophan, *13* Histidin, *14* Arginin, *15* Lysin, *16* Asparaginsäure, *17* Glutaminsäure, *18* Methionin, *19* Cystin. *A* Chromatogramm von 19 Aminosäuren, entwickelt mit tert.-Amylalkohol, Front des Lösungsmittels 50 cm (3 Tage). In den Versuchen *A* bis *E* wurden die Aminosäuren am Bogen mit Ammoniak neutralisiert. *B* Desgl., Entwicklungszeit 3 Wochen (modifizierte Technik mit Zellstoffpaket); *C* n-Butanol, Laufzeit 6 Tage; *D* desgl., 8 Tage Laufzeit; *E* Benzylalkohol, Laufzeit 5 Tage; *F* wie *E*, aber nicht mit Ammoniak neutralisiert.

besteht in Verwendung verschieden gepufferter Filterpapierstreifen [2], an denen durch eine Auswahl von sieben verschiedenen Lösungsmitteln im ganzen 19 Aminosäuren klar getrennt werden können (vgl. Abb. 122).

Auch A. L. LEVY und D. CHUNG [3] erhielten mit gepuffertem Phenol:Cresol in Kombination mit Butanol:Essigsäure:Wasser (4:1:5) ausgezeichnete zweidimensionale Chromatogramme.

Das Papier wurde mit Boratpuffer p_H 9,3 besprüht, etwa 1 Std bei 40° getrocknet und mit gepuffertem Phenol:Cresol 1:1 16 Std chromatographiert.

Zusammensetzung des Puffers, der mobilen und der Sättigungsphase s. S. 132.

---

[1] MIETTINEN, J. K., u. A. I. VIRTANEN: Acta chem. scand. (København) **3**, 459 (1949).

[2] McFARREN, E. F.: Analyt. Chem. **23**, 168 (1951).

[3] LEVY, A. L., u. D. CHUNG: Analyt. Chem. **25**, 396 (1953).

Im zweidimensionalen Chromatogramm mit Phenol in einer Richtung bringt die verlängerte Entwicklung mit Collidin (Laufzeit 7 Tage; 20°) bei vielen Aminosäuren einige Verbesserungen in der Auflösung. Allerdings tritt dabei gleichzeitig bei manchen Aminosäuren Zersetzung ein; besser ist vom Standpunkt der quantitativen Analyse die Verwendung von Butanol (Laufzeit 5 Tage). Bei Verwendung von Phenol müssen längere Versuchsdauern wegen der starken Zersetzung der Aminosäuren vermieden werden.

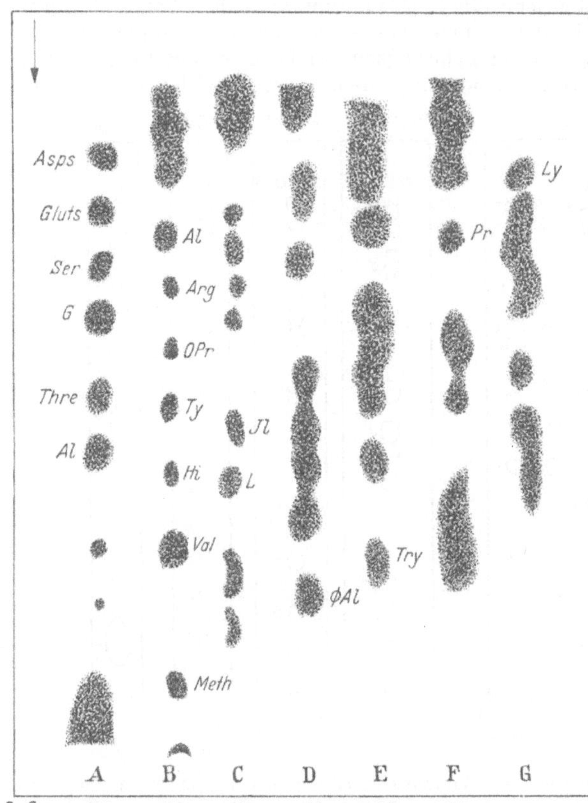

An Stelle von Collidin läßt sich oft mit gutem Erfolg das Gemisch Butanol: Essigsäure-(Ameisensäure): Wasser verwenden.

Nach der oben erwähnten Methode der verlängerten Entwicklung gelingt auch die vollständige Trennung des Leucins vom Isoleucin, die sonst Schwierigkeiten macht. Vgl. dazu auch die von WORK[1] zusammengestellte Tabelle 38. Außer Amylalkohol sind folgende Gemische als geeignet angegeben worden (vgl. Abbildung 123): Pyridin: Amylalkohol: Wasser 35 : 35 : 30[2] (eventuell kombiniert mit Butanol : Eisessig : Wasser 70:7:23 in der zweiten Richtung); Methyläthylketon: Pyridin: Wasser bzw. Methyläthylketon : Äthanol : Wasser 70:15:15 (in zweidimensionaler Kombination mit Phenol gute Trennwirkung auch für die „langsamen", unter Valin liegenden Aminosäuren)[3].

Für die eindimensionale Trennung der mittelschnellen Aminosäuren hat sich n-Propanol: Wasser (80:20) besonders für die Gruppe Glutaminsäure—Glycin—Cystein gut bewährt (HANES, HIRD und ISHERWOOD[4]). Ein weiteres erprobtes Gemisch für diesen Bereich (Glutathion, Cystein, Cystin, Methionin, Methioninsulfoxyd) ist nach BLOCK[5] 70% tert.-Butanol in Gegenwart von Diäthylamin.

Abb. 122. *Trennung von Aminosäuren an gepuffertem Filterpapier.* [E. F. McFARREN, Analyt. Chem. **23**, 168 (1951).] Papier mit Puffer getränkt, Lösungsmittel puffergesättigt. Lutidin, gesättigt mit Puffer 6,2 (0,22 m), trennt Arginin und Lysin gut (40 Std).

Zusammensetzung der verwendeten Puffer (Konzentration etwa 0,066 m).

1 p_H   50 cm³ 0,2 m-KCl + 97,0 cm³ 0,2 m-HCl
6,2 p_H   8 cm³ 0,067 m-KH₂PO₄ + 2 cm³ 0,067 m-Na₂HPO₄
8,4 p_H 50 cm³ 0,067 m-Borsäure + KCl + 8,55 cm³ 0,067 m-NaOH
9,0 p_H 50 cm³ 0,067 m-Borsäure + KCl + 21,30 cm³ 0,067 m-NaOH
12,0 p_H 50 cm³ 0,067 m-Na₂HPO₄ + 50 cm³ 0,067 m-NaOH

[1] WORK, E.: Biochim. et Biophysica Acta **3**, 402 (1949).
[2] HEYNS, K., u. G. ANDERS: Hoppe-Seylers Z. **287**, 16, 17 (1951); vgl. dagegen BRYANT, F.: Austral. J. Sci. **13**, 83 (1950).
[3] WIELAND, TH., u. L. BAUER: Angew. Chem. **63**, 513 (1951).
[4] HANES, C. S., F. J. R. HIRD u. F. A. ISHERWOOD: Nature (Lond.) **166**, 288 (1950).
[5] BLOCK, R. J.: Analyt. Chem. **22**, 1327 (1950).

Tabelle 38. *Trennung der isomeren Leucine in Amylalkoholen*; eindimensionale absteigende Methode, Durchlaufchromatogramm. Zahlen bedeuten Laufstrecken, bezogen auf Leucin = 1. [Nach WORK, E.: Biochim. et Biophysica Acta **3**, 402 (1949).]

Amylalkohol	Diäthyl-amin-dampf	Lage von							Form der Flecken
		Leucin	Iso-leucin	Nor-leucin	Phenyl-alanin	Valin	Methi-onin	Tyrosin	
Käuflich . . .	—	1	0,81		0,46		0,64		verschieden, manchmal langgezogen
Normal	—	1	0,86		0,77	0,42	0,52	0,37	oval
Normal	+	1	0,85		1	0,52	0,52	0,29	oval
Iso-	—	1	0,82		0,8	0,36	0,53	0,44	länglich
Iso-	+	1	0,8		0,93	0,39	0,39	0,24	länglich
Aktiver	—	1	0,84		0,84		0,43		oval
Tertiär	—	1	0,85		1	0,48	0,43	0,48	rund
Tertiär	+	1	0,86	1,2	1,11	0,51	0,65	0,45	rund

Die langsamen Aminosäuren sind eindimensional meist recht schwierig zu trennen; als beste Lösungsmittel in diesem Gebiet dürfen immer noch Phenol und m-Cresol gelten[1].

Tryptophan läßt sich nach TH. WIELAND[2] mit 0,02 n-Salzsäure, in der die meisten anderen Aminosäuren mit der Front laufen, gut abtrennen (R_F Tyrosin, Phenylalanin 0,8, Tryptophan 0,7). Auch 95% Methanol trennt die Aromaten gut (R_F Tryptophan 0,33, Tyrosin 0,44, Phenylalanin 0,54).

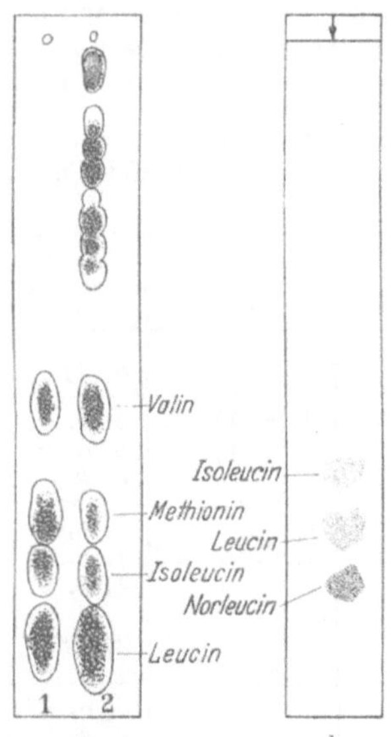

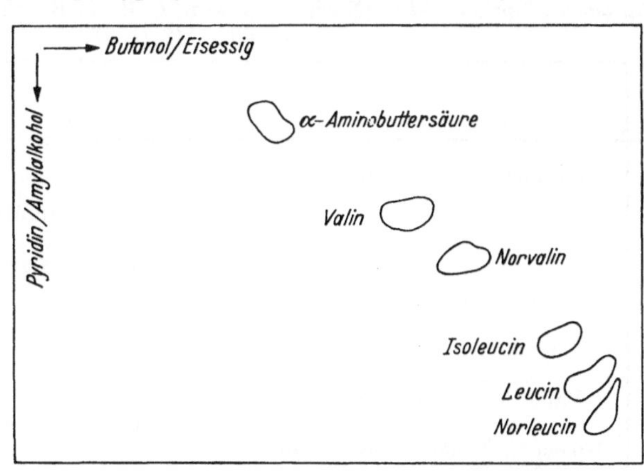

Abb. 123a—c. *Trennung von Leucin und Isoleucin durch Papierchromatographie.* a Eindimensional absteigend, Lösungsmittel Methyläthylketon : Pyridin : Wasser 70 : 15 : 15 (vgl. auch die Trennung in Methyläthylketon : Äthanol : Wasser 70 : 15 : 15); Laufzeit 24 Std. *1* Valin, Methionin, Isoleucin, Leucin; *2* Caseinhydrolysat. Durchlaufverfahren! [TH. WIELAND und L. BAUER, Angew. Chem. **63**, 512 (1951).] b Eindimensional absteigend, Lösungsmittel Pyridin : Amylalkohol : Wasser 35 : 30 : 30; c zweidimensional, voriges Lösungsmittel in der einen Butanol : Eisessig : Wasser 70 : 7 : 23 in der dazu senkrechten Richtung. [K. HEYNS und G. ANDERS, Hoppe-Seylers Z. **287**, 16, 17 (1951).]

---

[1] Um Lysin von den anderen Aminosäuren zu trennen, entwickelt man nach A. A. ALBANESE [Science **110**, 163 (1949)] die Kupfersalze mit Phenol und besprüht mit $K_2[Fe(CN)_6]$; R_F-Werte: Glutamin- und Asparaginsäure 0,08—0,1; Lysin 0,42—0,50; Arginin und Histidin 0,55—0,62; andere Aminosäuren um 1,0. — Asparaginsäure, Glutaminsäure und α-Aminoadipinsäure trennen S. BERGSTRÖM und K. PAABO aus n-Buttersäure : iso-Valeriansäure : Wasser 45 : 45 : 10; R_F-Werte 0,18 bzw. 0,26 bzw. 0,33 [Acta chem. scand. (København) **3**, 202 (1949)].

[2] WIELAND, TH., u. L. BAUER: Angew. Chem. **63**, 513 (1951).

172   Trennung, Identifizierung und Bestimmung der Aminosäuren.

Zur Bestimmung der Aminosäuren in Proteinhydrolysaten durch eindimensionale Chromatographie geben REDFIELD und BARRON[1] folgendes Verfahren an:

Papier: Schleicher-Schüll (am.) 507.

1. *n-Butanol:Wasser* 85:15, 6—7 Tage bei 20°:
   Oxyprolin, Threonin, Alanin, Prolin, Tyrosin, Tryptophan, Phenylalanin, Isoleucin, Leucin.
2. *Äthanol:Wasser* 80:20 +0,5% Harnstoff, 5 Tage bei 20°:
   Histidin, Asparaginsäure, Glutaminsäure.
3. *Methanol:Wasser:2,4-Lutidin* 80:12:2 +0,5% Harnstoff, 36—48 Std. bei 20°:
   Cystin, Histidin, Glycin, Serin.
4. *Methanol:Wasser:Dimethylamin* 80:20:0,1, 36—48 Std:
   Arginin, Lysin.
5. *Methanol:n-Butanol:Wasser:0,2 n-Citrat* p_H 5, 30:55:15:1, 48 Std:
   Methionin.
6. *Methanol:Äthanol:Wasser* 45:45:10 +0,5% Harnstoff, 18 Std:
   Valin.

Die Streifen werden mit dem Ninhydrinreagens nach der auf S. 88 angegebenen Methode behandelt und die quantitative Auswertung wie auf S. 99 beschrieben vorgenommen. Zur quantitativen Bestimmung von Prolin und Oxyprolin besprüht man mit dem Isatinreagens, bedämpft 30 min und mißt die Gesamtfarbe der Flecken bei 600 mμ.

Für die *zweidimensionale Papierchromatographie* ist außer den oben erwähnten und auf S. 132 ff. angegebenen Lösungsmitteln eine Vielzahl von Kombinationen angegeben worden. BLOCK[2] fand unter 50 geprüften Systemen[3] am geeignetsten: Phenol:Ammoniak; Luti-

Tabelle 39. *Vergleich der Wanderung von Aminosäuren im Papierchromatogramm mit verschiedenen Lösungsmitteln.* [Nach ROCKLAND, L. B., J. BLATT u. M. S. DUNN: Analyt. Chem. **23**, 1142 (1951).]

Gruppe	Aufeinanderfolge		Lösungsmittel mit umgekehrter Folge	Wirksamste Lösungsmittel zur Trennung
	unveränderlich	üblich		
Saure	Glutaminsäure > Asparaginsäure			*6, 11*
Basische		Histidin > Arginin	7, 8, 11	*5, 7, 8, 9,* 11
		Histidin > Lysin	7, 8, 11	*5, 6, 9,* 10, 11
		Arginin > Lysin	5	*6, 8*
Neutrale	Serin u. Glycin > Cystin	Serin > Glycin	1, 6, 7, 8, 9	*3, 4, 5,* 7 7, 8, 11
	Threonin > Serin u. Glycin			4, 5, *6*
	Alanin < Threonin			7, 8, 9
	Valin, Methionin > Alanin	Methionin > Valin	5, 11	3, 4, *6,* 7, *8, 9,* 10 2, 8, *9, 11*
	Isoleucin, Leucin > Methionin			3, *8, 11*
	Leucin > Isoleucin			*2,* 8, 9, 11
Cyclische		Prolin > Tyrosin	1, 2, 10, 11	6, 7, *8, 9,* 10
		Phenylalanin > Tyrosin	10, 11	*1, 3,* 6, 7, *8, 9, 4*
		Tryptophan > Tyrosin	5	6, *8, 9*
		Phenylalanin > Tryptophan	10, 11	3, *5,* 8
		Phenylalanin > Prolin	5, 6	*1, 2, 3, 4, 10,* 11

Lösungsmittel. 1 Benzylalkohol, wassergesättigt; 2 tert.-Amylalkohol; 3 tert.-Butanol, 70%; 4 1-Propanol, 70%; 5 Methanol, 67%; 6 Phenol, wassergesättigt, HCN; 7 Phenol, wassergesättigt, 3% Ammoniak; 8 m-Kresol, wassergesättigt, mit Cupron und 0,1% Ammoniak; 9 m-Cresol, wassergesättigt, mit Cupron; 10 Collidin:Lutidin; 11 Tetrahydrofurfurylalkohol, 75% (die kursiven Zahlen entsprechen jeweils den Lösungsmitteln mit den größten Unterschieden in den R_F-Werten).

---

[1] REDFIELD, R. R., u. E. S. G. BARRON: Arch. of Biochem. a Biophysics **35**, 443 (1952).
[2] BLOCK, R. J.: Analyt. Chem. **22**, 1327 (1950).
[3] Zusammensetzung der Gemische s. S. 132 ff.

din: Äthanol:Wasser; Butanol:Eisessig (90:10); sek.-Butanol:tert.-Butanol:0,1 n-Salzsäure; tert.-Butanol; tert.-Butanol:Ameisensäure:Wasser (Trennung an Whatman Nr. 4). Vgl. dazu die Zusammenstellung von ROCKLAND, BLATT und DUNN[1] über die Wirksamkeit bestimmter Lösungsmittel hinsichtlich der Trennung verschiedener Aminosäuregruppen; aus den Daten ist für ein bestimmtes Problem zu ersehen, welche Lösungsmittelkombination

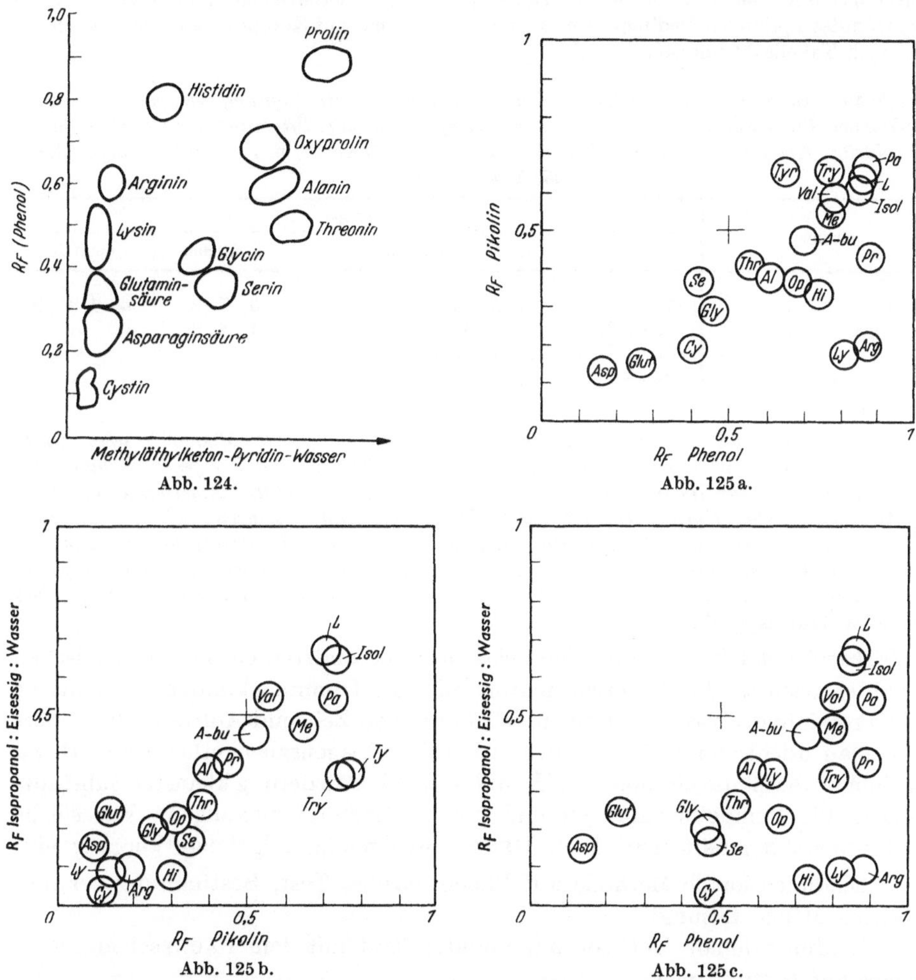

Abb. 124.   Abb. 125a.   Abb. 125b.   Abb. 125c.

Abb. 124. Zweidimensionales Papierchromatogramm der „langsamen" Aminosäuren aus ↓ Phenol/Methyläthylketon:Pyridin:Wasser [TH. WIELAND und L. BAUER, Angew. Chem. **63**, 513 (1951).] →

Abb. 125a—c. *Kombination wasserlöslicher Solventien* (Picolin; Isopropanol:Eisessig:Wasser) *mit Phenol zu zweidimensionalen Chromatogrammen.* [P. DECKER, Naturwiss. **38**, 288 (1951).] Zusammensetzung der Gemische s. S. 132ff.

den gewünschten Effekt verspricht (Tabelle 39). Eine brauchbare zweidimensionale Trennung der langsamen Aminosäuren ist in Abb. 124 wiedergegeben; Abb. 125 zeigt Kombinationen wassermischbarer Lösungsmittelsysteme. Mit dem Paar tert.-Butanol:Methyläthylketon:Wasser (4:4:2) in der einen, tert.-Butanol:Methanol:Wasser (4:5:1) in der zweiten Richtung, sowie analog mit den beiden Systemen Phenol:Wasser (7:3) in der ersten, n-Propanol:Wasser (7:3) in der dazu senkrechten Richtung[2] wurde von einer zweidimensionalen Trennung der

[1] ROCKLAND, L. B., J. L. BLATT u. M. S. DUNN: Analyt. Chem. **23**, 1142 (1951).
[2] BOISSONAS, R. A.: Helvet. chim. Acta **33**, 1966 (1950).

meisten praktisch in Frage kommenden Aminosäuren berichtet. Eine etwas umständlichere, aber sichere Methode besteht darin, zunächst (mit parallel laufendem Kontrollstreifen) z. B. in Collidin oder sek.-Butanol:Ameisensäure:Wasser zu entwickeln, unterhalb des Valinflecks das Chromatogramm quer zur ersten Richtung durchzuschneiden und die „Leucingruppe" etwa mit Methyläthylketon:Äthanol:Wasser oder Amylalkohol:Wasser, die langsamen Aminosäuren aber mit Phenol in der zweiten Dimension auseinanderzuziehen. Man erhält so Trennungen unter optimalen Bedingungen, während man sonst auf Kompromisse angewiesen ist. Vgl. auch Tabelle 39 und 40.

Tabelle 40. *Anordnung verschiedener Lösungsmittel nach ihrer Eignung zur papierchromatographischen Trennung von Aminosäuren in Gruppen und zur Trennung der Gruppen in die individuellen Aminosäuren.* [Nach ROCKLAND, L. B., J. BLATT u. M. S. DUNN: Analyt. Chem. **23**, 1142 (1951).]

Gruppe	Gruppe			
	saure	basische	cyclische	neutrale
Neutrale	7	5, *11*	6, 7, 8	*6, 7, 8, 9*
Cyclische	4, *6*, 7, *8*, 9	3, 4, *5*, 9, 10, *11*	4, *8*, 9	
Basische	*5*, 6, 7, *8*	*6*, 7, *8*, 10		
Saure	6, 11			

Für viele Zwecke ist das ursprünglich angegebene System Phenol:Wasser (bzw. Phenol:Puffer)/Collidin:Wasser immer noch die beste Lösung. *Nach eigenen Erfahrungen bewährt sich ferner für Hydrolysate usw. die Kombination sec.-Butanol:Ameisensäure:Wasser mit Methyläthylketon:Pyridin:Wasser* (Abb. 126) *ausgezeichnet, während wir für Extrakte aus biologischem Material* (Zucker, Purine, Nucleotide usw. enthaltend) *der Kombination sec.-Butanol:Ameisensäure:Wasser mit n-Butanol:Propionsäure:Wasser[1] den Vorzug gaben.* Sehr nützlich ist in allen Fällen eine Vortrennung durch Papierionophorese, besonders bei hohem Spannungsgefälle (s. S. 334).

Diskussion des Verfahrens. Verglichen mit den anderen chromatographischen Verfahren gestattet die Papierchromatographie die Trennung komplexer Gemische (z. B. Proteinhydrolysate) mit einem Minimum von Zeit und Aufwand, besonders wenn man orientierende Vorversuche nach der Reagensglasmethode von DUNN vornimmt. Sie ist die Methode der Wahl für die Identifizierung kleinster Substanzmengen, für Reinheitsprüfungen und für Routineuntersuchungen. Für solche Routineverfahren hält man nach DENT[2] zweckmäßig folgenden Vorgang ein:

1. Eindimensionale Methode mit Phenol (grober Test, Bestimmung der notwendigen Menge Lösung).

2. Eindimensionale Methode mit Collidin, Test mit dem PAULYschen Diazoreagens auf Histidin usw.

3. Zweidimensionale Methode mit ↓ Phenol/Collidin, Erfassung nahezu aller Aminosäuren.
→

4. wie 3., aber nach Behandeln mit Wasserstoffsuperoxyd (Oxydation von Cystin und Methionin [10—20 mm³ 0,02% Ammonmolybdat erleichtern die Überführung von Methionin in das Sulfon]).

5. wie 3., aber nach 24-stündiger Hydrolyse mit 6 n-Salzsäure, Erkennung von Peptiden.

6. Weitere Chromatogramme mit reinen Aminosäuren zur Markierung.

---

[1] Vgl. dazu BENSON, A. A., J. A. BASSHAM, M. CALVIN, T. C. GOODALE, V. A. HASS u. W. STEPKA: J. Amer. Chem. Soc. **72**, 1710 (1950).

[2] DENT, C. E.: Biochemic. J. **41**, 240 (1947); **43**, 168 (1948).

Die oft zitierten R_F-*Werte* hängen von vielen Bedingungen ab. So spielt z.B. schon die Faserrichtung des Papiers eine Rolle; in dieser Richtung findet man die R_F-Werte bis zu 20% höher (schnelleres Strömen des Lösungsmittels). Bei zweidimensionalen Chromatogrammen wird man daher zur Erzielung vergleichbarer Ergebnisse das gleiche Lösungsmittel in der Faserrichtung des Papiers

Abb. 126. *Zweidimensionales Papierchromatogramm (aufsteigend) zahlreicher Aminosäuren aus Methyläthylketon: Pyridin: Wasser/sec-Butanol: Ameisensäure: Wasser.* Größe des Chromatogramms 30 × 30 cm, Schleicher-Schüll 2043 b. Nach Aufsteigen des Lösungsmittels bis zum Rand wurde das Chromatogramm getrocknet und wieder in das gleiche Lösungsmittel eingehängt; im 1. Lösungsmittel 10mal, im 2. 4mal aufsteigend chromatographiert. (Aufnahme aus dem Labor des Autors.)

(die gelegentlich durch einen Wasserzeichenpfeil gekennzeichnet ist) laufen lassen. Auch die Form der Flecken (rund, elliptisch) hängt außer von der Art des Papiers sowie des Verteilungsmilieus von der Faserrichtung ab; die Elongation nimmt im allgemeinen mit steigenden R_F-Werten zu. Mitunter ändern sich die R_F-Werte beim Aufbewahren des Lösungsmittelsystems; bei Gemischen von Alkoholen und Säuren tritt Veresterung ein, bei primären Alkoholen wesentlich schneller als bei sekundären.

Man läßt solche Gemische zweckmäßig 24 Std vor Gebrauch bei der Versuchstemperatur stehen. Bei Verwendung von Butanol:Eisessig 4:1 (wassergesättigt) beobachteten HEYNS,

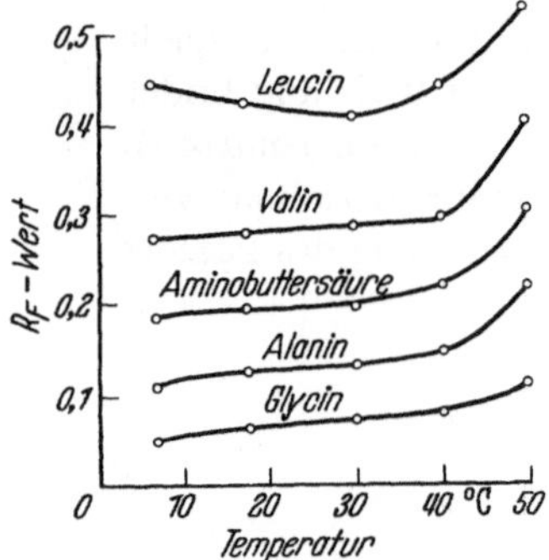

Abb. 127a. *Abhängigkeit der R_F-Werte von der Temperatur.* Lösungsmittel:n-Propanol:Wasser 9:1. (Nach B. JIRGENSONS, University of Texas Publication No. 5109, 56. 1951.)

KOCH und KÖNIGSDORF[1] außer dem Fleck von Glutaminsäure zwei weitere Zonen, eine stärkere am Startpunkt (Ester mit Cellulose ?), sowie eine schwächere mit einem R_F-Wert von 0,62, die als γ-Butylester der Glutaminsäure gedeutet wurde. Mit Pyridin-Amylalkohol trat der letztere Fleck nicht auf; der erste entstand wohl schon beim Auftragen der Lösung.

Die R_F-Werte ändern sich ferner etwas mit der Temperatur (Abb. 127a), erheblich aber oft mit dem p_H (Abb. 127b). Salzsaure Hydrolysate müssen darum nach Aufgeben auf das Papier mit Ammoniakdämpfen neutralisiert werden; verwischte Flecken und Doppelflecken (Glutaminsäure in salzsaurem Milieu) gehen oft auf p_H-Effekte zurück. Tabelle 41 (nach KIRBY-BERRY, SUTTON, CAIN und BERRY[2]) gibt einen sehr brauchbaren Überblick über die R_F-Werte von Aminosäuren in

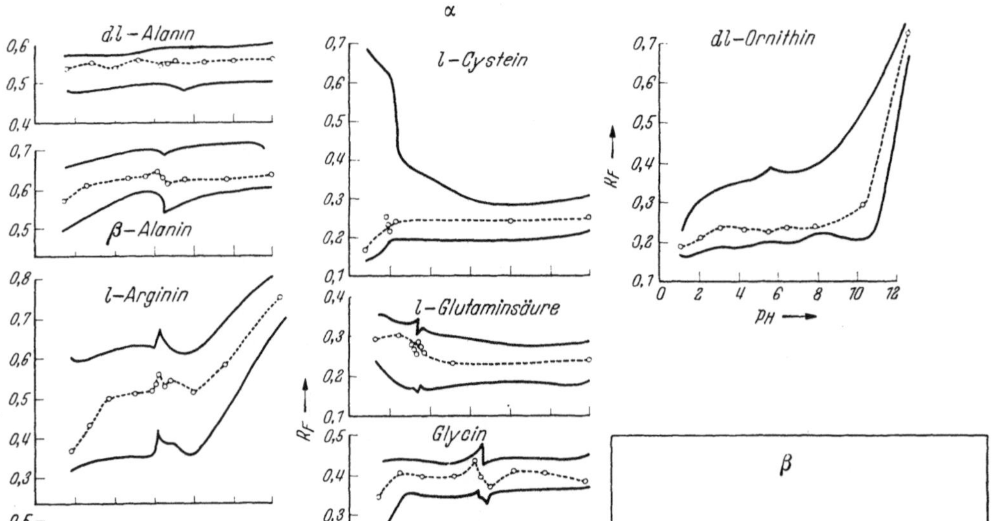

Abb. 127b α u. β. *Abhängigkeit der R_F-Werte vom p_H der Analysenprobe.* α Obere Kurve: Vorderseite, mittlere: Schwerpunkt, untere: Rückseite des Flecks im Chromatogramm. β Eindimensionales Papierchromatogramm von *Ornithin*, das als Hydrochlorid auf die angegebenen p_H-Werte gebracht worden war. Lösungsmittel: Phenol. [Nach A. J. LANDUA, R. FUERST und J. AWAPARA, Analyt. Chem. **23**, 162 (1951).]

[1] HEYNS, K., W. KOCH u. W. KÖNIGSDORF: Naturwiss. **39**, 381 (1952).
[2] KIRBY-BERRY, H., H. E. SUTTON, L. CAIN u. J. S. BERRY: Univ. Texas Publ. **1951**, No. 5109, 34.

Tabelle 41. *R_F-Werte von Aminosäuren und verwandten Verbindungen in verschiedenen Lösungsmitteln; Nachweisreaktionen und Erfassungsgrenzen.* [Nach KIRBY-BERRY, H., H. E. SUTTON, L. CAIN u. J. S. BERRY: Univ. Texas Publ. **1941**, No. 5109, 34).]

Verbindung	R_F in den üblichen Solventien					Andere Solventien		Farb-reagentien	Farbe	Mindest-menge γ
	Phen	Bu/Ac	Bu/Et	Isobu	Lut	R_F	Solvens			
Alanin	0,55	0,38	0,16	0,40	0,18	0,21	Et	Nin	purpur	0,5
						0,46	Me			
						0,60	Py			
						0,53	Et/Ac			
						0,52	Et/Am			
						0,39	Py/Bu			
						0,22	Bu/Py			
						0,43	Bu/Et/HCl			
β-Alanin	0,55	0,37	0,09	0,41	0,13	0,11	Et	Nin	blau	0,5
						0,30	Me			
						0,41	Py			
α-Amino-Buttersäure	0,65	0,45	0,42	0,53		0,18	Et	Nin	purpur	
						0,60	Me			
						0,64	Py			
						0,55	Et/Ac			
γ-Amino-Buttersäure	0,78	0,50	0,11	0,50	0,15	0,15	Et	Nin	purpur	
						0,40	Me			
						0,39	Py			
						0,75	Et/Ac			
						0,44	Et/Am			
						0,25	Py/Bu			
						0,12	Bu/Py			
α-Amino-Caprylsäure	0,74	0,85		0,21	0,55	0,03 0,59	} Et	Nin	purpur	
						0,08 0,75	} Me			
						0,17 0,86	} Py			
α-Amino-isobuttersäure	0,68	0,48	0,44	0,54	0,25	0,36	Et	Nin	purpur	
						0,70	Me			
						0,71	Py			
Arginin	0,41	0,20	0,04	0,23	0,07	0,03	Et	Nin	purpur	1,0
						0,05	Me	PHC	orange	
						0,19	Py	NHC	rötlich	10,0
								FCNP	rot	
Asparagin	0,29	0,19	0,06	0,27	0,09	0,03	Et	Nin	braunpurpur	1,0
						0,09	Me			
						0,35	Py			
Asparaginsäure	0,07	0,24	0,04	0,20	0,09	0,03	Et	Nin	blau	0,5
						0,40	Py			
						0,28	Et/Ac			
						0,15	Et/Am			
						0,08	Py/Bu			
						0,04	Bu/Py			
Citrullin	0,56	0,25	0,08	0,41	0,13	0,02	Et	Nin	purpur	3,0
						0,15	Me			
						0,44	Py			
						0,23	Et/Ac			
						0,33	Et/Am			
						0,06	Py/Bu			
						0,07	Bu/Py			
						0,32	Bu/Et/HCl			

Tabelle **41.** (Fortsetzung.)

Verbindung	R_F in den üblichen Solventien					Andere Solventien		Farb-reagentien	Farbe	Mindest-menge γ
	Phen	Bu/Ac	Bu/Et	Isobu	Lut	R_F	Solvens			
Cystein	0,19 0,57	0,07		0,09 0,23	0,07	0,10 0,12 0,08	Et Me Py	Nin AzJ	braun entfärbt	5,0
Cystin	0,08	0,08	0,02	0,10 0,18	0,06	0,03 0,05 0,03 0,17	Et Me Py Bu/Et/HCl	Nin AzJ	braun entfärbt	1,0 5,0
α,γ-Diamino-buttersäure	0,25	0,12	0,05	0,15	0,06	0,03 0,03	Et Me	Nin	purpur	2,0
Dioxyphenyl-alanin	0,30	0,24	0,15	0,25	0,25			Nin FeCl$_3$	purpur grün	
Dijodtyrosin	0,80	0,70	0,54	0,78	0,75			Nin DSA Br$_2$	purpur orange gelb (fluoresziert im UV)	
Glutaminsäure	0,16	0,30	0,04	0,31	0,12	0,04 0,20 0,45 0,32 0,10 0,21 0,08 0,40	Et Me Py Et/Ac Et/Am Py/Bu Bu/Py Bu/Et/HCl	Nin	purpur	0,5
Glutathion	0,25	0,05		0,10	0,08	0,03 0,15 0,49	Et Me Py	Nin	purpur	
Glycin	0,30	0,26	0,10	0,29	0,14	0,08 0,24 0,44 0,38 0,38 0,23 0,10 0,28	Et Me Py Et/Ac Et/Am Py/Bu Bu/Py Bu/Et/HCl	Nin PHC	purpur blau	0,25 25,0
Hippursäure	0,75	0,93	0,81			0,80	Ph/Ac	BKG	gelb	
Histamin	0,52	0,22	0,18	0,03	0,33	0,34 0,20 0,71 0,80	Et Me Py Bu/Et/Am	Nin DSA PHC	braun rosabraun gelb	
Histidin	0,55	0,20	0,08	0,29	0,11	0,31 0,15 0,47 0,12 0,36 0,23 0,12 0,18 0,08	Et Me Py Et/Ac Et/Am Py/Bu Bu/Py Bu/Et/HCl Bu/Et/Am	Nin DSA Br$_2$	braunpurpur rot braunpurpur	3,0 0,2
Homoserin	0,47	0,30		0,40	0,20	0,13 0,34 0,60	Et Me Py	Nin	purpur	

Tabelle 41. (Fortsetzung.)

Verbindung	R_F in den üblichen Solventien					Andere Solventien		Farb-reagentien	Farbe	Mindest-menge γ
	Phen	Bu/Ac	Bu/Et	Isobu	Lut	R_F	Solvens			
Oxyprolin	0,59	0,30	0,09	0,37	0,22	0,10 0,30 0,60	Et Me Py	Nin	gelbbraun	2,0
Isoleucin	0,79	0,72	0,44	0,81	0,45	0,49 0,82	Et Me	Nin	purpur	
Kynurenin	0,43	0,76		0,62 0,66	0,26			Nin	purpur	
Leucin	0,79	0,73	0,42	0,82	0,43	0,50 0,82 0,80 0,82 0,69 0,68 0,51	Et Me Py Et/Ac Et/Am Py/Bu Bu/Py	Nin	purpur	2,0
Lysin	0,39	0,14	0,04	0,12	0,02	0,07 0,04 0,13 0,17 0,31 0,02 0,02 0,18	Et Me Py Et/Ac Et/Am Py/Bu Bu/Py Bu/Et/HCl	Nin	purpur	0,25
Methionin	0,73	0,55	0,29	0,70	0,35	0,30 0,31 0,76 0,25	Et Me Py Et/Ac	Nin Az J	purpur entfärbt	1,0 5,0
Methioninsulfon	0,53	0,28	0,13	0,39	0,24	0,08 0,26 0,69 0,27 0,44 0,42 0,21 0,35	Et Me Py Et/Ac Et/Am Py/Bu Bu/Py Bu/Et/HCl	Nin	purpur	
Norleucin	0,84	0,74						Nin	purpur	
Norvalin	0,73	0,65	0,42	0,72	0,31	0,41 0,64 0,74	Et Me Py	Nin	purpur	
Ornithin	0,27	0,15	0,05		0,06			Nin	purpur	
Phenylalanin	0,78	0,68	0,30	0,74	0,49	0,54 0,53 0,75	Et Me Py	Nin	blau	2,5
Prolin	0,85	0,43	0,18	0,61	0,24	0,20 0,43 0,62	Et Me Py	Nin	gelb	2.5
Serin	0,24	0,27	0,10	0,28	0,16	0,07 0,20 0,58 0,28 0,42 0,28 0,13 0,32	Et Me Py Et/Ac Et/Am Py/Bu Bu/Py Bu/Et/HCl	Nin	purpur	0,5

Tabelle 41. (Fortsetzung.)

Verbindung	R_F in den üblichen Solventien					Andere Solventien		Farb-reagentien	Farbe	Mindest-menge γ
	Phen	Bu/Ac	Bu/Et	Isobu	Lut	R_F	Solvens			
Taurin	0,29	0,19	0,12	0,17	0,27	0,10 0,35 0,72 0,18 0,53 0,49 0,22	Et Me Py Et/Ac Et/Am Py/Bu Bu/Py	Nin	purpur	
Threonin	0,39	0,35	0,14	0,40	0,22	0,10 0,35 0,65	Et Me Py	Nin	purpur	1,0
Trimethylalanin (Neoleucin)	0,81	0,66	0,50	0,78		0,78	Py	Nin	purpur	
Tryptamin	0,85	0,73	0,55	0,89	0,85			Nin FCNP DCC PDAB Hyd	braun weiß rosa purpur grau	
Tryptophan	0,66	0,50	0,29	0,71	0,50	0,16 0,62 0,59	Et Me Py	Nin DSA PHC	braunpurpur rotorange rosa	3,0
Tyrosin	0,52	0,45	0,19	0,43	0,45	0,18 0,42 0,82 0,15 0,38	Et Me Py Bu/Et/Am Bu/Eg/HCl	Nin DSA FeCl$_3$	blau rosa braun	3,0
Valin	0,64	0,60	0,29	0,70	0,29	0,41 0,65 0,74 0,73 0,62 0,58 0,38 0,76	Et Me Py Et/Ac Et/Am Py/Bu Bu/Py Bu/Et/HCl	Nin	purpur	2,0

Versuchsbedingungen. Whatman Nr. 1; aufsteigende Methode (10 inch Steighöhe).

Lösungsmittel:

Phen (Phenol, gesättigt mit einer wäßrigen Lösung von 6,3% Na-citrat und 3,7% KH$_2$PO$_4$);

Bu/Ac (Butanol:Eisessig:Wasser 80:20:20, frisch bereitet);

Bu/Et [Butanol:Äthanol (95%):Wasser 80:20:20];

Isobu (Isobuttersäure:Wasser 80:20);

Lut (2,6-Lutidin:Wasser 65:35);

Py/Bu (Pyridin:Butanol:Wasser 80:20:20);

Bu/Py (Butanol:Pyridin:Wasser 50:50:20);

Bu/Et/Am [Butanol:Äthanol:Ammoniak (konz.) 80:10:30];

Et (95% Äthanol);

Me (95% Methanol);

Py (Pyridin:Wasser 65:35);

Et/Am [Äthanol (95%):Ammoniak (konz.) 95:5];

Bu/Eg/HCl [Butanol:Äthylenglykol:HCl (0,1 n) 80:20:20];

Bu/Et/HCl [Butanol:Äthanol (95%):HCl (2 n) 80:20:40];

Et/Ac [Äthanol (95%):Eisessig 95:5].

Farbreagentien:

Nin (0,2% Ninhydrin in wassergesättigtem Butanol);

PHC (Phenol-Hypochlorit: erstes Besprühen mit 5% Phenol in 95% Äthanol, nach Trocknen
mit 5,25% Natriumhypochlorit);

NHC (α-Naphthol-Hypochlorit, „Sakaguchi"-Reagens);

FCNP (alkal. Ferricyanid-Nitroprussid: 1 Vol. 10% NaOH + 1 Vol. 10% Na-Nitroprussid
+ 1 Vol. 10% K-Ferricyanid gemischt, auf das 3fache Volumen verdünnt, 20 min
stehenlassen);

AzJ (Azid-Jodreagens: 50 cm³ 0,1 n-wäßriger Jodlösung + 50 cm³ 95% Äthanol + 1,5 g
Na-Azid);

FeCl₃ (1%, wäßrig);

DSA (diazotierte Sulfanilsäure);

Br₂ (0,5 cm³ Brom in 50 cm³ Eisessig + 50 cm³ Wasser; Chromatogramm nach Besprühen
3—5 min auf 90°!);

BKG (Bromkresolgrün, 0,04% in 95% Äthanol);

DCC (2,6-Dichlorchinonchlorimid, 1% in 95% Äthanol);

PDAB (p-Dimethylaminobenzaldehyd, 2% in 1,2 n-HCl);

Hyd (Erhitzen des Chromatogramms nach Besprühen mit 0,5 n-H₂SO₄ für 1 Std auf 100°).

zahlreichen Lösungsmittelsystemen (daneben Nachweisreaktionen). Abb. 128
und 129 zeigen Diagramme der R_F-Werte häufig vorkommender sowie seltener[1]
Aminosäuren (und verwandter Verbindungen) in wichtigen Lösungsmitteln;
Abb. 130a u. b und 131 beziehen sich speziell auf wassermischbare Solventien
(Einfluß des Wassergehalts auf die R_F-Werte).

Zusammenfassend läßt sich sagen, daß der Erfolg der an sich einfachen Methode
von folgenden wichtigsten Kriterien abhängt: 1. richtige Wahl des Lösungsmittelsystems (Vermeidung extremer R_F-Werte); 2. reinste Lösungsmittel; 3. Aufgeben
der nicht zu verdünnten[2], *salzfreien* Lösung auf einem eng umschriebenen Fleck
(0,1—0,5 cm je nach Größe des Chromatogramms); 4. gute Sättigung der gas-
dichten Kammer mit beiden Phasen (Papier vor Beginn des Versuchs mehrere
Stunden in der Kammer hängen lassen); 5. Temperaturkonstanz während des
Versuchs; 6. hinreichend langsames Vorrücken der Lösungsmittelfront (nicht
über 3 cm/Std), wobei das schnellere Lösungsmittel quer zur Faserrichtung
des Papiers laufen soll; 7. Sauberkeit bei der Handhabung namentlich der feuchten
Bogen.

Wie im Falle von Peptidtrennungen erweist es sich auch bei Aminosäuregemischen (besonders bei kompliziert zusammengesetzten Lösungen biologischen
Ursprungs) als vorteilhaft, eine *Vortrennung in Gruppen* (im einfachsten Fall
in basische, saure und neutrale Bestandteile) vorzunehmen; das geschieht zweckmäßig bei größeren Ansätzen durch *Ionenaustausch* oder durch präparative
Ionophorese in einer Zellenapparatur, bei Mikromengen durch *Papierionophorese*
(am besten bei hohem Spannungsgefälle). Man arbeitet in Ammonacetatpuf-
fern, bei nicht zu alkalischem p_H auch mit den von MICHL[3] angegebenen
Pyridin/Essigsäuregemischen, die sich durch Vakuumsublimation entfernen

---

[1] R_F-Werte von *Imidazolderivaten* s. bei AMES, B.N., u. H. K. MITCHELL: J. Amer. Chem.
Soc. **74**, 252 (1952). — R_F-Werte, Trennung und Bestimmung (CONWAY-Methodik) von
Aminosäureamiden (*Glutamin, Asparagin*) s. bei BUTLER, G. W.: Analyt. Chem. **23**, 1300
(1951). — Trennung schwefelhaltiger Aminosäuren von ihren selenhaltigen Analogen s. bei
SMITH, A., u. A. L. MOXON: Proc. South Dakota Acad. Sci. **28**, 46 (1949).

[2] Selbstverständlich ist anderseits „Überladen" des Chromatogramms nachteilig.

[3] MICHL, H.: Mh. Chem. **82**, 489 (1951).

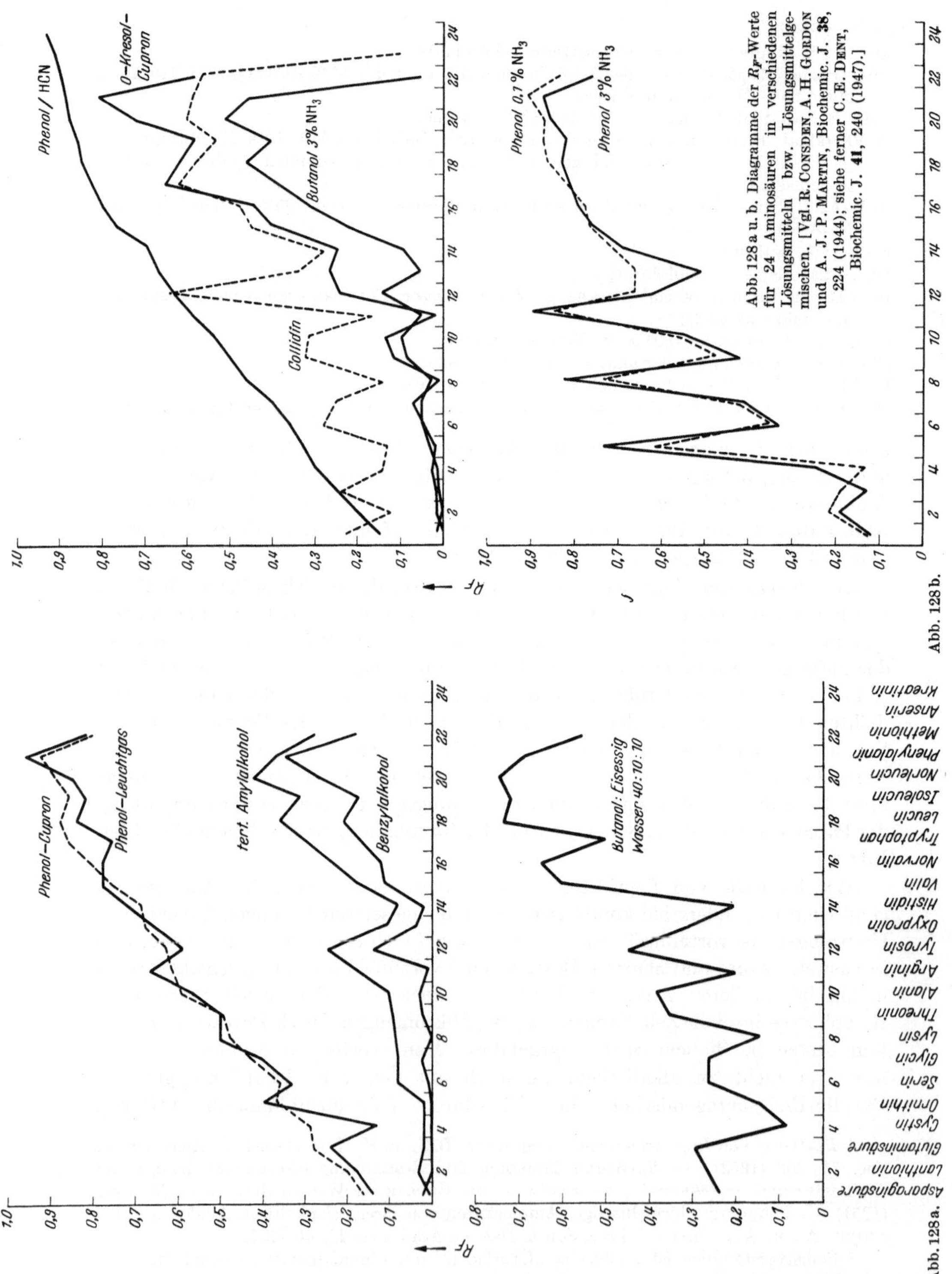

Abb. 128 a u. b. Diagramme der R_F-Werte für 24 Aminosäuren in verschiedenen Lösungsmitteln bzw. Lösungsmittelgemischen. [Vgl. R. CONSDEN, A. H. GORDON und A. J. P. MARTIN, Biochemic. J. 38, 224 (1944); siehe ferner C. E. DENT, Biochemic. J. 41, 240 (1947).]

Abb. 128 b.

Abb. 128 a.

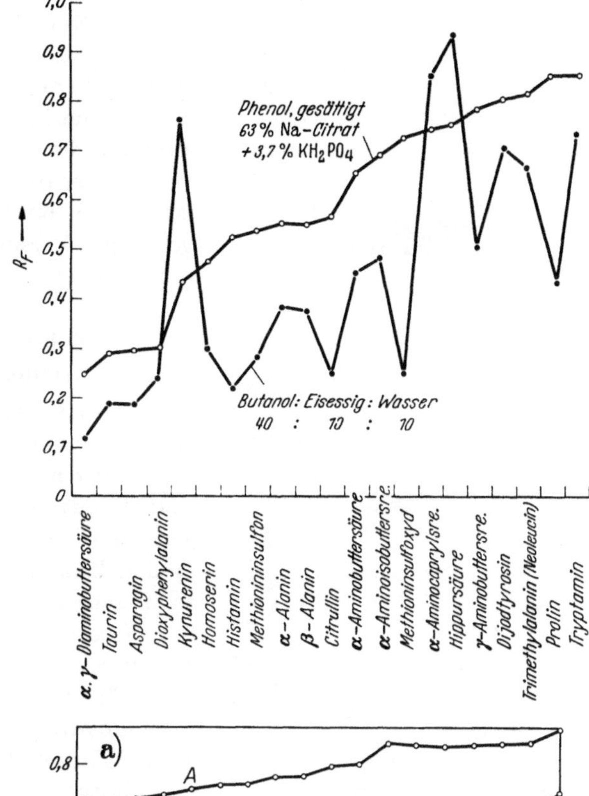

Abb. 129. *Diagramm der R_F-Werte für einige weniger häufig vorkommende Aminosäuren und verwandte Verbindungen in puffergesättigtem Phenol und Butanol : Eisessig : Wasser.* [Nach E. VISCHER und E. CHARGAFF, J. of Biol. Chem. **176**, 715 (1948).]

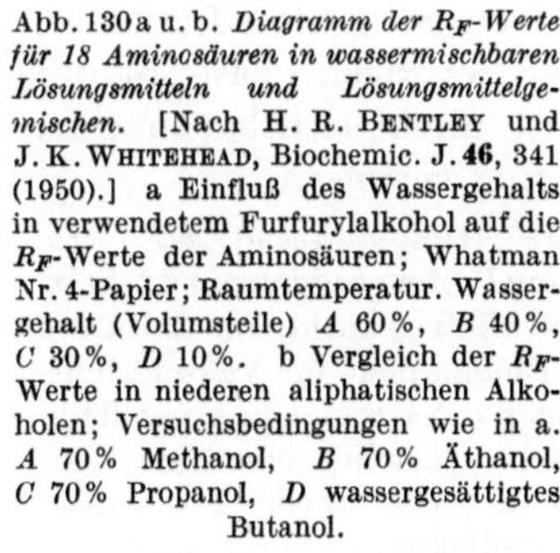

Abb. 130 a u. b. *Diagramm der R_F-Werte für 18 Aminosäuren in wassermischbaren Lösungsmitteln und Lösungsmittelgemischen.* [Nach H. R. BENTLEY und J. K. WHITEHEAD, Biochemic. J. **46**, 341 (1950).] a Einfluß des Wassergehalts in verwendetem Furfurylalkohol auf die R_F-Werte der Aminosäuren; Whatman Nr. 4-Papier; Raumtemperatur. Wassergehalt (Volumsteile) *A* 60%, *B* 40%, *C* 30%, *D* 10%. b Vergleich der R_F-Werte in niederen aliphatischen Alkoholen; Versuchsbedingungen wie in a. *A* 70% Methanol, *B* 70% Äthanol, *C* 70% Propanol, *D* wassergesättigtes Butanol.

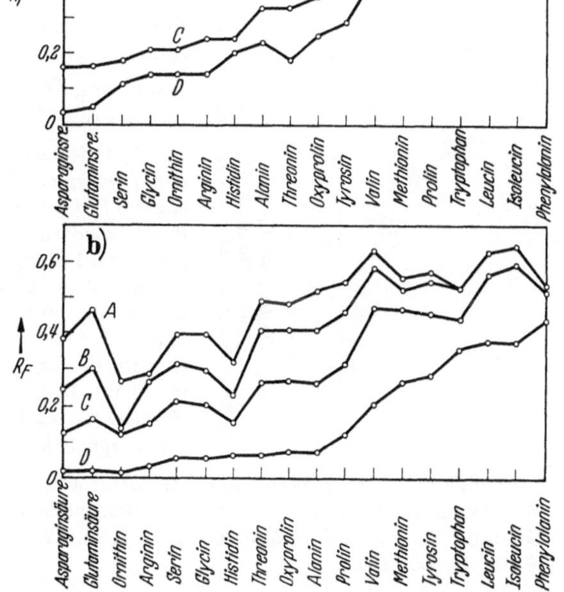

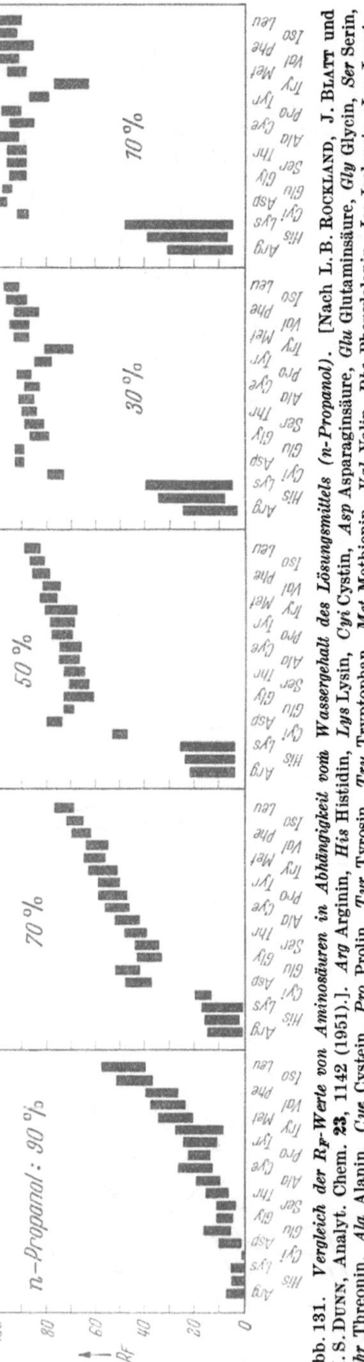

Abb. 131. Vergleich der R_F-Werte von Aminosäuren in Abhängigkeit vom Wassergehalt des Lösungsmittels (n-Propanol). [Nach L. B. ROCKLAND, J. BLATT und M. S. DUNN, Analyt. Chem. **23**, 1142 (1951).] *Arg* Arginin, *His* Histidin, *Lys* Lysin, *Cyi* Cystin, *Asp* Asparaginsäure, *Glu* Glutaminsäure, *Gly* Glycin, *Ser* Serin, *Thr* Threonin, *Ala* Alanin, *Cye* Cystein, *Pro* Prolin, *Tyr* Tyrosin, *Try* Tryptophan, *Met* Methionin, *Val* Valin, *Phe* Phenylalanin, *Iso* Isoleucin, *Leu* Leucin.

lassen. Man kann darum nach Annähen eines Papierbogens quer zur Laufrichtung des Elektropherogramms ohne vorhergehende Elution die im elektrischen Feld getrennten Bestandteile im chromatographischen Versuch weiter differenzieren; besonders elegant ist die von KICKHÖFEN und WESTPHAL[1] angegebene Versuchsanordnung (Versuchsbedingungen und Beispiele vgl. S. 340 ff).

Substituierte Aminosäuren, Aminosäureabkömmlinge.

Acylierte Aminosäuren. *Trennung von Acetylaminosäuren an Kieselgelsäulen.* Nach dem Versuch, die Acetylderivate von Aminosäuren mittels einer sehr komplizierten Gegenstrom-Verteilungsapparatur zu trennen, fanden MARTIN und SYNGE[2], daß diese Prozedur sehr einfach an einer Säule von feuchtem Kieselgel durchgeführt werden konnte. Bei dieser Methode (GORDON, MARTIN und SYNGE[3]) werden die Aminosäuren eines Proteinhydrolysats durch Behandeln mit einem Überschuß Essigsäureanhydrid nahezu quantitativ in ihre Acetylderivate übergeführt, die durch Verteilungschromatographie an Kieselgel getrennt und durch Titration oder Stickstoffbestimmung bestimmt werden können. Man kann die Säuren an der Säule durch einen geeigneten Indicator, der der stationären wäßrigen Phase an der Säule zugefügt wird, direkt sichtbar machen und so ihre Trennung verfolgen.

Acetylierung eines Aminosäuregemisches (Proteinhydrolysats). 100 mg Protein werden mit 6 n-Salzsäure 6 Std unter Rückfluß gekocht, die Salzsäure durch wiederholtes Eindampfen im Vakuum entfernt, die Lösung mit 6 n-Natronlauge gegen Thymolphthalein alkalisch gemacht, zum Sirup eingeengt und in Gegenwart von 10 cm³ 2 n-Natronlauge mit 1 cm³ Essigsäureanhydrid acetyliert (Zugabe der Lauge und des Anhydrids in 5 Portionen innerhalb 15 min); Schütteln und Kühlung mit Eiswasser. Nachdem die Mischung 10 min gegen Thymolphthalein alkalisch geblieben ist, wird die

[1] KICKHÖFEN, B., u. O. WESTPHAL: Z. Naturforsch. 7b, 655 (1952).
[2] MARTIN, A. J. P., u. R. L. M. SYNGE: Biochemic. J. **35**, 1358 (1941).
[3] GORDON, A. H., A. J. P. MARTIN u. R. L. M. SYNGE: Biochemic. J. **37**, 79, 86, 92, 313 (1943); **38**, 65 (1944).

mit 1 cm³ 10 n-Schwefelsäure angesäuerte Lösung im Vakuum unter 40° auf 5 cm³ eingeengt, mit 10 n-Schwefelsäure stark angesäuert (Thymolblau rot), auf 10 cm³ verdünnt und im Schütteltrichter 5mal mit 50 cm³ Chloroform ausgezogen. Die vereinigten und durch ein Papierfilter gegebenen Extrakte dampft man im Vakuum ein und nimmt in 10 cm³ Alkohol auf; 3 cm³ dieser Lösung (30 mg Protein) werden nach Eindampfen im Vakuum durch Stehenlassen im Exsiccator über Schwefelsäure und Natronkalk von Essigsäure befreit. Man nimmt zur Chromatographie in Butanol-Chloroform auf.

Trennung der Acetylderivate. 3 g Silicagel (Darstellung S. 115), gesättigt mit $^1/_2$—$^2/_3$ der Gewichtsmenge an Wasser mit dem „Säulenindicator", werden in 3% Butanol-Chloroform suspendiert und in das Rohr (1 cm ⌀) gegossen. Durch Extraktion des Acetylierungsgemisches mit 5mal je 1 cm³ des heißen Lösungsmittels bringt man möglichst viel auf die Säule, wobei man jeweils die Portion einsaugen läßt, bevor man die nächste aufbringt. Beim Entwickeln mit 3% Butanol-Chloroform laufen folgende Zonen durch die Säule (Auffangen in getrennten Pyrexgefäßen): I Phenylalanin, II Leucin + Isoleucin, III Prolin + Valin + Methionin (vgl. Abb. 132). Nun gibt man den Rest des acetylierten Gemisches in 17% Butanol-Chloroform auf die Säule, spült 3mal nach und entwickelt mit diesem Lösungsmittelgemisch. Tyrosin (IV) läuft doppelt so schnell wie Alanin (V). Nach Eindampfen der einzelnen Fraktionen im Vakuum wird nochmals chromatographiert, und zwar I und II an 2 g Kieselgel aus 5% Propanol-Cyclohexan, III an 3 g Kieselgel aus dem gleichen Lösungsmittel, wobei sich Valin als oberste Zone rein abtrennt, sowie mit 30% Propanol-Cyclohexan, wobei Methionin und Prolin getrennt werden können. Zone IV und V erhält man durch erneutes Chromatographieren an 2 g Träger mit dem letztgenannten Lösungsmittel rein. Vergleiche dazu das Schema einer Trennung in Abb. 171. Zur quantitativen Bestimmung titriert man nach Verdampfen des Solvens mit 0,01 n-Baryt gegen Phenolphthalein.

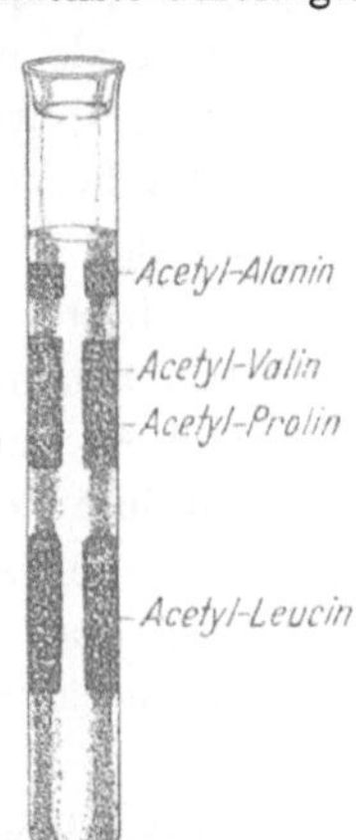

Abb. 132. *Trennung der Acetylderivate von Alanin, Valin + Prolin und Leucin an Kieselgel durch Verteilungschromatographie.* [Nach A. J. P. MARTIN, Endeavour **6**, 21 (1947).]

Diskussion des Verfahrens. Mit 17% Butanol-Chloroform oder 30% Propanol-Cyclohexan als Lösungsmittel erweist sich die Benutzung von Methylorange als *Indicator* als unvorteilhaft, da es infolge zu guter Löslichkeit in der mobilen Phase aus der Säule gewaschen wird und die Eluate verunreinigt. Einige Anthocyane sind besser verwendbar; am besten hat sich der von LIDDELL und RYDON[1] vorgeschlagene Indicator der folgenden Struktur

$$HO_3S-\bigcirc\bigcirc-N{=}N-\bigcirc-NH-\bigcirc$$
$$-SO_3H$$

bewährt (Umschlag bei p_H 5,0—3,6: schwach rosa-tiefblau).

Die *Darstellung des Trägers* ist von Unsicherheiten begleitet; man ist auf Probieren angewiesen[2]. Eine Hauptschwierigkeit liegt darin, daß Adsorption des Indicators an die der Säule seine Farbe und den Umschlagsbereich völlig ändern kann. Um die Titrationsergebnisse nicht zu beeinflussen, müssen alle basischen Bestandteile aus dem Gel gewaschen werden; außerdem darf es die Acetylaminosäuren nicht festhalten. Aus reinem Chloroform oder Cyclohexan adsorbieren alle bisher hergestellten Kieselgelsorten diese Säuren stark, so daß Zugabe von Butanol nötig ist, um die Adsorption auf das entsprechende Maß herabzudrücken.

---

[1] LIDDELL, H. F., u. H. N. RYDON: Biochemic. J. **38**, 68 (1944).
[2] GORDON, A. H., A. J. P. MARTIN u. R. L. M. SYNGE: Biochemic. J. **38**, 65 (1944).

Die *Genauigkeit der Bestimmung* liegt bei $\pm 5\%$; sie sinkt, falls die zu bestimmende Aminosäure in extrem kleiner Konzentration vorliegt. Man erfaßt dabei folgende Aminosäuren: Phenylalanin, Leucin + Isoleucin, Valin, Methionin, Prolin, Alanin, Tyrosin. Glycin läßt sich halbquantitativ bestimmen[1]. Tryptophan bereitet Schwierigkeiten, da sein Acetylderivat sehr empfindlich gegenüber Hydrolysen- und Acetylierungsbedingungen ist. Die größten *Fehler* scheinen beim Prozeß der Acetylierung der Aminosäuren zu geschehen (Bildung gemischter Anhydride, partielle Zersetzung usw.). Die Bestimmungen reiner Acetylaminosäuren streuen viel weniger als die natürlicher Aminosäuregemische; Parallelanalysen aus aliquoten Anteilen der gleichen Acetylierungsprozedur liegen dichter beieinander als unabhängige Doppelbestimmungen. Nach TRISTRAM[2] bewirken Mineralsäurespuren beim letzten Eindampfen der Acetylprodukte vor Aufgabe auf die Säule Veresterung und schlechte Ausbeuten.

Trotz der erwähnten Mängel hat die beschriebene Methode ausgezeichnete Dienste geleistet; sie kann für nicht zu komplizierte Gemische geradezu als *Routineverfahren* benutzt werden. Man hat sie z.B. zur Analyse von Hydrolysaten von Wolle[3], Gelatine[4], Myosin, Fibrin[5], Insulin, Edestin, β-Lactoglobulin[6], beim Studium der Spaltprodukte methylierter Proteine[7] sowie bei der Strukturaufklärung der Antibiotika Gramicidin[8], Gramicidin S[9] und Thyrocidin[10] verwandt; sie hat gegenüber der heute bevorzugten Papierchromatographie der freien Aminosäuren die allgemeinen Vorteile der Säulentechnik (vgl. Fußnote [6], S. 165).

Die beschriebene Methode ist vor allem darum wichtig, weil sie die Grundlage und den Ausgangspunkt für eine analoge Trennung anderer Acylderivate von Aminosäuren bildet: so wandern nach SANGER[11] Methylsulfonyl-Aminosäuren sehr ähnlich wie die Acetylderivate, und auch die Produkte der Methylierung von Aminosäuren mit Dimethylsulfat in alkalischer Lösung können so unterschieden werden. Die größte Bedeutung aber hat die beschriebene Technik für die Trennung der gelben 2,4-Dinitrophenyl-(DNP)-Aminosäuren erlangt, die durch Einwirkung von Dinitrofluorbenzol unter den Bedingungen einer SCHOTTEN-BAUMANN-Acylierung auf Aminosäuren entstehen und die zum Nachweis freier Aminogruppen in Peptiden und Proteinen geeignet sind (s. S. 205).

---

[1] Langsamer bewegliche Acetylaminosäuren können nur dann getrennt werden, wenn nur eine vorliegt oder wenige vorhanden sind (Oxyaminosäuren, Dicarbonsäuren usw.).

[2] Zit. nach MARTIN, A. J. P., u. R. L. M. SYNGE: Adv. Protein Chem. **2**, 28 (1945).

[3] MARTIN, A. J. P., u. R. L. M. SYNGE: Biochemic. J. **35**, 1358 (1941). — GORDON, A. H., A. J. P. MARTIN u. R. L. M. SYNGE: Biochemic. J. **37**, 79 (1943).

[4] GORDON, A. H., A. J. P. MARTIN u. R. L. M. SYNGE: Biochemic. J. **37**, 92 (1943).

[5] BAILEY, K.: Adv. Protein Chem. **1**, 289 (1944).

[6] TRISTRAM, G. R.: Biochemic. J. **40**, 721 (1946).

[7] GORDON, A. H., A. J. P. MARTIN u. R. L. M. SYNGE: Biochemic. J. **37**, 358 (1943). — BLACKBURN, S., R. CONSDEN u. H. PHILLIPS: Biochemic. J. **38**, 25 (1944).

[8] Vgl. aber GREGORY, J. D., u. L. C. CRAIG: J. of Biol. Chem. **172**, 839 (1948). — JONES, T. S. G.: Biochemic. J. **42**, 59 (1948). (Uneinheitlichkeit des Präparats.)

[9] SYNGE, R. L. M.: Biochemic. J. **35**, 363 (1945). — GORDON, A. H., A. J. P. MARTIN u. R. L. M. SYNGE: Biochemic. J. **37**, 86 (1943).

[10] GORDON, A. H., A. J. P. MARTIN u. R. L. M. SYNGE: Biochemic. J. **37**, 313 (1943),

[11] SANGER, F.: Zit. nach L. ZECHMEISTER, Progress in Chromatography 1938—1947. S. 157. London: Chapman & Hall Ltd. 1950.

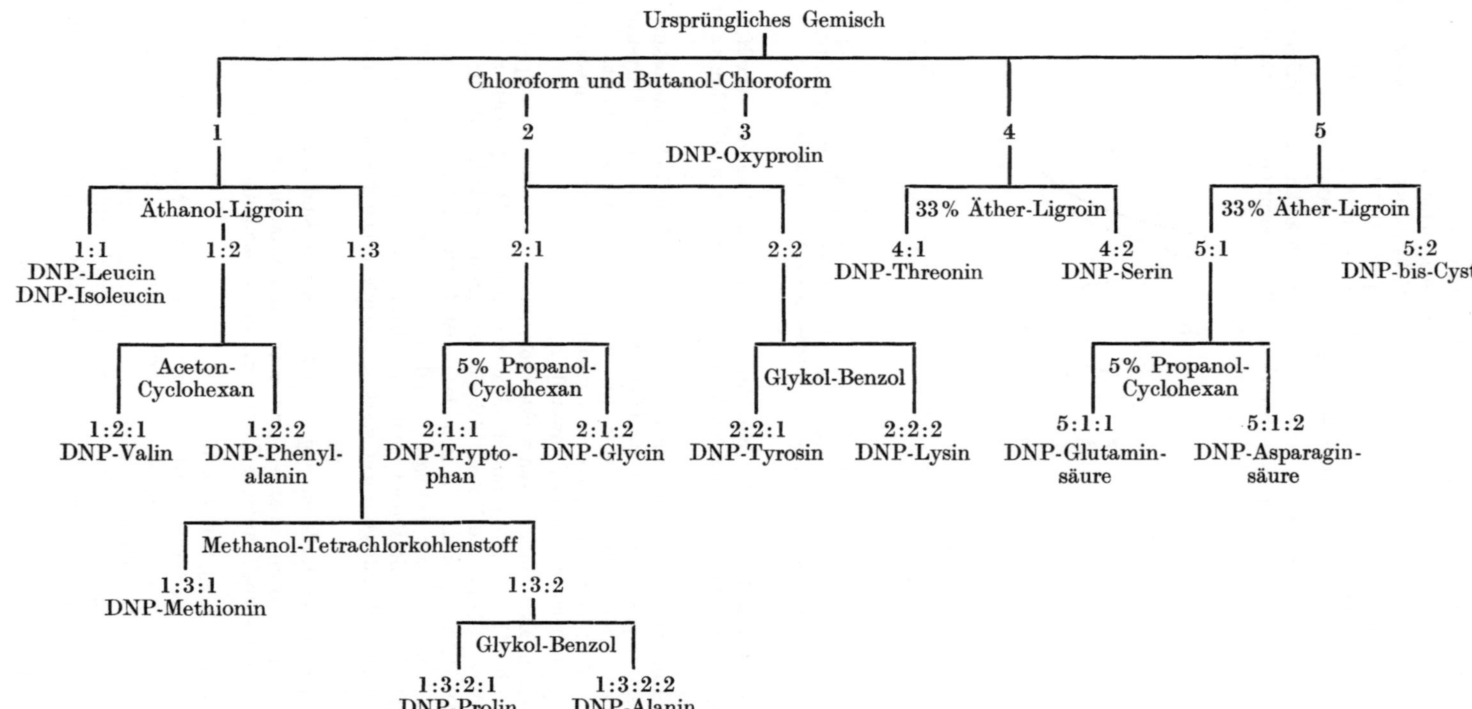

Versuchsbedingungen. Zur Darstellung z. B. einer Äthanol-Ligroinsäule schüttelt man 1 Vol. Äthanol, 1 Vol. Wasser und 10 Vol. Ligroin (80—100°), gibt 1 cm³ der unteren Phase zu je 2 g trockenem Kieselgel (vgl. die Darstellung S. 115), während die obere Schicht als mobile Phase dient. In ähnlicher Weise benutzt man: 1 Vol. Methanol + 1 Vol. Wasser + 15 Vol. Tetrachlorkohlenstoff; 1 Vol. Aceton + 1 Vol. Wasser + 10 Vol. Cyclohexan; Glykol und Benzol werden miteinander geschüttelt und 1 cm³ der Glykolphase zum Kieselgel gegeben. — Der chromatographische Vorgang folgt im wesentlichen den für Acetyl-Aminosäuren angegebenen Richtlinien (s. S. 184). Zu dem Verhältnis γ-DNP-Aminosäure: g Silicagel vgl. den Text.

Abb. 133. *Schema der Fraktionierung der ätherlöslichen Dinitrophenyl-Aminosäuren.* (Die Zahlen beziehen sich auf Fraktionen und Unterfraktionen.)

Trennung von 2,4-DNP-Aminosäuren an Kieselgelsäulen (SANGER)[1]. *Darstellung von DNP-Aminosäuren.* Die Lösung von etwa 100 mg Aminosäure in wenigen Kubikzentimetern 10% Natriumbicarbonatlösung wird mit dem doppelten Volumen einer 10%igen Dinitrofluorbenzol[2]-Lösung in Äthanol gemischt und 3 Std geschüttelt. Nach Entfernung des Äthanols im Vakuum wird das überschüssige Reagens mit Äther extrahiert. Beim Ansäuern fällt die DNP-Aminosäure aus und kann aus einem geeigneten Lösungsmittel (häufig Methanol-Wasser) umkristallisiert werden. Vgl. SANGER[3] sowie PORTER und SANGER[3].

Kieselgel. Mißerfolge bei der Trennung von DNP-Aminosäuren aus Kieselgelsäulen gehen meist darauf zurück, daß das verwendete Kieselgel völlig adsorptionsuntüchtig war. Zur Darstellung eines geeigneten Präparats vgl. S. 115. Auch muß der Wassergehalt der

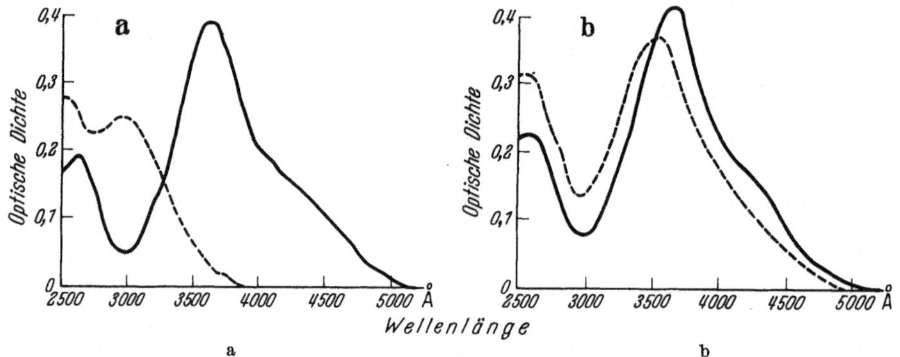

Abb. 134a u. b. *Spektrale Absorptionskurven von DNP-Aminosäuren.* a 22 μm- Lösungen von N^5-DNP-Lysin (————) und O-DNP-Tyrosin (— — — —) in n-Salzsäure. b 23,7 μm-Lösungen von DNP-Phenylalanin (————) und DNP-Phenylalanyl-Valin (— — — —), gelöst in 1% Natriumcarbonat.

jeweiligen Kapazität des Kieselgels angepaßt sein, die von Charge zu Charge wechselt, so daß die optimale Menge am besten durch direkten Versuch mit bekannten DNP-Derivaten getestet wird.

Gang des Versuchs. Ein Schema der Fraktionierung der ätherlöslichen DNP-Aminosäuren (DNP-Derivate der Monoaminosäuren sowie bis-DNP-Derivate des Lysins und Cystins) mit den entsprechenden Lösungsmittelsystemen ist in Abb. 133 veranschaulicht. Die R_F-Werte schwanken beträchtlich bei verschiedenen Kieselgelproben, doch ist das angegebene Fraktionierungsschema in den meisten Fällen anwendbar.

Bestimmung. Die gelben DNP-Aminosäuren wurden colorimetrisch im BECKMAN-Spektrophotometer bestimmt. Abb. 134a und b veranschaulicht die spektrale Absorptionskurve für die DNP-Derivate von Phenylalanin und Valin. Tabelle 42 zeigt die optischen Dichten von 20 μm-Lösungen von DNP-Aminosäuren und Peptiden. Das BEERsche Gesetz wird in Lösungen von Konzentrationen < 50 μm befolgt. Standardkurven für eine Reihe weiterer DNP-Aminosäuren in 1% Natriumbicarbonat zeigten bei 3500 Å weitgehende Übereinstimmung. Nur O-DNP-Tyrosin fällt infolge seiner stark unterschiedlichen spektralen Absorptionskurve aus der Reihe.

Diskussion. Fehlerquellen bei der Trennung der DNP-Derivate sind vor allem:

1. Überladung der Säulen. Bringt man eine zu hohe Konzentration des Derivats auf die Säule, so bildet sich eine schnell laufende Bande, die Schwanzbildung zeigt. Auf eine

---

[1] SANGER, F.: Biochemic. J. **39**, 507 (1945).

[2] *Darstellung von Dinitrofluorbenzol.* 101 g Dinitrochlorbenzol (Merck, Darmstadt) werden in 100 g trockenem Nitrobenzol gelöst, 60 g trockenes, fein gepulvertes Kaliumfluorid zugesetzt, im Ölbad 5 Std unter Rückfluß und Rühren gekocht, die noch warme Lösung abgesaugt, der Niederschlag mit heißem Toluol gewaschen, die Filtrate über Natriumsulfat getrocknet und im Vakuum destilliert. Das Produkt destilliert bei 136—138° (2 mm) bzw. 178° (25 mm); Ausbeute 66 g (71%).

[3] PORTER, R. R., u. F. SANGER: Biochemic. J. **42**, 287 (1948).

Tabelle 42. *Optische Dichten von 20 µm-Lösungen von DNP-Aminosäuren und -Peptiden.*
[Nach SANGER, F.: Biochemic. J. **45**, 563 (1949).]

DNP-Derivat	Lösungsmittel	log I_0/I	
		3500 Å	3900 Å
DNP-Glycin	1% Bicarbonat	0,309	0,210
DNP-Phenylalanin	1% Bicarbonat	0,313	0,214
DNP-Glycyl-Glycin	1% Bicarbonat	0,316	0,173
DNP-Phenylalanyl-Valin	1% Bicarbonat	0,310	0,178
N^5-DNP-Lysin	n-Salzsäure	0,296	0,204
O-DNP-Tyrosin	n-Salzsäure	0,058	0,0

Säule von 1 cm ∅ sollten nicht mehr als 2 µm jedes DNP-Derivats gebracht werden. Bei quantitativen Bestimmungen verringert allerdings eine höhere Konzentration die zufälligen Verluste durch irreversible Adsorption an das Kieselgel; die maximale Konzentration, die zufriedenstellende Trennungen liefert, muß jeweils empirisch erprobt werden.

2. Alkoholgehalt des Chloroforms. Verwendet man ungenügend gewaschenes, noch äthanolhaltiges Chloroform, so wandern alle DNP-Aminosäuren als schnelle Banden.

Zur Befreiung der gelb gefärbten Derivate von freien Aminosäuren, Salzen usw. adsorbiert man sie an einer Säule aus etwa 5 g Talk, den man wiederholt mit n-Salzsäure dekantiert hat. Nach Waschen mit 40 cm³ n-Salzsäure eluiert man mit einem Gemisch Alkohol:n-Salzsäure 4:1.

Außer der oben geschilderten Methode sind zur Trennung von 2,4-DNP-Aminosäuren noch weitere Verfahren angegeben worden: Trennung an puffergetränkten Kieselgel- und Papiersäulen, Trennung an Säulen mit umgekehrten Phasen sowie durch Papierchromatographie und Ionophorese.

Trennung von DNP-Aminosäuren an gepufferten Säulen. Nach BELL und Mitarbeitern[1] gelingt eine Trennung eines Gemisches von DNP-Leucin-, -Threonin, -Serin und -Diaminobuttersäure an einer gepufferten Säule von *Diatomeenerde* („Hyflo Supercel") mit Äthylacetat als Lösungsmittel.

PERRONE[2] findet an gepufferten „Celit"-Säulen für eine Reihe von DNP-Aminosäuren in Äther bzw. Chloroform die in Tabelle 43 angegebenen R_F-Werte; die Methode hat für

Tabelle 43. *R_F-Werte von DNP-Aminosäuren an gepufferten „Celit-545"-Säulen.*
[Nach PERRONE, J. C.: Nature (Lond.) **167**, 513 (1951).]

Lösungsmittel	Äther			Chloroform	
pH des Puffers	pH 4	pH 6,5	pH 7	pH 4	pH 7
DNP-Tryptophan	schnell	schnell	0,9	schnell	—
DNP-Isoleucin	schnell	schnell	0,8	schnell	0,2
DNP-Leucin	schnell	schnell	0,8	schnell	0,2
DNP-Phenylalanin	schnell	schnell	0,6	schnell	0,15
bis-DNP-Lysin	schnell	schnell	0,5	schnell	—
DNP-Valin	schnell	0,7	0,3	schnell	0,07
DNP-Methionin	schnell	0,3	0,2	schnell	—
DNP-Alanin	schnell	0,1	0,07	schnell	—
DNP-Prolin	schnell	0,1	0,07	schnell	—
bis-DNP-Tyrosin	schnell	schnell	0,1	0,5	—
DNP-Glycin	schnell	0,05	0,02	0,5	—
DNP-Threonin	1,0	langsam	langsam	0,07	—
DNP-Glutaminsäure	0,9	langsam	langsam	0,03	—
DNP-Serin	0,6	langsam	langsam	langsam	—
DNP-Asparaginsäure	0,5	langsam	langsam	langsam	—

---

[1] BELL, P. H., J. F. BONE, J. P. ENGLISH, C. E. FELLOWS, K. S. HOWARD, M. M. ROGERS, R. G. SHEPHERD and R. WINTERBOTTOM: Ann. New York Acad. Sci. **51**, 897 (1949).

[2] PERRONE, J. C.: Nature (Lond.) **167**, 513 (1951).

Mengen bis zu einigen 100 mg Anwendung gefunden (zur präparativen Ausführung vgl. S. 202).

a) Eine mit Puffer p_H 4,0 behandelte Säule hält DNP-Asparaginsäure, -Glutaminsäure, -Serin, und -Threonin fest; diese Aminosäuren können durch Entwickeln mit Äther voneinander getrennt werden.

b) Eine mit 0,25 m-Phosphat (p_H 6,25) behandelte Säule hält alle DNP-Aminosäuren fest außer den Derivaten von Tryptophan, Leucin, Isoleucin, Phenylalanin und dem Di-Derivat von Lysin. Durch Entwickeln mit Äther gelingt eine Trennung der Komponenten Valin, Methionin und Glycin, während Prolin und Alanin zusammenlaufen.

c) An der Säule, die mit 0,4 m-Phosphatpuffer p_H 7,0 vorbehandelt war, werden alle DNP-Aminosäuren festgehalten. Es trennen sich die Derivate von Tryptophan, Phenylalanin, Valin, Methionin, die di-Derivate von Lysin und Tyrosin sowie Glycin. Leucin und Isoleucin sowie Prolin und Alanin werden nicht getrennt. Für qualitative Zwecke ist es günstig, das mit den drei Puffern behandelte Kieselgel in drei Etagen im gleichen Rohr übereinander zu schichten. Für die Trennung von Proteinhydrolysaten leistet nach vorangegangener Trennung an den oben beschriebenen „Äthersäulen" die Entwicklung mit Chloroform gute Dienste. 2,4-Dinitrophenol, das an der Äthersäule DNP-Valin begleitet, läßt sich an einer auf p_H 7,0 gepufferten Säule mit Chloroform abtrennen. Eine auf p_H 4,0 gepufferte Säule trennt in Chloroform aus komplexem Gemisch DNP-Glycin und di-DNP-Tyrosin von den übrigen Derivaten und voneinander.

Tabelle 44. *R_F-Werte der DNP-Aminosäuren.*

Lösungsmittel	Auf Filterpapier tert. Amylalkohol	Auf Alloprensäule n-Butanol		
p_H des Puffers	6,75	5	4	3
DNP-Lysin	0,40	—	—	1
DNP-Asparagin . . .	0,23	—	—	0,83
DNP-Serin	0,26	—	1	0,61
DNP-Asparaginsäure .	0,03	—	0,96	0,40
DNP-Glycin	0,27	—	0,79	0,33
DNP-Alanin	0,43	—	0,58	0,18
DNP-Prolin	0,51	1	0,54	0,17
DNP-Valin	0,74	0,52	0,11	0,10
DNP-Leucin	0,86	0,35	0,09	0,08

Trennung der DNP-Aminosäuren an „Allopren"-Säulen mit umgekehrten Phasen. An einer Säule aus fein zerkleinertem, chlorierten Kautschuk verhält sich die organische Phase stationär, so daß die lipophilen DNP-Aminosäuren hinreichend kleine R_F-Werte zeigen (PARTRIDGE und SWAIN[1]). 10 g Allopren (60—80 Maschen je Zentimeter) wurden mit 4 cm³ einer Suspension von n-Butanol in 0,2 m-Citratpuffer geschüttelt und zur Ausbildung einer Säule in das Chromatographierohr gefüllt. Die bei verschiedenen p_H-Werten des Puffers erzielten R_F-Werte zeigen fast durchwegs den umgekehrten Gang wie bei Versuchen an Silicagel oder an gepuffertem Filtrierpapier (vgl. Tabelle 44).

Papierchromatographische Trennungen der DNP-Aminosäuren. Versuche, die DNP-Derivate papierchromatographisch zu trennen, scheiterten anfänglich an der Bildung von langen Schwänzen (SANGER[2]): PHILLIPS und STEPHEN[3], die eine Anzahl von DNP-Aminosäuren (namentlich solche mit kleinen R_F-Werten) zweidimensional trennten, fanden — zum Unterschied von vielen untersuchten Peptiden — ein „tailing" in zahlreichen Lösungsmitteln. Auch WOOLLEY[4] konnte eine Anzahl von größeren Bruchstücken aus enzymatischen Hydrolysaten von Insulin als DNP-Derivate aus Phenol:Ammoniak bzw. Butanol:Ammoniak nur schwierig isolieren. Erst BLACKBURN und LOWTHER[5] fanden in

[1] PARTRIDGE, S. M., u. T. SWAIN: Biochemic. J. **166**, 272 (1950).

[2] SANGER, F.: Biochemic. J. **39**, 507 (1945).

[3] PHILLIPS, D. M. P., u. J. M. STEPHEN: Nature (Lond.) **162**, 152 (1948).

[4] WOOLLEY, D. W.: J. of Biol. Chem. **179**, 593 (1949).

[5] BLACKBURN, S., u. A. G. LOWTHER: Biochemic. J. **48**, 126 (1951).

Tabelle 45. *R_F-Werte von DNP-Aminosäuren an gepuffertem Papier.*
(BLACKBURN, S., u. A. G. LOWTHER, s. Text.)

	Lösungsmittel		
	20% Propanol:Cyclohexan	tert.-Amylalkohol	10% Äthanol:Benzylalkohol
DNP-Leucin	0,28	0,88	0,71
DNP-Valin	0,23	0,79	0,59
DNP-Phenylalanin . . .	0,22	0,74	0,63
DNP-Alanin	0,15	0,46	0,36
DNP-Glycin	0,10	0,23	0,26
DNP-Threonin	0,07	0,36	0,26
DNP-Serin	0,05	0,21	0,18
DNP-Glutaminsäure . .	0,05	0,04	0,07
DNP-Asparaginsäure . .	0,02	langsam	0,03

der Benutzung von puffergetränktem Papier ein befriedigendes Verfahren, bei dem schon im eindimensionalen Chromatogramm eine befriedigende Trennung zahlreicher DNP-Derivate aus folgenden Lösungsmittelsystemen gelingt: tert.-Amylalkohol; Propanol:Cyclohexan (30:70)[1]; n-Butanol und Benzylalkohol. Weniger gut haben sich Äthylacetat und 1% Butanol/Chloroform bewährt. Bezüglich der R_F-Werte vgl. Tabelle 45 (Abb. 135).

Whatman Nr. 4-Filterpapier (12 × 35 cm) wird mit Phthalatpuffer p_H 6 (50 cm³ 0,1 m-K-Biphthalat + 45,45 cm³ 1 n-NaOH; H₂O ad 100 cm³) getränkt und bei Zimmertemperatur getrocknet; 2—5 γ DNP-Aminosäure werden aufgegeben, Kammer und Streifen mit Puffer und organischem Lösungsmittel gesättigt und mit dem puffergesättigten Lösungsmittel entwickelt. Tert.-Amylalkohol trennt die DNP-Aminosäuren in wohldefinierte Flecken. Im Fall von Propanol-Cyclohexan treten infolge der Flüchtigkeit des letzteren Lösungsmittels bisweilen Schwänze

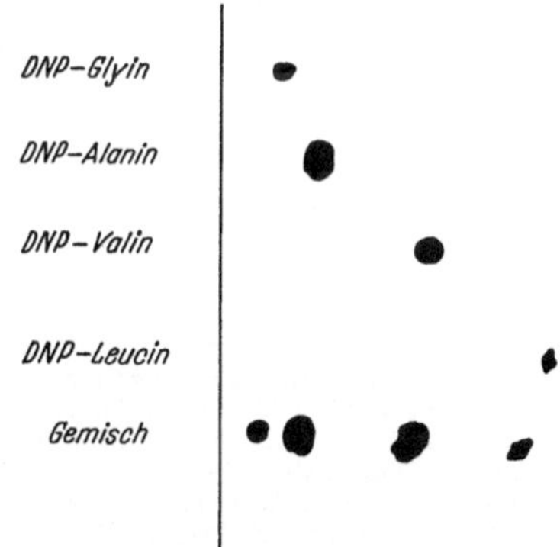

Abb. 135. *Chromatogramm von DNP-Aminosäuren in 30%-Propanol-Cyclohexan an gepuffertem Papier.* [Nach S. BLACKBURN und A. G. LOWTHER, Biochemic. J. **48**, 126 (1951).]

auf; in diesem Fall ersetzt man das Cyclohexan durch Leichtbenzin (100—120). n-Butanol[2] und Benzylalkohol[2] werden vor dem Sättigen mit Puffer zweckmäßig mit 10% Äthanol versetzt, um kompakte Flecken zu erhalten. Äthylacetat trennt die „langsamen" Aminosäuren an phosphat-citratgetränktem Puffer p_H 8, so z. B. Threonin und Serin voneinander und von Asparagin- und Glutaminsäure. DNP-Glycin und -Alanin trennen sich in 1% Butanol/Chloroform. Da die R_F-Werte mit der Temperatur usw. variieren, wurden stets authentische Proben im gleichen Chromatogramm als Kontrollen verwandt.

Die Verhinderung der Schwanzbildung der DNP-Derivate scheint an einen bestimmten Wassergehalt der organischen Phase gebunden zu sein. Auch die in der beweglichen Phase etwas lösliche Phthalsäure könnte als Verdränger in dieser Richtung wirken oder auch die Assoziation der DNP-Derivate verhindern (vgl. BAKER, DOBSON und MARTIN[3]). Steigerung des Wassergehalts durch eine dritte wasserlösliche Komponente (Alkohol) vermindert die Tendenz der Bildung von „tails". Eine Grenze für zu hohen Wassergehalt setzt aber die Tatsache, daß die R_F-Werte einander immer ähnlicher werden. Dementsprechend wandern

---

[1] Vgl. aber: FELIX, K., u. A. KREKELS, S. 192.

[2] Das Gemisch dieser Alkohole mit 10% Äthanol ist nach unseren Erfahrungen zu empfehlen.

[3] BAKER, P. R., F. DOBSON u. A. J. P. MARTIN: Zit. nach A. J. P. MARTIN, Biochem. Soc. Symposia **3**, 4 (1949).

DNP-Aminosäuren in wäßrigem Puffer mit gleichen R_F-Werten nahe der Front, während sich in wassermischbaren Alkoholen eine Trennung andeutet. Anderseits entstehen in wasserfreien, keine Hydroxylgruppen enthaltenden organischen Solventien sehr ausgeprägte Schwänze.

K. Felix und A. Krekels[1] hatten mit dem von Blackburn und Lowther angegebenen Gemisch von 30% Propanol in Cyclohexan (vielleicht deswegen, weil das angewandte Papier Schleicher-Schüll 2043a (bzw. b) dem von den englischen Autoren verwendeten Whatman hier nicht entspricht) keinen Erfolg: die DNP-Aminosäuren entfernten sich kaum vom Startpunkt. Am besten bewährte sich die Kombination[2] von 50% sec-Butanol, 30% Methylacetat, 16% 0,5 n-Salzsäure und 4% Isopropylchlorid (vgl. Abb. 136 und 137).

Ein ähnliches Prinzip zur Verhinderung der Assoziation der DNP-Aminosäuren und damit zur Vermeidung der Schwanzbildung im Papierchromatogramm besteht nach Monier und Pénasse[3] darin, daß man die verwendeten Lösungsmittel a) Chloroform : Isobutanol (45:49); b) Cyclohexan : Isopropanol (60:36); c) Tetrachlorkohlenstoff : Isopropanol (50:40) mit a) 6 cm³, b) 4 cm³, c) 4 cm³ einer 0,05 m wäßrigen Kaliumbenzoatlösung sättigt. In Gegenwart des Benzoats bleiben die einzelnen Flecken der gelben DNP-Derivate kompakt zusammengedrängt.

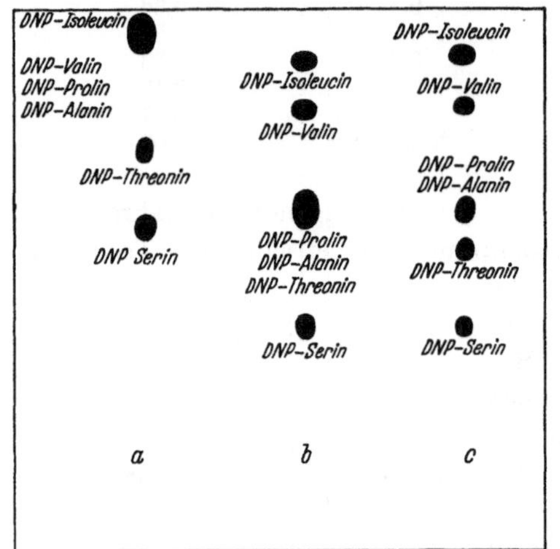

Abb. 136a—c. *Papierchromatogramme von DNP-Aminosäuren aus verschiedenen Lösungsmitteln.* 2% Chloroform in Methylacetat (a), mit 0,5 n-wäßriger Salzsäure gesättigtes sec-Butanol (b), 4% Isopropylchlorid in sec-Butanol (c). [Nach K. Felix und A. Krekels, Hoppe-Seylers Z. **290**, 78 (1952).]

Trennt man die DNP-Derivate von Aminosäuren (und Peptiden) nach Biserte und Osteux[4] aus Phenol : Isoamylalkohol : Wasser 1:1:1 in Ammoniakatmosphäre, bzw. aus Toluol : Äthylenchlorhydrin : Pyridin : verdünntem Ammoniak 5:3:1:3[5] in Ammoniakatmosphäre (Flecken nach Aufgeben mit NH_3 neutralisiert!), bzw. aus Pyridin : Isoamylalkohol : verdünntem Ammoniak (6:14:20) mit 300 cm³ 1,6 n-Ammoniumhydroxyd in der Kammer, so ist eine vorausgehende ionophoretische Gruppentrennung vorteilhaft: 22—24stündige Ionophorese bei 400 Vol. in Filterpapier, das mit m/30 Phosphatpuffer vorbehandelt war, trennte in drei anodische Zonen (a) DNP-Asparagin- und Glutaminsäure, b) DNP-Monocarbonsäuren, c) bis-DNP-Lysin, Histidin- und -Tyrosin) und eine kathodische Zone (ε-DNP-Lysin und α-DNP-Arginin). Das Chromatogramm wird im Dunkeln bei $20° \pm 1°$ hergestellt. Mit Toluol:Äthylenchlorhydrin:Pyridin:Ammoniak erhält man eine Unterteilung der DNP-Derivate in 7 Gruppen: 1. Asparagin-, Glutamin-, Cysteinsäure; 2. Serin, Oxyprolin; 3. Cystin, Glycin, Threonin; 4. Alanin, Prolin, Dinitrophenol (letzteres hat $R_F = 1$ in Dekalin:Essigsäure 1:1); 5. Valin, Methionin; 6. Tryptophan, Leucin, Isoleucin, Phenylalanin; 7. di-Derivat des Lysins. Man trennt Valin von Methionin mit Cyclohexan:Essigsäure 1:1, Phenylalanin von den Leucinen mit Dekalin:Essigsäure 1:1, Asparagin- von Glutaminsäure mittels Isoamylalkohol, der mit 5% wäßriger Essigsäure gesättigt ist (untere Phase in die Kammer!).

Da die papierchromatographische Trennung der freien Aminosäuren im ganzen gesehen doch wirkungsvoller und einfacher durchzuführen ist als die der DNP-Derivate, hat man diese

---

[1] Felix, K., u. A. Krekels: Hoppe-Seylers Z. **290**, 78 (1952).

[2] Für die „langsamen" DNP-Aminosäuren zu empfehlen.

[3] Monier, R., u. L. Pénasse: C. r. Acad. Sci. Paris **250**, 1176 (1950).

[4] Biserte, G., u. R. Osteux: Bull. Soc. Chim. biol. **33**, 50 (1951).

[5] Toluol, Pyridin und Glykolchlorhydrin werden gemischt und mit 0,8 n-NH_4OH 1 Std stehen gelassen (nicht schütteln!), die wäßrige Phase entfernt und die obere Schicht filtriert.

durch *Erhitzen mit Baryt-* oder noch besser *Ammoniaklösungen*[1] *zerlegt* und die gebildeten freien Aminosäuren wie üblich papierchromatographiert. Man erhitzt z. B. in zugeschmolzener Capillare mit einem Überschuß Ammoniak (0,880) 2 Std auf 100°, verdampft im Vakuum, löst in Wasser und chromatographiert die wäßrige Lösung nach Ansäuern und Extraktion

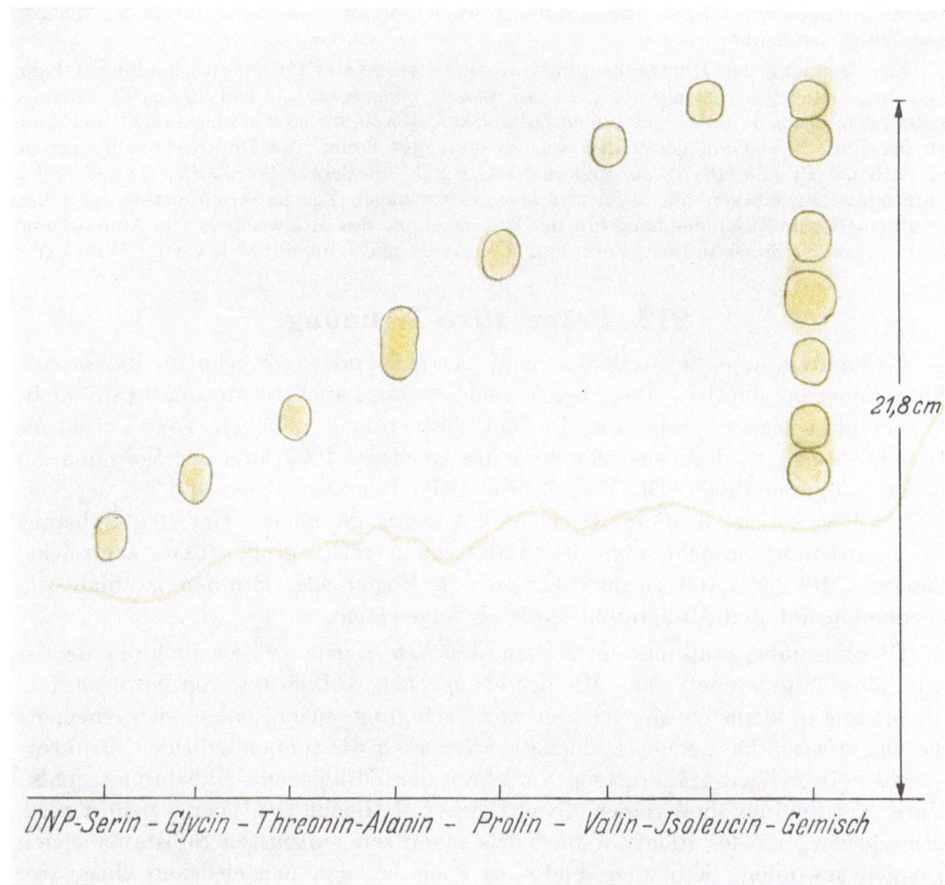

Abb. 137. *Papierchromatogramm von DNP-Aminosäuren aus sec-Butanol : Methylacetat : Salzsäure (0,5 n) : Iso-propylchlorid 50 : 30 : 16 : 4.* 5 mg der nach der Vorschrift von SANGER dargestellten DNP-Derivate wurden in je 2 cm³ Eisessig gelöst und 3—5 mm³ dieser Lösung (7,5—12,5 γ DNP-Derivat) 5 cm vom unteren Rand eines 30 × 30 cm-Bogens Schleicher-Schüll 2043a oder b (vorher getränkt mit Phthalatpuffer p_H 6) aufgegeben. Das Gemisch trennt auch die α-DNP-Derivate von Arginin, Lysin und Histidin; DNP-Asparaginsäure bleibt hinter den anderen Derivaten zurück. (Das Originalchromatogramm wurde dem Autor freundlicherweise von Prof. K. FELIX zur Verfügung gestellt.)

mit Äther. Cystin wird unter den Versuchsbedingungen zersetzt, Prolin und Tyrosin liefern je zwei Flecken, Arginin reagiert nicht.

2,4-Dinitrophenylhydrazone von Carbonylverbindungen, die sich von Aminosäuren herleiten. Zur Trennung der Dinitrophenylhydrazone von Aldehyden, die durch Ninhydrinbehandlung aus α-Aminosäuren entstehen, (vgl. S. 154) sind ebenfalls mehrere papierchromatographische Verfahren angegeben worden. Da die Verbindungen zu lipophil sind, um sie nach der üblichen

---

[1] LOWTHER, A. G.: Nature (Lond.) **167**, 767 (1951). — Noch wertvoller scheint die Methode der Hydrolyse mit Ameisensäure (90%) : Essigsäureanhydrid : Perchlorsäure (60%) (10:5,5:1,5) zu sein, die keine Zersetzung verursacht [HANES, C. S., F. J. R. HIRD u. F. A. ISHERWOOD: Biochemic. J. **51**, 25 (1952)].

Turba, Chromatographische Methoden. 13

Methode (stabile Phase:Wasser) zu trennen, hat man mit *Adsorbentien imprägnierte Papiere* hierfür verwandt[1]. Wir erzielten die besten Ergebnisse an Kieselgelpapier und mit der Kombination Dekalin:Nitrobenzol. Wahrscheinlich sind bei diesem Verfahren nur Adsorptionseffekte beteiligt, doch zeigen die Flecken keine „tails". Das unterstreicht die Annahme, daß ein wesentlicher Punkt bei jeder Art von „Papierchromatographie" die im Verhältnis zur eingenommenen Fläche kleine Konzentration der zu trennenden Stoffe ist (nahezu geradlinige Isotherme!).

Zur Trennung der Dinitrophenylhydrazone verschiedener Carbonylverbindungen kann man auch nach dem Prinzip der „*reversed phase chromatography*" acetyliertes Filterpapier verwenden, das z.B. in 5% Octanol enthaltendes Methanol für 30 min eingetaucht und dann an der Luft 50—60 min getrocknet wurde: man gibt 2 mm³ der Dinitrophenylhydrazone in Methanol:Pyridin (10:10) auf und entwickelt z.B. mit Benzol:Petroläther (1:1)[2]. Sichtbarmachen der Flecken mit 10% wäßriger Natronlauge. Zur papierchromatographischen Trennung der im Zusammenhang mit der Untersuchung des Stoffwechsels von Aminosäuren wichtigen α-*Ketosäuren* in freier Form vgl. MAGASANIK und UMBARGER[3] sowie TH. WIELAND[4].

212. Präparative Trennung.

Chromatographische Methoden sind für präparative Zwecke im klassischen Sinn (Mengen von 10—100 g bei Versuchen im Laboratoriumsmaßstab) nicht bevorzugt geeignet. Sehr oft ist bei Adsorptionsversuchen das Verhältnis von Substanz zu Adsorbens sehr groß (bis zu vielen 1000) und das Volumen der Eluate oft unhandlich. Die Verhältnisse beim Ionenaustausch und bei der Verteilung liegen meist in dieser Hinsicht nur wenig günstiger. Um 10 g Substanz zu verarbeiten, braucht man jedenfalls schon recht große (bzw. zahlreiche) Säulen. Mit der Papierchromatographie in Bogen oder Streifen ist man von vornherein auf den Milligramm-Maßstab angewiesen.

Demgegenüber muß man feststellen, daß sich in neuerer Zeit auch der *Begriff* „*präparativ*" gewandelt hat. Mit der chemischen Aufklärung von Naturstoffen, die oft nur in kleinsten Mengen rein zur Verfügung stehen, haben sich einerseits die analytischen Methoden, anderseits aber auch die zum endgültigen Strukturbeweis notwendigen präparativen Verfahren dem Milligramm-Maßstab angepaßt. Unter Verwendung modernster physikalischer Methoden (Isotopen-Verdünnungstechnik usw.) ist der Identitätsnachweis schon mit winzigsten Substanzmengen möglich geworden. Trotzdem bleibt es auch bei den neuzeitlichen chromatographischen Methoden, namentlich im Fall unbekannter Verbindungen, das Ziel, die getrennten oder gereinigten Substanzen durch möglichst viele der sog. klassischen Kriterien (Schmelzpunkt, optische Drehung, Zahl der basischen oder sauren Äquivalente, charakteristische Gruppen, usw.) zu charakterisieren. Dazu ist es einerseits notwendig, Bedingungen zu finden, unter denen faßbare Mengen (mehrere Milligramm) Substanz zur Chromatographie eingesetzt werden können; anderseits sind geeignete Mikroverfahren zur präparativen Behandlung der getrennten Stoffe erforderlich.

Es ist ohne jeden apparativen Aufwand möglich, alle gebräuchlichen Operationen der präparativen organischen Chemie im Milligramm-Maßstab durchzuführen; an die Stelle des Reagensglases tritt hier meist die Schmelzpunktcapillare. Eine Reihe von methodisch

---

[1] KIRCHNER, J., u. G. KELLER: J. Amer. Chem. Soc. **72**, 1867 (1950).

[2] KOŠŤÍŘ, J. V., u. K. SLAVÍK: Chem. Listy Vědu Prūmysl **44**, 17 (1950).

[3] MAGASANIK, B., u. H. E. UMBARGER: J. Amer. Chem. Soc. **72**, 2308 (1950).

[4] WIELAND, TH., u. E. FISCHER: Naturwiss. **36**, 219 (1949).

wichtigen Kunstgriffen hat A. Fuchs[1] in einer viel zu wenig beachteten Arbeit angegeben: so das Umkristallisieren, Filtrieren und Eindampfen in der Schmelzpunktcapillare (vgl. Abb. 138). Siehe ferner: Glick[2]. Ausgezeichnete Zusammenfassungen über die gebräuchlichen chemischen Operationen im Milligramm-Maßstab (Destillieren, Extrahieren) finden sich in den jährlichen Fortschrittsberichten in „Analytical Chemistry". Auch die Monographien über Radioaktive Isotope (z. B. „Isotopic Carbon")[3] bringen experimentelle Details und Kunstgriffe zu diesem Problem, wie überhaupt die Erforschung der Eigenschaften neuer Elemente

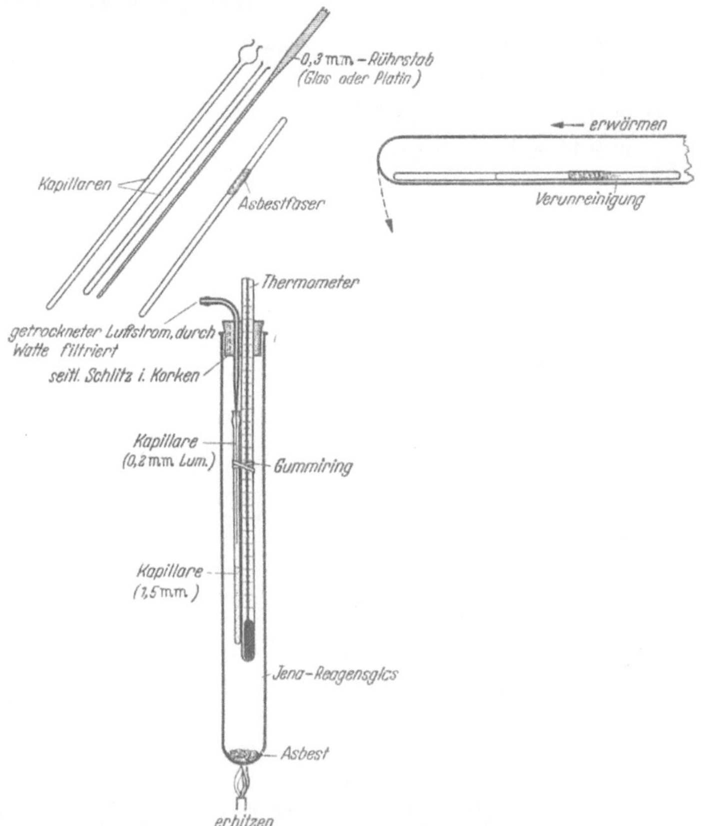

Abb. 138. *Einfache Hilfsmittel für mikropräparative Operationen* (mg-Maßstab). ¹/₂ natürliche Größe. Ein Asbestfaden wird in die Capillare eingeführt und über der Mikroflamme die Glaswand an dieser Stelle zum Einfallen gebracht. — Zum Umkristallisieren bringt man die Substanz und einen kleinen Tropfen Lösungsmittel in den kürzeren Capillarenteil, schmilzt ab, erwärmt in waagrechter Lage in einem Reagensglas und drückt die gesättigte Lösung mittels der Lösungsmitteldämpfe durch das Filter. Nach dem Auskristallisieren zentrifugiert man die in ein Zentrifugenglas eingestellte Capillare und saugt nach dem Öffnen die Mutterlauge ab. — Das Eindunsten von Flüssigkeit erfolgt durch Einblasen eines staubfreien, trockenen Luftstroms in die erwärmte Capillare. [Nach A. Fuchs, Monatshefte (öst.) **43**, 129 (1922).]

im „Plutoniumprojekt" einen weitgehenden Ausbau der Mikro- und Ultramikrotechnik mit sich gebracht hat. Allerdings wird man auf den dabei gemachten großen Aufwand an experimentellen Hilfsmitteln (Mikromanipulatoren usw.) im Zusammenhang mit den hier vorliegenden Fragen meist verzichten müssen und auch können. Die meisten der in Verbindung

---

[1] Fuchs, A.: Mh. Chem. (Wien) **43**, 129 (1922); vgl. auch Z. analyt. Chem. **54**, 443 (1915).

[2] Glick, D.: Techniques of Histo- and Cytochemistry. New York: Interscience Publishers, Inc. 1949.

[3] Calvin, M., Ch. Heidelberger, J. C. Reid, B. M. Tolbert u. P. E. Yankwich: Isotopic Carbon. New York: John Wiley & Sons, Inc. 1949.

mit chromatographischen Verfahren, namentlich mit der Papierchromatographie üblichen Verfahren (Eindampfen von Tropfen auf Kunststoffstreifen, Hydrolyse in Capillaren usw.) sind von den ersten Autoren entwickelt und von Nachuntersuchern allenfalls modifiziert worden, während eine große Zahl bereits im Detail beschriebener mikrochemischer Verfahren der Anwendung auf Probleme der Chromatographie noch harren.

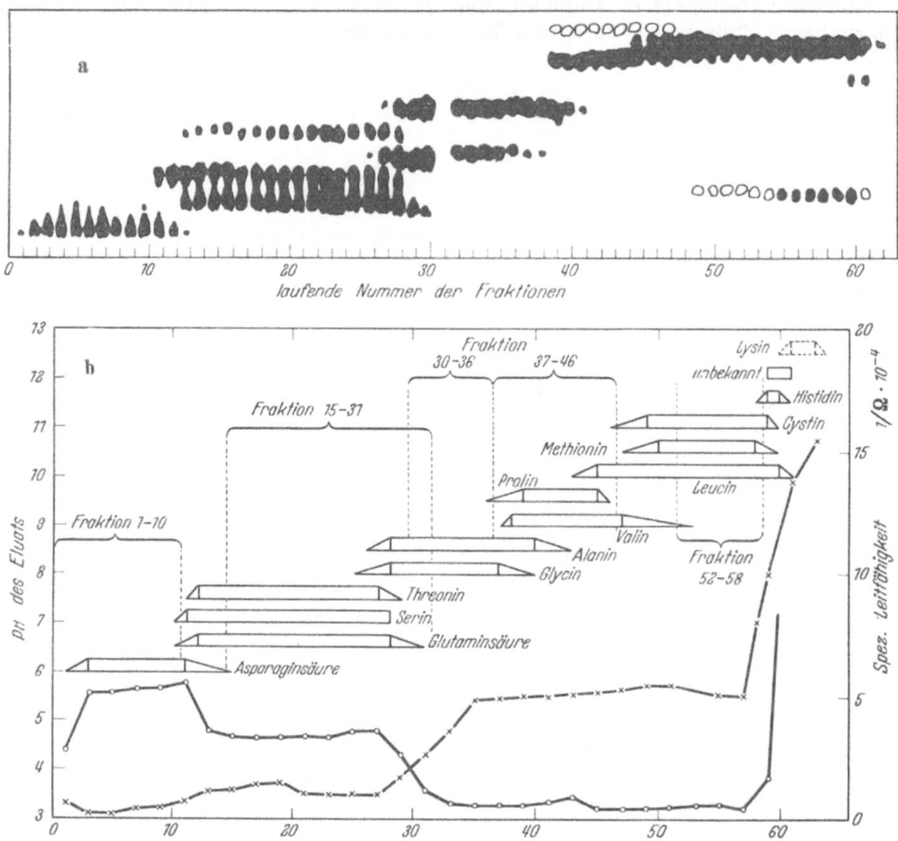

Abb. 139 a u. b. *Verdrängungschromatographie von Aminosäuren eines Hydrolysats aus Eialbumin an Zeocarb 215; Verdränger: 0,15 n-Ammoniak.* a Papierchromatogramm (Lösungsmittel Phenol) der einzelnen Fraktionen des Ionenaustauschchromatogramms. b Diagramm der Zerlegung des Eluats, der vorhandenen Aminosäuren, der spezifischen Leitfähigkeit (o——o) und des p_H (×——×) des Eluats. [Nach S. M. PARTRIDGE, Biochemic. J. **44**, 524 (1949).]

Handelt es sich um die Gewinnung größerer Mengen (bis zu mehreren 100 g Substanz), dann ist unter den chromatographischen Methoden die Verdrängungselution, die ein starkes Beladen der Säule ohne Gefahr des Verschmierens der Zonen erlaubt und konzentrierte Eluate liefert, die geeignetste. Unter den Adsorbentien sind die Ionenaustauscher auf Harzbasis auf Grund ihrer großen Kapazität für präparative Zwecke prädestiniert.

Trennung von Aminosäuren im Maßstab von 1—100 g durch Verdrängungsentwicklung an Austauschern (PARTRIDGE und Mitarbeiter[1]). Der übliche Vorgang

[1] PARTRIDGE, S. M., u. G. WESTALL: Biochemic. J. **44**, 418 (1949). — PARTRIDGE, S. M., u. R. C. BRIMLEY: Biochemic. J. **44**, 513 (1949). — PARTRIDGE, S. M.: Biochemic. J. **44**, 521 (1949).

besteht darin, in die Adsorptionssäule (zum Unterschied von analytischen Trennungen) eine solche Menge organischer Elektrolyte einzuführen, daß etwa die Hälfte der Säule gesättigt ist. Im Fall z. B. eines Kationenaustauschers wird dann mit einer Base, die höhere Affinität zum Austauscher als die zu trennenden Bestandteile besitzt, entwickelt, wobei die einzelnen Komponenten nach einer Rangordnung die Säule nach unten wandern, so daß jede Substanz von der nächst stärkeren verdrängt wird.

Beispiel. a) Hydrolyse des Proteins. 240 g Eialbumin (Feuchtigkeit 13,8%, Asche 3,4%) wurden mit 2,5 Liter 5,5 n-Salzsäure 40 Std unter Rückfluß gekocht, die Salzsäure im Vakuum verdampft, der Rückstand in 1,5 Liter Wasser gelöst und nach Abfiltrieren des Humins auf

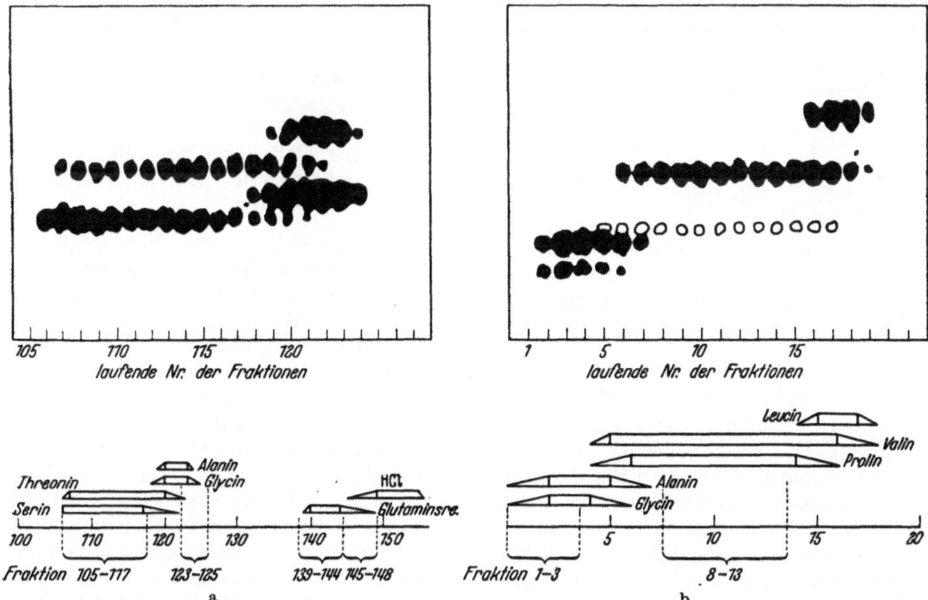

Abb. 140a u. b. *Aufteilung von Zone II (Fraktion 15—31) an Deacidit B mit 0,5 n-Salzsäure; b von Zone IV an Zeocarb 215 mit 0,15 n-Ammoniak* (hier Papierchromatographie mit Butanol-Essigsäure-Wasser).

2 Liter aufgefüllt. — 110 g Aktivkohle („activated charcoal", Brit. Drug. Houses Lmtd.), die vorher 1 Std mit 1,5 Liter 5%iger Essigsäure geschüttelt und anschließend gewaschen worden war, wurden mit 650 cm³ der Proteinstammlösung (entsprechend 64 g Protein) im Volumen von 4 Liter 1 Std geschüttelt, die Kohle abfiltriert und gut ausgewaschen (Phenylalanin und Tyrosin im Adsorbat).

Anordnung der Adsorptionssäule. Die Säule bestand aus 2 Teilen (je 83 × 3,2 cm), gefüllt mit 200 g (Trockengewicht) Zeocarb 215 (40—60 Maschen/Zoll); die Säulen wurden abwechselnd mit 0,15 n-Ammoniak und 2 n-Salzsäure vorbehandelt. Kontrolle des Eluats durch Leitfähigkeitsmessung (s. S. 77); der automatische Fraktionensammler teilte die austretende Flüssigkeit in Portionen von je 91 cm³ (insgesamt 64 Portionen).

Gang des Versuchs. Die Lösung (Kohlefiltrat) wurde auf 9 Liter aufgefüllt und mit einer Geschwindigkeit von etwa 1 Liter je Stunde in die Austauschersäule gebracht. Entwicklung mit Ammoniak (0,148 n), Geschwindigkeit der Ammoniakbande 11 cm je Stunde, Zeitdauer der Entwicklung 15 Std. Das Ergebnis der Fraktionierung ist aus Abb. 139 zu ersehen. Einzelne der erhaltenen Fraktionen wurden einer neuerlichen Auftrennung unterzogen (Abb. 140). Die Gesamtausbeute betrug 46% des eingesetzten Proteins (Trockengewicht) in Form kristallisierter Aminosäuren.

Diskussion des Verfahrens. Obwohl die erhaltenen Fraktionen, wie aus den Papierchromatogrammen hervorgeht, nicht einheitlich sind, wird das komplexe Hydrolysat doch in einfache Gemische zerlegt. Besonders für die Isolierung isotop markierter Aminosäuren aus Hydrolysaten, wobei es auf möglichst quantitative Isolierung nicht nur einer oder weniger, sondern praktisch aller Aminosäuren ankommt, ist diese Methode der „klassischen" (durch Fällung usw.) sicher überlegen.

Durch entsprechende *Veränderung der Bedingungen* (Änderung der Ionisation der Aminosäuren durch *organische Lösungsmittel* wie Aceton, Alkohol usw., vgl. Abb. 141; Änderung der Temperatur und Konzentration, Verwendung nicht-wassermischbarer Lösungsmittel, bei denen die Verteilung zwischen Wasser und Solvens für die Trennung der betreffenden Aminosäure besonders günstig liegt; nachfolgende Anwendung eines zweiten Ionenaustauschers; chemische Modifizierung der zu trennenden Komponente) sollte sich die Trennung vervollständigen lassen. Die Isolierung der Aminosäuren, die im Eluat im isoelektrischen Zustand, frei von Salzen erscheinen, und zwar in kristallisierter Form, geschieht einfach durch Eindampfen im Vakuum (eventuell nach Entfärbung mit etwas Aktivkohle); gelegentlich, z. B. bei Asparaginsäure, war die anfallende Konzentration so hoch, daß dicke Kristallkrusten in den Behältern des „fraction collectors" sich ansammelten.

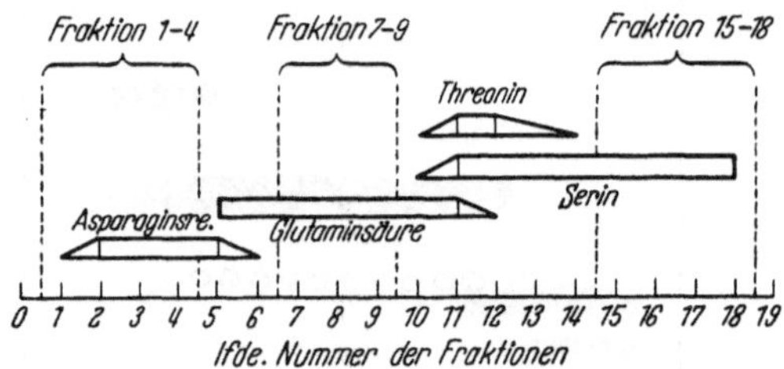

Abb. 141. *Verdrängungsentwicklung der Aminosäuren in Fraktion II an Zeocarb 215 mit 0,05 n-Ammoniak in 50% wäßrigem Aceton.*

Beispiel b). Abb. 34e zeigt die Anordnung zur Trennung von insgesamt etwa 300 g der Hydrolysenprodukte eines Proteins. Die Hauptsäule (3 × 30 Zoll) enthielt 1100 g Zeocarb 215, die zweite Säule (2 × 20 Zoll) 330 g und die letzte Säule (1,5 × 15 Zoll) 138 g des Harzes. Die Säulen waren durch schmale Glasrohre verbunden. Das Aminosäuregemisch floß erst durch eine kleine Säule von sulfoniertem Polystyrolharz (wenig vernetzt) zur Abtrennung der basischen Aminosäuren (bei dem Phenol-Formaldehydharz bewirken die phenolischen Hydroxylgruppen bei stark alkalischem p_H eine ungünstige Veränderung des Austauschverhaltens); die Menge war eben ausreichend zur Adsorption von Arginin und Lysin. Die ausfließende Lösung gelangte dann durch die Zeocarbsäulen, die dabei halb gesättigt wurden. Die Polystyrolsulfosäuresäule wurde dann abgenommen und mit 0,2 n-Natronlauge entwickelt. Die Entwicklung der Zeocarbsäule erfolgte wie in Beispiel a) mit 0,15 n-Ammoniak. Die Fraktionen des Eluats betrugen je 250 cm³; zur Konstruktion des entsprechenden „fraction collectors" vgl. Brimley und Snow[1]. Abb. 142 zeigt die Papierchromatogramme der entsprechenden Fraktionen.

Über die *Abtrennung von Glucosamin und Histidin* aus einem Hydrolysat durch Verdrängungsentwicklung mit 0,1 m-Natriumchlorid (Reihenfolge: Glucosamin, Na+, Leucin, Histidin, Lysin) vgl. Partridge[2].

Die Trennung der basischen Aminosäuren von den übrigen Komponenten eines Hydrolysats und voneinander durch Ionenaustausch mit präparativer Zielsetzung ist Gegenstand amerikanischer Patente (R. J. Block[3]).

Isolierung von Aminosäuren im Maßstab von 50—300 mg durch Elutionsentwicklung an Ionenaustauschern (Hirs, Moore und Stein); Verwendung flüchtiger Puffer. Während die oben beschriebene Methode der Verdrängungsentwicklung am wirksamsten bei stark beladener Adsorptionssäule arbeitet, erreicht man die beste Auflösung in die Komponenten bei der Elutionsanalyse mit relativ kleinen Mengen der zu trennenden Substanzen. Hirs, Moore und

---

[1] Brimley, R. C., u. A. Snow: J. Sci. Instrum. **26**, 73 (1949).

[2] Partridge, S. M.: Biochemic. J. **45**, 459 (1949).

[3] R. J. Block, US-Patent 2386926 und 2387926. 1945.

STEIN[1] beschreiben ein Verfahren zur Isolierung von 50—300 mg Mengen von Aminosäuren aus einem Gemisch mit Hilfe von Ionenaustauschsäulen nach der letzteren Methode. Sie benutzen als Eluentien Ammoniumformiat- und -Acetatpuffer, die durch einfache Sublimation wieder entfernt werden können. Diese milde Methode ist im Prinzip auch für die Isolierung von Peptiden, die gegen extreme Temperatur- oder p_H-Werte empfindlich sind, anwendbar. Abb. 143 zeigt das Schema der Fraktionierung von Aminosäuren eines Säurehydrolysats von 2,5 g Rinderserumalbumin.

Apparatur, Gang des Versuchs. Abb. 33c zeigt die verwendeten Chromatographieröhren (Außendurchmesser 8 cm) mit Kugelschliffen am oberen und unteren Ende sowie das Vorratsgefäß für die Elutionsflüssigkeit. Man benötigt 4 Röhren (zwei zu 30 cm, eine zu 75 cm,

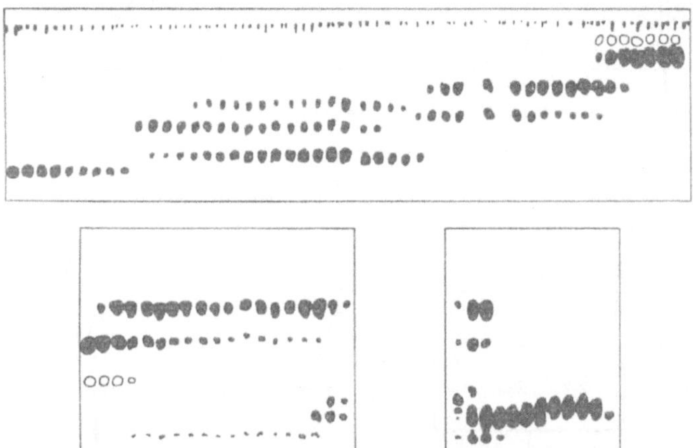

Abb. 142. *Photographie eines Papierchromatogramms der bei Verdrängungsentwicklung von 300 g der Hydrolysenprodukte von Eialbumin erhaltenen Fraktionen. Oben:* Phenol-Ammoniakchromatogramm der Fraktionen: *I* (Asparaginsäure), *II* (Glutaminsäure, Serin, Threonin); *III* (Glycin, Alanin); sowie eines Teils von *IV* (Valin, Prolin); *unten links:* Butanol-Essigsäurechromatogramm der Fraktion IV (restliche Menge), *V* und *VI* (Leucin, Isoleucin, Methionin, Cystin, Histidin); *unten rechts* desgl. Fraktion *VII* und *VIII* (Lysin, Arginin).

eine zu 135 cm). Zur Vorbehandlung des Dowex-50-Harzes vgl. S. 138. Man suspendiert 1 kg Dowex-50 (250—500 Maschen), das in der Natriumform vorliegt, in 1 Liter 4 n-Salzsäure, filtriert weitere 8 Liter 2 n-Salzsäure hindurch und wäscht mit bidestilliertem Wasser neutral. Zur Herstellung der Säulen suspendiert man jedes Kilogramm des feuchten Harzes in 2,5 Liter 4 n-Ammoniak, läßt auf Zimmertemperatur abkühlen, wäscht im Büchnertrichter mit 3 Liter destilliertem Wasser und darauf mit 2 Liter des verwendeten Puffers. Die Suspension in 1,5 Liter des Puffers wird in die Säule gegossen, nachdem man 2 Std zur Entfernung von Luftblasen gerührt hat. Nun wird Puffer (200 cm³/Std) so lange durch die Säule filtriert, bis ein- und ausfließende Lösung das gleiche p_H haben.

Der Anionenaustauscher zur Trennung von Asparagin- und Glutaminsäure (Amberlit IR 4 B, 200—320 Maschen, Nr. XE 59) wird vor Benutzung mit 2 n-Essigsäure (3 Liter für 800 g) 2 Std gerührt, das Harz mit 3 Liter 2 n-Essigsäure, 3 Liter destilliertem Wasser und schließlich 4 Liter 0,2 m Ammoniumacetatpuffer p_H 5,0 gewaschen. Die Suspension des Harzes in 1 Liter Puffer wird, wie oben beschrieben, in das Rohr gegossen.

Zum Auffangen der Fraktionen genügt hier ein zeitgesteuerter Fraktionenschneider in Verbindung mit der in Abb. 46 wiedergegebenen Vorrichtung.

Die Zusammensetzung der verwendeten Puffer ist aus nachstehender Tabelle 46 zu entnehmen.

---

[1] HIRS, C. W. H., S. MOORE u. W. H. STEIN: J. of Biol. Chem. **195**, 675 (1952).

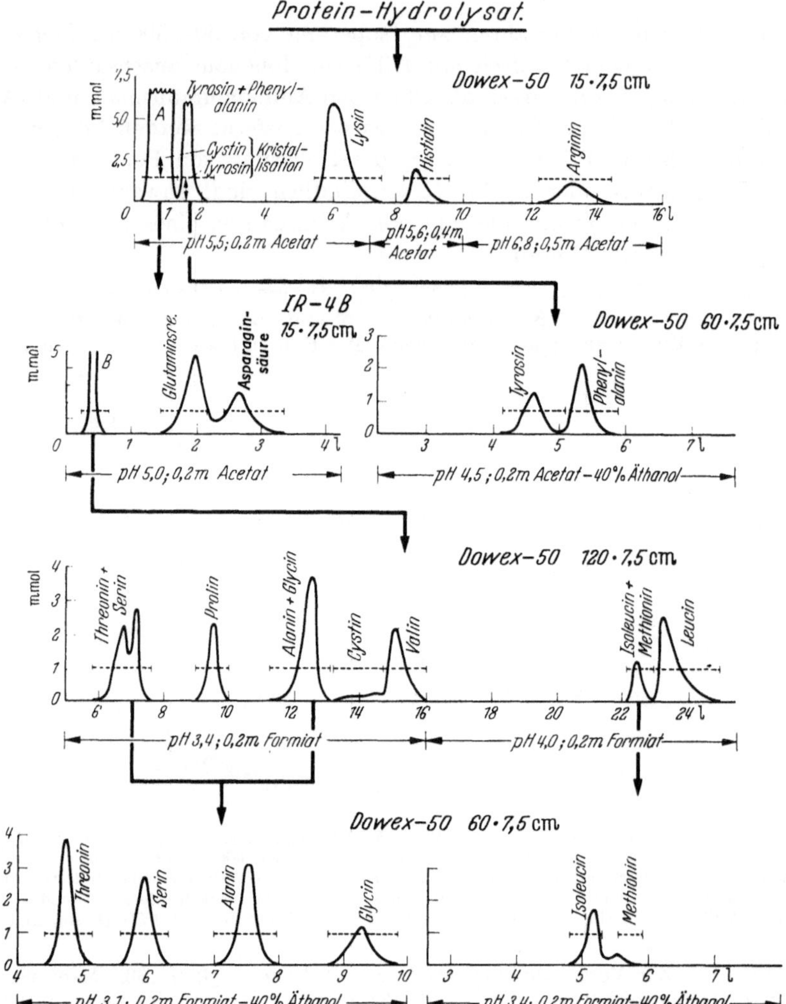

Abb. 143. Isolierung von Aminosäuren durch Chromatographie an Ionenaustauschersäulen. Fraktionierung eines Säurehydrolysats aus Rinderserumalbumin (2,5 g). [Nach C. W. H. HIRS, S. MOORE und W. H. STEIN, J. of Biol. Chem. **195**, 675 (1952).]

Tabelle 46. *Zusammensetzung der zur Isolierung von Aminosäuren durch Ionenaustausch-Chromatographie (Elutionsentwicklung) verwandten Formiat- und Acetatpuffer.*

Puffer	End-pH	Zu mischende Volumina	
		2 m-Säure cm³	1 m-Ammoniak cm³
0,2 m-Ammoniumformiat . (bezogen auf NH₄) . . .	3,08	375	200
0,2 m-Ammoniumformiat	3,40	263	200
0,2 m-Ammoniumformiat	4,10	138	200
0,2 m-Ammoniumacetat	4,48	220	200
0,2 m-Ammoniumacetat	5,00	147	200
0,2 m-Ammoniumacetat	5,46	114	200
0,4 m-Ammoniumacetat	5,60	228	400
0,5 m-Ammoniumacetat	6,80	260	500

Redestillierte Reagentien, bidestilliertes Wasser. Die angeführten Mengen werden auf 1 Liter mit Wasser aufgefüllt, bzw. mit Wasser und redestilliertem Äthanol so versetzt, daß 1 Liter einer an Äthanol 40%igen Lösung entsteht.

2,7 g Rinderserumalbumin wurden mit 6 n-Salzsäure (200 cm³/g) hydrolysiert, das Hydrolysat wie üblich im Vakuum vom Überschuß der Salzsäure befreit, das Filtrat des Huminniederschlags zur Trockne eingedampft und der fast farblose kristalline Rückstand in 60 cm³ Wasser gelöst (p_H 2). Die Lösung wurde in 10 cm³-Portionen auf die mit einem 7 cm-Rundfilter bedeckte 15 cm-Ammonium-Dowexsäule gegeben, jede Portion ohne äußeren Druck einsickern gelassen und dann mit den entsprechenden Puffern nachgewaschen. Die aus vorausgegangenen Säulen stammenden Fraktionen wurden vor dem Weiterchromatographieren von Salzen durch Sublimation befreit.

Die mit 120—150 cm³/Std ausfließende Flüssigkeit wurde in 20 cm³-Fraktionen aufgefangen. Die Analyse von 0,05 cm³ jeder zweiten oder vierten Fraktion mittels der Ninhydrinmethode erfordert Entfernung der Ammoniumionen. Zu diesem Zweck wurden die Reagensgläser in einem Pyrex-Vakuumexsiccator, der mit einer mit Kohlensäureschnee gekühlten Vorlage versehen (vgl. z.B. Abb. 65a) und elektrisch auf 40—50° heizbar war, 16 Std bei Ölpumpenvakuum belassen und der Rückstand mit 1 cm³ Ninhydrinreagens, wie auf S. 81 beschrieben, analysiert.

Die Dowex-50-Säulen sind nach Behandeln mit dem Ausgangspuffer wieder verwendbar, falls keine anorganischen Salze im ursprünglichen Gemisch vorhanden waren. Die IR 4B-Säule wird nach jedem Experiment durch Behandeln mit 2 n-Ammoniak, 2 n-Essigsäure und schließlich mit Ammoniumacetatpuffer in der beschriebenen Weise regeneriert.

Isolierung der Aminosäuren. Die Fraktionen, die einen „Gipfel" der betreffenden Aminosäure bilden (500—2000 cm³) werden im Vakuum auf 50 cm³ konzentriert, sorgfältig mit Ammoniak neutralisiert, unter vermindertem Druck zu einem dicken Sirup eingedampft und zur Vermeidung des Verspritzens des an den Wänden des Kolbens sich bildenden Kristallfilms der Puffersalze in einer Gefriertrocknungsanlage 3—4 Std belassen, bevor die Sublimation bei 30—40° (Außentemperatur) zu Ende geführt wird; man bedient sich dabei eines Kühlers vom Typ des „kalten Fingers", der bei einem Durchmesser von ungefähr 30 mm, 4 cm vom Boden des Kolbens entfernt ist. Bei gutem Vakuum und einheitlicher Dicke des Substanzfilms im Kolben dauert die Sublimation für Ammoniumformiat 15—20 Std, für Ammoniumacetat weniger als 12 Std. Man erhält die Aminosäuren in Form eines weißen Niederschlags, löst diesen in wenig Wasser, filtriert eventuell mit Celit, entfärbt, wenn nötig, mit Tierkohle (20—40 mg), konzentriert auf 1—3 cm³ und fällt durch Zugabe von 1—5 cm³ Äthanol. Für die Dicarbonsäuren gibt man 0,5 cm³ Eisessig zu; Prolin wird aus alkoholischer Lösung mit Äther gefällt. Die basischen Aminosäuren werden als Hydrochloride in 2—5 cm³ warmem Äthanol durch Zugabe einiger Tropfen Wasser gelöst und die Mono-Hydrochloride durch Zugabe von 0,5 cm³ Pyridin gefällt. Tyrosin und Cystin kristallisieren zum Teil schon in den ersten Stadien der Chromatographie.

Zur Erreichung guter Trennung sollte die Beladung je Einzelaminosäure 0,05 mMol/cm Querschnitt der Säule nicht überschreiten. Die Ausbeute beträgt um 66%. Man erhält die reinen l-Antipoden; nur das Cystin wird bei der Hydrolyse zum Teil racemisiert (s. Tabelle 47).

Vgl. ferner die Trennung von N^{15}-markierten Aminosäuren aus Hydrolysaten der Proteine aus Torula utilis bzw. Escherichia coli in 300 mg-Mengen durch Chromatographie an Stärkesäulen und am Ionenaustauscher Dowex-50 (ÅQUIST)[1]; siehe auch S. 270.

In einer kurzen Mitteilung hat W. KOSCHARA[2] über die teilweise Auftrennung von Proteinhydrolysaten durch *Adsorption an schwefelwasserstoffaktivierter Aktivkohle* in präparativem Maßstab berichtet.

Bei dem Verfahren handelt es sich wenigstens zum Teil um einen Ionenaustausch. Die Elution entspricht der Verdrängungsentwicklung. Dementsprechend hoch ist die Säulenbeladung (Verhältnis Adsorbens:eingesetzte Substanzmenge = 4:1), die erst durch Einhaltung tiefer Temperaturen (bis — 10°) möglich wurde und die Vorbedingung für eine präparative Aminosäuretrennung an Kohle bildet. Man eluiert die stark adsorbierten Aminosäuren entweder mit Ammoniak oder wäßrig-acetonischer Kalilauge, während die Chlorhydrate der übrigen aus Alkohol-Aceton erneut chromatographiert werden. Die so

---

[1] ÅQUIST, S. E.: Acta chem. scand. (Københ.) **5**, 1031 (1951).
[2] KOSCHARA, W.: Hoppe-Seylers Z. **280**, 55 (1944).

Tabelle 47. *Isolierung von Aminosäuren aus einem Rinderserum-Albumin-Hydrolysat (chromatographische Isolierung durch Ionenaustausch-Verdrängungsentwicklung).*

Aminosäure	Isolierte Menge		Asche	Spezifische Drehung	
	mg	%	%	gefällt	Liter
Lysin · HCl	335	82	0,51	$+25{,}0$	$+23{,}0$
Histidin · HCl	115	84	0,00	$+13{,}6$	$+13{,}8$
Arginin · HCl	110	61	0,00	$+27{,}2$	$+27{,}6$
Glutaminsäure · HCl . .	250	48	0,00	$+31{,}2$	$+32{,}0$
Asparaginsäure	205	74	0,00	$+25{,}3$	$+25{,}2$
Prolin	95	78	0,32	$-84{,}2$	$-85{,}0$
Cystin	80	48	0,00	-121	-220
Valin[1]	65	43	0,00	$+27{,}4$	$+27{,}4$
Leucin	240	77	0,00	$+15{,}2$	$+15{,}9$
Threonin	95	64	0,36	$-28{,}9$	$-28{,}3$
Serin	85	79	0,21	$+15{,}1$	$+14{,}8$
Alanin	110	69	0,00	$+14{,}7$	$+14{,}5$
Glycin	35	76	0,07		
Isoleucin	45	68	0,90	$+41{,}3$	$+40{,}8$
Tyrosin	94	73	0,00	$-6{,}6$	$-7{,}0$
Phenylalanin-2,5-Dibrom-Benzolsulfonat	210	43	0,00	$-36{,}8$	$-35{,}1$ (freie Aminosäure)

erhaltenen sauren Fraktionen liefern nach Eindampfen und Acetonzusatz direkt Kristallisate (Glutaminsäure, Lysin, Histidin, Leucin usw.; Arginin wird als Monochlorhydrat durch Zusatz von Anilin in alkoholischer Lösung zum Dichlorhydrat kristallisiert erhalten).

Als Beispiel für die mikro-präparative Abtrennung einer *substituierten Aminosäure* (Größenordnung 100 mg) sei die Isolierung von DNP-Glycin aus einem Hydrolysat durch Verteilungschromatographie an einer gepufferten *Kieselgel*-säule geschildert (PERRONE[2]).

Eine Menge Protein, die so bemessen ist, daß etwa 300 mg DNP-Glycin isoliert werden können, wird mit Salzsäure in üblicher Weise hydrolysiert und zur Trockne gebracht, der Rückstand mit Chloroform verrieben und wieder eingedampft. Man bringt mit Wasser auf 20 cm³ und setzt Bicarbonat bis p_H 8,5 zu. Die 3fache Gewichtsmenge des Hydrolysats an 2,4-Dinitrofluorbenzol in 10% alkoholischer Lösung wird zugegeben und das Gemisch 2 Std bei Raumtemperatur geschüttelt. Nach dem Verdünnen mit 1 Vol. Wasser extrahiert man 2mal, nach Ansäuern mit konzentrierter Salzsäure (Kongorot) 3mal mit Äther; diese *letzteren* Extrakte bringt man zur Trockne (Rückstand: DNP-Derivate der neutralen und sauren Aminosäuren). — Zur *Abtrennung des Glycins* extrahiert man erschöpfend mit Chloroform:Äther 9:1, bringt den Extrakt auf eine „Celit 545"-Säule (30 × 250 mm; das Kieselgur im Mörser mit 66% seines Gewichts mit 1 m-KH_2PO_4 verrieben und mit Chloroform:Äther 9:1 eingeschlämmt) und entwickelt mit dem gleichen Lösungsmittel. Es entstehen drei Zonen (von oben nach unten: 1. „langsame" DNP-Derivate: Asparaginsäure, Serin, Glutaminsäure, Threonin; 2. *Glycin*; 3. „schnelle" DNP-Derivate). Die DNP-Glycinfraktion wird gesammelt, zur Trockne eingedampft (eventuell zur Reinigung ein zweites Mal chromatographiert) und gegebenenfalls durch Lösen in wenig Dioxan und portionsweise Zugabe von Cyclohexan umkristallisiert. — Wichtig ist Vermeidung der Überladung der Säule und genügend langsamer Durchfluß.

Ein weiteres besonders schönes Beispiel betrifft die Isolierung von δ-DNP-Ornithin aus DNP-Gramicidin S und seine sorgfältige Kennzeichnung (s. S. 205).

Substanzmengen bis zu einigen 100 mg, die das Anstellen einer großen Zahl von Reaktionen, die Herstellung von charakteristischen Derivaten, ja sogar

---

[1] Valin konnte vom begleitenden Cystin auch durch Gegenstromverteilung (9 Stufen) mit 50:50 n-Butanol:sec.-Butanol/wäßriger, 5%iger Salzsäure getrennt werden (α_{Valin} 0,43; α_{Cystin} 0,06).

[2] PERRONE, J. C.: Nature (Lond.) **167**, 513 (1951).

von Mikro-Elementaranalysen gestatten, können bei den meisten in den vorstehenden Kapiteln geschilderten Verfahren gewonnen werden, wenn man sich dabei der Säulentechnik bedient. Besondere Bedeutung hat in diesem Zusammenhang die präparative Papierchromatographie, wobei man sich des Chromatopiles, des Chromatopacks, der Papierscheibensäule (ZECHMEISTER) oder der Papierpulversäule bedient.

Als Beispiel für die präparative Papierchromatographie sei die *Trennung der optischen Isomeren der Tyrosin-3-sulfonsäure*[1] angeführt.

Nach Vorversuchen mit Filterpapierstreifen erwies sich als Lösungsmittel die Kombination von Methyl-(β-Phenylisopropyl-)Amin mit Essigsäure, Wasser und Butanol in folgenden Verhältnissen geeignet:

L-Amin:Essigsäure:Wasser:Butanol 1:1:2:6,

D-Amin:Essigsäure:Wasser:Butanol 1:1:1:1,

DL-Amin:Essigsäure:Wasser:Butanol 1:1:1:1

(auch bei Glutaminsäure zeigte sich ein Trenneffekt, während bei neutralen Aminosäuren keine Trennung in die optischen Isomeren eintrat). Aus der Tatsache, daß beim Wechsel vom D- zum L-Amin kein Unterschied in den R_F-Werten eintrat, schließen die Autoren, daß für den Effekt der Trennung der asymmetrische Charakter der Cellulose maßgebend ist.

Zur Übertragung in den präparativen Maßstab wurden 250 mg DL-Tyrosin-3-sulfonsäure in 20 Rundfiltern (9 cm ⌀, Nr. 2 Toyo) aufgesogen, unter einer 100-Filterschicht in eine 700-Filtersäule (15 cm) eingebettet, 27 Std mit L-Amin:Essigsäure:Wasser:Butanol 1:1:5:15 entwickelt, bis das Lösungsmittel durchbrach und dann in weiteren 24 Std noch 730 cm³ Solvens durch die Säule geschickt. Nach Elution und Isolierung der Isomeren als Quecksilbersalze wurde mit Schwefelwasserstoff zersetzt. Man fand:

Zone I   Filter 180—225 $[\alpha]_D^{13} = -4{,}14°$ (2 n-NaOH, c = 1,69%),

Zone II Filter 275—330 $[\alpha]_D^{13} = +4{,}47°$ (2 n-NaOH, c = 1,11%).

Wesentlich breitere Anwendungsbasis hat das Verfahren, Acyl-DL-Aminosäuren *asymmetrisch durch Fermente* zu spalten und die freie Aminosäure vom acylierten Isomeren chromatographisch zu trennen, was spielend leicht gelingt.

Die D,L-Verbindung wird in die entsprechende N-Acyl-Verbindung übergeführt (Acetyl-, Chloracetyl-, Carbobenzoxy-Verbindung usw.) und mit einem rohen oder gereinigten Nierenferment-Extrakt asymmetrisch gespalten. Es wurden z. B. 715 g Acetyl-D,L-Alanin (aus 1 Mol D,L-Alanin, 1,5 Molen Essigsäureanhydrid und 12 Molen Eisessig durch 2stündiges Erhitzen auf 100°, Eindampfen und Umkristallisieren aus Aceton; 40%; Prismen vom Fp. 136°) mit 360 cm³ 28%igem Ammoniak versetzt, mit Wasser auf 4 Liter aufgefüllt und das p_H auf 7,8 eingestellt; man gab 1000 cm³ *Enzymsuspension* dazu, die wie folgt hergestellt war: 4 kg gefrorene Schweinenieren wurden mit 8 Liter kaltem Wasser homogenisiert, nach 1stündigem Rühren in der Kälte filtriert (Gaze), zunächst auf 15%, nach 12 Std Stehen bei 0° auf 30% Äthanolgehalt gebracht, nach weiteren 12 Std (−15°, p_H 6,3) die von den Niederschlägen durch Zentrifugieren befreite Lösung auf p_H 5,1 eingestellt und nach 12 Std der Niederschlag abzentrifugiert, der die Fermentaktivität enthält (1400 µMol Acetyl-D,L-Alanin werden je mg-N und Stunde hydrolysiert). Die Fermenteinwirkung dauerte bei 37° 4 Std; nach Zusatz weiterer 500 cm³ Fermentsuspension ließ man noch 12 Std stehen, ehe man mit 360 cm³ Eisessig auf p_H 4,5 brachte und durch Schütteln mit 15 g Noritkohle entfärbte, bzw. enteiweißte.

Zur *chromatographischen Trennung der Spaltprodukte*[2], die am Beispiel des Isovalins beschrieben wurde, gab man 100 cm³ der enteiweißten und im Vakuum konzentrierten

---

[1] KOTAKE, M., T. SAKAN, N. NAKAMURA u. S. SENOH: J. Amer. Chem. Soc. **73**, 2973 (1951).

[2] BAKER, C. G., S. C. J. FU, S. M. BIRNBAUM, H. A. SOBER u. J. P. GREENSTEIN: J. Amer. Chem. Soc. **74**, 4701 (1952).

Lösung (entsprechend 25,8 g ursprünglich vorhandenem Chloracetyl-D,L-Isovalin) auf eine Säule von Dowex-50 (87 × 6,5 cm; 20—50 Maschen; H^+-Form) und spülte mit Wasser nach (40—60 cm³/Stunde). Nachdem das p_H von 7 auf 3 gesunken war, ließ sich Chloracetyl-D-Isovalin mit 3 Liter Wasser eluieren. Man brachte das Eluat zur Trockene, befreite mit Äthanol vom Kochsalz und nahm nochmals in Aceton auf. Die Hydrolyse erfolgte mit 2n-Salzsäure (2 Std, 100°); darauf wurde entfärbt, im Vakuum eingedampft, von Chlorid mit Silberoxyd, von Silber mit Schwefelwasserstoff befreit, und schließlich die konzentrierte Lösung mit Aceton gefällt: Ausbeute fast quantitativ.

Beim weiteren Nachwaschen der Säule erschien nach einem Aminosäure-freien Zwischenlauf beim Eluieren mit 2,5 n-Salzsäure nach einem Eluatvolumen von 4 Litern das L-Isovalin, das mit 3,8 Litern vollkommen eluiert war. Aufarbeitung der freien Aminosäuren wie oben; Ausbeute 77%.

Sogar durch eindimensionale Papierchromatographie unter Verwendung genügend dicken Filterkartons (amerikanisches Schleicher-Schüll-Papier 470a, Karton der deutschen Firma Schleicher & Schüll) kann man Mengen, die sich mikro-präparativ handhaben lassen, verarbeiten. Der amerikanische Karton, der die 20fache Dicke des üblicherweise verwendeten Filterpapiers hat, wird am besten über die Trommel eines Kymographions gespannt und die Lösung der zu trennenden Substanzen durch Anlegen einer Pipette mit seitlich abgebogener Spitze bei genügend langsamer Drehung der Trommel in Form eines vollkommen gleichmäßigen Strichs aufgetragen[1]. Die Entwicklung erfolgt nicht direkt, sondern über einen dünnen Ventilstreifen (vgl. S. 120)[2]. Durch Herausschneiden eines Kontrollstreifens aus der Mitte des fertiggestellten Chromatogramms in der Laufrichtung, an dem die getrennten Komponenten wie üblich sichtbar gemacht werden, verschafft man sich Kenntnis über die Lage der zur Elution bestimmten Regionen.

22. Isolierung, Trennung und Charakterisierung von Peptiden, Peptid-Derivaten und verwandten Verbindungen.

Nach dem heutigen Stand der Erfahrungen empfiehlt sich für die Trennung von Peptidgemischen neben der *Verteilungschromatographie*[3] (diese vor allem für kleinere Peptide) besonders die Methode des *Ionenaustauschs* (auch bei höhermolekularen Peptiden). Im Fall des Vorliegens komplexer Gemische wird man vor Anwendung verteilungschromatographischer Verfahren eine *Vorfraktionierung mittels Ionenaustauschern* oder durch *Ionophorese* in Trägern (besonders in *Filterpapier*) vornehmen. Gelegentlich ist, besonders für rein analytische Probleme, auch die Additionsadsorption (vor allem an Kohle) zur Fraktionierung von zusammengesetzten Eiweißspaltprodukten herangezogen worden, meist in Form der Frontanalyse bzw. durch Trägerverdrängung.

Die Versuchstechnik entspricht mit geringen Abweichungen den für Aminosäuren beschriebenen Verfahren.

---

[1] YANOVSKY, L., E. WASSERMANN u. D. BONNER: Science (Lancaster, Pa.) **111**, 61 (1950).

[2] MUELLER, J. H.: Science (Lancaster, Pa.) **112**, 405, (1950).

[3] Phenol bzw. Cresole sind für die Verteilungschromatographie basischer sowie längerkettiger Peptide trotz ihrer unangenehmen Eigenschaften (Zersetzung usw.) zum Unterschied von der Trennung von Aminosäuren kaum zu entbehren.

Zur *Strukturaufklärung der getrennten einheitlichen Peptide* im Anschluß an chromatographische Verfahren sind vor allem folgende Methoden entwickelt worden:

Endgruppenbestimmung durch Desaminierung. Bei dem ursprünglichen von Consden, Gordon und Martin[1] angegebenen Verfahren, das sich insbesondere für die Strukturanalyse kleinerer Peptide bewährt hat, wird nach der Trennung des Peptidgemisches durch zweidimensionale Papierchromatographie (die Lage der einzelnen Peptidflecken wird in einem Parallelversuch durch Besprühen mit Ninhydrin ermittelt) und nach darauf erfolgter Elution eine Probe vollständig hydrolysiert und die Aminosäurezusammensetzung papierchromatographisch ermittelt, während eine zweite Probe zunächst durch Behandlung mit Nitrosylchlorid desaminiert wird. Die durch Desaminierung nach der Gleichung

$$\underset{\overset{|}{R_1}}{NH_2 \cdot CH} \cdot CO \cdot NH \cdot \underset{\overset{|}{R_2}}{CHCO} \cdots + HNO_2 \rightarrow \underset{\overset{|}{R_1}}{OH \cdot CHCO} \cdot NH \cdot \underset{\overset{|}{R_2}}{CHCO} \cdots + H_2O + N_2 \xrightarrow{HCl}$$

$$\underset{\overset{|}{R_1}}{OH \cdot CH \cdot COOH} + \underset{\overset{|}{R_2}}{NH_2CH \cdot COOH} + \cdots$$

entstandene Oxysäure reagiert *nicht* mit Ninhydrin und erscheint daher *nicht* im Chromatogramm; die verschwundene Aminosäure war also Amino-endständig.

In einer Capillare werden z. B. 25 mm³ Lösung mit 5 mm³ 0,1 n-Natriumnitrit und 25 mm³ konzentrierter Salzsäure, die langsam zugegeben wird, gemischt, 15 min bei Raumtemperatur belassen, zur Entfernung der salpetrigen Säure ein kleiner Kristall Harnstoff zugegeben, die Capillare abgeschmolzen, 16 Std auf 100° erhitzt, nach Öffnen die Säure im Vakuum entfernt und dann chromatographiert. — Man kann auch zur Desaminierung den mit einer stark verdünnten Ninhydrinlösung ($^1/_{10}$ der üblichen Konzentration) sichtbar gemachten Fleck nach Ausschneiden an einen feuchten Filterstreifen hängen und durch das zugespitzte Ende in eine Capillare filtrieren (in 1 Std filtrieren 50—100 mm³ = 0,05—0,1 cm³, was zum Auswaschen von etwa 10 cm² Papier genügt), die Lösung von hier auf einen Kunststoffstreifen bringen (auf dem sich der Tropfen nicht ausbreitet), im Vakuum eindampfen, in einem Tropfen 6 n-Salzsäure aufnehmen und mit nitrosen Gasen räuchern.

Endgruppenbestimmung mit Dinitrofluorbenzol (DFB). Analog der Endgruppenbestimmung in Proteinen (vgl. S. 284) wird durch Umsatz der freien Amino-Endgruppe des Peptids mit DFB das entsprechende DNP-Derivat des Peptids dargestellt. Nach Totalhydrolyse erhält man neben freien Aminosäuren (mehr oder weniger) quantitativ das DNP-Derivat der endständigen Aminosäure, dessen Menge colorimetrisch bestimmt und das chromatographisch identifiziert werden kann.

Man mischt z. B. in einer Capillare 25 mm³ Peptidlösung mit 5 mm³ Natriumbicarbonatlösung (gesättigt) und gibt 5 mm³ einer 4%igen DFB-Lösung in Äthanol zu, worauf man abschmilzt. Die Capillare wird zweckmäßig in einem Reagensglas 3 Std in drehender Bewegung gehalten, dann die Flüssigkeit auf ein Uhrglas überführt, im Vakuum eingedunstet, der Rückstand mit Äther gewaschen, bis kein Öl mehr in Lösung geht, die gelben Kristalle in 50 mm³ 6 n-Salzsäure aufgenommen und in einer Capillare 2—12 Std auf 100° erhitzt. Die DNP-Aminosäuren werden mit Äther ausgezogen und nach einer der beschriebenen Methoden (S. 186 ff.) chromatographisch getrennt.

Die *Identifizierung der freien Aminogruppe in Gramicidin S* wurde nach diesem Verfahren folgendermaßen durchgeführt (Sanger[2]): 0,1 g Gramicidin S wurde in 4 cm³ Äthanol

---

[1] Martin, A. J. P.: Ann. New York Acad. Sci. **49**, 261 (1948).
[2] Sanger, F.: Biochemic. J. **40**, 261 (1946).

gelöst, 0,4 g Bicarbonat, 1 cm³ Wasser und 0,2 cm³ DFB zugegeben und das Gemisch 3 Std geschüttelt. Das DNP-Gramicidin S kristallisierte im Verlauf der Reaktion aus und wurde aus Äthanol-Wasser umkristallisiert; Ausbeute 0,1 g. — 5 mg DNP-Gramicidin S wurden 54 Std bei 110° im geschlossenen evakuierten Rohr mit 1 cm³ 10 n-Salzsäure und 1 cm³ Eisessig erhitzt, zur Trockene gebracht, in Wasser gelöst und mit Äther extrahiert, wobei die gesamte Farbe in der wäßrigen Phase blieb (Abwesenheit von bis-DNP-Ornithin). Die Identifizierung erfolgte durch Vergleich mit authentischen Proben von α- und δ-DNP-Ornithin (δ-DNP aus Ornithinkupfer und DFB; α-DNP-Ornithin aus δ-Benzoyl-Ornithin +DFB und anschließende hydrolytische Abspaltung des Benzoylrestes mit 10 n-Salzsäure:Eisessig 1:1). Das DNP-Derivat aus Gramicidin wanderte ebenso wie das synthetische δ-Derivat an einer (66% Methyläthylketon-Äther) Kieselgel-Säule mit R_F 0,12, während das α-Isomere R_F 0,07 zeigte. Die colorimetrische Bestimmung mit δ-DNP-Ornithin als Standard ergab eine Ausbeute von 35%, bezogen auf Gramicidin S (berechnet 40,5%). Zur *mikro-präparativen Isolierung* wurden 100 mg Gramicidin S wie oben aufgearbeitet; Ausbeute an 4mal aus 5 n-Salzsäure umkristallisiertem δ-DNP-L-Ornithin insgesamt 14,8 mg. Die durch Ninhydrin aus diesem Präparat und den authentischen Vergleichssubstanzen in Freiheit gesetzten CO_2-Mengen (VAN SLYKE, DILLON, McFADYEN und HAMILTON[1]) gehen aus folgender Zusammenstellung hervor:

Verbindung	CO_2 (% eines m-Äquiv.)
DNP-Glycin	2
α-DNP-DL-Ornithin	4
δ-DNP-L-Ornithin Hydrochlorid (synthetisch)	97
Produkt aus Gramicidin S	92

(50 mg Ninhydrin bei p_H 2,5 im Volumen von 1,3 cm³.)

Auch die kristallographische Untersuchung (optisch, Röntgenstrahltechnik) ergab die Identität des Gramicidin S-Abkömmlings mit δ-DNP-Ornithin.

Stufenweiser Abbau von Peptid-Thioharnstoffderivaten[2]. Durch Umsatz der freien Aminogruppe eines Peptids z.B. mit Phenylisothiocyanat gelangt man zu Thioharnstoffderivaten, die in wasserfreien Lösungsmitteln (Nitromethan) durch Chlorwasserstoff in ein Thiohydantoin und ein Peptid zerlegt werden, das um den ursprünglich endständigen Aminosäurerest ärmer ist:

$$C_6H_5{-}NH{-}CS{-}NH{-}CH{-}CO{-}NH{-}CH{-}COOH \rightarrow C_6H_5{-}N{-}CS + NH_2{-}CH{-}COOH.$$

Durch erneute Überführung in das Harnstoffderivat und darauffolgende Hydantoinabspaltung wird der stufenweise Abbau fortgesetzt[3]. Da die Spaltungsreaktion in wäßrigem Milieu — längere Peptidderivate sind in Nitromethan

---

[1] SLYKE, D. D. VAN, R. T. DILLON, D. A. McFADYEN u. P. HAMILTON: J. of Biol. Chem. **141**, 627 (1941).

[2] Vgl. die verwandten Methoden von H. G. KHORANA (Chem. a. Industr. **1951**, 129) und von A. H. COOK u. A. L. LEVY (Abstracts papers 120. meeting Amer. Chem. Soc. New York **1951**, S. 152): Stufenweiser Abbau von Peptiden durch Reaktion mit Äthylmethylxanthat zum N-Thiocarbäthoxyderivat und Abspaltung der endständigen Aminosäure als Thioazolid-2,5-Dion, bzw. Mikro-Abbau durch quantitative Reaktion des Peptids mit Schwefelkohlenstoff und Abspaltung des Thioazolidons der endständigen Aminosäure durch Ansäuern des Peptid-Dithiocarbamats.

[3] EDMAN, P.: Acta chem. scand. (København.) **4**, 283 (1950).

ziemlich unlöslich! — zu einem Gleichgewicht führt (bei etwa 60—80% ge-
spaltener Verbindung), ist es nach eigenen Untersuchungen[1] vorteilhaft, das
Reaktionsgemisch durch eine *Kationenaustauschersäule* zu filtrieren, wobei die
Spaltprodukte fixiert werden, während unumgesetztes Peptidderivat, das nicht
festgehalten wird, in die nächst tiefere Schicht gerät, erneut der Spaltung anheim-
fällt usw., so daß fast quantitativer Umsatz erreicht wird[2] (Ausbeute 98%,
gegenüber 60% ohne Kationenaustausch); hydrolytische Spaltung von Peptidbindungen tritt dabei nicht ein. — Eine andere Methode zur Ausdehnung des
Verfahrens auf höhere Peptide, ja sogar auf verschiedene Proteine besteht in
Verwendung von 2 n-Salzsäure-haltigem Eisessig (eventuell mit einem Gehalt
von 5—30% Wasser) als Lösungsmittel bei der Abspaltung des endständigen
Thiophenylhydantoins (EDMAN[3]). Eine 0,01 m-Lösung von PTC-Alanylglycin
und PTC-Leucyl-Glycin wird bei 37° in weniger als 3 min gespalten, wie die
Aminostickstoffbestimmung zeigt. Vgl. auch die Methoden von FRAENKEL-
CONRAT[4], OTTESEN und WOLLENBERGER[5], PETERSEN - DAHLERUP, LINDER-
STROM-LANG und OTTESEN[6].

Darstellung der Phenylthiocarbamyl-(PTC)-Aminosäuren und deren Hydantoine. $1/_{100}$ Mol
Aminosäure, gelöst in 50 cm³ Wasser:Pyridin 1:1, wurde bei 40° und p_H 9,0 (n-Natronlauge)
mit 2,4 cm³ Phenylisothiocyanat unter gutem Rühren umgesetzt; nach 30 min war die Reaktion beendet, wie aus dem Aufhören des Laugeverbrauchs ersichtlich war. Nach wieder-
holter Extraktion des Pyridins und des überschüssigen Thiocyanats mit gleichen Volumina
Benzol wurden die PTC-Aminosäuren durch die äquivalente Menge Salzsäure gefällt (isoelektrische Fällung von PTC-Arginin bei p_H 7, von PTC-Histidin bei p_H 3,5). — Durch Suspen-
dieren der PTC-Aminosäuren in 30 cm³ n-Salzsäure und Kochen unter Rückfluß für 2 Std
wurden die Hydantoine durch Eindampfen der Lösung im Vakuum zur Trockene mit 80—90%
Ausbeute gewonnen. Umkristallisieren aus Eisessig-Wassergemischen. Die Produkte waren
meist racemisiert.

Die *Darstellung der PTC-Peptide* erfolgte entsprechend der obigen Vorschrift mit der
Abwandlung, daß die wäßrige Lösung des Natrium-PTC-Peptids lyophilisiert und der Trocken-
rückstand durch Extraktion mit Eisessig von Salz getrennt wurde.

Zur Spaltung wurde z.B. PTC-Alanyl-Leucyl-Glycin (40 mg) bei 40° in 2 cm³ trockenem,
Chlorwasserstoff enthaltenden Nitromethan (4%) suspendiert, nach 15 min im Vakuum
bei Raumtemperatur Nitromethan und Salzsäure entfernt und der Rückstand mit 1 cm³
Wasser vollständig extrahiert. 0,02 cm³ des Extrakts, in Pyridin/Amylalkohol papierchromatographiert, zeigte nur Leucyl-Glycin, aber keine Spur Leucin oder Glycin (1%
Spaltung wäre noch zu erkennen gewesen). — Zur Identifizierung wurden die Phenylhydantoine alkalisch hydrolysiert (Eindampfrückstand aus Nitromethan (nach Filtration vom
nitromethanunlöslichen freien Peptid) mit 2 cm³ 0,25 n-Baryt 48 Std bei 140° in zugeschmolzener Capillare erhitzt) und die entstandene Aminosäure nach Fällung des Bariums
als Carbonat papierchromatographisch identifiziert (das Bariumcarbonat muß für diesen
Zweck nicht entfernt werden); vgl. Abb. 144. PTC-Arginin liefert bei der alkalischen Hydrolyse Ornithin neben anderen Zersetzungsprodukten, PTC-Asparagin gibt Asparaginsäure,
aus PTC-Tryptophan entstehen mehrere Spaltprodukte, unter denen das bedeutendste

---

[1] TURBA, F.: Vortrag Sympos. Ciba Foundation, London, Dez. 1952.

[2] Das Verfahren hat den Vorteil, daß man unter milden Spaltungsbedingungen (0,1 n-
Säure) und in Lösungsmitteln arbeiten kann, in denen auch höhere Peptidderivate löslich sind.

[3] EDMAN, P.: Acta chem. scand. (Københ.) 7, 700 (1953).

[4] FRAENKEL-CONRAT, H., u. J. FRAENKEL-CONRAT: Acta. chem. scand. (Københ.) 5, 1409
(1952).

[5] OTTESEN, M., u. A. WOLLENBERGER: Nature (Lond.) 170, 801 (1952).

[6] PETERSEN-DAHLERUP, B., K. LINDERSTRØM-LANG, u. M. OTTESEN: Acta. chem. scand.
(Københ.) 6, 1135 (1952).

Tryptophan selbst ist. — Abb. 144 zeigt die auf diese Weise nacheinander identifizierten Aminosäuren aus Alanyl-Leucyl-Glycin.

Schneller und einfacher als die hydrolytische Aufspaltung der Phenylthiohydantoine zu den entsprechenden Aminosäuren zwecks Identifizierung ist die *direkte papierchromatographische Trennung der Thiohydantoine* selbst[1].

Man chromatographiert absteigend in Whatman Nr. 1 Papier, das vor Benutzung mit einer 0,5%igen Lösung löslicher Stärke (extrahiert mit einer 2,5%igen äthanolischen Lösung von 8-Oxychinolin und mit Alkohol) vollgesaugt war und bei 40—50° 1 Std getrocknet wurde. Zum Nachweis wurde das Jodazidverfahren von FEIGL vorgeschlagen (Trocknen bei 90—100° für 5—10 min, Besprühen mit einem frisch bereiteten Gemisch aus n/100 Jod und n/2 Kaliumjodid in Wasser mit m/2 Natriumacid in Wasser: weiße Flecken auf dunkelblauem Grund; Empfindlichkeit 0,5 γ). Wir fanden die Photoprinttechnik (Durchleuchten mit UV von 260 mμ) besser geeignet.

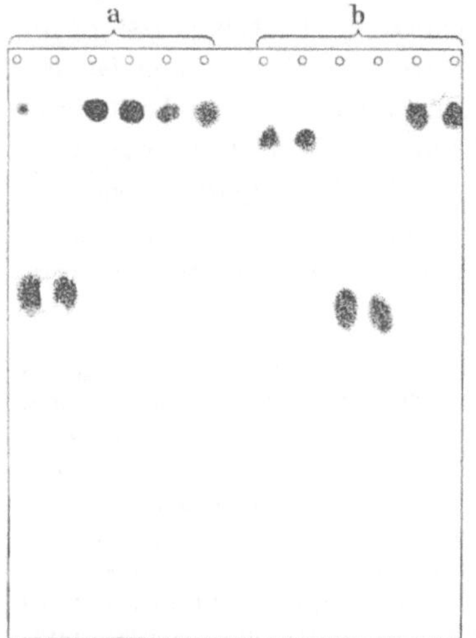

Abb. 144a u. b. *Papierchromatogramm der beim stufenweisen Abbau von a Leucyl-Triglycin und b Alanyl-Leucyl-Glycin nach dem Isothiocyanatverfahren erhaltenen Aminosäuren.* Lösungsmittel Pyridin : Amylalkohol : Wasser. Reihenfolge von links nach rechts: a Erste Aminosäure, Leucin, zweite Aminosäure, dritte Aminosäure, vierte Aminosäure, Glycin; b erste Aminosäure, Alanin, zweite Aminosäure, Leucin, dritte Aminosäure, Glycin. [Nach P. EDMAN, Acta chem. scand. (København) 4, 283 (1950).]

Tabelle 48. R_F -*Werte von Phenylthiohydantoinen.*

Phenylthiohydantoin von	R_F in Lösungsmittel		
	a)	b)	c)
Arginin	0	0	0,46
Asparaginsäure . .	0,05	0,05	0,71
Histidin	0,05	0	0,41
Asparagin	0,06	0,02	0,57
Glutamin	0,06	0,02	0,61
Glutaminsäure . .	0,10	0,06	0,75
Lysin (ε-substit.) .	0,16	0,04	0,86
Tyrosin	0,19	0,15	0,81
Tryptophan . . .	0,24	0,41	0,83
Oxyprolin	0,24	0,14	0,73
Glycin	0,26	0,20	0,69
Alanin	0,37	0,40	0,80
Phenylalanin . . .	0,40	0,63	0,87
Methionin	0,40	0,54	0,85
Threonin	0,47	0,63	0,87
Prolin	0,48	0,58	0,87
Valin	0,51	0,67	0,88
Isoleucin	0,59	0,74	0,90
Leucin	0,61	0,75	0,91

Als *Lösungsmittel* dienten:

a) 70 cm³ Heptan (Kp 98°) + 30 cm³ Pyridin (über Kalilauge getrocknet und destilliert;

b) 40 cm³ Heptan, 20 cm³ n-Butanol (getrocknet über Calciumoxyd und destilliert) + 40 cm³ 90%iger Ameisensäure, obere Schicht. Sättigen der Kammer mit der unteren Schicht!

c) 40 cm³ Heptan, 40 cm³ n-Butanol + 20 cm³ 90%iger Ameisensäure.

Gutes Sättigen der Kammer und des Papiers ist wichtig. Tabelle 48 zeigt die erzielten R_F-Werte. Die Kombination der Lösungsmittel erlaubt die Identifizierung jedes der Hydantoine.

Bei löslichen Peptiden ist die Hydantoinspaltung sehr rasch beendet, Suspensionen benötigen längere Zeit.

Identifizierung der endständigen Aminosäuren durch ein Differenzverfahren.
Nach Bestimmung der Aminosäurebausteine eines Peptids wird in einer zweiten Probe die endständige Aminosäure chemisch blockiert und nach erfolgter Hydro-

---

[1] SJÖQUIST, J.: Acta. chem. scand. (København) 7, 447 (1953).

lyse abermals die Aminosäurezusammensetzung bestimmt; die nunmehr fehlende Aminosäure ist jene, die im ursprünglichen Peptid die Endstellung einnahm. Aus einer Vielzahl von Blockierungsmitteln (vgl. S. W. Fox[1]) schieden die meisten für den vorliegenden Zweck aus: der DNP-Rest zeigte Schwierigkeiten in quantitativer Hinsicht (vgl. CONSDEN, GORDON, MARTIN und SYNGE[2]); salpetrige Säure reagiert mit einer Anzahl von Aminosäuren anormal (CONSDEN, GORDON, MARTIN[3]). Phenylisocyanat und das Thio-Analoge erwiesen sich als am besten geeignet.

Etwa 1 mg Peptid wurde in 1,0 cm³ Wasser gelöst, 1 cm³ Pyridin mit 20 mg Phenyl-isocyanat (bzw. Isothiocyanat) zugefügt, die klare Lösung bei 37° 3—4 Std aufbewahrt, im Exsiccator über Schwefelsäure eingedampft und mit 2 cm³ 6 n-Salzsäure 18 Std im Autoklaven hydrolysiert. Nach Entfernung der überschüssigen Salzsäure wurde der Rückstand gelöst und die Aminosäurezusammensetzung durch Papierchromatographie (nach GAGE, DOUGLASS und WENDER[4]) oder mikrobiologisch (mit Lactobacillus arabinosus bzw. mit Streptococcus faecalis nach FOX, FLING und BOLLENBACH[5]) bestimmt. Das Ergebnis für eine Reihe von Peptiden geht aus Tabelle 49 hervor[6].

Tabelle 49.

Peptid	Papierchromatographie nach Isothiocyanat-behandlung und Hydrolyse		Mikrobiologische Bestimmung nach Hydrolyse des Peptids %		Mikrobiologische Bestimmung nach Hydrolyse des PTC-Peptids %	
Valyl-Leucin	V 0	L +	V 87	L 92	V 7	L 85
Leucyl-Valin	L 0	V +	L 92	V 95	L 26	V 94
Leucyl-Phenylalanyl-Alanin . . .	L 0	Ph +	L 95	V 94	L 2 / L 10	V 91* / Ph 88
L-Prolyl-L-Leucin	P 0	L +	P 39	L 82	P 7	L 84
Glycyl-DL-Valin	G +	V +	G 88	V 82	G 19	V 89
Glycyl-DL-Valin**	G 0	V +	—	—	G 0	V 94

* S. faecalis zur Testung.   ** Alkali bei Blockierung der NH_2-Gruppe zugesetzt.

Reduktive Methylierung von Amino-Endgruppen[7]. Besonders geeignet zur Amino-Endgruppenbestimmung *kleinster* Peptidmengen, wie sie bei der Papierchromatographie anfallen, ist das von INGRAM angegebene Verfahren: dabei wird nach reduktiver Methylierung des Peptids und Hydrolyse die endständige Aminosäure als Dimethylaminosäure abgespalten.

Darstellung des Dimethylamino-Peptids. 2 mg Peptid (bzw. dessen Hydrochlorid; unlösliche Peptide werden mit 1—2 Tropfen 1 n-HCl gelöst und im Exsiccator wiederholt mit Wasser eingedunstet) in 1—2 cm³ wäßrigem Methanol (1:1 oder ähnlich) wird mit 1—2 Tropfen 37%iger Formaldehydlösung und 5 mg Palladium-Katalysator behandelt. [Zur Darstellung des Katalysators versetzt man 1 g Palladium(2)-chlorid in 1 cm³ 10 n-HCl, verdünnt mit 100 cm³ Wasser, mit 5 g Natriumacetat(hydrat) und 5 g Aktivkohle (Norit) und rührt die

---

[1] Fox, S. W.: Adv. Prot. Chemistry **2**, 155 (1945).

[2] CONSDEN, R., A. H. GORDON, A. J. P. MARTIN u. R. L. M. SYNGE: Biochemic. J. **41**, 596 (1947).

[3] CONSDEN, R., A. H. GORDON u. A. J. P. MARTIN: Biochemic. J. **41**, 590 (1947).

[4] GAGE, T. B., C. D. DOUGLASS u. H. S. WENDER: J. Chem. Educat. **27**, 159 (1950).

[5] FOX, S. W., M. FLING u. G. N. BOLLENBACH: J. of Biol. Chem. **155**, 465 (1944).

[6] FOX, S. W., T. L. HURST u. K. F. ITSCHNER: J. Amer. Chem. Soc. **73**, 3573 (1951).

[7] INGRAM, V. M.: J. Biol. of Chem. **202**, 201 (1953).

Suspension in Wasserstoffatmosphäre bei Raumtemperatur bis zum Aufhören der Gasaufnahme; nach Filtrieren, Waschen mit Wasser und Trocknen an der Luft ist der Katalysator gebrauchsfertig.] Die Lösung befindet sich in einem konischen kalibrierten Zentrifugenglas, das durch einen 2fach durchbohrten Gummistopfen, in dem sich ein langes Einleitungs- und ein kurzes Auslaßrohr befindet, verschlossen ist. Man befeuchtet den Katalysator mit der Lösung, verdrängt die Luft durch Wasserstoff und senkt das Einleitungsrohr auf den Boden; die Hydrierung (Gasstrom gesättigt mit Wasser, Methanol und Formaldehyd) wird bis zum Verschwinden der Ninhydrinreaktion nach MOORE und STEIN fortgesetzt (mehrere Stunden). Die zentrifugierte Lösung wird bei 100° in einem gefilterten Luftstrom eingedampft und das Eindampfen mit Wasser bis zum Verschwinden des Formaldehydgeruchs wiederholt (2—3mal).

Hydrolyse im Rohr mit 0,5 cm³ 6 n-HCl bei 110° (24 Std). 6maliges Eindampfen im Exsiccator über Natronkalk.

Zur Chromatographie werden 0,2—1,0 µMol Dimethylaminosäure z. B. in Butanol:Essigsäure:Wasser chromatographiert. Die Dimethylaminosäuren zeigen meist etwas größere R_F-Werte als die entsprechenden freien Aminosäuren (Tabelle 50). Zum Nachweis der freien Aminosäuren wird das getrocknete

Tabelle 50. *R_F-Werte einiger Dimethylaminosäuren.* [Nach INGRAM, V. M.: J. of Biol. Chem. **202**, 197 (1953).]

	Butanol:Eisessig:Wasser 25:6:25	Butanol:Pyridin:Wasser 5:2:3	Phenol:Wasser
Dimethyl-Glycin	0,27	0,15	0,86
Dimethyl-L-Alanin	0,35	0,20	0,88
Dimethyl-L-Leucin	0,71	0,54	0,91
Dimethyl-DL-Isoleucin	0,68	0,51	0,90
Dimethyl-L-Tyrosin	0,53	0,48	0,88
Dimethyl-L-Phenylalanin	0,69	0,57	0,88
Dimethyl-L-Glutaminsäure . . .	0,33	0,10	0,85
Tetramethyl-L-Ornithin	0,16	0,09	0,86
Tetramethyl-L-Lysin	0,14	0,07	0,79
Dimethyl-L-Histidin	0,14	0,17	0,70
Tetramethyl-L-Cystin	0,40	0,38	0,94
Monomethyl-L-Prolin	0,38	0,21	0,93
L-Alanin	0,29	0,17	0,55

Chromatogramm mit einer Lösung von 0,1% Ninhydrin in Butanol besprüht und die Farbentwicklung bei Zimmertemperatur abgewartet. Besprüht man mit einer Lösung von 0,1% Orcin in Äthanol:Butanol 1:1 (0,01 n-H_2SO_4 enthaltend) und trocknet bei 110°, so erscheinen jetzt die Dimethylaminosäuren als dunkle Flecken auf fluorescierendem Hintergrund; zwar verhalten sich die freien Aminosäuren ähnlich, doch sind sie auf Grund ihrer Reaktion mit Ninhydrin leicht zu unterscheiden.

Partielle Hydrolyse von Peptiden. Die unter a), b) und d) angeführten Methoden liefern nur im Fall von Dipeptiden den eindeutigen Strukturbeweis. Durch partielle Hydrolyse höherer Peptide kommt man zu einem Gemisch niederer Abbauprodukte, deren Trennung und Strukturaufklärung nach einem der obigen Verfahren durchgeführt wird. Meist wird es möglich sein, die Aminosäurefolge im Polypeptid auf diese Weise festzustellen; die Zusammengehörigkeit der einzelnen Bruchstücke folgt — eine genügende Zahl verschiedener Teilpeptide vorausgesetzt — daraus, daß sich ihre Strukturen gegenseitig „überlappen". Ausführliche Darstellung vgl. S. 224ff.

Anmerkung. Der stufenweise Abbau von Peptiden vom Carboxylende her ist noch nicht genügend erprobt. Das Abbauverfahren von BERGMANN-ZERVAS[1] ist verlustreich; besser geeignet ist nach eigenen Erfahrungen das von SCHLACK und KUMPF[2] angegebene Verfahren (Überführung des freien Carboxylendes in den Thiohydantoinrest mit Rhodanid in Essigsäureanhydrid). Vgl. auch das analoge Problem der C-Endgruppenbestimmung in Proteinen (S. 291). Auch enzymatische Methoden (Spaltung mit Carboxypolypeptidase) sind in Betracht zu ziehen[3].

221. Vorwiegend Ionenaustausch.

Trennung der Peptidgemische aus Glupein und Clupean an Bleicherden[4]. Die tryptischen Spaltprodukte des Protamins Clupein bzw. des mittels Protaminase aus Clupein gewonnenen Protaminabkömmlings Clupean (je etwa 500 mg $N/100$ cm³) ließen sich durch Adsorption an der säureaktivierten Bleicherde Filtrol-Neutrol ($7 \times 2,5$ cm) und Entwickeln mit $n/15$ Phosphatpuffer p_H 5,6 (200 cm³) bzw. mit $m/3$ Phosphatpuffer des gleichen p_H (350 cm³) mit nahezu quantitativer Ausbeute in insgesamt vier Fraktionen zerlegen ($N:NH_2$ 16,4; 8,6; 9,0; 4,9). Für diese Auslese ist der Arginingehalt der Peptide entscheidend. Nachteilig wirkte sich in diesen älteren Versuchen die große Haftfestigkeit der basischen Peptide an der Bleicherde aus; die Elution gelang erst mit Pyridin:2 n-Schwefelsäure 3:7. Die Verwendung neuerer Austauscherharze (s. unten) würde wohl diese Schwierigkeiten zum Großteil umgehen; anderseits zeigen die silicatischen Adsorbentien beträchtliche Spezifität. — Vgl. die Trennung basischer Peptide aus Lysozym an Kieselgel (FROMAGEOT und Mitarbeiter, S. 231), sowie die Adsorption der Hypophysenhinterlappenhormone Oxytocin und Vasopressin an Kieselsäure[5]; die Elution des ersten Stoffes erfolgte mit verdünnter Essigsäure, die des zweiten mit einer Lösung von Natriumsulfat (25 g), Trimethylcetylammoniumbromid (0,02 g) und Eisessig (1 cm³) in 1 Liter Wasser.

Trennung saurer Peptide an säurevorbehandeltem Aluminiumoxyd. Saure Peptide, wie Glycyl-Glutaminsäure oder Glutathion werden ebenso wie der saure peptidähnliche Wuchsstoff Pantothensäure

$$OH \cdot CH_2 - \overset{\overset{\displaystyle CH_3}{|}}{\underset{\underset{\displaystyle CH_3}{|}}{C}} - CHOH - CO - NH - CH_2 - CH_2 - COOH$$

an anionotropem Aluminiumoxyd festgehalten und durch verdünnte Säuren, noch wirksamer durch verdünnte Alkalien eluiert. Zur Versuchstechnik, vgl. S. 140.

Trennung neutraler Peptide nach Verschiebung der p_K-Werte. Neutrale Peptide lassen sich durch Austauschadsorption nach Maskierung der sauren bzw. basischen Funktion voneinander, von Aminosäuren und Begleitstoffen trennen. Das folgende Schema einer Trennung (Abb. 145) basiert darauf, daß durch Formaldehyd das p_K der Peptide des Glycins, der Oxy- und -Aminosäuren sowie des Cysteins stärker als das dieser Aminosäuren, und deren p_K-Wert wiederum mehr als der aller übrigen Aminosäuren verschoben wird[6].

---

[1] BERGMANN, M., u. L. ZERVAS: J. of Biol. Chem. **113**, 341 (1936).

[2] SCHLACK, P., u. W. KUMPF: Hoppe-Seylers Z. **154**, 125 (1926).

[3] SPINZ, H., u. E. WALDSCHMIDT-LEITZ: Z. physiol. Chem. **293**, 10 (1953); Chymotrypsin, das oft die Carboxypolypeptidase begleitet, kann durch Hemmung mit Diisopropylfluorphosphat ausgeschaltet werden [SANGER, F., u. E. O. P. THOMPSON: Biochemic. J. **53**, 633 (1953).]

[4] WALDSCHMIDT-LEITZ, E., u. F. TURBA: J. prakt. Chem. **156**, 55 (1940). — WALDSCHMIDT-LEITZ, E., J. RATZER u. F. TURBA: J. prakt. Chem. **158**, 72 (1941).

[5] FROMAGEOT, C., R. ACHER u. H. CLAUSER: Biochim. et Biophys. Acta **12**, 424 (1953).

[6] JUTISZ, M., u. E. LEDERER: Nature (Lond.) **159**, 445 (1947).

Die Möglichkeit einer Fraktionierung von Peptidgemischen an modernen *Harzaustauschern* ist anscheinend noch nicht genügend systematisch erprobt worden. STEIN und MOORE stellten bei ihren Untersuchungen zur Ionenaustauschtrennung von Aminosäuregemischen fest, daß an Dowex-50 mit einer Porengröße entsprechend einem „cross linking" von 8% das Dipeptid Glycyl-Leucin einen schmalen und scharfen Gipfel, ähnlich wie die Aminosäuren gibt; das Tetra-Peptid Leucyl-Leucyl-Glycyl-Glycin dagegen gab einen breiteren

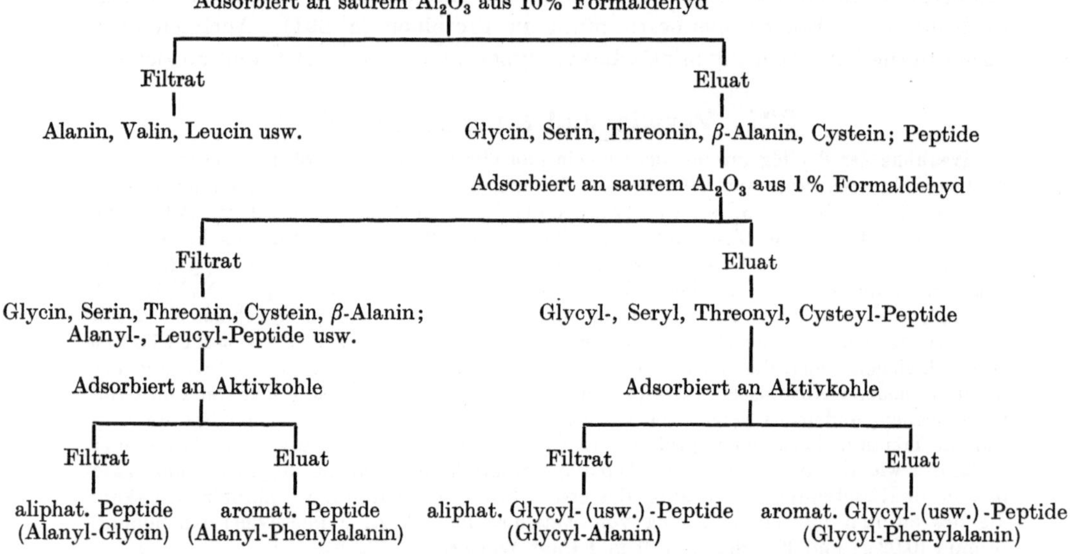

Abb. 145. *Diagramm der Trennung von Peptid- und Aminosäuregemischen in Gruppen auf Grund ihres Verhaltens gegenüber Formaldehyd.* [Nach JUTISZ, M., u. E. LEDERER: Nature (Lond.) **159**, 445 (1947).]

„peak". Die Autoren befürworten für die Trennung höherer Peptide die Verwendung von weniger quervernetzten Austauschern (2—4%), die ihrerseits für Aminosäuretrennungen weniger gut geeignet sind. (Vgl. ferner die Trennung von Alanylserin und Serylalanin am Dowex-50[1].)

Bei der Untersuchung einer Reihe von Peptiden mit neutralen, sauren, basischen und aromatischen Aminosäureresten an zwei sauren (Amberlit IR 100 und Harz IS[2]) und einem basischen Ionenaustauscher (Amberlit IR 4B) fanden BRENNER und BURCKHARDT[3] eine Abhängigkeit der Retention der Peptide von der Ladung, der Anzahl der Aminosäurereste und von der Art ihrer Seitenketten: *Verlängerung der Peptidkette* bewirkt eine geringfügige Verstärkung des Festhaltens an der Säule (Reihenfolge in der Säule von oben nach unten: Glycylglycin → Diglycylglycin; L-Leucylglycin → L-Leucyldiglycin); bei gleichem Molekulargewicht übertrifft wohl die „adsorptions"-verstärkende Wirkung der *Vergrößerung einer Seitenkette* jene einer zusätzlichen Peptidbindung (außer: Glycylglycin → L-Leucylglycin → L-Leucylleucin gilt nämlich: L-Leucylglycin → Diglycylglycin und

---

[1] DOWMONT, Y. D., u. J. S. FRUTON: J. of Biol. Chem. **197**, 271 (1952).

[2] Kationenaustauscher auf Phenol-Formaldehydbasis (SO₃H-Gruppe in γ-Stellung zum aromatischen Kern an einer aliphatischen Seitenkette, der sich durch gute Eluierbarkeit auszeichnet (Darstellung beschrieben bei [3]).

[3] BRENNER, M., u. C. H. BURCKHARDT: Helvet. chim. Acta **34**, 1070 (1951).

L-Leucylleucin → L-Leucyldiglycin); *aromatische Reste* (Tyrosin) verleihen einem Peptid deutlich stärkere Haftfestigkeit (geprüft wurden: Glycyl-L-Tyrosin, L-Leucyl-L-Tyrosin, L-Glutamyl-L-Tyrosin, L-Lysyl-L-Tyrosin). Das Verhalten der Peptide in der Austauschersäule schließt sich also an das der Aminosäuren an.

Jedenfalls scheinen die Chancen zur Trennung von Peptiden auf diesem Weg recht gut zu sein, da nicht allein die polaren, sondern auch die apolaren Gruppen des Moleküls zur Haftung an dem Harz beitragen.

Zur *Vorfraktionierung* von sehr kompliziert zusammengesetzten Peptidgemischen hat sich die Methode des Ionenaustausches bereits ausgezeichnet bewährt. So hat SANGER[1] die bei der partiellen Hydrolyse z.B. der Phenylalanyl-Peptidkette des Insulins entstandenen Peptide außer durch Ionophorese und Adsorption an Aktivkohle nach ihrer Acidität entsprechend ihrem Austauschverhalten gegenüber Amberlite IR 4 B in Gruppen aufgeteilt (vgl. S. 225). Auch BISERTE und BOULANGER[2] fanden bei dem Versuch, ein durch Pepsineinwirkung auf Eialbumin gewonnenes Gemisch einer Vielzahl von Peptiden aufzuteilen, weder Papierchromatographie (wegen der großen Zahl der Komponenten und der Gegenwart hochmolekularer Peptide) noch Ionophorese (wegen mangelnder Selektivität und Einschleppen von Neutralsalz) zufriedenstellend, wogegen sich Filtration durch Ionenaustauscher (Anionenaustauscher: Deacidit; Kationenaustauscher: Zeocarb) neben dem Verfahren der fraktionierten Extraktion durch homologe Alkohole als wirksame Methode erwies.

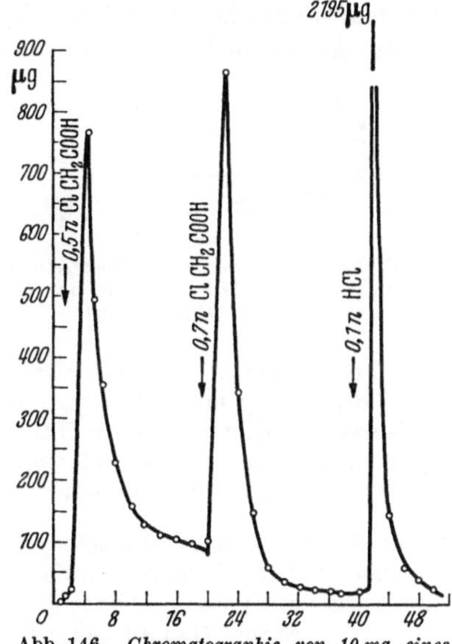

Abb. 146. *Chromatographie von 10 mg eines ACTH - Präparates.* Flußgeschwindigkeit 4 cm³/h, fraktioniert in 2 cm³ Portionen. [J. J. GESCHWIND, J. O. PORATH und CH. H. LI, J. Amer. Chem. Soc. **74**, 2122 (1952).]

Ein ausgezeichneter Austauscher für Peptide ist *Carboxylgruppen-enthaltende Oxycellulose.*

Reinigung von adreno-corticotropem Hormon (ACTH) durch Chromatographie an Oxycellulose. 10 mg eines gereinigten ACTH-Präparates vom Schaf wird durch eine Säule (7 × 115 mm), bestehend aus einer Mischung von 200 mg Oxycellulose (11% Carboxyle enthaltend) und 600 mg Cellulosepulver (Solka Floc) filtriert, dann zuerst mit 40 cm³ 0,3 n-Chloressigsäure, dann mit 40 cm³ 0,7 n-Chloressigsäure, schließlich mit 20 cm³ 0,1 n-Salzsäure entwickelt; die Flußgeschwindigkeit betrug 4 cm³ je Stunde. Abb. 146 zeigt das Auftreten von drei Fraktionen, von denen nur die zweite aktiv war (GESCHWIND, PORATH, LI[3]).

222. Vorwiegend Additionsadsorption.

An Aktivkohle lassen sich nach der Methode von TISELIUS-CLAESSON Peptide infolge ihrer stärkeren Adsorbierbarkeit häufig von Aminosäuren trennen (vgl. die Retentionsvolumina in Abb. 101).

[1] SANGER, F., u. H. TUPPY: Biochemic. J. **49**, 464 (1951).
[2] BISERTE, G., u. P. BOULANGER: Bull. Soc. Chim. Biol. **32**, 601 (1950).
[3] GESCHWIND, J. J., J. O. PORATH u. CH. H. LI: J. Amer. Chem. Soc. **74**, 2122 (1952).

Trennung eines Gemisches von Leucyl-Glycin und Leucyl-Diglycin durch Verdrängungsentwicklung[1]. Verdränger 0,25% Phenollösung, Adsorbens Carboraffin (Abb. 147).

Trennung eines Gemisches von Leucyl-Glycin und Leucin durch Elutionsentwicklung[2]. Je 10 mg Substanz, adsorbiert an 0,7 g blausäureinaktivierter Tierkohle „Merck"; Elution des Leucins mit Wasser („tailing"), des Peptids mit Pyridin-Eisessig. Vgl. ferner die Elutionsanalyse von Alanyl-Glycin und Alanyl-Diglycin[4] (Abb. 148).

Ein aromatischer Rest im Peptidmolekül erhöht die Adsorbierbarkeit analog wie im Fall aromatischer gegenüber aliphatischen Aminosäuren. *Hierin liegt, praktisch gesehen, der größte Vorteil der Adsorption an Kohle gegenüber anderen Verfahren*[3].

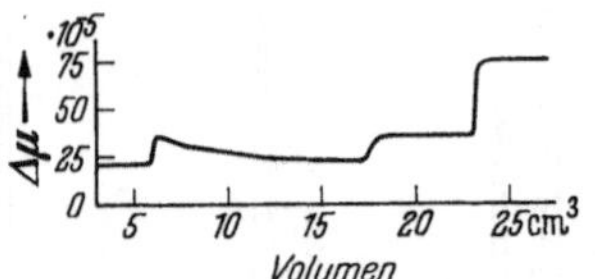

Abb. 147. *Verdrängungsentwicklung eines Gemisches von Leucyl-Glycin und Leucyl-Diglycin an Kohle,* Verdränger 0,25% Phenol.

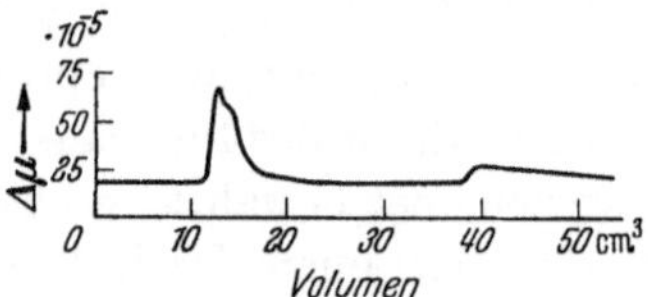

Abb. 148. *Elutionsentwicklung eines Gemisches von Alanyl-Glycin und Alanyl-Diglycin an Kohle.*

Vgl. dazu: *Trennung aromatischer von aliphatischen Dipeptiden an der Aktivkohle Activit* 50 *XP* (gereinigt mit 20% Essigsäure, partiell inaktiviert mit Ephedrin); Elution mittels Äthylacetat-gesättigtem Wasser (Tabelle 51)[4].

Tabelle 52 zeigt die Adsorbierbarkeit (Retentionsvolumina cm^3/g) für 0,1% wäßriger Lösungen von Aminosäuren, aliphatischen und aromatischen Peptiden. Der Vergleich der Werte für unbehandelte und für Stearinsäure-beladene Aktivkohle (2% Stearinsäure = St 2, 6% Stearinsäure = St 6) zeigt, daß die Adsorption aliphatischer Verbindungen durch die Behandlung stärker (40—55%) herabgedrückt wird als die der Aromaten (18—27%); auf diese Weise wird die

Tabelle 51. *Trennung aliphatischer und aromatischer Peptide an Aktivkohle* (Activit 50 XP, vorbehandelt mit 20% Essigsäure, belegt mit Ephedrin). [Nach Jutisz, M., u. E. Lederer: Nature (Lond.) **159**, 445 (1947).]

Peptid	% im Filtrat	Peptid	% im Filtrat
Leucylglycin. .	100,8	Leucyltyrosin. . .	96,8
Glycylleucin. .	98,3	Glycyltyrosin. . .	99,8
Alanylglycin. .	99,8	Alanylphenylalanin	100,4

Selektivität einer Gruppentrennung erhöht, die Spezifität innerhalb der Gruppen aber nicht wesentlich geändert. Außerdem bewirkt die Vorbehandlung eine Begradigung der Adsorptionsisothermen, wohl wegen der Blockierung ausnehmend aktiver Zentren (vgl. Abb. 149), und als Folge weniger starkes „tailing" bei der Elution dieser stark adsorbierten Stoffe[5].

---

[1] Tiselius, A.: The Svedberg 1884/1944, S. 376.

[2] Turba, F., M. Richter u. F. Kuchař: Naturwiss. **31**, 508 (1943).

[3] Während sich bei der Verteilungschromatographie Tryptophanpeptide von entsprechenden Leucin- oder Valinverbindungen wenig unterscheiden [Consden, R., A. H. Gordon u. A. J. P. Martin: Biochemic. J. **41**, 590 (1947)]; S. Moore und W. H. Stein [Ann. New York Acad. Sci. **49**, 265 (1948)], führt die Einführung eines aromatischen Restes zur starken Erhöhung der Adsorbierbarkeit an Aktivkohle: Glycyl-Glycin < Leucyl-Glycin < Glycyl-Tryptophan, Leucyl-Tryptophan < Tryptophyl-Tryptophan (vgl. Tabelle 52). Auch an Papier (und Stärke) findet aus wäßrigen Lösungen Adsorption von Tryptophan und Tryptophanpeptiden statt (R_F-Werte für Tryptophan 0,6—0,7, für Tryptophyl-Tryptophan 0,25—0,45 [länglicher Fleck], für Monoamino-monocarbonsäuren 1,0); Doch ist für den praktischen Gebrauch störend, daß schon der Zusatz von Äthanol (zur Löslichkeitserhöhung für manche Peptide notwendig) *den Adsorptionseffekt nach einem Verteilungseffekt hin verschiebt:* beim Übergang von Wasser zu 60% Äthanol tauschen Tryptophan und Tryptophyl-Tryptophan die Reihenfolge im Papierchromatogramm.

[4] Jutisz, M., u. E. Lederer: Nature (Lond.) **159**, 445 (1947).

[5] Synge, R. L. M., u. A. Tiselius: Acta chem. scand. (Københ.) **3**, 231 (1949).

Tabelle 52. *Retentionsvolumina von Aminosäuren und aliphatischen sowie aromatischen Peptiden an unbehandelter und stearinsäure-beladener Aktivkohle 2%; (6%).*
[Nach SYNGE, R. L. M., u. A. TISELIUS: Acta chem. scand. (København.) 3, 231 (1949).]

Aktivkohle	St 2	% des Retentionsvolumens mit unbehandelter Aktivkohle	St 6	% des Retentionsvolumens mit unbehandelter Aktivkohle
Aliphatische usw. Aminosäuren				
Glycin	0,9	0,6	67	—	—
DL-Alanin	1,1	—	—	—	—
DL-Valin	9,3	—	—	—	—
DL-Leucin	27	19,9	74	13,7	51
L-Prolin	5,4	—	—	—	—
Aliphatische Peptide				
Glycylglycin	5,3	—	—	3,2	60
Glycylglycylglycin	30	23	77	14	47
Glycyl-DL-Alanin.	7,4	—	—	—	—
DL-Alanylglycin	8,9	—	—	—	—
Glycyl-DL-Valin	25	—	—	12,6	50
DL-Valylglycin	40	—	—	18	45
Glycyl-DL-Leucin	60	—	—	32	53
DL-Leucylglycin	68	51,5	76	37	54
D-Leucylglycylglycin	96	—	—	—	—
Aromatische Verbindungen				
DL-Phenylalanin	155	—	—	—	—
L-Tryptophan	235	177	75	171	73
L-Tryptophan (als Hydrochlorid).	—	—	—	187	—
Glycyl-L-tryptophan	300	246	82	222	74
D-Leucyl-L-Tryptophan	258	—	—	212	82
Tryptophyltryptophan (als Hydrochlorid) .	—	—	—	290	—
Phenol	172	—	—	137	80

Als *Verdränger* und *Eluentien* eignen sich im Fall von Tryptophanpeptiden wäßriges *Phenol* (Abb. 150, Tabelle 52) sowie besonders *kationische Netzmittel* (z. B. Cetyl-Pyridium-

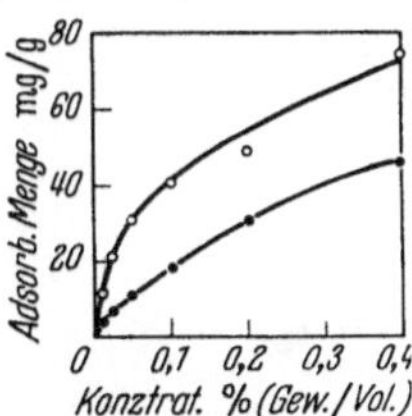

Abb. 149. *Adsorptionsisothermen für wäßrige Lösungen von Valylglycin an Aktivkohle vor und nach Behandlung mit Stearinsäure.* ○ Unbehandelte, ● mit 6% Stearinsäure beladene Aktivkohle.

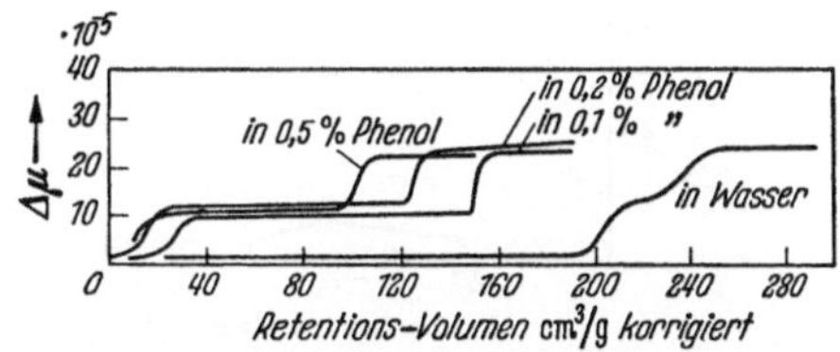

Abb. 150. *Frontanalysendiagramm einer 0,1%igen Lösung von Glycyl-1-tryptophan an Aktivkohle* in Gegenwart von Wasser und verschiedenen Konzentrationen an Phenol. [Nach R. L. M. SYNGE und A. TISELIUS, Acta chem. scand. (København.) 1, 685 (1947).]

bromid); die Elution von Tryptophyl-Tryptophan gelang allerdings auch mit dem letzteren nicht, was auf eine Grenze der Methode hinweist.

Trennung der antibiotisch wirksamen Peptide aus B. brevis („Tyrocidin"). Die Verschiedenheit des Gehalts an aromatischen Aminosäuren, besonders Tryptophan, ist das ausschlaggebende Kriterium für die Fraktionierung des Antibioticums Tyrocidin in seine Komponenten durch Additionsadsorption an Aktivkohle (SYNGE und TISELIUS[1]); vgl. Abb. 151.

---

[1] SYNGE, R. L. M., u. A. TISELIUS: Acta chem. scand. (København.) 1, 685 (1947).

Trennung der durch Oxydation gewonnenen Insulinpeptide durch Frontanalyse[1]. Die durch Oxydation mit Perjodsäure gewonnenen Insulinpeptide mit einem Molekulargewicht um 3000 lassen sich an Aktivkohle fraktionieren: Abb. 152 zeigt das Auftreten von vier Stufen als Ergebnis der interferometrischen Messung nach Frontanalyse einer 0,2%igen Lösung des ursprünglichen Gemisches der Spaltprodukte an einem Filter von 875 π mm³ Aktivkohle; die frontallaufende Fraktion enthielt fast ausschließlich Glycyl-, aber keine Phenylalanyl-Endreste (vgl. auch S. 225).

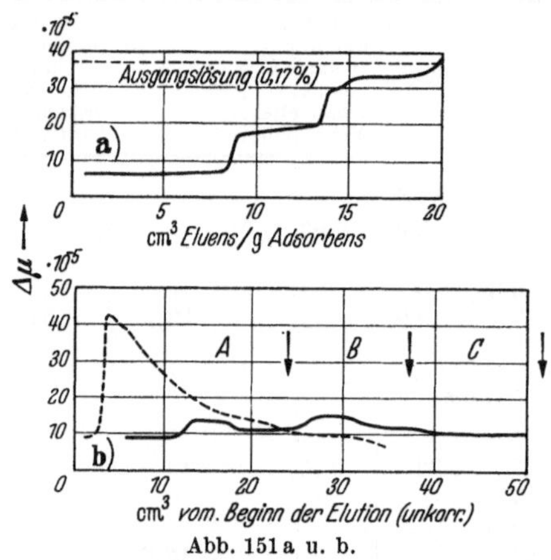

Abb. 151a u. b.

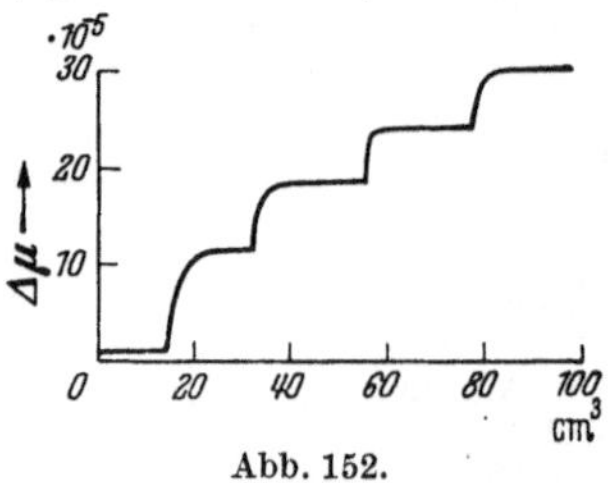

Abb. 152.

Abb. 151a u. b. *Adsorptionsanalyse von Thyrocidinhydrochlorid an Aktivkohle.* a *Frontanalyse* einer 0,17%igen Thyrocidinhydrochloridlösung in Äthanol an Aktivkohle. b Ausgezogene Linie: 15 mg Thyrocidinhydrochlorid in 7 cm³ Äthanol an 2,12 g Kohle; gestrichelte Linie: 52 mg Thyrocidinhydrochlorid in 3,3 cm³ Äthanol an 1,91 g Kohle (überladen). *Elutionsentwicklung* mit Äthanol. A (18% Gesamt-N): Komponente I, wenig II; ziemlich tryptophanfrei, ähnlich Gramicidin S; B (16% Gesamt-N): Komponente II tryptophanhaltig; C (12% Gesamt-N): Komponente II, wenig III tryptophanhaltig. [Nach R. L. M. SYNGE und A. TISELIUS, Acta chem. scand. (København.) 1, 685 (1947).]

Abb. 152. *Frontanalyse von oxydiertem Insulin an Aktivkohle.* 0,2%ige Lösung des perjodsäureoxydierten Insulins, Filter 875 II mm³. [Nach A. TISELIUS und F. SANGER, Nature (Lond.) 160, 433 (1947).]

Adsorption der adrenocorticotropen Peptide[2] *aus Hypophysenvorderlappen*[3]. *Darstellung der ACTH-Peptide.* 100 mg des aus Schafshypophyse nach Li und Mitarbeitern dargestellten Hormonproteins, gelöst in 20 cm³ 0,05 n-Salzsäure, wurde mit kristallisiertem Pepsin 4—5 Std bei 37,4° gehalten und dann die Enzymaktivität durch 3 min dauerndes Erhitzen auf 80° zerstört (Abbau des Hormons zu 50%). Nach Ausfällen des Proteins mit Trichloressigsäure

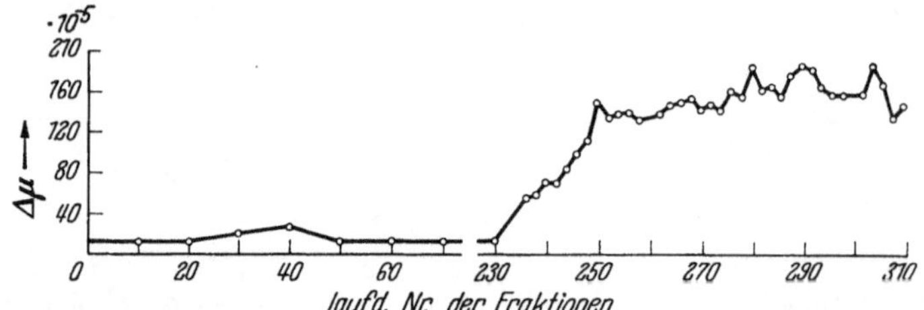

Abb. 153. *Verdrängungsentwicklung von ACTH-Peptiden* (250 mg); Verdränger 0,1% Zephirolchlorid; Adsorbens: Carboraffin Supra: Super Cel = 1:3; Säule bestehend aus „6 Einheiten" (je 1570 cm³ mit „Mischraum"). [Nach CH. H. LI, A. TISELIUS, K. O. PEDERSEN, L. HAGDAHL, H. CARSTENSEN, J. of Biol. Chem. 190, 317 (1951).]

und deren Extraktion mit Äther wurde die Lösung lyophilisiert. Die durchschnittliche Peptidlänge (N:NH₂) betrug 7—9 Aminosäurereste, das durchschnittliche Molekulargewicht betrug um 1200. Die beteiligten Aminosäurebausteine (zweidimensionale Papierchromatographie

---

[1] TISELIUS, A., u. F. SANGER: Nature (Lond.) 160, 433 (1947).

[2] Zum Unterschied von den übrigen Proteohormonen des Hypophysenvorderlappens, bei denen das ganze Proteinmolekül für die physiologische Wirkung notwendig scheint, führt Pepsinabbau bei adrenocorticotropem Hormon (MG etwa 20000) nicht zu Inaktivierung: die hormonale Aktivität wird in den Peptidspaltstücken gefunden.

[3] LI, CH. H., A. TISELIUS, K. O. PEDERSEN, L. HAGDAHL u. H. CARSTENSEN: J. of Biol. Chem. 190, 317 (1951).

mit Phenol/Lutidin) waren: Asparaginsäure, Glutaminsäure, Lysin, Arginin, Serin, Glycin, Threonin, Alanin, Tyrosin, Histidin, Valin, Tryptophan, Prolin, Leucin, Phenylalanin.

Trennung der ACTH-Peptide. 250 mg des Gemisches von Peptiden mit adrenocorticotroper Wirkung in 10,5 cm³ 0,5 n-Salzsäure wurden in die Säule (Aktivkohle „Carboraffin Supra"-Hyflow Super Cel Kieselgur 1:3 in sechs Schichten zu je 1500 mm³ eingefüllt) gepreßt und

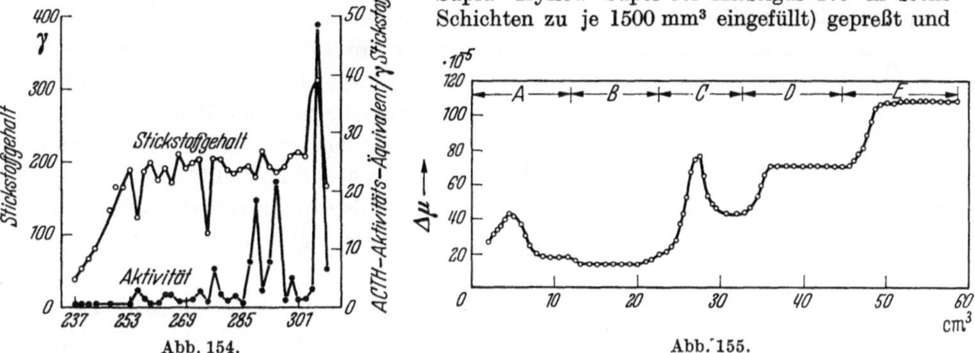

Abb. 154.   Abb. 155.

Abb. 154. *Stickstoff- und Aktivitätsverteilung in den einzelnen Fraktionen der in Abb. 153 dargestellten Verdrängungsanalyse von ACTH-Peptiden.*

Abb. 155. *Trägerverdrängung von ACTH-Peptiden (50 mg) an Carboraffin: Super Cel 1:3.* Versuchsbedingungen siehe Text!

mit 1% Alcyldimethylbenzylammoniumchlorid (Zephirol) in 0,1 n-Salzsäure entwickelt. Die optische Registrierung der Konzentration des Eluats (Messungen im Interferometer nach TISELIUS-CLAESSON) zeigt die Kurve in Abb. 153. Die letzten 20 Fraktionen zeigten die höchste biologische Wirkung (Abb. 154).

Zur *Trägerverdrängung* wurden 50 mg der Peptide an einer Carboraffin-Supercelsäule (1:3), bestehend aus sechs „Elementen" (6280 + 3140 + 1570 + 1570 + 785 mm) mit Octylalkohol (C), Nonylalkohol (D) und Decylalkohol (E) verdrängt; die Fraktionen A und B entsprechen der Elution durch das Lösungsmittel selbst (Abb. 155).

In ähnlicher Weise wurde der durch Papierchromatographie gewonnene, im verwendeten

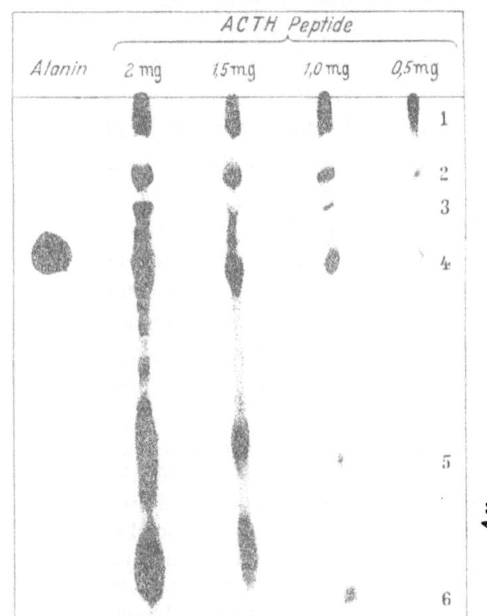

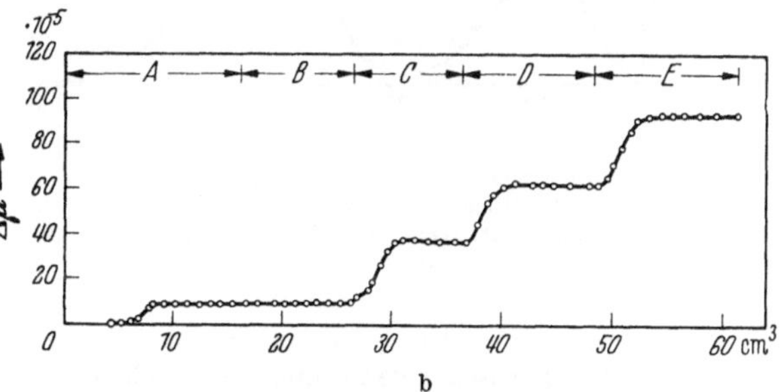

Abb. 156a u. b. *Papierchromatographie* verschiedener Mengen der ACTH-Peptide; eindimensional, Whatman Nr. 4, Lösungsmittel: Butanol:10% Essigsäure. b *Trägerverdrängung der Substanz in Fleck 1* des nebenstehend wiedergegebenen Papierchromatogramms. Versuchsbedingungen wie in Abb. 155.

Lösungsmittel (Butanol-Essigsäure) praktisch unbewegliche Peptidfleck (Nr. 1 in Abb. 156a), der als einziger ACTH-aktiv war, nach Elution einer Trägerverdrängung unterworfen; Fraktion E mit nur 18% des Ausgangsmaterials enthielt die gesamte Aktivität (Abb. 156b). Hier erweist sich also die Trägerverdrängung als selektiver gegenüber der verwandten

Form der Papierchromatographie, da alle nach der ersteren Methode gewonnenen Fraktionen A bis E im Chromatogramm den gleichen R_F-Wert (nahezu 0) hatten.

Die *Grenzen der Leistungsfähigkeit der Kohleadsorption* zeigt Abb. 157 deutlich, in der die Unvollkommenheit der Auflösung komplizierter Peptidgemische (trypsinverdautes Casein, pepsinverdautes Eialbumin) ohne vorangegangene

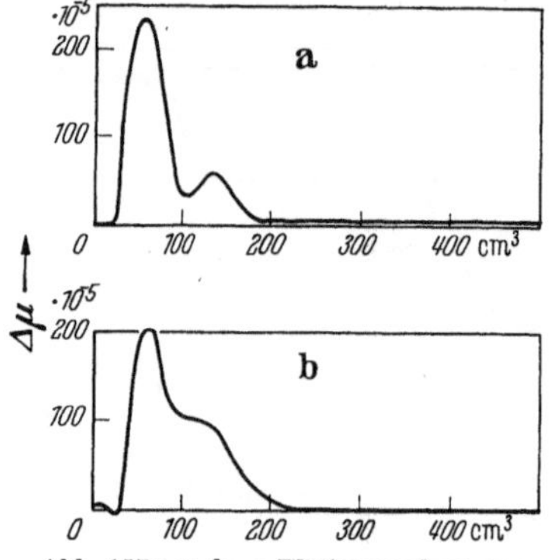

Vorfraktionierung in Erscheinung tritt: mit steigendem Molekulargewicht werden die Unterschiede der Adsorbierbarkeit der Peptide kleiner, die Eluierbarkeit infolge irreversibler Adsorption unvollkommener, während schließlich die Makromoleküle der Eiweißstoffe durch sterische Hinderung schlecht oder gar nicht festgehalten werden.

Abb. 157a u. b. *Elutionsanalyse partieller Proteinhydrolysate an Carboraffin C.* a 1,6 g Trypsinverdautes Casein; b 1,5 g pepsinverdautes Eialbumin. Filter: 20000 + 5000 + 1250 Π. [Nach S. CLAESSON, Ark. Kem., Mineral. Geol., Ser. A **21**, 8 (1947).]

Auch bei Verwendung *anderer Adsorbentien* als Aktivkohle spielt gelegentlich die Additionsadsorption eine wichtige Rolle, namentlich bei Adsorption aus wasserfreien Lösungsmitteln.

So trennen sich z.B. an Stärke aus wassergesättigtem n-Butanol die isomeren Peptide Leucyl-Glycin und Glycyl-Leucin (Abb. 158); das macht eine vorwiegende Beteiligung von Adsorptionsvorgängen wahrscheinlich. Auch an Aluminiumoxyd sind Trennungen ausgeführt worden, die in diesem Zusammenhang zu erwähnen sind: es handelt sich dabei um peptidähnliche, aber in organischen Solventien auf Grund ihrer besonderen (z.B. cyclischen) Struktur, bei denen aus diesem Grund eine Trennung durch Additionsadsorption möglich ist. Vgl.

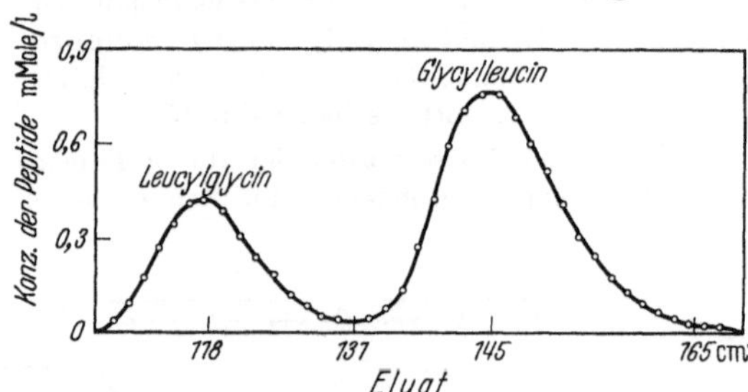

Abb. 158. *Trennung von Leucylglycin und Glycylleucin an einer Stärkesäule* (Höhe 15 cm) *aus n-Butanol/Wasser.* [Nach ST. MOORE und W. H. STEIN, Ann. New York Acad. Sci. **49**, 277 (1948).]

die Reinigung der Knollenblätterpilz-Giftstoffe Phalloidin, α- und β-Amanitin, der Mutterkornalkaloide (Ergotoxin, Ergotamin, Ergotaminin), verschiedener peptidähnlicher Antibiotika (Penicillin) an Aluminiumoxyd usw.

Bei diesen Stoffen handelt es sich um Verbindungen, die *eine von normalen Peptiden abweichende Struktur* haben, sei es, daß sie wie die Giftstoffe des Knollenblätterpilzes Ringstruktur besitzen, sei es, daß sie die Aminosäurebausteine nicht mehr in unveränderter Form enthalten, sondern zum Teil aus deren Ab- und Umbauprodukten bestehen, und so eine Mittelstellung zwischen den echten, hochmolekularen Eiweißwirkstoffen und den eigentlichen Alkaloiden bilden. Die Verteilungschromatographie, bzw. Gegenstromverteilung (CRAIG) ist bei diesen Verbindungen im allgemeinen leistungsfähiger als die Adsorption; doch können auch mit der letzteren Methode eindrucksvolle Resultate erzielt werden, wie aus folgenden Beispielen hervorgeht.

Trennung und Reinigung von Mutterkornalkaloiden. Beim Durchlaufen einer Lösung des Gesamtalkaloids in Chloroform durch eine Aluminiumoxydsäule gehen zunächst Ballaststoffe ab; in den folgenden, rechtsdrehenden Anteilen ist *Ergotinin* (Aminosäurekomponenten:

L-(+)-Prolin, L-(—)-Phenylalanin, ferner Isobutyrylameisensäure) enthalten, das aus diesen kristallisiert erhalten werden kann; später folgen linksdrehende Anteile, die das Isomere *Ergotoxin* enthalten; auch dieses kann (aus Benzol) kristallisiert gewonnen werden[1]. — Beim Chromatographieren eines Gemisches von *Ergotamin* und *Ergotaminin* aus Chloroform an einer Aluminiumoxydsäule erscheint das letztere zuerst im Filtrat (KOFLER[2]). D-*Lysergsäure*-D-*Propanolamid -(2)* und D-*Isolysergsäure*-D-*Propanolamid* trennten STOLL und HOFMANN[3] an einer Säule von BROCKMANNschem Aluminiumoxyd aus Chloroform + 1% Alkohol: das Fortschreiten der Zonentrennung war im UV zu verfolgen. Das D-Isolysergsäurederivat, das rascher ins Filtrat wanderte, kristallisierte direkt aus Aceton, das D-Lysergsäure-D-Propanolamid nach Elution mit Alkohol als saures Oxalat. (Ähnliches Verhalten zeigen die D-nor-ω-Ephedride der D-Lysergsäure.)

Penicillin kann aus Äther an Aluminiumoxyd (am besten frisch durch Hydrolyse von Aluminiumamalgam bereitet[4]), aus proteinfreien Lösungen an Fullererden oder Aktivkohle adsorbiert werden; im letzteren Fall eluiert man mit wäßrigem Amylacetat, 80% Aceton, Äthanol, Methanol oder Pyridin[5]. Diese Methoden eignen sich weniger zur Gewinnung reinster Präparate, als zur Anreicherung und Wiedergewinnung aus Nährlösungen usw.

223. Vorwiegend Verteilung.

Die wichtigste Anwendung der Verteilungschromatographie, für die man ursprünglich die Methode entwickelte, ist die Fraktionierung von Peptiden aus partiellen Proteinhydrolysaten oder von Naturstoffen mit Peptidstruktur.

2231. Peptide als Produkte des partiellen Abbaues von Proteinen oder proteinähnlichen Stoffen (höheren Peptiden) sowie synthetische Peptide.

Die Trennung der Acetylderivate von Peptiden aus teilweise hydrolysierter Gelatine[6] ist das erste Beispiel der Isolierung mehrerer einheitlicher Komponenten auf diesem Weg. Tabelle 53 zeigt die R_F-Werte einer Reihe von acetylierten Peptiden in verschiedenen Lösungsmitteln.

Tabelle 53. *R_F-Werte von Acetylpeptiden in verschiedenen Lösungsmitteln.*
[Nach GORDON, A. H., A. J. P. MARTIN u. R. L. M. SYNGE: Biochemic. J. **37**, 92 (1943).]

Lösungsmittel	Butanol-Chloroform		Propanol-Cyclohexan		Äthylacetat
	1%	17%	5%	30%	
Ac-Leucyl-Leucin	1,0	schnell	—	—	schnell
Ac-Leucyl-Glycin, Ac-Glycyl-Leucin	0,04	0,6	0,04	1,0	0,5
Ac-Glycyl-Glycin	langsam	0,04	—	—	0,06

Von großer Bedeutung ist die Verteilungstrennung an Kieselgelsäulen für DNP-Peptide (s. S. 287).

---

[1] SANDOZ: DRP. 627027.

[2] KOFLER, A.: Angew. Chem. **52**, 251 (1939).

[3] STOLL, A., u. A. HOFMANN: Helvet. chim. Acta **26**, 944 (1943).

[4] ABRAHAM, E. P., W. BAKER, E. CHAIN, H. W. FLOREY, E. R. HOLIDAY u. R. ROBINSON: Nature (Lond.) **149**, 356 (1942); vgl. ABRAHAM, E. P., u. E. CHAIN: Brit. J. Exper. Path. **23**, 103 (1942).

[5] CLAYTON, J. C., B. A. HEMS, F. A. ROBINSON, R. D. ANDREWS u. R. F. HUNWICKE: Biochemic. J. **38**, 452 (1944).

[6] Vgl. zur Trennung von partiellen Gelatinehydrolysaten auch HEYNS, K., u. G. ANDERS: Hoppe-Seylers Z. **287**, 109 (1951).

Tabelle 54. *R_F-Werte einiger Peptide auf Whatman Nr.1, 25°, sowie der am Aufbau beteiligten Aminosäuren unter gleichen Bedingungen.*

Peptide	Phenol: Wasser	Pyridin: Isoamylalkohol	Ninhydrinfarbe
L-Leucyl-Hexa-Glycin		0,17	purpur
Glycyl-L-Asparaginsäure	0,09	0,04	gelb
DL-Asparagyl-Glycin	0,14	0,04	rosa
Glycyl-DL-Asparagyl-Diglycin	0,15	0,04	gelb
L-Seryl-L-Serin	0,25	0,11	gelb
L-Leucyl-L-Asparaginsäure	0,37	0,11	purpur
L-Leucylglycyl-L-Asparaginsäure	0,46	0,10	purpur
L-Leucyl-Glutaminsäure	0,48	0,12	purpur
Tri-Glycin	0,48	0,08	gelb
Glycyl-L-Tyrosin	0,55	0,27	gelb
Tetra-Glycin	0,57	0,07	gelb
Glycyl-L-Tyrosyl-Glycin	0,57	0,26	gelb
DL-Alanyl-Glycin	0,58	0,12	purpur
D-Alanyl-Glycyl-Glycin	0,63	0,11	purpur
L-Alanyl-L-Alanin	0,66	0,15	purpur
Leucyl-Cystin	0,69	0,34	purpur
Glycyl-L-Tryptophan	0,70	0,34	gelb
Glycyl-L-Leucin	0,72	0,29	gelb
Glycyl-L-Asparaginyl-L-Leucin	0,73	0,19	gelb
DL-Alanyl-DL-Leucin	0,76	0,34	purpur
DL-Leucylglycin	0,78	0,31	purpur
Phenylglycyl-DL-Alanin	0,80	0,32	purpur
Glycyl-L-Alanyl-Glycyl-L-Tyrosin	0,81	0,26	gelb
Triglycyl-Glycin-Amid	0,82	0,15	gelb
DL-Leucyl-DL-Alanin	0,82	0,37	purpur
Leucyl-Alanyl-Glycin	0,86	0,28	purpur
L-Leucyl-D-Leucin	0,87	0,54	purpur
DL-Leucylglycyl-DL-Alanin	0,87	0,29	purpur
DL-Leucylglycylglycylglycin	0,90	0,24	purpur
Leucyl-Alanyl-Alanin	0,94	0,34	purpur
L-Alanyl-Glycyl-Glycyl-L-Alanyl-Glycyl-Glycin	0,94	0,09	purpur
L-Leucyl-L-Histidin	0,95	0,31	purpur
L-Leucylglycyl-L-Leucin	0,96	0,51	purpur
L-Prolyl-L-Phenylalanin	0,97	0,39	gelb

Aminosäure	Phenol: Wasser	Pyridin: Isoamylalkohol
L-Asparaginsäure	0,13	0,07
L-Cystin	0,22	0,03
L-Glutaminsäure	0,29	0,07
DL-Serin	0,31	0,12
L-Asparagin	0,37	0,10
Glycin	0,40	0,11
L-Lysin	0,46	0,07
DL-Threonin	0,49	0,16
L-Arginin	0,54	0,09
L-Tyrosin	0,58	0,36
DL-Alanin	0,59	0,17
L-Histidin	0,66	0,14
DL-Tryptophan	0,75	0,40
DL-Valin	0,79	0,27
DL-Methionin	0,79	0,30
L-Leucin	0,82	0,37
DL-Isoleucin	0,83	0,36
DL-Phenylalanin	0,84	0,39
L-Prolin	0,88	0,19

Noch leistungsfähiger als die Trennung substituierter Peptide ist meist die direkte Fraktionierung *unsubstituierter Peptide* im Verteilungschromatogramm. Tabelle 54 zeigt die R_F-Werte einer großen Zahl einfacher Peptide in Phenol-Wasser bzw. Pyridin-Isoamylalkohol, sowie zum Vergleich die R_F-Werte für die am Aufbau beteiligten Aminosäuren, die unter gleichen Bedingungen gewonnen sind. Eine ungefähre Berechnung der R_F-Werte für Peptide (mittlere Abweichung $\pm 0{,}05\ R_F$) gelingt nach A. B. PARDEE[1] nach der Formel:

$$R\,T \cdot \ln\left(\frac{1}{R_F} - 1\right)_{\text{Peptid}} = (n-1)\,A + B + \sum R\,T \cdot \ln\left(\frac{1}{R_F} - 1\right)_{\text{Aminosäure}}.$$

Seien L und S die Volumina der beweglichen und stabilen Phase, und $\alpha = \dfrac{L}{S}\left(\dfrac{1}{R_F} - 1\right)$ der Verteilungskoeffizient (vgl. S. 9), sei ferner ΔF^0 die aufzuwendende Arbeit, um 1 Mol des betreffenden Stoffes aus der wäßrigen in die organische Lösungsmittelphase überzuführen, so gilt

$$\Delta F^0 = R\,T \ln \alpha = R\,T \ln \frac{L}{S}\left(\frac{1}{R_F} - 1\right).$$

Zerlegt man die Gesamtarbeit in Teilarbeiten für die einzelnen Gruppen des Moleküls $\Delta F^0 = \sum F^0_{RP}$ (Arbeit für n-Aminosäurereste des Peptids) $+ \Delta F^0_{CONH}$ (Arbeit für $(n-1)$ Peptidbindung) $+ \Delta F^0_{P\,COO^-} + \Delta F^0_{P\,NH_3^+}$ (Arbeit für die endständige Carboxyl- und Aminogruppe), so folgt:

$$\Delta F^0_P = R\,T \ln \frac{L}{S}\left(\frac{1}{R_F} - 1\right)_P = n - 1\ \Delta F^0_{CONH} + \Delta F^0_{P\,COO^-} \Delta F^0_{P\,NH_3} + \sum \Delta F^0_{RP}$$

für das Peptid, und für die am Aufbau beteiligten n-Aminosäuren:

$$\Delta F^0_A = \sum R\,T \ln \frac{L}{S}\left(\frac{1}{R_F} - 1\right)_A = n\,\Delta F^0_{A\,COO^-} + n\,\Delta F^0_{A\,NH_3} + \sum \Delta F^0_{RA}.$$

Setzt man $\Delta F^0_{RP} = \Delta F^0_{RA}$, so folgt weiter:

$$R\,T \ln\left(\frac{1}{R_F} - 1\right)_P = (n-1)\,A + B + \sum R\,T \ln\left(\frac{1}{R_F} - 1\right)_A \quad \text{(s. oben!),}$$

wobei die Konstante A die ΔF^0 der COO^-, NH_3^+ und CONH-Gruppen, sowie die Ausdrücke L/S einschließt, während B ein Korrekturfaktor der freien Endgruppen bedeutet. Trägt man daher den Ausdruck:

$$R\,T \ln\left(\frac{1}{R_F} - 1\right)_P - \sum R\,T \ln\left(\frac{1}{R_F} - 1\right)_A \quad \text{gegen die Zahl der Peptidbindungen auf}$$

(Abb. 159), so erhält man eine Gerade mit der Neigung A.

Für Phenol:Wasser fand man: $A = -\ 460$ cal/Mol, $B = +\ 460$ cal/Mol.

Für Pyridin:Isoamylalkohol: $A = -1200$ cal/Mol, $B = +\ 300$ cal/Mol.

Das englische Team in Leeds hat eine Reihe kleinerer Peptide aus unvollständig hydrolysierten Proteinen bzw. aus höhermolekularen Peptiden auf diesem Weg isoliert und nach der oben angegebenen Methode (s. S. 205) identifiziert. So erhielten diese Autoren aus Gramicidin S die in Tabelle 55 zusammengestellten vier Di- und zwei Tripeptide[2]; da keine freie α-Aminogruppe im Gramicidin S vorhanden ist (vgl. S. 205), handelt es sich um ein Cyclopeptid, in dem (auf Grund seines Molekulargewichtes) die durch die nachstehend angeführten experimentellen Ergebnisse wahrscheinlich gemachte Aminosäurefolge: L-Valyl-L-Ornithyl-L-Leucyl-D-Phenylalanyl-L-Prolyl zweimal vorkommen dürfte.

[1] PARDEE, A. B.: J. of Biol. Chem. **190**, 757 (1951).

[2] CONSDEN, R., A. H. GORDON u. A. J. P. MARTIN: Biochemic. J. **41**, 590 (1947).

Die entscheidenden Versuche wurden mit insgesamt 10 mg Gramicidin S ausgeführt. Zur partiellen Hydrolyse wurde eine 1,2%ige (Gew./Vol.) Lösung von Gramicidin in Eisessig:10 n-Salzsäure 1:1 bei 37° aufbewahrt und die Spaltung mittels der Ninhydrinmethode, bzw. mit salpetriger Säure nach VAN SLYKE bestimmt. Abb. 160 zeigt ein typisches Bild des zweidimensionalen Papierchromatogramms, in dem trotz starken „tailings" die Peptide deutlich getrennt sind; die Aminosäurezusammensetzung der Flecken vor und nach Desaminierung, sowie die sich auf diesem Weg ergebende Zusammensetzung der Peptide geht aus Tabelle 55 hervor.

Zu ähnlichen Untersuchungen am *Polypeptid-Tyrocidin* (festgestellte Aminosäurefolgen: Valyl-Ornithyl-Leucyl- und Asparagyl-Glutamyl-Tyrosyl) vgl. [1]. SYNGE [2] fand bei der Auftrennung eines partiellen Hydrolysats aus *Gramicidin* in größerem Maßstab an

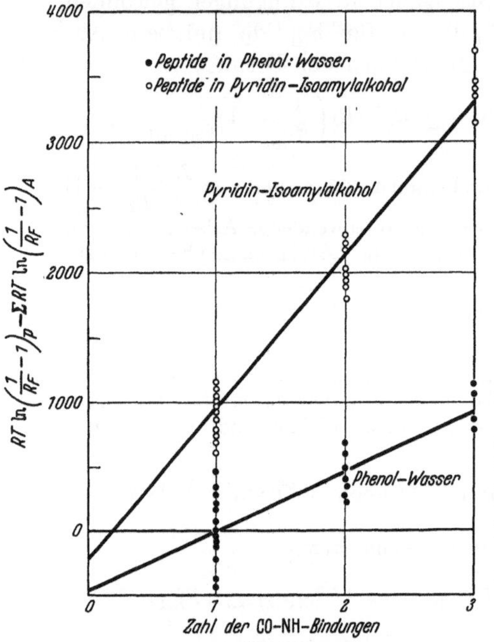

Abb. 159.

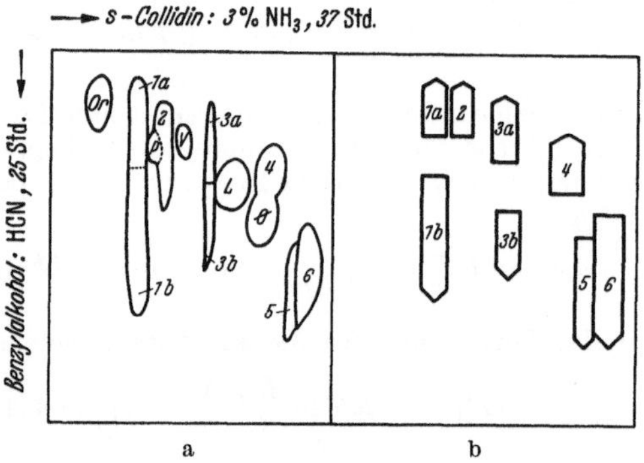

Abb. 160a u. b.

Abb. 159. Diagramm für die Berechnung der R_F-Werte von Peptiden aus den entsprechenden Daten der am Aufbau beteiligten Aminosäuren.

Abb. 160a u. b. a *Diagramm der Lokalisierung von Aminosäuren und Peptiden im Papierchromatogramm eines 58 Tage-Partialhydrolysats von Gramicidin S.* b *Form der Papierausschnitte im Parallelchromatogramm zur Isolierung der Peptide* (die Zahlen beziehen sich auf die Peptide). Or Ornithin, P Prolin, V Valin, L Leucin, ∅ Phenylalanin. [Nach R. CONSDEN, A. H. GORDON, A. J. P. MARTIN und R. L. M. SYNGE, Biochemic. J. **41**, 596 (1947).]

Tabelle 55. *Peptide aus einem zweidimensionalen Papierchromatogramm von partiell hydrolysiertem Gramicidin S.* Aminosäurebestimmung a) nach Hydrolyse (H), b) nach Desaminierung und Hydrolyse (D).

Aminosäure	Fleck 1a und b		2		3		4		5		6	
	H	D	H	D	H	D	H	D	H	D	H	D
Ornithin	×××××	×××	××	—	×	—	—	—	—	—	—	—
Prolin	—	×	—	—	—	—	×××	·××	××	×	×	×
Valin	×××××	×	—	—	××	—	—	—	××	×	×	××
Leucin.	—	—	××	×	××	—	—	—	×	—	××	—
Phenylalanin . . .	—	—	—	—	—	—	×××	—	××	—	××	××
Hauptkomponente	V-O		O-L		V-O-L		∅-P		∅-P-V		L-∅	
Nebenkomponente	—		—		—		—		L-∅		∅-P-V	

(Anzahl der × entsprechend der Farbintensität mit Ninhydrin; V Valin, L Leucin, ∅ Phenylalanin, P Prolin, O Ornithin.)

---

[1] CONSDEN, R.: Nature (Lond.) **162**, 359 (1948).

[2] SYNGE, R. L. M.: Biochemic. J. **38**, 285 (1944); vgl. JONES, T. S. G.: Biochemic. J. **42**, LIX (1948); SYNGE, R. L. M.: Cold Spring Harbor Symp. Quant. Biol. **14**, 191 (1949).

Stärkesäulen die Peptide L-Valyl-Glycin, D-Leucyl-Glycin, L-Alanyl-D-Valin und L-Alanyl-D-Leucin; es handelte sich dabei um ein durch mehrfache Umkristallisation gereinigtes Präparat, das aber nach den Ergebnissen der Gegenstromverteilung nicht ganz einheitlich war.

Eine Vielzahl von sauren Di- und einigen Tripeptiden aus *Wolle* wurden mittels der gleichen Technik isoliert und zum Teil strukturell aufgeklärt[1]. Tabelle 56 gibt eine Zusammenstellung der mit Sicherheit identifizierten Dipeptide; Glutamyl-Glutaminsäure war das in größter Konzentration aufgefundene Peptid. Mit steigender Kettenlänge zeigten die Peptide mit wenigen Ausnahmen zunehmende „Schwanzbildung".

Tabelle 56. *Aus einem Wollehydrolysat identifizierte Dipeptide.*

Asparagyl-Alanin	Leucyl-Asparaginsäure	Cysteinyl-Alanin
Asparagyl-Valin	Glutamyl-Asparaginsäure	Glycyl-Cysteinsäure
Asparagyl-Leucin	Seryl-Asparaginsäure	Seryl-Cysteinsäure
Asparagyl-Glutaminsäure	Glycyl-Glutaminsäure	Alanyl-Cysteinsäure
Glutamyl-Glycin	Alanyl-Glutaminsäure	Threonyl-Cysteinsäure
Glutamyl-Alanin	Leucyl-Glutaminsäure	Cysteinyl-Valin
Glutamyl-Glutaminsäure	Seryl-Glutaminsäure	Cysteinyl-Leucin
Alanyl-Asparaginsäure	Tyrosyl-Glutaminsäure	Leucyl-Cysteinsäure
Valyl-Asparaginsäure	Cysteinyl-Glycin	Phenylalanyl-Cysteinsäure

Ein von BORSOOK und Mitarbeitern[2] aus zahlreichen Geweben und aus Wittepepton isoliertes, Trichloressig-, Pikrin- und Flaviansäure-fällbares *Peptid „A"*, dem biologische Aktivität zugeschrieben wird, erwies sich bei der Papierchromatographie als aus mindestens

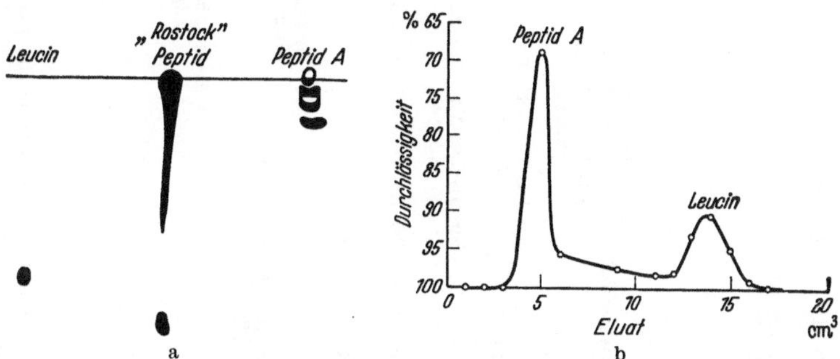

Abb. 161a u. b. *Verhalten des Peptids „A"* (s. Text!). a *Im Papierchromatogramm* (Lösungsmittel n-Propanol: n-Butanol: 0,1 n-Salzsäure 2:1:1 an Munktell OB-Filterpapier; 1 Std Laufzeit). b *An der Stärkesäule* (0,4 mg Peptid + 0,2 mg Leucin; Säule 9 × 30 cm = 19,1 g Stärke, Wassergehalt 20%; Lösungsmittel wie in a). [Nach J. G. FELS und A. TISELIUS, Ark. Kemi (Stockh.) 3, 369 (1951).]

vier Komponenten bestehend[3]. Vgl. Abb. 161. Es ist auffallend, daß das Peptid „A" im gleichen Lösungsmittel an Stärke schneller, an Filterpapierbogen und -säulen langsamer läuft als Leucin (Adsorptionseffekte).

Die umfassendste, technisch am gründlichsten durchgearbeitete Strukturaufklärung eines Proteins durch Isolierung und Identifizierung einer Vielzahl unterschiedlicher Peptide aus partiellen Hydrolysaten durch Chromatographie

[1] MARTIN, A. J. P.: Fibrous Proteins. Bradford: Society Dyers a. Colourists 1946. — CONSDEN, R., u. A. H. GORDON: Biochemic. J. 43, X (1948). — CONSDEN, R., A. H. GORDON u. A. J. P. MARTIN: Biochemic. J. 44, 548 (1949).

[2] BORSOOK, H., C. L. DEASY, A. J. HAAGEN-SMIT, G. KEIGHLY u. P. H. LOWRY: J. of Biol. Chem. 174, 1041 (1948).

[3] FELS, I. G., u. A. TISELIUS: Ark. Kemi 3, 369 (1951).

Tabelle 57. *Übersichtsdiagramm der aus der Phenylalanylkette des Insulins (Fraktion B) erhaltenen Peptide, aus dem die Aminosäurefolge dieser Kette hervorgeht.* [Nach SANGER, F., u. H. TUPPY: Biochemic. J. **49**, 463, 481 (1951).]

Dipeptide
Phe·Val Asp·Glu His·Leu CySO₃H·Gly   Ser·His Leu·Val Glu·Ala   Tyr·Leu Val·CySO₃H   Gly·Glu Arg·Gly   Thr·Pro Lys·Ala
(B4β2) (B1α2) (B2γ8) (B1α1)   (B2γ2) (B3β7) (B1δ4)   (B3β10) (B1α4)   (B1δ1) (B2γ5)   (B1δ8) (B2γ4)
Val·Asp Glu·His Leu·CySO₃H   His·Leu Val·Glu   Leu·Val CySO₃H·Gly   Glu·Arg
(B1β8) (B1γ1) (B1α6)   (B2γ8) (B1δ7)   (B3β7) (B1α1)   (B1γ3)

Tripeptide
Phe·Val·Asp   His·Leu·CySO₃H   Ser·His·Leu   Tyr·Leu·Val   Gly·Glu·Orn   Pro·Lys·Ala
(B1β13)   (B1γ4)   (B2γ7)   (B3β12)   (B5γ1)   (B5γ6)
Val·Asp·Glu   Leu·CySO₃H·Gly   Val·Glu·Ala   Leu·Val·CySO₃H   [Glu, Arg, Gly]
(B1β10)   (B1α5)   (B1γ10)   (B1α8)   (B1γ2)
Glu·His·Leu   Leu·Val·Glu   Val·CySO₃H·Gly
(B1γ7)   (B2β14)   (B1α3)

Höhere Peptide
Phe·Val·Asp·Glu   Ser·His·Leu·Val   Tyr·Leu·Val·CySO₃H   Thr·Pro·Lys·Ala
(B1β12)   (B4γ2)   (B2α21)   (B2γ6)
Leu·Val·Glu·Ala
(B2β15)
His·Leu·CySO₃H·Gly   His·Leu·Val·Glu   Leu·Val·CySO₃H·Gly
(B4β1)   (B2β18)   ∝(B1α7)
Phe·Val·Asp·Glu·His   Ser·His·Leu·Val·Glu
(B1γ6)   (B4γ3)
Glu·His·Leu·CySO₃H
(B1β5)
Ser·His·Leu·Val·Glu·Ala
(B4γ4)

Vorläufige Aminosäurefolge aus der sauren bzw. alkalischen Hydrolyse.
Phe·Val·Asp·Glu·His·Leu·CySO₃H·Gly   Ser·His·Leu·Val·Glu·Ala   Tyr·Leu·Val·CySO₃H·Gly Gly·Glu·Arg·Gly   Thr·Pro·Lys·Ala

Peptide aus dem peptischen Hydrolysat.
Phe·Val·Asp·Glu·His·CySO₃H·Gly·Ser·His·Leu   (Bp3)
Leu·Val·CySO₃H·Gly·Glu·Arg·Gly·Phe   (Bp4)
Val·Glu·Ala·Leu   (Bp2)
Tyr·Thr·Pro·Lys·Ala   (Bp15)
His·Leu·CySO₃H·Gly·Ser·His·Leu   (Bp17)

Peptide aus dem chymotryptischen Hydrolysat.
Val·Glu·Ala·Leu·Tyr   (Bc2p2)
Tyr·Thr·Pro·Lys·Ala   (Bc7)
Leu·Val·CySO₃H·Gly·Glu·Arg·Gly·Phe·Phe   (Bc4)

Peptide aus dem tryptischen Hydrolysat.
Gly·Phe·Phe·Tyr·Thr·Pro·Lys   (Bt2)
Ala   (Bt1)

Endgültige Aminosäurefolge.
Phe·Val·Asp·Glu·His·Leu·CySO₃H·Gly·Ser·His·Leu·Val·Glu·Ala·Leu Tyr·Leu·Val·CySO₃H·Gly·Glu·Arg·Gly·Phe·Phe·Tyr·Thr·Pro·Lys·Ala
1 2 3 4 5 6 7 8 9 10 11 12 13 14 15 16 17 18 19 20 21 22 23 24 25 26 27 28 29 30

Bindung durch Pepsin, durch Chymotrypsin, durch Trypsin gespalten.

↑ Bindungen, die durch das Enzym vorwiegend,   ↟ die durch das Enzym weniger gut gespalten werden.

betrifft das *Proteohormon Insulin* (SANGER[1]). Durch Oxydation von Insulin mit Perameisensäure wird das Molekül durch Sprengung bestimmter SS-Brücken zwischen Cystinresten gespalten. Aus dem Reaktionsprodukt konnten zwei Fraktionen isoliert werden: eine saure Fraktion A, die endständig einen Glycylrest besitzt und keine basischen Aminosäuren enthält, und eine basische Fraktion B, deren aminoendständiger Rest Phenylalanin ist; dies sind die einzigen wesentlichen Fraktionen. Auf Grund dieser Tatsache ergibt sich die in Abb. 162 angedeutete Vorstellung vom Bau des Insulinmoleküls. — Die Auslese der bei den verschiedenen Hydrolysenverfahren gebildeten, papierchromatographisch isolierten und darauf identifizierten Peptide ergibt die aus Tabelle 57 zu ersehende Aminosäurefolge der Phenylalanylkette (Fraktion B).

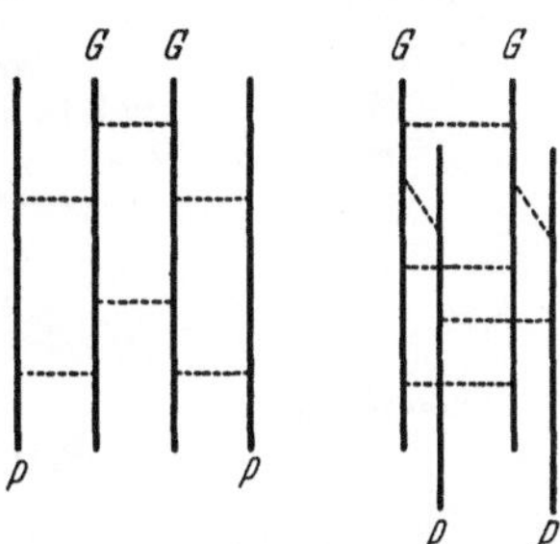

Abb. 162. *Schematische Darstellung möglicher Bauprinzipien des Insulinmoleküls.* G Glycylkette, P Phenylalanylkette, - - - SS-Brückenbindungen. [Nach F. SANGER, Nature (Lond.) **162**, 491 (1948).]

Aufklärung der Aminosäurefolge in der Phenylalanylkette (Fraktion B) des Insulins.

Hydrolyse und Vorfraktionierung.

a) Hydrolyse durch Säuren, bzw. Alkalien.

Versuch B₁. Die verschiedenen Phasen der Aufarbeitung gehen aus dem Schema hervor.

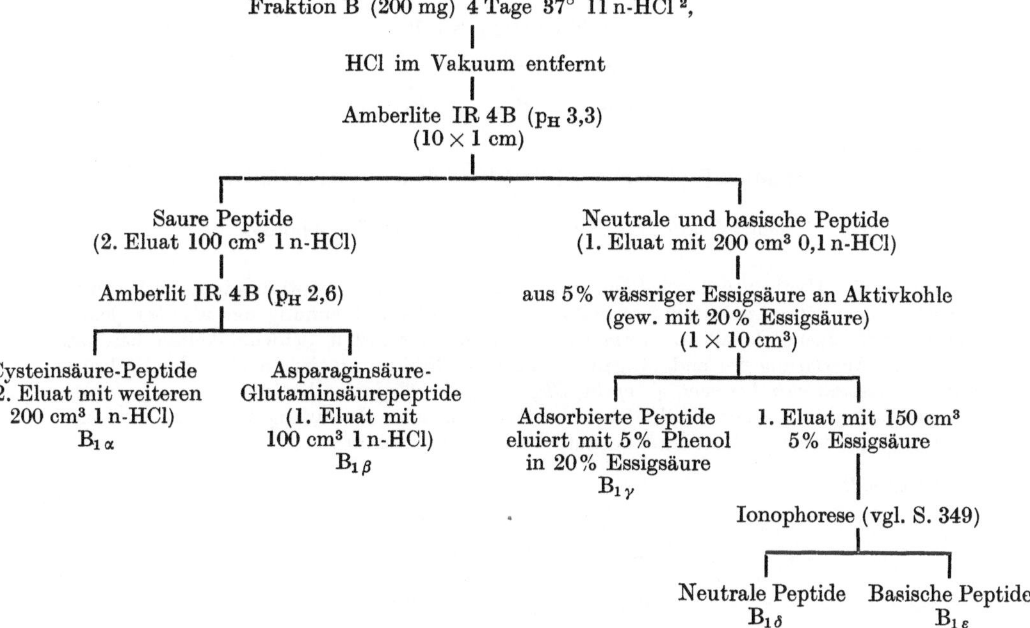

---

[1] SANGER, F.: Biochemic. J. **45**, 563 (1949). — SANGER, F., u. H. TUPPY: Biochemic. J. **49**, 463, 481 (1951).

[2] Es ist wichtig, die Partialhydrolyse in konzentrierter Säure durchzuführen, da bei „Hydrolyse" mit verdünnten Säuren (0,1 n-HCl; 6—30 Std; Siedetemperatur) Aminosäuren in Dipeptiden ihre Folge wechseln können [SANGER, F., u. E. O. P. THOMPSON, Biochim. et Biophysica Acta **9**, 225 (1952).]

Versuch B₂.

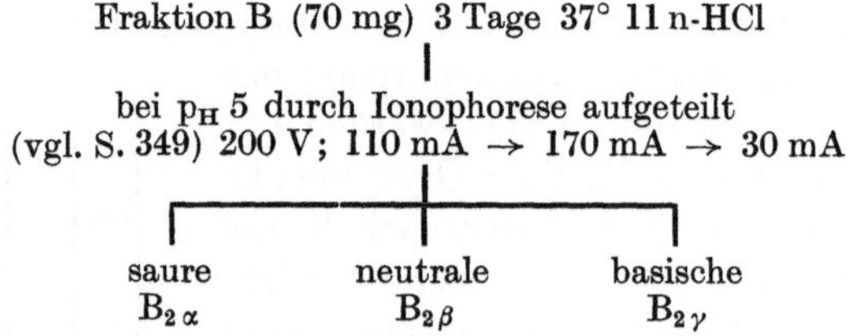

Versuch B₃.

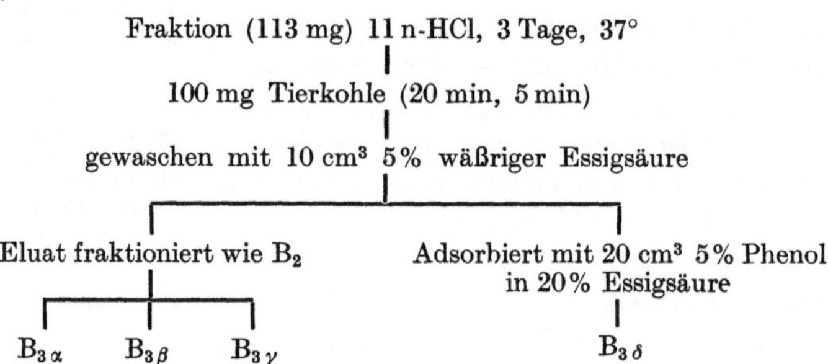

Versuch B₄.

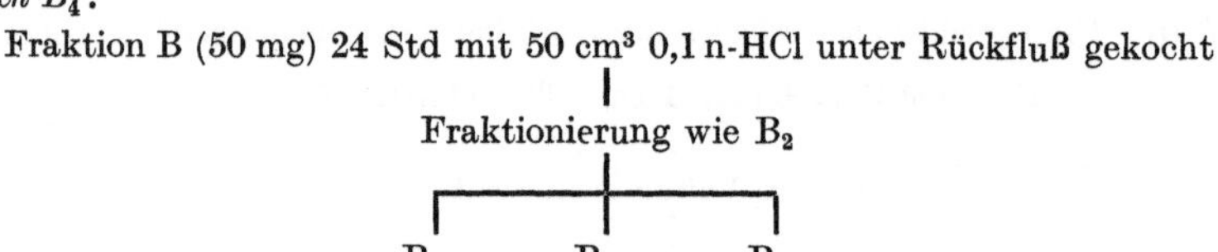

Versuch B₅.

Fraktion B (40 mg) bei 105° 5 Std mit 5 cm³ 0,2 n-NaOH

neutralisiert mit H_2SO_4, entsalzt durch Ionophorese

Da bei der Hydrolyse durch Säure, bzw. Alkali bestimmte Peptidbindungen (besonders die der Oxyaminosäuren) leicht gespalten werden und die Trennung der weniger polaren Peptide mit einem Gehalt an aromatischen Aminosäureresten Schwierigkeiten bereitete, wurde zur Aufklärung der endgültigen Struktur der Fraktion B des Insulins die Hydrolyse mittels *proteolytischer Fermente (Pepsin, Chymotrypsin, Trypsin)* herangezogen. Es wurden wesentlich größere Peptide erhalten, deren Struktur unter Benutzung der in den Versuchen B₁ bis B₅ gewonnenen Erkenntnisse aufgeklärt werden konnte.

Versuch B_p.

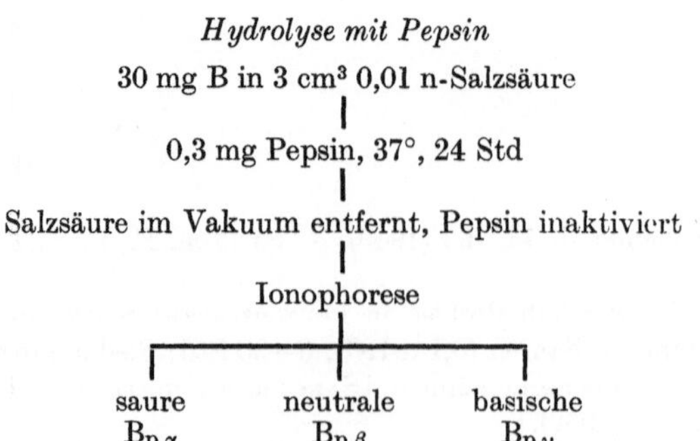

Versuch B_c.

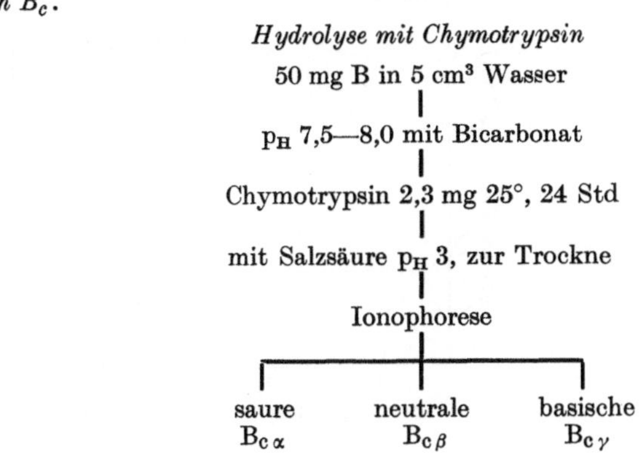

Versuch B_t.

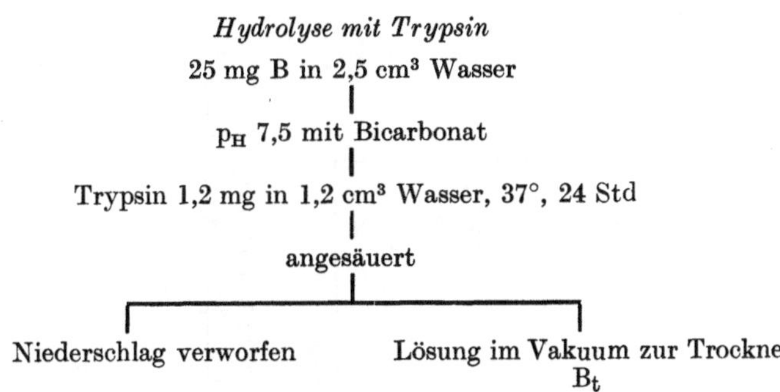

Fraktionierung der Peptide durch Papierchromatographie.

Lösungsmittel. **Phenol,** gesättigt mit Leuchtgas (1 Liter 0,3% NH₄OH am Boden der Kammer, die ebenfalls mit Leuchtgas gesättigt war); *m-Kresol:* 0,03% NH₃; *Collidin; Butanol-Essigsäure* (Wasser: n-Butanol: Essigsäure 5:4:1, mehrere Tage bei Zimmertemperatur aufbewahren; gewöhnlich in der zweiten Richtung).

Identifizierung der Flecken. Nach Erhitzen auf 100° (15—30 min) durch Fluorescenz; durch Besprühen mit 0,025% Ninhydrin in wassergesättigtem n-Butanol (geringfügige Zerstörung), geeignet für Aminosäureanalyse, nicht für Endgruppenbestimmung.

Identifizierung der Aminosäurereste in den Peptiden. Nach Elution der Flecken des Papierchromatogramms Hydrolyse mit 5,7 n-Salzsäure in Capillarröhrchen, Trennung der Aminosäuren im zweidimensionalen Papierchromatogramm 46 × 28 cm (vgl. Abb. 163). Nachweis von Histidin mit diazotiertem p-Anisidin.

Strukturaufklärung der Peptide.

a) Desaminierung. 10 min bei 37° oder 30 min bei Zimmertemperatur (zur Methodik s. S. 205). Schwierigkeiten treten auf bei endständigem Leucin, Tyrosin, Arginin, und bei endständiger Glutaminsäure.

b) DNP-Methode. Identifizierung der endständigen DNP-Aminosäuren entweder direkt (s. S. 205) oder durch Fehlen der betreffenden Aminosäure unter den Hydrolysenprodukten des DNP-Peptids: DNP-Peptid von überschüssigem DNFB durch Ätherextraktion der bicarbonatalkalischen Lösung, von Salz durch Äthylacetatextraktion der sauren Lösung oder durch Adsorption an Talk (s. S. 189) befreit; hydrolysiert mit 5,7 n-Salzsäure während 20 Std bei 105°; Identifizierung der freien Aminosäuren wie oben. DNP-Glycin lieferte dabei nicht unbeträchtliche Mengen freien Glycins. Mono-DNP-Derivate vom Lysin, Tyrosin und Histidin können aus Butanol-Essigsäure getrennt werden: R_F von ε-DNP-Lysin 0,77, von δ-N-DNP-Arginin 0,81, von 0-DNP-Tyrosin 0,48 (praktisch farblos, aber dunkel im UV,

RF-Werte (Cresol 0,03% NH3)
Wanderungsstrecke (cm) in Butanol-Essigsäure
Bcδ
pept. hydrolysiert
Bcγ
Bpγ
Bt
Bpβ
Bcβ

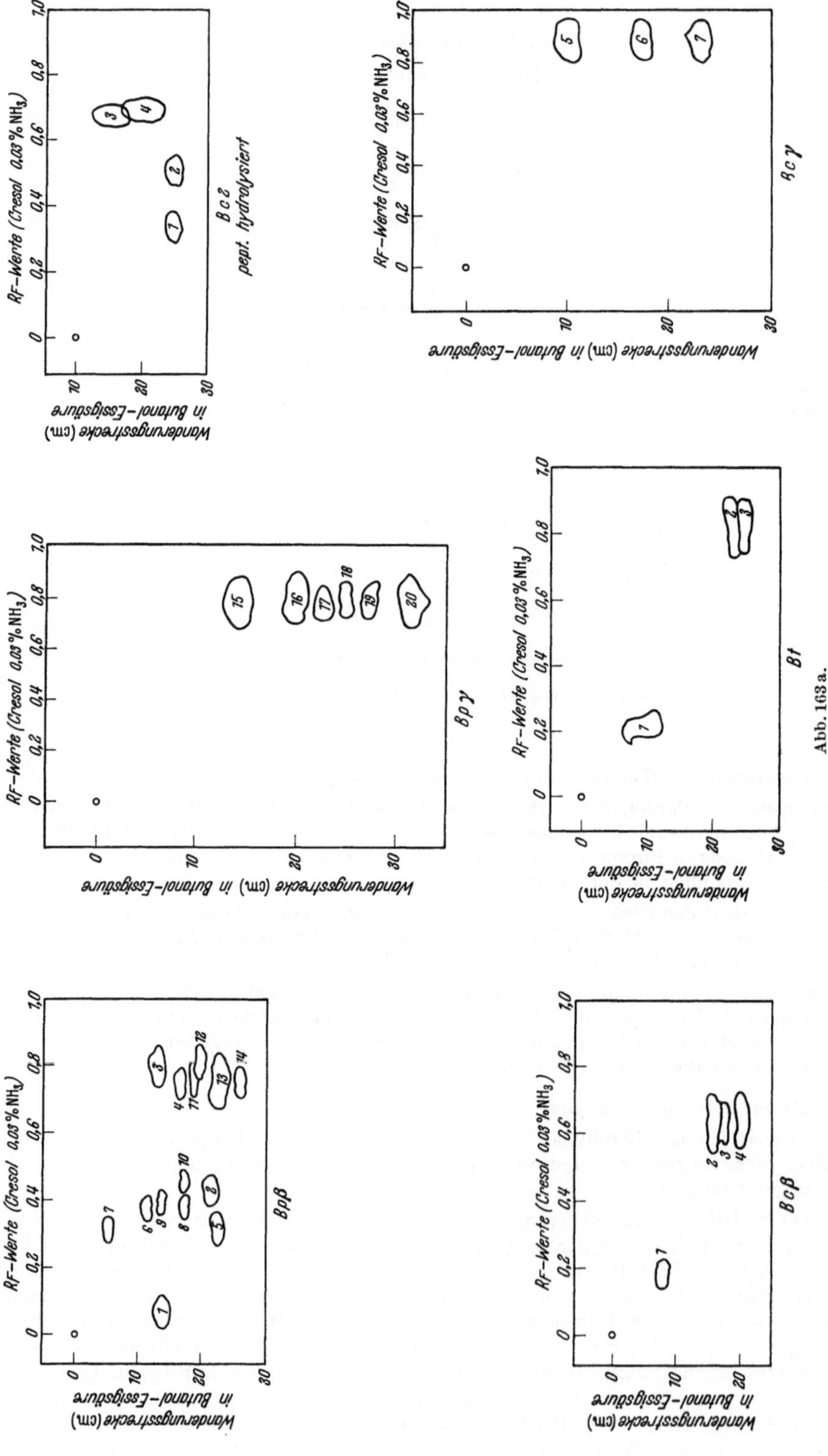

Abb. 163 a.

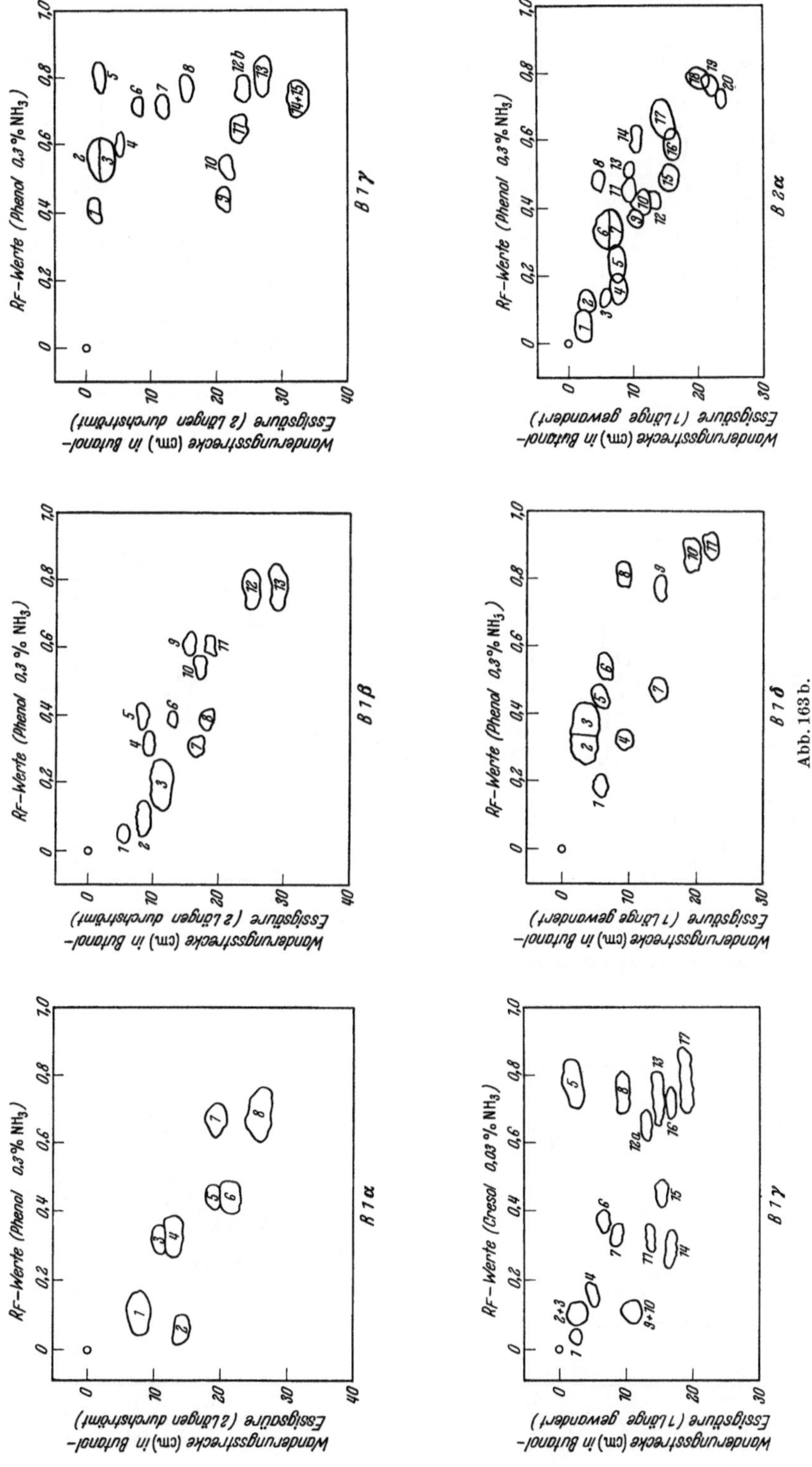

Abb. 163 b.

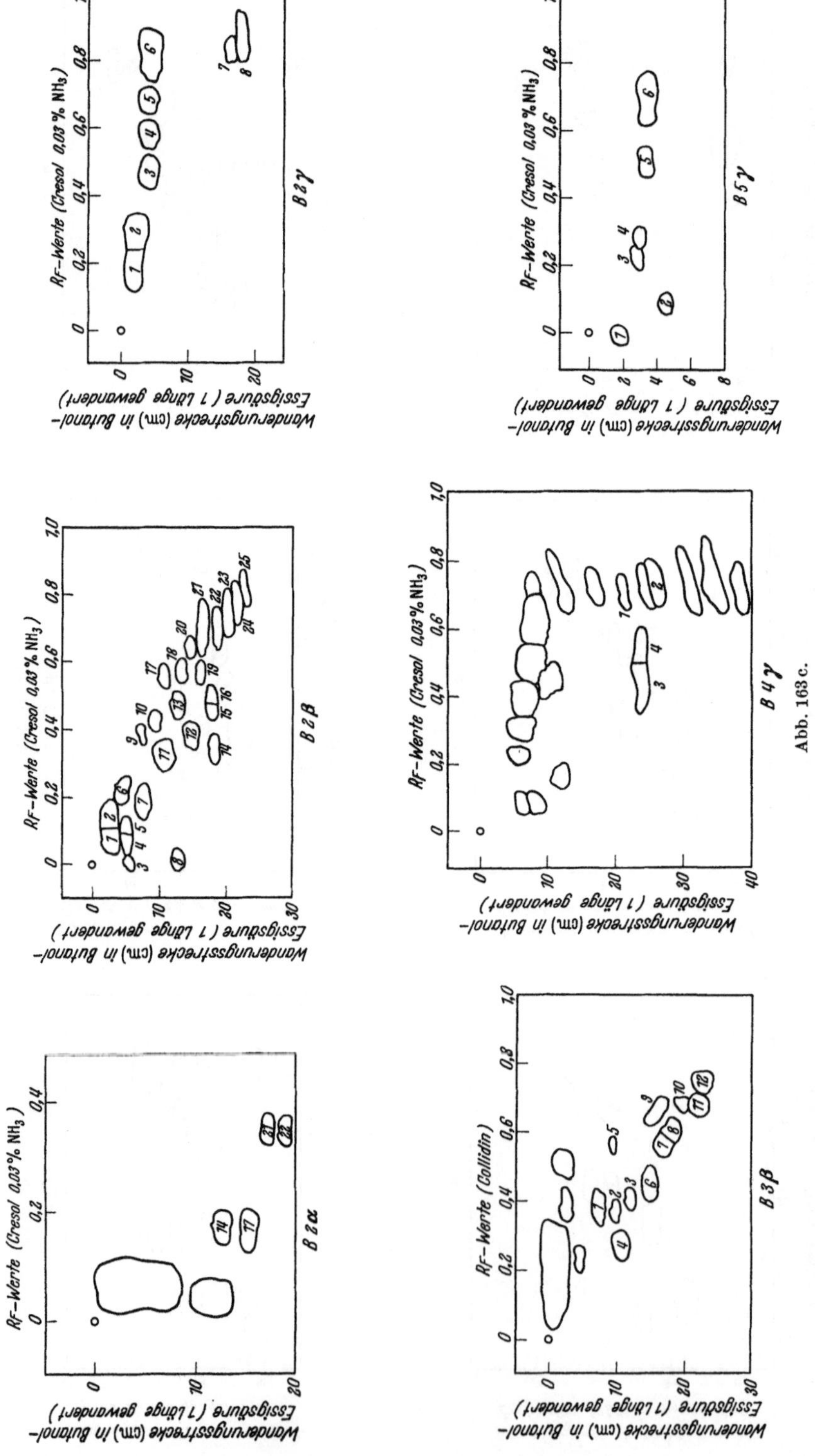

Abb. 163c.

Abb. 163a—c. Papierchromatogramme der bei partieller Hydrolyse der Fraktion B des Insulins erhaltenen Peptidgemische. (Nach F. SANGER und H. TUPPY, s. S. 225.)

Färbung mit Ninhydrin purpur), von Imidazol-DNP-Histidin 0,57 (praktisch farblos, Färbung mit Ninhydrin braun).

c) Partielle Hydrolyse der Peptide. 10 n-Salzsäure, 37°, 3 Tage; fraktioniert mit ↓ Phenol oder ↓ Kresol/Butanol-Essigsäure.

d) Enzymatische Hydrolyse der getrennten Peptide. Eluate der Peptidflecken aus Whatman Nr. 4 im Exsiccator auf Polythenstreifen zur Trockne gebracht, 0,1 cm³ mit 0,1 mg Enzym (Pepsin in 0,01 n-Salzsäure, Trypsin mit Natriumbicarbonat auf p_H 7,5) zugegeben, in eine Capillare überführt, bebrütet bei 37° (24 Std). Auf einem Polythenstreifen angesäuert, eingedunstet, in einem zweidimensionalen Chromatogramm identifiziert.

In analoger Weise ermittelte SANGER[1] für die Glycylkette des Insulins folgende Aminosäurefolge:

Gly—Ileu—Val—Glu—Glu—Cys—Cys—Ala—Ser—Val—Cys—Ser—Leu—Tyr—Glu—

—Leu—Glu—Asp—Tyr—Cys—Asp.

Untersuchungen ähnlicher Zielsetzung sind z.B.:

Strukturaufklärung des Tyrocidins durch Identifizierung der durch Partialhydrolyse gebildeten zahlreichen Peptide nach ihrer Trennung durch Gegenstromverteilung, Ionenaustausch an Säulen und Papierchromatographie (zweidimensional: sec.-Butanol: Ameisensäure: Wasser/Butanol: Ammoniak: Wasser), s. L. C. CRAIG[2].

Strukturuntersuchungen an Lysozym durch Trennung der basischen Peptide des partiellen Hydrolysats an Kieselgel und Papierchromatographie [Butanol:Ameisensäure:Wasser 75:15:10 (Gegenwart von HCN)/Phenol:Ammoniak]: FROMAGEOT und Mitarbeiter[3].

Strukturaufklärung des Hypophysenhormons Vasopressin durch Trennung der durch Partialhydrolyse (11,2 n-HCl; 3 Std; 37°) gewonnenen Peptide ($CySO_3H \cdot$ Tyr, Phe·Glu, (Glu, Asp), Asp·$CySO_3H$, $CySO_3H$·(Pro, Arg), Pro·Arg, $CySO_3H$·Pro·Arg·Gly) durch Ionophorese ineiner Mehrzellenappara tur, Adsorption an einer Kohlesäule und Papierchromatographie[4]:

Cy · Tyr · Phe · Glu · Asp · Cy · Pro · Arg · Gly(NH₂).

Anmerkung. Besonders wertvoll sind die beschriebenen Verfahren für die Verfolgung *präparativer Untersuchungen,* z. B. von *Peptidsynthesen*[5]. Soweit substituierte Produkte in Frage kommen, wählt man an Stelle des Ninhydrin-Nachweises im Papierchromatogramm die „Chlormethode" (s. S. 92).

2232. Verteilungschromatographie natürlich vorkommender Peptide und Peptidabkömmlinge.

Verteilungschromatographische Verfahren der Abtrennung und Reinigung von Penicillinen. Eine chromatographische Kombination von Verteilung und Fraktionierung nach der Acidität ist von CATCH, COOK und HEILBRON[6] angegeben worden: an Silicagel oder Hyflo Supercel

---

[1] SANGER, F., u. E. O. P. THOMPSON: Biochemic. J. **53**, 353 (1953); **53**, 366 (1953).

[2] CRAIG, L. C.: Vortr. Sympos. Ciba Foundation, London Dez. 1952.

[3] ACHER, R., M. JUTISZ u. CL. FROMAGEOT: Biochim. et Biophysica Acta 8, 442 (1952). — ACHER, R., J. THAUREAUX, C. CROCKER, M. JUTISZ u. C. FROMAGEOT: Biochim. et Biophysica Acta **9**, 339 (1952).

[4] ACHER, R., u. J. CHAUVET: Biochim. et Biophysica Acta **12**, 487 (1953).

[5] HARRIS, J., u. T. S. WORK: Biochemic. J. **46**, 582 (1950). — QUESNE, W. J. LE, u. G. T. YOUNG: Nature (Lond.) **163**, 604 (1949).

[6] CATCH, J. R., A. H. COOK u. I. M. HEILBRON: Nature (Lond.) **150**, 633 (1942).

wurde Erdalkalicarbonat niedergeschlagen (etwa 2,5% des Trägers) und die Lösung rohen Penicillins in Amylacetat bzw. Äther durch die Säule filtriert. Es kommt zur Bildung scharfer Banden, die aber nicht entwickelt werden können, sondern festsitzen (ähnlich wie beim Ionenaustausch und Nachwaschen mit ionenfreien Lösungsmitteln). Vollständige Trennung ist nicht möglich, da das Ergebnis etwa der Frontanalyse entspricht. Wirksamer ist die Verteilung an gepufferten Säulen. So wurden z. B. 70 cm³ einer Rohpenicillinlösung (Penicillin G von Aspergillus parasiticus), entsprechend 340000 OE, von ARNSTEIN und COOK[1] durch eine Säule (25 cm hoch, 65 g Silicagel, beladen mit Phosphatpuffer p_H 6,5) filtriert und mit 1400 cm³ Äther bei 0° entwickelt. Durch Extraktion von etwa 2 cm breiten Säulenanteilen mit je 50 cm³ neutralem Puffer erhielt man in der neunten bis zwölften Fraktion Lösungen mit 1200, 1500, 50000 und 31000 OE; Wiederholung der Chromatographie bei p_H 6,7 erbrachte eine Anreicherung bis zu 37000, 75000 und 17000 OE in den entsprechenden Fraktionen. Mittels der gleichen Methodik konnte auch der Nachweis der Existenz verschiedener Penicilline geführt werden[2]. Abb. 164 zeigt die Aktivitätsverteilung des Chromatogramms eines Gemisches von Penicillin „Merck" (USA.) und Penicillin der Imperial Chem. Ind. (ICI). Der Vorteil dieser Technik besteht darin, daß bei Verwendung konzentrierter Pufferlösung große Mengen (5 g rohes Penicillin an einer Säule von 120 g Silicagel und 60 cm³ konzentrierte Phosphatpufferlösung) verarbeitet werden können (wobei allerdings die Trennschärfe leidet). Die Anwesenheit von Verunreinigungen im Träger (Eisen usw.) ist hier von untergeordneter Bedeutung. Nachteilig ist, daß Indicatoren zur Zonenmarkierung nicht brauchbar sind. Da die Verteilungsisothermen hier dem Typ der FREUNDLICHschen Adsorptionsisotherme entsprechen, kommt es namentlich bei höheren Konzentrationen zum Nachziehen von Schwänzen hinter den Zonenrückfronten.

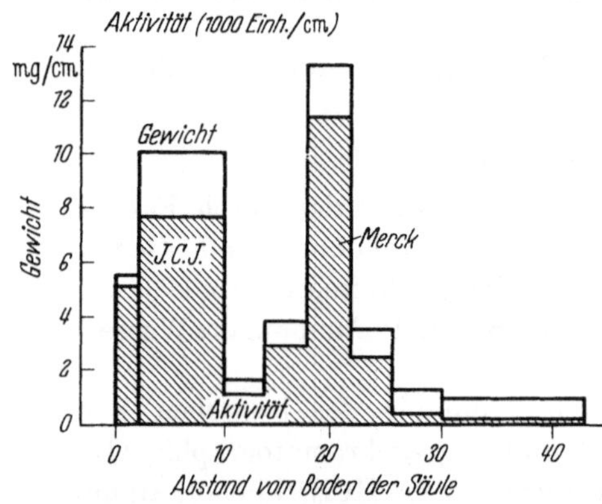

Abb. 164. *Chromatographische Fraktionierung von Penicillinpräparaten* (Merck *und* ICI) *an einer mit Phosphatpuffer* p_H *6,5 beladenen Kieselgelsäule.* Lösungsmittel: Äther. (Nach A. A. LEVI, Biochem. Soc. Symposia **1950**, No. 3, 84.)

Papierchromatographie der Penicilline. Nach GOODALL und LEVI[3] wird auf die mit 30% Phosphatpuffer (p_H 6—7) getränkten und darauf luftgetrockneten Filterpapierstreifen (33 × 1,8 cm) 1 mm³ der Probe (Natriumsalze in Puffer)[4] aufgegeben, das Chromatogramm mit feuchtem Äther bei 4° 24 Std entwickelt und die Lage der farblosen Zonen durch die Hemmzonen sichtbar gemacht, die nach Aufpressen der Streifen auf eine mit B. subtilis inoculierte Agarplatte[5] auftreten. Durch Hinzufügen einheitlicher, identifizierter Penicillin-

---

[1] ARNSTEIN, H. R. V., u. A. H. COOK: Brit. J. Exper. Path. **28**, 94 (1947).

[2] LEVI, A. A.: Biochem. Soc. Symposia **3**, 83 (1950).

[3] GOODALL, R. R., u. Λ. Λ. LEVI: Nature (Lond.) **158**, 675 (1946).

[4] Etwa 100 E/cm³ 1% Kaliumphosphatpuffer p_H 6,2; von Penicillinrohlösungen ähnliche Konzentrationen.

[5] *Agar.* 1 g Glucose, 1,5 g Fleischextrakt, 6 g Bacto-Pepton, 3 g Hefeextrakt, 15 g Agar, mit Wasser ad 1000 cm³.

B. subtilis-Suspension. 3 g Pepton + 3 g Fleischextrakt/1000 cm³, inoculiert mit B. subtilis (Typ Marburg), 6 Tage bei 30° geschüttelt; bei 80° 10 min pasteurisiert, im Eisschrank aufbewahrt.

Das Agarmedium wird kurz vor dem Ausgießen (70°) beimpft; auf gleichmäßige Dicke des Films ist zu achten. — Die Streifen (getrocknet) werden im Kälteraum 3 Std auf den Platten belassen, dann etwa 10 Std bei 30° bebrütet.

Die Hemmzonen werden entweder durch Kontaktkopie auf kontrastreichem Photopapier festgehalten, oder besser nach M. A. DRAKE [J. Amer. Chem. Soc. **72**, 3803 (1950)] auf mattschwarzem Grund mit polarisiertem Licht beleuchtet und mit gekreuztem Polarisator vor der Kameralinse photographiert. — 1 cm² wird als Vergleich mitaufgenommen.

präparate zu dem Gemisch, erneutes Chromatographieren und Aufpressen auf Agar wurde jeweils eine der Hemmzonen verstärkt, woraus sich die Position des betreffenden Penicillins im Chromatogramm ergab (WINSTEN und SPARK [1]). Nach GLISTER und GRAINGER [2] gelingt eine analoge Trennung bei Zimmertemperatur in 4 Std. Zur genaueren Auswertung vgl. Abbildung 165.

Mit durch radioaktiven Schwefel markierten Penicillinen ist ein Vergleich der Aktivität der β-Strahlung mit der biologischen Aktivität möglich (LESTER SMITH [3]); die Übereinstimmung ist nach Tabelle 58 sehr gut.

Papierchromatographie der „Lactobacillus - Bulgaricus - Faktoren" (LBF). C. L. LONG und W. L. WILLIAMS [4] konnten die Existenz von sieben verschiedenen Bakterienwuchsstoffen (LBF 1—7) durch Papierchromatographie und Bioautographie z. B. des Kulturfiltrats von B. megatherium nachweisen (in Hefe fand man weniger, im Verdauungsansatz von Co-Enzym A mit Darmschleimhaut-Phosphatase drei Formen von LBF-Faktoren). 2—20 LBF-Einheiten in

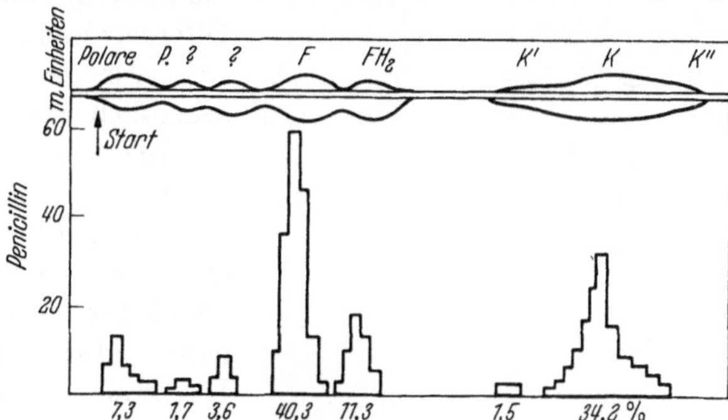

Abb. 165. *Papierchromatographie von Penicillinen.* Filterpapierstreifen (1,25 cm breit) mit 20% Phosphatpuffer (KH_2PO_4 + 85% Phosphorsäure bis p_H 6,2) getränkt, absteigend mit wassergesättigtem Äther bei 5° entwickelt; Kammer mit beiden Phasen *gut* gesättigt! Nicht mehr als 2 Einheiten Penicillin auftragen! Wenn in einem Parallelstreifen Sudan IV die Länge des Papiers durchwandert hat, wird getrocknet, eine Hälfte des Streifens direkt durch Auflegen auf eine mit B. subtilis beimpfte Agarplatte (10 Std, 30°) ausgewertet (oben), die andere Hälfte zur genaueren Bestimmung in kleine Quadrate zerschnitten und jedes für sich getestet (unten). Der log der Konzentration (log der Einheiten) ist dem Durchmesser des Hemmhofes proportional. Standardkurven mit bekannten Penicillinmengen; F-, Dihydro-F- und G-Penicillin geben ähnliche, X- und K-Präparate mehr elliptische Höfe (besonders Eichkurven). [Nach M. L. KARNOVSKY und M. J. JOHNSON, Analyt. Chem. **21**, 1125 (1949).]

$0{,}01$—$0{,}1$ cm³ Extrakt wurden 1 cm vom Rand eines Whatman-Nr. 1-Streifens (2,5—5 × 45 cm) aufgegeben, in einer 2000 cm³-Mensur in wassergesättigtem n-Butanol 30 Std bei 37° entwickelt (Front 35—38 cm gewandert), die Streifen luftgetrocknet, 5 min auf die Oberfläche des mit dem Testorganismus beimpften festen Mediums (L. bulgaricus) zentrifugiert, 2mal mit Natriumchloridlösung gewaschen, auf 50% Durchlässigkeit im Photometer verdünnt, 0,5 cm³/100 cm³ Endmedium zugesetzt) aufgepreßt und bei 37° 16 Std belassen. Die Wuchszonen wurden photographiert (Abb. 166).

Eine Familie eng verwandter Antibiotika, die Polymixine (aus B. polymixa) enthält L-Threonin, α,γ-Diaminobuttersäure und eine C_9-Fettsäure, die als Acylrest an der basischen Gruppe einer Diaminosäure hängt; daneben sind D-Leucin, Phenylalanin und D-Serin in den einzelnen Vertretern enthalten (Übersicht bei BROWNLEE) [5]. Die bei den Penicillinen erprobte Methode bewährte sich auch hier. Man verwandte zur Isolierung

Tabelle 58.

Penicillintyp	% des Gewichts (GEIGER-MÜLLER-Zählrohr)	% des Gewichts (mikrobiologisch)
G	84,5	87
F	8,5	6,5
Dihydro F .	2	1
K	5	5,5

[1] WINSTEN, W. A., u. A. H. SPARK: Science (Lancaster, Pa.) **106**, 192 (1947).

[2] GLISTER, G. A., u. A. GRAINGER: Analyst **75**, 310 (1950).

[3] ROWLEY, D., J. MILLER, S. ROWLANDS u. LESTER SMITH: Nature (Lond.) **161**, 1009 (1948).

[4] LONG, C. L., u. W. L. WILLIAMS: J. of Biol. Chem. **61**, 195 (1951); es handelt sich um gemischte Disulfide mit LBF [BROWN, G. M., u. E. E. SNELL: J. Biol. Chem. **198**, 375 (1952)].

[5] BROWNLEE, G.: Symposia Soc. Exper. Biol. **3**, 81 (1949); vgl. CATCH, J. R., T. S. G. JONES u. S. WILKINSON: Ann. New York Acad. Sci. **51**, 917 (1949). — JONES, T. S. G.: Ann. New York Acad. Sci. **51**, 909 (1949).

sulfosuccinat-pufferbeladene Kieselgursäulen und Butanol als Lösungsmittel[1].
Trotz des hohen Molekulargewichts (etwa 1000) zeigen die Polymixine im Papier-
chromatogramm zufriedenstellende Flecken. Offenbar hängt dies damit zusammen, daß es sich, wie die Endgruppenbestimmung wahrscheinlich macht, um Cyclopeptide handelt.

Aus einem ähnlichen Stamm isolierten JONES und Mitarbeiter[2] antibiotische Stoffe, die sie Aerosporine nannten. Es handelt sich um Polypeptide mit verwandten Aminosäure-„Spektren", die alle Diaminobuttersäure enthalten, aber vom Polymixin verschieden sind. Die papierchromatographischen Trennungsbedingungen entsprechen den oben genannten.

Antibiotika aus Mycel und Kulturlösung von Streptomyces chrysomallus, die *Actinomycine* A, B und C, wurden von BROCKMANN und GRÖNE[3] durch Rundfilter-(Ring-)Chromatographie nach RUTTER getrennt, wobei als stationäre Phase wäßrige Lösungen von Puffersubstanzen oder Lösungsvermittler dienten; besonders geeignet war das System n-Dibutyläther/10% wäßriges Natriumnaphthalin-1,6-Disulfonat. Die Reihenfolge der

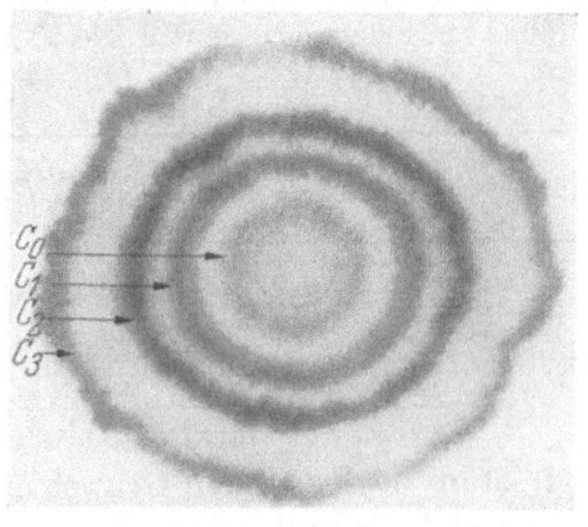

Abb. 166. *Bioautographien der Papierchromatogramme von LBF-Faktoren mikrobiologischen Ursprungs, mit L. bulgaricus als Testorganismus.* 1 1,75 E gereinigtes LBF von A. gossypii; 2 wie *1*, aber 1,75 E gereinigtes LBF von B. megatherium zugesetzt; *3* 1,75 E gereinigtes LBF von B. megatherium; *4* 3,5 E gereinigtes LBF von B. megatherium; *5* 3,5 E aus rohem Kulturfiltrat von B. megatherium. [Nach C. L. LONG und W. L. WILLIAMS, J. of Biol. Chem. **61**, 195 (1951).]

Actinomycine (vgl. Abb. 167 wurde durch Aminosäureanalyse[4] sichergestellt; sie entspricht derjenigen bei Gegenstromverteilung.

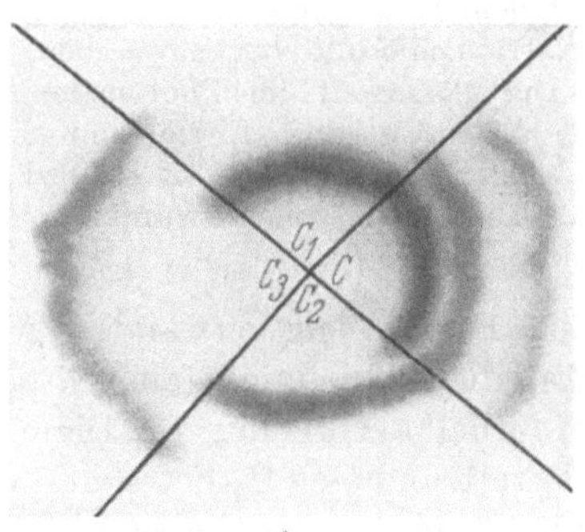

Abb. 167a u. b. *Ringchromatographie von Actinomycinen.* a Actomycin C-Präparat; b Vergleich eines C-Präparats mit C_1, C_2 und C_3 im Sektorenverfahren. [H. BROCKMANN und H. GRÖNE, Naturwiss. **40**, 223 (1953).]

[1] BELL, P. H., J. F. BONE, J. P. ENGLISH, C. E. FELLOWS, K. S. HOWARD, M. M. ROGERS, R. G. SHEPHERD u. R. WINTERBOTTOM: Ann. New York Acad. Sci. **51**, 897 (1949).

[2] CATCH, J. R., u. T. S. G. JONES: Biochemic. J. **42**, 52 (1948). — JONES, T. S. G.: Biochemic. J. **42**, 35 (1948).

[3] BROCKMANN, H., u. H. GRÖNE: Naturwiss. **40**, 223 (1953).

[4] Actinomycine enthalten L-Threonin, Sarkosin, L-Prolin, D-Valin, L-N-Methylvalin und D-Alloisoleucin in verschiedenem Verhältnis. [BROCKMANN, H., G. BOHNSACK u. H. GRÖNE: Naturwiss. **40**, 224 (1953).]

Tabelle 59. *Peptide aus Mikroorganismen, Geweben usw.* (nach R. L. M. SYNGE).

Ausgangsmaterial	Isolierungsmethode	Aminosäuren nach Hydrolyse							Andere
		Glu	Asp	Ala	Gly	Pro	Val	Leuc Isoleuc	
Kulturfiltrate von Clostridium tetani und Proteus vulgaris[1]	Papierchromatographie (PC)	—	—	—	—	—	+	+	? Phe, ? Meth
Getrocknete Bäckerhefe[2]	Äthanolextraktion, PC	+	+	+	+	—	—	—	—
Trockenrückstand von Hefeextrakt[3]	Pe	+	+	—	+	—	—	+	—
Corynebacterium diphtheriae[4]	Äthanolextraktion, PC	+	—	+	+	—	—	—	Arg oder Lys, α-ε-Diamino-pimelinsäure
Käufliches Konzentrat von Antiperniciosa-Faktor aus Leber[5]	PC	(+)	+	+	+	+	+	+	mehrere andere
Gehirn[6]	Fraktionierung an Ionen-austauschern	+ + +	+ + +	— + +	— + +	+ — —	— + +	— + +	β-Ala β-Ala, γ-Aminobuttersäure β-Ala, Cy, Ser, Thr, basische
Seeigeleier[7]	PC	+ —	?+ —	— +	+ (oder Ser) +	— —	— —	— —	Cy Ser
Drosophila melanogaster[8]	Heißwasserextraktion, PC	+	—	+	+	—	+	+	?
Rai-Gras-Extrakt[9]	Diffusion durch Cellophan, Ionophorese	+	+	+	+	+	+	+	—

[1] WOIWOD, A. J., u. H. PROOM: J. Gen. Microbiol. 4, 501 (1950).
[2] LINDAN, O., u. E. WORK: Biochemic. J. 48, 337 (1951).
[3] COLEMAN, I. W.: Canad. J. Med. Sci. 29, 151 (1951).
[4] WORK, E.: Biochim. et Biophysica Acta 5, 204 (1950).
[5] TISHKOFF, G. H., A. ZAFFARONI u. H. TESLUK: J. of Biol. Chem. 175, 857 (1948).
[6] BOULANGER, P., u. G. BISERTE: C. r. Acad. Sci. Paris 233, 1498 (1951).
[7] BERG, W. E.: Proc. Soc. Exper. Biol. a. Med. 75, 30 (1950).
[8] HADORN, E., u. H. K. MITCHELL: Proc. Nat. Acad. Sci. U.S.A. 37, 650 (1951).
[9] SYNGE, R. L. M.: Biochemic. J. 49, 642 (1951).

Die *Träger der Giftwirkung des grünen Knollenblätterpilzes*, die Peptide α-*Amanitin*, β-*Amanitin und Phalloidin*, zeigen im Papierchromatogramm (Lösungsmittel: Methyläthylketon:Aceton:Wasser 20:2:5, obere Phase) die R_F-Werte 0,24 bzw. 0,41 bzw. 0,50 (TH. WIELAND[1]).

Eine Zusammenstellung natürlich vorkommender Peptide findet man bei SYNGE[2]; einen Auszug gibt Tabelle 59 wieder.

23. Weitere Anwendungsbeispiele chromatographischer Methoden.

Eine mehr oder minder vollständige Aufzählung der Arbeiten auf dem Gebiet der Proteinchemie, die chromatographische Methoden benutzt haben, würde bei der Breitenentwicklung dieser Verfahren auf ähnliche Schwierigkeiten stoßen wie der Versuch, eine analoge Aufstellung für die „klassischen" Operationen (z.B. Destillation oder Kristallisation) für ein Teilgebiet der organischen Chemie zusammenzustellen, ganz abgesehen davon, daß eine derartige systematische Aufzählung dauernder Ergänzung bedürfte; dies ist Sache der fortlaufend erscheinenden Referatenorgane. Darum seien im folgenden nur einige charakteristische, gut durchgearbeitete Beispiele für verschiedene Anwendungsgebiete aufgeführt, für deren Auswahl der Gesichtspunkt entscheidend war, daß aus ihnen *Anhaltspunkte zur Lösung eines bestimmten Problems* herzuleiten sein sollten.

231. Aminosäureanalysen von Proteinen.

Je nach dem Zweck, zu dem man die Aminosäurezusammensetzung reiner oder gereinigter Proteine bestimmt, wird man zwischen zwei Verfahrenstypen zu unterscheiden haben:

a) *Standardanalysen*, bei denen die mit den zur Verfügung stehenden Methoden zu erreichende Höchstgenauigkeit der absoluten Werte für alle am Aufbau des untersuchten Proteins beteiligten Bausteine angestrebt wird. Weder Zeitbedarf noch technische Schwierigkeiten spielen dabei die entscheidende Rolle. Für die Bestimmung der vollkommenen Reinheit eines Proteins, für Studien über seinen strukturellen Aufbau, die Folge der Aminosäurereste in der Peptidkette, der Anzahl von individuellen Aminosäureresten je Molekül, für die Bestimmung des Mindestmolekulargewichts auf chemischem Weg und für die Interpretierung physikalisch-chemischer Eigenschaften sowie für die Bestimmung der Zahl und Art spezifischer Gruppierungen ist ein Analysenverfahren dieser Art erwünscht. Außerdem dienen die durch ein solches Verfahren gewonnenen Zahlen zur „Eichung" der nachstehend erwähnten Methoden.

b) *Routineanalysen*, bei denen die Schnelligkeit sowie die Einfachheit der Durchführung einen wichtigen Ausschlag gibt. Oft ist (z.B. für die Ermittlung des Nährwerts von Proteinen oder für die Kontrolle einer Proteinfraktionierung) nur eine bestimmte Auswahl von Aminosäurebausteinen von Interesse. Bei

---

[1] WIELAND, TH.: Persönliche Mitteilung.
[2] SYNGE, R. L. M.: Quart. Rev. Chem. Soc. **245** (1949); vgl. Vortr. Sympos. Ciba Foundation, London Dez. 1952.

vielen biologischen Untersuchungen kommt es weniger auf den absoluten Zahlenwert als auf das relative Verhältnis der Werte für einen bestimmten Aminosäurerest im betreffenden Protein unter verschiedenen physiologischen Bedingungen an[1].

Zu den erwähnten Verfahrenstypen tritt schließlich noch die Auftrennung von Proteinhydrolysaten in Gruppen strukturell verwandter Aminosäuren (vereinfachte Trennungen).

Als Verfahren für *Standardanalysen* von Proteinhydrolysaten, die eine Vielzahl von Aminosäuren enthalten, kommen an chromatographischen Methoden die *Säulentrennung an Austauscherharzen* oder die *Verteilung an Stärkesäulen* in Frage. An sonstigen Verfahren erreicht nur die „*Isotopenverdünnung*" eine ausreichende Genauigkeit (etwa 2%). Die letztere Methode setzt eine Technik voraus,

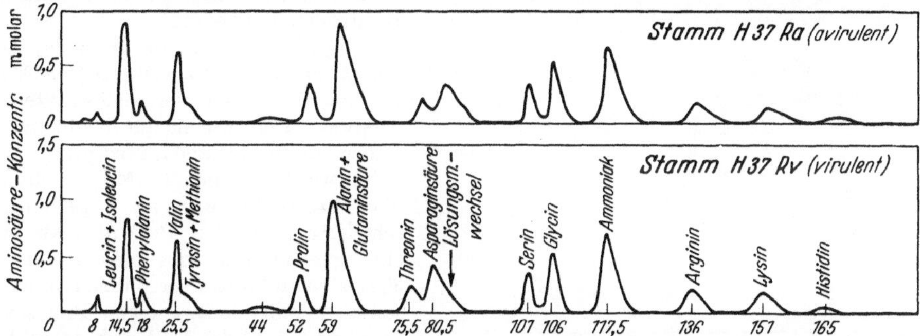

Abb. 168. *Stärkesäulenchromatographie von Hydrolysaten eines avirulenten und eines virulenten Tuberkelbacillenstammes.* [W. H. STEIN und S. MOORE, Cold Spring Harbor Symp. Quant. Biol. **14**, 185 (1949).] Zu vergleichenden Analysen wurden die geernteten und gewaschenen Bakterien einfach in 6 n-Salzsäure suspendiert, 18 Std gekocht, Humin und Fett abfiltriert und weiter wie in Abb. 159 angegeben verfahren. — Man fand innerhalb der Fehlergrenzen keinen Unterschied der Aminosäurezusammensetzung der beiden Stämme.

die es ermöglicht, den zu bestimmenden Bestandteil in vollkommen reiner Form zu isolieren, wobei es aber auf die Ausbeute nicht ankommt. Als weitaus am besten geeignetes Hilfsmittel bietet sich wieder die chromatographische Versuchsanordnung dar; es sollte möglich sein, durch Kombination der oben erwähnten chromatographischen Methoden mit dem Verfahren der Isotopenverdünnung eine solche Genauigkeit zu erzielen, daß der begrenzende Faktor für die Bestimmung der Aminosäurezusammensetzung eines beliebigen Proteins nicht mehr das Analysenverfahren, sondern die Hydrolyse darstellt.

Wohl sämtliche Proteinbausteine erleiden bei der Hydrolyse durch Säuren, mehr noch durch Alkalien, eine mehr oder minder weitgehende Veränderung; bei einigen wenigen sind die entstehenden Verluste zu vernachlässigen, andere werden völlig zerstört. Bei saurer oder alkalischer Hydrolyse[2] leidet vor allem Tryptophan, in Gegenwart von Kohlehydrat ist

---

[1] Um die Aminosäurezusammensetzung zweier Tuberkelbacillenstämme zu vergleichen, wurden unter Verzicht auf genaue Absolutwerte an Stelle des Trichloressigsäureniederschlags die gesamten Bakterienleiber in genau gleicher Weise hydrolysiert und aufgearbeitet (vgl. Abb. 168).

[2] Zur Hydrolyse von Proteinen kann folgende Faustregel gelten: man löst 1—10 mg Protein in 10 cm³ *6 n-Salzsäure* bzw. *8 n-Schwefelsäure* und erhitzt 20 Std auf 100°. Die Salzsäure wird im Vakuum entfernt, die Probe 24 Std über Natronkalk im Exsiccator belassen und schließlich in genau 1 cm³ 10% Alkohol gelöst; die Schwefelsäure fällt man wie üblich mit heißgesättigter Barytlösung (→ p_H 11), entfernt, wenn nötig, Ammoniak durch Vakuumdestillation, neutralisiert mit verdünnter Schwefelsäure, filtriert, wäscht mit verdünnter Essigsäure aus, bringt zur Trockne und löst wie oben. *Trifluoressigsäure* (80%)

seine Zerstörung bei saurer Hydrolyse vollständig. Auch Tyrosin, Phenylalanin, Cystein und Arginin werden bei saurer Hydrolyse beeinträchtigt, besonders wiederum in Gegenwart von Kohlehydrat. Serin wird unter üblichen Hydrolysebedingungen zu etwa 10%, in geringerem Maß auch Threonin zersetzt (über Zersetzungsprodukte von Oxyaminosäuren bei alkalischer Hydrolyse vgl. Abb.169). Die Hydrolysenmethode der Zukunft ist zweifellos der Abbau mittels reiner, einheitlicher proteolytischer Fermente (besonders der hochwirksamen Pilz- und Bakterienproteinasen); leider macht die Autolyse dieser Fermente, die selbst Eiweißkörper sind, für genaue Bestimmungen umständliche Kontrollen notwendig[1].

Die bisweilen geübte Methode, die *Anzahl (n) von Aminosäureresten je Mol Protein* anzugeben, verlangt exakteste Analysendaten, wie sie nur in günstigen Fällen durch „Standardanalysen" erhalten werden können. Bei Molgewichten über 40000 dürfte es im allgemeinen schwierig sein, den Prozentgehalt an einer bestimmten, mit mehr als etwa 30 Resten im Protein vertretenen Aminosäure mit der notwendigen Präzision (n, nicht $n+1$ oder $n-1$, d.h. erlaubte Schwankung höchstens $n \pm 0,4$) zu bestimmen. TRISTRAM[2] hat die erforderliche Genauigkeit bei Aminosäureanalysen für die Bestimmung der Anzahl von Resten/Mol in Proteinen angegeben (Tabelle 60). Für Endgruppenbestimmungen ist dagegen eine Abweichung der Werte um 20—30% oft erlaubt.

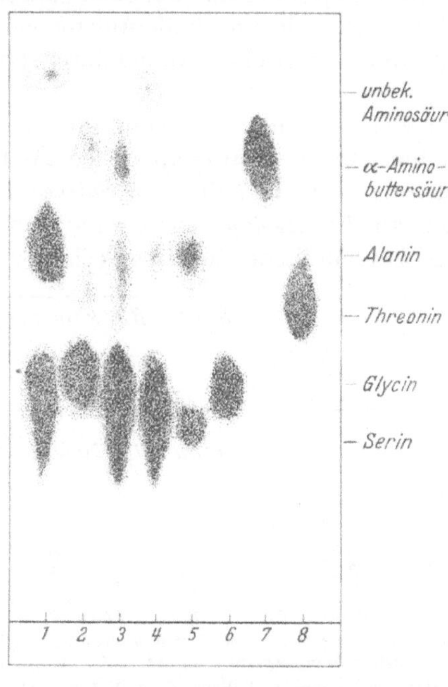

Abb. 169. *Aufsteigendes Papierchromatogramm (20% wasserhaltiges Phenol) der alkalischen Zersetzungsprodukte von Serin und Threonin. 1* Serin mit heißgesättigtem Barytwasser erhitzt; *2* desgl. Threonin; *3* desgl. Threonin in Gegenwart von Formaldehyd; *4* desgl. Glycin in Formaldehyd; *5* Serin-Alaninmischung; *6* Glycin; *7* α-Aminobuttersäure; *8* Threonin ($^1/_2$ natürliche Größe). [Nach TH. WIELAND und L. WIRTH, Chem. Ber. 82, 468 (1949).]

Tabelle 60. *Erforderliche Genauigkeit bei Aminosäureanalysen zur Bestimmung von Aminosäureresten im Protein-(Sub-)Molekül.* [Nach TRISTRAM, G. R.: Adv. Prot. Chem. 5, 124(1949)]

Zahl der Reste	1	2	4	8	12	16	24	32	48	96
% Genauigkeit für präzise Bestimmung ($n \pm 0,4$) .	40	20	10	5	3,3	2,5	1,6	1,25	0,8	0,4

2311. Standardanalysen.

Als Beispiele für Aminosäurebestimmungen in Proteinhydrolysaten, die Anspruch darauf erheben dürfen, als Standardanalysen zu gelten, seien nachstehend

---

läßt sich nach 48 stündiger Hydrolyse mit Äther ausschütteln. Für die Hydrolyse mit *Baryt* (15%; 1 mg Protein in 10 cm³; 20 Std, 100°) gilt das Reziproke der Schwefelsäurehydrolyse. — Durch Zusatz von Zinn (2)-Chlorid kann man der Dunkelfärbung entgegenwirken (Fällung mit Schwefelwasserstoff); besser ist häufig Arbeiten in stark verdünnter Lösung.

[1] Eine Möglichkeit zum Ausschluß derartiger Störungen läge in der Benutzung z.B. C¹⁴-markierter Fermente aus Mikro-Organismen, die auf entsprechend markierten Medien gezüchtet wurden; Autolysenprodukte wären dann leicht erkennbar und in Rechnung zu stellen.

[2] TRISTRAM, G. R.: Adv. Prot. Chem. 5, 124 (1949).

zwei Untersuchungen angeführt, die sich der Verteilungschromatographie an Stärkesäulen bedienen.

a) Chromatographische Analyse eines Hydrolysats von Rinderserumalbumin[1]. Die chromatographische Fraktionierung des Hydrolysats entsprach dem Diagramm S. 160. Tabelle 61 zeigt das Ergebnis der chromatographischen Analyse. Zur Analyse wurde reines Rinderserumalbumin während 16 Std mit 200 Volumina 6 n-Salzsäure hydrolysiert, der Überschuß an Salzsäure entfernt, der Rückstand in einem definierten Volumen aufgenommen und die Analyse, wie auf S. 159 beschrieben, durchgeführt.

Tabelle 61. *Chromatographische Analyse eines Hydrolysats von Rinderserumalbumin* (Lösungsmittel: n-Butanol-n-Propanol-0,1 n-Salzsäure 1:2:1 und n-Propanol-0,5 n-Salzsäure 2:1). Zahlen g Aminosäure/100 g Protein; Zahlen in Klammern % N.

Bestandteil	Chromatogramm I	Chromatogramm II	Chromatogramm III
Leucin-Isoleucin	14,4 (9,58)	14,75 (9,80)	14,3 (9,51)
Phenylalanin	6,32 (3,34)	6,44 (3,40)	6,52 (3,44)
Valin-Methionin-Tyrosin	(7,42) etwa	(7,37) etwa	(7,20) etwa
Prolin	4,65 (3,52)	4,75 (3,60)	4,85 (3,67)
Glutaminsäure-Alanin	(14,90) etwa	(15,25) etwa	(15,40) etwa
Threonin	5,44 (3,98)	5,72 (4,19)	5,50 (4,05)
Asparaginsäure	10,91 (7,15)	10,86 (7,12)	10,96 (7,19)
Serin	3,91 (3,24)	3,76 (3,12)	3,77 (3,13)
Glycin	1,85 (2,15)	1,75 (2,03)	1,85 (2,15)
Ammoniak	1,03 (5,28)	1,08 (5,54)	1,06 (5,44)
Arginin	5,96 (11,92)	6,03 (12,07)	5,72 (11,45)
Lysin	12,70 (15,15)	12,62 (15,05)	13,15 (15,68)
Histidin	4,29 (7,24)	3,67 (6,18)	4,04 (6,82)
Cystin	5,83 (4,23)	5,81 (4,22)	6,08 (4,41)
Gesamtausbeute an Stickstoff	99,1	98,9	99,5

b) Chromatographische Analyse der Aminosäuren im Hämoglobin von normalen und von an Sichelzellenanämie erkrankten Negern[2]. Präparate der kristallisierten Hämoglobine von Normalen (N-HB) und von Sichelzellen-Anämischen (Sz-HB), die elektrophoretisch einheitlich waren, wanderten in Phosphatpuffer p_H 6,95 (Ionenstärke 0,1) nach entgegengesetzten Richtungen. Die vermuteten Unterschiede in der Aminosäurezusammensetzung waren indessen viel geringer[3], als man danach hätte vermuten sollen (Tabelle 64); vor allem ergaben sich keine wesentlichen Differenzen an basischen oder sauren Aminosäuren. Das spricht für eine *verschiedenartige Knäuelung der Peptidketten*, vielleicht unter Einfluß der geringfügig veränderten Mengen an Leucin und Serin. (Vgl. dazu die trotz der grundsätzlichen Unterschiede in der biologischen Aktivität übereinstimmenden Diagramme der Aminosäurezusammensetzung eines virulenten und eines avirulenten Stammes von Tuberkelbakterien, Abb. 168 [MOORE und STEIN][4].)

---

[1] STEIN, W. H., u. S. MOORE: J. of Biol. Chem. **178**, 79 (1949).

[2] SCHROEDER, W. A., L. M. KAY u. J. C. WELLS: J. of Biol. Chem. **187**, 221 (1951).

[3] Diese Untersuchung wurde auch darum ausgewählt, weil gerade wegen der geringfügigen Differenzen in der Aminosäurezusammensetzung der betrachteten Proteine (N und Sz) eine kritische Betrachtung der Fehlerbreiten der Bestimmungen notwendig war, die hier vorbildlich durchgeführt wurde (Tabelle 62 und 63).

[4] Siehe ferner die weitgehende Übereinstimmung der Aminosäuregruppen in Mutanten des Tabakmosaikvirus (S. 249), die zu ähnlichen Schlüssen zwingt.

Tabelle 62. *Werte aus verschiedenen Chromatogrammen zweier Hydrolysate von Normalhämoglobin* (g Aminosäure/g CO-Hb).

	1. Hydrolysat							2. Hydrolysat			
n-Butanol-Benzylalkohol-Wasser											
Phenylalanin .	7,61	7,81	7,59	7,54	7,95	7,63		7,78	7,55	7,73	7,88
Leucin	17,05	15,67	14,90	15,46	14,67	15,45		14,92	14,45	15,04	14,91
Isoleucin . . .	0,27	0,24	0,20	0,15	0,15	—		0,26	0,18	0,29	0,15
Methionin . .	1,17	1,38	0,90	1,24	1,44	1,37		1,60	1,34	1,59	1,29
n-Butanol-17% 0,5 n-Salzsäure											
Leucin-Isoleucin	15,05	14,71	14,71	—	15,19	15,07		15,18	14,33		
Phenylalanin .	7,63	7,39	7,71	—	7,75	7,90		7,68	7,51		
Valin	10,93	10,56	10,60	—	10,58	10,58		11,14	10,37		
Tyrosin	4,56	3,41	3,09	2,90	3,00	2,78		2,65	2,88		
tert.-Butanol-sec-Butanol-0,1 n-Salzsäure											
Leucin-Isoleucin	14,66	15,21	15,37	14,93	14,29	—		15,18	14,90		
Phenylalanin .	9,17	8,00	7,27	7,46	7,17	—		7,85	7,85		
Glutaminsäure .	7,22	7,37	—	—	7,09	—		7,54	6,99		
Alanin	10,29	10,32	9,51	10,00	10,77	—		10,51	10,23		
n-Butanol-n-Propanol-0,1 n-Salzsäure; n-Propanol-0,5 n-HCl											
Prolin	4,26	4,38	4,26	4,36	4,41	4,49	4,22	4,55	4,43		
Threonin . . .	6,09	5,58	—	5,80	5,63	5,85	5,99	6,10	5,77		
Asparaginsäure	11,04	11,00	—	—	10,95	—	10,24	11,33	11,54		
Serin	5,07	—	5,07	5,02	5,34	5,07	5,07	—	5,02		
Glycin	5,02	4,81	4,73	4,68	5,00	4,83	5,12	4,81	4,64		
Arginin	3,42	3,64	3,07	3,17	3,20	2,78	—	3,43	3,56		
Lysin	9,49	10,12	9,37	9,41	9,83	9,76	—	9,51	9,61		
Histidin	8,74	8,64	8,24	8,00	8,83	8,83	—	8,15	8,07		
0,1 n-Salzsäure											
Tyrosin	3,04	2,68	2,97	—	—	—	—	2,95	3,08		
Tryptophan . .	1,45	1,44	1,57	—	—	—	—	1,50	1,51		

Saure Hydrolyse. Zu 0,1 g Protein wurden 10 cm³ 6 n-Salzsäure gegeben, 16 Std unter Rückfluß gekocht, die Salzsäure im Vakuum entfernt, mehrere Male abgedampft, der Rückstand in 0,1 n-Salzsäure aufgenommen (um eine Oxydation des Methionins zu verhindern) und bei — 5° aufbewahrt.

Basische Hydrolyse. 2 cm³ 5%iger Zinn(2)-Chloridlösung in 5 n-Natronlauge wurden mit 0,1 g Protein unter Stickstoff im zugeschmolzenen Rohr 16 Std im siedenden Wasserbad hydrolysiert, mit 6 n-Salzsäure schwach angesäuert und das Filtrat zur Analyse verwandt; etwas wiederaufgelöstes Zinndioxyd störte die Analyse nicht.

Chromatographische Methode. Die Herstellung der Stärkesäule erfolgte nach MOORE und STEIN (S. 159).

n-Butanol-Benzylalkohol. Leucin-Isoleucin konnten trotz des extremen Verhältnisses (75:1) gut getrennt werden. Nach dem Befund der Autoren tritt unter ihren Bedingungen Tryptophan mit Phenylalanin aus, nicht aber zwischen Phenylalanin und Leucin. Da etwas Tryptophan die saure Hydrolyse übersteht, wird der Phenylalaningehalt dadurch beeinträchtigt. Tyrosin-Valin konnte bei 20—30° nicht gut getrennt werden. Bei 15° (Wassermantel), wobei der Wassergehalt des Lösungsmittels von 144 auf 130 cm³/1000 cm³ reduziert werden mußte, war die Trennung vorzüglich.

n-Butanol - 17% 0,5 n-Salzsäure. In diesem Lösungsmittel trennt sich Tyrosin von Valin + Methionin, das vorstehend erwähnte Eluens trennt Methionin gut ab. Man erhält hier die Werte für Phenylalanin und Leucin + Isoleucin; Tryptophan liegt hier zwischen Phenylalanin und Leucin + Isoleucin.

1:2:1 Butan-n-Propanol-0,1 n-Salzsäure.

2:1 Propanol-0,5 n-Salzsäure. Trotz des Mitlaufens gefärbter Zonen war die Trennung in diesem Lösungsmittel befriedigend.

2:1:1 tert.-Butanol-sec.-Butanol-0,1 n-Salzsäure. Die Trennung Glutaminsäure-Alanin war befriedigend, wenn auch nicht vollständig, die von Prolin-Glutaminsäure weitgehend.

Tabelle 63. *Aminosäuren in N-HB und Sz-HB.*
(Im allgemeinen ist die letzte Stelle nicht signifikant.)

Bestandteil	g Aminosäure/100 g CO-HB Mittelwert		Mittlere Abweichung		Abweichung in % des Mittelwerts		Zahl der Aminosäurereste/66 700 g Protein (berechnet aus Mittelwert)		Mittlere Abweichung der Zahl der Reste	
	N	Sz	N	Sz	N	Sz	N	Sz	N	Sz
Alanin	10,19	10,16	0,41	0,07	12	1	67,4	67,1	3,07	0,52
Ammoniak	0,92	0,85	0,09	0,02	17	5	36,1	33,4	1,96	0,78
Arginin	3,28	3,43	0,28	0,27	26	13	12,6	13,1	1,07	1,04
Asparaginsäure	11,02	11,45	0,44	0,27	12	7	55,3	57,4	2,21	1,35
Cystin-Glutaminsäure	7,17	7,22	0,16	0,23	5	6	32,5	32,8	0,73	1,04
Glycin	4,85	4,87	0,16	0,17	10	8	43,1	43,3	1,42	1,51
Histidin	8,44	8,48	0,36	0,17	10	4	36,3	36,5	1,55	0,73
Isoleucin[1]	0,21	0,19	0,06	0,05	67	68	1,1	1,0	0,31	0,25
Leucin + Isoleucin[1]	15,06	14,49	0,38	0,19	8	4	76,7	73,8	1,93	0,97
Leucin + Isoleucin[2]	14,92	14,24	0,36	0,29	7	5	76,0	72,5	1,83	1,48
Leucin + Isoleucin[3]	14,89	14,09	0,32	0,29	6	4	75,8	71,7	1,63	1,48
Lysin	9,64	9,66	0,25	0,10	8	2	44,0	44,1	1,14	0,46
Methionin	1,38	1,43	0,15	0,22	31	48	6,2	6,4	0,67	0,98
Phenylalanin[1]	7,71	7,58	0,15	0,14	5	5	31,2	30,6	0,61	0,57
Phenylalanin[2]	7,60	7,67	0,35	0,11	11	3	30,7	31,0	1,41	0,44
Phenylalanin[3]	7,65	7,31	0,18	0,11	7	3	30,9	29,6	0,73	0,44
Prolin	4,93	4,32	0,11	0,10	8	5	25,5	25,1	0,64	0,58
Serin	5,05	5,43	0,03	0,12	1	7	32,1	34,5	0,20	0,76
Threonin	5,85	6,00	0,20	0,13	9	7	32,8	33,6	1,12	0,73
Tryptophan	1,49	1,60	0,05	0,11	9	13	4,9	5,2	0,16	0,36
Tyrosin[1]		3,02		0,07		4		11,1		0,26
Tyrosin[3]	3,04		0,25		21		11,2		0,92	
Tyrosin[4]	2,94	3,00	0,16	0,20	14	12	10,8	11,1	0,59	0,74
Valin[1]		10,45		0,36		6		59,6		2,05
Valin[3]	10,65	(10,18)	0,13	(0,49)	3	(19)	60,7	(58,0)	0,74	(2,79)

3:1 tert.-Butanol-0,1 n-Salzsäure. In diesem Chromatogramm ergaben sich Werte für Phenylalanin und Leucin + Isoleucin; Prolin fand sich in der Glutaminsäurezone.

0,1 n-Salzsäure. Mit Hilfe dieses Lösungsmittels erhielt man Werte für Tryptophan und Tyrosin.

Bestimmung. Der Silikonüberzug der Reagenzgläser zur Vermeidung des Überkriechens der Lösungsmittel erwies sich als entbehrlich. Die photometrische Messung erfolgte für alle Fraktionen in der gleichen Küvette; als Verdünnungslösung diente Propanol-Wasser 1:1.

Die auf dem beschriebenen Weg erreichbare Genauigkeit der Bestimmung einer Aminosäure in einem Proteinhydrolysat beträgt etwa 1—3%; sie hängt unter anderem von der relativen Menge des betreffenden Bestandteils ab. Die Trennung in die Komponenten ist auch bei diesen leistungsfähigsten chromatographischen Verfahren nie ganz vollständig; unter Benutzung radioaktiv markierter Aminosäuren läßt es sich zeigen, daß im Eluat die Konzentration einer Komponente

---

[1] n-Butanol: Benzylalkohol: Wasser.

[2] tert.-Butanol: sec-Butanol: 0,1 n-Salzsäure.

[3] n-Butanol: 17% 0,5 n-Salzsäure.

[4] 0,1 n-Salzsäure.

Tabelle 64. *Zusammenstellung von N-HB und Sz-HB.*
(Letzte Stelle im allgemeinen nicht signifikant.)

Bestandteil	N-HB			Sz-HB		
	g As/100 g CO-HB a	g Rest/100 g CO-HB b	g N/100 g CO-HB c	g As/100 g CO-HB a	g Rest/100 g CO-HB b	g N/100 g CO-HB c
Alanin	10,19	8,13	1,60	10,16	8,11	1,60
Ammoniak	0,92		0,76	0,85		0,70
Arginin	3,28	2,94	1,06	3,43	3,08	1,10
Asparaginsäure	11,02	9,53	1,16	11,45	9,90	1,21
Cystin (nicht bestimmt)						
Glutaminsäure	7,17	6,30	0,68	7,22	6,34	0,69
Glycin	4,85	3,69	0,91	4,87	3,70	0,91
Histidin	8,44	7,46	2,29	8,48	7,50	2,30
Isoleucin	0,21	0,18	0,02	0,19	0,16	0,02
Leucin	15,06	13,00	1,61	14,49	12,50	1,55
Lysin	9,64	8,45	1,85	9,66	8,47	1,85
Methionin	1,38	1,21	0,13	1,43	1,26	0,13
Phenylalanin[1]	7,66	6,83	0,65	7,55	6,73	0,64
Prolin	4,39	3,70	0,53	4,32	3,64	0,53
Serin	5,05	4,19	0,67	5,43	4,50	0,72
Threonin	5,85	4,97	0,69	6,00	5,09	0,70
Tryptophan	1,49	1,36	0,20	1,60	1,46	0,22
Tyrosin	2,99	2,69	0,23	3,01	2,71	0,13
Valin	10,65	9,01	1,27	10,45	8,84	1,25
Gesamtaminosäuren . . .	110,24	93,64	16,31	110,59	93,99	16,35
Häm (berechnet)		3,8	0,35		3,8	0,35
Gesamtsumme		97,4	16,66		97,8	16,70
N gefunden			16,9			16,5
% erfaßt		97,4	98,6		97,8	101,2

vor Auftreten der nächstfolgenden nicht auf Null, sondern nur unter die Erfassungsgrenze der üblichen Nachweis- und Bestimmungsverfahren (Ninhydrinmethode) fällt. Die Kombination der beschriebenen Säulentechnik mit dem Verfahren der „*Isotopenverdünnung*"[2] kann die erwähnten Nachteile vermeiden: da es hierbei auf die Ausbeute nicht ankommt, kann die Abtrennung von Verunreinigungen aus der betreffenden Komponente (durch Herausschneiden des Mittelteils eines „Gipfels" bzw. durch erneutes Chromatographieren) bis zur völligen Reinigung getrieben werden. Die absolute und relative Konzentration einer Komponente ist bei diesem Verfahren ohne Einfluß auf die Genauigkeit; die Fehler der Analyse sind berechenbar. Allerdings ist der technische Aufwand beträchtlich.

Synthetisiert man die zu bestimmende Aminosäure mit einem radioaktiven Isotop in einem stabilen Teil des Moleküls und setzt z. B. a mg als „tracer" mit einer spezifischen Aktivität A (Teilchen/min/mg) dem zu analysierenden Gemisch zu, so dient die unmarkierte, zu bestimmende Verbindung als inaktive Verdünnungssubstanz. Seien b mg des inaktiven Materials vorhanden, so gilt für die spezifische Aktivität C einer beliebig kleinen, aber völlig reinen isolierten Probe: $(a+b)C = aA$. Daraus folgt das Verhältnis Z der spezifischen Aktivitäten des „tracers" zu der der Gesamtprobe $\dfrac{aA/a}{aA/(a+b)} = \dfrac{a+b}{a}$. Die gesuchte Menge b ergibt sich daraus zu: $b = a(Z-1)$.

Anmerkung. Die Bereitstellung der isotop markierten Aminosäuren kann durch *chemische* oder *biochemische* Synthese erfolgen. Für den letzteren Weg empfiehlt sich besonders der Ein-

---

[1] Nicht für Tryptophan korrigiert.

[2] SCHOENHEIMER, R., u S. RATNER: J. of Biol. Chem. **127**, 301 (1939).

bau von Essigsäure, die mit ^{14}C [1] markiert wurde (bzw. von $N^{15}H_4Cl$) [2], in die Hefe Torula utilis (Tabelle 65), und nachfolgende Isolierung der einzelnen Aminosäuren aus dem Hydrolysat mittels des Ionenaustauschverfahrens im „Wasserstoffionen- oder Ammonium-Puffer-Cyclus". Eine weitere elegante Möglichkeit ist der Einbau von $C^{14}O_2$ in Thiobacillus thiooxydans [3].

Tabelle 65. *Zeitlicher Verlauf des Einbaues von $CH_3C^{14}OOH$ in die Hefe torula utilis.*

	Zeit					
	30 sec	10 min	30 min	1 Std	3 Std	8 Std
Aktivität (Impulse/min/mg)						
Methanolextrakt	3560	4460	7700	9870	14700	7300
Rückstand	540	1105	4030	8910	31600	45200 [4]

(Nach TURBA, F., u. H. ESSER, unveröffentlicht. Zur Isolierung der Aminosäuren empfiehlt es sich, aus den abzentrifugierten Hefezellen zunächst die Polynucleotide nach HAMMARSTEN [Acta med. scand. (Stockh.) Suppl. **196**, 634 (1947)] zu extrahieren, den Rückstand mit heißer Trichloressigsäure nach W. C. SCHNEIDER [J. of Biol. Chem. **161**, 293 (1945)] zu behandeln und erst dann mit 6 n-Salzsäure 24 Std zu hydrolysieren [vgl. S. E. ÅQUIST, Acta chem. scand. (København.) **5**, 1031 (1951)].)

Biosynthese C^{14}-markierter Aminosäuren mittels Thiobacillus thiooxydans.

1 Liter Medium (0,3 g Ammoniumchlorid, 3,0 g primäres Kaliumphosphat, 0,33 g Calciumchlorid · 2 H_2O, 0,013 g Eisenchlorid · 4 H_2O, 0,84 g Magnesiumchlorid · 6 H_2O und 1000 cm³ Wasser, sterilisiert, mit 10 g sterilisiertem, gefälltem Schwefel versetzt) wurde mit 20 cm³ einer lebhaft wachsenden, 1 Woche alten Kultur des autotrophen Bacteriums versetzt in einem seitlichen Ansatz $^{14}CO_2$ aus 4 mMol Bariumcarbonat (0,5—5 mCurie) in Freiheit gesetzt, 10 Tage bei Raumtemperatur belassen [5], die Suspension von Bakterien und Schwefel durch Whatman Nr. 1 filtriert, die Bakterien im Filtrat mit 1060 g 1 Std zentrifugiert (2000 U/min), der Niederschlag 2mal mit je 15 cm³ 10%iger Trichloressigsäure gewaschen, dann mit 10% Trichloressigsäure 20 min bei 90° gehalten und schließlich mit heißem absolutem Alkohol und darauf mit eiskaltem Schwefelkohlenstoff behandelt. Nach Hydrolyse mit 2 cm³ 6 n-Salzsäure im Autoklaven bei 120° wurde lyophilisiert, der Rückstand in 2 cm³ 1:2:1 n-Butanol-n-Propanol-0,1 n-Salzsäure gelöst und an einer Stärkesäule (2,1 × 30 cm) nach der Vorschrift von STEIN und MOORE chromatographiert. Abb. 170 zeigt das Diagramm der Konzentration und der Aktivität für die ersten sechs Aminosäuren des Chromatogramms; die Übereinstimmung der Kurven für Aminostickstoff und Radioaktivität ist innerhalb der Fehlergrenzen gewahrt. Die folgenden Aminosäuren wurden so gewonnen: Leucin, Isoleucin, Phenylalanin, Methionin, Valin, Tyrosin, Prolin, Glutaminsäure, Alanin, Threonin, Asparaginsäure, Serin, Glycin, Arginin, Lysin und Histidin. Die höchste erreichte Aktivität war 1,25 mCurie/1 mMol C (z. B. 11,25 mCurie/1 mMol Phenylalanin).

Eine *Modifikation* des beschriebenen Verfahrens besteht darin, daß man das Gemisch mit einem *markierten Reagens* [6] umsetzt, das sich mit den zu bestimmenden Komponenten quantitativ zu stabilen Derivaten umsetzt. Gibt man einen großen Überschuß eines unmarkierten Derivats zu dem Gemisch, reinigt einen Teil bis zur konstanten Aktivität, so ergibt sich aus dieser, aus der Menge an zugegebenem inaktivem Derivat sowie aus der Aktivität des Reagens nach obiger Gleichung die im ursprünglichen Gemisch vorhandene Menge der gesuchten Komponente. In den meisten Fällen ist $Z \gg 1$ und $a \sim b/Z$. Bei Analysen dieses

---

[1] BADDILEY, J., G. EHRENSVÄRD, R. JOHANNSON, L. REIO, E. SALUSTE u. R. STJERNHOLM: J. of Biol. Chem. **183**, 771 (1950).

[2] ÅQUIST, S. E. G.: Acta chem. scand. (København.) **5**, 1031 (1951); vgl. auch S. 278.

[3] BECKER, R. A., u. F. W. ALLEN: J. of Biol. Chem. **195**, 429 (1952).

[4] Nährmedium fast frei von Aktivität.

[5] Bei Bedarf konnte Sauerstoff aus einem Vorratsgefäß durch einen Quecksilberverschluß in das Gefäß eintreten.

[6] Siehe z. B. VELICK, S. F., u. S. UDENFRIEND: J. of Biol. Chem. **191**, 233 (1951).

Typs ist es notwendig, daß die isolierte Probe rein und völlig frei von markierten Verunreinigungen ist. Vgl. dazu das Trennungsschema sowie das Ergebnis der Aminosäurebestimmung in Salmin (S. 247). Weitere Beispiele dieser Art finden sich auf S. 291 im Zusammenhang mit der Bestimmung von Aminoendgruppen von Proteinen sowie mit dem Nachweis des Vorhandenseins oder der Abwesenheit einer bestimmten Aminosäure in einem Gemisch.

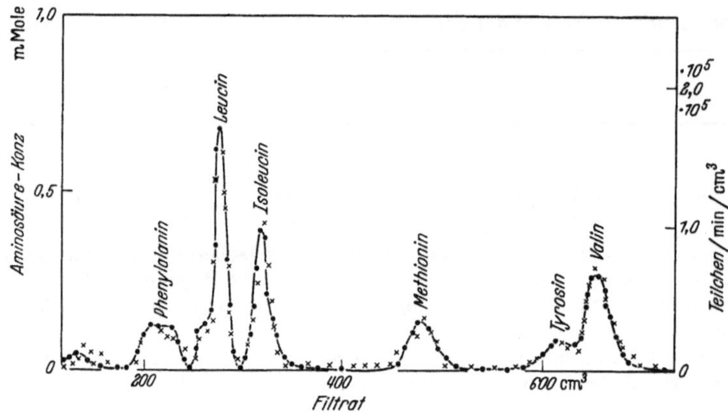

Abb. 170. Chromatographische Trennung von 6 Aminosäuren eines Hydrolysats der Proteine von Thiobacillus thiooxydans. ● Aminostickstoffwerte; × Radioaktivität.

2312. Routineanalysen.

Unter den *Routineanalysenverfahren* verdient die Trennung der *Acetyl-Aminosäuren* an wasserhaltigen Kieselgelsäulen kurze Erwähnung[1]. Dieses erste verteilungschromatographische Verfahren ist von den englischen Autoren auf die Trennung zahlreicher Proteinhydrolysate angewandt worden. Als Beispiel sei die Anwendung des Verfahrens auf die Aminosäureanalyse des *Thyrocidins*[2] angeführt (das verwendete Präparat war nach den später gewonnenen Ergebnissen der Gegenstromverteilung allerdings nicht einheitlich). Das folgende Schema (Abb. 171) gibt den Verlauf der Trennung, Tabelle 66 das Ergebnis wieder, aus dem man die ungefähre Streuungsbreite des Verfahrens entnehmen kann.

Die verteilungschromatographische Trennung der *DNP-Aminosäuren* an Kieselgelsäulen (SANGER), die zur Routinemethode ausgestaltet wurde, um Endgruppen in Proteinen zu bestimmen, hat zur Analyse von Proteinhydrolysaten bislang anscheinend keine Verwendung gefunden, trotzdem die Methode dafür sehr geeignet sein sollte, und zwar einerseits wegen der einfachen und sehr nahezu quantitativen Umsetzung der Aminosäuren mit DNFB, andererseits wegen der bequemen Bestimmung durch photometrische Messung.

Das übliche Routineverfahren zur Analyse von Proteinhydrolysaten, die *zweidimensionale Papierchromatographie freier Aminosäuren*, hat in so vielen Fällen Anwendung gefunden, daß nur auf einige charakteristische Beispiele verwiesen werden kann. Trotz der zahlreichen Vorschläge zur quantitativen Ausgestaltung der Methode (vgl. S. 94 ff.) liegen bisher nur vereinzelte Ergebnisse praktischer Anwendungen in dieser Richtung vor. Während das Verfahren

---

[1] Das Verfahren bildet wegen der präzisen und übersichtlichen Darstellung der Methodik ein didaktisch vorzügliches Beispiel.

[2] GORDON, A. H., A. J. P. MARTIN u. R. L. M. SYNGE: Biochemic. J. 37, 313 (1943).

also für qualitative und halbquantitative Zwecke, orientierende Vorversuche und zur Kennzeichnung des Fraktionierungsverlaufs bei anderen Verfahren die Methode der Wahl ist, wird man es für exakt quantitative Zwecke zunächst nur mit Vorbehalt benutzen können. Fehler von 10% müssen oft in Kauf genommen werden; bei Aminosäuren, die in untergeordneter Menge im Protein

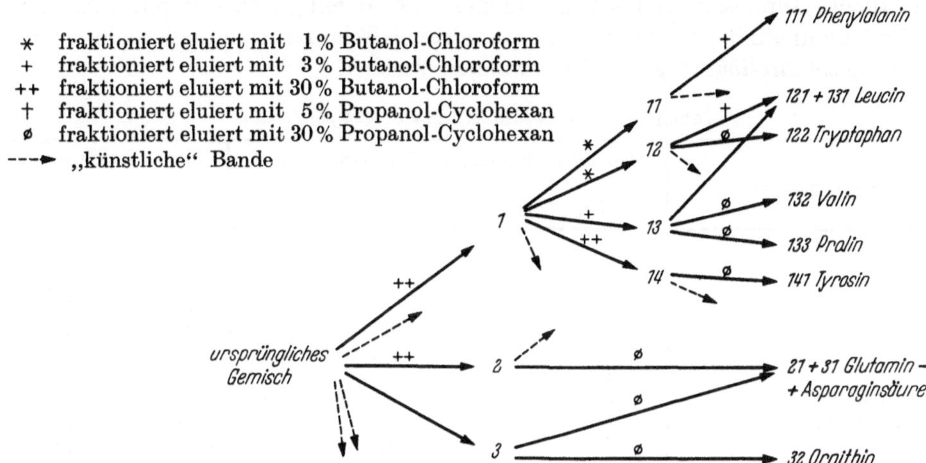

Abb. 171. *Verlauf der Trennung der Aminosäuren des Thyrocidins durch Verteilungschromatographie der Acetylderivate an Kieselgelsäulen.* [Nach A. H. GORDON, A. J. P. MARTIN und R. L. M. SYNGE, Biochemic. J. **37**, 313 (1943).]

vorhanden sind, wird die Streuung noch wesentlich größer sein. Bei Proteingemischen, wie sie in biologischem Material vorliegen, besonders aber bei Gemischen mit Kohlehydraten, ist allerdings wegen der Zerstörung bei der Hydrolyse eine größere Genauigkeit ohnehin nicht zu erreichen. Jedenfalls wird man in solchen Fällen die Konzentration des zu hydrolysierenden Proteins in der konzentrierten Säure niedrig halten (mehrhundertfache Menge Säure, bezogen auf Proteintrockengewicht), um die Nebenreaktionen einzuschränken.

Qualitative Analyse zur Erkennung von Verunreinigungen in Perlon usw. durch Papierchromatographie [1]. Nylon 66, Nylon 610, Perlon L, Perlon U und Mischkondensate aus Cyprolactam mit 5% Adipinsäure-Hexame

Tabelle 66.
Aminosäurezusammensetzung des Thyrocidins.

Aminosäure	N als % des Gesamt-N
Phenylalanin (racemisch) .	12,2—14,8
Leucin	7,4— 8,7
Valin	6,5— 8,0
Tryptophan	0,9— 9,5
Prolin.	6,4— 7,1
Tyrosin	6,0— 6,8
Dicarbonsäuren	12,2—14,1
Glutaminsäure [2]	6,1— 7,2
Asparaginsäure [2]	6,1— 6,9
Ornithin	9,3—13.2

thylendiamin lassen sich unterscheiden, wenn man die salzsauren Hydrolysate in sec-Butanol:Ameisensäure:Wasser 75:15 (80%ig):10 (R_F-Werte: ε-Aminocapronsäure 0,60; Hexamethylendiamin 0,16) oder Isobutanol:Ammoniak:Glykol 80:15 (25%ig):5 (R_F-Werte: Adipinsäure 0,13; Sebacinsäure 0,17) papierchromatographiert. Diese Analysenmethoden für Polyamide und Polyurethan bilden ein schönes Beispiel einer technisch wichtigen Anwendung der Papierchromatographie.

---

[1] ZAHN, H., u. H. WOLF: Melliand Textilber. **32**, 317 (1951).

[2] Unbefriedigende chromatographische Trennung.

Turba, Chromatographische Methoden. 16b

Quantitative Analyse eines Hydrolysats von Seide durch Papierchromatographie[1].
Tabelle 67 zeigt den Vergleich von Analysendaten für die Aminosäuren eines
Seidehydrolysats, die einerseits durch *colorimetrische Bestimmung* (Besprühen des
Papiers mit 0,1 % Ninhydrin in Butanol, Erhitzen auf 90° für 5 min, Ausschneiden
der Flecken der Analysenlösung und der Kontrolle [analog zusammengesetztes,
künstliches Aminosäuregemisch, genau gleich behandelt], Extraktion mit Aceton,
Auffüllen auf ein definiertes Volumen, colorimetrische Bestimmung), andererseits
durch „*spot-dilution*" (vgl. S. 97) gewonnen wurden.

Tabelle 67. *Aminosäuren eines Seidehydrolysats.*

Aminosäuren	Salzsäurehydrolysat		Künstliches Gemisch		Frühere Analysen	
	colori-metrisch	„spot-dilution"	Zusammen-setzung	„spot-dilution"	2	3
Arginin	2,4	0,8	—	—	0,76	0,7
Glycin	39,9	42,4	43,4	39,0	43,8	40,5
Serin	12,7	11,9	1,9	3,7	13,6	1,8
Alanin	37,6	34,0	26,8	29,6	26,4	25,0
Prolin	Spur	Spur	1,1	—	1,0	1,0
Valin	4,4	5,7	—	—	—	—
Isoleucin	Spur	2,5	2,7	3,8	2,5	2,5
Phenylalanin	nicht	nicht	12,3	12,5	1,5	11,5
Tyrosin	5,9	8,3	11,8	14,6	13,2	11,0
Methionin	nicht	nicht	—	—	2,6	—
Histidin	—	—	—	—	0,1	0,1
Threonin	—	—	—	—	1,4	—
Zusammen:	102,9	105,6	100,0	102,7	106,9	94,1

Ein vielversprechendes Verfahren zur quantitativen Auswertung von Papierchromatogrammen besteht in der Kombination mit der Methode der „Isotopenverdünnung". Bisher hat man von dieser Möglichkeit bei J^{131}- bzw. S^{35}-mar-
kierten Pipsylderivaten von Aminosäuren Gebrauch gemacht. Da indessen

Tabelle 68. *Vergleich der bei verschiedenen Analysenverfahren erhaltenen Werte für die Aminosäurezusammensetzung des Salmins* (Aminosäuren g/100 g Protein).

Aminosäure	Werte nach TRISTRAM [4]	Werte nach R. J. BLOCK [5]	Mikrobiologische Methode	Isotopen-methode	Ionenaustausch-methode [6]
Glycin	2,94	3,3	—	3,19	3,2
Alanin	1,12	1,5	—	1,16	1,1
Valin	3,14	4,1	4,3	5,0	4,7
Prolin	5,80	8,6	6,4	6,7	6,9
Serin	9,1	7,0	8,5	6,4	6,3
Leucin	1,64	0	0,03	—	—
Isoleucin	0	1,2	1,1	—	—
Arginin	85,2	88,4	—	—	84,5
Glutaminsäure	—	—	0,08	0,2	

---

[1] POLSON, A., v. M. MOSLEY u. G. M. WYKOFF: Science (Lancaster, Pa.) **105**, 603 (1947).

[2] COHN, E. J., u. J. T. EDSALL: Composite table in „Proteins, amino acids and Peptides",
S. 338. New York: Reinhold 1943.

[3] SCHMIDT, C. L. A.: Chemistry of amino acids and Proteins, S. 217. Baltimore: Ch. C.
Thomas 1944.

[4] Adv. Prot. Chem. **5**, 129 (1949).

[5] Proc. Soc. Exper. Biol. a. Med. **70**, 494 (1949).

[6] Fraktioniert nach MOORE und STEIN an DOWEX-50.

diese substituierten Aminosäuren nicht mit der gleichen Wirksamkeit wie unsubstituierte Aminosäuren papierchromatographisch getrennt werden können, blieb diese aussichtsreiche Methode mit wenigen Ausnahmen (s. unten) vorerst auf einfach zusammengesetzte Gemische, wie sie sich z. B. bei Aminoendgruppenbestimmungen ergeben, beschränkt (vgl. S. 291). Einen Vergleich der Analysendaten für mehrere Proteine nach verschiedenen Verfahren zeigt Tabelle 70 [1].

Diagramm der Aminosäureanalyse mittels der Pipsylderivate (für Prolin, Valin, Methionin, Phenylalanin). Nach VELICK, S. F., u. S. UDENFRIEND: J. of Biol. Chem. **170**, 721 (1951).

1. Proteinhydrolysat wird mit Pipsylchlorid behandelt, Rk-Produkte mit Äther extrahiert (vgl. auch S. 292). a) Wäßrige Phase (Gruppe 0) enthält p-Jodphenylsulfosäure, Pipsylarginin usw. b) Ätherextrakt mit wenigen Tropfen 0,01 n-NH$_3$ versetzt, eingedampft, aufgefüllt mit Wasser.

2. Zu aliquoten Teilen (1b) geeignete S^{35}-markierte „Indikatoren" zugeben (S^{35}-Pipsyl-Glycin usw.). a) Spuren von p-Jodphenylsulfosäure auswaschen mit 0,2 n-Salzsäure. b) Gewaschene aliquote Anteile verteilt im Gegenstrom (*10 Schritte*, Chloroform:0,2 n-Salzsäure).

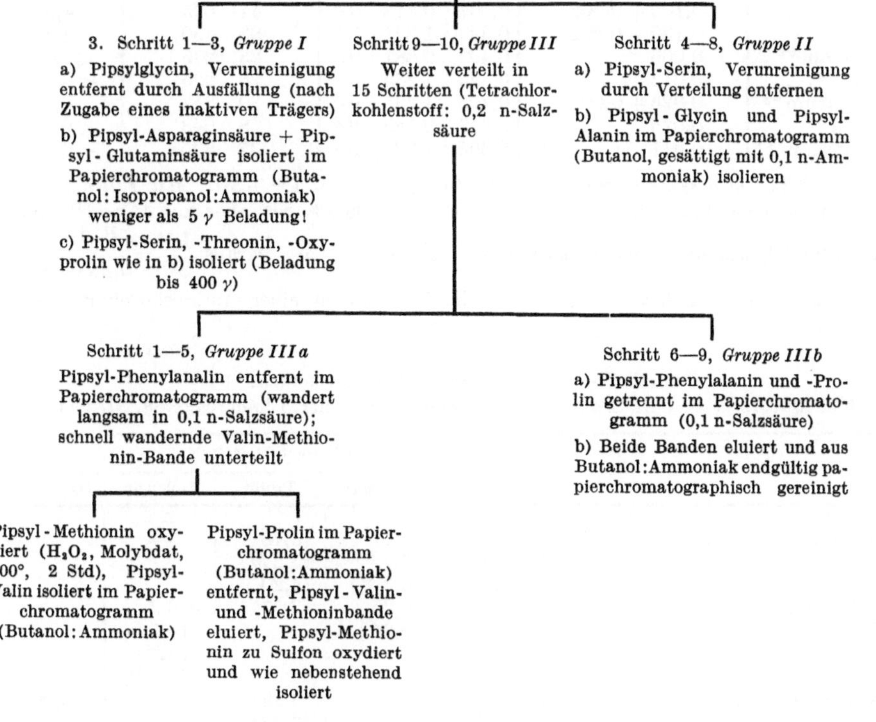

Bestimmung der Aminosäurezusammensetzung von Salmin mittels der Isotopenmethode (J^{131}- bzw. S^{35}-markierte Pipsylderivate) *und Papierchromatographie.* 22,58 mg Salminsulfat (aus gefrorenen Testes vom Salm [Oncorhynchus]; getrocknetes Sulfat 20,7% Sulfat, 31,5% N ber. auf freie Base, einheitlich in der Ultrazentrifuge), korr. für 6,34% Feuchtigkeit, wurden mit 2 cm³ 6 n-Salzsäure 18 Std bei 112° im zugeschmolzenen Röhrchen hydrolysiert, die Lösung mit 1 n-Natronlauge auf p$_H$ 5,0 gebracht und auf 5 cm³ verdünnt. — 0,197 cm³ der Lösung wurden in die Pipsylderivate übergeführt und die ätherlöslichen Derivate

---

[1] Eine sehr eingehende Zusammenstellung der Werte für die einzelnen Aminosäuren findet man bei G. R. TRISTRAM, s. Fußnote [4] S. 246.

auf 25 cm³ verdünnt. Zu 2 cm³ wurden als Indikatoren S^{35}-Pipsylderivate von Asparaginsäure, Serin, Prolin, Isoleucin und Glycin, zu 5 cm³ die von Alanin, Valin, Leucin, Oxyprolin, Threonin und Phenylalanin zugesetzt. Zur Analysentechnik vgl. das Diagramm S. 247. Das Resultat geht aus Tabelle 69 hervor.

Tabelle 69. *Aminosäureanalyse des Protamins Salmin nach der Methode der isotop markierten Pipsylderivate.*
[Nach VELICK S. F., u. S. UDENFRIEND: J. of Biol. Chem. **191**, 233, (1951).]

| Aminosäure | $\dfrac{\text{Impulse/min, gefiltert *}}{\text{Impulse/min, ungefiltert}}$ | J^{131}-Standard | | S^{35}-Standard ($f_s = 0{,}0005\text{—}0{,}0008$) * zugegeben: Impulse/min | Aminosäurereste/7000 g Protein |
		f_y *	$\dfrac{\text{Impulse/min}}{\mu \text{ mole J}}$		
Glycin	$0{,}190 \pm 0{,}002$	0,391	$1{,}088 \cdot 10^6$	28 074	3,0
Alanin	$0{,}193 \pm 0{,}000$	0,507	$0{,}318 \cdot 10^6$	9 376	0,9
Valin	$0{,}250 \pm 0{,}003$	0,517	$0{,}297 \cdot 10^6$	19 067	3,0
Prolin	$0{,}102 \pm 0{,}002$	0,507	$0{,}318 \cdot 10^6$	41 675	4,0
Serin	$0{,}130 \pm 0{,}002$	0,395	$1{,}321 \cdot 10^6$	83 330	4,2
Phenylalanin ** .	0,008	0,402	$0{,}881 \cdot 10^6$	25 276	$<0{,}002$
Threonin **. . .	0,012	0,395	$1{,}235 \cdot 10^6$	25 225	$<0{,}03$
Glutaminsäure **	$0{,}026 \pm 0{,}002$	0,395	$1{,}235 \cdot 10^6$	30 812	0,1
Oxyprolin ** . .	0,025	0,517	$0{,}183 \cdot 10^6$	8 643	$<0{,}05$
Asparaginsäure **	0,011	0,395	$1{,}321 \cdot 10^6$	37 835	$<0{,}08$

* *Ohne Filter gemessene Gesamtzahl Impulse/min* $= A = J^{131} + S^{35}$. *Mit Filter* (0,003″ Aluminium zwischen Präparat und Zählrohr eliminiert 99,7 % S^{35}, aber nur 44 % J^{131} [56 % gehen hindurch]) *gemessene Zahl Impulse/min* $= B = f_{J^{131}} + f_{S^{35}}$. Daraus $\dfrac{J^{131}}{S^{35}} = \dfrac{B/A - f_{S^{35}}}{f_{J^{131}} - B/A}$.

** Siehe dazu auch S. 256: Beweis für die Abwesenheit einer Aminosäurekomponente im Gemisch.

Tabelle 70. *Zusammensetzung von Proteinen.*
[Nach KESTON, A. S., S. UDENFRIEND u. M. VELICK: J. Amer. Chem. Soc. **69**, 3151 (1949).]

| Protein | g N/100 g Protein-N | | | | |
	Glycin	Alanin	Prolin	Isoleucin	Oxyprolin
β-Lactoglobulin	1,86 (1,81) (1,7 *M*)	7,11 (6,7 *V*) (6,3 *M*)	3,78 (3,2 *M*) (4,2 *V*)	—	—
Menschliches Hämoglobin	4,94	9,25 (9,2 *C*)	3,57	$<0{,}2$ (0,5 *B*) (0 *M*) (0,2 *M*)	—
Rinderserumalbumin	—	—	3,86 (3,9 *M*) (4,2 *M*)	—	0,00
Aldolase aus Kaninchenmuskel . .	6,23 (6,80 *M*)	8,04 (6,77 *M*)	4,19 (4,85 *M*)	—	—
Phosphoglyceraldehyde-dehydrogenase aus Kaninchenmuskel . .	6,88 (7,00 *M*)	6,46 (5,71 *M*)	2,74 (3,08 *M*)	—	—

I Isotopenverdünnung, *M* mikrobiologische Methode, *V* Verteilungschromatographie, *C* chemische Methode.

Gruppentrennungen. Die einschlägigen Verfahren sind auf S. 155 geschildert. Als Beispiele seien die *Aufteilung der Hydrolysate zweier Mutanten des Tabakmosaikvirus,* sowie eines Hydrolysats von Lysozym angeführt.

Vergleichende Adsorptionsanalyse der Mutanten des Tabakmosaikvirus vulgare gegenüber flavum, bzw. vulgare gegenüber luridum [1]. Die TMV-Mutanten flavum und luridum (Gelbstämme), die sich von ihren Ausgangsformen vulgare bzw. dahlemense (Grünstämme) nach ihrem elektrophoretischen Verhalten durch die geringere Zahl von Säuregruppen, die oberhalb von p_H 6 dissoziieren, unterscheiden, zeigen bei Bestimmung des Nucleinsäuregehalts keinen Unterschied. Nach diesem Ergebnis lag die Vermutung nahe, daß bei den Gelbstämmen der Gehalt des Proteinanteils an Aminodicarbonsäuren erniedrigt ist. Die chromatographische Gruppentrennung (vgl. Tabelle 71) ergab indessen, daß auch der Gehalt an sauren, basischen und aromatischen Aminosäuren sowie an Säureamidstickstoff bei den untersuchten Mutanten

Tabelle 71. *Gruppentrennung der Hydrolysate von TMV-Mutanten* (s. Text).

Stamm	1.		2.	
	vulgare	flavum	vulgare	luridum
NH_3-N	10,7	10,5	10,6	10,7
Humine	—	1,1	0,98	1,2
Aromatische Aminosäuren	9,8	9,3	8,9	9,1
Dicarbonsäurehumine . .	—	—	17,9	17,6
Dicarbonsäuren	15,6	15,3	16,5	—
Basische Aminosäuren . .	23,3	22,8	20,6	20,0

innerhalb der Fehlergrenzen übereinstimmt (um eine Huminbildung zu verhindern, wurde die Nucleinsäure aus dem Virus durch Behandlung mit Trichloressigsäure entfernt und die reinen Proteine analysiert; Fehlergrenze beim Vergleich vulgare-flavum 5%, beim Vergleich vulgare-luridum 2%, da hier mehr Material zur Verfügung stand). Man muß auf Grund der Ergebnisse annehmen, daß die untersuchten Mutationen lediglich in einer Umfaltung der Polypeptidketten im Eiweißanteil bestehen, die dazu führt, daß die Nucleinsäure bei den Mutanten fester an das Protein gebunden wird, wodurch die Dissoziationsfähigkeit eines Teiles der Phosphatgruppen verschwindet.

Gruppentrennung der Aminosäuren eines Hydrolysats von Lysozym [2]. Lysozym, das im Eiklar in relativ großer Konzentration (3 g/Liter) vorliegt und nach mehrmaligem Umkristallisieren in weitgehend reiner Form gewonnen werden kann, ist ein enzymatisch wirksames Protein mit einem mittleren Mol.-Gewicht um 14000. Ein durch Erhitzen mit Salzsäure im geschlossenen Rohr dargestelltes Hydrolysat wurde von FROMAGEOT und DE GARILHE in vier Gruppen funktionell verwandter Aminosäuren aufgeteilt; die verwandte Methodik entsprach der oben geschilderten (s. S. 155) weitgehend: Die Basen wurden an Kieselgel, die Säuren an anionotropem Aluminiumoxyd, die Aromaten an Aktivkohle adsorbiert; im Filtrat verblieben die restlichen aliphatischen Aminosäuren. Tabelle 72 zeigt das Ergebnis dieser Fraktionierung (bezüglich der basischen Aminosäuren vgl. die Zusammenstellung der Werte nach verschiedenen Methoden in Tabelle 73).

Tabelle 72. *Stickstoffverteilung zwischen den verschiedenen Fraktionen und Aminosäuregruppen (N als % Gesamt-N) in einem Hydrolysat von Lysozym.*

Chromatographisch abgetrennte Fraktion	Gesamt-N der Fraktion	Stickstoff der Aminosäuren innerhalb der Fraktion	
		gefunden	berechnet
Basen	33,3	33,3	34,3
Säuren.	15,6	8,4	8,7
Neutrale Aromaten	5,1	8,9	8,7
Neutrale, Rest . .	32,2	37,9	38,5
Amide usw.	10,0	10,0	10,0
Gesamt-N	96,2	98,5	100,2

Der Vergleich der ersten mit den beiden folgenden Spalten in Tabelle 72 zeigt, daß die Übereinstimmung bei den Basen ziemlich gut, bei den Säuren und Aromaten dagegen wenig befriedigend ist. Der zu hohe Wert für die Säurefraktion könnte so erklärt werden, daß

---

[1] SCHRAMM, G., u. G. BRAUNITZER, Z. Naturforsch. **5** b, 297, (1950); vgl. aber F. L. BLACK und C. A. KNIGHT, J. of Biol. Chem. **202**, 51, (1953).

[2] FROMAGEOT, C.: Cold Spring Harbor Symp. Quant. Biol. **14**, 51 (1949).

bei der Zersetzung des Tryptophans saure Spaltprodukte entstehen, und daß eventuell etwas Cystin am saueren Aluminiumoxyd festgehalten wurde; die Differenz bei den Aromaten erklärt sich ebenfalls aus der Zerstörung des Tryptophans.

Tabelle 73. *Basische Aminosäuren in Lysozym* (% des Proteins, 18,6% N)[1].

	Histidin	Lysin	Arginin	Autor
	—	—	13,4	2
	0,83	5,94	12,8	3
	1,54	6,00	13,1	4
	1,12	6,16	12,9	5
Durchschnitt	1,16	6,03	13,1	
Zahl der Reste	1,1	6,1	11,0	

232. Anwendungen chromatographischer Methoden auf Untersuchungen des Aminosäure- und Proteinstoffwechsels[6].

Für Stoffwechseluntersuchungen hat bisher vor allem die Papierchromatographie Anwendung gefunden, um einen vorläufigen (und zwar qualitativen, allenfalls halbquantitativen) Überblick über die betreffenden Probleme zu erhalten. Zweifellos wird die Säulentechnik auch hier zu ihrem Recht gelangen, sobald man über eine erste Klärung hinaus in verstärktem Maß zu quantitativen Untersuchungen und Isolierungsprozeduren fortschreiten wird. Da es sich bei Untersuchungen dieser Art fast stets um die Bestimmung von Aminosäuren und ihrer Umbauprodukte *in biologischen Flüssigkeiten* handelt, ist das Hauptproblem bei der Herstellung von Papierchromatogrammen hier die *Befreiung* der Analysenproben von den meistens in großem Überschuß vorhandenen *Neutralsalzen*. Gibt man nämlich eine von Salzen vorher nicht befreite Probe auf das Chromatogramm, so

Tabelle 74. *Enteiweißungsverfahren aminosäurehaltiger Lösungen.*
[Nach Verdier, C. H. du, u. G. Ågren: Acta chem. scand. (København) 2, 783 (1948).]

	mg α-Amino-N/100 cm³ Serum im Filtrat
Zinkhydroxydfiltrat[7]	3,95
Eisenhydroxydfiltrat[7]	4,75
Phosphorwolframsäurefiltrat . ·	4,75
Trichloressigsäurefiltrat (10% Endkonzentration; 10 min zur Entfernung des Reagens gekocht)	9,50 (Hydrolyse)
Desgleichen, Filtrat zur Entfernung des Reagens 4mal ausgeäthert	5,25
Desgleichen, 5% Endkonzentration; ätherextrahiert	5,30 ⎫
Dialysabler Aminostickstoff	4,95 ⎬ (zu empfehlen)
Filtrat der Fällung mit 80% Äthanol	3,80 ⎭

---

[1] Monier, R., V. Gendron, M. Jutisz u. Cl. Fromageot: Biochim. et Biophysica Acta 8, 588 (1952).

[2] Fevold, H. L.: Adv. Prot. Chem. 6, 188 (1951).

[3] Moore, S., u. W. H. Stein: J. of Biol. Chem. 192, 663 (1951).

[3] James, A. T., A. J. P. Martin u. S. S. Randall: Biochemic. J. 49, 293 (1951).

[5] Lewis, J. C., N. S. Snell, D. J. Hirschmann u. H. Fraenkel-Conrat: J. of Biol. Chem. 186, 23 (1950).

[6] Dent, C. E.: Biochem. Soc. Symposia 3, 34 (1950).

[7] Es empfiehlt sich, den Überschuß zugesetzter Reagentien mit 80% Äthanol (Endkonzentrat) zu fällen.

entstehen Verzerrungen dadurch, daß die Ionen der Salze bei der Wanderung die Aminosäuren (besonders Asparagin- und Glutaminsäure sowie Glutamin) bzw.

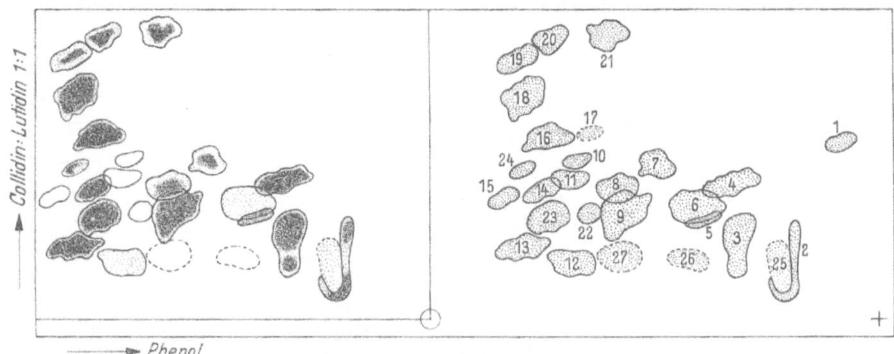

Abb. 172. *Zweidimensionales Chromatogramm der Inhaltsstoffe eines Alkoholextraktes aus Schnitten der Kartoffelknolle.* *1* Cysteinsäure (aus Cystin durch H_2O_2-Behandlung); *2* Asparaginsäure; *3* Glutaminsäure; *4* Serin; *5* Glycin; *6* Asparagin (braune Ninhydrinreaktion); *7* Threonin; *8* Alanin; *9* Glutamin; *10* α-Amino-n-Buttersäure; *11* Histidin; *12* Lysin; *13* Arginin; *14* Methioninsulfoxyd; *15* Prolin; *16* Valin; *17* Methionsulfon (aus Methionin durch H_2O_2-Behandlung); *18* Isoleucin (Leucin); *19* Phenylalanin; *20* Tryptophan; *21* Tyrosin; *22—27* nicht sicher identifiziert.

Versuchsbedingungen. 0,6 mm-Schnitte wurden mit 70—80%igem Alkohol kalt extrahiert und zur zweidimensionalen Chromatographie ein aliquoter Anteil (50 γ-N, entsprechend 5 mm³ Lösung) des im Vakuum zur Trockne eingedampften und in wenig Wasser aufgenommenen Extraktes verwandt. Für die in der Abbildung links wiedergegebene Photographie wurden 150 γ-N verwendet, um schwächere Flecken sichtbar zu machen, wobei einige der stärkeren Zonen überlappen. Rechts Einzeichnung der dem Cystin und Methionin nach H_2O_2-Behandlung entsprechenden Positionen. Chromatogramm: 35 × 45 cm. Unter Bedingungen der Proteinsynthese verschwinden zahlreiche Aminosäureflecken, während die von Glutamin- und Asparaginsäure sowie deren Halbamiden in ihrer Intensität bestehen bleiben. [Nach C. E. DENT, Nature (Lond.) **160** 683 (1947).]

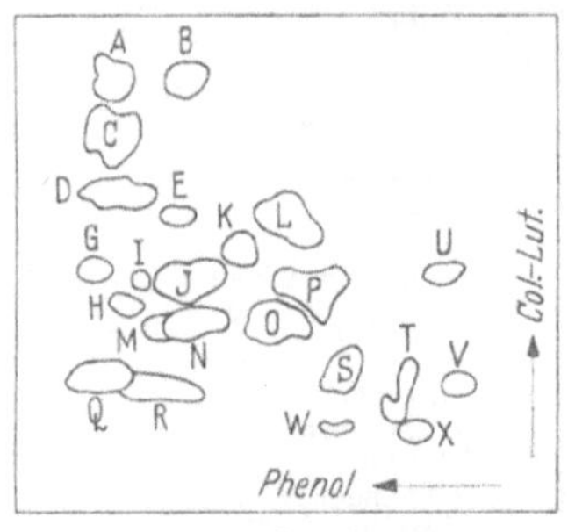

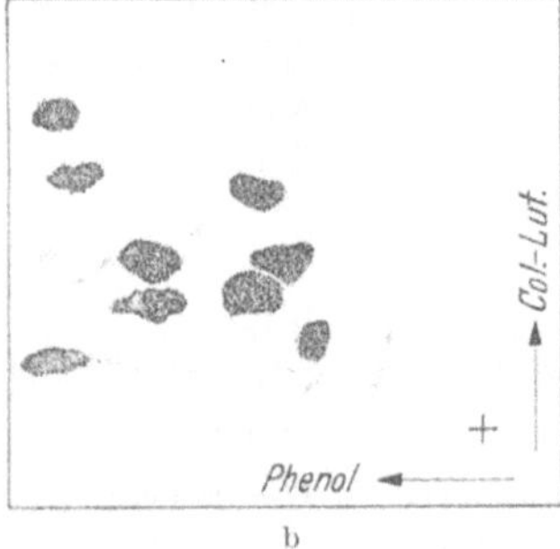

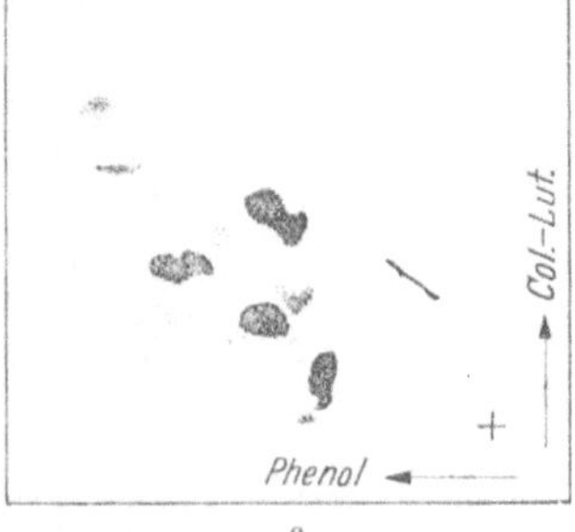

Abb. 173a—c. *Verteilung freier Aminosäuren in der Epidermis von Mäusen in verschiedenen Phasen des Wachstums.* a Diagramm der Komponenten in Chromatogrammen der Extrakte aus Epidermis bzw. aus Tumoren: *A* Phenylalanin, *B* Tyrosin, *C* Leucin, *D* Valin, *E* Methioninsulfon, *G* Prolin, *H* Histidin, *I* Oxyprolin, *J* Alanin, *K* Threonin, *L* Taurin, *M* β-Alanin oder Citrullin, *N* Glutamin oder Serylglycylglycin, *O* Glycin, *P* Serin, *Q* Arginin, *R* Lysin, *S* Glutaminsäure, *T* Asparaginsäure, *U* Cysteinsäure, *V* „oxydiertes" Glutathion, *W* „Unterglutaminsäure", *X* Glutathion. b Wasserstoffsuperoxydbehandelter Extrakt aus Mäuseepidermis nach 6maligem Pinseln der Tiere mit Methylcholanthren in Benzol; c Extrakt aus dem entsprechenden Carcinom.

Versuchsbedingungen. Epidermis im Versuch über P_2O_5 getrocknet, zerrieben, bis zum konstanten Gewicht getrocknet. 200 mg mit 1 cm³ 76% Äthanol verrührt (Zimmertemperatur), 75 mm³ des Extrakts (auch nach H_2O_2-Behandlung und Hydrolyse mit HCl) zweidimensional chromatographiert. [Nach E. ROBERTS und G. H. TISHKOFF, Science (Lancaster, Pa.) **109**, 15 (1949).]

Peptide „auf die Schulter nehmen" und so vor sich herschieben. Gibt man zur Vermeidung dieses Übelstandes aber verdünntere Lösungen auf, so gehen die in kleinerer Konzentration vorhandenen Komponenten dem Nachweis verloren. Zu den verschiedenen Entsalzungsmethoden (durch Elektrolyse, Ionenaustausch,

Ionophorese usw.) vgl. S. 71 [1]. Bei biologischem Material spielt ferner die Frage der *Enteiweißung* eine wichtige Rolle; eine Zusammenstellung der wichtigsten Methoden mit Angabe der in Lösung bleibenden Mengen α-Amino-Stickstoff zeigt Tabelle 74.

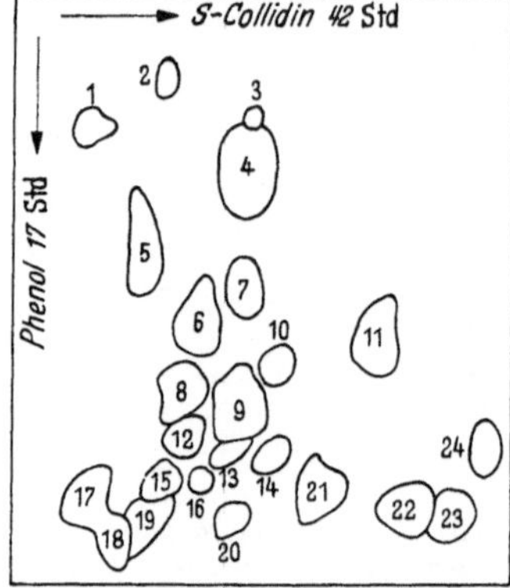

Abb. 173 d. *Zweidimensionales Papierchromatogramm der Aminosäuren (und verwandter Verbindungen) im Muskelsaft von Kälberembryonen.* Halbquantitativer Vergleich mit den entsprechenden Verbindungen im Muskel und Serum erwachsener Tiere (die Zahlen beziehen sich auf die Lage im Papierchromatogramm).

Intensität der mit Ninhydrin sichtbar gemachten Amino-säureflecken	Embryomuskel	Muskel	Serum
		erwachsener Tiere	
sehr stark	Alanin (9) Glutaminsäure (4) Glycin (6)	Alanin Glutaminsäure Taurin	Alanin Glycin Leucin + Isoleucin
stark	Aminoäthylphosphat (5) Glutamin (8) Taurin (11)	Carnosin Glutamin Glutathion Glycin Leucin + Isoleucin	Glutaminsäure Lysin Valin
mittel	β-Alanin (12) Asparaginsäure (3) Carnosin (19) Leucin + Isoleucin (22)	Asparagin Lysin Serin Valin	Asparaginsäure Arginin Glutamin Prolin Serin
schwach	Arginin (18) Lysin (17) Phenylalanin (23) Oxylysinphosphat (1) Serin (7) Tyrosin (24) Valin (21)	β-Alanin Arginin Methioninsulfoxyd Aminoäthylphosphat Prolin Tyrosin	γ-Aminobuttersäure Methioninsulfoxyd Phenylalanin Taurin Threonin Tryptophan Tyrosin
sehr schwach	α-Aminobuttersäure (14) γ-Aminobuttersäure (15) Glutathion (2) Oxyprolin (13) Methioninsulfoxyd (16) Threonin (10)	Phenylalanin	α-Aminobuttersäure Histidin

Versuchsbedingungen. Dialysate der Extrakte usw. (0,5—0,9 mg N/cm³) elektrolytisch entsalzt nach CONSDEN u. a. [Biochemic. J. **38**, 224 (1947); vgl. S.71]; zur *Identifizierung von Aminoäthylphosphat und Oxylysinphosphat* wurde nach Elution der Flecken im eindimensionalen Chromatogramm nochmals aus n-Butanol: 20% Essigsäure chromatographiert und die Phosphatester mit gereinigter Phosphatase aus Hundefaeces gespalten (pH 8,8; 3 Std, 40°); das entstandene Aminoäthanol bzw. Oxylysin zeigte im Vergleich mit authentischen Proben identische R_F-Werte (Phenol: 0,003% 8-Oxychinolin: 0,3% NH₃ = 1 bzw. 0,66; Phenol: 5% Essigsäure = 0,67 bzw. 0,22; s-Collidin = 0,22 bzw. 0,14).

[1] Eine recht gute und häufig anwendbare, allerdings quantitativ noch nicht völlig befriedigende Methode zur Befreiung von Neutralsalzen besteht in der Extraktion des Trockenrückstands biologischer Flüssigkeiten (bzw. des Gewebes usw.) mit 60—80%igem Äthanol. Größere Mengen werden im Waring-Blendor mit Alkohol homogenisiert, kleine Mengen mit Sand, Quarz usw. im dickwandigen Reagensglas mit kugelig verdicktem Glasstab verrieben. Fettiges Material extrahiert man (eventuell nach Wegdampfen des Alkohols) mit Chloroform (s. aber oben!).

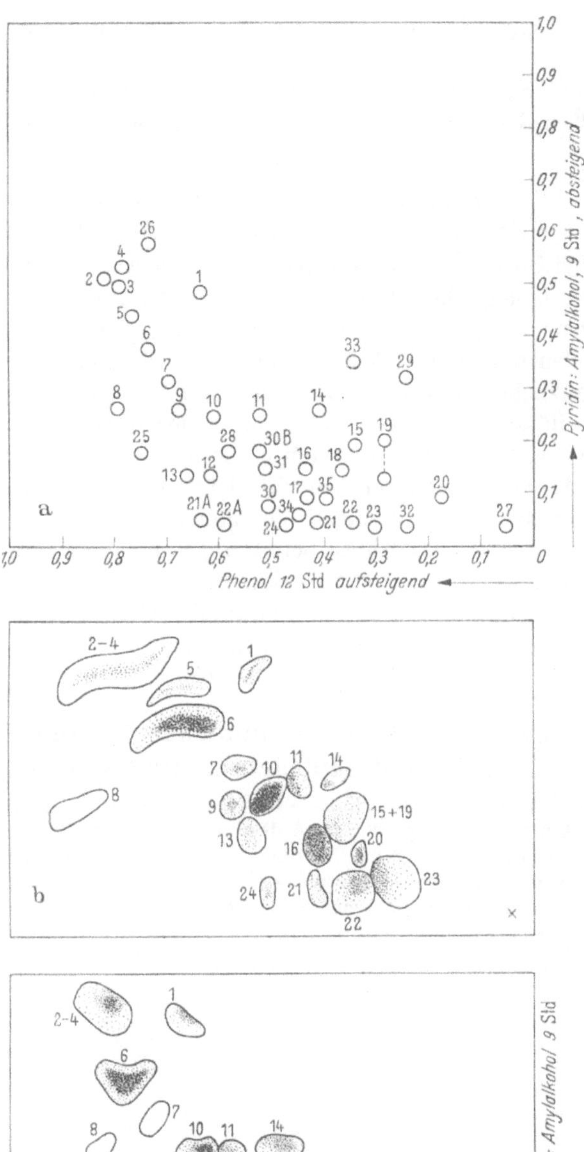

Abb. 174a—c. *Zweidimensionale Papierchromatogramme der im Blutplasma enthaltenen Aminosäuren und verwandter Verbindungen.* *1* Tyrosin, *2* Phenylalanin, *3* Isoleucin, *4* Leucin, *5* Methionin, *6* Valin, *7* α-Aminobuttersäure, *8* Prolin, *9* Oxyprolin, *10* α-Alanin, *11* Threonin, *12* Glutamin, *13* Citrullin, *14* Taurin, *15* Serin, *16* Glycin, *17* Asparagin, *18* Histidin, *19* Glutaminsäure, *20* Asparaginsäure, *21* Arginin, *22* Lysin, *23* Ornithin, *24* „schnelles" Arginin, *25* Peptid, *26* Tryptophan, *27* Cystin, *28* β-Alanin, *29* Glucosamin, *30* Histamin (neutralisiert), *31* Histamin (freie Base), *32* Glutathion, *33* Peptid, *34* Äthanolaminphosphorsäure, *35* Serinphosphorsäure. a „Schlüssel" der Position der Komponenten; b 1 cm³ des 80%-Alkoholfiltrats von Plasma (hydrolysiert); c 1 cm³ Plasmadialysat.

Versuchsbedingungen. Die klarsten Bilder erhielt man mit Äthanolfiltraten, Dialysaten, sowie den Filtraten der Enteiweißung mit Trichloressigsäure oder Eisenhydroxyd (entsalzt!), während Phosphorwolframsäurefiltrate weniger geeignet waren. Aufgegebene Mengen entsprechend 1 cm³ Plasmafiltrat. Chromatogramm: 28 × 37 cm (Munktell OB). Unterschiede der R_F-Werte in gleichzeitig angefertigten Duplikaten < 4%. [Nach G. ÅGREN und T. NILSSON, Acta chem. scand. (København) **3**, 525 (1949).]

Auch bei anderen Reinigungsverfahren können Verluste eintreten: so erleidet man bei der *Extraktion von Fett* aus Plasma mittels Petroläther Einbußen an Aminosäuren[1].

Papierchromatographische Trennung
von Aminosäuregemischen in biologischem Material.

An Beispielen für den *qualitativen* Nachweis von Aminosäuren bzw. Peptiden in Flüssigkeiten biologischen Ursprungs, die richtungsweisend für die Lösung ähnlicher Fragen vor allem in Bezug auf die Vorbereitung der Analysenproben sein dürften, seien angeführt: Bestimmung der Verteilung von Aminosäuren in Extrakten pflanzlicher Gewebe (Abb. 172), tierischer Gewebe (Abb. 173a u. b) sowie in Körperflüssigkeiten (Abb. 174). Die in der Literatur angegebenen, sehr zahlreichen Beispiele lassen sich, methodisch betrachtet, auf die erwähnten Typen zurückführen. Als besonders interessant hinsichtlich des Ausgangsmaterials kann die Aminosäureanalyse von Mitochondrien[2] gelten.

Zum Trennungsverfahren selbst ist bereits auf S. 165ff. das Wesentliche gesagt; besondere Schwierigkeiten ergeben sich dabei erst dann, wenn ein unbekannter, in den „Karten" nicht enthaltener Bestandteil des Gemisches aufgefunden wird, den es zu identifizieren gilt. Der dabei einzuschlagende Weg sei im folgenden an einem besonders exakt durchgearbeiteten Beispiel illustriert.

Identifizierung selten vorkommender Aminosäuren
in Papier- und Säulenchromatogrammen.

Identifizierung von γ-Aminobuttersäure in Hefeextrakten[3]. 50 g BACTO-Hefeextrakt, gelöst in 500 cm³ 6 n-Salzsäure, wurden im Autoklaven 1 Std bei 120° belassen, die Lösung mit DARCO G 60 entfärbt, zunächst mit Bleioxyd, dann mit Silbercarbonat von Chloridionen befreit, das Filtrat mit Schwefelwasserstoff gesättigt und nach nochmaligem Behandeln mit der gleichen Aktivkohle auf 150 cm³ konzentriert (113 mg/1 cm³).

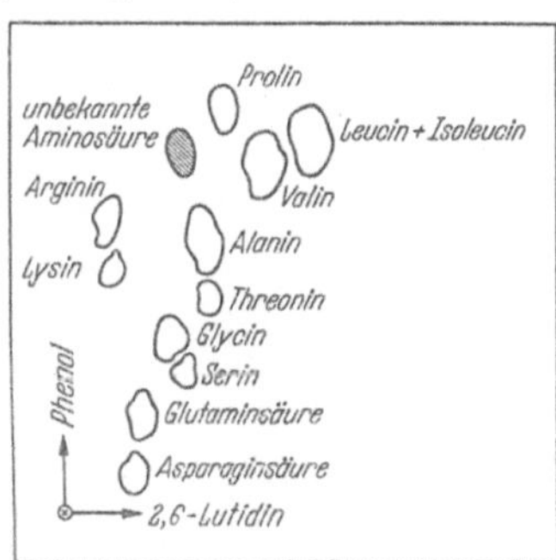

Abb. 175a.

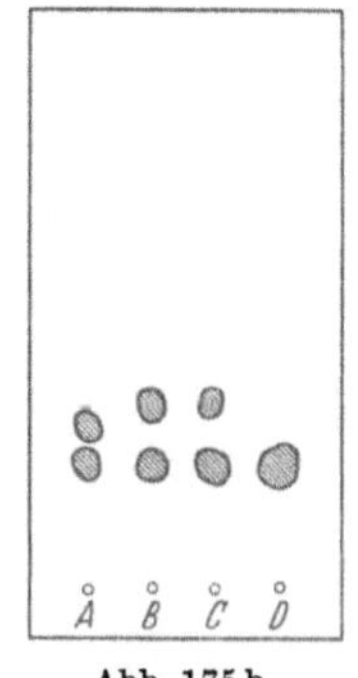

Abb. 175b.

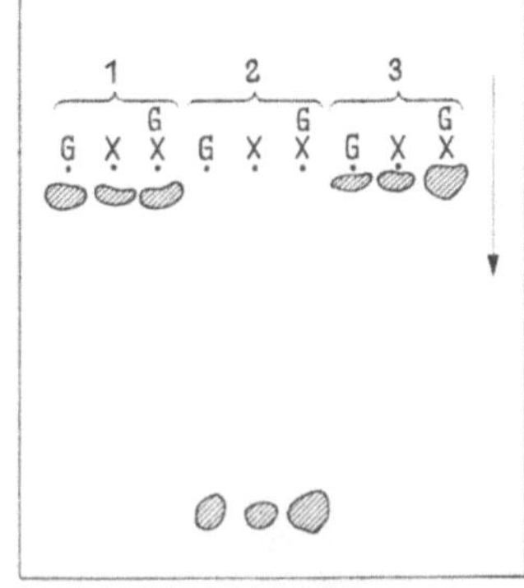

Abb. 176.

Abb. 175a u. b. a *Zweidimensionales Chromatogramm eines chloridfreien Hydrolysats von Hefeextrakt.* Lösungsmittel: Phenol, gesättigt mit 10% wäßrigem Na-Citrat; 2,6-Lutidin: Wasser 65:35. b *Eindimensionales Chromatogramm von Gemischen der aus Hefe isolierten γ-Aminobuttersäure* (3 γ) *mit: A* synthetischer β-Amino-iso-Buttersäure (4 γ); *B* synthetischer α-Amino-n-Buttersäure (3 γ); *C* synthetischer α-Amino-iso-Buttersäure (4 γ); *D* synthetischer γ-Amino-n-Buttersäure (3 γ). [Nach J. Awapara, A. J. Landua, R. Fuerst und B. Seale, J. of Biol. Chem. **187**, 35 (1950).]

Abb. 176. *Eindimensionale Chromatogramme der natürlichen γ-Aminobuttersäure (X) mit synthetischer γ-Aminobuttersäure (G) in 1* Collidin: Lutidin: Wasser; *2* Phenol: Wasser; *3* Butanol: Wasser.

[1] Wunn, V., u. T. N. W. Williams; Nature (Lond.) **165**, 768 (1950).

[2] Li, C., u. E. Roberts: Science (Lancaster, Pa.) **110**, 559 (1949).

[3] Reed, J. L.: J. of biol. Chem. **183**, 451 (1950).

Verteilung an der Stärkesäule. 10 cm³ des Konzentrats wurden mit 2—3 g Stärke verrührt und lyophilisiert. Das Pulver, suspendiert im Lösungsmittel, brachte man auf die Stärkesäule (115 g; 21 × 420 cm); das Eluat wurde in 5 cm³-Fraktionen aufgefangen und kleine Anteile papierchromatographiert. Die unbekannte Aminosäure erschien zum Teil mit Valin, zum Teil mit Alanin und Prolin verunreinigt; durch erneutes Chromatographieren der vereinigten, lyophilisierten Fraktionen an einer zweiten Stärkesäule wurde ein bestimmter Anteil nach dem Resultat der papierchromatographischen Analyse rein erhalten (vgl. das rekonstruierte Papierchromatogramm in Abb. 175a).

Isolierung. Der gummiartige Eindampfrückstand der einheitlichen Fraktion (90 mg), gelöst

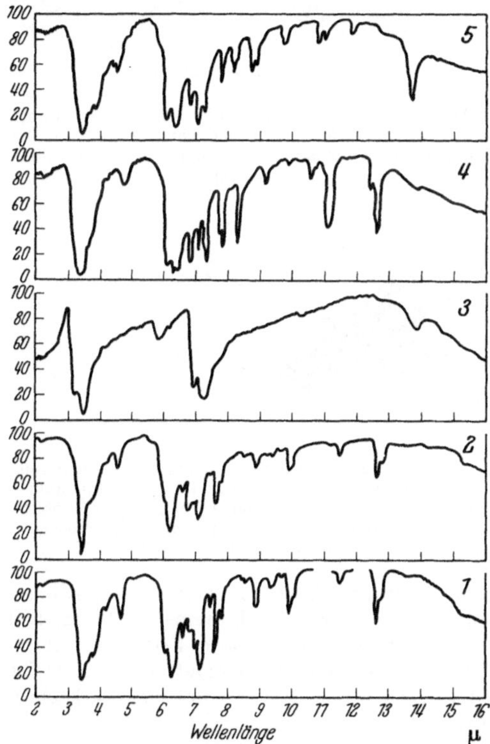

Abb. 177. *Ultrarotspektren der isomeren Aminobuttersäuren.* *1* γ-Aminobuttersäure aus Hefeextrakt; *2* synthetische γ-Aminobuttersäure; *3* α-Amino-n-Buttersäure; *4* α-Amino-iso-Buttersäure; *5* β-Amino-n-Buttersäure. [Nach L. J. REED, J. of Biol. Chem. **183**, 451 (1950).]

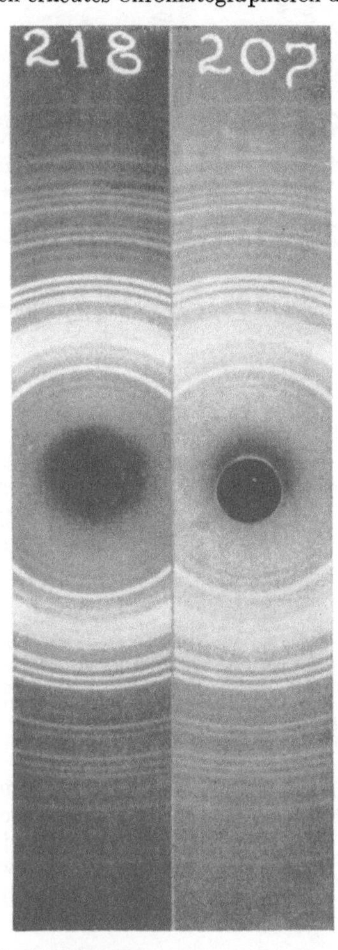

Abb. 178. *Röntgen-Beugungsspektren von natürlicher (Probe 207) und synthetischer (Probe 218) γ-Aminobuttersäure.* (Nach L. J. REED, s. S. 254.)

in 2—3 cm³ Wasser, wurde mit Aktivkohle entfärbt, die farblose Lösung im Vakuum zur Trockne gebracht, in wenigen Tropfen Wasser gelöst und mit 2 cm³ heißem Alkohol versetzt. Nach 2maligem Umkristallisieren des Niederschlags erhielt man 11 mg Kristalle vom Fp. 192 bis 195° (unkorr.).

Identifizierung. Das Papierchromatogramm zeigte die Verschiedenheit der isolierten Substanz von den bekannten Aminosäuren (vgl. Abb. 175a); Hydrolyse hatte keinen Einfluß auf den R_F-Wert. Elektrometrische Titration ergab ein Neutralisationsäquivalent von 102; aus der Elementaranalyse folgte eine Zusammensetzung $C_4H_9O_2N$. Das machte das Vorliegen einer Aminobuttersäure wahrscheinlich. Eine authentische Probe von γ-Aminobuttersäure schmolz bei 193—196°. Chromatogramme und Mischchromatogramme mit der authentischen Probe zeigten in verschiedenen Lösungsmitteln (2,6-Lutidin:Wasser,

Phenol:Wasser, Butanol:Essigsäure:Wasser 1:1:1, Isobuttersäure:Wasser) die Identität der isolierten und synthetischen Substanz (Abb. 176). Auch die Röntgenspektren[1] (Abb. 178) und die Ultrarotspektren (Abb. 177) deckten sich völlig.

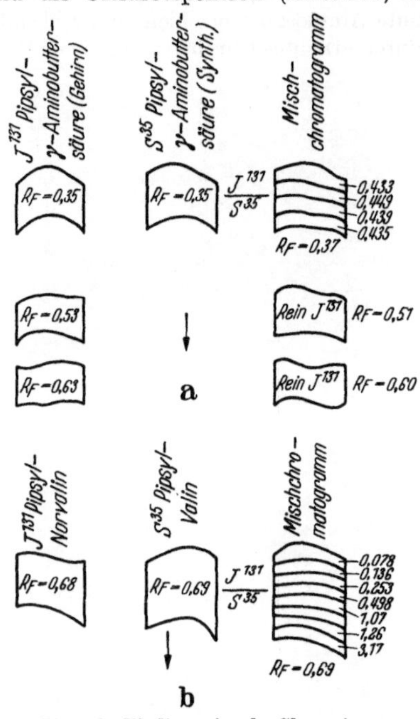

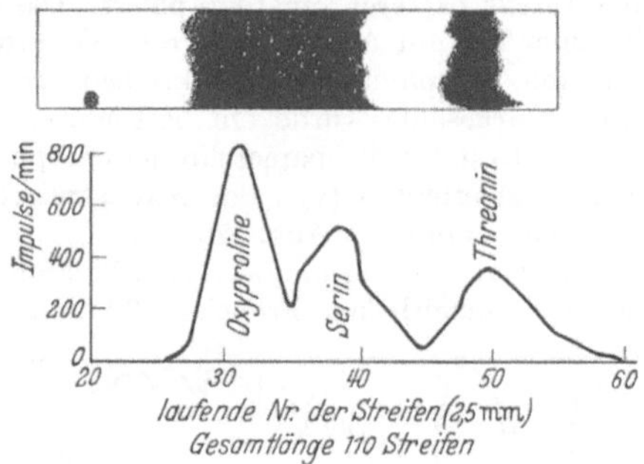

Abb. 180. Radioautogramm eines Gemisches der Pipsylderivate von Prolin, Serin und Threonin, und ein Diagramm der Impulszahlen je Minute für 2,5 mm breite Streifen.

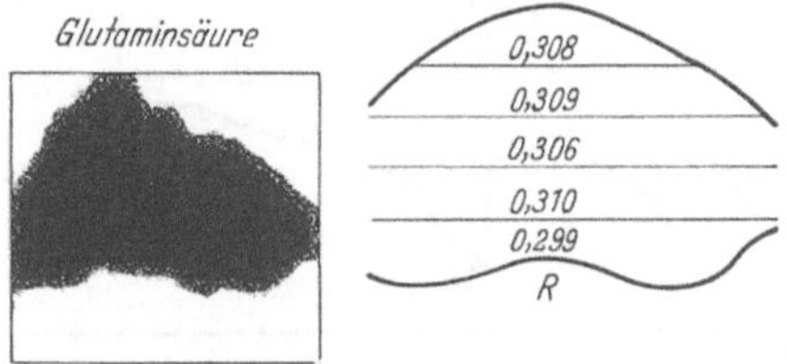

Abb. 179a u. b. *Eindimensionales Chromatogramm des J[131]-pipsylmarkierten Derivats der Aminobuttersäure in Extrakten von Mäusegehirn und des S[35]-pipsylmarkierten Derivats einer authentischen Probe von γ-Aminobuttersäure. b Eindimensionales Chromatogramm von J[131]-Pipsylnorvalin und S[35]-Pipsylvalin.* [Nach S. Udenfriend, J. of Biol. Chem. **187**, 65 (1950).]

Abb. 181. Radioautogramm eines Chromatogramms von Pipsylderivaten in der Gegend der Glutaminsäurebande, und die entsprechenden Werte für *R* (Verhältnis der Aktivitäten J[131] : S[35]); die Konstanz von *R* bedeutet Einheitlichkeit der Bande.

Identifizierung freier γ-Aminobuttersäure in Gehirnextrakten[2,3]. 3 kg frisches Rindergehirn wurden mit 3 Liter 95%igem Alkohol homogenisiert, die Proteine im Wasserbad koaguliert, das Filtrat auf 300 cm³ konzentriert, Fette mit Chloroform ausgeschüttelt und der Eindampfrückstand im SOXHLET mit Alkohol extrahiert. Das Konzentrat wurde zur Stärkechromatographie verwandt.

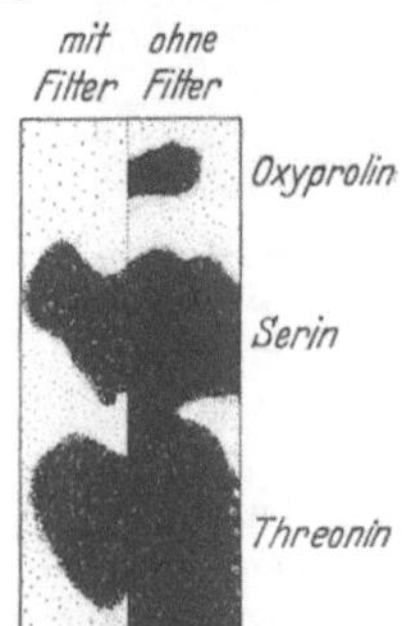

Verteilung an der Stärkesäule. 2 g Extrakt wurden an 4 Säulen (300 g Stärke; 42 × 225 cm) mit dem Lösungsmittel Butanol:Essigsäure:Wasser 2:1:1 chromatographiert, die Fraktionen, die auf

Abb. 182. Radioautogramm eines Aminosäuregemisches, das kein Oxyprolin enthält (Aminosäuren mit J[131]-Pipsylchlorid markiert, S[35]-pipsylmarkierte Indicatoren aller drei Aminosäuren zugesetzt; im linken Streifen wurde nur J[131], im rechten J[131]+S[35] registriert). Das Fehlen der obersten Schwärzungsstelle links beweist die Abwesenheit von Oxyprolin im ursprünglichen Gemisch. [Nach A. S. Keston und S. Udenfriend, Cold Spring Harbor Symp. Quant. Biol. **14**, 92 (1950).]

---

[1] Bei der Identifizierung von γ-Aminobuttersäure durch das Röntgenspektrum ist zu beachten, daß diese Substanz in mindestens 2 verschiedenen Kristallformen auftreten kann [R. L. M. Synge, Biochemic. J. **48**, 432 (1951)].

[2] Awapara, J., A. J. Landua, R. Fuerst u. B. Seale: J. of Biol. Chem. **187**, 35 (1950).

[3] Vgl. ferner die Untersuchungen von E. Roberts u. S. Frankel [J. of Biol. Chem. **187**, 55 (1950)] über die Umwandlung von C[14]-markierter Glutaminsäure in γ-Aminobuttersäure.

Grund des Papierchromatogramms die unbekannte Substanz enthielten, eingedampft, der Rückstand in wenig Wasser gelöst und mit Alkohol zur Kristallisation gebracht.

Identifizierung. Das Silbersalz der Substanz ergab bei der Analyse Ag 51,2; N 7,13; für Aminobuttersäure errechnet man: Ag 51,4; N 6,65. Mischchromatogramme der isolierten Substanz mit γ-Aminobuttersäure bewiesen die Identität (analog Abb. 175b).

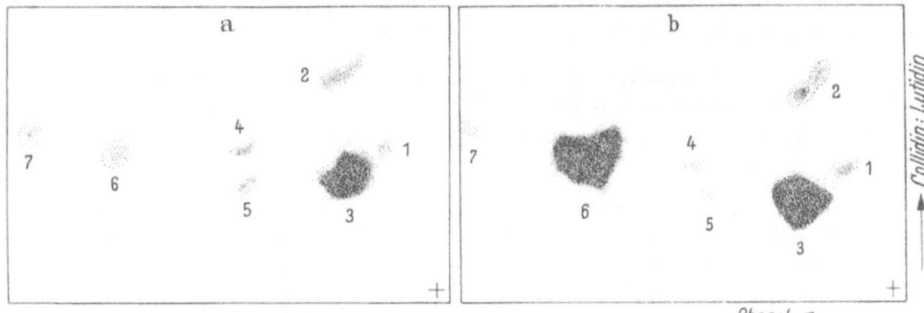

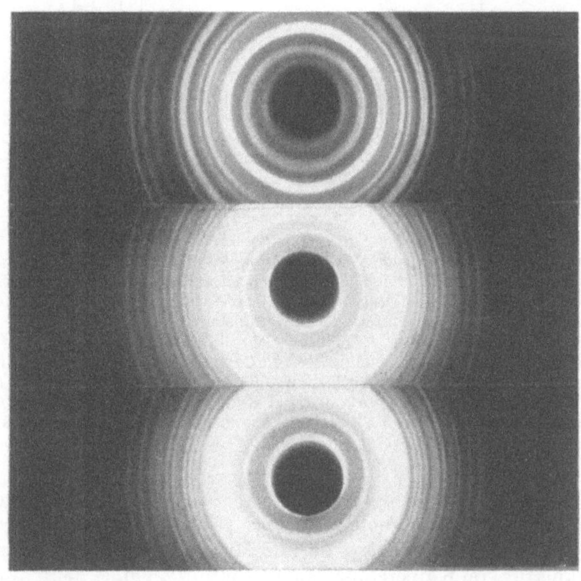

Abb. 183a—c. a *Zweidimensionales Papierchromatogramm* (Phenol : Collidin : Lutidin) *von normalem,* b *von Urin mit abnormal großen Mengen α-Methyl-β-Alanin* (CH₃—C—H mit CH₂NH₂ und COOH). *1* Serin, *2* Taurin, *3* Glycin, *4* Alanin *5* Glutamin, *6* α-Methyl-β-Alanin, *7* „Grüner Fleck". c *Röntgenbeugungsspektren* von α-Methyl-β-Alanin aus Urin (oben), einer authentischen, synthetischen Probe (Mitte), der racemisierten natürlichen Verbindung (unten). — Urin fraktioniert an Zeocarb 215, von Kreatinin befreit an Dowex 2; Ausbeute 300 mg/3000 cm³ Harn. Fp. 183—184°; nach Racemisierung Fp. und Misch-Fp. mit synthetischem Material 177°; Ausbleiben der Bildung eines Kupferkomplexes; identische R_F-Werte in Phenol : NH₃, Collidin : Lutidin; Butanol-Essigsäure.
[Nach H. R. CRUMPLER, C. E. DENT, H. HARRIS und R. G. WESTALL, Nature (Lond.) **167**, 307 (1951).]

Identifizierung von γ-Aminobuttersäure nach der Isotopenmethode[1]**.** Der Extrakt aus Mäusegehirn wurde mit J^{131}-Pipsylchlorid umgesetzt (s. S. 247) und das Gemisch der Derivate mit authentischer S^{35}-Pipsyl-γ-Aminobuttersäure papierchromatographiert (zur Methode vgl. S. 242). Die Konstanz des Quotienten $J^{131} : S^{35}$ entlang der Bande der unbekannten

---

[1] UDENFRIEND, S.: J. of Biol. Chem. **187**, 65 (1950).

Substanz in der Wanderungsrichtung ist einer der schlüssigsten Beweise für die Identität von isolierter Probe und synthetischer Substanz (vgl. Abb. 179).

Findet man bei analoger Versuchsanordnung, daß jeder Teil der Bande S^{35}, aber kein J^{131} enthält, so ist die betreffende Substanz mit Sicherheit in dem untersuchten Gemisch nicht vorhanden[1]. Findet man nur J^{131} in einer Bande des Chromatogramms, nachdem man S^{35}-Pipsylderivate der bekannten Komponenten zugesetzt hat, so handelt es sich um einen neuen unbekannten Bestandteil (vgl. dazu die Abb. 180, 181, 182).

Nach einer der vorgenannten Methoden sind zahlreiche selten vorkommende, bis dahin als Bestandteile von Proteinen oder in biologischem Material nicht aufgefundene Aminosäuren (namentlich in Mikroorganismen) identifiziert worden. Beispiele dafür sind:

γ-Amino-Buttersäure, α-Aminobuttersäure und *β-Alanin* in Extrakten von C. Diphtheriae (E. WORK [2]); *β-Amino-iso-Buttersäure* (α-Methyl-β-Alanin) in Urin (CRUMPLER, DENT, HARRIS,

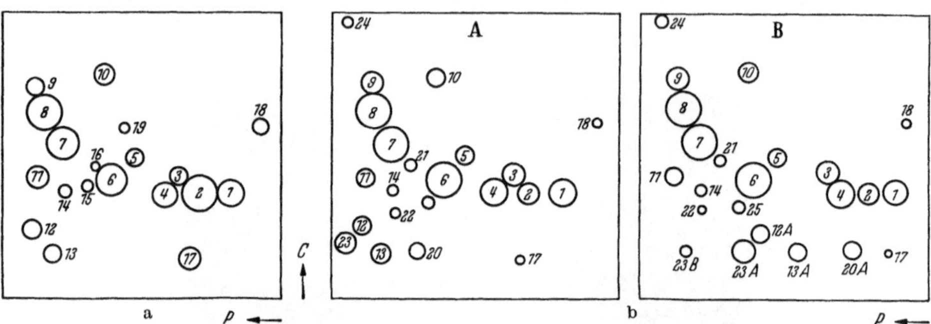

Abb. 184a u. b. *Diagramme der zweidimensionalen Chromatogramme von Aminosäuren* (frei bzw. im Peptidverband) *in C. Diphtheriae* (P. W. 8, Stamm „Toronto"). a *Säurehydrolysat des unlöslichen Rückstands* von C. Diphtheriae (48 γ-N). Lösungsmittel: Phenol + NH₃/Collidin. b *Äthanolextrakt* von C. Diphtheriae; Lösungsmittel: *A* wie a), *B* Phenol + Essigsäure/Collidin. *1* Asparaginsäure, *2* Glutaminsäure, *3* Serin, *4* Glycin, *5* Threonin, *6* Alanin, *7* Valin, *8* Leucin + Methionin, *9* Phenylalanin, *10* Tyrosin, *11* Prolin, *12* Arginin, *13* Lysin, *14* Methioninsulfoxyd? *15* Histidin, *16* Oxyprolin, *17* α, ε-Diaminopimelinsäure, *18* Cysteinsäure, *19* nicht identifiziert, *20* Oxylysin, (NH₃), *20A* Oxylysin (Essigsäure), *21* α-Aminobuttersäure, *22* γ-Aminobuttersäure, *23A* und *B* nicht identifizierte Basen (NH₃), *24* nicht identifiziert, *25* β-Alanin. Bei Hydrolyse des Extrakts lieferte die Komponente *23* (in Phenol + Essigsäure *23A* und *B*) nur noch Fleck *23A*. [Nach E. WORK, Biochim. et Biophysica Acta **3**, 400 (1949).]

WESTALL [3]; vgl. Abb. 183); *α-Amino-β,β-Dimethyl-γ-Oxybuttersäure* (Pantonin) in E. coli (ACKERMANN und KIRBY [4]), *α,ε-Diaminopimelinsäure* (Abb. 184) in C. Diphtheriae (E. WORK [2]) und in Mycobacterium tuberculosis (LEDERER und Mitarb. [5]); *Oxylysin* in der intracellulären Flüssigkeit der Muskulatur von Kälberembryonen (GORDON [6], vgl. S. 252). *N-Methyl-Isoleucin* in Hydrolysaten des Antibioticums Enniatin A (PLATTNER und NAGER [7]) [8].

An Umwandlungsprodukten von Aminosäuren (im Proteinverband) durch Einwirkung chemischer Agentien seien erwähnt:

---

[1] Der Nachweis der Abwesenheit von Norleucin in Hydrolysaten von Nervengewebe war eine der ersten Anwendungen der Papierchromatographie.

[2] WORK, E.: Biochim. et Biophysica Acta **3**, 400 (1949).

[3] CRUMPLER, H. R., C. E. DENT, H. HARRIS u. R. G. WESTALL: Nature (Lond.) **167**, 307 (1951).

[4] ACKERMANN, W. W., u. H. KIRBY: J. of Biol. Chem. **175**, 483 (1948).

[5] ASSELINEAU, J., N. CHOOCROUN u. E. LEDERER: Biochim. et Biophysica Acta **5**, 197 (1950). — C. r. Acad. Sci. Paris **230**, 142 (1950).

[6] GORDON, A. H.: Biochemic. J. **45**, 99 (1949).

[7] PLATTNER, P. A., u. U. NAGER: Helvet. chim. Acta **31**, 2192 (1948).

[8] Vgl. die Untersuchungen zur papierchromatographischen Trennung von N-alkylierten Aminosäuren (GAL und GREENBERG); Unterscheidung von α-Aminosäuren im UV und mittels β-Nitrobenzylchlorid.

Thyroxin, Dijod-Tyrosin und *3,3',5-Trijodthyronin* als Produkte der künstlichen Jodierung von Proteinen (HIRD und TRIKOJUS[1]; vgl. PITT-RIVERS[2]). *Das entsprechende Sulfoximin* als Reaktionsprodukt der Einwirkung von Stickstofftrichlorid (NCl_3) auf Proteine (BENTLEY u. a.[3]).

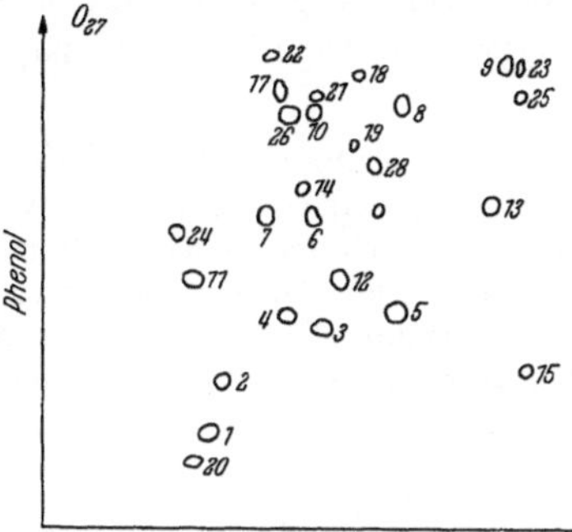

Abb. 185. *Rekonstruiertes Diagramm zahlreicher zweidimensionaler Papierchromatogramme von Urin- bzw. Speichelproben.* (Nach: University of Texas Publication Nr. 5109, S. 75. 1951.)

1 Asparaginsäure (blau);	*15* Cysteinsäure (blau);
2 Glutaminsäure (purpur);	*16* nicht identifiziert (purpur);
3 Serin (purpur);	*17* Methyl-Histidin? (blaugrün);
4 Glycin (purpur);	*18* Prolin (gelb);
5 Taurin (purpur);	*19* α-Aminobuttersäure (purpur);
6 Alanin (purpur);	*20* Cystin (braun);
7 Citrullin bzw. Glutamin,	*21* nicht identifiziert (purpur);
bzw. β-Alanin (purpur);	*22* nicht identifiziert (purpur);
8 Valin (purpur);	*23* Phenylalanin (blau);
9 Leucin (purpur);	*24* Arginin (purpur);
10 β-Amino-isobuttersäure;	*25* Tryptophan (braun-purpur);
11 Lysin (purpur);	*26* nicht identifizierte Substanz aus Speichel
12 Threonin (purpur);	(Position der γ-Aminobuttersäure, s. u.);
13 Tyrosin (blau);	*27* „Nephrose-Peptid"?;
14 Histidin (braun-purpur);	*28* Methioninsulfon.

Wie schwierig unter Umständen die Identifizierung einer z. B. im Papierchromatogramm entdeckten neuen Substanz sein kann, zeigt der Vergleich der R_F-Werte eines nicht bekannten Stoffes aus Speichel (Fleck 26 in Abb. 185) aus verschiedenen Lösungsmitteln mit bekannten Aminosäuren, die mit ihm als identisch vermutet wurden[4]; vgl. Tabelle 75.

Tabelle 75. *Vergleich der R_F-Werte der nicht identifizierten Substanz in Speichel (Fleck 26 des oben abgebildeten Diagramms) mit bekannten Aminosäuren.* (BERRY, H. KIRBY, u. L. CAIN: Univ. Texas Publ. **1951**, No. 5109, 76.) Abkürzungen für die Lösungsmittel wie in Tabelle 41, S. 177.

Aminosäure	Phen	BuAc	BuEt	But	Lut	IsoBu	Py
α-Amino-n-Buttersäure .	0,76	0,41	0,37	0,19	0,21	0,56	0,37
α-Amino-iso-Buttersäure .	0,78	0,44	0,37	0,20	0,19	0,56	0,42
γ-Amino-Buttersäure . .	0,85	0,44	0,22	0,09	0,10	0,53	0,22
Leucin.	0,89	0,67	0,63	0,49	0,40	0,76	0,57
Methionin	0,83	0,46	0,46	0,29	0,34	0,67	0,49
Methioninsulfon	0,66	0,16	0,24	0,06	0,21	0,38	0,33
Methioninsulfoxyd . . .	0,85	0,16	0,21	0,06	0,10	0,44	0,21
Pantonin.	0,81	0,42	0,39	0,21	0,24	0,60	0,44
Phenylalanin	0,89	0,55	0,59	0,42	0,40	0,79	0,51
Valin	0,83	0,55	0,46	0,30	0,28	0,69	0,47
„Fleck 26"	0,81	0,54	0,22	0,07	0,10	0,70	0,23

[1] HIRD, F. J. R., u. V. M. TRIKOJUS: Austral. J. Sci. **10**, 185 (1948).

[2] PITT-RIVERS, R.: Biochemic. J. **43**, 223 (1948).

[3] BENTLEY, H. R., E. E. McDERMOT, I. PACE, J. K. WHITEHEAD u. T. MORAN: Nature (Lond.) **164**, 438 (1949); **165**, 735 (1950); vgl. J. Chem. Soc. **1950**, 2081; ferner MISANI, F., u. L. REINER: Arch. Biochemic. **27**, 234 (1950).

[4] KIRBY-BERRY, H., u. L. CAIN: Univ. Texas Publ. **1951**, No. 5109, 76.

2321. Aminosäurestoffwechsel.

Die Frage nach der Veränderung der Aminosäureverteilung in enteiweißtem Blutserum nach peroraler Gabe relativ großer Mengen einer einzelnen Aminosäure wurde von DENT und Mitarbeitern mittels der papierchromatographischen Technik untersucht.

Stoffwechsel individueller Aminosäuren, die in relativ großen Mengen per os verabreicht wurden[1]. Nach peroraler Gabe von 3 g L-Glutaminsäure/kg (Versuchstier: Hund) wurden 125 µl Ultrafiltrat vom Portalblut durch zweidimensionale Chromatographie (Phenol/Collidin) auf vorhandene Aminosäuren untersucht. Abb. 186 zeigt die entsprechenden Chromatogramme vor und 1 Std nach Gabe von Glutaminsäure. Die Intensität der Ninhydrinfarbe ist in einem willkürlichen Maßstab durch den Durchmesser des betreffenden Kreises veranschaulicht.

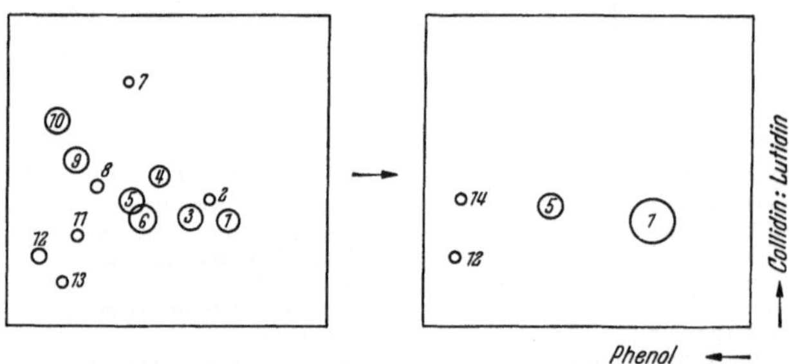

Abb. 186. *Diagramm der zweidimensionalen Chromatogramme* (Phenol/Collidin : Lutidin) *von 125 mm³ Ultrafiltrat des Portalblutes vom Hund vor und 1 Std nach oraler Verabreichung von Glutaminsäure. 1* Glutaminsäure, *2* Serin, *3* Glycin, *4* Threonin, *5* Alanin, *6* Glutamin, *7* Tyrosin, *8* α-Aminobuttersäure, *9* Valin, *10* Leucin + Isoleucin, *11* γ-Aminobuttersäure, *12* Arginin, *13* Lysin, *14* Prolin. [Nach C. E. DENT, Biochem. Soc. Symposia Nr. 3, 37 (1950).]

Tabelle 76 faßt das Ergebnis analoger Untersuchungen mit einer Reihe weiterer Aminosäuren zusammen.

Auf Untersuchungen über das Vorkommen von Aminosäuren in verschiedenen Körperflüssigkeiten ist bereits oben hingewiesen worden. Von besonderem Interesse sind in diesem Zusammenhang *vergleichende Untersuchungen zwischen der Aminosäureverteilung im Blutplasma und Urin*[2]. Während unter normalen Bedingungen die Plasmaaminosäuren hauptsächlich der Reihe der „essentiellen", die Harnaminosäuren jener der „nicht essentiellen" (vom Organismus synthetisierbaren) Aminosäuren angehören, tritt unter bestimmten pathologischen Bedingungen eine Verwirrung der Verhältnisse ein. Eine Abweichung der Aminosäureverteilung hat man z. B. bei *akuter gelber Leberatrophie*, beim „FANCONI-Syndrom", bei *Cystinurie* und *Phenylketonurie* beobachtet[3]. Abb. 187 zeigt Diagramme zweidimensionaler Papierchromatogramme von 25 µl Urin (elektrolytisch entsalzt)

---

[1] DENT, C. E.: Biochem. Soc. Symposia **3**, 39 (1950).

[2] In Cerebrospinalflüssigkeit findet man etwa die gleiche Aminosäureverteilung wie in Plasma, doch sind die Konzentrationen (ausgenommen Glutamin) durchwegs niedriger. Es handelt sich also nicht um ein Ultrafiltrat von Blut. — Nach elektrolytischer Entsalzung konnte man bis zu 2 cm³ aufgeben, während ohne diese Vorbehandlung schon 0,1 cm³ zu deutlichen Störungen Anlaß gab. Auf diese Weise konnten auch die in kleinen Konzentrationen (bis 1 γ) vorliegenden Aminosäuren erfaßt werden.

[3] DENT, C. E.: Biochemic. J. **41**, 240 (1947); Trans. of the sixth conference on liver injury, Josiah Mary Jur. Foundation, New York. Vgl. AMES, S. R., u. H. A. RISLEY: Proc. Soc. Exper. Biol. a. Med. **68**, 131 (1948); UZMAN, L., u. D. DENNY-BROWN: Amer. J. Med. Sci. **215**, 599 (1948); YOUNG, N. F., u. F. HOMBURGER: Federat. Proc. **7**, 201 (1947).

Tabelle 76. *Stoffwechsel einzelner Aminosäuren, die in relativ großen Dosen verabreicht wurden.*
[Nach Dent, C. E. Biochem. Soc. Symposia **3**, 39 (1950).]

Aminosäure	Menge und Art der Applikation	Biologisches Objekt	Anzahl der Versuche	Veränderungen im Blut (125 mm³ zur Bestimmung)	Veränderungen im Harn (25 mm³ zur Bestimmung)
Glycin	Die Nahrung enthielt 10% Glycin als einzige N-Quelle. Beginn der Testung nach 1 Monat	Ratte	2	—	Glycin +++, Serin +
DL-Serin	5 g oral 3 Std vor Testung	Patient mit Fanconi-Syndrom	1	—	Serin +++
DL-Serin	100 mg durch Magensonde täglich (während 6 Tagen) vor Testung	Ratte	1	—	Serin ++
L-Cystin	8 g oral	Patient mit Fanconi-Syndrom	1	—	Keine Änderung in der Aminosäureverteilung
L-Asparaginsäure-Natrium	350 mg durch Magensonde	Ratte	2	—	Asparaginsäure und Glutaminsäure +++
L-Glutaminsäure	55 g Natriumsalz oral (3 g/kg)	Hund	1	Glutaminsäure +++, Alanin, Prolin und Arginin normal, andere Aminosäuren 0	Glutaminsäure +++, Asparaginsäure +
L-Lysin Hydrochlorid	400 mg durch Magensonde	Ratte	2	—	Glutaminsäure +++, Taurin +++, Lysin +, keine α-Aminoadipinsäure
DL-Methionin	10 g oral	Patient mit Fanconi-Syndrom	2	—	Große Ausbeute an Methionin und Methioninsulfoxyd; α-Aminobuttersäure +
DL-Methionin	10 g oral	Normalperson	2	—	Methionin +++ Methioninsulfoxyd +++, Spuren von α-Aminobuttersäure, keine anderen Aminosäuren
DL-Methionin	10 g oral	Hund	1	Methionin und Methioninsulfoxyd(?) +++, α-Aminobuttersäure +	—
DL-Isoleucin	oral bei isoleucinarmer Diät	normaler Säugling	1	—	Isoleucin +++, andere Aminosäuren in normalen Konzentrationen

bei vier Fällen von Fanconi-*Syndrom*. (Offenbar ist zum Unterschied von der gelben Leberatrophie die Aminoacidurie [bis zu 15% des ausgeschiedenen Gesamtstickstoffs] hier von renalem Typ und wahrscheinlich bedingt durch defekte

Rückresorption der Aminosäuren in den Tubuli aus dem Glomerulusfiltrat; während nämlich die Verteilung der Serumaminosäuren keine wesentliche Abweichung zeigt, ist die der Harnaminosäuren stark verändert.)

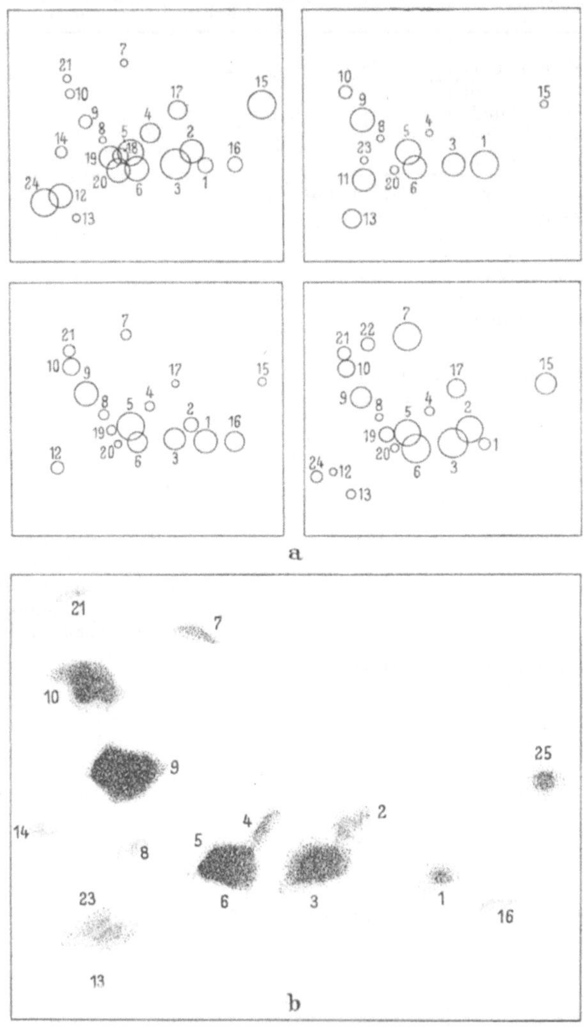

Abb. 187a u. b. a *Diagramm der zweidimensionalen Papierchromatogramme von 25 mm³ Urin in 4 Fällen von* FANCONI-*Syndrom*, aus denen die sehr unterschiedliche Verteilung der Aminosäuren hervorgeht. Bezifferung der Aminosäuren wie in Abb. 186; ferner: *15* Cysteinsäure (aus Cystin), *16* Asparaginsäure, *17* Taurin, *18* Oxyprolin, *19* Histidin, *20* Citrullin + β-Alanin, *21* Phenylalanin, *22* Tryptophan, *23* β-Amino-isobuttersäure, *24* „schnelles Arginin" (nicht identifiziert). (Nach C. E. DENT, s. S. 260.) b *Photographie eines zweidimensionalen Papierchromatogramms einer 250 γ-Gesamtstickstoff enthaltenden Probe von Urin bei* FANCONI-*Syndrom* (C. E. DENT). *25* Cystin.

Eine quantitative Studie über die Aminosäuren im Harn beim FANCONI-Syndrom haben STEIN und MOORE[1] unternommen. Abb. 188 zeigt das Diagramm der chromatographischen Trennung an der Stärkesäule (je 0,17% des 24 Std-Harns, elektrolytisch entsalzt).

---

[1] STEIN, W. H., u. S. MOORE: Cold Spring Harbor Symp. Quant. Biol. **14**, 187 (1950). — Eine noch wesentlich bessere Trennung der Harnbestandteile als an der Stärkesäule fand W. H. STEIN [J. of Biol. Chem. **201**, 49 (1953)] an Dowex-50. 4 cm³-Proben des nicht entsalzten 24 Std-Harns wurden direkt an 0,9 × 100 cm-Säulen chromatographiert; die ver-

Bei der „*Cystinurie*" handelt es sich entgegen der üblichen Anschauung offensichtlich nicht um eine Stoffwechselstörung, bei der allein Cystin vermehrt ausgeschieden wird, da es nicht weiter um- und abgebaut werden kann; andere Aminosäuren, die stoffwechselmäßig in keinem Verwandtschaftsverhältnis zu Cystin stehen, wie Lysin oder Arginin, werden entsprechend Abb. 189 in ähnlich großen Mengen ausgeschieden. Dagegen scheint es sich bei der *Phenylketonurie* (Phenylbrenztraubensäure-Oligurie) um eine Stoffwechselstörung nur einer Aminosäure zu handeln: denn im Papierchromatogramm fand man die Konzentration an Phenylalanin deutlich vergrößert, während bei den übrigen Aminosäuren keine Abweichung bestand.

In diesem Zusammenhang sei weiter eine interessante Untersuchung von KENDALL-YOUNG u.a.[1], das Stoffwechselverhalten der *Aminosäuren bei Schizo-*

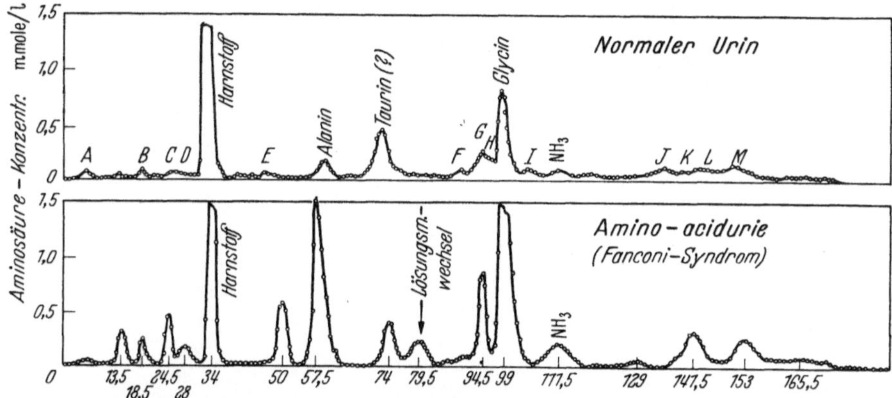

Abb. 188. *Stärkesäulenchromatographie von Urin*; 24 Std-Proben, elektrolytisch entsalzt. Menge entsprechend 0,17% des 24 Std-Harns. Versuchsbedingungen wie in Abb. 113 angegeben. [Nach W. H. STEIN und ST. MOORE, Cold Spring Harbor Symp. Quant. Biol. **14**, 187 (1949).]

phrenie betreffend, erwähnt; Abb. 190 zeigt das Diagramm der mit diazotierter Sulfanilsäure reagierenden (zum Teil nicht identifizierter) Bestandteile im Harn[2] einer Gruppe geisteskranker Patienten sowie einer Kontrollgruppe.

wendeten Puffer wurden in folgender Reihenfolge aufgegeben: 1—60 cm³ (p_H 2,5; 37°); 60—100 cm³ (p_H 2,9; 37°); 100—305 cm³ (p_H 3,4; 37°); 305—382 cm³ (p_H 4,25; 51°); 382—450 cm³ (p_H 4,25, 75°); 450—475 cm³ (p_H 6,7; 25°); 475—650 cm³ (p_H 7,5; 25°); 650—730 cm³ (p_H 8,3; 25°); 730—830 cm³ (p_H 9,2; 25°); 830—930 cm³ (p_H 11,0; 25°). Die Gipfel der einzelnen Substanzen hatten folgende Lage (Gesamtzahl Kubikzentimeter im Eluat): Cysteinsäure 16, A 18, B 22, **Taurin** 35, **Harnstoff** 55, C 132, D 143, E 152, F 155, G 160, H 165, Asparaginsäure 170, **Threonin** 175, **Serin** 180, **Asparagin** 183, Sarcosin 195, Glutaminsäure 210, Citrullin 218, **Prolin** 220, **Glycin** 248, **Alanin+α-Aminoadipinsäure** 260, **Cystin** 288, α-Aminobuttersäure 295, **Valin** 315, Cystathionin 348, Diaminopimelinsäure 352, **Methionin** 365, **Isoleucin** 375, **Leucin** 390, Glucosamin 408, **Tyrosin** 420, Homocystin 427, **Phenylalanin** 430, β-Alanin 480, β-Aminoisobuttersäure 481, γ-Aminobuttersäure 486, **Creatin** 540, **Histidin** 588, **Methylhistidin** 665, Carnosin+Anserin 690, Oxylysin 722, Ornithin+Tryptophan 741, **Lysin** 790, Äthanolamin 828, Ammoniak 875, **Arginin** 915 (die fett gedruckten Substanzen wurden gefunden, die übrigen dem Urin zugesetzt; die mit Buchstaben bezeichneten, nicht identifizierten Substanzen verschwanden bei Säurehydrolyse).

[1] KENDALL-YOUNG, M., H. KIRBY BERRY, E. BEERSTECHER u. J. S. BERRY: Univ. Texas Publ. **1951**, No. 5109, 189.

[2] KOESSLER, K.K., u. M.T. HANKE: J. of Biol. Chem. **39**, 497 (1919); **59**, 803 (1924).

Über Anwendungen der Papierchromatographie auf Untersuchungen über die *Verwertung von* D-*Aminosäuren* im Stoffwechsel, über *Aminosäuren bei Nephrose im Kindesalter* und ähnliche Probleme berichten ALBANESE u. a.[1]

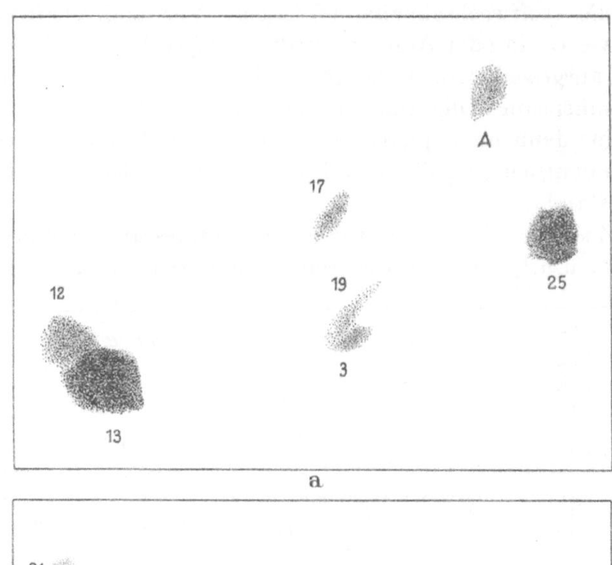

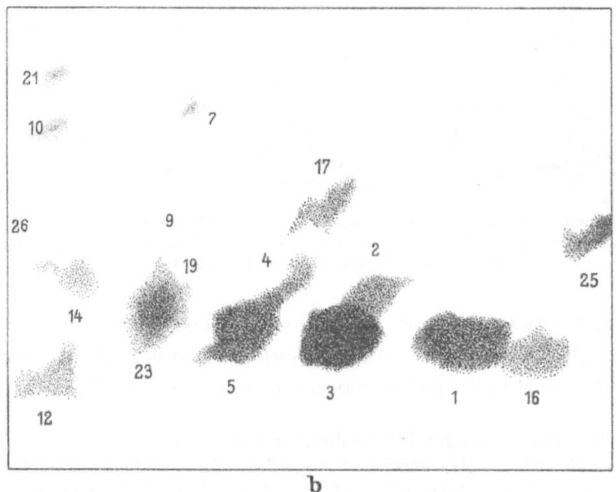

Abb. 189a u. b. *Photographien zweidimensionaler Papierchromatogramme von 250 γ Gesamtstickstoff enthaltenden Proben von Urin* a *bei Cystinurie,* b *bei akuter gelber Leberatrophie* (C. E. DENT). Versuchsbedingungen und Bezifferung der Aminosäuren wie in Abb. 186. *A* Artefact, *26* Äthanolamin.

Der N-Stoffwechsel von Bakterien wurde von verschiedenen Autoren mit Hilfe chromatographischer Verfahren studiert. Abb. 191 zeigt Veränderungen in der Zusammensetzung eines synthetischen Mediums vor und nach Wachstum von C. Diphteriae (WORK[2]). Auf die Möglichkeit einer papierchromatographischen Routinekontrolle der Medien zur Produktion von Diphtherietoxin haben LING-

[1] ALBANESE, A. A., R. A. HIGGONS, B. VESTAL u. L. STEPHANSON: J. Labor. a. Clin. Med. **37**, 885 (1951).

[2] WORK, E.: Biochim. et Biophysica Acta **3**, 400 (1949).

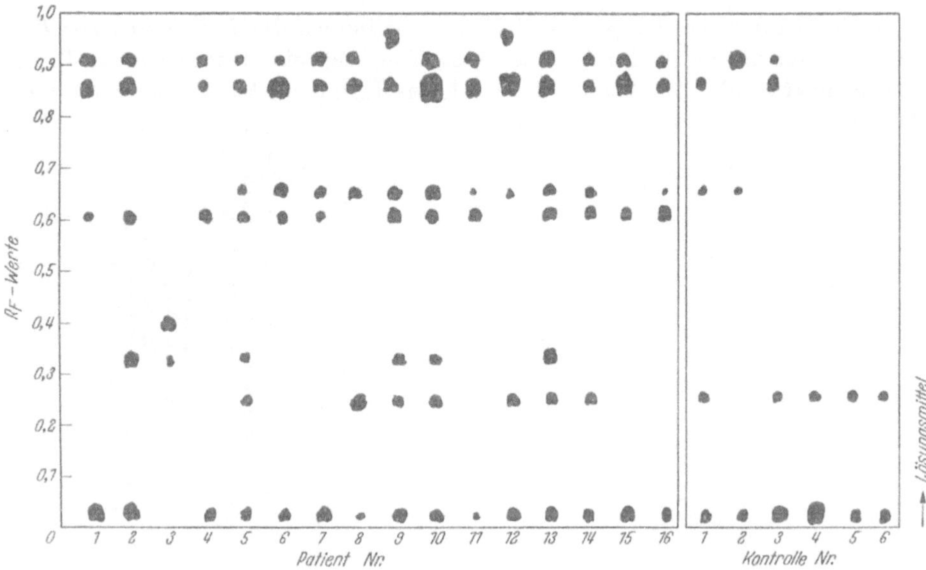

Abb. 190. *Diagramm eindimensionaler Papierchromatogramme* (Butanol: Essigsäure: Wasser) *von Urinproben schizophrener Patienten und einer Kontrollgruppe.* Entwickelt mit diazotierter Sulfanilsäure. (M. KENDALL-YOUNG, H. KIRBY BERRY, E. BEERSTECHER und J. S. BERRY, University of Texas Publication Nr. 5109, S. 189. 1951.)

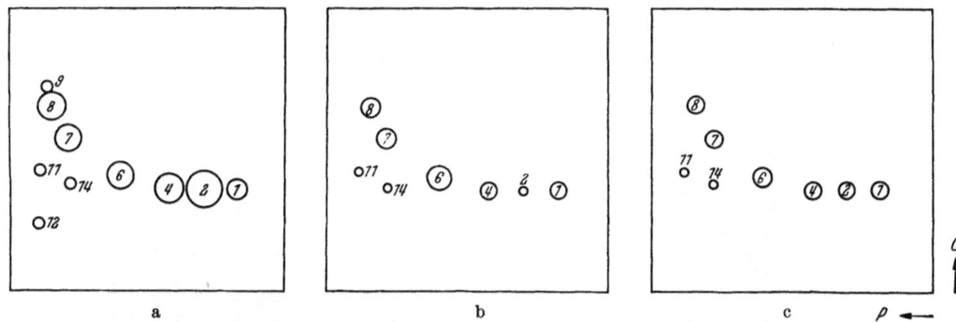

Abb. 191a—c. *10 mm³ des synthetischen Nährmediums (Zusammensetzung nebenstehend): a vor Wachstum; b nach Wachstum; c nach Wachstum von C. Diphtheriae und Hydrolyse; zweidimensionale Papierchromatogramme* (Lösungsmittel: Phenol: NH₃/Collidin). *1* Asparaginsäure, *2* Glutaminsäure, *4* Glycin, *6* Alanin, *7* Valin, *8* Leucin + Methionin, *9* Phenylalanin, *11* Prolin, *12* Arginin, *13* Lysin, *14* β-Amino-Isobuttersäure. Konzentration proportional dem Radius des betreffenden Kreises in willkürlichem Maßstab. [Nach E. WORK, Biochim. et Biophysica Acta **3**, 400 (1949).]

Bestandteil	g/100 cm³ Medium	Bestandteil	g/100 cm³ Medium
Tryptophan	0,01	Prolin	0,06
Glycin	0,1	Phenylalanin	0,04
Valin	0,05	Cystin	0,01
Alanin	0,05	β-Alanin	0,0005
Leucin	0,1	Pimelinsäure	0,0005
Glutaminsäure	0,25	Nicotinsäure	0,001
Methionin	0,04	NaCl	0,5
Tyrosin	0,04	KH_2PO_4	0,2
Arginin	0,03	$MgSO_4 . 7 H_2O$	0,03
Histidin	0,02	$FeSO_4 . 7 H_2O$	0,0004
Lysin	0,02	Maltose	0,9
Asparaginsäure	0,05		

GOOD und WOIWOOD[1] hingewiesen. Vgl. ferner Versuche zum N-Stoffwechsel von Mikroorganismen mittels isotop markierter Verbindungen (s. S. 270).

[1] LINGGOOD, F. V., u. A. J. WOIWOOD: Brit. J. Exper. Path. **29**, 283 (1948).

Bei *in vivo-Untersuchungen* spielt selbstverständlich die *Indizierung mit Isotopen* auch für die Frage des Aminosäurestoffwechsels eine hervorragende Rolle, um neu auftretende von bereits vorhandenen Komponenten sauber zu unterscheiden.

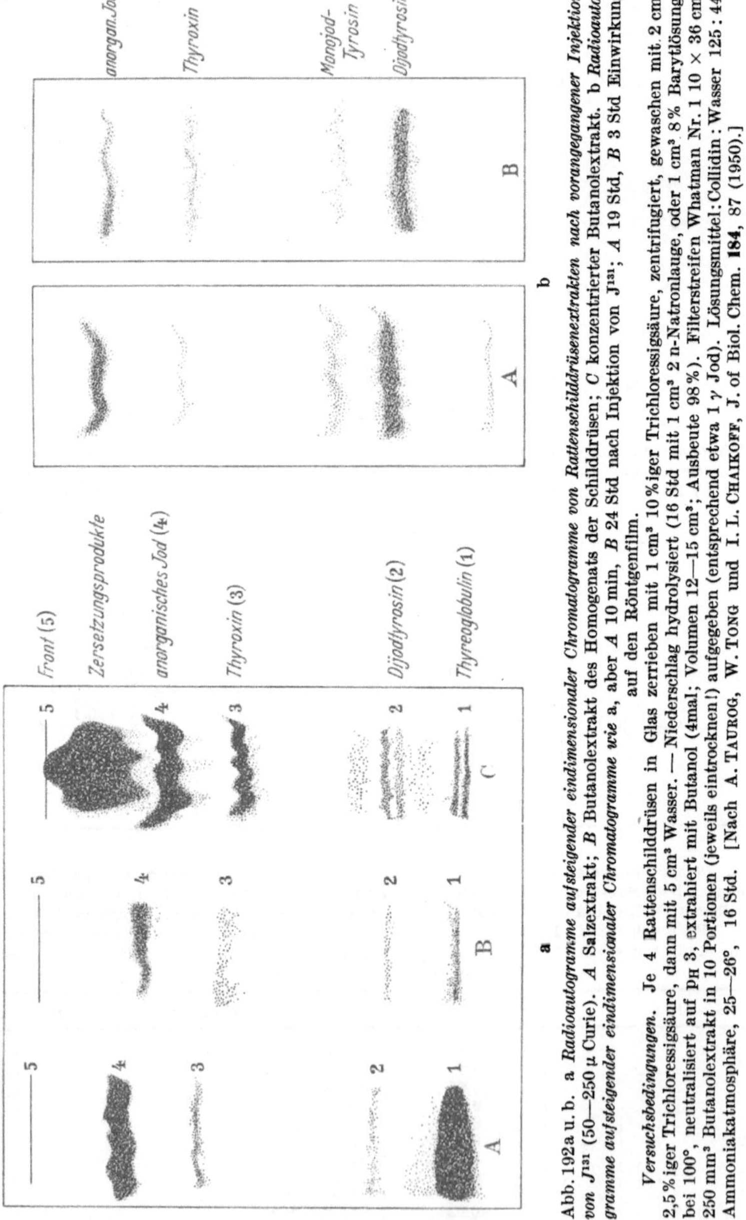

Abb. 192a u. b.   a *Radioautogramme aufsteigender eindimensionaler Chromatogramme von Rattenschilddrüsenextrakten nach vorangegangener Injektion von* J^{131} (50—250 μ Curie). *A* Salzextrakt; *B* Butanolextrakt des Homogenats der Schilddrüsen; *C* konzentrierter Butanolextrakt. b *Radioautogramme aufsteigender eindimensionaler Chromatogramme wie* a, aber *A* 10 min, *B* 24 Std nach Injektion von J^{131}; *A* 19 Std, *B* 3 Std Einwirkung auf den Röntgenfilm.

Versuchsbedingungen. Je 4 Rattenschilddrüsen in Glas zerrieben mit 1 cm³ 10%iger Trichloressigsäure, zentrifugiert, gewaschen mit 2 cm³ 2,5%iger Trichloressigsäure, dann mit 5 cm³ Wasser. — Niederschlag hydrolysiert (16 Std mit 1 cm³ 2 n-Natronlauge, oder 1 cm³ 8% Barytlösung) bei 100°, neutralisiert auf p_H 3, extrahiert mit Butanol (4mal; Volumen 12—15 cm³; Ausbeute 98%). Filterstreifen Whatman Nr. 1 10 × 36 cm, 250 mm³ Butanolextrakt in 10 Portionen (jeweils eintrocknen!) aufgegeben (entsprechend etwa 1 γ Jod). Lösungsmittel: Collidin: Wasser 125:44, Ammoniakatmosphäre, 25—26°, 16 Std. [Nach A. TAUROG, W. TONG und I. L. CHAIKOFF, J. of Biol. Chem. **184**, 87 (1950).]

Aus Studien über den *Stoffwechsel des Thyroxins*[1] *und seiner Abkömmlinge* seien zwei Beispiele ausgewählt: Abb. 192 zeigt das Radioautogramm ein-

---

[1] Vgl. in diesem Zusammenhang auch die mikropräparative Darstellung von J^{131}-markiertem Mono- und Dijodtyrosin sowie von Thyroxin (die beiden ersten Verbindungen durch

dimensionaler Papierchromatogramme (in zweidimensionalen Chromatogrammen zeigten sich Verluste bis 40%) der jodhaltigen Bestandteile von Rattenschilddrüsen nach Injektion von J^{1311}, Abb. 193 den freisetzenden Effekt von thyreotropem Hormon auf Thyroxin[2]. Zur Methodik vgl. auch S. 266. Interessant ist der Befund von TISHKOFF u. a.[3], wonach *Collidin* die jodierten Aromaten mit Ausnahme des Thyroxins aus den Drüsen extrahiert; dieses liegt also wohl proteingebunden vor.

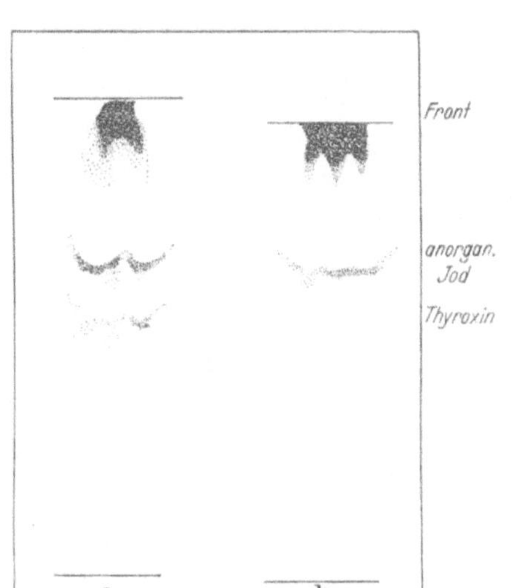

Abb. 193a u. b. *Radioautogramme eindimensionaler Papierchromatogramme: a Freisetzung von Thyroxin nach Zufuhr von thyreotropem Hormon;* b Kontrolle. [Nach W. TONG, A. TAUROG, I. L. CHAIKOFF, J. of Biol. Chem. **191**, 672 (1951).]

Abb. 194. *Aus zahlreichen Einzelchromatogrammen rekonstruiertes Diagramm von Stoffen, die bei der Photosynthese in Grünalgen bei Versuchen mit $C^{14}O_2$ in markierter Form auf treten.* [Nach A. A. BENSON, J. A. BASSHAM, M. CALVIN, T. C. GOODALE, V. A. HASS und W. STEPKA, J. Amer. Chem. Soc. **72**, 1710 (1950).]

Eine technisch hervorragende Untersuchung über den *Weg der Photosynthese bei Algen*, über die Identität und Folge der Zwischenprodukte verdanken wir CALVIN, BENSON u. Mitarb.[4].

Untersuchung der Photosynthese bei Chlorella mit $C^{14}O_2$. Das Prinzip des Verfahrens, um den chemischen Weg des Kohlenstoffs vom Kohlendioxyd zu den verschiedenen Pflanzenbestandteilen festzustellen, besteht darin, die betreffende Pflanze mit C^{14}-haltigem Kohlendioxyd zu „füttern", die Stoffwechselvorgänge zu verschiedenen Zeiten (in Einzelproben) zu unterbrechen, und die aktiv gewordenen Verbindungen für jede Belichtungszeit zu ermitteln. Man erhält eine Schar von Kurven, die den Zuwachs der Aktivität für jede Verbindung (genauer für jedes Kohlenstoffatom jeder Verbindung) als Funktion der Zeit aufzeigen. Im Idealfall erhielte man ein Diagramm, das den Fluß des Kohlenstoffs vom Kohlendioxyd in die Pflanze und die Verteilung auf sämtliche organische Verbindungen in ihr angibt.

Jodierung von Tyrosin, die letztere aus inaktivem Thyroxin durch „Umjodierung") und die Reinigung der Produkte durch Papierchromatographie [LEMMON, R. M., W. TARPEY, K. G. SCOTT: J. Amer. Chem. Soc. 72, 758 (1950)].

[1] TAUROG, A., W. TONG u. I. L. CHAIKOFF: J. of Biol. Chem. **184**, 87 (1950).

[2] TONG, W., A. TAUROG u. I. L. CHAIKOFF: J. of Biol. Chem. **191**, 672 (1951).

[3] TISHKOFF, G. H., R. BENNETT, V. BENNETT u. L. L. MILLER: Science (Lancaster, Pa.) **110**, 452 (1949).

[4] BENSON, A. A., J. A. BASSHAM, M. CALVIN, T. C. GOODALE, v. A. HASS u. W. STEPKA: J. Amer. Chem. Soc. **72**, 1710 (1950).

Durchführung des Versuchs. Die Algen (Chlorella pyrenoidosa, Scenedesmus) wurden vor Gebrauch geerntet, 1 cm³ der Zellensuspension in 70 cm³ Wasser (Fumaratpuffer, und zwar 3,5 mg Fumarsäure + 0,032 mÄquivalent Lauge, enthaltend; anorganische Salze, besonders Phosphate stören die Papierchromatographie) suspendiert, 30 min mit 4% Kohlendioxyd enthaltender Luft behandelt, dann 5 min rasch Luft durchgesaugt und darauf die Lösung von 40 µC NaHC¹⁴O₃ (0,0143 mMole) in 0,20 cm³ Wasser in die Lösung injiziert; das Gefäß wurde

Abb. 195. *C¹⁴-Radioautogramme der zweidimensionalen Papierchromatogramme von 80% Äthanolextrakten aus Chlorella* (Lösungsmittel wie in Abb. 196). a 5 sec-Photosynthese; b 30 sec-Photosynthese; c 90 sec-Photosynthese (10% der aufgenommenen Aktivität ist in 80% Äthanol unlöslich); d 5 min-Photosynthese (60% der aufgenommenen Aktivität ist in 80% Äthanol unlöslich). PGA Phosphoglycerinsäure, G-1 Glucose-1-Phosphat, G-6 Glucose-6-Phosphat, F-6 Fructose-6-Phosphat. [Nach M. CALVIN und A. A. BENSON, Science (Lancaster, Pa.) **109**, 140 (1949).].

mit 2 × 17000 Lux belichtet und geschüttelt. Durch Einbringen in 500 cm³ siedendes Äthanol wurde der Versuch unterbrochen, das Filtrat bei Zimmertemperatur auf 2 cm³ eingeengt und eine Extraktmenge[1] entsprechend 100 mm³ Algen zur Papierchromatographie verwendet.

Papierchromatographie (vgl. das aus zahlreichen Einzelbestimmungen rekonstruierte Diagramm in Abb. 194[2]). Zweidimensional: 1. Wassergesättigtes Phenol (24°); 2. Butanol-

---

[1] Zur mikropräparativen Isolierung durch eindimensionale Papierchromatographie gab man die Lösung auf den Bogen in einem bis zu 15 mm breiten Strich auf.

[2] Wo die erste Trennung unvollständig war oder die markierte Substanz in einer zur Ninhydrinfärbung zu geringen Konzentration vorlag, wurde nach Elution und Zusatz inaktiver Trägersubstanz nochmals papierchromatographiert.

Propionsäure-Wasser, frisch bereitete Lösung aus gleichen Volumina a) 1246 cm³ n-Butanol + 84 cm³ Wasser, b) 620 cm³ redestillierte Propionsäure + 790 cm³ Wasser; die klare Lösung des Gemisches wird bei 22° trübe! Whatman Nr. 1, 18 × 22¹/₂ inch-Bogen, Laufzeit 15—20 Std. Trocknen ohne Erwärmung.

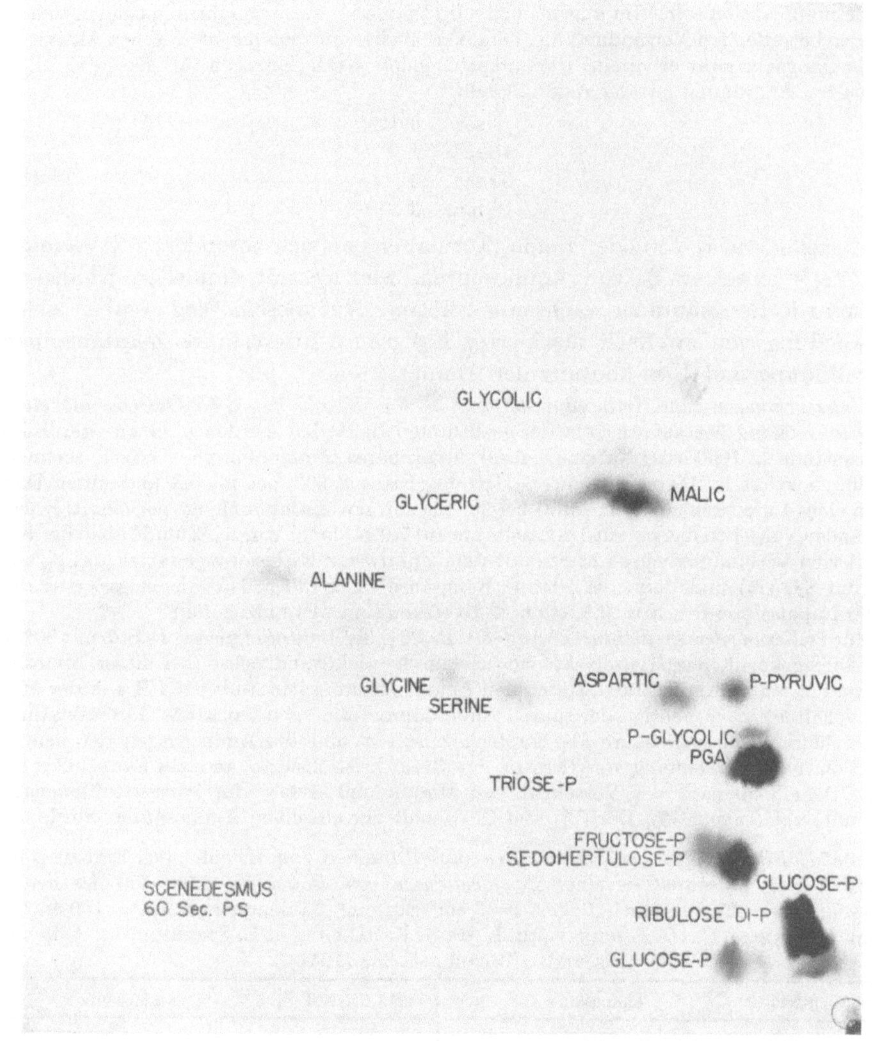

Abb. 196. *Radioautogramm eines zweidimensionalen Papierchromatogramms der bei der Photosynthese in der Alge Scenedesmus mit C¹⁴O₂ auftretenden markierten Verbindungen.* Versuchsbedingungen analog den Versuchen mit Chlorella (s. Text!). (Die Originalaufnahme des Radioautogramms wurde dem Autor freundlicherweise von H. Dr. A. A. BENSON, Radiation Laboratory Berkeley 4, California, überlassen.)

Radioautographie. Das Chromatogramm wurde mit der Ecke der Aufgabestelle auf einen Röntgenfilm (Eastman no screen, 14 × 17 inch) aufgelegt und in einer mit Sand gleichmäßig beschwerten Röntgenfilmkassette die zur Belichtung notwendige Zeit belassen; beim verwendeten Papier zählte man 30% der vorhandenen Aktivität; 15000 Teilchen/min/cm² ergaben in 3—6 Tagen ein deutliches Bild.

Ergebnis und Diskussion. Abb. 195 und 196 zeigen in eindrucksvoller Weise den Verlauf der Photosynthese: Alanin ist die erste markiert auftretende Aminosäure. Das Nichtaktivwerden einer Verbindung sagt allerdings nicht streng, daß sie nicht doch als Zwischenprodukt in der Reaktionskette auftreten kann; so könnte z. B. das „Reservoir“ dieser Substanz dadurch sehr klein sein, daß sie nie als freie Verbindung, sondern nur als Bestandteil eines Enzym-Substratkomplexes auftritt, so daß die minimale vorhandene Menge an radioaktiver Substanz der Messung verloren geht. Umgekehrt besagt das Auftreten der Aktivität in einer Komponente nicht streng, daß diese in der „Hauptkette“ liegt; sie kann auch das Ergebnis einer Seitenreaktion sein. Im allgemeinen wird man aber ein ungefähres Maß über den Umsatz der betreffenden Verbindung aus dem Verhältnis von molarer spezifischer Aktivität zu der Ausgangsaktivität erhalten. Die entsprechenden Werte betragen für Alanin bei der geschilderten Anordnung mit der Alge Chlorella:

$$
\begin{array}{rl}
1\ \text{sec} & 0{,}04 \\
15\ \text{sec} & 1 \\
90\ \text{sec} & 9 \\
5\ \text{min} & 3
\end{array}
$$

Einzeller wie E. coli oder Hefen (Torula) eignen sich besonders zur Verfolgung des Stoffwechsels z. B. von Aminosäuren, weil sie mit einfachen Kohlenstoffquellen wie Essigsäure zu wachsen vermögen. Auf diesem Weg ergaben sich bei Verwendung von zweifach markierter Essigsäure interessante Zusammenhänge über Bildung und Umwandlung der Aminosäuren.

Untersuchungen zum Aminosäurestoffwechsel von E. coli mit $C^{13}H_3C^{14}OOH$ als einziger C-Quelle[1]. 50 mg der auf Agarplatten gezüchteten Bakterien wurden in einem sterilisierten Nährmedium (g/1000 cm³: Natriumchlorid 5, primäres Ammoniumphosphat 1, secundäres Kaliumphosphat 1, Magnesiumsulfat 7 H_2O 0,2, Eisessig 2,2) bei p_H 6,8 und unter Durchleiten eines Luftstroms (500 cm³/min) bei 36° bis zur gewünschten Menge gezüchtet, wobei in Abständen von 7 Std das p_H mit 1n-Essigsäure auf 7,0 gebracht wurde. Zum Einbau der isotop markierten Verbindung wurde 22 Std mit dem Zusatz von Essigsäure gewartet (das p_H stellte sich auf 8,0 ein) und dann die isotope Essigsäure (50 g/180 g Bakterienmasse, enthaltend 33 000 Impulse/min C^{14}, bzw. 0,5 Atom-% Überschuß an C^{13}) hinzugefügt.

Zur *Isolierung der Aminosäuren* wurden z. B. 28 g der Bakterienmasse 24 Std mit 20%iger Salzsäure gekocht, das Hydrolysat nach SPERBER[2] elektrodialysiert (bei dieser Anordnung werden die sauren Aminosäuren durch den Anionenaustauscher Amberlit I R 4 in der Mittelzelle gehalten), nach Elution der sauren Aminosäuren mit 1,5 n-Salzsäure Glutaminsäure als Hydrochlorid, Asparaginsäure als Kupfersalz isoliert und die Aminosäuren der neutralen Fraktion (nach Abtrennung von Tyrosin, das direkt kristallisierte) an einer Säule (82 × 8 cm) von DOWEX-50 nach der Vorschrift von MOORE und STEIN[3] im Wasserstoffionencyclus getrennt; vgl. Tabelle 77. Der C^{13}- und C^{14}-Gehalt der einzelnen Aminosäuren wurde durch

Tabelle 77. *Elutionsfolge von Aminosäuren (aus Proteinen von E. coli nach Einbau von C^{13} und C^{14}) beim Nachwaschen einer 82×8 cm-Säule von Dowex-50 (250—500 Maschen) mit 1,5 n-Salzsäure.* Flußgeschwindigkeit 2—3 cm³/Std/cm² Säulenquerschnitt = 100 cm³/Std. [Nach GUTINELLI, C., G. EHRENSVÄRD, L. REIO, E. SALUSTE u. L. STJERNHOLM: Acta chem. scand. (Københ.) 5, 353 (1951).]

cm³ 1,5 n-HCl	Aminosäure	cm³ 1,5 n-HCl	Aminosäure
— 2650	—	— 8060	—
— 3015	unbekannt	— 9785	Valin
— 3510	—	—10000	—
— 4360	Serin + Threonin	—11740	Prolin
— 4900	2 unbekannte	—·12640	—
— 5430	—	—13975	Isoleucin
— 5780	Glycin	—14635	Isoleucin + Leucin
— 6210	Glycin + Alanin	—15585	Leucin + Phenylalanin
— 6935	Alanin	—16325	Phenylalanin

[1] GUTINELLI, C., G. EHRENSVÄRD, L. REIO ,E. SALUSTE u. R. STJERNHOLM: Acta chem. scand. (København) 5, 353 (1951).

[2] SPERBER, E.: J. of Biol. Chem. 166, 75 (1946).

[3] MOORE, S., u. W. H. STEIN: J. of Biol. Chem. 178, 53 (1949).

Verbrennung, die Lokalisation innerhalb des Moleküls durch Abbaureaktionen (Methode nach VAN SLYKE mit Ninhydrin für das Carboxyl, spezifische Abbaureaktionen für die anderen Molekülteile) bestimmt.

Für das veratmete Kohlendioxyd ergab sich das gleiche Verhältnis $C^{14}:C^{13}$ wie im Ausgangsmaterial, d. h. die Ausnutzung von Carboxyl und Methyl des Acetats war etwa gleich. Für die Aminosäurecarboxyle zeigte sich ein Verhältnis der Isotopen von gleicher Größenordnung, mit nur vier Ausnahmefällen: das γ-Carboxyl der Glutaminsäure, sowie die Carboxyle von Leucin und Phenylalanin leiteten sich direkter als die der übrigen Aminosäuren vom Essigsäurecarboxyl her, während das Carboxyl des Histidins seine Entstehung dem Methyl der Essigsäure verdankte. Die 3 C-Ketten in Phenylalanin und Tyrosin entstehen nach diesen Befunden nicht durch identische Mechanismen. Bei Glutamin-, Asparaginsäure und Alanin kommt es offenbar zu ähnlichen cyclischen, aeroben Decarboxylierungsvorgängen wie bei höheren Organismen. Formiat entsteht in E. coli sehr wahrscheinlich aus dem Methyl des Acetats; das β-C-Atom in Serin erwies sich als ausschließlich C^{13}-markiert. Die verzweigte Seitenkette in Valin weist auf Entstehung aus der Methyl-, das γ-Methyl im Threonin auf eine solche aus der Carboxylgruppe der isotopen Essigsäure.

Eine weitere elegante Möglichkeit zur Gewinnung von Einblicken in die Stoffwechselzusammenhänge der Aminosäuren untereinander, und zwar nicht allein bei einfachen Organismen wie Einzellern, sondern auch in Geweben höherer Organismen, bietet die Indizierung zugeführter Stickstoffquellen (vor allem Aminosäuren) mit schwerem Stickstoff N^{15}.

Inkorporierung von N^{15} in normale Leberproteine nach Zufuhr von N^{15}-markierten Aminosäuren bzw. Ammoniak[1]. Die N^{15}-haltigen Verbindungen (je eine der 15 untersuchten Aminosäuren bzw. Ammoniumsalze) wurden Ratten in 2 Std-Intervallen subcutan injiziert, die entnommenen Lebern mit Äthanol behandelt, mechanisch zerkleinert, fettiges Material mit Alkohol:Äther 3:1 durch 2stündiges Kochen extrahiert, Polynucleotide nach HAMMARSTEN[2] entfernt und der Rückstand mit heißer Trichloressigsäure extrahiert. Nach Hydrolyse des Proteins wurden die Aminosäuren chromatographisch durch Ionenaustausch getrennt und der N^{15}-Gehalt massenspektrographisch bestimmt. Die nachfolgende Zusammenstellung veranschaulicht den Einbau von N^{15}-Glutaminsäure in die Aminosäuren der Leberproteine von Ratten (200 g-Ratten, je 350 mg Glutaminsäure mit 17,2 Atom-% N).

Tabelle 78. *Inkorporierung von N^{15} aus Glutaminsäure in die Aminosäuren von Leberproteinen.* (Zahlen = Atom-% Überschuß N^{15} für 100 N^{15} der zugeführten Verbindung.)

Fraktion	Unlösliches Humin	Lösliches Humin	Leucin + Isoleucin	Leucin	Isoleucin	Phenyl-alanin	Valin + Methionin	Valin	Methionin
	0,26	0,24	0,75	0,58	—	0,26	0,45	0,38	0,91

Tyrosin	Prolin	Alanin	Glutamin-säure	Threo-nin	Aspara-ginsäure	Serin	Glycin	Ammo-niak	Arginin	Lysin	Histidin
0,37	0,23	1,39	1,88	0,05	0,94	0,86	0,36	0,43	0,63	0,08	0,04

Das Isotop verteilt sich nach den Befunden dieser Arbeit über alle untersuchten Aminosäuren mit Ausnahme von Threonin, Lysin und Histidin. Die Ähnlichkeit im N^{15}-Verhältnis in allen Versuchen deutet auf einen gemeinsamen Stoffwechselweg der Aminosäuren, der immer zu einer ungefähr gleichen Verteilung von Aminosäuren führt; in diesem Weg wird die zentrale Stellung der Glutaminsäure erkennbar. Nur an Stellen, an denen die Werte für N^{15} wesentlich höher gefunden wurden, nehmen die Autoren spezifische Beziehung zwischen dem zugeführten „tracer" und der betreffenden Verbindung an: so kommen sie zur Annahme reversibler Umwandlungen von Phenylalanin $\rightleftharpoons$ Tyrosin sowie Leucin $\rightleftharpoons$ Isoleucin, einer wahrscheinlichen

[1] ÅQUIST, ST. E. G.: Acta chem. scand. (København) **5**, 1046 (1951).
[2] HAMMARSTEN, E.: Acta med. scand. (Stockh.) Suppl. **196**, 634 (1947).

Beziehung zwischen Valin und einem der beiden Leucine, einer nicht reversiblen Umwandlung von Threonin in Glycin und einer Wechselwirkung zwischen Prolin und Glutaminsäure.

Inkorporierung von N^{15} in die Proteine der in Regeneration befindlichen Leber der Ratte nach Zufuhr von N^{15}-markiertem Glycin[1]. An teilweise hepatectomierten Ratten[2] wurde der Einbau von N^{15}-Glycin in die einzelnen Aminosäuren der Proteine des Cytoplasmas und der Kerne in der sich regenerierenden Leber untersucht; als Maß für die Proteinsynthese wurde die Konzentration an N^{15} in Glycin angenommen. Es ergab sich für das Cytoplasma ein Maximum bei 56 Std, ein weniger hoher Anstieg bei 26 Std; in den Zellkernen lagen die Verhältnisse genau umgekehrt. Es handelt sich wohl um die Synthese verschiedener individueller Proteine mit unterschiedlicher Bildungsgeschwindigkeit zu verschiedenen Perioden des Regenerationsprozesses.

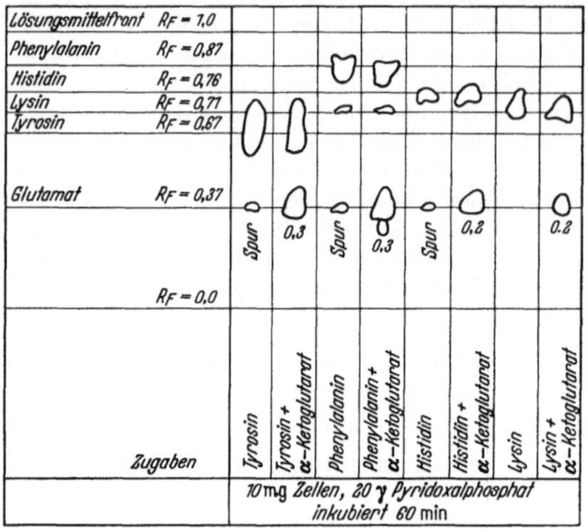

Abb. 197. *Transaminasen in E. coli.* [Nach L. I. FELDMAN und J. C. GUNSALUS, J. of Biol. Chem. **187**, 825 (1951).]

Bei *in vitro-Versuchen* zum Aminosäurestoffwechsel mit Hilfe der chromatographischen Technik handelt es sich meist um *fermentchemische Untersuchungen* mit einer bis dahin auf diesem Gebiet relativ selten geübten Zielsetzung, nämlich der Isolierung und Identifizierung der bei dem Umsatz gebildeten Produkte; sie hat besondere Bedeutung beim Vorliegen roher Fermentextrakte oder bei Gemischen vieler Fermente, daneben auch in Fällen, wo man über keine einfache chemische Methode zur Bestimmung der entstehenden Reaktionsprodukte verfügt.

Vorkommen verschiedener Transaminasen in Bakterien[3]. 5 g vakuumgetrocknete Zellen von E. coli wurden mit 50 cm³ 0,1 n-Phosphat (p_H 8,3) gut verrieben (2,5 g Carborundum, 1 Std), zentrifugiert und der Extrakt bei —20° aufbewahrt.

Versuchsansatz. 0,1 cm³ 0,1 m-Phosphat (p_H 8,3), 0,1 cm³ 0,5 m-Ketoglutarat, 0,2 cm³ 0,125 Aminosäurelösung, 0,2 cm³ Fermentextrakt bzw. Zellensuspension (50 mg/cm³), Pyridoxalphosphat, Wasser ad 1 cm³;

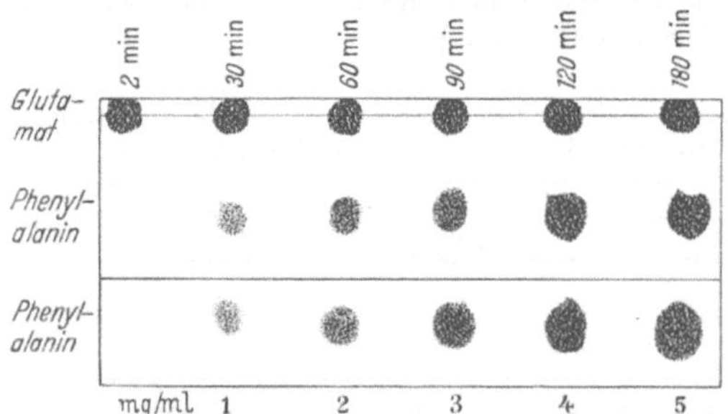

Abb. 198. *Papierchromatogramm, das die fortschreitende Synthese von Phenylalanin aus Glutamat (m/20) und Phenylpyruvat (m/20) zeigt;* darunter Chromatogramm bekannter Mengen Phenylalanin. Lösungsmittel: Collidin, wassergesättigt.

60 min bei 37° inkubiert, enteiweißt mit 0,1 cm³ Trichloressigsäure, 0,02 cm³ Filtrat zur Papierchromatographie (Whatman Nr. 1), Bogen 15 × 18 inch.

Papierchromatographie. Eindimensional mit wassergesättigtem Phenol, 25°; bei 90° 10 min getrocknet, mit Ninhydrin besprüht.

[1] ÅQUIST, ST. E. G.: Acta chem. scand. (Københ.) **5**, 1065 (1951); vgl. Acta chem scand. (Københ.) **5**, 1031 (1951).

[2] Zur Methode vgl. N. A. ELIASSON, E. HAMMARSTEN, P. REICHARD und S. ÅQUIST [Acta chem. scand (Københ.) **5**, 431 (1951)] und vorangehende Arbeiten.

[3] FELDMAN, L. I., u. J. C. GUNSALUS: J. of Biol. Chem. 187, 825 (1951).

Abb. 197 zeigt, daß unter den Versuchsbedingungen verschiedene Transaminierungen erkennbar sind; bei Inkubation von α-Ketoglutarat mit verschiedenen Aminosäuren könnte die Bildung von Glutamat beobachtet werden (die Zahlen bedeuten Mole gebildeter Aminosäure/cm³). Die Glutaminsäure-Tyrosin- und Glutaminsäure-Phenylalanin-Transaminase konnte im zellfreien Extrakt in Gegenwart von Pyridoxalphosphat als Co-Enzym nachgewiesen werden.

Transaminierungen durch Lebermitochondrien. HIRD und ROWSELL[1] konnten zeigen, daß Transaminierungen unter Bildung von Phenylalanin, Tyrosin, Alanin und Asparaginsäure durch die Fraktion der unlöslichen Partikel von Rattenleberhomogenaten katalysiert werden,

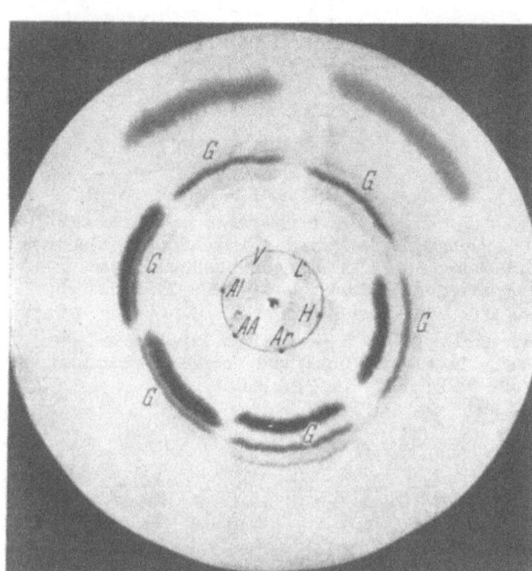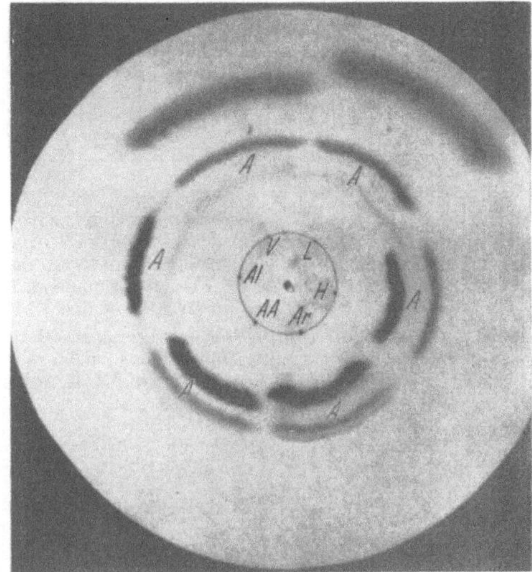

Abb. 199. *Ringpapierchromatogramme, die eine nichtenzymatische Transaminierung zwischen α-Aminosäuren und* a *α-Ketoglutarat,* b *Pyruvat zeigen: Bildung von Glutaminsäure bzw. Alanin.* [K. V. GIRI und G. D. KALYANKAR, Naturwiss. **40**, 225 (1953).]

während die dialysierte überstehende Flüssigkeit nur Transaminierungen zwischen Glutaminsäure, Asparaginsäure und Alanin bewirkt. Abb. 198 zeigt das Fortschreiten der Reaktion:

$$\text{L-Glutamat (m/20)} + \text{Phenylpyruvat (m/20)} \rightleftharpoons \text{α-Ketoglutarat} + \text{L-}\textit{Phenylalanin}$$

im Papierchromatogramm im Vergleich mit bekannten Mengen Phenylalanin (Lösungsmittel: Collidin, wassergesättigt); die Partikelfraktion war durch Differentialzentrifugierung nach HOGEBOOM und SCHNEIDER[2] rein erhalten worden.

Zu Transaminierungen durch Herzmuskelextrakt vgl. ferner[3]; zur papierchromatographischen Identifizierung von Glutamin- und Asparaginsäure in enzymatischen Ansätzen s.[4].

Bei Untersuchungen enzymatischer Transaminierungsreaktionen ist darauf zu achten, daß ein Trocknen der Analysenlösung am Papierbogen bei höheren Temperaturen unterbleibt; GIRI und KALYANKAR[5] stellten fest, daß 20 min dauerndes Erhitzen von α-Aminosäuren mit α-Ketoglurat bzw. Pyruvat auf 80° zur Bildung von Glutaminsäure bzw. Alanin im Chromatogramm führt (*nicht enzymatische Transaminierung*, vgl. Abb. 199). Auch METZLER und SNELL[6]

[1] HIRD, F. J. R., u. E. V. ROWSELL: Nature (Lond.) **166**, 517 (1950).

[2] HOGEBOOM, G. H., W. C. SCHNEIDER u. G. E. PALLADE: J. of. Biol. Chem. **172**, 619 (1948).

[3] HEYNS, K., u. W. KOCH: Hoppe Seylers Z. **288**, 272 (1951).

[4] BRAY, H. G., S. P. JAMES, I. M. RAFFAN u. W. V. THORPE: Biochemic. J. **44**, 625 (1949). COHEN-BAZIRE, G., u. G. N. COHEN: Biochemic. J. **45**, 41 (1949).

[5] GIRI, K. V., u. G. D. KALYANKAR: Naturwiss. **40**, 225 (1953).

[6] METZLER, D. E., u. E. E. SNELL: J. Amer. Chem. Soc. **74**, 979 (1952).

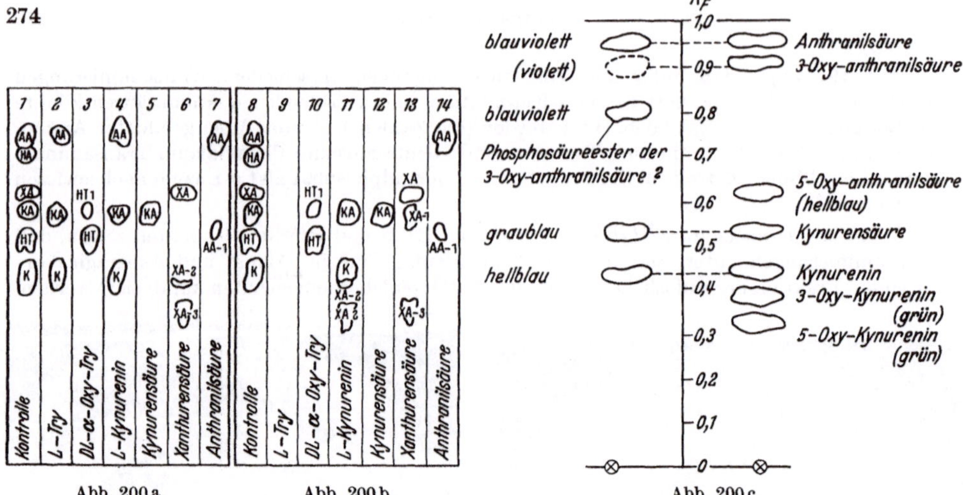

Abb. 200 a.   Abb. 200 b.   Abb. 200 c.

Abb. 200 a u. b. *Eindimensionale Chromatogramme von Stoffwechselprodukten des Tryptophans und verwandter Verbindungen, erhalten durch Incubieren a mit Leber-, b mit Nierenschnitten.* Fluorescenz der Flecken im Ultraviolett Anthranilsäure (*AA*) und Oxyanthranilsäure (*HA*) violett, Xanthurensäure (*XA*) leuchtend hellblau, Kynurensäure (*KA*) leuchtend gelbgrün, α-Oxytryptophan (*HT*) und Kynurenin (*K*) dunkelblau. Übrige Flecken nicht identifiziert. [Nach M. MASON und C. P. BERG, J. of Biol. Chem. **188**, 783 (1951).]

Abb. 200 c. Eindimensionale Chromatogramme (Butanol:Wasser:Eisessig 4:5:1) der aus Tryptophan oder Kynurenin entstehenden Produkte bei Incubation mit Rattenleberhomogenat (links) und Vergleichssubstanzen (rechts). Nach [O. WISS und H. HELLMANN, Z. Naturforsch. **8 b**, 71 (1953).]

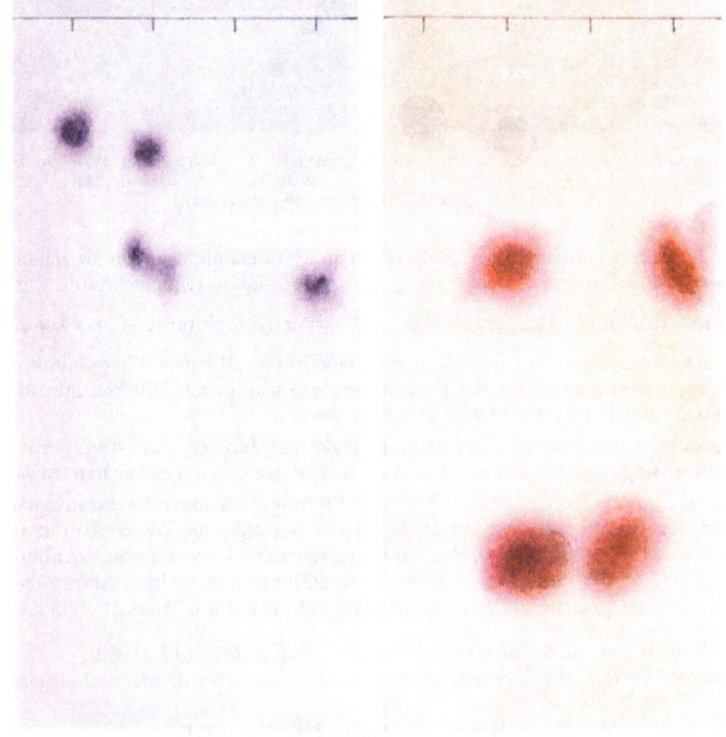

Abb. 200 d.   Abb. 200 e.

Abb. 200 d u. e. *Eindimensionale Papierchromatogramme von Kynurenin* ($R_F = 0{,}45$), *3-Oxy-Kynurenin* ($R_F = 0{,}38$) *und Anthranilsäure* ($R_F = 0{,}59$). d Mit Ninhydrin besprüht (Kynurenin und Oxykynurenin positiv); e mit $NaNO_2$ in HCl behandelt und mit alkoholischer Naphthylaminlösung zum karminroten Azofarbstoff gekuppelt. Die Farbfotos wurden dem Autor von Doz. Dr. H. HELLMANN, Tübingen, freundlich zur Verfügung gestellt.

beobachteten reversible Transaminierungsreaktionen zwischen zahlreichen α-Aminosäuren und Pyridoxal bei 100°.

Stoffwechselprodukte des *Tryptophans*, die bei Inkubation mit Leber- und Nierenschnitten auftreten und durch ihre Fluorescenz im Chromatogramm erkennbar sind[1], wurden in das Diagramm in Abb. 200a aufgenommen; s. dazu die Chromatogramme in Abb. 200b—e von Kynurenin, 3-Oxykynurenin und Anthranilsäure[2]. Zur Bildung von α-Aminoadipinsäure aus Lysin durch Leberhomogenate vgl. [3].

Auch bei derartigen in vitro-Versuchen stellt die Indizierung mit Isotopen ein wichtiges Hilfsmittel dar, dessen Wirksamkeit in bestimmten Fällen kaum zu entbehren ist. In diesem Zusammenhang sei auf die Untersuchung von Lien und Greenberg[4] über die Verteilung der Radioaktivität verschiedener freier Aminosäuren ($C_{(2)}^{14}$-Glycin, $C_{(3)}^{14}$-DL-Serin, $C_{(2)}^{14}$-DL-Alanin, $C_{(1,2)}^{14}$-DL-Threonin, $C_{(2)}^{14}$-DL-Leucin, $C_{(3)}^{14}$-DL-Phenylalanin) des Mediums nach Inkubation mit Suspensionen cystoplasmatischer Partikel aus Rattenleber verwiesen; die Trennung erfolgte durch Säulenchromatographie am Austauscher DOWEX-50.

2322. Proteinstoffwechsel[5].

Verdauung und Resorption von Proteinen im Darm wurde von Dent und Schilling[6] an partiell gastrectomierten Hunden durch Verfolgung der Veränderung der Verteilung von Aminosäuren in Ultrafiltraten des Portal- und Jugularplasmas untersucht; die Blutproben wurden zu Beginn des Experiments, nach 1, $2^1/_2$ und 5 Std entnommen. Die partielle Resektion des Magens bewirkte eine wesentliche Beschleunigung des Verschwindens des zugeführten Proteins aus dem Darm und ein starkes Ansteigen der Gesamtkonzentration an Aminostickstoff im Blut (bis zum 6fachen; zur Arbeitstechnik vgl. das Chromatogramm S. 260). Die Veränderungen betrafen praktisch nur die normal vorkommenden Aminosäuren; Peptide traten, wenn überhaupt, so nur in kleinen Mengen auf (vgl. dazu die Ergebnisse von Christensen[7], der den Zuwachs von freiem Aminostickstoff nach Hydrolyse mit der spezifischen Ninhydrinmethode untersuchte und dabei einen Zuwachs der Portalkonzentration an gebundenem Aminostickstoff um höchstens 2 mg/100 cm³ über die Norm fand). Verabreichung von Casein oder vollständig hydrolysiertem Casein ergaben nur geringe Unterschiede; die Resorption des Hydrolysats erfolgte bemerkenswerterweise nur unwesentlich schneller. Ähnliche Ergebnisse fand man bei oraler Verabreichung von geriebenem Fleisch. Abweichende Resultate erhielt man dagegen bei oraler Verabreichung gleicher Mengen (100 g) Gesamtblutprotein; hier fiel die Gesamtaminostickstoffkonzentration während der Verdauung und Resorption ab. Gegen eine auch aus anderen Gründen unwahrscheinliche Annahme der Resorption der intakten

---

[1] Mason, M., u. C. P. Berg: J. of Biol. Chem. **188**, 783 (1951).

[2] Hellmann, H.: Z. physiol. Chem. **287**, 205 (1951).

[3] Borsook, H., C. L. Deasy, A. J. Haagen-Smit, G. Keighley u. P. H. Lowry: J. of Biol. Chem. **179**, 705 (1949).

[4] Lien jr., O. G., u. D. M. Greenberg: J. of Biol. Chem. **195**, 637 (1952).

[5] Dent, C. E.: Biochem. Soc. Symposia **3**, 40 (1950).

[6] Dent, C. E., u. J. Schilling: Biochemic. J. **43**, 318 (1949).

[7] Christensen, H. N.: Biochemic. J. **44**, 333 (1949).

Proteine spricht vor allem die Tatsache, daß die Ausscheidung des zugeführten Stickstoffs im Harn im Falle intravenöser Verabreichung homologen Plasmas wesentlich gegenüber dem Versuch mit peroraler Verabreichung verzögert ist.

2323. Die chromatographische Versuchstechnik im Rahmen von Untersuchungen zum Problem der Peptid- und Proteinsynthese.

Als eines der bedeutungsvollsten der zentralen biologischen Probleme hat sich in den letzten Jahren die Aufklärung jenes Prozesses herausgeschält, durch den innerhalb der lebenden Zelle die Synthese der Proteine erfolgt. Während bis vor wenigen Jahren nur der proteolytische Abbauweg, der durch bekannte Fermente katalysiert wird und in vitro zu verfolgen ist, der experimentellen Forschung zugänglich war, während die Aufbaureaktionen, die zu Peptiden und Proteinen führen, der Gegenstand spekulativer Erörterungen waren, haben neben den Methoden, die sich isotop markierter Verbindungen bedienen, vor allem die neueren chromatographischen Methoden das Eindringen der experimentellen Forschung in dieses bis dahin undurchdringliche Dickicht ermöglicht. Studien über den Stoffwechsel von Aminosäuren, die durch radioaktive oder schwere Isotope markiert waren, haben den Nachweis erbracht, daß die Proteine der Zellen und allgemein der lebenden Organismen einen dauernden dynamischen Umsatz (Ab-, Um- und Aufbau) erleiden[1]. Gleichgültig, ob die dauernde Resynthese der Proteine über den Aufbau kleinerer Spaltstücke (Peptide), durch gleichzeitige Anlagerung aller Aminosäure-Bausteine an eine Matrix („template"-Theorie), oder durch Einbau der Aminosäurereste an wechselnden Stellen des im übrigen intakten Makromoleküls erfolgt, ist der Grundmechanismus die Schließung von Peptidbindungen. Dieser Vorgang hat darum eingehende Untersuchungen erfahren.

Die Möglichkeit einer direkten Kupplung der Carboxylgruppe der einen mit der Aminogruppe der nächstfolgenden Aminosäure zum Peptid unter der Wirkung proteolytischer Fermente, die dabei eine hohe Spezifität z. B. auch in stereochemischer Hinsicht zeigten, hat M. BERGMANN[2] an solchen Beispielen aufzeigen können, bei denen das entstehende Peptid unlöslich ist und durch Auskristallisieren dauernd aus dem Reaktionsgemisch entfernt wird:

$$\text{Cbzo—NH—CH—COOH} + \text{NH}_2\langle\bigcirc\rangle \rightarrow \text{Cbzo—NH—CH—CO—NH—}\langle\bigcirc\rangle + \text{H}_2\text{O}.$$
$$\quad\quad\quad\quad | \quad\quad\quad\quad\quad\quad\quad\quad\quad\quad\quad\quad\quad\quad\quad | $$
$$\quad\quad\quad\quad \text{R} \quad\quad\quad\quad\quad\quad\quad\quad\quad\quad\quad\quad\quad\quad\quad \text{R}$$

Unter den Hypothesen, die für die Synthese von Peptidbindungen einen vom Abbauweg verschiedenen Mechanismus befürworten, haben diejenigen besonderes Gewicht, die eine Beteiligung energiereicher Phosphatreste[3] postulieren[4]; sie stützen sich auf die Beobachtung der *Acetylierung aromatischer Amine* durch Acetat und Adenosintriphosphat (ATP)[5], auf die *Bildung von Hippursäure* aus Benzoesäure, Glycin und ATP[6] und auf die *Synthese von Glut-*

---

[1] SCHOENHEIMER, R.: The dynamic state of body constituents. Cambridge, Mass.: Harvard University Press 1946.

[2] BERGMANN, M., u. J. S. FRUTON: Ann. New York, Acad. Sci. 45, 409 (1944).

[3] LIPMANN, F.: Adv. Enzymol. 1, 99 (1941).

[4] Vgl. dazu die Isolierung von „aktivem Methionin" (Methylsulfoniumverbindung des Adenosins und Methionins), das zu Methylierungen befähigt ist, durch Papierchromatographie mit 80% Äthanol + 5% Eisessig [CANTONI, G. L.: J. Amer. Chem. Soc. 74, 2942 (1952)].

[5] LIPMANN, F.: J. of Biol. Chem. 160, 173 (1945). — Federat. Proc. 8, 597 (1949).

[6] COHEN, P. P., u. R. W. MCGILVERY: J. of Biol. Chem. 169, 119 (1947).

amin (SPECK [1], ELLIOT) [2], die unter Wirkung eines Ferments aus tierischem Gewebe nach der Gleichung Glutaminsäure + NH_2 [3] + ATP → Glutamin + ADP + Phosphat verläuft.

Ein auf Grund dieser Ergebnisse gewonnenes Schema, das als Arbeitshypothese für die Untersuchung der Mechanismen der Proteinsynthese (Schließung von Peptidbindungen) dienen kann, hat FRUTON folgendermaßen formuliert:

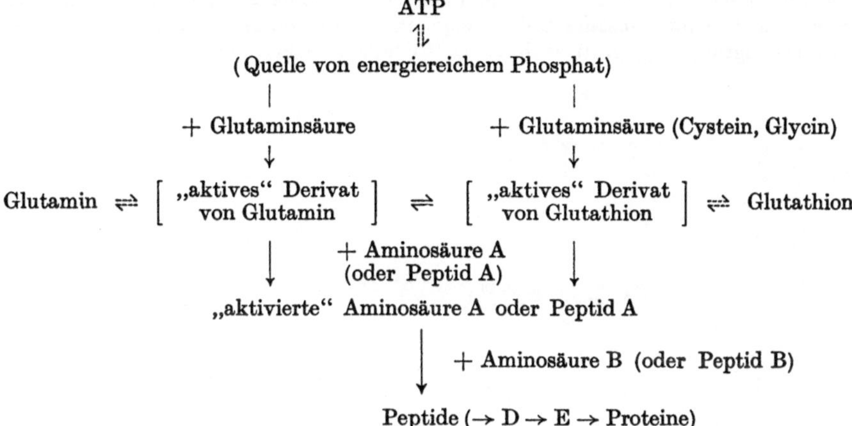

Besonderes Interesse hat im Zusammenhang mit der Peptid- bzw. Proteinsynthese das natürlich vorkommende γ-Glutamyl-Cysteinyl-Glycin (Glutathion) gefunden. Unter der Wirkung von Fermenten aus Leberschnitten, Homogenaten und zellfreien Extrakten beobachtete man einen Einbau von markiertem Glycin in dieses Peptid [4]; durch Zugabe von ATP bzw. Amiden wie Glutamin fand man eine Beschleunigung dieses Vorgangs [5].

HANES, HIRD und ISHERWOOD [6] konnten es sehr wahrscheinlich machen, daß unter dem Einfluß eines Enzyms aus Schafsnieren aus Glutathion und einer zugesetzten Aminosäure durch „Transpeptidierung" ein neues γ-Peptid aus Glutaminsäure und der zugesetzten Aminosäure nach folgender Gleichung entsteht:

γ-Glutamyl-Cysteinyl-Glycin + Phenylalanin → γ-Glutamyl-Phenylalanin + Cysteinyl-Glycin.

Transpeptidierungsreaktionen mit Glutathion. 6 g frische Schafsniere wurden mit 10 cm^3 m/20 Phosphat + m/1000 Mg homogenisiert, die überstehende Lösung nach Zentrifugieren 4 Std gegen 1 Liter Puffer dialysiert und der auf das 3fache Vol. verdünnte Extrakt mit Glutathion (Endkonzentration m/20) und der betreffenden Aminosäure (m/20) bei 32° 60 min inkubiert.

Zur Chromatographie wurden Bogen Whatman Nr. 1 (gegebenenfalls nach Waschen mit 1 m Natriumcarbonat und Auswaschen mit destilliertem Wasser) verwandt. Entwicklungsflüssigkeit 80%iges wäßriges Propanol. Zur Vermeidung der „Schwanzbildung" bei Cystein und Cysteinpeptiden kuppelte man mit N-Äthyl-Maleinimid:

$$\begin{array}{c} CH-CO \\ \| \qquad \quad \rangle N-C_2H_5 + SH-R \rightarrow \\ CH-CO \end{array} \qquad \begin{array}{c} R-S-CH-CO \\ | \qquad \qquad \rangle N-C_2H_5 . \\ CH_2-CO \end{array}$$

[1] SPECK, J. F.: J. of Biol. Chem. **168**, 403 (1947); **179**, 1387, 1405 (1949).

[2] ELLIOT, W. H.: Nature (Lond.) **161**, 121 (1948).

[3] Ersetzbar durch Hydroxylamin (→ Hydroxamsäure), Hydrazin usw.

[4] BLOCH, K., u. H. S. ANKER: J. of Biol. Chem. **169**, 765 (1947). — BLOCH, K.: J. of Biol. Chem. **179**, 1245 (1949).

[5] JOHNSTON, R. B., u. K. BLOCH: J. of Biol. Chem. **179**, 493 (1949).

[6] HANES, C. S., F. J. R. HIRD u. F. A. ISHERWOOD: Nature (Lond.) **166**, 288 (1950).

Dazu wurden in 0,3 cm³ der Fermentansätze die Proteine mit 0,6 cm³ warmem Äthanol gefällt, die Lösung im Exsiccator eingedunstet, der Rückstand in 0,15 cm³ m/7,5 N-Äthyl-Maleinimid aufgenommen und davon 1 μLiter chromatographiert.

Abb. 201 zeigt typische Chromatogramme. Neben einem schwachen Fleck für Glutathion und für die entsprechenden Komponenten (Glycin, Glutaminsäure, Cystein) traten außer den zugesetzten Aminosäuren (Leucin, Valin, Phenylalanin) neue Flecken auf, die sich bei der Hydrolyse als aus Glutaminsäure und der zugesetzten Aminosäure bestehend erwiesen, deren freie Aminoendgruppen (geprüft nach der DNP-Methode) Glutaminsäure zugehörten und die

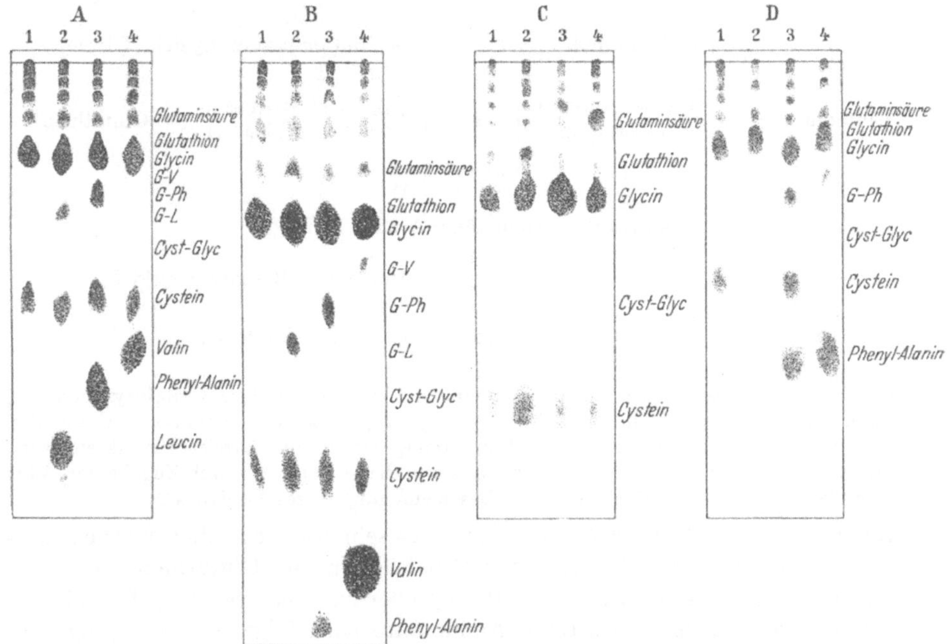

Abb. 201. *Transpeptidierungsreaktionen mit Glutathion; Chromatogramme der incubierten Fermentansätze. Fermentansätze:* Nierenfermentlösung, ¹/₃ des Volumens; angegebene Substrate in der Endkonzentration m/20; Phosphatpuffer pH 7,4, m/60; 32°; 60 min. *Chromatographie:* Lösungsmittel: Propanol: Wasser 80:20; Papier: in Serie C Whatman Nr. 1, ungewaschen; in Serien A, B und D Whatman Nr. 1, gewaschen mit Natriumcarbonat; Laufzeiten A und D 19 Std, B und C 43 Std. [Nach C. S. HANES, F. J. R. HIRD und F. A. ISHERWOOD, Nature (Lond.) **166**, 288 (1950).]

auf Grund ihrer R_F-Werte in Propanol: Eisessig: Wasser 80:10:10 verschieden waren von den entsprechenden authentischen α-Peptiden; auch werden die α-Peptide durch das Enzym leicht hydrolysiert. Man kann sie danach mit großer Wahrscheinlichkeit als γ-Glutamyl-Leucin (γ-G-L), γ-Glutamyl-Phenylalanin (γ-G-Ph) und γ-Glutamyl-Valin (γ-G-V) ansprechen.

Bei Zusatz von Penicillin zum Ansatz zeigt sich folgender Effekt: die Menge unverbrauchten Glutathions ist größer, Cystein verschwindet (wohl infolge Reaktion zwischen Cystein und Penicillin), die Abbauprodukte des Glutathions treten nicht auf, und die Bildung von γ-Glutamyl-Phenylalanin ist stark vermindert; das weist darauf hin, daß dieses Antibioticum die Transpeptidierungsreaktionen hemmt.

Auch Untersuchungen zur *Proteinsynthese in Zellen der Hefe Torula utilis,* die nach entsprechender Gewöhnung mit Acetat ($CH_3C^{14}OOH$) als alleiniger Kohlenstoffquelle zu wachsen vermag, unterstützen die Ansicht von der besonderen Rolle der Aminodicarbonsäuren, vor allem der Glutaminsäure (F. TURBA u. H. ESSER[1]).

---

[1] TURBA, F., u. H. ESSER: Unveröffentlicht.

Abb. 202 zeigt Radioautogramme von Hochspannungs-Papierelektropherogrammen der Aminosäure- und Peptidfraktionen aus Hefezellen (Aufarbeitung zu verschiedenen Versuchszeiten, gemessen nach Zugabe von C^{14}-markiertem Acetat zur wachsenden Hefe). Man erkennt, daß schon nach 10 sec Glutaminsäure und saure Peptide entstehen, bevor es zur Bildung radioaktiver neutraler und basischer Komponenten kommt. Jede der elektrophoretisch getrennten sauren Fraktionen liefert bei Papierchromatographie eine große Zahl verschiedener Peptide (meist mit 5—15 Aminosäurebestandteilen); es fällt auf, daß auch basische (neben neutralen) Aminosäuren in ihnen enthalten sind. Die Radioaktivität wird anfangs wesentlich langsamer in die Proteinfraktion der Hefezellen eingebaut, so daß es sich bei den isolierten Peptiden wohl um Zwischenprodukte des Aufbaues handeln muß.

Transamidierungsreaktionen, die unter Wirkung der Proteasen Chymotrypsin oder Papain stattfinden und zu einer Verlängerung der Peptidkette führen, haben FRUTON, JOHNSTON und FRIED[1] aufgefunden. Einige der von diesen Autoren untersuchten Reaktionen seien im folgenden wiedergegeben:

1. Cbzo-Glycinamid + Phenylalaninamid $\xrightarrow{\text{Papain (Cystein)}}$ Cbzo-Glycyl-Phenylalaninamid + Ammoniak,
    (Tyrosinamid)   (Cbzo-Glycyl-Tyrosinamid)

2. Cbzo-Isoglutamin + L-Phenylalaninamid $\xrightarrow{\text{Papain (Cystein)}}$ Cbzo-Glutamyl-L-Phenylalaninamid + Ammoniak,
    (D-Phenylalaninamid)   (Cbzo-Glutamyl-D-Phenylalaninamid)

3. Glycyl-L-Phenylalaninamid + L-Argininamid $\xrightarrow{\text{Kathepsin}}$ Glycyl-L-Phenylalanyl-L-Argininamid + Ammoniak.

Die Konzentration der Substrate war 0,05 m, die des Papains 0,13 mg N/cm^3 Testlösung Gesamtvolumen 2,5 cm³, 0,75 cm³ Methanol enthaltend; Phosphatpuffer 0,05 m, p_H 7,4—7,8. Als Aktivatoren dienten Cystein (0,01 m) oder Cyanid (0,025 m). Verfolgung der Enzymwirkung durch Messung der Ammoniakfreisetzung in 0,1 cm³-Proben (CONWAY-Einheiten); Zeit der Einwirkung (50% Desamidierung) etwa 6—12 Std. Nach Beendigung der Reaktion wurden 2 cm³ der Lösung in 50 cm³ aboluten Alkohol eingegossen, nach Stehen über Nacht filtriert, das Filtrat im Vakuum zur Trockne gebracht, der Rückstand mehrmals mit heißem Methanol extrahiert und der filtrierte Methanolextrakt nach Zusatz von zwei Tropfen Eisessig mit Palladium katalytisch hydriert (2 Std). Nach Filtration wurde in 2 cm³ 50%igem Alkohol aufgenommen, Proben der Lösung aufsteigend eindimensional auf Whatman Nr. 1-Papier mit einem Gemisch von n-Butanol: Eisessig: Wasser (100:60:20, Vol.) chromatographiert (20 Std, 25 cm). 0,01 m-Lösungen der authentischen Proben dienten als Vergleiche. Die Reproduzierbarkeit der R_F-Werte im gleichen Chromatogramm wurde zu etwa 0,01 gefunden.

Um die Produkte der Transamidierung zu charakterisieren, wurden etwa 1,5 cm³ der 75% Äthanol enthaltenden Reaktionslösung nach Hydrierung auf Whatman Nr. 1 chromatographiert (Methode nach YANOVSKY, WASSERMANN und BONNER), nach Lokalisation der Substanz in einem schmalen Probestreifen das entsprechende Band ausgeschnitten, das Papier in einem POTTER-ELVEHJEM-Apparat mit Wasser homogenisiert, der wäßrige Extrakt filtriert, auf 5 cm³ im Vakuum eingeengt, mit Schwefelsäure bis zur Endkonzentration von 10 m versetzt, unter Rückfluß 10 Std erhitzt, das Sulfat mit Baryt gefällt, das Bariumsulfat heiß ausgewaschen, die vereinigten Filtrate zur Trockne gebracht, in 75%igem Äthanol aufgenommen und wie oben chromatographiert.

In Versuch 1 erhielt man auf dem geschilderten Weg nach Besprühen mit Ninhydrin einen gelben Fleck (R_F 0,57), der sich mit einer authentischen Probe von Glycyl-L-Phenylalaninamid identisch erwies; aus dieser Komponente erhielt man nach Chromatographieren in größerem Maßstab (s. oben), Elution- und Hydrolyseglycin (R_F 0,24) und Phenylalanin (R_F 0,66). Daneben traten in der ursprünglichen Reaktionslösung Flecken von Glycin (R_F 0,25; Purpur), Glycinamid (R_F 0,23; länglicher Fleck; gelb-purpur) und L-Phenylalaninamid (R_F 0,63; purpur) auf.

---

[1] FRUTON, J. S., R. B. JOHNSTON u. M. FRIED: J. of Biol. Chem. **190**, 39 (1951).

Analog wurde mit Tyrosinamid als Transamidierungskomponente Glycyl-L-Tyrosinamid (R_F 0,44; gelber Ninhydrinfleck; identisch mit synthetischer Probe) erhalten; nach Hydrolyse fand man Glycin (R_F 0,24) und Tyrosin (R_F 0,47). Entsprechend gab Umsatz von Cbzo-Glycinamid mit L-Glutamyl-L-Tyrosin nach Hydrierung einen Fleck von R_F 0,55, der identische Lage mit synthetischem Glycyl-L-Glutamyl-L-Tyrosin hatte und aus dem man nach Hydrolyse drei Komponenten erhielt: Glycin (R_F 0,26), Glutaminsäure (R_F 0,33) und Tyrosin (R_F 0,48); hier war also die Amidgruppe durch ein Dipeptid ersetzt worden.

In Versuch 2 resultierte eine Komponente (R_F 0,60), deren Position identisch war mit synthetischem Cbzo-L-Glutamyl-L-Phenylalaninamid. Nach Hydrolyse der entsprechenden Bande eines Makropapierchromatogramms erhielt man als ninhydrinpositive Produkte Glutaminsäure (R_F 0,32) und Phenylalanin (R_F 0,64). Unter den Bedingungen des Chromatogramms waren die R_F-Werte für Glutaminsäure, Isoglutamin, Phenylalanin und Phenylalaninamid 0,31 bzw. 0,34 bzw. 0,68 bzw. 0,66.

In Versuch 3 wurde eine ninhydrinpositive Komponente beobachtet, die nach Säurehydrolyse Spaltprodukte der gleichen R_F-Werte wie authentische Proben von Glycin, Phenylalanin und Arginin lieferte.

Die *freien Ester von Aminosäuren* reagieren bei längerem Stehenlassen bzw. bei Erwärmen unter Bildung von *Diketopiperazinen* (E. FISCHER); daneben bilden sich je nach den Versuchsbedingungen auch mehr oder minder *lange Peptide*. BROCKMANN und MUSSO[1] gelang die Trennung dieser Reaktionsprodukte aus freiem Glycinester auf papierchromatographischem Weg. Die nachstehende Tabelle 79 gibt einen Überblick der erzielten Resultate[2].

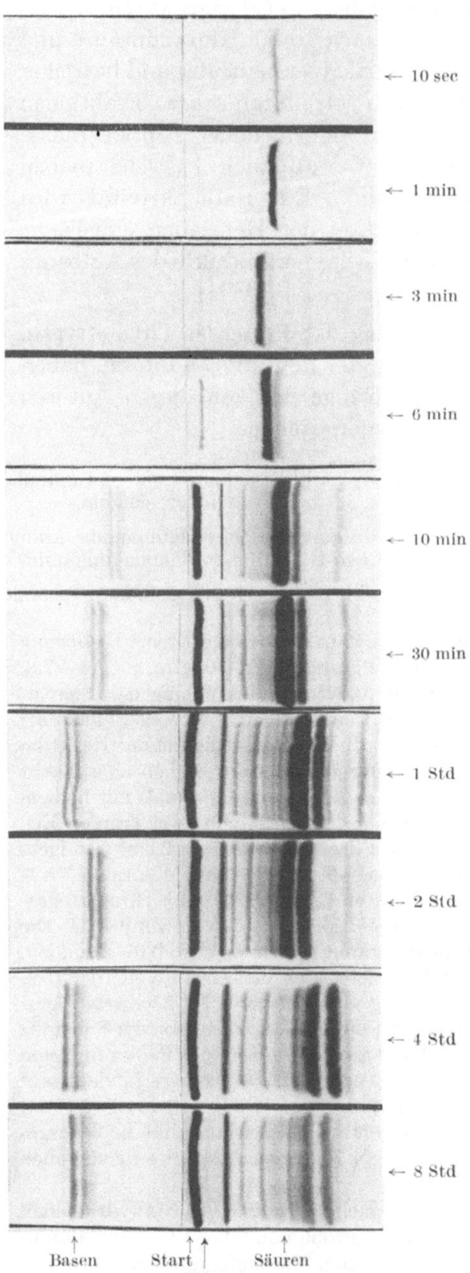

Abb. 202. *Radioautogramme nach Papierelektropherogrammen von Aminosäuren und Peptiden aus wachsenden Hefezellen.* (Probenentnahme zu verschiedenen Zeiten nach Zugabe von $CH_3C^{14}OOH$, der alleinigen C-Quelle.) [F. TURBA und H. ESSER, Angew. Chem. **65**, 256 (1953).]

---

[1] BROCKMANN, H., u. H. MUSSO: Naturwiss. **38**, 11 (1951).

[2] Nach K. HEYNS und W. WALTER [Naturwiss. **39**, 64 (1952)] findet beim Nonaglycin ein so starkes tailing statt, daß ein Verschmieren vom Startpunkt bis zur Lösungsmittelfront nachweisbar ist. Die Ninhydrinfärbung tritt hier nur noch langsam und sehr schwach auf (gelb, gelbbraun).

Tabelle 79. *R_F-Werte von Glycylpeptiden, die durch Esterkondensation entstanden sind.*
[Nach BROCKMANN u. MUSSO: Naturwiss. **38**, 11 (1951).]

	R_F in					Laufstrecken in cm	
	Kresol	Phenol	Butanol	Benzyl-alkohol	Buta-nol:Eis-essig	Buta-nol:Eis-essig 220 Std	Kresol 336 Std
Glycin	0,076	0,40	0,038	0,019	0,130	31,4	24,0
Glycyl-glycin	0,030	0,42	0,007	0,009	0,125	30,5	9,6
Glycyl-glycyl-glycin	0,012	0,47	0,001	0,000	0,096	25,4	6,8
Glycyl-glycyl-glycyl-glycin	0,044	0,57	0,000	0,000	0,073	19,0	13,7
Glycyl-glycyl-glycyl-glycyl-glycin . . .	0,098	0,67	0,000	0,000	0,053	13,3	31,0
Glycyl-glycyl-glycyl-glycyl-glycyl-glycin	—	0,73	—	—	—	—	—

BRENNER, MÜLLER und PFISTER[1] konnten zeigen, daß in Gegenwart von Chymotrypsin, das die Hydrolyse der Esteranalogen der spezifischen Substrate, nämlich der Amide, katalysiert, beispielsweise aus L-Methionin-Isopropylester L-Methionyl-L-Methionin und das entsprechende Tripeptid gebildet wird. Die Spaltung der energiereichen Esterbindung deckt dabei die zur Knüpfung der Peptidbindung notwendige Energie.

Aus D-Methionin-isopropylester entsteht durch Inkubation mit Fermentsystemen aus Leber, Nieren, Hoden, Haut und mit Mitochrondriensuspensionen D,D-Methionindipeptid (über den Dipeptid-isopropylester); L,L-Methionindipeptid entsteht unter Einwirkung von Rattenleberhomogenat aus L-Methionin-isopropylester nur bei höchsten Substratkonzentrationen (BRENNER und MÜLLER[2]).

An Stelle von Estern können auch *andere energiereiche Verbindungen* der Aminosäuren zur Synthese von Peptiden in wäßrigem Medium bei nahezu neutralem p_H und Zimmertemperatur dienen. Die *anhydrid*artigen Verbindungen aus Aminosäuren und Säuren des Typus R·SH der allgemeinen Formel

$$NH_2-CH-C\underset{R}{\overset{O}{\diagdown}}\ S-R$$

(Thioaminosäureester), in abgeschwächter Form auch „Anhydride" der Aminosäuren mit Phenol (0-Phenylester) und ähnliche reagieren miteinander beim Stehenlassen der schwach alkalischen Lösung bei Zimmertemperatur während 10—20 Std unter Bildung von Peptiden[3]. Abb. 203 zeigt die aus Glycinthiophenylester

$$NH_2-CH_2-C\overset{O}{\diagdown}_S-\langle\ \rangle$$

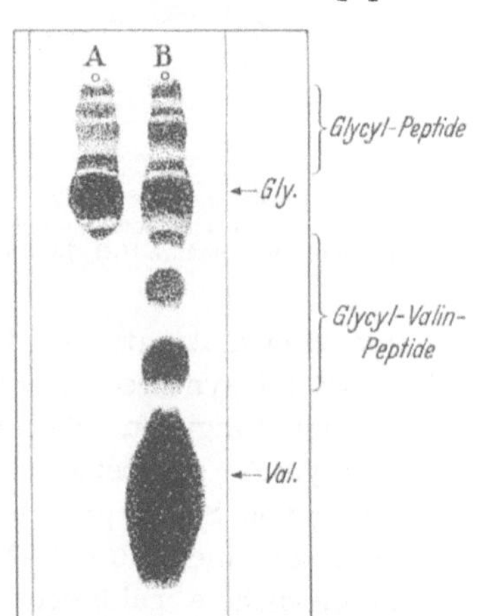

Abb. 203A u. B. *Bildung von Peptiden aus Aminothiocarbonsäureestern.* A Glycinthiophenolester, 20 Std bei Zimmertemperatur in schwach alkalischer, wäßriger Lösung aufbewahrt; B Valin zum vorigen Ansatz hinzugefügt. [Nach TH. WIELAND und W. SCHÄFER, Angew. Chem. **63**, 146 (1951).]

unter diesen Bedingungen gebildeten Polyglycine, die im Papierchromatogramm (sec.-Butanol-Ameisensäure-Wasser) nach Besprühen mit Ninhydrin zunächst als

---

[1] BRENNER, M., H. R. MÜLLER u. E. LICHTENBERG: Helvet. chim. Acta **35**, 217 (1952). — BRENNER, M., u. R. W. PFISTER: Helvet. chim. Acta **33**, 568 (1950).

[2] BRENNER, M., u. R. H. MÜLLER: Helvet. physiol. Acta **9**, C 20 (1951).

[3] WIELAND, TH., u. W. SCHÄFER: Angew. Chem. **63**, 146 (1951).

gelbbraune, später violette Flecken auftreten. Setzt man eine zweite Aminosäure (z. B. Valin) zu, so entstehen Peptide, die außer Glycin auch Valin (offenbar carboxylendständig) gebunden enthalten und bei Hydrolyse in diese Komponenten zerfallen:

$$NH_2-CH_2-C{\overset{O}{\underset{S \cdot C_6H_5 \cdot H}{<}}}{\overset{H}{\underset{}{>}}}N-CH_2-C{\overset{O}{\underset{S-C_6H_5\ H}{<}}}{\overset{H}{\underset{}{>}}}N-\underset{\underset{\underset{H_3C\ \ CH_3}{|}}{CH}}{CH}-C{\overset{O}{\underset{OH}{<}}}$$

Bei Zusatz von Thioaminosäureestern zu Rattenleberhomogenaten und 2stündiger Inkubation erhielt man die polymerhomologen freien Glycinpeptide, während im

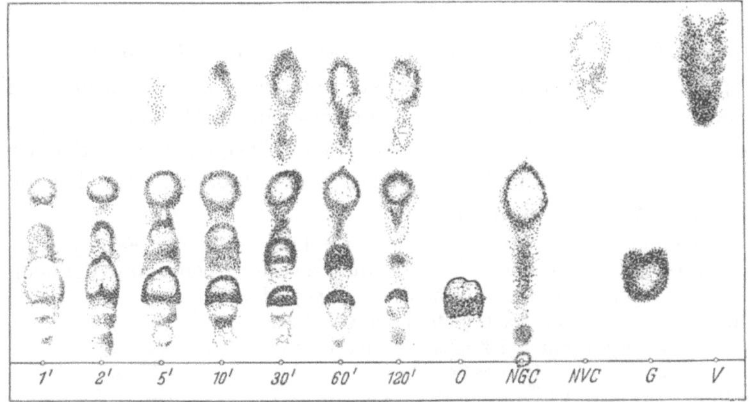

Abb. 204. *Umlagerung von N-Glycyl-S-Valyl-Cysteamin-Hydrochlorid* in Gegenwart von Bicarbonat nach verschiedener Zeitdauer (abgestoppt mit 2 n-HCl). *NGC* N-Glycyl-Cystein, *NVC* N-Valyl-Cystein. Aufsteigend: sec-Butanol-Ameisensäure-H₂O 75 : 15 : 10. (Nach TH. WIELAND und E. BOKELMANN, Diss. E. BOKELMANN, Univ. Mainz, 1952.)

fermentfreien Ansatz die Peptidthioester auftraten. Ob auch bei der Peptid- bzw. Proteinsynthese in vivo S-gebundene, aktive Aminoacylreste als aktivierte Vorstufen fungieren (etwa wie der Acetyl- oder Succinylrest durch Bindung an Co-Enzym A, gegebenenfalls unter Beteiligung von ATP durch intermediäre Bildung von S-Phosphat in die aktive, reaktionsfähige Form übergeht), ist zunächst noch nicht zu entscheiden. Es ist aber möglich, daß bei der biologischen Proteinsynthese zahlreiche Reaktionsmechanismen gleichzeitig Anteil haben, wobei die Aminoacyl- (bzw. Peptid-) Reste (eventuell unter Mitwirkung energiereicher Phosphatverbindungen) durch Bindung an Sulfhydryle, aromatische Phenole (Tyrosin) oder sekundäre Stickstoffatome (Imidazolring, Peptidbindung) aktiviert werden könnten.

Abgesehen von den wichtigen präparativen Möglichkeiten[1], durch Übertragung von S-gebundenen Aminoacylresten auf die Aminogruppen von Aminosäuren bzw. Peptiden zur Verlängerung der Peptidkette zu gelangen, und der Möglichkeit einer schonenden Acylierung, bzw. Aminoacylierung empfindlicher Substanzen an SH-Gruppen durch Umacylierung von einer reaktionsfähigen S-Acylverbindung, besitzt die inter- und intramolekulare Übertragung von Aminoacylresten bei Peptiden vom Typus des N-Glycyl-S-Valyl-Cysteamins (bzw. -Cysteins), die durch den gleichzeitigen Besitz von Sulfhydryl- und Aminogruppen eine große Zahl von Reaktionsmöglichkeiten bietet, Interesse für eine mögliche Deutung der biologischen

---

[1] WIELAND, TH., u. W. SCHÄFER: Liebigs Ann. **576**, 104 (1952). — WIELAND, TH., u. E. BOKELMANN: Liebigs Ann. **576**, 20 (1952).

Peptid- bzw. Proteinsynthese. Abb. 204 zeigt das Papierchromatogramm von Ansätzen der erwähnten Verbindung, die in Bicarbonat-alkalischer Lösung eine zunehmende Zeit gestanden waren.

Im Zusammenhang mit dem Problem der Proteinsynthese beansprucht die *Synthese von Peptidbindungen in malignem Gewebe* im Vergleich zu normalem

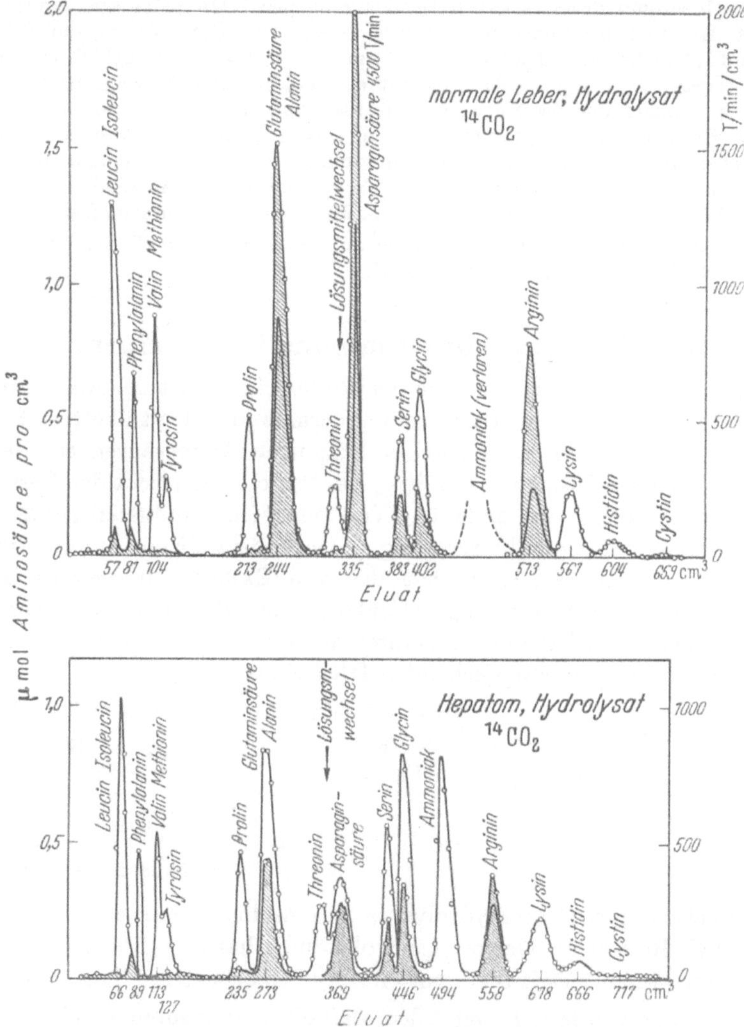

Abb. 205. *Einbau von C^{14} bei Incubation von Schnitten normaler Leber, bzw. von Hepatomen mit $C^{14}O_2$.* Chromatographie an Stärkesäulen nach STEIN und MOORE. Schraffierte Flächen Aktivitäten. [Nach P. C. ZAMECNIK und J. D. FRANTZ, Cold Spring Harbor Symp. Quant. Biol. **14**, 203 (1950).]

Gewebe besonderes Interesse. ZAMECNIK und FRANTZ[1] untersuchten in diesem Zusammenhang den Einbau von radioaktivem C bei Inkubation von Schnitten aus normaler Leber bzw. aus Hepatomen mit $C^{14}O_2$.

Trennung der Aminosäuren der Proteine aus normaler Leber bzw. eines Hepatoms aus Schnitten, die mit $C^{14}O_2$ inkubiert wurden. Die Leberschnitte ($8 \times 10 \times 0,5$ mm) wurden in

[1] ZAMECNIK, P.C., u. J.D. FRANTZ: Cold Spring Harbor Symp. Quant. Biol. **14**, 203 (1950).

WARBURG-Gefäßen (gespült mit O_2) in 1 cm³ Medium mit 14 CO_2 aus 15 mg Ba 14 CO_3 (0,3 mCurie), die sich im Seitenarm befanden, 4 Std bei 37° inkubiert. Nach Entfernung des überschüssigen CO_2 wurden die Schnitte 3mal mit Wasser gewaschen, homogenisiert, mit dem gleichen Volumen 20%iger Trichloressigsäure gefällt und 3mal mit 10%iger Trichloressigsäure gewaschen. Der Niederschlag wurde mit 6 n-Salzsäure über Nacht im Autoklaven hydrolysiert. 0,9 cm³ jedes Hydrolysats (Kontrollhydrolysat 51900 Teilchen/min/cm³; 0,099 mMol Aminosäure; Hepatomhydrolysat 18200 Teilchen/min/cm³; 0,115 mMol Aminosäure) wurde lyophylisiert, dann in dem Lösungsmittel aufgenommen (1:2:1 Butanol:Propanol:0,1 n-Salzsäure) und auf 1,9 cm Stärkesäulen (MOORE und STEIN, S. 159) gegeben. Bei 75 cm³ wurde das Lösungsmittel gegen 2:1 Propanol:0,5 n-Salzsäure getauscht. Abb. 205 zeigt die Aminosäureverteilung des normalen und des Hepatomhydrolysats und die Aktivität der einzelnen Fraktionen. Das Hepatomchromatogramm zeigt im Vergleich mit dem Chromatogramm der normalen Leber weniger Aktivität in der Glutaminsäure-, Alanin-, Asparaginsäure- und Argininfraktion, mehr Aktivität im Glycingipfel, Gegenwart von Aktivität in Prolin und keine Aktivität in der Leucin-, Isoleucin-, Valin-, Methionin- und Threoninfraktion.

Vgl. ferner den Einfluß von THEILERS Virus auf den Einbau von C^{14} aus Glucose in die Aminosäurebausteine von Mäusegehirn-Protein[1].

233. Endgruppenbestimmung in Proteinen.

Eines der grundlegenden Probleme der Proteinchemie ist die Aufklärung der Stellung der einzelnen Aminosäurereste innerhalb der Peptidkette. Eine besondere Bedeutung kommt dabei den endständigen Aminosäuren zu; denn die Zahl z. B. der freien α-Aminogruppen in einem Protein entspricht der Gesamtzahl offener Polypeptidketten im Molekül. Von den bisher mitgeteilten Methoden zur Bestimmung und Charakterisierung jener endständigen Aminosäurereste, deren α-Aminogruppen frei sind, hat das von SANGER[2] mitgeteilte DNFB-Verfahren die breiteste Anwendung gefunden; es stützt sich auf eine chromatographische Technik. Bei diesem Verfahren wird das betreffende Protein unter milden Bedingungen zum entsprechenden DNP-Protein umgesetzt

dieses anschließend durch Totalhydrolyse in die einzelnen Aminosäurereste zerlegt, wobei der DNP-Rest mehr oder weniger vollständig haften bleibt und schließlich die DNP-Aminosäuren voneinander getrennt und colorimetrisch bestimmt.

Auf diese Weise wurde z. B. gefunden, daß ein Insulinsubmolekül vom Molekulargewicht 12000 mit vier freien α-Aminogruppen vier offene Polypeptidketten enthält, von denen je zwei (Fraktion A) mit Glycin, je zwei (Fraktion B) mit Phenylalaninresten enden. Tabelle 80 zeigt die Art und Zahl der endständigen α-Aminosäuren in einer Reihe von Proteinen. Aus ihr geht hervor, daß zwar die Anzahl freier Aminogruppen und die Natur der endständigen Aminosäuren sehr verschieden sein kann, daß aber alle bisher identifizierten Aminoendgruppen Monoamino-Monocarbonsäuren angehören, während basische oder saure Aminosäuren

---

[1] RAFELSON, E., R. J. WINZLER u. H. E. PEARSON: J. of Biol. Chem. **193**, 205 (1951).
[2] SANGER, F.: Biochemic. J. **39**, 507 (1945).

Tabelle 80. *Endgruppen von Proteinen.*
[Nach SANGER, F.: Biochem. Soc. Sympos. **3**, 29 (1950).]

Protein	Zugrunde-gelegtes Molekular-gewicht	Endgruppen		Zahl freier ε-Amino-gruppen von Lysin	Zahl der Lysin-reste/Mol	Literaturstelle
		Aminosäure	Zahl/Mol			
Insulin	12000	Glycin	2	2	2	} SANGER (1945
		Phenylalanin	2	—	—	
Hämoglobine:						
Pferd	66000	Valin	6	40	39	
Esel	66000	Valin	6	41	—	
Mensch	66000	Valin	5	43	—	
Kuh	66000	Valin	2	47	—	
		Methionin	2	—	—	} PORTER u. SANGER (1948)
Schaf	66000	Valin	2	47	45	
		Methionin	2	—	—	
Ziege	66000	Valin	2	48	—	
		Methionin	2	—	—	
Myoglobin (Pferd) .	17000	Glycin	1	20	19	PORTER u. SANGER (1948)
Edestin	300000	Glycin	6	50	48	} SANGER (unveröffentlicht)
		Leucin	1	—	—	
β-Lactoglobulin .	40000					
nativ		Leucin	3	19	31	} PORTER (1948)
denaturiert . .		Leucin	3	32	31	
Ovalbumin . . .	44000	—	—	19	20	PORTER (unveröffentlicht)
γ-Globulin	170000	Alanin	1	65	95	PORTER (unveröffentlicht)
(Kaninchen, nativ)						
Salmin	6000	Prolin	?	0	0	PORTER u. SANGER (1948)

bisher nicht gefunden wurden. PORTER und SANGER[1] haben Hämoglobin verschiedener Tierarten untersucht und Strukturdifferenzen zwischen den einzelnen Spezies sowie zwischen normalem (Erwachsenen-) und fötalem Hämoglobin sowie Myoglobin gefunden.

Die Zahl der freien ε-Aminogruppen des Lysins entspricht im allgemeinen der Zahl der vorhandenen Lysinreste des Proteins; eine Ausnahme machen β-Lactoglobulin und einige Serumglobuline, bei denen die Gesamtzahl von ε-Aminogruppen des Lysins erst nach Denaturierung faßbar wurde. Im nativen Protein sind in diesen Fällen also bestimmte Aminogruppen reaktionsunfähig. Besonderes Interesse gebührt solchen Proteinen, in denen überhaupt keine endständigen α-Aminogruppen nachweisbar sind. Offenbar handelt es sich in diesen Fällen um Moleküle mit vernetzten oder cyclischen Ketten. So konnte z. B. BAILEY[2] sowohl im Myosin als auch in Fibrinogen keine Aminoendgruppen feststellen. Beim Übergang des Fibrinogens in Fibrin tritt dagegen ein freier Glycinrest je Mol auf, offenbar infolge Freisetzung eines niedermolekularen Peptids.

Herstellung von DNP-Proteinen. Die Kondensation von DNFB mit Proteinen wird unter folgenden Bedingungen durchgeführt: Eine 5—10%ige Lösung oder Suspension des Proteins in 10% Natriumbicarbonat wird zum zweifachen Volumen einer 10%igen Lösung von DNFB in Äthanol gegeben, die Mischung bei Raumtemperatur 2 Std geschüttelt und das DNP-Protein frei von überschüssigem Reagens gewaschen. Auffallenderweise verhindert die Blockierung der Aminogruppen (sowie der Sulfhydryle, phenolischen Hydroxyle und der Imidazolgruppen) durch das Reagens die sonst eintretende Alkoholdenaturierung des Proteins. Anscheinend fixiert die Reaktion mit DNFB die Struktur der Peptidketten so, daß Alkohol ihre

---

[1] PORTER, R. R., u. F. SANGER: Biochemic. J. **42**, 287 (1948).
[2] BAILEY, K.: Biochemic J. **49**, 23 (1951).

Konfiguration nicht mehr desorientiert und die Zahl der reaktionsfähigen Aminogruppen die gleiche bleibt wie im nativen Protein. Löst man nämlich beispielsweise β-Lactoglobulin in 10% Natriumbicarbonat, fügt 2 Vol. Äthanol zu, zentrifugiert den Niederschlag sofort ab und extrahiert ihn mit Salzlösung, so erhält man zwei scharf getrennte, eine salzlösliche und eine unlösliche Fraktion: die erstere zeigt die gleiche Zahl unreaktiver ε-Amino-Lysingruppen wie das native Protein, die letztere entspricht dem voll denaturierten Protein. Diese Beobachtungen machen es sehr wahrscheinlich, daß die mit dem nativen Protein erhaltenen Werte tatsächlich korrekt sind (vgl. Tabelle 81).

Tabelle 81.
[Nach PORTER, R. R.: Biochim. et Biophysica Acta 2, 105 (1948).]

Bedingungen der Denaturierung	Fraktion	Zahl der ε-Amino-Lysin-gruppen, die mit DNFB reagieren
Lösung in 10% NaHCO$_3$ + 2 Vol. Äthanol, 2 min	unlöslich in Salzlösung	27
	löslich in Salzlösung	18
	β-Lactoglobulin nativ	19
Salzsäure bis p$_H$ 1, 24 Std Raumtemperatur	säuredenaturiert	32
2 Vol. Äthanol, 24 Std.	alkoholdenaturiert	32
Neutrales p$_H$, 90°, 30 min	hitzedenaturiert	29
6 m-Guanidinhydrochlorid, p$_H$ 6, 24 Std . . .	guanidindenaturiert	31

Hydrolysenbedingungen. Porter und Sanger haben die Hydrolysenbedingungen[1] eingehend studiert, unter denen die DNP-Aminosäuren weitestgehend erhalten bleiben (Tabelle 82). Zur Bestimmung von DNP-Prolin ist also die Hydrolyse bei stärkerer Acidität

Tabelle 82. *Hydrolyse von DNP-Aminosäuren, Abhängigkeit der Ausbeuten von Hydrolysenbedingungen.* [Nach PORTER, R. R., u. F. SANGER: Biochemic. J. 42, 287 (1948).]

DNP-Aminosäure	Hydrolyse in 5,7 n-HCl Hydrolysenzeit (Std)	Ausbeute (unverändert)	16 Std Hydrolyse in 12 n-HCl bei 105°
DNP-Alanin	12	80	75
DNP-Arginin	12	90	75
DNP-Asparaginsäure . .	24	60	75
bis-DNP-Cystin	12	25	0
DNP-Glutaminsäure . .	12	75	75
DNP-Glycin	8	40	50
DNP-Oxyprolin.	4	40	50
DNP-Isoleucin	12	80	75
DNP-Leucin	12	80	75
bis-DNP-Lysin	8	95	75
DNP-Lysin	12	95	75
DNP-Methionin.	12	75	75
DNP-Phenylalanin . . .	12	70	50
DNP-Prolin	2	10	50
DNP-Serin	12	90	75
DNP-Threonin	24	90	75
DNP-Tryptophan	12	90	0
DNP-Tyrosin	12	75	50
DNP-Valin	12	80	75

[1] Über die Zerstörung von DNP-Aminosäuren beim Kochen in Gegenwart von Tryptophan vgl. A. R. THOMPSON [Nature (Lond.) 168, 390 (1951)]. — Vorteilhaft ist die Spaltung von DNP-Aminosäuren mit Ameisensäure (90%):Essigsäureanhydrid:Perchlorsäure (60%) 90:5,5:60 [HANES, C. S., F. J. R. HIRD u. F. A. ISHERWOOD: Biochemic J. 51, 25 (1952)], wobei z. B. DNP-Prolin kaum zerstört wird. Auch die stufenweise Hydrolyse ist zur Erhaltung empfindlicher DNP-Aminosäuren geeignet, wie G. SCHRAMM u. G. BRAUNITZER [Z. Naturforsch. 86, 65 (1953)] am Beispiel des DNP-Prolins (Endgruppe im Tabakmosaikvirus-Protein) zeigen konnten.

(12 n-Salzsäure) vorzuziehen, während eine Reihe anderer DNP-Aminosäuren dabei größere Verluste erleiden. DNP-Methionin und DNP-Tyrosin bilden eine gefärbte künstliche Bande (stationär an einer Chloroformsäule, vgl. S. 187); DNP-Cystin gibt ein Zersetzungsprodukt, das sich an einer 3%igen Chloroform-Butanolsäure kaum bewegt; DNP-Tryptophan gibt ein gefärbtes Produkt, das bei Ätherextraktion in der wäßrigen Phase bleibt und an einer 66%igen Methyläthylketon-Äthersäule rasch wandert. Eine Anzahl von DNP-Aminosäuren gibt nach Hydrolyse eine an einer Chloroformsäule rasch wandernde Bande (wahrscheinlich 2,4-Di-nitroanilin). Um den Korrekturfaktor (infolge des Abbaus der DNP-Aminosäuren bei der Hydrolyse) möglichst klein zu halten, empfehlen PORTER und SANGER, die Hydrolysenzeit solange herabzusetzen, bis eben noch Peptide auftreten, diese eventuell an einer Säule abzu-trennen und getrennt zu hydrolysieren. Die Trennung der DNP-Aminosäuren und ihre Be-stimmung erfolgt wie auf S 188 angegeben.

Die DNP-Methode kann dazu benutzt werden, die Reihenfolge der Amino-säurereste innerhalb der Peptidkette eines Proteins in der Nähe einer amino-endständigen Aminosäure festzustellen. Zu diesem Zweck unterwirft man das DNP-Protein einer partiellen Hydrolyse die zur Freisetzung einer Reihe von N-DNP-Peptiden führt. Diese unterscheiden sich von anderen Produkten der partiellen Hydrolyse durch ihre Extrahierbarkeit aus saurer Lösung mittels organischer Solventien; auf diese Weise lassen sie sich von unsubstituierten Peptiden trennen. Nach Auftrennung des Gemisches der DNP-Peptide z. B. durch Verteilungschromatographie an Kieselgelsäulen bestimmt man ihre Struktur nach einer der früher angegebenen Methoden und erhält so Aufschluß über die Reihenfolge der Aminosäuren in Nachbarschaft der freien Aminoendgruppe. Ähnlich kann man die Anordnung der Aminosäuren in Nähe von Lysinresten bestimmen (Strukturaufklärung der anfallenden ε-DNP-Lysinpeptide). Wahr-scheinlich wird sich analog auch die Struktur eines Proteins in der Umgebung von Tyrosinresten (O-DNP-Tyrosylpeptide) und von Histidinresten (Imidazol-DNP-Histidylpeptide[1]) aufklären lassen.

Fraktionierung der DNP-Peptide. Die Methoden entsprechen im wesentlichen den bei DNP-Aminosäuren angegebenen (s. S. 187). Zur Extraktion der terminalen DNP-Peptide aus dem Gemisch mit anderen amphoteren Peptiden wurde die saure Lösung des partiellen Hydrolysats 3mal mit gleichen Volumina Äthylacetat ausgeschüttelt, die vereinigten Äthyl-acetatlösungen 3mal mit wäßrigem 1%igem Bicarbonat und jeder Bicarbonatextrakt 2mal mit Äthylacetat ausgezogen. Die drei Bicarbonatlösungen wurden vereinigt, angesäuert und durch eine analoge Gegenstromverteilung mit Äthylacetat extrahiert. Dieser endgültige Äthylacetatauszug, der nur noch saure Substanzen enthält, wurde nach Verdampfen zur Trockne und Aufnehmen in einem geeigneten Lösungsmittel an Kieselgelsäulen fraktioniert. Die verwendeten Lösungsmittelsysteme sind in Tabelle 83 zusammengefaßt.

Zur Befreiung von ε-DNP-Lysinpeptiden von farblosen Peptiden dient die Adsorption an Talk aus saurer Lösung (vgl. S. 189). *Zur Bestimmung der DNP-Peptide* im BECKMAN-Spektrophotometer vgl. S. 188.

Identifizierung der Aminosäuren in DNP-Peptiden. Nach Reinigung der Peptidbande an einer geeigneten Säule wurde eine Probe, entsprechend 0,1—0,5 Mol Peptid in einem 50 cm³ Rundkolben zur Trockne gebracht, 5 Tropfen 5,7 n-Salzsäure zugegeben, die Mischung 1 min zur Lösung des Peptids und Herunterspülen der Seitenwände über einer Mikroflamme ge-kocht, die Lösung in eine kleine Capillare gesaugt (zur Methodik vgl. CONSDEN, GORDON und

---

[1] R. R. PORTER [Biochemic. J. **46**, 304 (1950)] fand bei Untersuchung über die Reaktivi-tät der Imidazolreste im Proteinverband, daß im *Eialbumin, Serumalbumin, Hämoglobin* und *Globin* alle Histidinreste frei sind und mit DNFB reagieren; in *β-Lactoglobulin* tritt die Reaktion mit zwei Imidazolresten erst nach erfolgter Denaturierung ein; in *Insulin* unterbleibt die Reaktion mit einem kleinen Anteil der Imidazolreste, aber bei Hitzedenaturierung geht das Reaktionsvermögen von zwei Histidinresten verloren, so daß es wahrscheinlich wird, daß Imidazolgruppen beim Übergang des Insulins in den „fibrösen" Zustand beteiligt sind.

Tabelle 83. *Lösungsmittelsysteme zur Trennung von DNP-Peptiden an Kieselgelsäulen.*
[Nach SANGER, F.: Biochemic. J. **45**, 564 (1949).]

Lösungsmittel	Stationäre Phase (cm³/g Kieselgel)	Bewegliche Phase (gesättigt mit stationärer Phase)
CHCl₃	Wasser (0,5)	CHCl₃
CB₁	Wasser (0,5)	CHCl₃ : 1% (v/v) n-Butanol
CB₅ usw.	Wasser (0,5)	CHCl₃ : 5% (v/v) n-Butanol
Ea-HCl	n-Salzsäure (0,5)	Äthylacetat
Ea-pₕ 7	3 m-Phosphatpuffer pₕ 7,0 (0,6)	Äthylacetat
M₆₆	n-Salzsäure	Äther: 66% (v/v) Methyläthylketon
M₆₆·pₕ 6,5 usw. . .	3 m-Phosphatpuffer pₕ 6,5 (0,6)	Äther: 66% (v/v) Methyläthylketon
Aceton: Cyclohexan		Wasser: Aceton: Cyclohexan 1:3:10

MARTIN) und nach deren Zuschmelzen bei 105° 24 Std hydrolysiert. DNP-Glycylpeptide hydrolysiert man eine kürzere Zeit. Zur gleichzeitigen Bestimmung des endständigen Restes wird das saure Hydrolysat im Reagensglas mit 2 cm³ Äther ausgeschüttelt und die extrahierte DNP-Aminosäure chromatographisch identifiziert. Die wäßrige Lösung wird am Wasserbad von Äther befreit, auf einem Polythenstreifen im Exsiccator eingedunstet und die freien Aminosäuren wie üblich papierchromatographisch getrennt; da meist nur wenig Aminosäuren vorhanden sind, genügt oft ein eindimensionales Chromatogramm mit Phenol-, 0,3%igem Ammoniakleuchtgas. Zur quantitativen Bestimmung der Aminosäuren genügt ein Mikroverfahren, das zwischen 1, 2 oder 3 Aminosäureresten je Molekül unterscheiden kann; dafür genügt im allgemeinen die „Fleckenverdünnungsmethode" von POLSON, MOSLEY und WYCKOFF. Zur genaueren Bestimmung führt man die Aminosäuren des wäßrigen Hydrolysats nach Extraktion der endständigen DNP-Aminosäuren durch Schütteln mit DNFB in die DNP-Derivate über, trennt diese chromatographisch (s. S. 186 ff.) und bestimmt ihre Konzentration auf spektrophotometrischem Weg.

Beispiel einer Molekulargewichtsbestimmung durch Endgruppenbestimmung und Strukturaufklärung eines endständigen Peptids in einem Protein nach der DNP-Methode [1]. Vor der Strukturaufklärung eines terminalen Peptids aus einem Protein oder dessen Submolekül wird es im allgemeinen notwendig sein, das Molekulargewicht durch eine möglichst genaue Endgruppenbestimmung festzulegen. SANGER beschreibt die Methodik für die aus kristallisiertem Rinderinsulin durch Perjodsäureoxydation gewonnenen Fraktionen A und B (Abb 162). Für die Berechnung des Mol.-Gewichts wurde angenommen, daß ein DNP-Rest (Mol.-Gewicht 167) an jeder freien Aminogruppe, jedem Tyrosin- und Histidinrest haftet. Aus dem Mol.-Gewicht z. B. von DNP-B von 4800 und dem Gehalt von 7 DNP-Resten ergibt sich für B ein Mol.-Gewicht von 3700; da man in der Ultrazentrifuge einen Wert von 7000 fand, sind wahrscheinlich zwei Ketten enger assoziiert.

DNP-B wurde mit konzentrierter Salzsäure 8 Tage bei 37° hydrolysiert und das aus dem Hydrolysat mit Äthylacetat extrahierte Material folgendermaßen fraktioniert:

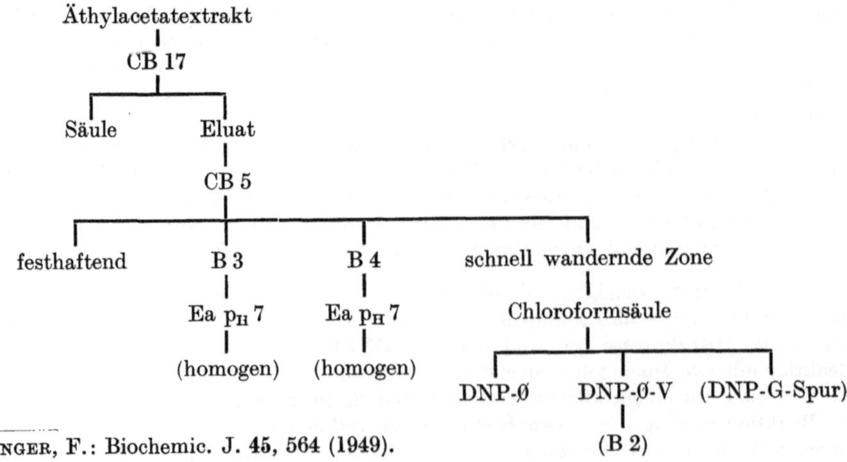

[1] SANGER, F.: Biochemic. J. **45**, 564 (1949).

Die Aminosäurezusammensetzung der Fraktionen zeigt Tabelle 84. Die Endgruppe war in allen Fällen DNP-Phenylalanin. Daraus ergibt sich die Reihenfolge: DNP-Phenylalanyl-Valyl-Asparagyl-Glutaminsäure (I).

Tabelle 84. *Struktur des aminoendständigen Peptids der Phenylalanylkette.*

Peptid	Säule	R_F	Aminosäuren
B 2	Chloroform, Aceton/Cyclohexan	0,2	Valin
B 3	CB 5	0,6	Valin, Asparaginsäure
B 4	CB 5	0,3	Valin, Asparaginsäure, Glutaminsäure

Die nach Extraktion mit Äthylacetat in der wäßrigen Lösung verbliebenen ε-DNP-Lysinpeptide ergaben analog die in Tabelle 85 zusammengestellten Daten. Da L 4 und L 3 bei der Hydrolyse (konzentrierte Salzsäure, 37°, 11 Tage) die Peptide L 1, L 2 und L 3 lieferten, ist die Zusammensetzung Threonyl-Prolyl-ε-DNP-Lysyl-Alanin (II) gesichert.

Tabelle 85. *Struktur der ε-DNP-Lysinpeptide der Phenylalaninkette des Insulins.*

Peptid	R_F (M 66)	R_F (M 66, pH 6,5)	Aminosäuren	Endgruppe
L 1	0,6	0,3	ε-DNP-Lysin	—
L 2	0,6	0,1	ε-DNP-Lysyl-Alanin	ε-DNP-Lysin
L 3	0,2	—	ε-DNP-Lysin, Threonin, Prolin	Threonin
L 4	0,13	—	ε-DNP-Lysin, Threonin, Prolin, Alanin	Threonin

Um den Gehalt an diesen beiden Peptidfolgen (I und II) aus DNP-B im ursprünglichen Insulin zu bestimmen, wurden 100 mg DNP-Insulin 8 Tage bei 37° mit konzentrierter Salzsäure hydrolysiert, die Hydrolysenprodukte wie oben fraktioniert und die Einzelkomponenten kolorimetrisch bestimmt. Aus Tabelle 86 geht überzeugend hervor, daß mit großer Wahrscheinlichkeit kein anderer Peptidtyp als I am endständigen Phenylalanylrest in ursprünglichem Eiweiß vorliegt.

Tabelle 86. *Ausbeute an terminalen DNP-Peptiden aus DNP-Insulin.*

Peptid	Struktur	Ausbeute in %
B 1	DNP-Phenylalanin	13
B 2	DNP-Phenylalanyl-Valin	16
B 3	DNP-Phenylalanyl-Valyl-Asparaginsäure	13
B 4	DNP-Phenylalanyl-Valyl-Asparagyl-Glutaminsäure	30
	Gesamt:	59
B 5, B 6, B 7	Höhere Peptide (gegen B 4)	20
B 8	Unbekanntes Peptidgemisch	6
	Gesamt:	98

Zur Bestimmung des Molekulargewichts von Polypeptiden lassen sich deren DNP-Verbindungen auch folgendermaßen nutzbar machen[1]. Enthält das Peptid z. B. zwei freie Aminogruppen, so bilden sich beim Umsatz mit einem *Unterschuß* an DNFB drei verschiedene Substitutionsprodukte und zwar zwei Mono- und ein Disubstitutionsprodukt; bei drei freien Aminogruppen erscheinen unter den gleichen Versuchsbedingungen z. B. bei der Gegenstromverteilung neben dem unveränderten Ausgangsmaterial zwei Serien sich überschneidender Banden[2] neben der scharfen des vollsubstituierten Produkts usw. Auf diese Weise gelang erstmalig der Entscheid über das Molekulargewicht des Gramicidins S: es ist ein Dekapeptid (MG 1142, gef. 1300). Da bei N-substituierten DNP-Derivaten das BEERsche

---

[1] BATTERSBY, A. R., u. L. C. CRAIG: J. Amer. Chem. Soc. **73**, 1887 (1951). Verteilung des DNP-Dekapeptids in 0,01 n-HCl+Methanol 7:23/Benzol+Chloroform 20:10.

[2] Die Änderung der Polarität des Peptidmoleküls durch Substitution der freien Aminogruppe ändert den Verteilungskoeffizienten stark. — Die Bande des monosubstituierten Produkts liegt der unsubstituierten am nächsten, es folgt die di-, dann die trisubstituierte usw.

Gesetz hinreichend genau erfüllt wird, genügt die spektrophotometrische Messung (350 mμ) zur Bestimmung der Anzahl der DNP-Reste.

Zur Molekulargewichtsbestimmung von Bacitracin A[1] wurden 193 mg des Peptids, suspendiert in etwa 21 cm³ 95% Äthanol, mit 97 mg Bicarbonat in 21 cm³ Wasser zur Lösung versetzt und 97 mg Dinitrofluorbenzol in 21 cm³ Äthanol bei 24° zugefügt. Die Entwicklung der Absorption bei 350 mμ wurde im BECKMAN-Photometer verfolgt (0,5 mm Zelle; Lösung ohne Bacitracin als Kontrolle); nach 50 min (E = 1,88) wurde die Reaktion durch Zugabe von 0,1 cm³ Eisessig gestoppt, die Lösung im Rotationsverdampfer schnell auf $^1/_3$ eingedampft, die Suspension mit frisch destilliertem Äther extrahiert (Entfernung des Überschusses an DNFB) und die Lösung unterhalb 25° zur Trockne gebracht. Die Verteilungskurve in 2-Butanol:3% Essigsäure (183 Übertragungen in einer automatischen 220-Einheiten-Apparatur) zeigte 4 Banden (1_1, 2_1, 3_1, 4_1). In einem 2. Versuch wurde das Experiment mit 200 mg Bacitracin und der 3fachen Menge DNFB wiederholt (70 min dauernde Reaktion; 231 Schritte mit dem obengenannten Lösungsmittel; Bande 4_2 nochmals in Eisessig:Chloroform:Wasser 2:2:1 refraktioniert: Bande 1_3, 2_3, 3_3, 4_3.

Das Material der einzelnen Banden wurde hydrolysiert und zweidimensional papierchromatographiert (2mal aufsteigend in 2-Butanol:Ammoniak:Wasser/2-Butanol:Ameisensäure:Wasser). Danach entspricht Bande 3_1 dem Mono-, Bande 2_3 dem Di-, Bande 1_3 dem Tri-DNP-Derivat des Bacitracins, während Bande 3_3 einem Di-DNP-Derivat entspricht, in dem außerdem am Imidazolring des Histidins Substitution stattgefunden hat.

Aus der optischen Dichte bei 350 mμ für das Mono-DNP-Derivat (0,97 mg/cm³; E_{350} = 1,525) errechnet sich unter Zugrundelegung eines molaren Extinctionskoeffizienten für DNP-substituierte Peptide von 14500 ein Molekulargewicht von 1640 für das Derivat und von 1470 für das unsubstituierte Peptid. Aus den entsprechenden Daten für das Di-DNP-Derivat (0,77 mg/cm³, E_{350} = 3,00) ergibt sich ein Wert um 1310 für das freie Peptid. Diffusionsmethoden liefern Werte um 1470.

Andere wichtige Anwendungen der DNP-Technik sind: Bestimmung der *relativen Festigkeit von Peptidbindungen im Eiweißverband* (DESNUELLE und CASAL[2] fanden bei Säurehydrolyse in den gebildeten Peptiden vorwiegend aminoendständige Serin- und Threoninreste) sowie die Verfolgung der Reaktion verschiedener Reagentien mit Protein-Aminogruppen: so konnten LEA und HANNAN[3] mittels der SANGERschen Technik das Verschwinden freier Aminogruppen in *Casein bei der Reaktion mit Kohlehydraten* nachweisen; vgl. dazu auch die Untersuchungen über die Reaktion von *Wolle mit Formaldehyd* (MIDDLEBROOK)[4].

Anmerkung. Selbstverständlich können auch *andere Reagentien* als DNFB zur Charakterisierung von Endgruppen herangezogen werden, sofern sie unter hinreichend schonenden Bedingungen zur Reaktion gebracht und die entstandenen substituierten Aminosäuren unter den Bedingungen der Hydrolyse von Peptidbindungen weitgehend unzerstört wiedergewonnen werden können[5,6],

---

[1] CRAIG, L. C., W. HAUSMANN u. J. R. WEISIGER: J. of Biol. Chem. **200**, 765 (1953); vgl. die Molekulargewichtsbestimmung des Antibioticums Polypeptin [W. HAUSMANN, u. L. C. CRAIG: J. of Biol. Chem. **194**, 405 (1952)]: Verteilung von DNP-Polypeptin im System 0,1 n-HCl/2-Butanol+Isopropyläther 2:1; ferner die Fraktionierung von DNP-Tyrocidin A in 0,1 n-HCl:Methanol:Chloroform:Benzol 7:23:10:20 [BATTERSBY u. CRAIG: J. Amer. Chem. Soc. **74**, 4023 (1952)].

[2] DESNUELLE, P., u. A. CASAL: Biochim. et Biophysica Acta **2**, 64 (1948).

[3] LEA, C. H., u. R. S. HANNAN: Abstr. 1. Internat. Congr. Biochem., Cambridge 1949, S. 133.

[4] MIDDLEBROOK, W. R.: Nature (Lond.) **164**, 321, 501 (1949). — Biochemic. J. **44**, 17 (1949).

[5] Neuerdings berichten H. u. J. FRAENKEL-CONRAT [Acta chem. scand. (Københ.) **5**, 1809 (1951)] über die Bestimmung endständiger Aminosäurereste in Insulin, Conalbumin, β-Lactoglobulin durch Kupplung der Proteine mit Phenylsenföl in wäßrigem Pyridin (p_H 9,0—9,8; 40°) und Abspaltung der Thiohydantoine mit 0,6—1,2 n-wäßriger Salzsäure, die man kontinuierlich mit Äther extrahiert; als Test für die Vollständigkeit dient die Beobachtung des Verschwindens der charakteristischen Absorption im UV. Die Verluste betragen 15—20%. Zur Erhöhung der Löslichkeit der substituierten Proteine setzt man zweckmäßig etwas Guanidin zu.

[6] Zur Mikrobestimmung freier Aminoendgruppen durch reduktive Methylierung vgl. V. M. INGRAM [Nature (Lond.) **166**, 1038 (1950)]; s. S. 209.

Zur *Charakterisierung freier Carboxyle in Proteinen* sind bisher nur wenige erfolgreiche Versuche unternommen worden. Sie betreffen vor allem die Reduktion des freien Carboxyls zum entsprechenden Alkohol (z.B. mit Lithium-Aluminiumhydrid in N-Äthylmorpholin). Die entstandenen Alkohole werden durch Säurehydrolyse in Freiheit gesetzt, aus alkalischer Lösung ausgeäthert und papierchromatographisch identifiziert. FROMAGEOT[1] benutzt als Lösungsmittel: 1. n-Butanol:Essigsäure:Wasser 77:6:17; 2. n-Butanol, gesättigt mit 0,1% Ammoniak; 3. Phenol, gesättigt mit 0,1% Ammoniak. Der Nachweis erfolgt mit Ninhydrin oder den bei Aminosäuren angegebenen spezifischen Reagentien. Tabelle 87 zeigt die R_F-Werte in Whatman Nr. 1-Papier. — Vgl. weiter die Methode, Carboxylendgruppen mittels Carboxypolypeptidase zu bestimmen (S. 211).

Tabelle 87. *R_F-Werte von Aminoalkoholen.* [Nach FROMAGEOT u. Mitarb.: C. r. Acad. Sci. Paris **230**, 1905 (1950). — Biochim. et Biophysica Acta **6**, 283 (1950).]

Lösungsmittel	1	2	3	Lösungsmittel	1	2	3
Äthanolamin . .	0,18	0,15	0,74	Phenylalaninol.	0,54	0,70	1
Alaninol	0,25	0,23	0,83	Tyrosinol . . .	0,40	0,54	0,81
Serinol	0,16	0,15	0,69	Aspartidiol . .	0,19	0,23	0,82
Threoninol . . .	0,17	0,31	—	Glutamidiol . .	0,21	0,23	0,85
Valinol	0,40	0,49	1	Lysinol	0,08	0,07	0,78
Leucinol	0,53	0,63	1	Argininol . . .	0,08	0,07	—
Isoleucinol . . .	0,50	0,63	1	Histidinol . . .	0,08	0,12	—
Prolinol	0,28	0,26	1				

Besondere Bedeutung für die *Bestimmung von Endgruppen in Proteinen* besitzt das Verfahren der *Markierung mit Isotopen*; wegen der speziellen Versuchstechnik sei die Methode gesondert aufgeführt, obwohl hinsichtlich der verwendeten Reagentien kein grundsätzlicher Unterschied zu den oben erwähnten Methoden besteht.

Unter Verwendung von radioaktiv indiciertem *Pipsylchlorid* (p-Jod-Phenyl-sulfochlorid) vollzieht sich die Identifizierung und Bestimmung der freien Aminoendgruppe in Proteinen nach folgendem Schema[2]:

1. Protein + J^{131}-Pipsylchlorid, J^{131}-Pipsylprotein.

2. Extraktion der Endgruppenderivate (End-J^{131}-Pipsyl-Aminosäuren + ε-N-Pipsyl-Lysin) aus dem Hydrolysat mit Äther; 5-Stufen-Gegenstromverteilung (Äther/0,2 n-Salzsäure) zur Entfernung von überschüssigem Reagens.

3. Identifizierung der Endgruppenderivate durch Gegenstromverteilung und Papierchromatographie mit oder ohne S^{35}-markierte Indicatorderivate.

4. Zugabe bekannter Mengen der identifizierten Endgruppenderivate, die mit S^{35} markiert wurden, zu einer bekannten Menge von J^{131}-Pipsylprotein, Wiederholung der Stufen 1—3.

5. Zerschneiden des Chromatogramms senkrecht zur Wanderungsrichtung; nach Elution Bestimmung der Aktivität (Teilchen/min) von J^{131} und S^{35} (mit entsprechenden Filtern).

---

[1] FROMAGEOT, CL., M. JUTISZ, D. MEYER u. L. PENASSE: Biochim et Biophysica Acta **6**, 283 (1950).

[2] UDENFRIEND, S., u. S. F. VELICK: J. of Biol. Chem. **190**, 737 (1951).

6. Endgültige Identifizierung durch Bestimmung der Konstanz des Quotiénten $J^{131}:S^{35}$ in der Wanderungsrichtung des Chromatogramms.

7. Quantitative Bestimmung der Endgruppen aus dem Verhältnis $J^{131}:S^{35}$ in reinen Banden des Chromatogramms, bei Verwendung bekannter Mengen der S^{35}-markierten Indicatorderivate, bekannter Menge des markierten Proteinderivats und bei bekannter spezifischer Aktivität des J^{131}-markierten Reagens.

8. Bestimmung von ε-N-J^{131}-Pipsyl-Lysin in den ätherextrahierten Hydrolysaten.

Aminoendgruppenbestimmung in Salmin (VELICK und UDENFRIEND[1]). 60 mg Salminsulfat in 2 cm³ Wasser gelöst wurden mit einem Überschuß Bariumhydroxyd versetzt, das Bariumsulfat filtriert, zum Filtrat 2 cm³ redestilliertes Pyridin und 500 mg J^{131}-Pipsylchlorid in 1,2 cm³ Benzol zugegeben, 2 Std bei Raumtemperatur im Vibrator geschüttelt und die Lösung mit 3 Volumina Äther 4mal ausgeschüttelt. Im Zentrifugenglas wurde durch Zugabe einer kleinen Menge Schwefelsäure und 4 Volumina Äthanol das Pipsylsalmin gefällt, der Niederschlag mit Alkohol und Äther gewaschen und in verdünnter Salzsäure gelöst. Ein kleiner Anteil diente zur Stickstoffbestimmung. — Zur Lösung, entsprechend 0,22 mMol, Salmin (Mol.-Gewicht 7000) wurden 0,500 cm³ S^{35}-Pipsyl-Prolinlösung und danach 1 Volumen konzentrierter Salzsäure zugegeben und bei 112° 11 Std im verschlossenen Rohr hydrolysiert. Die ätherlöslichen Derivate wurden danach einer zehnstufigen Gegenstromverteilung zwischen Chloroform und Salzsäure unterworfen; die zehnte Einheit enthielt die Aktivität. In einem Butanol-Ammoniakchromatogramm wurde eine einzelne Bande mit dem R_F-Wert des Pip-

Tabelle 88. *Aminoendgruppenbestimmung des Salmins* (zur Bestimmung 0,22 µMol Salmin, Mol.-Gewicht 7000).

Segment der Pipsyl-Prolinbande	Teilchen je min		$B:A$
	gefiltert (B)	ungefiltert (A)	
1	594,3	2798	0,215
2	843,4	3812	0,221
3	644,3	2907	0,221
4	501,7	2216	0,225
	Mittelwert		0,2205*
J^{131} (Standard**) .	988,2	2467	0,4006
S^{35} (Standard†) . .		1775	0,0005

$$\frac{\text{Mole Endprolin}}{7000\ \text{g Salmin}} = \frac{1775}{21,9} \times 500 \times 1,222 \times \frac{0,0126}{2467} \times$$

$$\times \frac{1}{0,22} = 1,1$$

* Daraus: $J^{131}/S^{35} = \dfrac{B/A - f_S}{f_J - B/A} = 1,222$, wobei $A = J^{131} + S^{35}$ (Gesamtzahl der Teilchen je min); $B = f_{J^{131}} + f_{S^{35}}$ (aus Standardproben); B/A direkt bestimmt (mit bzw. ohne Filter).

** 0,0126 µMole J_2.

† 21,9 µLiter Pipsylprolin; vor der Hydrolyse 500 µLiter zugesetzt; die Aufspaltung während der Hydrolyse, die das S^{35}- wie das J^{131}-markierte Derivat gleicherweise betrifft, beeinträchtigt das Resultat nicht.

sylprolins erhalten; das Verhältnis von S^{35} zu J^{131} wurde in der Wanderungsrichtung des Chromatogramms konstant gefunden. Vgl. Tabelle 88; ferner s. Tabelle 89.

Diese allgemein auf Proteine und Peptide mit freien Endgruppen anwendbaren Methoden dürften schließlich zu den empfindlichsten Kriterien für die Reinheit und Homogenität eines bestimmten Proteins zählen. Gestattet schon die Ermittlung der endständigen Aminosäuren in einem Protein einen gewissen Rückschluß auf seine Einheitlichkeit, so erhöht sich die Sicherheit bei Trennung und Strukturaufklärung z. B. der DNP'-Peptide aus einem partiellen Hydrolysat sehr weitgehend; denn es ist extrem unwahrscheinlich, daß zwei verschiedene Proteine in der Nähe der freien Aminoendgruppen (oder auch in der Nähe der Lysin-, eventuell auch Tyrosin- und Histidinreste) die gleiche Zusammensetzung

[1] VELICK, S. F., u. S. UDENFRIEND: J. of Biol. Chem. **191**, 233 (1951).

Tabelle 89. *Aminoendgruppen von Insulin, Hämoglobin, Aldolase.*
[Nach UDENFRIEND, S., u. S. F. VELICK: J. of Biol. Chem. **190**, 737 (1951).]

Protein	Endgruppe	$\dfrac{\text{T/min filtriert}}{\text{T/min unfiltriert}}$		$J^{131}_{\text{Standard}}$ T/min je Mol			Menge Protein Mol	End-gruppe je Mol
Rinderinsulin (12000)	Glycin	0,072	0,001	8,09	0,390	49080	0,0165	0,85
	Phenylalanin	0,075	0,002	8,09	0,390	46322	0,0165	0,85
	ε-N-Lysin	0,122	0,001	8,09	0,390	22694	0,0055	2,2
Pferdehämoglobin (66700)	Valin	0,068	0,001	3,45	0,395	51960	0,0173	1,9
	ε-N-Lysin	0,170	0,002	3,45	0,395	22786	0,0119	42
Pferdeglobin (64500)	Valin	0,190	0,002	3,25	0,392	39070	0,0582	1,9
	ε-N-Lysin	0,123	0,001	3,00	0,382	18066	0,000864	34
Kaninchen-aldolase (140000)	Prolin	0,149	0,002	3,25	0,392	42170	0,0430	1,9
		0,148	0,002	1,717	0,384	47190	0,0730	2,3
	ε-N-Lysin	0,204	0,002	1,717	0,384	19123	0,00164	77

haben. Dieses Verfahren scheint sogar den üblichen physikalisch-chemischen Methoden der Einheitlichkeitsprüfung an Genauigkeit und genereller Anwendbarkeit überlegen zu sein.

Anderseits fand PORTER[1], daß γ-Globulin (das außerdem vom physikalisch-chemischen Standpunkt aus inhomogen ist) vor und nach Immunisierung der Tiere (Kaninchen) gegen Eialbumin die gleiche Zahl endständiger Alaninreste, reaktiver ε-Amino-Lysingruppen und Imidazolreste zeigt; sogar die Folge aminoendständiger Reste (Alanin-Leucin-Valin-Asparaginsäure) war in beiden Fällen identisch. Nach Verdauung mit Papain-Blausäure schien die aktive Gruppierung in einem Fragment im terminalen Teil des Moleküls befindlich zu sein; während dieses nämlich das Antigen selbst nicht mehr fällte, hatte es eine starke Hemmungswirkung auf die Flockung durch den nicht abgebauten Antikörper. Die Vermutung liegt nahe, daß eine besondere Faltung der Peptidkette für die „aktive" Gruppierung verantwortlich ist.

24. Trennung und Charakterisierung von Proteinen.

Während bei Aminosäuren und Peptiden Verteilung und Ionenaustausch als gleichberechtigt, die Additionsadsorption dagegen als auf Sonderfälle beschränkt anzusprechen ist, tritt die Methode der Verteilung von Eiweißstoffen (bei denen die Verhältnisse von vornherein sehr viel komplizierter liegen) in den Hintergrund; Additionsadsorption und Ionenaustausch beherrschen hier das Feld[2]. Als neue Modifikation kommt bei Proteinen die Ausfällungs- (speziell Aussalzungs-)Chromatographie zu den bisher besprochenen Verfahren hinzu. Gleichzeitig tritt das Verfahren der Elektrophorese, besonders in Trägern, das in jenen Fällen wertvolle Dienste zur Vorfraktionierung leistet, hier als selbständiges Verfahren geradezu in dominierende Stellung. Da es meist nicht eindeutig zu entscheiden ist, ob vorwiegend Ionenaustausch oder Additionsadsorption die ausschlaggebende Rolle für eine bestimmte Proteintrennung spielt, sollen im folgenden beide Prinzipien gemeinsam abgehandelt werden.

[1] PORTER, R. R.: Biochemic. J. **46**, 473 (1950).
[2] Eine besonders aussichtsreiche Versuchsanordnung, die reversible Bindung löslicher Proteine und ihrer Spaltprodukte an unlösliche Proteinstrukturen in der chromatographischen Anordnung, hat anscheinend bisher noch keine Anwendung gefunden, trotzdem sie hinsichtlich der zu erreichenden Selektivität kaum zu überbietende Vorteile haben sollte; selbst sterische Auslese dürfte so möglich sein, wie die asymmetrische Adsorption von Mandelsäure an Proteine vermuten läßt.

241. Ionenaustausch und Adsorption.

Es ist bemerkenswert, daß Substanzen bis zum Molekulargewicht von mehreren Millionen, ja sogar submikroskopische Partikel voll reversibel adsorbiert[1] und solche vom Molekulargewicht 50000 zwischen der Lösung und einem Ionenaustauscher so verteilt werden können, daß im Chromatogramm die Gleichgewichtsbedingungen nahezu erfüllt werden; wahrscheinlich werden im letzteren Fall nur die nach außen gerichteten „Exogruppen" des Ionenaustauschers belegt. Daraus folgt anderseits, daß mit steigendem Molekulargewicht aus sterischen Gründen immer kleinere Mengen je g Adsorbens bzw. Austauscher aufgenommen werden. Das chromatographische Verfahren ist darum besonders geeignet für Proteine, die physiologisch hoch wirksam sind (Fermente, Hormone, Toxine usw.) und in kleinsten Konzentrationen erkannt und identifiziert werden können. Andere Proteine (Serumeiweißstoffe usw.) sind durch die klassischen Fällungsprozeduren bzw. durch Elektrophorese in Trägern effektvoller zu trennen. Im Zusammenhang damit soll an die Kombination von Adsorption (Ionenaustausch) und Elektrophorese erinnert werden, die bei Farbstoffen zu guten Ergebnissen führte, in der Proteinchemie aber noch kaum verwandt wurde.

Im Fall von Fermenten hat sich die TSWETTsche Methode sowohl für die Reinigung von Rohlösungen als auch für die Trennung verschiedenartiger Enzyme aus gemeinsamer Lösung bewährt[2]. Enzyme sind offenbar durch eine besondere Selektivität gegenüber Adsorbentien ausgezeichnet (WILLSTÄTTER, WALDSCHMIDT-LEITZ[3]). In der folgenden Tabelle 90 sind einige charakteristische Beispiele von Fermentreinigungen und -trennungen mit Hilfe verschiedener Adsorbentien angeführt, obwohl diese nicht immer in der chromatographischen Versuchsanordnung verwandt wurden; die Übersetzung der Arbeitsvorschriften in die chromatographische Arbeitstechnik dürfte nämlich in allen Fällen möglich und oft vorteilhaft sein. Unter Berücksichtigung der Unterschiede in den isoelektrischen Punkten gelingt oft eine weitgehende Trennung oder Reinigung der Fermente. *Allerdings führen die chromatographischen Methoden bei Anwendung auf Rohextrakte keineswegs zu den reinsten Produkten (kristallisierten Fermenten); sie können nur mit Vorteil zur Abkürzung eines längeren Reinigungswegs verwandt werden.* In vielen älteren Versuchen stellte die Menge des Fermentproteins nur einen verschwindenden Bruchteil der in Lösung enthaltenen eiweißartigen Begleitstoffe dar; in allen diesen Fällen hängt das Verfahren der Reinigung bzw. Trennung entscheidend von der Herstellung des Fermentextrakts sowie von der Menge des Adsorbens ab. Auch ändert sich das Verhalten der Fermente dann im Verlauf der Reinigung oftmals extrem. Die Reproduktion solcher Verfahren ist dadurch sehr erschwert. Es empfiehlt sich deshalb meist, den Hauptteil der Verunreinigung durch eine der üblichen Methoden (Aussalzung, Fällung durch Lösungsmittel, selektive Denaturierung durch Hitze usw.) vor Anwendung der Adsorptions- oder Ionenaustauschmethoden zu entfernen.

---

[1] TISELIUS, A.: Naturwiss. **37**, 25 (1950).

[2] ZECHMEISTER, L., u. M. ROHDEWALD: Fortschritte der Chemie organischer Naturstoffe, Bd. 8, „Some aspects of Enzyme Chromatography". Wien: Springer 1951.

[3] WILLSTÄTTER, R.: Untersuchungen über Enzyme. Berlin: Springer 1928. — Eine vielversprechende Methodik ist die Adsorption eines Ferments an eine Säule, die aus einem unspaltbaren und unlöslichen Substrat-Analogen hergestellt wurde.

Tabelle 90. *Charakteristische Beispiele für chromatographische Fermentreinigungen und -trennungen* (nach ZECHMEISTER).

Enzym	Adsorbens	Trennungseffekt	Literatur
α-Amylase (Pankreas, Speichel)	Amberlit IR 4B		FISCHER, DUCKERT, BERNFELD[1] MEYER, FISCHER, BERNFELD, STAUB[2]
α-Amylase (pflanzlich)	Weizenstärke-Celit 1:1		SCHWIMMER, BALLS[3,4]
Pektinesterase	Celit		MACDONNELL, JANG, JANSEN, LINEWEAVER[5]
Pektinase (Bact. aroideae)	Amberlit IRC 50		TALBOYS[6]
Phosphorylase (Kaninchen)	Aktivkohle		KRITZKII[7]
Katalase (Leber, Erythrocyten)	Calciumphosphat Aluminiumhydroxyd		AGNER[8]; SUMNER, DOUNCE, FRAMPTON[9]; LASKOWSKI, SUMNER[10]
L-Aminooxydase (Schlangengift)	Calciumphosphatgel		SINGER, KEARNEYL[11]
Penicillinase	Hyflo Supercel		MCQUARRIE, LIEBMANN, KLUENER, VENOSA[12]
Trypsin (Pankreas)	Celit		SCHORMÜLLER[13]
Prothrombin (Plasma)	Aluminiumhydroxyd		MUNRO und MUNRO[14]
Amylase Maltase	Stärke (20% Aceton)	Amylase adsorbiert	FRENCH, KNAPP[15]
Lichenase/Cellobiase	Aluminiumhydroxyd (aus essigsaurer Lösung)	Lichenase stärker adsorbiert	KARRER, LIER[16]
Cellulase/Cellobiase	Bauxit	Cellobiase adsorbiert	GRASSMANN, ZECHMEISTER, TÓTH, STADLER[17]
β-Glucosidase, α-Galaktosidase, Chitinase	2 Bauxitsäulen	vgl. Abb. 208	ZECHMEISTER, TÓTH, BÁLINT[18]
Mono-/Di-Phenolase	Aluminiumhydroxyd (eluiert mit Phosph. pH 7,8)	Diphenolase angereichert	ENSELME, CREYSSEL, RAPATEL[19]
Di-/Amino- polypeptidase	Zinkcarbonat	Dipeptidase gereinigt	TURBA[20]

[1] FISCHER, E. H., F. DUCKERT u. P. BERNFELD: Helvet. chim. Acta **33**, 1060 (1950). [2] MEYER, K. H., E. H. FISCHER, B. BERNFELD, A. STAUB: Experientia (Basel) **3**, 455 (1947). — Helvet. chim. Acta **31**, 2158 (1948). [3] SCHWIMMER, S., u. A. K. BALLS: J. of Biol. Chem. **179**, 1063 (1949). [4] SCHWIMMER, S., u. A. K. BALLS: J. of Biol. Chem. **180**, 883 (1949). [5] MACDONNELL, L. R., R. JANG, E. F. JANSEN u. H. LINEWEAVER: Arch. of Biochem. **28**, 260 (1950). [6] TALBOYS, P. W.: Nature (Lond.) **166**, 1077 (1950). [7] KRITZKII, G. A.: Dokl. Akad. Nauk. SSSR. **61**, 1061 (1948). [8] ABNER, K.: Biochemic. J. **32**, 1702 (1938). [9] SUMNER, J. B., A. L. DOUNCE u. V. L. FRAMPTON: J. of Biol. Chem. **136**, 343 (1940). [10] LASKOWSKI, M., u. J. B. SUMNER: Science (Lancaster, Pa.) **94**, 615 (1941). [11] SINGER, TH. P., u. E. B. KEARNEYL: Arch. of Biochem. **29**, 190 (1950). [12] MCQUARRIE, E. B., A. J. LIEBMANN, R. G. KLUENER u. A. T. VENOSA: Arch. of Biochem. **5**, 307 (1944). [13] SCHORMÜLLER, J.: Z. Lebensmittelunters. **88**, 576 (1948). [14] MUNRO, F. L., u. M. P. MUNRO: Arch. of Biochem. **15**, 295 (1947). [15] FRENCH, D., u. D. W. KNAPP: J. of Biol. Chem. **187**, 463 (1950). [16] KARRER, P., u. H. LIER: Helvet. chim. Acta **8**, 248 (1925). [17] GRASSMANN, W., L. ZECHMEISTER, G. TÓTH u. R. STADLER: Liebigs Ann. **503**, 167 (1933). [18] ZECHMEISTER, L., G. TÓTH u. M. BÁLINT: Enzymologia **5**, 302 (1938). [19] ENSELME, J., R. CREYSSEL u. A. RAPATEL: Bull. Soc. Chim. Biol. **29**, 939 (1947). [20] TURBA, F.: Z. Vitamin-, Hormon- u. Fermentforsch. **37**, 93 (1950).

Reinigung von Ribonuclease bzw. Lysozym durch Ionenaustausch an einem Carboxylharz (HIRS, STEIN und MOORE[1]). Vgl. Abb. 206a. 3 mg kristallisierter Ribonuclease (44 E/mg) wurden auf eine Säule des Harzes IRC 50 (Gradation XE 64, 250—500 Maschen) 0,9 × 30 cm aufgebracht und mit 0,2 m-Natriumphosphatpuffer p_H 6,45 mit 1—1,5 cm³/Std nachgewaschen. Das Filtrat wurde in Portionen zu je 0,5 cm³ im Fraktionensammler aufgefangen und die Proteinkonzentration mittels der photometrischen Ninhydrinmethode, die Ribonucleaseaktivität spektrophotometrisch nach KUNITZ bestimmt. Mit Phosphatpuffer von niedrigerem p_H wandert die Hauptproteinfraktion A langsamer und vice versa. Aktivität und

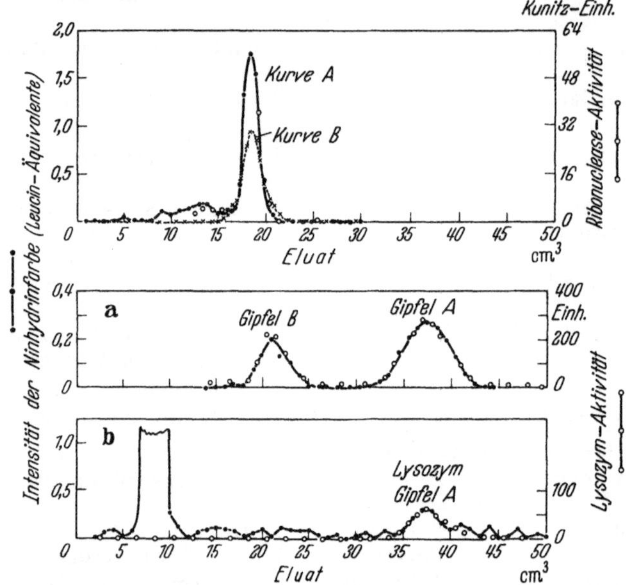

Abb. 206a u. b. *Reinigung von Ribonuclease bzw. Lysozym durch Ionenaustausch an einer Säule des Carboxylharzes IRC 50.* Versuchsbedingungen für die Reinigung der Ribonuclease (oberes Bild) s. Text! Chromatographie von Lysozym (unteres Bild): a 60% der ursprünglichen Aktivität (5 mg Lysozymcarbonat) erscheinen im Gipfel A, 40% im Gipfel B. b 0,2 cm³ Eiklar, mit Puffer auf 1 cm³ verdünnt, die gesamte Probe chromatographiert. [Nach C. H. W. HIRS, W. H. STEIN und ST. MOORE, J. Amer. Chem. Soc. **73**, 1893 (1951) und H. H. TALLAN und W. H. STEIN, J. Amer. Chem. Soc. **73**, 2976 (1951).]

Ninhydrinfarbe gehen eng parallel. Wird die Fraktion A nochmals chromatographiert (Kurve B), so erhält man eine einheitliche Zone.

Kristallisiertes Lysozymcarbonat, in gleicher Weise chromatographiert, erscheint in zwei symmetrischen Gipfeln (bei 25 und 40 cm³ 0,2 m-Phosphatpuffer p_H 7,2).

Zur Reinigung von Cytochrom C am gleichen Austauscher vgl. PALEUS und NEILANDS[2]. Vgl. ferner DIXON, MOORE, STACK-DUNNE u. YOUNG (Trennung der aktiven Anteile eines Präparats von adrenotropem Hormon[3].

Trennung neutraler Proteine durch Ionenaustausch an einem Carboxylharz (BOARDMAN und PARTRIDGE[4]). Während bei der Adsorption von Aminosäuren an Harzaustauschern „Nahkräfte" keine wesentliche Rolle spielen[5], kann ihr Anteil an der Nettoadsorptionsaffinität bei Substanzen mit hohem Molekulargewicht (Proteinen) sehr wesentlich sein; sie hängen von der Kettenlänge, Art der Seitenketten usw. ab, während die elektrostatischen Kräfte von der Ladung des Moleküls und ihrer Verteilung abhängig sind. Daran lassen sich sowohl Proteine mit gleicher Nettoladung, aber unterschiedlicher molekularer Konfiguration

[1] HIRS, C. H. W., W. H. STEIN u. S. MOORE: J. Amer. Chem. Soc. **73**, 1893 (1951). — TALLAN, H. H., u. W. H. STEIN: J. Amer. Chem. Soc. **73**, 2976 (1951).

[2] PALEUS, S., u. J. B. NEILANDS: Acta chem. scand. (København) **4**, 1024 (1950).

[3] DIXON, H. B. F., S. MOORE, M. P. STACK-DUNNE u. F. G. YOUNG: Nature (Lond.) **168**, 1044 (1951).

[4] BOARDMAN, N. K., u. S. M. PARTRIDGE: Nature (Lond.) **171**, 208 (1953).

[5] Lysin, das bei p_H 7,3 optimal am Harz IRC 50 festgehalten wird, läßt sich durch Steigern des p_H gegen den isoelektrischen Punkt (p_H 9,7), aber auch durch Ansäuern (durch Zurückdrängen der Dissoziation der Carboxyle des Harzes) eluieren; Cytochrom C dagegen (isoelektrischer Punkt 10,1) wird beim Steigen des p_H gegen 10 wohl desorbiert, beim Sinken gegen 6 aber steigt das Elutionsvolumen, bis bei noch stärker saurem Milieu das p_H-Festhalten irreversibel wird. Während also die elektrostatischen Kräfte abnehmen, findet eine starke Zunahme sekundärer „Nahkräfte" statt.

(Lysozym und Cytochrom C, isoelektrische Punkte 10,5 bzw. 10,1) als auch Proteine gleichen Molekulargewichts, aber verschiedener Nettoladung voneinander trennen: als Beispiel des letzteren Typus gelang den Autoren die Trennung der Carboxyhämoglobine von Föten des Schafes und vom Rind: 2—5 mg Protein wurden an einer Säule IRC-50 (0,9 × 5 cm) bei einer Flußgeschwindigkeit von 0,5 cm³/Std und 25° adsorbiert; Lösungsmittel Citratpuffer p_H 5,81 (Natriumionenkonzentration 0,34 g/Liter), nach 1,2 cm³ gewechselt gegen Citratpuffer 6,5 (Natriumionenkonzentration 3,2 g/Liter). Maxima der Konzentration im Eluat nach 2,3 cm³ (Carboxyhämoglobin von Schafföten), bzw. nach 3,8 cm³ (Carboxyhämoglobin vom Rind), bzw. nach 7—8 cm³ (Denaturierungsprodukte). Für Trennungen von Proteinen des ersteren Typus ist die Ionenaustauschchromatographie bevorzugt geeignet, während für den letzteren Typus die Elektrophorese meist besser geeignet sein dürfte.

Trennung der Proteine der Albuminfraktion aus Eiklar durch Ionenaustausch an einem Sulfosäureharz (SOBER, KEGELES und GUTTER [1]). Abb. 207 zeigt den Vergleich zwischen dem Elektrophoresediagramm und dem Schlierendiagramm nach Frontanalyse der Proteine des

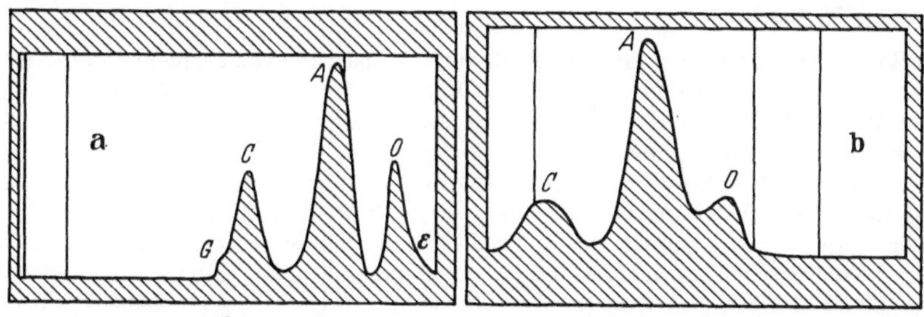

Abb. 207a u. b. a Elektrophoresediagramm (absteigende Banden): Albuminfraktion aus Eiklar, 0,1 m Natriumacetat —0,05 m Essigsäure-Puffer (p_H 3,90); 8520 sec; 6,17 V/cm. b Schlierendiagramm nach Frontanalyse an Dowex 50; Flußgeschwindigkeit 0,39 cm³/Std. *G* Globulin, *C* Conalbumin, *O* Ovomucoid, *E* Extragradient. [Nach H. A. SOBER, G. KEGELES und F. J. GUTTER, Science (Lancaster, Pa.) **110**, 564 (1949).]

Eiklars am Austauscherharz DOWEX-50. Das Harz wurde mit 4% Ammoniumhydroxyd, Wasser, 4% Schwefelsäure, Wasser, 4% Ammoniumhydroxyd und schließlich ausgekochtem Wasser gut gewaschen, eine Säule (19,5 × 0,65 cm) in einem Schenkel eines mit Glassinterboden versehenen U-Rohrs ausgebildet, das obere Ende der Säule mit der Meßzelle der TISELIUS-Einrichtung verbunden und die Proteinlösung durch das Harz gedrückt. Die ganze Apparatur tauchte in ein Thermostatenbad (4° C). Die prozentuale Zusammensetzung der nach den beiden Verfahren gewonnenen Fraktionen gibt Tabelle 91 wieder.

Tabelle 91. *Analyse der Albuminfraktion des Eiklars.*

Verfahren	Ovomucoid	Albumin	Conalbumin	Gesamtprotein-Konzentration
Frontanalyse	13,2	68,5	18,3	1,95%
Elektrophorese	19,9	56,2	22,8	2,05%
Elektrophorese des Säuleneluats	19,7	57,5	21,4	—

Ferment-Trennungen und -Reinigungen an Aluminiumoxyd (Aluminiumhydroxyd). *Reinigung des Renins an* BROCKMANN*schem Aluminiumoxyd* (SCHÖBERL und RAMBACHER [2]). 20 g käufliches Labferment wurde mit 500 cm³ Wasser 2 Std geschüttelt, filtriert, bei 0° 3 Tage gegen Wasser dialysiert, zentrifugiert, auf 1 Liter verdünnt, mit Milchsäure auf p_H 4 gebracht, die eiskalte Lösung über Aluminiumoxyd (Säulenhöhe 8 cm, Dauer 10 Std) filtriert und mit m/15-Phosphatpuffer p_H 5,6 entwickelt. Die Säule wurde empirisch in 6 Teile unterteilt und jede Schicht mit Phosphatpuffer p_H 7 eluiert. Die relativen Gerinnungszeiten (Säulenanteile von oben nach unten) verhielten sich wie >240, 38, 16, 21, 125, 173. Bei p_H2,0 erfolgte dagegen fast keine Adsorption. Auch Floridin XS adsorbierte bei p_H 5 das

[1] SOBER, H. A., G. KEGELES u. J. F. GUTTER: Science (Lancaster, Pa.) 110, 564 (1949).
[2] SCHÖBERL, A., u. P. RAMBACHER: Biochem. Z. 305, 223 (1940).

Ferment glatt; beim Entwickeln mit Phosphat (p_H 6) reicherte es sich ebenfalls in einer bestimmten Schicht an.

Chromatographische Untersuchungen mit Tannase (TÓTH und BÁRSONY[1]). 40 cm³ Extrakt aus Aspergillus niger wurden durch eine Schicht Aluminiumoxyd „Brockmann" (2 g; 0,9 × 2 cm) filtriert und danach abgesaugt. Aktivität gegen Phenylacetat 0,4 %, gegen Methylgallat 81—93 % des ursprünglichen Wertes.

Reinigung von Notatin (Glucosedehydrogenase) an anionotropem Aluminiumoxyd[2]. Nach Vorreinigung aus Phosphatcitrat p_H 3, Adsorption an saurem Aluminiumoxyd, Elution der gefärbten Zone mit Phosphatpuffer p_H 5,0; Ausbeute 20—35 %, Aktivitätssteigerung 40 %.

Eine empirische Unterteilung der Adsorptionssäule oder des Filtrats erübrigt sich, wenn es sich um gefärbte Symplexe oder Derivate von Proteinen handelt[3]; bei Fermenten bedeutet das Pinselstrichverfahren nach ZECHMEISTER (Pinseln der Säule mit der Substratlösung und entsprechenden Farbreagentien) einen wesentlichen Fortschritt.

Anmerkung: Anwendung der Pinselmethode zur Lokalisierung von Fermentzonen (Abb. 208). *Adsorption von Speichelamylasen, Peroxydase, Katalase, Leberesterase, Phosphatase, β-Glucosidase, Saccharase, Mono- und Polyphenolase an Aluminiumoxyd* (ZECHMEISTER und ROHDE-WALD[4]) Aktiviertes Aluminiumoxyd (ALORCO, grad. F), zu 200 Maschen-Feinheiten zerrieben, gemischt mit 20 % Celit Nr. 535, wurde trocken zu einer Säule 7 × 1,7 cm gestampft, zuerst mit 15 cm³ m/5 Natriumacetat (im Fall der β-Glucosidase, Saccharase und Phenolase mit Wasser) vorgewaschen und dann die jeweils entsprechenden Enzymlösungen aufgegeben (*Amylase:* 1 Vol. frischen Speichel + 1 Vol. destilliertes Wasser, filtriert; *Katalase:* 200 g gemahlene Leber mit 300 cm³ Wasser über Nacht extrahiert, filtriert, 440 cm³ Filtrat mit 220 cm³ Alkohol zur Entfernung der Peroxydase verdünnt und mit 160 cm³ Chloroform geschüttelt, der Rückstand abzentrifugiert und 20 cm³ der mit etwas Tierkohle gereinigten Lösung auf die Säule gegeben; *Esterase:* 200 g gemahlene Leber wurden mit Aceton-Äther getrocknet, pulverisiert und gesiebt, davon 2 g mit 80 cm³ n/40 Ammoniak 15 Std bei Raumtemperatur extrahiert, filtriert und 10 cm³ auf die Säule gebracht; *Phosphate:* Vorreinigung nach HELFERICH und STETTER, 5 cm³ Enzymlösung zur Adsorption; *β-Glucosidase:* 100 g bittere Mandeln wurden in Wasser von 70° 3 min belassen, geraspelt, das Öl ausgepreßt, mit 200 cm³ chloroformgesättigtem Wasser $2^1/_2$ Std extrahiert, die zentrifugierte Lösung mit 0,8 cm³ Eisessig gefällt, nach 12 Std Stehen bei 0° zentrifugiert und die während 5 Std dialysierte Lösung mit 4 Vol. Aceton gefällt. Der Extrakt von 80 mg Substanz in 5 cm³ Wasser kam auf die Säule; *Saccharase:* 0,5 cm³ Invertaselösung, glycerinhaltig; *Phenolasen:* 5 cm³ Kartoffelpreßsaft wurden auf die Adsorptionssäule gebracht).

Die Entwicklung geschah mit etwa 10 cm³ Wasser. Zur Sichtbarmachung des Chromatogramms nach der „Pinselmethode" wurde ein geeignetes Substrat entlang der Längsachse der Säule mit einem Pinselstrich aufgetragen und nach 5—15 min Einwirkungsdauer mit einem zweiten Pinselstrich ein geeignetes Reagens für das entstandene Umwandlungsprodukt hinzugefügt.

Verwendete Substrate und Reagentien:

Amylase: 1 % lösliche Stärke in 1 % Phosphatpuffer p_H 6,8 und 0,3 % Kochsalz, nach 15 min 0,01 n-Jod in Kaliumjodid. Unveränderte Zone tiefblau.

---

[1] TÓTH, G., u. J. BÁRSONY: Enzymologia 11, 19 (1943).

[2] COULTHARD, C. E., R. MICHAELIS, F. SHORT, G. SYKES, G. E. H. SKRIMSHIRE, A. F. B. STANDFAST, J. H. BIRKINSHAW u. H. RAISTRICK: Biochemic. J. 39, 24 (1945).

[3] Die chemische Überführung von Proteinen in gefärbte Derivate vor oder nach der chromatographischen Trennung stößt wegen der Gefahr der Denaturierung auf Schwierigkeiten [Beispiele: *Allergenpikrate*, J. R. SPIES, E. J. COULSON, H. S. BERNTON, H. STEVENS, J. Amer. Chem. Soc. 62, 1420 (1940); *Azoproteine*, F. TURBA, Z. Vitamin-, Hormon- u. Fermentforsch. 2, 49 (1948/49)]. Wesentlich ist, daß bei der Chromatographie keine Aufspaltung eintritt.

[4] ZECHMEISTER, L., u. M. ROHDEWALD: Fortschritte der Chemie organischer Naturstoffe, Bd. 8, S. 349. 1951. — Enzymologia 13, 388 (1949); 15, 109 (1951).

Peroxydase: Gleiche Volumina, 1% Wasserstoffsuperoxyd und 0,5% Guajacol (Braunfärbung) oder 0,25% Pyrogallol(Rotbraunfärbung).

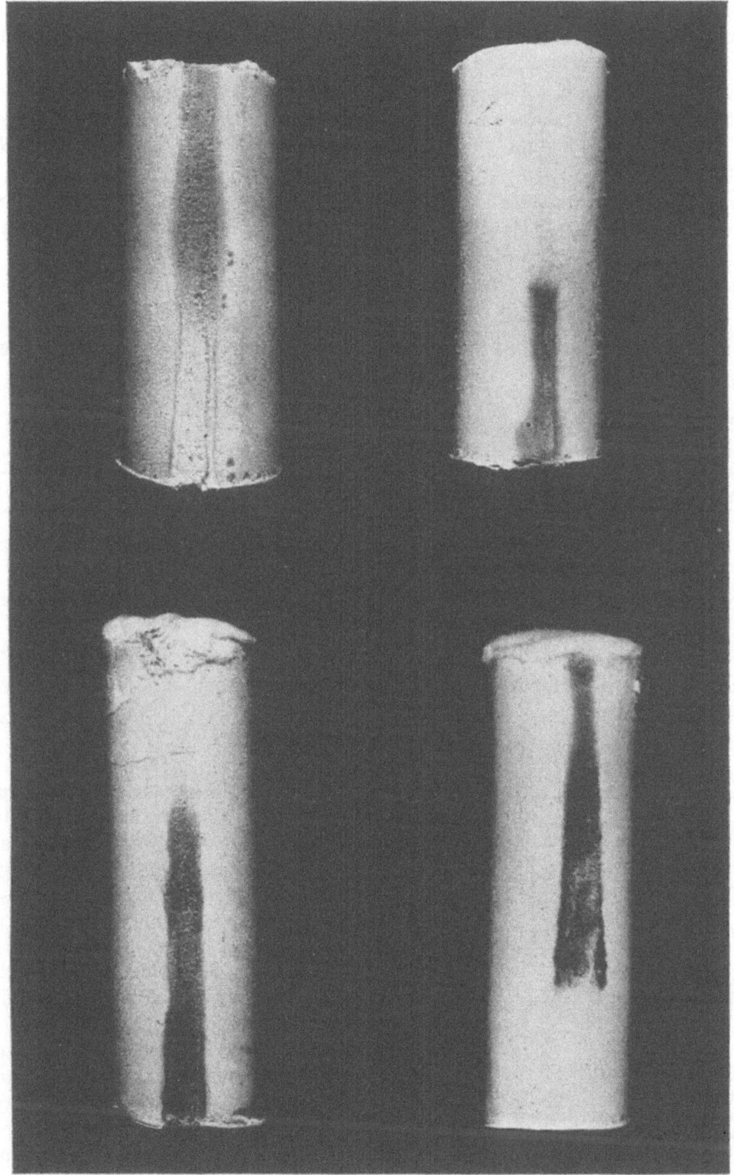

Abb. 208. *Lokalisierung von Enzymzonen an Adsorptionssäulen mit der Pinselstrichmethode.* Oben links: Nachweis von Amylase (Stärke; Jod); oben rechts: Nachweis von Kartoffelphosphorylase (CORI-Ester; Jod); unten links: Nachweis von Peroxydase (H_2O_2; Guajacol); unten rechts: Nachweis von Katalase (H_2O_2; Titansulfat). [Nach L. ZECHMEISTER und M. ROHDEWALD, Fortschr. Chem. org. Naturstoffe 8, 350 (1951).]

Katalase: a) 0,1 g Titansulfat in 10 cm³ 2/n-Schwefelsäure (unveränderte Zone gelb). b) 0,3% Wasserstoffsuperoxyd mit 1% Phosphatpuffer p_H 6,8, nach 5 min gleiche Volumina 2 n-Schwefelsäure und n-Kaliumjodid + einige Tropfen 1%iger Stärke. Unveränderte Zone blau.

Esterase: 100 cm³ 0,5% Äthyl-n-Butyrat mit 2 cm³ n-Ammoniak und 16 cm³ n-Ammonchlorid, nach 15 min 1 cm³ 1 n-Natriumcarbonat + 2 cm³ 0,5 n-Phenolphthalein + 10 cm³ Wasser. Unveränderte Zone rot.

Phosphatase: 50 mg Monophenyl-Mononatriumphosphat je cm³ Acetatpuffer p_H 5,3. Nach 10 min Reagens aus 5 Tropfen 0,4% alkoholisch 2,6-Dibromchinonchlorimid + 1 cm³ m/5 Borat p_H 9,6. Blaufärbung.

α-(β-) Glucosidase: 25 mg Phenyl-α-(β)-D-Glucosid in 2 cm³ Acetatpuffer p_H 5,0; nach 15 min Mischung aus 1 cm³ Borat p_H 9,6 und 5 Tropfen 0,4% alkoholisch 2,6-Dibromchinonchlorimid. Blaufärbung. Entsprechend: *α-(β)-Galactosidase* mit Phenyl-α-(β)-D-Galactosid als Substrat.

Saccharase: 2,5% Rohrzucker in 0,25 m-Acetatpuffer p_H 4,7. Nach 15 min FEHLINGsche Lösung, 6—8 min erhitzen mit Heißluft. Rotfärbung (bei rohen Extrakten stört der Proteingehalt).

Phenolasen: a) 0,2% p-Cresol in 1% Phosphatpuffer p_H 6,4. Rotviolettfärbung. b) 0,25% Pyrogallol. Rotbraunfärbung.

Weitere Anwendungsbeispiele für die ,,Pinselmethode'' sind in Tabelle 92 zusammengestellt.

Tabelle 92. *Lokalisierung von Fermentzonen mittels der ,,Pinselmethode''.*
[Nach ZECHMEISTER, L., u. M. ROHDEWALD: Enzymologia **15**, 109 (1951).]

Enzym	1. Pinselstrich	2. Pinselstrich	Färbung	Stelle
Phosphorylase (aus Kartoffeln)	Glucose-L-Phosphat (Coriester)	Jod in KJ	blau	Enzymzone
β-Glucuronidase	Phenolphthalein-Mono-β-Glucuronid	Natronlauge	rosa oder rot	Enzymzone
Urease	Harnstoff	NESSLERs Reagens	braungelb	Enzymzone
Urease[1]	Harnstoff	Phenolphthalein	rosa	Enzymzone
Oxynitrilese	Amygdalin	Benzidin-kupferacetat	blau	Enzymzone

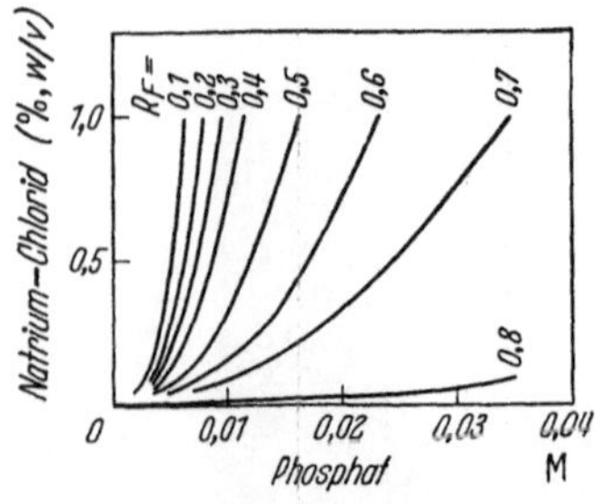

Abb. 209. *Isoelutionskurven für Phycoerythrin an Tricalciumphosphat;* R_F*-*Werte als Funktion der Kochsalz- und der Phosphatkonzentration bei p_H 7,8. [Nach S. M. SWINGLE und A. TISELIUS, Biochemic. J. **48**, 171 (1951).]

Adsorption von Proteinen an Tricalciumphosphat-Hydrat[2]. Abb. 209 zeigt die Elutionskurven für Phycoerythrin (rotes Protein aus Ceramium rubrum) an Tricalciumphosphat; die R_F-Werte sind in Abhängigkeit von der Konzentration an Natriumchlorid und Phosphat bei p_H 7,8 aufgetragen. Phosphatpuffer führt in niedrigen Konzentrationen zur Elutionsentwicklung mit um so stärkerer Schwanzbildung der Proteinzone, je kleiner die Konzentration ist. In hohen Konzentrationen kommt es zur Verdrängungsentwicklung mit scharfen Banden. Änderungen im p_H haben überraschenderweise wenig Einfluß. Bei Abwesenheit von Kochsalz oder sehr kleinen Salzkonzentrationen wird das Protein kaum festgehalten, selbst bei niedrigen Phosphatkonzentrationen. Spuren von Salz führen dann zu sehr starker Retention des Proteins. So sinkt der R_F-Wert in 0,0025 m-Phosphat auf Zugabe von 0,05% Natriumchlorid von 0,85 auf 0,1.

Zur *Isolierung von kristalliner Lactoperoxydase* durch Verdrängungselution fanden POLIS und SHMUKLER[3] *Tricalciumphosphat* und *Silicagel/Celit* am geeignetsten; dabei bewährte sich das erste Adsorbens zur Anreicherung des Ferments aus rohen Konzentraten, das letztere

---

[1] An einer Calciumphosphatsäule.

[2] SWINGLE, S. M., u. A. TISELIUS: Biochemic. J. **48**, 171 (1951).

[3] POLIS, B. D., u. W. H. SHMUKLER: J. of Biol. Chem. **201**, 477 (1953).

zur Feinfraktionierung. Nachstehende Übersicht zeigt die Isolierungsprozesse aus 100 Liter Magermilch.

Tabelle 93.

Fraktion	Protein g	Spezifische Aktivität (Pyrogalloltest)	Aus- beute mg
Magermilch	3930	0,094	3030
Molke	715	0,94	2870
I. Ammoniumsulfatfällung			
a) 2,8 m (Nd.)	700	0,42	2420
b) 2,0—2,6 m von a)	533	0,56	2420
c) 1,9—2,3 m von b)	207	1,09	1850
II. Chromatographie			
A. Tricalciumphosphat[1]			
(I c) dialysiert			
a) 0,1 m-KH$_2$PO$_4$, Filtrat	154	0,23	290
b) 0,1 m-Borat, Filtrat	17	0,47	657
c) 0,5 m-Borat, Filtrat	5,8	4,6	219
d) 0,5 m-KH$_2$PO$_4$, Eluat	4,4	27,0	974
(d) verdünnt auf 0,1 m-PO$_4$			
e) 0,1 m-KH$_2$PO$_4$, Filtrat	2010	3,6	59
f) 0,1 m-Borat, Filtrat	520	7,3	31
g) 0,5 m-PO$_4$, Eluat	910 680	70,6 42,2	527 237
B. Kieselsäure Merck:Celit 2:1			
(g) verdünnt auf 0,1 m-PO$_4$			
a) 0,5 m-KH$_2$PO$_4$, Filtrat	765	95	595
b) 0,5 m-KH$_2$PO$_4$, Filtrat	444	60	296
c) 1 m-PO$_4$, Eluat	420	41	140
(b) verdünnt auf 0,2 m-PO$_4$			
b$_2$) 0,5 m-PO$_4$, Filtrat	24	115	17
b$_3$) 0,5 m-PO$_4$, Filtrat	83	95	65
b$_4$) 1 m-PO$_4$, Filtrat	154	54	69
(b$_3$ + a) verdünnt auf 0,2 m-PO$_4$			
a$_2$) 0,5 m-PO$_4$, Filtrat	490	115	464
(a$_2$ + b$_2$) verdünnt auf 0,02 m-PO$_4$			
a$_3$) 0,5 m-PO$_4$, Filtrat	500	122	500
III. Kristallisation			
(a$_3$) mit 2,2 m-KH$_2$PO$_4$	200 250	122	200 250

Adsorption von Proteinen an Bariumsulfat. *Reinigung des Faktors VII aus Plasma und Serum* (SPCA, Co-Thromboplastin, Proconvertin, Acceleratorfaktor) *und Trennung von Prothrombin*[2].

Trotzdem Faktor VII und Prothrombin deutlich voneinander unterschieden werden können (beim Gerinnungsprozeß bleibt der Faktor VII zum Unterschied von Prothrombin zum größten Teil erhalten), ist eine Trennung beider Faktoren infolge ihrer ähnlichen physikalisch-chemischen Eigenschaften schwierig. Fraktionierte Aussalzung, Fällung durch

---

[1] Darstellung durch Vereinigen stöchiometrischer Mengen CaCl$_2$ und Na$_2$HPO$_4$ in schwach ammoniakalischer Lösung, Chloridfrei-Waschen des Gels durch Dekantieren (1 Woche), Trocknen bei 70° und Sieben durch ein 90-Maschen-Sieb. 30—40 g Adsorbens in Adsorptionsrohre 50 × 4 cm.

[2] DUCKERT, F., F. KOLLER u. M. MATTER: Proc. Soc. Exper. Biol. a. Med. 82, 259 (1953).

Lösungsmittel, fraktionierte Adsorption an Bariumsulfat, Tricalciumphosphat usw. waren erfolglos. Erst die chromatographische Trennung führte zum Ziel.

1. *Adsorption.* 10 g Bariumsulfat (Merck, Darmstadt), feingepulvert, wurden bei $+2°$ in 200 cm³ Oxalatplasma suspendiert, die Suspension 40 min gerührt und zentrifugiert.

2. *Nachwaschen.* Der Bariumsulfat-Niederschlag wurde 2mal mit je 30 cm³ physiologischer Kochsalzlösung gewaschen.

3. *Herstellung der Adsorptionssäule.* Ein homogenes Gemisch von 10 g Bariumsulfat und 5 g Hyflo Supercel in physiologischer Kochsalzlösung wurde in das Rohr gegossen, der Überschuß der Lösung entfernt.

4. *Elution.* Man eluierte mit 150 cm³ 0,4 m-Trinatriumcitrat-Citronensäurepuffer (p_H 5,8). Die Elution wurde fortgesetzt mit 0,14 m-Puffer (p_H 7,8), wobei sich das p_H des Eluats langsam diesem Wert nähert. Elutionsgeschwindigkeit 1 Tropfen/12 sec.

Während die Ausbeute an Prothrombin 50% und mehr beträgt, erhält man kaum mehr als 10% des Faktors in reiner Form. Einfacher ist die Gewinnung aus Serum infolge des geringeren Gehalts an Prothrombin; die Prozedur ist der angegebenen analog. Die Präparate aus Serum und Plasma zeigen identische Wirkungen: sie beschleunigen die Thrombinbildung in gleichem Maß, während Prothrombin keinen Einfluß auf die Bildungsgeschwindigkeit von Thrombin hat.

Adsorption von Proteinen an Aktivkohle. Obwohl Aktivkohlen ebenfalls ionenaustauschende Qualitäten besitzen, dürfte bei der Adsorption von Proteinen bei nicht extremen p_H-Werten die Additionsadsorption überwiegen; darauf weist z. B. die steigende Adsorbierbarkeit neutraler Peptide mit zunehmender Kettenlänge. Gegenläufig verhält sich der Effekt der sterischen Hinderung mit steigendem Molekulargewicht[1]. Die Adsorbierbarkeit an Aktivkohle sollte also von den Aminosäuren über die Peptide zu den Proteinen ein Maximum durchlaufen (damit in Übereinstimmung fanden INGELMAN und HALLING[2], daß die Adsorptionsaffinität für Kohlenhydrate von Monosacchariden bis zu den höchsten Dextranen zunächst ansteigt, um dann wieder zu fallen). So wird z. B. Casein weniger adsorbiert als seine Spaltprodukte. Die beobachtete langsame Einstellung des Adsorptionsgleichgewichts im Fall von Makromolekülen mag zu diesem Effekt beitragen (CLAESSON[3]). Für die Retention eines Proteins an einer Adsorbersäule ist schließlich auch noch die Molekülform von Bedeutung; stark asymmetrische Moleküle, die hoch viscose Lösungen geben, werden besser retiniert. Im ganzen gesehen, hat die Adsorption von Proteinen an Aktivkohle nur rein analytische Bedeutung; Elutionsschwierigkeiten und Denaturierungsgefahr begrenzen den Wert der Methode für präparative Trennungen.

242. Fällungs- (speziell Aussalzungs-)Chromatographie von Proteinen.

Die Löslichkeit von Proteinen in wäßrigen Salzlösungen ist das Ergebnis der Wechselwirkung zwischen den Protein- und den Wassermolekülen sowie den Kationen und Anionen der Salze. Überwiegen die Bindungskräfte zwischen den Proteinmolekülen, so bilden sich Aggregate, die von einer bestimmten Größe an unlöslich ausfallen. Der „salting out"-Effekt beruht offenbar darauf, daß durch die beträchtliche Menge von Ionen soviel Wasser weggebunden wird, daß den Proteinen Hydratwasser entzogen wird (HAUROWITZ[4]). Setzt man Proteinlösungen nur einen Teil der zum Ausfällen notwendigen Salzmenge (etwa $^1/_3$) zu, so werden die entstehenden Aggregate besser von Adsorbentien gebunden als die

[1] MORING-CLAESSON, I.: Biochim. et Biophysica Acta **2**, 389 (1949).

[2] INGELMAN, B., u. M. S. HALLING: Ark. Kemi **1**, 61 (1949/50).

[3] CLAESSON, S.: Discussion Faraday Soc. **7**, 321 (1949). Ark. Kem., Mineral. Geol. Ser. A **19**, Nr. 5 (1945).

[4] HAUROWITZ, F.: Fortschritte der Biochemie 1938—47, S. 106. Basel: S. Karger 1948.

Tabelle 94. *Adsorption von kristallisiertem Eialbumin aus 5 cm³ 0,1%iger Lösung an 0,5 g Kieselgel* (Merck-Darmstadt) *aus Ammonsulfatlösungen verschiedener Konzentrationen* (Fällung bei 2,5 m).

Salzkonzentration	0	0,4 m	0,8 m	1,2 m	1,6 m	2,0 m
Adsorbiertes Protein mg/g Adsorbens	0,525	4,20	7,56	9,10	9,30	9,99
Konzentration der Lösung im Gleichgewicht mg/cm³	0,945	0,520	0,226	0,102	0,051	0,014

Einzelmoleküle aus salzarmen Lösungen[1]. Umgekehrt führt Behandeln des Adsorbats mit Wasser zur Elution (A. Tiselius[2]). Vgl. Tabelle 94.

Tabelle 95. *Adsorption von Phycoerythrin* (0,03% Lösung) *bei verschiedenen Konzentrationen von Ammonsulfat und Phosphat* (primäres:sekundäres Kaliumphosphat 1:1) *an* Munktell-*Filterpapier Nr. 3* (Fällung bei 1 m).

Ammonsulfatkonzentration .	0	0,073 m	0,146 m	0,365 m	0,548 m	0,730 m
Adsorbiert mg Protein/g . . .	0,093	0,72	1,08	1,68	2,04	2,61
Phosphatkonzentration . . .	0	0,070 m	0,140 m	0,350 m	0,525 m	0,700 m
Adsorbiert mg Protein/g . .	0,093	0,25	0,48	0,96	1,29	1,53

Auf diesem Weg konnten Shepard und Tiselius[3] an Kieselgel-Supercel eine deutlich erkennbare Trennung von Albumin und Globulin durch Aussalzchromatographie erreichen. Auch die Trennung von Proteinen aus starken Salz- oder Pufferlösungen an Filterpapier (vgl. Tabelle 95) gehört trotz der äußerlichen Ähnlichkeit nicht zur „Papierchromatographie" im früher (s. S. 165) gebrauchten Sinn, sondern zur Aussalzadsorption.

Chromatographische Trennung der Phosphatasen in Klapperschlangengift. Nach Hurst und Butler[4] gelingt die Trennung der Phosphodiesterase (Substrat: Magnesium-Oligonucleotid aus Thymonucleinsäure) und der 5-Nucleotidase (Substrat: Adenosin-5-Phosphat) an Cellulosesäulen (hergestellt aus zerfaserten Rundfiltern) durch fraktionierte Elution mit Kochsalzlösungen verschiedener Konzentration; die Konzentration des Proteins in den einzelnen Eluatanteilen wurde spektrophotometrisch bei 2800 Å gemessen.

Eine der Rundfiltertechnik entsprechende Ausführungsform der Aussalzadsorption an Filterpapier geht aus Abb. 210 hervor. Das spezifische Retentionsvolumen errechnet sich hier zu $\dfrac{\pi(R^2 - r^2)}{\pi r^2 + 2\varDelta} w$

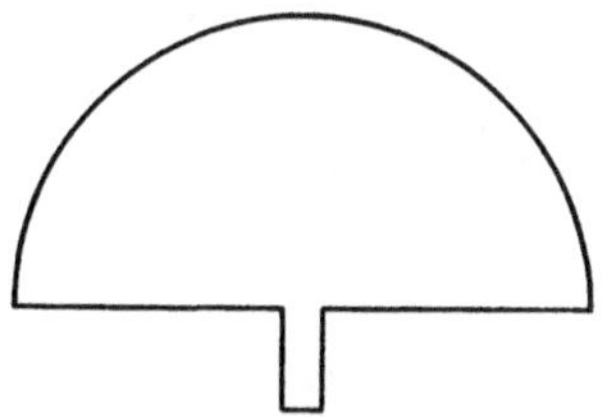

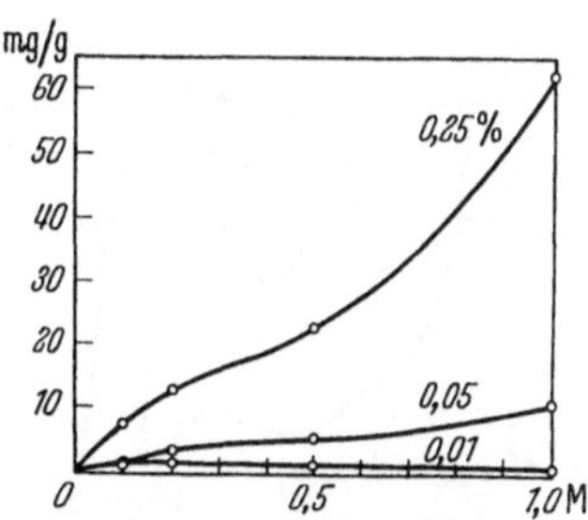

Abb. 210. *Aussalzungsadsorption wäßriger Lösungen von Eosin* (0,25; 0,05; 0,01%). Ordinate: Milligramm Eosin adsorbiert/g Filterpapier; Abszisse: Ammonsulfatkonzentration. Nur der höchste Punkt der Kurve für 0,25% zeigte geringe Fällung, die übrigen Lösungen blieben selbst nach 24 Std klar. [Nach A. Tiselius, Ark. kem., mineral. Geol., Ser. B **26**, Nr. 1, 1 (1948).]

---

[1] In diesem Zusammenhang sei auf die Beobachtung hingewiesen, daß bei der Albumin-Globulinbestimmung in Blutserum in Gegenwart 22%iger Natriumsulfatlösung beträchtliche Fehler bei Filtration durch Papierfilter entstehen.

[2] Tiselius, A.: Ark. Kem., Mineral. Geol. Ser. B **26**, Nr. 1 (1948).

[3] Shepard, C. C., u. A. Tiselius: Discussion. Faraday Soc. **7**, 275 (1949).

[4] Hurst, R. O., u. G. C. Butler: J. of Biol. Chem. **193**, 91 (1951).

(w = Volumen der Lösung/g Filterpapier, R = Radius der „Front", r = der gefärbten Proteinzone, $\varDelta$ = Fläche des „Anschnitts"). Während das Verfahren bei Farbstoffen einwandfrei arbeitet, entstehen bei Proteinen durch Bildung von hartnäckigen „tails" erhebliche Schwierigkeiten. Für die Trennung von Proteinen besitzt daher die Aussalzchromatographie an Filter-papier bei weitem nicht die Leistungsfähigkeit der Papierelektrophorese.

Eine besonders vielversprechende Anwendung der Aussalztechnik in der chromatographischen Versuchsanordnung ist die *Trennung von submikroskopischen, ja sogar mikroskopischen Partikeln. Diese leistungsfähige, schonende und einfache Methode wird vielleicht in Zukunft die aussichtsreichste Anwendung der chromatographischen Technik auf Proteine bzw. Proteinsymplexe darstellen.*

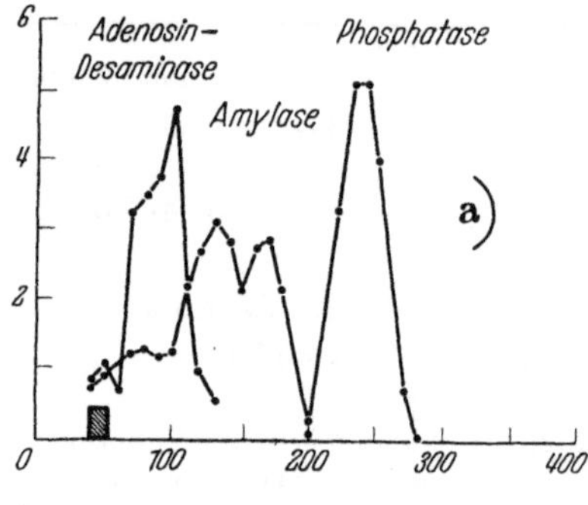

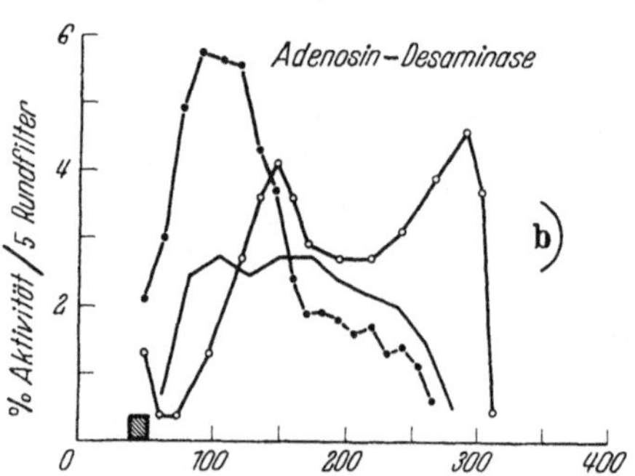

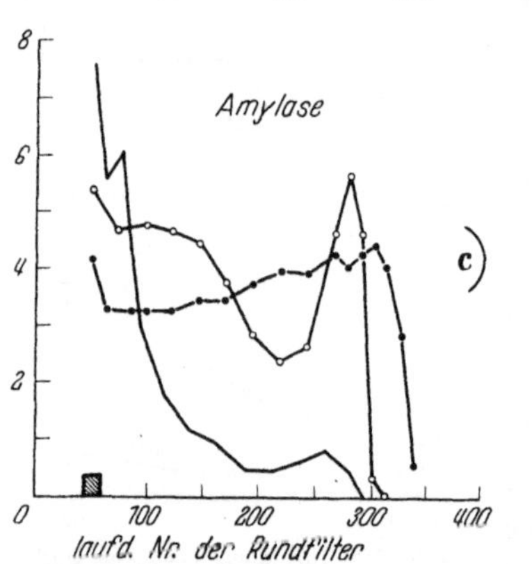

Abb. 211a—c. *Trennung von Fermenten an der „Rundfiltersäule".* a Trennung von 3 Fermenten mittels eines Ammoniumsulfatgradienten bei p_H 6,5. Salzkonzentration in Prozent der Sättigung bei 10°: Scheibe 30, 14%; Scheibe 120, 20%; Scheibe 280, 50%. b Wanderung von Adenosindesaminase bei verschiedenen Ammonsulfatkonzentrationen und p_H 6,5. ● 20% Sättigung; o 31% Sättigung; —— 45% Sättigung. c Wanderung von Amylase im „Chromatopile", Versuchsbedingungen wie in b. [Nach H. K. Mitchell, M. Gordon und F. A. Haskins, J. of Biol. Chem. **180**, 1071 (1949).]

Säulentechnik.

Adsorption von Fermenten aus Salzlösungen an „Papiersäulen"[1]. *a) Adsorption von Takadiastase.* 300 mg käufliche Takadiastase in 20 cm³ Wasser wurden in 9 cm Rundfiltern (Whatman Nr. 1) aufgesogen, getrocknet, in eine aus 500 Filtern bestehende Säule, um 40 Blatt von oben abgesetzt, eingebettet. Man entwickelte mit 60% Ammonsulfatlösung bei p_H 6,5, bis nach 8 Std 275 cm³ in 450 Blättern aufgenommen waren. Zur Bestimmung wurden Streifen ($4 \times 0,5$ cm) von je 5 Blättern direkt in die Substratlösung gebracht.

b) Trennung von Adenosindesaminase, Amylase und Phosphatase. Die Versuchsbedingungen gehen aus Abb. 211 hervor.

Adsorption von submikroskopischen Partikeln. *Reinigung von Kükentumorvirus aus Kieselgur* (Riley[2]). 10 g Celit in destilliertem Wasser werden in eine Säule $34 \times 4,2$ cm gebracht und 100 cm³ eines teilweise gereinigten Kükentumorextrakts in 0,99% Kochsalzlösung daran adsorbiert. Nach Entwickeln mit 50 cm³ der gleichen Salzlösung wurde die Säule entsprechend der Abb. 212a zerschnitten und die einzelnen Anteile mit destilliertem Wasser eluiert. Die Zahlen beziehen sich auf das oberste Segment (100%).

Auf elektronenoptischem Weg wurde festgestellt, daß in den unteren Säulenteilchen Partikel der gleichen morphologischen Eigenschaften, aber ohne biologische Aktivität vorhanden waren;

[1] Mitchell, H. K., M. Gordon u. F. A. Haskins: J. of Biol. Chem. **180**, 1071 (1949); vgl. Mitchell, H. K., u. F. A. Haskins: Science (Lancaster, Pa.) **110**, 278 (1949).
[2] Riley, V. T.: Science (Lancaster, Pa.) **107**, 573 (1948).

es handelt sich also keineswegs um einen einfachen Filtrationseffekt, sondern um eine echte Adsorptionstrennung. Vgl. ferner die *Reinigung der Granula eines Mäusemelanoms* an Celit[1] (Abb. 212b).

Reinigung von THEILERs *Virus an Filterpulversäulen* (LEYON[2]). 1 g Filterpulver wurde in einer Glasbürette von 11 mm Durchmesser zu einer 6,5 cm hohen Säule gepackt, mit destilliertem Wasser befeuchtet und 10 cm³ Virussuspension (vorgereinigt) in 0,2-gesättigtem Ammonsulfat p_H 7,2 über die Säule gegeben. Das Filtrat (10 cm³) sowie drei Eluate mit destilliertem Wasser (p_H 7,2, 7, 8, 15 cm³) wurden an Mäusen getestet; nach dem Ergebnis war das Virus aus 10 cm³ n/5 gesättigter Ammonsulfatlösung an der Säule adsorbiert und durch Verdünnung eluiert worden.

Vgl. ferner die Adsorption von *Bakteriophagen* aus 1% Magnesiumchlorid, Natriumchlorid und Phosphatpuffern an Sinterglasfritten (DELBRÜCK[3]), sowie die Aussalzung des *Maul- und Klauenseuchevirus* an Filterpapier (TISELIUS[4]).

Filterpapiertechnik.

FRANKLIN und QUASTEL[5] stellten Protein-Häminkomplexe dar, deren Verhalten sie bei der zweidimensionalen Papierchromatographie unter Verwendung von Puffern als Lösungsmittel studierten. Die Lage der Flecken konnte durch die Benzidinreaktion sichtbar gemacht werden. Zu den Versuchsbedingungen vgl. Abb. 213. Die Methodik hat nur beschränkte Anwendungsmöglichkeit, da nicht alle Proteine Häminkomplexe geben; auch lassen die Chromatogramme zu wünschen übrig (Zonen = Kunstprodukte?). Die Ausbildung der langen „Schwänze" läßt

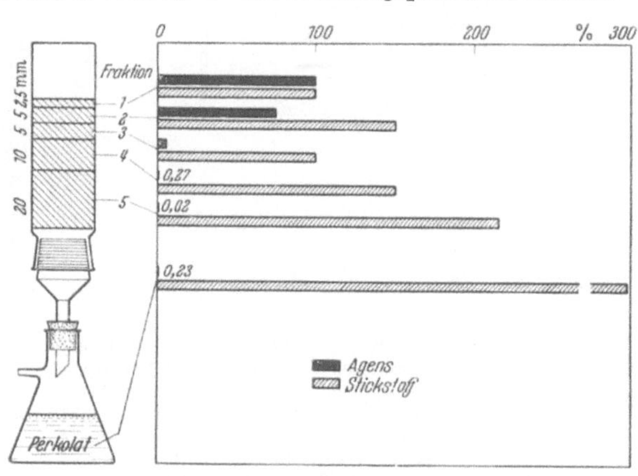

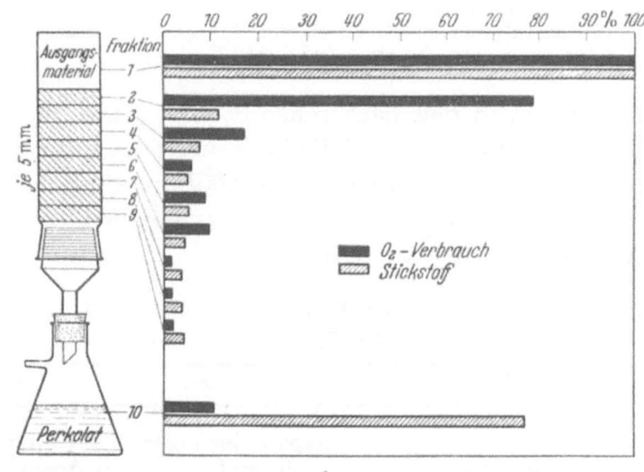

Abb. 212a u. b. a *Trennung des Kükentumoragens von verunreinigenden, stickstoffhaltigen Substanzen durch Adsorption an Celitsäulen.* b Succinoxydaseaktivität und Stickstoffgehalt der einzelnen Fraktionen nach Adsorption der Granula eines Mäusemelanoms an Celit, verglichen mit dem Ausgangsmaterial. [V. T. RILEY, M. L. HESSELBACH, S. FIALA, M. W. WOODS und D. BURK, Science (Lancaster, Pa.) **109**, 361 (1949).]

[1] RILEY, V. T., M. L. HESSELBACH, S. FIALA, M. W. WOODS u. D. BURK: Science (Lancaster, Pa.) **109**, 361 (1949).

[2] LEYON, H.: Ark. Kemi 1, 313 (1949).

[3] DELBRÜCK, M.: J. Gen. Physiol. **23**, 643 (1940).

[4] TISELIUS, A.: Zit. nach 2.

[5] FRANKLIN, A. E., u. J. H. QUASTEL: Science (Lancaster, Pa.) 110, 447 (1949). Proc. Soc. Exper. Biol. a. Med. 74, 803 (1950); vgl. ferner: JACKEL, S. S., E. H. MOSBACH u. C. G. KING: Arch. Biochem. et Biophysica **31**, 442 (1951); SIMONART, P., u. K. Y. CHOW: Bull. soc. chim. Belg. **59**, 417 (1950); WYNN, V., u. G. ROGERS: Austral. J. Sci. Res. B **3**, 124 (1950).

jedenfalls auf teilweise Denaturierung und irreversible Adsorption schließen; für die Trennungs-
effekte mag der Strömungswiderstand der viscösen Proteinflecken mitverantwortlich sein.
Nach einer ähnlichen Technik arbeiteten PAPASTAMATIS und WILKINSON[1] (Abb. 213).
Die an der Luft getrockneten Filter wurden mit einer 0,1%igen wäßrigen Lösung von Brom-

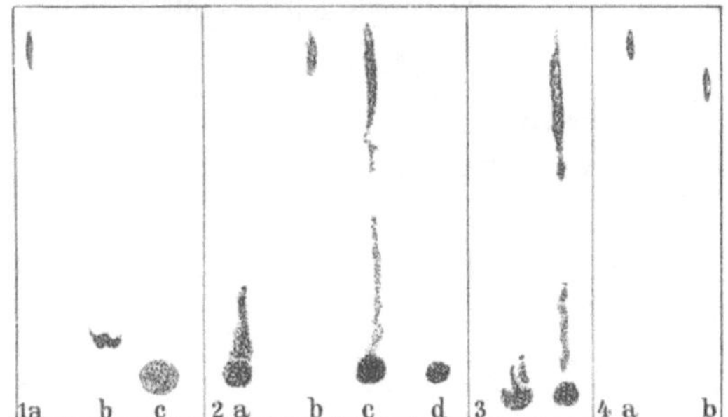

phenolblau besprüht, luftgetrocknet und rasch durch 0,2 n-Essigsäure gezogen: Proteinflecken violett bis grün auf gelbem Grund. — Vgl. zum Nachweis die Färbung von Proteinen in Filterpapier mit Azocarmin (TURBA), bzw. ähnlichen Farbstoffen (z. B. SOLVAY-Purpur, JONES und MICHAEL[2]), sowie die Hemmung der Hydrolyse des Filterpapiers durch die Pufferwirkung der Proteine.

Abb. 213. *Papierchromatographie von Proteinen.* 1. Kristallisiertes Insulin: a Veronalpuffer (MICHAELIS) p 8,5; b 0,1 m Rohrzucker; c 0,5 gesättigtes Ammonsulfat. 2. Fibrinogen, Plas-
maproteine, Albumin und γ-Globulin in Veronalpuffer p 6,5.
a Menschliches γ-Globulin (50 γ); b menschliches Serumalbumin, dialysiert gegen Veronalpuffer p 6,5; c Plasma,
5fach mit Wasser verdünnt, 0,02 cm³; d Fibrinogen (50 γ).
3. wie 2c. Links 0,5, rechts 0,1 gesättigtes Ammonsulfat.
4. a Kristallisiertes Eialbumin; b kristallisiertes Serumalbumin
(50 γ); Veronalpuffer p_H 6,5. [Nach C. S. PAPASTAMATIS und
J. F. WILKINSON, Nature (Lond.) **167**, 724 (1951).]

243. Verteilung.

Von Ausnahmefällen abgesehen, treten Verteilungsvorgänge bei der Chromatographie von Proteinen, die in den weitaus meisten Fällen nur in Wasser bzw. verdünnten Salzlösungen löslich sind, nur selten in reiner Form auf.

So dürften in den nachstehenden Beispielen für die Trennung von Proteinen an
Filterpapier aus wäßrig-alkoholischer bzw. wäßrig-acetonischer Lösung neben Verteilungsvorgängen partielle Ausfällungsvorgänge (in Analogie zur Aussalzung)
mitspielen. An der Grenzfläche zwischen nichtmischbaren Flüssigkeitsphasen kann
Adsorption eintreten (Abb. 215).

Tabelle 96. R_F-*Werte von Proteinen* [nach GIRI, K. V., u. A. L. N. PRASAD: Nature (Lond.)
168, 786 (1951)] *bei 0—5° auf Whatman Nr. 1.*

Ferment	Isoliert aus	Lösungsmittel	R_F
α-Amylase	Aspergillus niger	Aceton 50, Wasser 50	0,75
β-Amylase	Kartoffel	Aceton 50, Wasser 50	0,50
α-Amylase	Speichel	Aceton 50, Wasser 50	0,00
Amylasen	gekeimter Reis	0,33 m-NaCl, Aceton 75, Wasser 25	0,00 und 0,67
Phosphorylase	green gram	0,33 m-NaCl je nach Konzentration	0,77—0,61
Saure Phosphatase	Rattenniere	0,33 m-NaCl	0,61
Alkalische Phosphatase	Rattenniere	0,33 m-NaCl	0,00 und 0,67
Saure Phosphatase	Schafsniere	0,33 m-NaCl	0,53
Alkalische Phosphatase	Schafsniere	0,33 m-NaCl	0,00 und 0,61
Saure Phosphatase	Schafsniere	Aceton 30, Wasser 70	0,53
Alkalische Phosphatase	Schafsniere	Aceton 30, Wasser 70	0,00 und 0,60
Saure Phosphatase	Rattenleber	0,33 m-NaCl	0,63
Alkalische Phosphatase	Rattenleber	0,33 m-NaCl	0,67
Alkalische Phosphatase	Hühnerserum	0,33 m-NaCl	0,65
Alkalische Phosphatase	menschliches Serum	0,33 m-NaCl	0,00
Alkalische Phosphatase	Rattenserum	0,33 m-NaCl	0,00

[1] PAPASTAMATIS, C. S., u. J. F. WILKINSON: Nature (Lond.) **167**, 724 (1951).
[2] JONES, J. I. M., u. S. E. MICHAEL: Nature (Lond.) **165**, 685 (1950).

Trennung der Amylasen aus Aspergillus niger und „sweet potatoe" (Giri und Prasad[1]). Die Chromatogramme (Filterstreifen 40 × 12 cm, Whatman Nr. 1) wurden absteigend mit 50% wäßrigem Alkohol bzw. wäßrigem Aceton entwickelt, bei Raumtemperatur getrocknet, auf die Oberfläche einer dünnen Agarplatte, die das Substrat (1% Stärke) enthielt, aufgepreßt und nach 2—8 Std mit n/100 Jod besprüht. Die R_F-Werte gehen aus Tabelle 96 hervor; vgl. auch Abb. 214. Hohe Fermentkonzentrationen verursachten Schwanzbildung. Wäßriges Aceton bewährte sich im allgemeinen besser und lieferte wohldefinierte Flecken.

Trennung von Ribonuclease durch Verteilung zwischen wäßrigem Ammonsulfat/Cellosolve an Kieselgelsäulen (Martin und Porter[2]). 6 g Kieselgur Hyflo Supercel wurden mit etwa 3 cm³ der organischen Phase einer entmischten Emulsion z. B. aus 56 cm³ Wasser, 20 g Ammonsulfat und 24 g Glykolmonoäthyläther verrieben, mit der wäßrigen Phase aufgeschlämmt und in ein Chromatographierohr von 1,2 cm Durchmesser eingeschlämmt. Die Elutionsentwicklung von 1—5 mg Ribonuclease mit der wäßrigen Phase führte zu zwei deutlich ausgeprägten Konzentrationsgipfeln im Eluat (vgl. Abb. 215); man verfolgte die Elution durch Messung der Proteinkonzentration bei 275 mμ.

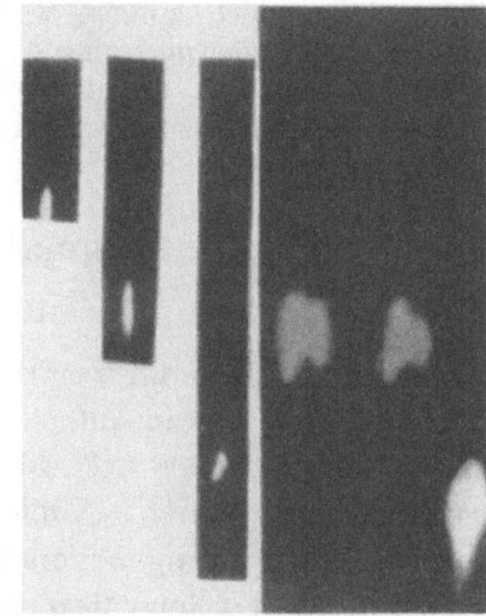

Abb. 214. *Papierchromatogramme 1 der Amylase aus Aspergillus niger bei verschiedenen Entfernungen der Lösungsmittelfront (s. f.); 2 der β-Amylase aus „sweet potatoe" (s. p.) und der Amylase aus Aspergillus niger (A. n.).* O Startpunkt. [Nach K. V. Giri und A. L. N. Prasad, Nature (Lond.) **167**, 859 (1951).]

Auch andere Proteine[3] (*Trypsin, Trypsininhibitor, Komplex* beider) können in diesem System fraktioniert werden; generelle Anwendung wird durch die hohe Salzkonzentration

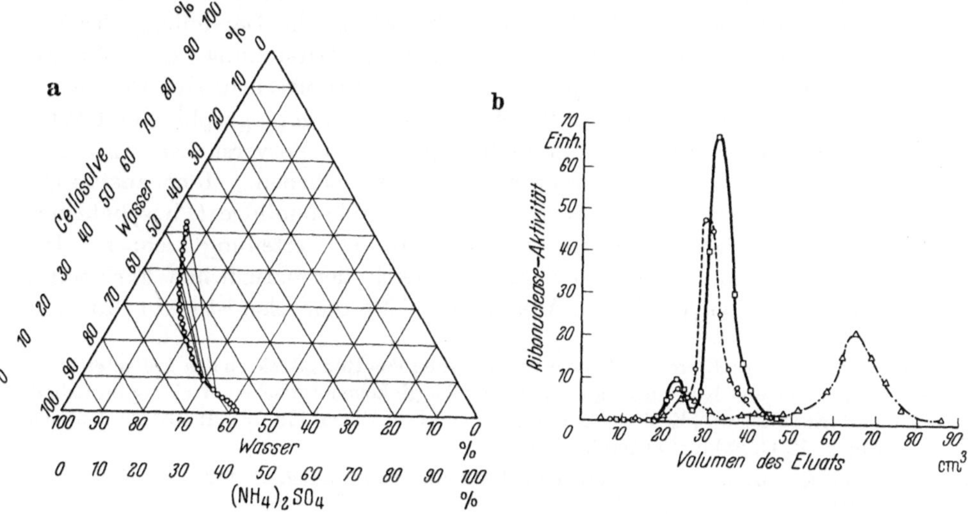

Abb. 215a u. b. *Chromatographie von Ribonuclease an Verteilungssäulen.* a *Phasendiagramm des Systems Ammonsulfat/Wasser/Äthylenglykol-monoäthyläther bei 20°.* b *Chromatogramm von Ribonuclease.* O————O System: 15 g Ammonsulfat, 30 g Cellosolve, 55 g Wasser; 6 g Kieselgelsäule; □————□ System: 20 g Ammonsulfat, 24 g Cellosolve, 56 g Wasser; 6 g Kieselgelsäule; △------△ System: 16,5 g Ammonsulfat, 36,5 g Cellosolve, 47 g Wasser; 3 g Kieselgelsäule. Die Banden bewegen sich wesentlich langsamer, als nach den Verteilungskoeffizienten zu erwarten; in Abwesenheit der stationären Phase tritt aber keine Adsorption ein, so daß die Autoren eine Adsorption in der Zwischenphase zwischen den beiden Flüssigkeitsphasen annehmen. [Nach A. J. P. Martin und R. R. Porter, Biochemic. J. **49**, 215 (1951).]

[1] Giri, K. V., u. A. L. N. Prasad: Nature (Lond.) **167**, 859 (1951); **168**, 786 (1951).
[2] Martin, A. J. P., u. R. R. Porter: Biochemic. J. **49**, 215 (1951).
[3] Porter, R. R.: Vortr. Sympos. Ciba Foundation London, Dez. 1952.

eingeschränkt, doch können weitere Systeme mit Glykoläthern usw. hergestellt werden. Bei der Fraktionierung roher Pankreasextrakte mit K_2HPO_4 oder NaH_2PO_4 und Äthyl- bzw. Butylcellosolve erhielt man direkt ein Produkt, dessen biologische Aktivität dem 3. internationalen Insulinstandard entsprach, in 100% Ausbeute[1].

Anhang: Chromatographische Methoden bei Proteiden und Proteinsymplexen.

Zu den wichtigsten Vertretern dieser Stoffklasse, zu der auch zahlreiche Fermente gehören, die in einen Eiweißträger und eine Wirkgruppe zu zerlegen sind, zählen nach PRZYLECKI[2] die Nucleoproteide (Verbindungen von Proteinen mit Purinen, Pyrimidinen, Nucleosiden, Nucleotiden und Nucleinsäuren), Glykoproteide (Verbindungen von Proteinen mit Mono-, Oligo- und Polysacchariden. sowie mit Zuckerderivaten wie Aminozuckern, Zuckerphosphaten usw.), Lipoproteide (Verbindungen von Proteinen mit Fettsäuren, Fetten, Wachsen, Phosphatiden, Steroiden usw.) und Chromoproteide (Verbindungen von Proteinen mit gefärbten Substanzen); doch können Proteine mit den verschiedensten Naturstoffen und synthetischen Verbindungen zu mehr oder minder beständigen Symplexen zusammentreten; die Beständigkeit erstreckt sich von der lockersten Addition, die schon beim Verdünnen der Lösung zerfällt, bis zur echten chemischen Bindung. Chromatographische Methoden sind zur Zerlegung der Symplexe, wobei sowohl das Protein wie der Nichteiweißanteil adsorbiert werden kann, wie auch zur Trennung der letzteren Stoffe voneinander verwandt worden. Diese Aufgabe betrifft die verschiedensten Stoffklassen; eine ausführliche Darstellung der Methoden überschreitet den vorgegebenen Rahmen der Darstellung. Gute Zusammenfassungen findet man bei ZECHMEISTER[3], MOORE[4] (Fortschritte der Chromatographie), MARTIN[5], R. J. BLOCK[6], CRAMER[7] (Papierchromatographie) und WIELAND und TURBA[8] (analytische Chromatographie). Zu Vorversuchen wird man sich, wo angängig, der Papierchromatographie bedienen. Ionenaustauschverfahren sind insbesondere für Purine und deren Abkömmlinge (Phosphatester) zu empfehlen. Zucker lassen sich vorzüglich durch Verteilung trennen. Die Domäne der Additionsadsorption liegt im Bereich der natürlichen Farbstoffe; auch bei Steroiden, polycyclischen Aromaten und Heterocyclen ist sie oft anderen

---

[1] Gleichzeitig beobachtete man bei der Verarbeitung von Rohextrakten das Auftreten einer Komponente geringerer Konzentration, die wegen der glykogenolytischen Wirkung im Leberschnitt-Test [SUTHERLAND, E. W., u. C. F. CORI: J. of Biol. Chem. **172**, 737 (1948)] als identisch mit Glucagon (H. G. Faktor) angesehen wird.

[2] PRZYLECKI, ST. J. V.: Die Methoden der Fermentforschung, S. 432. Leipzig: Georg Thieme 1941.

[3] ZECHMEISTER, L.: Progress in Chromatography 1938—47. London: Chapmann & Hall Ltd. 1950.

[4] MOORE, S.: Ann. Rev. Biochem. **21** (1942).

[5] MARTIN, A. J. P.: Annual. Rev. Biochem. **19**, 517 (1949).

[6] BLOCK, R. J., R. LE STRANGE u. G. ZWEIG: Paper Chromatography. New York: Acad. Press Inc. Publishers 1952.

[7] CRAMER, F.: Papierchromatographie, 2. Aufl. Weinheim: Verlag Chemie 1953.

[8] WIELAND, TH., u. F. TURBA: Chromatographische Analyse. In HOUBEN-WEYL, Methoden der organischen Chemie, Bd. II. (Im Druck.)

Verfahren überlegen. Gegenstromverteilung ist bei größeren Substanzmengen zu empfehlen[1].

Symplexe der Proteine untereinander dürften sich häufig durch Chromatographie schonend in die Einzelkomponenten auflösen lassen. Zu erwähnen sind schließlich noch Verbindungen von Proteinen mit *anorganischen Ionen,* die im biologischen Geschehen eine hervorragende Rolle spielen; hier ist der Ionenaustausch das Mittel der Wahl zur schonendsten Zerlegung (vgl. die Entfernung von Calciumionen aus Serum).

Chromatographische Untersuchungen am gelben Atmungsferment [2].

Je nach Wahl des Adsorbens und des p_H kann das Gesamtferment, das Trägerprotein oder die Wirkgruppe adsorbiert werden; es bestehen offensichtlich folgende Gleichgewichte:

$$\text{Ferment} + \text{Adsorbens} \rightleftharpoons \text{Ferment} \cdot \text{Adsorbens}$$
$$\Updownarrow$$
$$\text{Protein} + \text{Wirkgruppe} + \text{Adsorbens} \rightleftharpoons \text{Protein} \cdot \text{Adsorbens} + \text{Wirkgruppe}$$
$$\Updownarrow \qquad\qquad \Updownarrow$$
$$\text{Protein} \cdot \text{Adsorbens} + \text{Wirkgruppe} \qquad \text{Wirkgruppe} \cdot \text{Adsorbens} + \text{Protein.}$$

Zur chromatographischen *Reinigung des Gesamtferments* wurde ein Präparat von mittlerem Reinheitsgrad (40—60%) in n/10—n/20 Phosphatpuffer p_H 5,7 durch eine wasserbefeuchtete Säule von Frankonit SB gesaugt. Auch an Aluminiumhydroxyd, Eisenhydroxyd und Tricalciumphosphat kann das Gesamtferment, an Aluminiumhydroxyd auch das Trägerprotein allein adsorbiert werden.

Die Spaltung des Ferments in Flavinphosphorsäure und Protein gelang in einem Mikrorohr (Durchmesser 0,5 cm) an 50 mg fein gepulvertem Granosil + 100 mg darüber liegendem Frankonit: 50 mg gelben Ferments in 10 cm³ n/50 Salzsäure ergaben ein farbloses Filtrat, das nach Entfernung der Salzsäure durch Dialyse (2 Std) Kupplungsvermögen gegenüber der Wirkgruppe zeigte.

Trennung der β-Glycerophosphatase in Co- und Apoferment [3].

Die ersten Anteile des Filtrats der Fermentlösung (aus Darmschleimhaut) aus einer Aluminiumoxydsäule enthalten das thermostabile, niedermolekulare Co-Ferment, das mit dem durch 1% Ammonacetat eluierten Trägerprotein wieder zum aktiven Ferment zu kuppeln vermag.

3. Verwandte Methoden.

In diesem Kapitel sollen Methoden besprochen werden, deren theoretische Grundlagen Beziehungen zur Chromatographie haben oder die in enger Verbindung mit chromatographischen Methoden verwandt werden. Zum ersten Typ gehört die Verteilung zwischen zwei flüssigen Phasen nach CRAIG, zum letzteren Typ die Ionophorese, bzw. Elektrophorese in Trägern.

---

[1] Vgl. die Reinigung von Co-Zymase (Diphosphopyridinnucleotid) durch Gegenstromverteilung, G. H. HOGEBOOM und G. T. BARRY [J. of Biol. Chem. **176**, 935 (1948)] (ausgezeichnete technische Details).

[2] WEYGAND, F., u. L. BIRKHOFER: Hoppe Seylers Z. Chem. **261**, 172 (1939).

[3] EULER, H. v., u. A. FONÓ: Ark. Kemi A **25**, Nr. 15 (1947).

31. Gegenstromverteilung zwischen begrenzt mischbaren Phasen („counter current distribution")[1].

Die Gegenstromverteilung besteht in einem stufenweisen Fraktionierungsprozeß, bei dem ein gelöster Stoff zwischen zwei begrenzt mischbaren Flüssigkeitsphasen in einer Reihe von „Einheiten" verteilt wird. Der Prozeß wird so durchgeführt, daß für jeden Stoff der Anteil in jeder „Einheit" und in jedem Stadium des Fraktionierungsprozesses exakt einem Glied eines bestimmten binomischen Ausdrucks entspricht. Vor der Trennung der Phasen werden diese bei jedem Schritt für eine Zeitdauer miteinander ins Gleichgewicht gesetzt, die nach dem experimentellen Befund mehr als ausreichend ist, um vollständige Gleichgewichtseinstellung zu gewährleisten[2]; es handelt sich also um einen echten Gleichgewichtsprozeß, so daß bei Substanzen mit konstanten Verteilungskoeffizienten[3] der Anteil in einer bestimmten Einheit durch den Verteilungskoeffizienten, die relativen Volumina der Phasen und die Zahl der „Schritte" („Übertragungen") gegeben ist. Alle diese Daten können experimentell bestimmt werden. Es sind also zum Unterschied von der Verteilungschromatographie keine zusätzlichen Annahmen notwendig, so daß der Verlauf der Fraktionierung übersichtlich und theoretisch relativ einfach zu behandeln ist.

Die einfachste Ausführung der Gegenstromverteilung geschieht in der Weise, daß die obere Phase aus dem ursprünglichen Schütteltrichter (im folgenden mit 0 bezeichnet) in einen weiteren Schütteltrichter (mit 1 bezeichnet), der die gleiche Menge der frischen unteren Phase enthält, und eine gleiche Menge frischer oberer Phase in den Schütteltrichter 0 gegeben wird. Ist der Verteilungskoeffizient 1, so wird in jeder Phase die Hälfte der Gesamtmenge des gelösten Stoffs gefunden. Wird nach neuerlichem Schütteln die obere Phase von 1 nach Schütteltrichter 2, die von 0 nach 1 übertragen, frische obere Phase zu 0, frische untere Phase zu 2 hinzugefügt, so ist der zweite Schritt der Fraktionierung in Tabelle 97 erreicht. Es findet sich 0,25 der ursprünglichen Menge (die gleich 1 gesetzt wird) im Schütteltrichter 2, 0,5 im Schütteltrichter 1 und 0,25 in 0. Führt man diese Operation sinngemäß bis zum neunten Schritt durch, so ergeben sich die Zahlen in Tabelle 97.

Die sich analog für 100 Verteilungsschritte ergebende Verteilungskurve ist in Abb. 216a wiedergegeben. Wäre der Verteilungskoeffizient nicht 1, sondern 2, so würde sich die rechte, für den Verteilungskoeffizienten 0,5 die linke Kurve ergeben. Wenn also zwei Stoffe mit diesen beiden Verteilungskoeffizienten in gleichen Mengen vorhanden wären, so wäre die damit angedeutete Trennung erreicht.

Bezeichnet man mit n die Zahl der „Schritte", mit X den Anteil der oberen, mit Y den der unteren Phase an gelöstem Stoff ($1 - X$ für eine bestimmte „Einheit"), so ist der Ver-

---

[1] CRAIG, L. C., L. D. GREGORY u. G. T. BARRY: Cold Spring Harbor Symp. Quant. Biol. **14**, 24 (1949). — CRAIG, L. C.: Analyt. Chem. **22**, 1346 (1950). — CRAIG, L. C., u. D. CRAIG: Technique of organic Chemistry, Bd. III, S. 171. New York: Interscience Publishers 1951. — COLUMBIC, C.: Analyt. Chem. **23**, 1210 (1951). — KARLSON, P., u. E. HECKER: Z. Naturforsch. **5**b, 237 (1950).

[2] *Aminosäuren* erreichen das Gleichgewicht rasch. Das mag an den verwendeten Systemen liegen: denn die stark polaren Aminosäuren lösen sich in organischen Solventien nur bei Gegenwart genügender Mengen Wasser, d. h. die beiden Phasen lösen sich z. T. ineinander und dem Übergang des gelösten Stoffes steht wenig Widerstand entgegen. — Auch Polypeptide, ja sogar das Protein Insulin erreichen das Gleichgewicht rascher, als es ihrem Molekulargewicht entspricht. Diffusion spielt offensichtlich hier nicht die begrenzende Rolle

[3] Assoziieren Peptidmoleküle, so daß eine gekrümmte Verteilungsisotherme (vgl. S. 13) entsteht, so hilft oft Zusatz genügender Mengen Essigsäure zu den Phasen; vgl. auch S. 321.

Tabelle 97. *Gegenstromverteilung eines Stoffes zwischen zwei Phasen.* Verteilungskoeffizient 1. Vertikale Reihe Zahl der „Schritte", horizontale Reihe Nummer des betreffenden Schütteltrichters.

	0	1	2	3	4	5	6	7	8
0	1,000								
1	0,500	0,500							
2	0,250	0,500	0,250						
3	0,125	0,375	0,375	0,125					
4	0,062	0,250	0,375	0,250	0,062				
5	0,031	0,156	0,313	0,313	0,150	0,031			
6	0,015	0,013	0,234	0,313	0,234	0,093	0,015		
7	0,008	0,054	0,164	0,274	0,274	0,164	0,054	0,008	
8	0,004	0,031	0,109	0,219	0,274	0,219	0,109	0,031	0,004

teilungskoeffizient $\alpha = X/(1 - X)$. Es folgt $X = \alpha/\alpha + 1$, für die Fraktion in der unteren Phase gilt $1 - \dfrac{\alpha}{\alpha + 1} = \dfrac{1}{1 + \alpha}$. Daraus folgt der binomische Ausdruck (für gleiche Volumina):

$$(X + Y)^n = \left(\frac{\alpha}{\alpha + 1} + \frac{1}{\alpha + 1} \right)^n.$$

Entsprechend den Ableitungen der Wahrscheinlichkeitsrechnung ergibt sich daraus für $\dfrac{\alpha}{\alpha + 1} = p,\ \dfrac{1}{1 + \alpha} = q : Y = \dfrac{1}{\sqrt{2 \pi p q n}}\, e^{-\frac{X^2}{2 p q}}$ (vgl. S. 22).

Der Verlauf der Trennung läßt sich am besten an einer Verteilungskurve der obigen

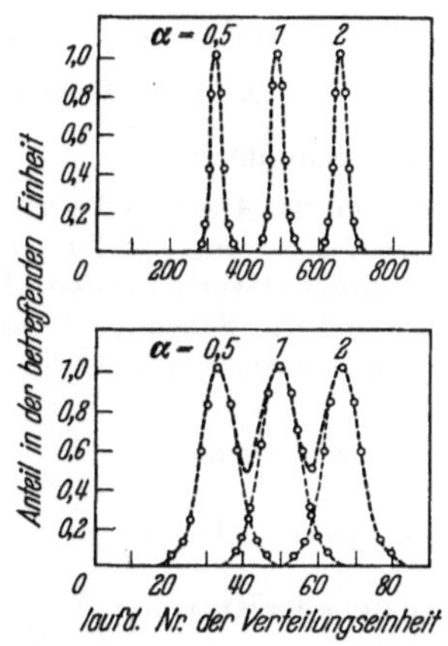

Abb. 216a. *Verteilung eines Systems aus 3 Komponenten* (α = 0,5 bzw. 1,0 bzw. 2,0). Unteres Diagramm: 100 Verteilungsschritte; oberes Diagramm: 1000 Verteilungsschritte. [Nach L. C. CRAIG, Analyt. Chem. **22**, 1349 (1950).]

Tabelle 98. *Faktoren F und F' (s. Text) für 8, bzw. 24 Verteilungsschritte.*

r	8 Verteilungsschritte		24 Verteilungsschritte	
	F	F'	F	F'
0		1/8		1/24
1	8	2/7	24	2/23
2	7/2	3/6	23/2	3/22
3	6/3	4/5	22/3	4/21
4	5/4	5/4	21/4	5/20
5	4/5	6/3	20/5	6/19
6	3/6	7/2	19/6	7/18
7	2/7	8	18/7	8/17
8	1/8		17/8	9/16
9			16/9	10/15
20			5/20	21/4
21			4/21	22/3
22			3/22	23/2
23			2/23	24
24			1/24	

Form verfolgen, in der die Gesamtkonzentration in einer „Einheit" (Glas oder Zelle der Verteilungsmaschine) gegen die laufende Nummer der betreffenden „Einheit" gesetzt wird. Entsprechend Tabelle 97 kann jeder einzelne Term $T_{n,\,r}$ ausgedrückt werden durch $T_{n,\,r} = \dfrac{n!}{r!\,(n-r)!} \left(\dfrac{1}{a+1} \right)^n \alpha^r.$

[$T_{n,\,r}$ ist dementsprechend der Anteil der ursprünglichen Substanzkonzentration im Glase r bei der Übertragung von n Schritten (Böden) α, (Verteilungskoeffizient) das Verhältnis der Konzentrationen der oberen und unteren Phase; für 8 Übertragungen ($n - 8$, $r - 0, 1, 2 \ldots, 8$) müssen also 9 Werte berechnet werden.] Schneller und einfacher ist es, nach der obigen Gleichung nur einen Term zu errechnen und die übrigen von diesem Wert aus zu bestimmen. Es läßt sich leicht zeigen, daß der $(r + 1)$-te Term und der $(r - 1)$-te Term zum r-ten Term in der Beziehung $T_r = F_\alpha\, T_{r-1}$, $T_r = F'_\alpha\, T_{r+1}$ stehen, wobei $F = (n+1-r)\,r$ und $F' = (r+1)/n-r$ ist. Tabelle 98 gibt die Werte für F und F' im Fall von 8, bzw. 24 Verteilungsschritten.

Weiter zeigt Abb. 216 b eine Anzahl von Kurven mit T_r als Ordinate und verschiedenen Verteilungskoeffizienten α als Abscisse entsprechend der obigen Gleichung für $T_{n,r}$ im Falle von 8 Verteilungsschritten. Wandert die untere Phase, so tritt $1/\alpha$ an Stelle von α. Aus diesen Kurven sind die entsprechenden Werte für $r = 0, 1, 2$ usw. für beliebige α sofort abzulesen. Zur direkten und indirekten Bestimmung der Verteilungskoeffizienten s. CRAIG.

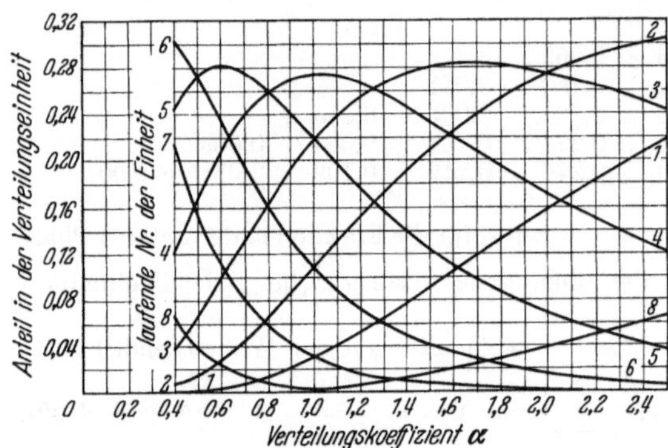

Abb. 216 b. *Diagramm der Verteilung in 8 Schritten für verschiedene Verteilungskoeffizienten.* [Nach B. WILLIAMSON und L. C. CRAIG, J. of Biol. Chem. **168**, 691 (1947).]

Aus den obigen Ableitungen geht ohne weiteres hervor, daß mit zunehmender Zahl von Verteilungsschritten die Trennung von Komponenten mit unterschiedlichen Verteilungskoeffizienten immer schärfer wird (vgl. Abb. 216 a).

Bei Einführung der in der Statistik üblichen Größe σ (Streuung, Standardabweichung), wobei

$$\sigma = \sqrt{n\,p\,q}$$

ist (p und q relative Anteile der Substanz in der oberen, bzw. unteren Phase; $p + q = 1$; G (Verteilungszahl) $= \dfrac{p}{q} = KV$, wobei K den Verteilungskoeffizienten, $V = \dfrac{V_p}{V_q}$ das Volumenverhältnis darstellt; n = Zahl der Verteilungsschritte), vereinfacht sich die mathematische Darstellung der Trennfunktion[1].

Tabelle 99. *Zusammenhang zwischen den Zahlenwerten des „Reinheitsfaktors" R und den zugehörigen %-Zahlen an reiner Substanz.* [Nach S. KOLLER, Graphische Tafeln zur Beurteilung statistischer Zahlen, Dresden u. Leipzig (1943).]

Für die *Trennung von 2 Substanzen A und B* bis zu dem Zustand, daß die Fraktion der Nr. $r = r_{mA} - 3\sigma$ mit der Fraktion $r = r_{mB} + R\sigma$ zusammenfällt (Werte für den „Reinheitsfaktor" R s. Tabelle 99), wobei die Substanz B also bis zur Fraktion $r = r_{mB} + R\sigma$ als rein anzusehen ist (Abb. 217 a und b), gilt:

$$r_{mA} - 3\sigma = r_{mB} + R\,\sigma_B,$$

und daher

$$r_{mA} - r_{mB} = R\,\sqrt{n\,p_B\,q_B} + 3\,\sqrt{n\,p_A\,q_A}.$$

% reine Substanz	R
50	0,0000
60	0,2530
70	0,5245
80	0,8415
90	1,2815
95	1,6448
97,5	1,9600
99,0	2,5750
99,73	3,0000

Aus r_m (Fraktions-Nr. des Maximums der Kurve) $= \dfrac{n\,G}{1+G} = n\,p$ folgt

$$n\,(p_A - p_B) = R\,\sqrt{n\,p_B\,q_B} + 3\,\sqrt{n\,p_A\,q_A}.$$

Setzt man für $G_A\,G_B = K_A\,K_B\,V^2 = \alpha$ (Volumsfaktor)

und $\qquad G_A/G_B = \beta$ (Trennfaktor)

sowie $\qquad p = \dfrac{G}{1+G_q}, \qquad q = \dfrac{1}{1+G},$

so erhält man

$$n = \frac{\beta}{(\beta-1)^2}\left[q\left(2 + \frac{\alpha+\beta}{\sqrt{\alpha\beta}}\right) + 6R\left(\frac{\alpha+1}{\sqrt{\alpha}} + \frac{\beta+1}{\sqrt{\beta}}\right) + R^2\left(2 + \frac{\alpha\beta+1}{\sqrt{\alpha\beta}}\right)\right].$$

Wählt man das Volumenverhältnis V so, daß $\alpha = 1$, d. h. $V = \dfrac{1}{\sqrt{K_A\,K_B}}$ wird, daß also die Verteilungskurven für A und B nach n Verteilungsschritten symmetrisch zu $r = n/2$ liegen

---

[1] HECKER, E.: Z. Naturforsch. **8 b**, 77 (1953).

(Abb. 217c), so ist wegen $(\partial n/\partial\alpha)_\beta = \mathrm{const} = 0$ ein Minimum an Verteilungsschritten zur Trennung erforderlich; die Trennfunktion vereinfacht sich zu

$$n = \frac{(R+3)^2\,\beta\,(2+\sqrt{\bar\beta}+1/\sqrt{\bar\beta})}{(\beta=1)^2} = \frac{(R+3)^2}{\dfrac{\beta+1}{\sqrt{\bar\beta}}-2}.$$

Den praktisch wichtigen *Zusammenhang zwischen Trennungsgrad R* (z. B. für den Fall praktisch vollkommener Trennung, $R=3$) *und der Zahl von Verteilungsschritten* für einen bestimmten Trennfaktor β (und $\alpha=1$) ersieht man aus Abb. 217d.

Der *Trennfaktor β* hat danach einen größeren Einfluß auf die Trennung als die Zahl der Verteilungsschritte; seine Steigerung um nur

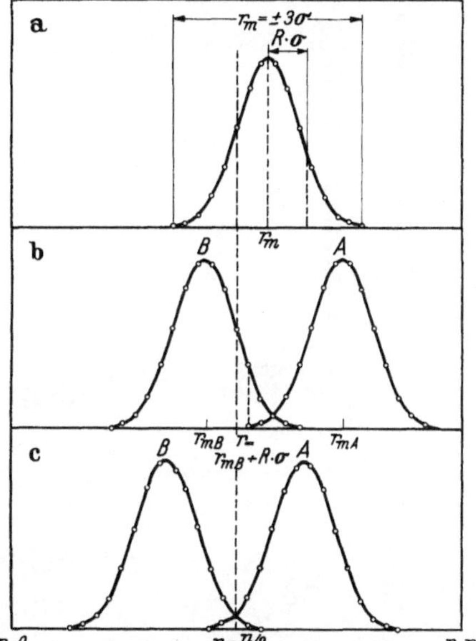

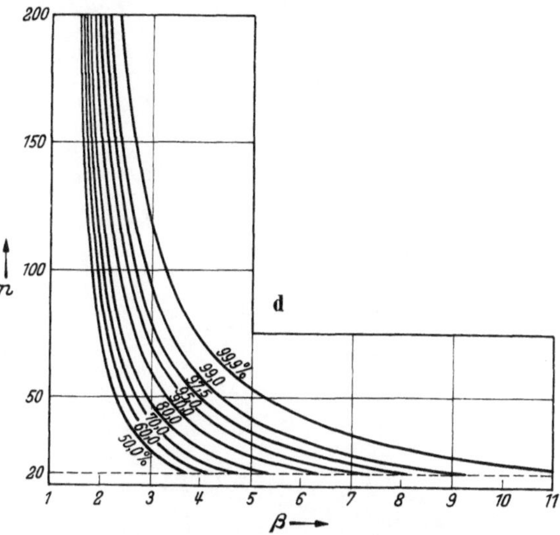

Abb. 217a—d. a—c Graphische Darstellung der Trennung zweier Substanzen (A, B) durch Verteilung. Maß für den Trennungsgrad Flächen unter den Verteilungskurven. d graphische Darstellung der Trennfunktion für $\alpha = 1$. Zur Nomenklatur s. Text!

einige Zehnteleinheiten durch Auswahl eines geeigneten Lösungsmittelsystems (vgl. S. 321) macht sich also bezahlt. Daneben ist möglichst große Löslichkeit der Substanz in jeder der beiden Phasen anzustreben. — Die Bestimmung von β ist einfach, wenn man reine Proben der zu trennenden Substanzen besitzt. Bei Gemischen unbekannter Substanzen nimmt man eine orientierende Verteilung vor (Probeverteilung in Reagensgläsern, $V=1$). Das System soll so gewählt werden, daß die Verteilungszahl G nahe 1, zumindest aber zwischen 0,5 und 2,0 liegt!

311. Apparatur, Gang des Versuchs.

Ein sehr zweckmäßiger Apparat besteht aus einer Anzahl von Glasgefäßen, wie sie in Abb. 218 wiedergegeben sind. A ist die Kammer zur Einstellung des Gleichgewichts. Durch die Öffnung E werden die vorher miteinander gesättigten Phasen eingeführt. Man gibt soviel der schwereren Phase zu, daß beim Neigen um etwas mehr als 90° die leichtere Phase durch B nach C überläuft, während die schwerere in A bleibt. Beim Aufrichten der Einheit in die ursprüngliche Lage fließt die obere Phase durch das Rohr D aus, das in die Öffnung E einer weiteren Einheit mündet: so wird durch eine Kippbewegung die schrittweise Überführung der Phasen bewerkstelligt. Über die Befestigung der Einheiten gibt Abb. 218 Auskunft. Man setzt die Operation so lange fort (eventuell automatischer Antrieb), bis alle Einheiten ihr Komplement in beiden Phasen haben. Nun kann die Menge gelösten Stoffes in jeder Einheit bestimmt werden. Man kann auch von Schritt zu Schritt die obere Phase des letzten Gefäßes in ein benummertes Reagensglas ausfließen lassen: dieser Vorgang entspricht der Elutionsentwicklung im Falle einer Chromatographiesäule[1]. Schließlich kann man die obere Phase der letzten Zelle wieder in die erste Zelle zurückführen. Craig[2] gibt eine Apparatur mit 108 Einheiten (150000 Extraktionen in 24 Std) an[3].

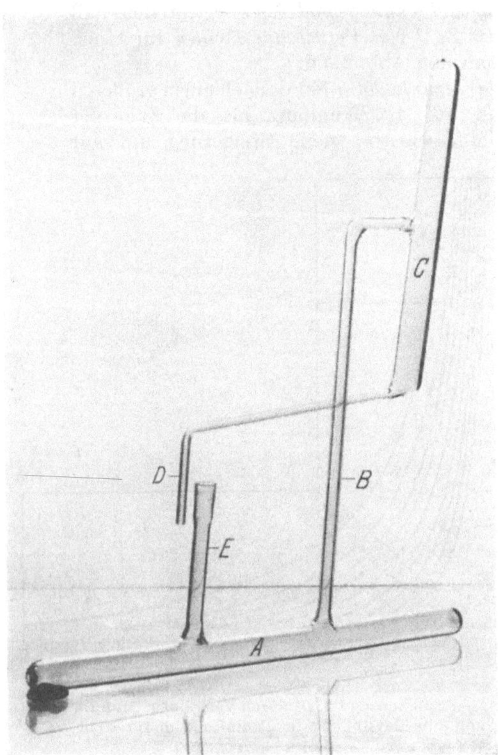

Abb. 218a.

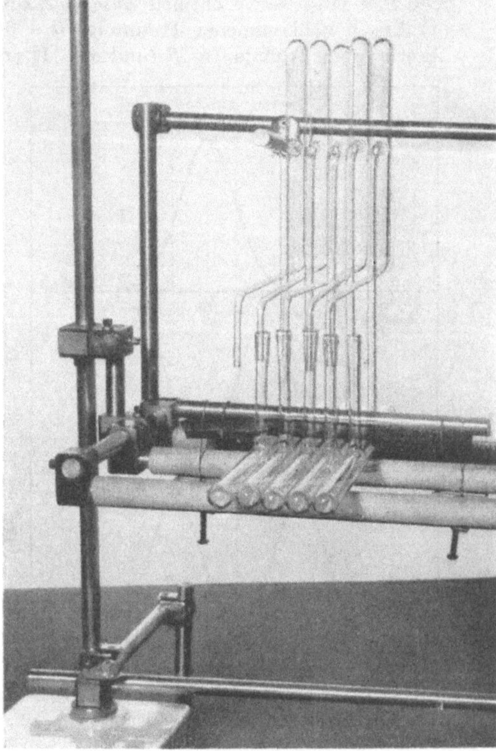

Abb. 218b.

---

[1] C. J. O. R. Morris gibt eine vollautomatische Apparatur zur Gegenstromverteilung zwischen *fester* und flüssiger Phase an; der Vorgang entspricht der Adsorptionschromatographie, hat aber z. B. bei mangelhafter Gleichgewichtseinstellung Vorteile [Biochemic. J. **55**, 369 (1953).]

[2] Craig, L. C., W. Hausmann, E. H. Ahrens jr. u. E. J. Harfenist: Analyt. Chem. **23**, 1236 (1951).

[3] Diese Apparatur ist günstiger (unbeschränkte Anzahl von Einheiten, visuelle Beobachtung eventueller Emulsionsbildung, keine Gefahr des Undichtwerdens) als die ältere „Craig-Mühle". Modifizierte Anordnungen sind verschiedentlich angegeben worden. [Rauen, H., u. W. Stamm: Chem.-Ing.-Techn. **21**, 259 (1949); Tschesche, R.: Chem.-Ing.-Techn. **22**, 214 (1950); Weygand, F.: Chem.-Ing.-Techn. **22**, 213 (1950)]. Vgl. auch die besonders einfache Anordnung nach G. H. Lathe und C. R. J. Ruthven [Biochemic. J. **49**, 540 (1951)], wobei jede „Einheit" aus einem Paar von weiten, an beiden Enden konisch zulaufenden Glasrohren besteht, die durch dünne Kunststoffschläuche verbunden sind (ein Rohr entspricht dem Misch-, das zweite dem Überführungsgefäß). — Vgl. auch den „Zentrifugal-Gegenstromextraktor" von H. Eisenlohr [Chem.-Ing.-Techn. **23**, 12 (1951)] und den „Kaskadenverteilungsapparat" von M. W. Kies und P. L. Davis [J. of Biol. Chem. **189**, 637 (1951)], bei dem eine Glassinterplatte dazu dient, die Phasen gut miteinander in Kontakt zu bringen (der Schüttelvorgang entfällt).

Der große Vorteil der Gegenstromverteilung vor der Verteilungschromatographie, daß nämlich Adsorptionseffekte an einem Träger hier ausgeschlossen sind, kommt besonders bei höhermolekularen Peptiden zur Auswirkung, die nach diesem Verfahren ausgezeichnet fraktioniert werden können, wenn geeignete, miteinander begrenzt mischbare Phasen gefunden werden können, wobei der

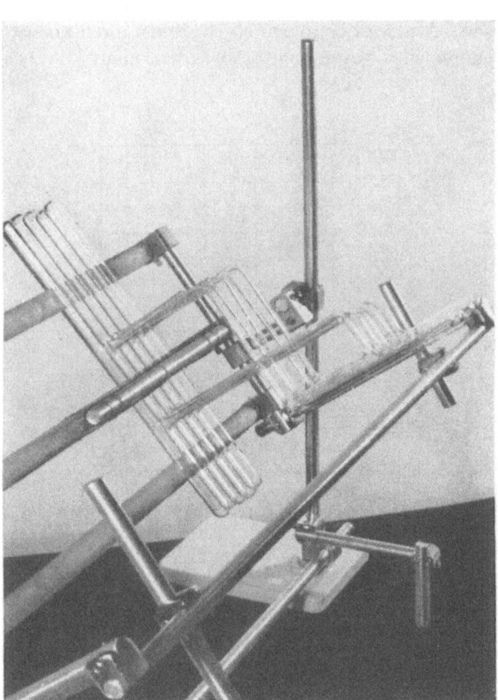

Abb. 218 c.

Abb. 218 d.

Abb. 218 a—d. *Verteilungsapparatur nach* CRAIG. a Einzelne Glaszelle („Einheit"); b 5 Einheiten, montiert; c um 45° geneigt (Einstellung des Gleichgewichts); d um über 90° geneigt, Überfüllen der leichteren Phase („Übertragungsschritt"). [Nach L. C. CRAIG, Cold Spring Harbor Symp. Quant. Biol. **14**, 24 (1949).]

Verteilungskoeffizient in der Nähe von 1 liegen soll; extreme Werte für den Verteilungskoeffizienten sind ungünstig. Diese Vorbedingungen treffen für eine *Reihe von Antibiotica vom Peptidtypus* zu, die hier als *Beispiele* angeführt seien.

312. Beispiele.

Beim Versuch, *Penicillin* durch Kondensation von Dimethylcystein mit dem entsprechenden Oxazolon zu *synthetisieren*, erhielt man ein Produkt sehr geringer biologischer Aktivität. Du VIGNEAUD[1] gelang es, aus diesem Produkt durch Gegenstromverteilung ein kristallisiertes Natriumsalz zu gewinnen, das mit Benzylpenicillin identisch war; es war im Reaktionsprodukt nur zu etwa 0,1% enthalten.

Amorphes rohes Penicillin, das man durch Extraktion einer Kultur von penicillium notatum unter Zusatz von *radioaktivem Schwefel* als Natriumsulfat zum Medium gewonnen hatte, ließ sich durch Gegenstromverteilung aufteilen; auf diese Weise konnte man kristallisiertes

[1] CRAIG, L. C.: Fortschr. chem. Forsch. **1**, 291 (1950).

Benzylpenicillin, das radioaktiven Schwefel enthielt, isolieren[1]. Abb. 219 zeigt die Verteilungskurven für das amorphe Material im System Äther/2 m-Phosphatpuffer p_H 4,88.

Ein weiteres Beispiel betrifft die Gegenstromverteilung von *Gramicidin*[2]. Wie aus Abb. 220 hervorgeht, war das kristalline Präparat inhomogen. Aus den Fraktionen 26—34 bzw. 40—50 erhielt man Kristalle des Schmelzpunkts 258—259° bzw. 227—228°. Die letztere Komponente (Gramicidin A) enthielt den höchsten Prozentsatz an Tryptophan, während die erstere Komponente (Gramicidin B) nur etwa 85% dessen enthielt; vgl. dazu die Fraktionierung der Gramicidinpeptide an Kohle. Weiter enthielten beide Fraktionen Glycin, Alanin, Valin und Leucin, während die rechts im Diagramm von Gramicidin A gelegenen, uneinheitlichen Gemische einen Gehalt von Tyrosin aufwiesen. Andere Lösungsmittelsysteme, die man auf ihre Eignung zur Trennung des Gramicidingemisches untersuchte, besaßen nicht die

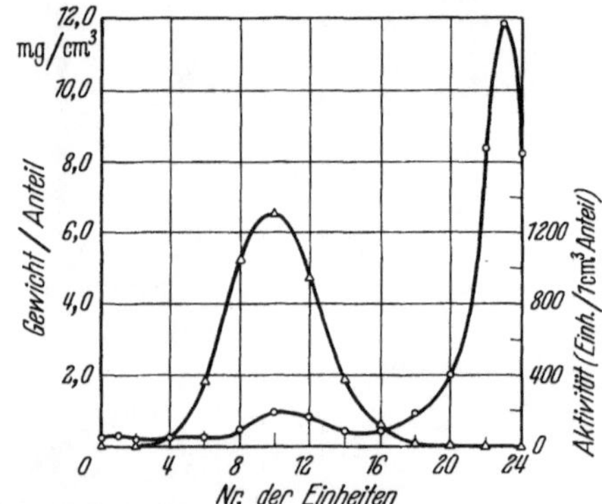

Abb. 219. *Verteilung des Rohextrakts einer auf* $Na_2S^{35}O_4$ *gezüchteten Penicillinkultur*. O Gewicht; △ biologische Aktivität. Die Einheiten 8–14 (Benzylpenicillin) enthielten den Hauptanteil der biologischen Aktivität; Material in Einheit 9 (kristallisiert als Triäthylaminsalz) zeigte die 4fache Radioaktivität des Ausgangsmaterials). [Nach Y. SATO, G. T. BARRY und L. C. CRAIG, J. of Biol. Chem. **174**, 217 (1948).]

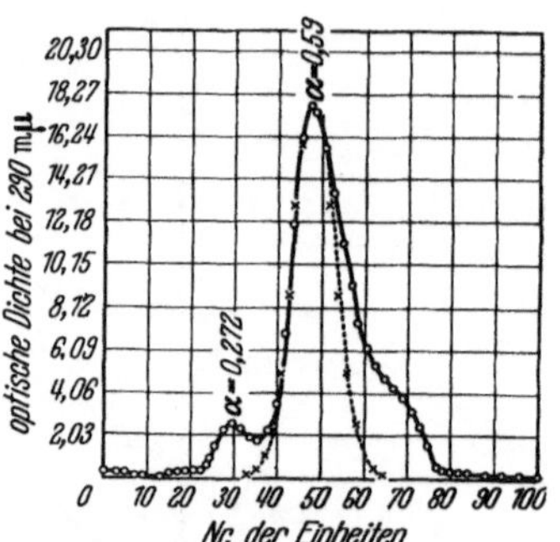

Abb. 220. *Gegenstromverteilung von kristallisiertem Gramicidin*. 1 g Substanz; 100 Übertragungen in einer Apparatur mit 54 Einheiten; Wasser : Methanol : Chloroform : Benzol 7 : 23 : 15 : 15. [Nach D. GREGORY und L. C. CRAIG, J. of Biol. Chem. **172**, 839 (1948).]

gleiche Spezifität. So zeigte z. B. ein System aus Heptan, Cyclohexan, Dioxan und Wasser ein Diagramm, aus dem die Trennung der tyrosinhaltigen Verunreinigungen von Gramicidin A + B ersichtlich war; es war aber keine Trennung der letzteren Komponenten voneinander erreichbar. Leider gibt es keine Regel für die Auswahl der Lösungsmittel oder ihres günstigsten Verhältnisses, so daß man auf Probieren angewiesen ist (vgl. aber S. 321).

Für das *basische Peptid Tyrocidin*[3] erwies sich ein saures Lösungsmittelsystem (Methanol : Chloroform : 0,1 n-Salzsäure 2 : 2 : 1) als besonders geeignet. Abb. 221 zeigt die Verteilungskurve, und zwar sowohl für Trockengewicht wie für die Extinktion bei 280 mμ.

Gegenstromverteilung des Antibioticums *Bacitracin*[4] in sec.-Butanol-1,7% wäßrige Essigsäure gab die in Abb. 222a wiedergegebene Verteilungskurve. Die Hauptbande (83% des Gesamtgewichts) enthielt die biologische Aktivität; die in ihr enthaltene Substanz konnte durch Lyophilisieren ohne Wirkungsverlust in die Form eines hygroskopischen weißen Pulvers gebracht werden. Sie zeigte keine optische Aktivität; erneute Verteilung lieferte nur eine einheitliche Bande. Durch 18stündige Hydrolyse mit 6 n-Salzsäure erhielt man ein

---

[1] SATO, Y., G. T. BARRY u. L. C. CRAIG: J. of. Biol. Chem. **174**, 217 (1948).

[2] GREGORY, D., u. L. C. CRAIG: J. of Biol. Chem. **172**, 839 (1948).

[3] CRAIG, L. C.: Cold Spring Harbor Symp. Quant. Biol. **14**, 25 (1949).

[4] CRAIG, L. C.: Cold Spring Harbor Symp. Quant. Biol. **14**, 27 (1949); vgl. weiter: Verteilung von Bacitracin A in 2% HCl/Phenol bzw. 5% Ammonacetat in 1% NH$_4$OH/2-Butanol + n-Propanol 2:1 [CRAIG, HAUSMANN u. WEISIGER: J. of Biol. Chem. **175**, 483 (1948); **199**, 865 (1952); **200**, 765 (1953)]; Verteilung von Bacitracin in 0,05 m-Kaliumphosphatpuffer p_H 7,0/Amylalkohol + n-Butanol 4:1 [NEWTON u. ABRAHAM: Biochemic. J. **53**, 597 (1953)].

Gemisch von Aminosäuren, dessen Aufteilung an der Stärkesäule (MOORE und STEIN) folgende ungefähre Zusammensetzung (g Aminosäure/100 g Bacitracin) ergab: Phenylalanin 11%, Leucin 9%, Isoleucin 22%, Glutaminsäure 10%, Asparaginsäure 17%, Lysin 9%, Histidin 7%, Cystin 14%, Ammoniak 1,5%, Methionin, Valin, Threonin, Serin, Prolin und Arginin waren abwesend. Abb. 222b zeigt das Ergebnis einer Gegenstromverteilung von Hydrolysenprodukten des Bacitracins im System Butanol/30% Ammoniumacetat (wäßrig) + 7% Ammoniak.

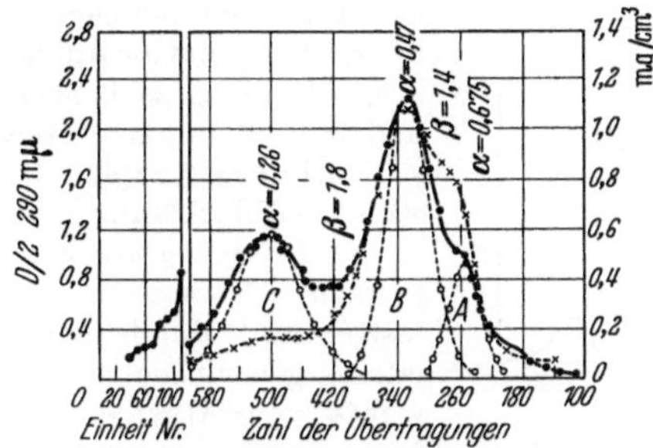

Abb. 221. *Verteilungskurve für kristallisiertes Tyrocidin.*
●·······● Gewicht, ×———× Extinktion 280 mμ;
○———○ berechnete Kurve. [Nach L. C. CRAIG, Cold Spring Harbor Symp. Quant. Biol. **14**, 25 (1949).]

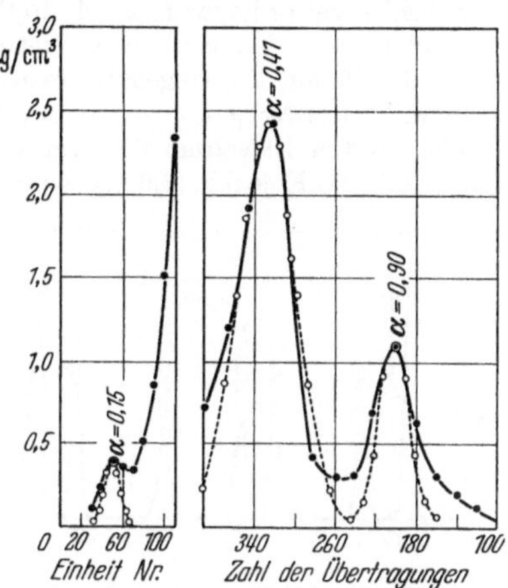

Abb. 222a. *Verteilungskurve für Bacitracin.*
●———● Gewicht; ○———○ berechnete Kurve.
(Nach L. C. CRAIG, s. Text.)

Ein weiteres Beispiel für die Reinigung kompliziert zusammengesetzter Peptide, bei dem das Zusammenspiel von Gegenstromverteilungs- und chromatographischem Verfahren besonders deutlich wird, ist die Isolierung der *vasopressorisch und oxytocisch wirkenden Komponenten*

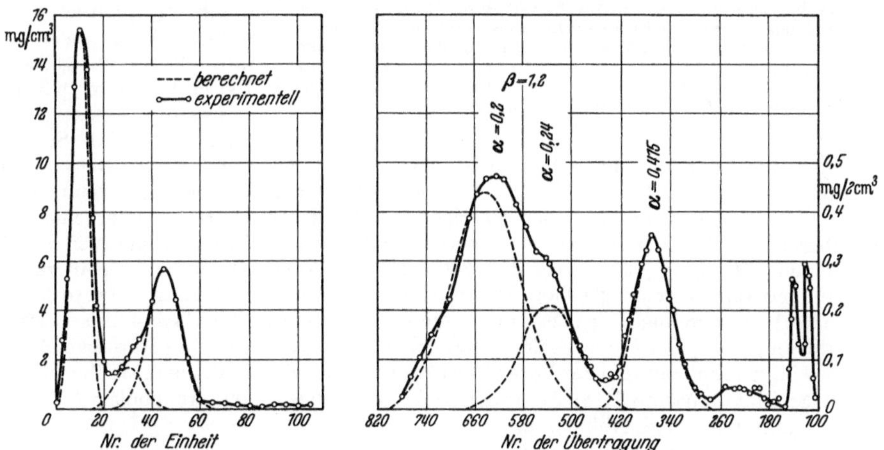

Abb. 222b. *Gegenstromverteilung der Hydrolysenprodukte von Bacitracin.* [Nach L. C. CRAIG, L. D. GREGORY und G. T. BARRY, Cold Spring Harbor Symp. Quant. Biol. **14**, 29 (1949).]

aus Hypophysenhinterlappen (DU VIGNEAUD und Mitarbeiter[1]). Das durch Lyophilisieren der frischen Drüsen und Acetonbehandlung erhaltene Trockenpulver (1,5 E/mg) wurde zur Isolierung der Hormone mit 0,25%iger Essigsäure (10 Liter/100 g) ausgezogen, der

---

[1] LIVERMORE, A. H., u. V. DU VIGNEAUD: J. of Biol. Chem. **180**, 365 (1949). — PIERCE, J. G., u. V. DU VIGNEAUD: J. of Biol. Chem. **186**, 80 (1950). — TURNER, R. A., J. G. PIERCE u. V. DU VIGNEAUD: J. of Biol. Chem. **191**, 25 (1951). — PIERCE, J. G., S. GORDON u. V. DU VIGNEAUD: J. of Biol. Chem. **199**, 929 (1952).

Extrakt im Vakuum konzentriert, die Proteine mit Ammonsulfat gefällt, der Niederschlag mit Eisessig extrahiert, aus dem Extrakt mit Äther das Vasopressin (mit einem Teil Oxytocin) und in der Restlösung mit Hexan das Oxytocin gefällt.

a) Reinigung des Oxytocins. Das durch Hexan gefällte Öl, das durch die Vorbehandlung Butanol-löslich geworden war, wurde in Wasser aufgenommen, mit sec.-Butanol ausgezogen, mit 2 m-Phosphatpuffer gewaschen, getrocknet und lyophilisiert. Man erhielt ein Präparat mit 250—300 E/mg. Die Gegenstromverteilung zwischen sec.-Butanol und 0,05%iger Essigsäure (bzw. 0,01 m·NH₄OH) wurde in 53 Übertragungen durchgeführt, der Aktivitätsgipfel im gleichen System 10 weitere Male verteilt; die Substanz zeigte nun eine biologische Aktivität entsprechend 800 E je mg. 9,9 mg wurden in 2 cm³ Salzsäure (6 n) unter Stickstoff 16 Std

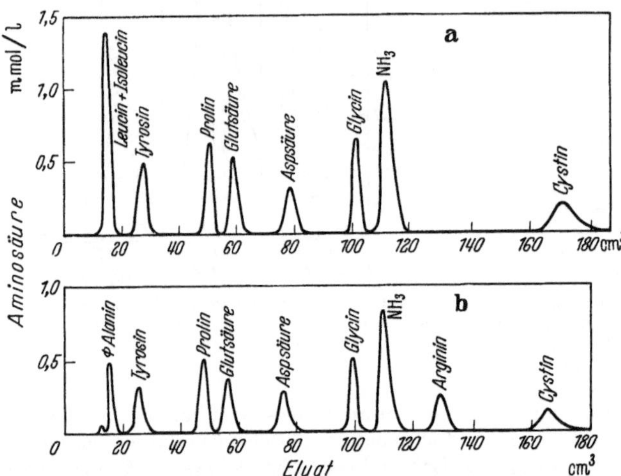

bei 132° (Badtemperatur) hydrolysiert und die Aminosäureverteilung nach STEIN und MOORE durch Stärkesäulenchromatographie bestimmt (Abb. 223a).

b) Reinigung des Vasopressins. Das aus dem Eisessigextrakt durch Ätherfällung gewonnene Produkt wurde vom Oxytocin befreit, indem man dieses durch 6maliges Ausschütteln der essigsauren Lösung (1 g/25 cm³ 0,05%ige Essigsäure) mit gleichen Volumina sec.-Butanol extrahierte. Zur Gegenstromverteilung wurden 9,8 g des durch Lyophilisieren isolierten Vasopressinpräparats (45 E/mg), gelöst in 100 cm³ 0,09 m p-Toluolsulfosäure (gesättigt mit n-Butanol), im Schüttel-

Abb. 223a u. b. *Aminosäurezusammensetzung* a *eines Oxytocin-,* b *eines Vasopressinhydrolysats, bestimmt durch Verteilungschromatographie an Stärkesäulen.* 1,932 mg Oxytocin, bzw. 1,75 mg Vasopressin, gereinigt durch Gegenstromverteilung. Lösungsmittel: 1 : 2 : 1 n-Butanol : n-Propanol : 0,1 n-Salzsäure, gefolgt von 2:1 n-Propanol : 0,5 n-Salzsäure. Säulen 0,9 × 30 cm. [Nach A. H. LIVERMORE und V. DU VIGNEAUD, J. of Biol. Chem. **180**, 365 (1949).]

trichter entsprechend der Prozedur nach CRAIG in 11 Schritten mit n-Butanol ausgeschüttelt, die oberen Phasen der 5., 6. und 7. Übertragung vereinigt, 2mal mit je 150 cm³ Wasser ausgezogen und der wäßrige Extrakt durch Filtrieren über eine Säule von Amberlit IR-4B (6 × 20 cm) von p-Toluolsulfosäure befreit. Durch Lyophilisieren erhielt man 1,16 g mit 240 E/mg (63% Ausbeute). 380 mg dieses Präparats wurden im Kälteraum in der Verteilungsapparatur im gleichen System einer 100 Schritt-Verteilung unterworfen, die Fraktionen 51—60 vereinigt, wie oben von p-Toluolsulfosäure befreit und lyophilisiert: 120 mg eines farblosen, amorphen Pulvers (500 E/mg). Eine Aminosäureanalyse (Stärkesäule) ergab für die beteiligten Aminosäuren das Verhältnis (Arginin = 1): Phenylalanin 0,93; Tyrosin 0,94; Prolin 1,13; Glutaminsäure 1,14; Asparaginsäure 1,08; Glycin 1,09; Ammoniak 2,97; Arginin 1,00; Cystin 0,84. Vgl. Abb. 223b.

Zur *Trennung von Komponenten des Insulins* vgl. [1].

Weitere Beispiele betreffen die Reinigung des *Subtilins* [2] (Wasser/1- oder 2-Butanol), von Polypeptid-Antibioticis aus *Actinomyceten* [3], von *ACTH* [4] (0,05 m-Pikrinsäure bzw. 0,05 m-

---

[1] HARFENIST, E. J., u. L. C. CRAIG: J. Amer. Chem. Soc. **73**, 877 (1951).

[2] BRINK, N. G., J. MAYFIELD u. K. FOLKERS: J. Amer. Chem. Soc. **73**, 330 (1951).

[3] BROCKMANN, H., K. BAUER u. J. BORCHERS: Chem. Ber. **84**, 700 (1951). — BROCKMANN, H., u. N. GRUBHOFER: Naturwiss. **37**, 494 (1950). — BROCKMANN, H., N. GRUBHOFER, W. KASS u. H. KALBE: Chem. Ber. **84**, 260 (1951); vgl. DE BOER, CARON u. HINMAN: J. Amer. Chem. Soc. **75**, 499 (1953) (Wasser:Methylenchlorid).

[4] PAYNE, R. W., M. S. RABEN u. E. B. ASTWOOD: J. of Biol. Chem. **187**, 719 (1950); vgl. KUEHL, BRINK u. FOLKERS: J. Amer. Chem. Soc. **75**, 1955 (1953).

Sulfosalicylsäure bzw. 0,5% Trichloressigsäure/2-Butanol) und besonders von *synthetischen Peptiden*[1] (Cbzo-Peptide in Acetatpuffer/Essigester).

Die angeführten Beispiele stellen, soweit sie relativ lipophile Peptide betreffen, wohl das wichtigste Anwendungsgebiet der Gegenstromverteilung auf dem Proteingebiet dar (vgl. ferner die Fraktionierung von DNP-Peptiden nach diesem Verfahren[2]). Immerhin zeigt z. B. schon die oben erwähnte Aufteilung eines Bacitracinhydrolysats, daß auch *Aminosäuren* dieser Methode zugänglich sind[3]. Zwar hat die Verteilungschromatographie gerade wegen bestimmter „Trägereffekte" hierbei den Vorteil besseren Auflösungsvermögens (vgl. Abb. 224), doch kann kein Zweifel bestehen, daß bei entsprechender Kombination mehrerer

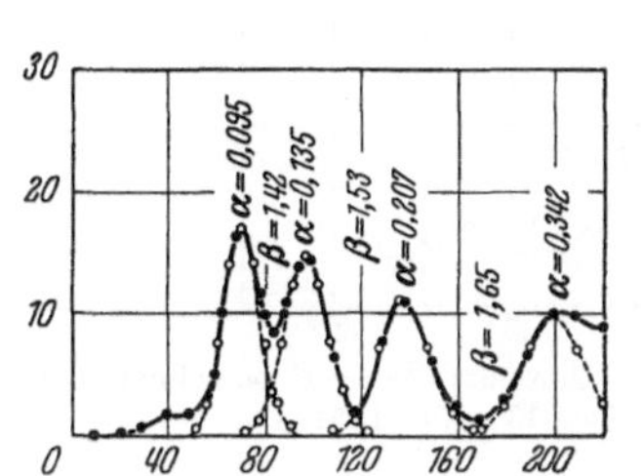
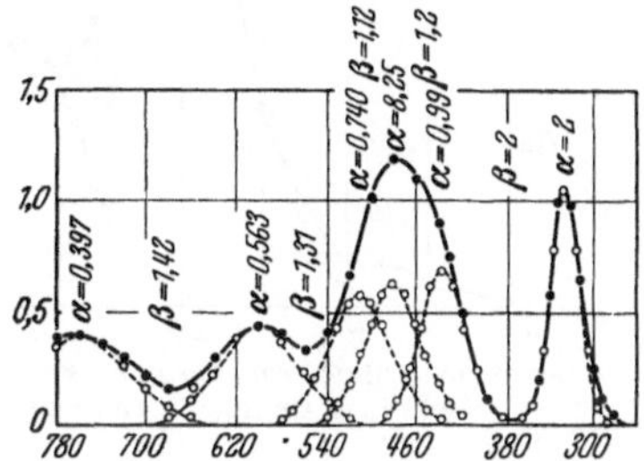

Abb. 224. *Verteilungskurven der Gegenstromverteilung eines Gemisches der folgenden Aminosäuren:* Glycin, Alanin, α-Aminobuttersäure, Valin, Methionin, Tyrosin, Leucin, Isoleucin, Phenylalanin, Tryptophan. System: n-Butanol : 5% Salzsäure (je 300 mg Aminosäure in insgesamt 80 cm³ Lösungsmittel in die ersten 8 Zellen eingefüllt; 780 „Übertragungen"). ●——● Experimentelle Werte; o——o berechnet. [Nach L. C. CRAIG, Analyt. Chem. **22**, 1348 (1950).]

Systeme auch die Gegenstromverteilung zur völligen Trennung der Aminosäuren eines Hydrolysats führen kann; der Vorteil besteht dann in der Möglichkeit des Einsatzes größerer Substanzmengen[4].

Überraschenderweise sind selbst *Proteingemische* von der Anwendung dieser vielseitigen Methode nicht so völlig ausgeschlossen, als man es erwarten sollte. Eine gewisse Widerstandsfähigkeit gegen Denaturierung und Löslichkeit in Alkohol usw. vorausgesetzt, können auch sie in der oben geschilderten Weise durch Gegenstromverteilung getrennt oder gereinigt werden (Abb. 225). Selbstverständlich

---

[1] KENNER, G. W.: Chem. a. Industr. **1951**, 15.

[2] WOOLLEY, D. W.: J. of Biol. Chem. **179**, 593 (1949): Verteilung in verdünnter NH₄OH bzw. Acetat- oder Phosphatpuffer/n-Butanol bzw. Essigester. Auch *Pipsyl-Peptide* (vgl. S. 247) sind durch Verteilung fraktioniert worden [Lösungsmittelsystem 0,2 n-HCl bzw. 0,2 n-NaOH/Chloroform bzw. Tetrachlorkohlenstoff bzw. Äther, Dichloräther, Essigester, vgl. M. LEVY, J. of Biol. Chem. **199**, 563 (1952); KESTON, UDENFRIEND u. CANNAN, J. Amer. Chem. Soc. **71**, 249 (1949)]. *DNP-Aminosäuren* wurden in gleicher Weise wie DNP-Peptide, *Acylaminosäuren* durch Verteilung zwischen Phosphatpuffer/Essigester getrennt (KENNER u. STEDMAN: J. Chem. Soc. [London] 1952, 2069.)

[3] Vgl. CRAIG, L. C., J. D. GREGORY u. G. T. BARRY: J. Clin. Invest. **28**, 1014 (1949); ferner CRAIG, L. C., W. HAUSMANN, E. H. AHRENS u. E. J. HARFENIST: Analyt. Chem. **23**, 1236 (1951).

[4] Folgende weitere Lösungsmittelsysteme für die Verteilung von Aminosäuren wurden angegeben: 2% wäßrige HCl/Phenol; 2-Butanol:n-Propanol: 5% wäßriges Ammonacetat (1% NH₃ enthaltend) 2:1:3 (zur Trennung Leucin:Isoleucin); 5% wäßrigen HCl/tert.-Amylakohol (Trennung der basischen und sauren Aminosäuren); s. L. C. CRAIG, W. HAUSMANN u. J. R. WEISIGER, J. of Biol. Chem. **194**, 808 (1952); ferner 17% Essigsäure/n-Butanol [JAMES, A. T.: Biochemic. J. **50**, 114 (1952)].

hat diese Anwendung nicht die gleiche Vielseitigkeit wie die Trennung niedermolekularer Stoffe, zumal Grenzflächen ganz allgemein für Proteine Denaturie-
rungsgefahren bergen.

Gegenstromverteilung von Insulin[1]. 500 mg Insulin wurden im System 2-Butanol:1%
wäßriger Dichloressigsäure (p_H 2,7) bei 24° 909 Verteilungsschritten unterworfen; Abb. 225

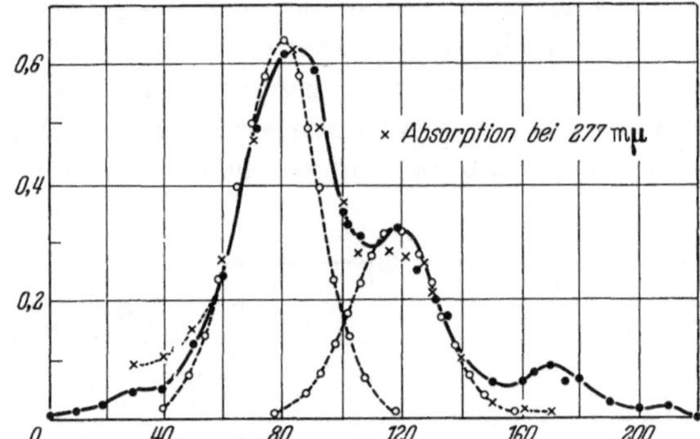

Abb. 225. *Gegenstromverteilung von Insulin.* ●———● Gewicht; ○———○ berechnete Kurve.
[Nach L. C. CRAIG, J. Amer. Chem. Soc. **73**, 877 (1951).]

zeigt das Auftreten zweier ausgeprägter Konzentrationsgipfel. Die entsprechenden Proteine
unterschieden sich in ihrer biologischen Aktivität nicht.

Vgl. dazu die Gegenstromverteilung von *Clupeinen* (FELIX und Mitarbeiter[2]) in 7% NH_4OH
in 20% Ammonacetat/iso-Butanol; bzw. 15% Na-Acetat/5% Laurinsäure in n-Butanol.

313. Diskussion des Verfahrens[3].

Das erste Erfordernis für die Anwendung des Verfahrens der Gegenstromverteilung ist die *Auffindung eines geeigneten Systems*, in dem sich die zu untersuchenden Komponenten nahezu ideal, und zwar in einem praktisch in Frage
kommenden Konzentrationsbereich verteilen. Dabei soll der Verteilungskoeffizient

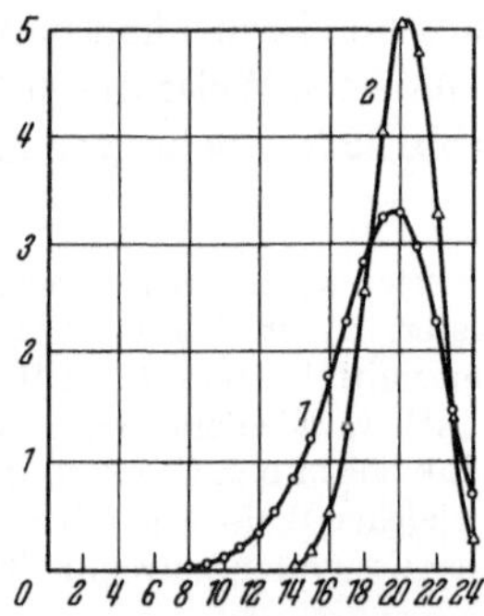

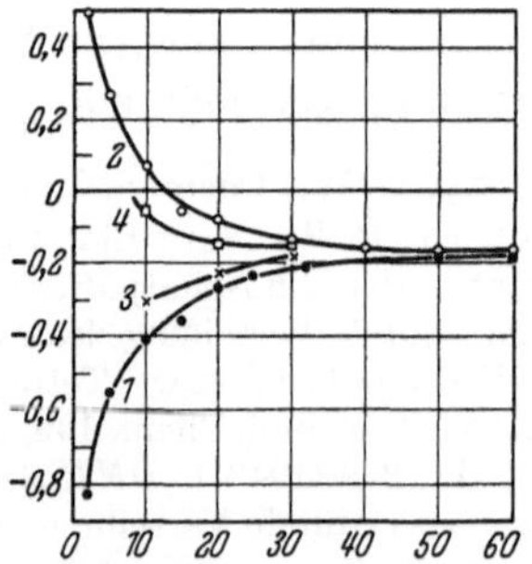

Abb. 226. *Wirkung der Nichterreichung des Gleich-*
gewichtszustands auf die Verteilungskurve. 1 Ungleich-
gewicht; *2* Gleichgewicht. [Nach G. T. BARRY,
Y. SATO und L. C. CRAIG, J. of Biol. Chem. **174**, 209
(1948).]

Abb. 227. *Wirkung der Temperatur auf die Geschwindig-*
keit der Gleichgewichtseinstellung. Benzylpenicillin in
Isopropyläther: 0,3 m-Phosphat pH 4,9. *1* und *2* bei
5—6°, *3* und *4* bei 24°. [Nach G. T. BARRY, Y. SATO
und L. C. CRAIG, J. of Biol. Chem. **174**, 209 (1948).]

[1] CRAIG, L. C.: J. Amer. Chem. Soc. **73**, 877 (1951).

[2] FELIX, K., H. RAUEN, W. STAMM u. G. ZIMMER: Z. physiol. Chem. **286**, 199 (1950);
292, 101 (1953); vgl. ferner W. GRASSMANN u. DEFFNER [Z. physiol. Chem. **293**, 89 (1953)];
R. SIGNER, Angew. Chem. **65**, 349 (1953).

[3] BARRY, G. T., Y. SATO u. L. C. CRAIG: J. of Biol. Chem. 174, 229 (1948).

in der Nähe des Optimums, nämlich bei 1 liegen. Die zu untersuchenden Verbindungen müssen in dem gewählten Lösungsmittelsystem wenigstens für einige Stunden stabil sein. Das System muß sich in einer tragbaren Zeit in zwei Schichten trennen und muß die analytische Bestimmung der Komponenten nach erfolgter Verteilung gestatten. Die Erfüllung dieser Bedingungen ergibt sich nur aus der Übereinstimmung der Verteilungskurve innerhalb der experimentellen Fehlergrenze mit der auf theoretischem Weg erhaltenen Kurve (s. oben). Zum Einfluß unvollständigen Gleichgewichts s. Abb. 226 und 227.

Für die *Auswahl des entsprechenden Lösungsmittelsystems* können folgende Anhaltspunkte dienen.

In der von CRAIG angegebenen Zusammenstellung von Lösungsmitteln nach steigender Dielektrizitätskonstante (beginnend mit solchen, die keine H-Brücken bilden können, über Donator-Lösungsmittel zu solchen, die Donator- und Acceptoreigenschaften haben) sind im folgenden solche hervorgehoben, die für die Trennung von Aminosäuren, Peptiden (und eventuell Proteinen) besonders wichtig sind.

Pentan	Furan	*Amylalkohole*	
Isopentan	Furfurol	*tert. Amylalkohol*	
Hexan	Thiophen	*n-Butanol*	
Heptan	Methyläthylketon	*sec-Butanol*	
Cyclohexan	Methylcyclohexanon	*Propanol*	
Cyclopentan	Aceton	*Äthanol*	
Benzol	Dioxan	*Methanol*	
Toluol	Amylacetat	Acetonitril	
Äthylendichlorid	Isopropylacetat	Nitromethan	
Methylenchlorid	*Essigester*	*Glykolmonobutyläther*	
Tetrachlorkohlenstoff	Methylacetat	*Glykolmonoäthyläther*	
Chloroform	Nitrobenzol	*Glykolmonomethyläther*	
Schwefelkohlenstoff	Cyclohexanol	Pyridin	
höhere Äther		Morpholin	
Diisopropyläther		Anilin	
Diäthyläther		*Phenol*	
		Eisessig	
		Formamid	
		Wasser	
		Säuren, Salzlösungen	

Left vertical label: für substituierte (acylierte) Aminosäuren und Peptide (lipophile Substanzen) ⟶

Right vertical label: für unsubstituierte Aminosäuren und Peptide (hydrophile Substanzen) ↓

Für die Trennung unsubstituierter Aminosäuren und Peptide wählt man als organische Phase zunächst etwa *Butanol* (bzw. Phenol), für die der stärker lipophilen substituierten Produkte kann man etwa von *Chloroform* ausgehen. Die andere Phase wird bei Proteinspaltprodukten meist wäßrig sein. Durch Beimischen von Lösungsmitteln kleinerer Dielektrizitätskonstante verschiebt man die Verteilung zugunsten der wäßrigen Phase und umgekehrt. Unter Benutzung der angegebenen Beispiele gelangt man unschwer zu einer Verteilungszahl G zwischen 0,5 und 2,0 (vgl. S. 313). Löst sich die Substanz in Wasser zu schlecht, so setzt man dem System z. B. Methanol zu; zur Steigerung der Löslichkeit in der organischen Phase ist oft der Zusatz von Lösungsvermittlern (langkettigen Fettsäuren, langkettigen Aminen, aromatischen Sulfosäuren usw.) günstig. Um zu erreichen, daß die Verteilungsisotherme möglichst gradlinig verläuft (d. h. der Verteilungskoeffizient möglichst unabhängig von der Konzentration ist), setzt man häufig dem System niedrige Fettsäuren (Essigsäure, Dichlor- und Trichloressigsäure) zu. Dadurch wird die Dissoziation der zu verteilenden Säuren in der polaren Phase zurückgedrängt, während in der wäßrigen Phase statt der unerwünschten Assoziation der Moleküle der Analysensubstanz eine Assoziation zwischen diesen und der in großem Überschuß zugesetzten Säure stattfindet. Einen ähnlichen Zweck verfolgt man durch Zusatz von Salzsäure, Toluolsulfosäure, Naphthalinsulfosäure, Sulfosalicylsäure, Pikrinsäure usw. Pufferlösungen (Ammonacetat, Phosphatpuffer usw.) können verschiedene Wirkung haben. Oft handelt es sich um Aussalzeffekte ähnlich wie mit konzentrierten Harnstoff- oder Natriumnitratlösungen. Bei basischen Substanzen, die als Salze zu wenig lipophil sind, kann man verdünnte Natronlauge, Kaliumcarbonat-, Ammoniak- oder Piperidinlösungen zusetzen. Umgekehrt erreicht man bei zu wenig hydrophilen Substanzen durch Salzbildung den gewünschten Effekt. Durch Veränderung des Verhältnisses der Bestandteile des Systems oder durch Zusätze der zuletzt geschilderten Art erreicht man die notwendige Steigerung der Selektivität, d.h. Erhöhung des Trennfaktors β.

Zahlreiche begrenzt mischbare Paare organischer Lösungsmittel sind einer Zusammenstellung von Metzsch[1] zu entnehmen.

Die Ausschaltung der *Bildung von Emulsionen* ist das schwierigste Problem bei der vorliegenden Methode. Namentlich bei oberflächenaktiven Substanzen bilden sich stabile Emulsionen, so daß eine sehr lange Zeit für die Trennung der Schichten notwendig ist; auch wird vollständiges Gleichgewicht bei jedem Schritt nur mit Schwierigkeiten erreicht. Wird eine Übertragung vor vollständiger Trennung der Schichten gemacht, so ändern sich die relativen Volumina in jeder Einheit, und obwohl eine Fraktionierung noch möglich ist, ist sie nicht mehr so wirksam, und die Verteilungskurven entsprechen nicht den theoretisch berechneten. Eine allgemein wirksame Abhilfe dieser Schwierigkeit ist bisher noch nicht gefunden worden. Gelegentlich hilft die Zugabe kleiner Mengen anderer oberflächenaktiver Substanzen. Auch die Art der Zusammensetzung der beiden Phasen ist von Wichtigkeit: Konzentrierte Phosphatpuffer des p_H 5 erwiesen sich bei der Verteilung von Penicillin günstiger als solche von höherem p_H, und Äthyläther erwies sich bezüglich der Entmischung anderen Lösungsmitteln überlegen. Bisweilen betrifft die Neigung zur Emulsionsbildung nicht die zu trennenden Komponenten, sondern eine geringfügige Verunreinigung, die durch vorhergehende Extraktion (eventuell im Schütteltrichter) entfernt werden kann. In Fällen, bei denen starke Emulsionsbildung eintritt, beginnt man die Verteilung in Glaseinheiten, die nötigenfalls zentrifugiert werden können; erst wenn eine Entmischungszeit von 3 min erreicht ist, setzt man die Verteilung in der eigentlichen Apparatur fort.

Die Übereinstimmung der experimentell gewonnenen Verteilungskurve mit der theoretisch berechneten Kurve ist der Beweis für die Abwesenheit einer anderen

---

[1] Metzsch, F. A.: Angew. Chem. **65**, 586 (1953); vgl. ferner Phasendiagramme von Lösungsmittelsystemen bei J. C. Smith, Industr. Engin. Chem. **41**, 2932 (1949); Löslichkeit von Substanzen bei R. Collander, Acta chem. scand. (København.) **5**, 774 (1951); Systematik von Lösungsmitteln bei A. W. Francis, Industr. Engin. Chem. **36**, 1096 (1944); R. H. Ewett, J. H. Harrison u. L. Berg, Industr. Engin. Chem. **36**, 871 (1944). Von einer ausführlichen Wiedergabe von Lösungsmittelsystemen wurde hier bewußt abgesehen, da die meisten verwendeten Vielstoffgemische zu kompliziert für eine Systematik sind; man kommt meist empirisch am schnellsten zum Ziel.

Substanz, zumindest oberhalb einer bestimmten Grenze des Prozentgehalts (ausgenommen den Fall identischer oder sehr ähnlicher Verteilungskoeffizienten). Zur *Entdeckung geringfügiger Verunreinigungen* muß man entweder eine größere Zahl von Verteilungsschritten wählen oder ein anderes, selektiveres System der Lösungsmittelphasen finden. Die erstere Möglichkeit engt die Grenzen des Verteilungsverhältnisses ein, bei dem eine Verunreinigung der Entdeckung entgehen

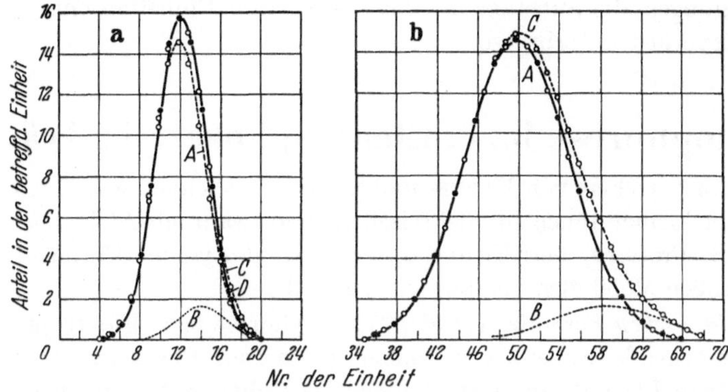

Abb. 228a u. b. *Hypothetische Verteilungskurven eines Gemisches zweier Substanzen A und B mit einem Verteilungsverhältnis 1:1,2;* Kurve C Summe der Kurven A und B, D theoretische Kurve; a bei 24 Verteilungsschritten und 10% B : 90% A; die Kurve C läßt die Beimengung von B zu A nicht erkennen; b bei 100 Verteilungsschritten, die Beimengung ist deutlich erkennbar. [Nach G. T. Barry, Y. Sato und L. C. Craig, J. of Biol. Chem. **174**, 229, 230 (1948).]

kann. Die letztere Möglichkeit ist nicht so genau vorauszusehen und eine Sache des Probierens. Vgl. dazu Abb. 228, in der die Abhängigkeit der Verteilungskurven für zwei Substanzen (Verteilungsverhältnis 1:1,2) von der Zahl der Verteilungsschritte demonstriert wird, sowie Tabelle 100, welche die Abhängigkeit der Verteilungskoeffizienten der zu trennenden Substanzen, bzw. deren Verhältnis von der Art der Lösungsmittelsysteme aufzeigt.

Tabelle 100. *Verhältnis der Verteilungskoeffizienten für Benzylpenicillin und Δ^2-Pentenylpenicillin von der Art der Lösungsmittelsysteme.*

Organisches Lösungsmittel	Phosphatpuffer	α_1 für Benzylpenicillin	α_2 für Δ^2-Pentenylpenicillin	Verhältnis α_1/α_2
Äthylacetat	1 m, p_H 5,12	1,24	1,05	1,18
Äthyläther	3 m, p_H 4,60	5,20	8,9	1,71
Äthyläther	3 m, p_H 4,93	2,54	4,00	1,57
Chloroform	2 m, p_H 4,85	1,32	0,93	1,42
Furan	3 m, p_H 4,93	0,34	0,50	1,47
Äthyläther	2 m, p_H 4,85	0,75	1,18	1,57
1:1 Äthyl und Isopropyläther	3 m, p_H 4,93	0,96	1,72	1,80
Isopropyläther	3 m, p_H 4,93	0,34	0,68	1,97
Isopropyläther	3 m, p_H 4,93	0,26 [1]	0,61 [1]	2,3

Wenn auch für die Trennung von Benzylpenicillin und Δ^2-Pentenylpenicillin das System Isopropyläther—Puffer bezüglich des Verhältnisses der beiden Verteilungskoeffizienten am günstigsten erscheint, so hat doch Isopropyläther den Nachteil, daß Benzylpenicillin bei der Arbeitstemperatur (5°) wenig in ihm löslich ist und das System daher leicht *überladen* werden kann, wenn man mehr als 5 bis 6 mg Benzylpenicillin je cm³ Isopropyläther zu Beginn der Verteilung einsetzt.

[1] Bei 25° bestimmt.

In solchen Fällen gibt man die betreffende Substanz beim Beginn des Versuchs in mehrere Verteilungseinheiten, statt sie in einer einzelnen unterzubringen, und kann auf diese Weise mehr Material verteilen, ohne den Puffer oder das organische Solvens zu überladen. Überschreitet die Zahl der eingangs des Versuchs mit Substanz beschickten Röhren 5% der Zahl an Gesamtverteilungsschritten nicht, so ist der Effekt der Verbreiterung der Verteilungskurve gering: so kann man für 100 Übertragungen die Substanz in den ersten fünf Einheiten ohne merklichen Wirksamkeitsverlust unterbringen.

32. Ionophorese bzw. Elektrophorese in Trägern.

Nach einem Vorschlag von MARTIN und SYNGE[1] bezeichnet man mit *Ionophorese* den Transport kleiner Ionen im elektrischen Feld, während *Elektrophorese* große Moleküle (z.B. Proteine) betrifft und unter *Elektrodialyse* die Entfernung kleiner Ionen von großen Molekülen verstanden sein soll.

Bei der *klassischen Form* der („freien") Ionophorese bzw. Elektrophorese wird die zu untersuchende Substanz in einem geeigneten Elektrolyt (z. B. Puffer) gelöst und diese Lösung (zumeist in einem U-Rohr), mit dem gleichen Puffer überschichtet, der Wirkung eines elektrischen Felds ausgesetzt. Im Idealfall sollten die Moleküle in ruhender Lösung in konstantem Ionenmilieu wandern. Wegen der Wärmeentwicklung des elektrischen Stroms, die leicht zu Konvektionsströmungen führt, muß man bei der Temperatur größter Dichte des Wassers (4°) arbeiten; zur besseren Wärmeableitung wird der Querschnitt des Rohrs flach rechteckig gewählt (TISELIUS). Um das Ionenmilieu konstant zu halten, nimmt man Elektrodengefäße, deren Volumina 50—100mal größer sind als das des U-Rohrs. Das Ergebnis eines solchen Versuchs entspricht der Frontanalyse bei der Chromatographie: nur ein kleiner Teil (wenige %) der schnellsten (und der langsamsten) Fraktion können rein erhalten werden; die übrigen Komponenten überdecken einander. Diese notwendige Begrenzung der Methode wird dadurch bedingt, daß die Grenzflächen durch die Wirkung der Schwerkraft stabilisiert werden müssen. Die Dichte der Lösung muß nach unten mit jeder Bande zunehmen; das Gegenteil würde sofort Konvektion hervorrufen. Daraus folgt, daß der Boden des U-Rohrs totes Volumen darstellt, das nie von einer Komponente durchwandert werden darf. Vollständige Trennung ist darum auch im günstigsten Fall (entgegengestezt wandernde Komponenten) niemals möglich. Man hat aus diesem Grund die Banden statt durch die Schwerkraft durch Träger (Glaspulver, Glasfaserpapier[2], Kieselgel[3], Celit[4], Asbest, Agargel[5] oder Austauscherharze[6]

---

[1] MARTIN, A. J. P., u. R. L. M. SYNGE: Adv. Prot. Chem. **2**, 31 (1945).

[2] STRAIN, H. H.: U.S. Atomic Energy Commission AECU-1380 (27. März, 1951). — STRAIN, H. H., u. J. S. SULLIVAN: Analyt. Chem. **23**, 816 (1951).

[3] Kieselgel verhindert die Wanderung bestimmter Proteine [GORDON, A. H., B. KEIL u. K. SEBESTA: Nature (Lond.) **164**, 499 (1949)].

[4] STRAIN, H. H.: J. Amer. Chem. Soc. **61**, 1292 (1939).

[5] GORDON, A. H., B. KEIL u. K. SEBESTA: Nature (Lond.) **164**, 499 (1949). — GORDON, A. H., B. KEIL, B. SEBESTA, O. KNESSL u. F. ŠORM: Coll. czech. chem. Comm. **15**, 1 (1950). — PENISTON, Q. P., H. D. AGAR u. J. L. McCARTHY: Analyt. Chem. **23**, 994 (1951).

[6] SPERBER, E.: J. of Biol. Chem. **166**, 75 (1946). — SPEIGLER, K. S., u. C. D. CORYELL: Science (Lancaster, Pa.) **113**, 546 (1951).

usw.) zu stabilisieren getrachtet. Zu vollem Erfolg führte die Verwendung des
nahezu idealen Trägers Filterpapier[1]. Formal hat die Papierelektrophorese viel
Ähnlichkeit mit der Papierchromatographie; während aber bei dieser der Transport
der Substanzen im Flüssigkeitsstrom erfolgt, werden diese im elektrophoretischen
Versuch bei nahezu ruhender Flüssigkeit durch das elektrische Feld in Bewegung
gesetzt.

Beweglichkeiten.

Der Trennungsgrad zweier Verbindungen (A und B), die sich im Gemisch befinden, hängt
im Elektrophoreseversuch vor allem von der Differenz der Beweglichkeiten (u_A und u_B) ab.
Bezeichnet man mit X das Spannungsgefälle (Volt/cm) und mit τ die Wanderungszeit, so
kann der Abstand der Banden (Gipfel der Konzentrationen) ausgedrückt werden durch

$$d_A - d_B = (u_A - u_B)\, X\,\tau.$$

Bei *schwachen Elektrolyten (Aminosäuren)* hängen allerdings die *Nettobeweglichkeiten*[2]
der ionischen Anteile vom Dissoziationsgrad ab. Dissoziiert eine Säure HA nach
$[\mathrm{HA}] \rightleftharpoons [\mathrm{H^+}] + [\mathrm{A^-}]$, und ist $K = \dfrac{[\mathrm{H^+}] \times [\mathrm{A^-}]}{[\mathrm{HA}]}$, so gilt für die Nettobeweglichkeit U_A:

$$U_A = u_A \frac{[\mathrm{A^-}]}{[\mathrm{HA + [A^-]}]}\, u_A = \frac{K_A}{[\mathrm{H^+}] + K_A}\,, \text{ so daß für zwei Säuren HA und HB}$$

$$U_A - U_B = u_A \frac{K_A}{[\mathrm{H^+}] + K_A} - u_B \frac{K_B}{[\mathrm{H^+}] + K_B}$$

wird. Die Differenz der Nettobeweglichkeiten wird maximal für

$$([\mathrm{H^+}] = \sqrt{K_A\, K_B}\,) \left(\frac{\sqrt{\dfrac{u_A}{u_B}} - \sqrt{\dfrac{K_A}{K_B}}}{1 - \sqrt{\dfrac{u_A\, K_A}{u_B\, K_B}}} \right)$$

oder für

$$\mathrm{p_H} = \frac{\log \mathrm{p}_{K_A} + \mathrm{p}_{K_B}}{2} - \log \left(\frac{\sqrt{\dfrac{u_A}{u_B}} - \sqrt{\dfrac{K_A}{K_B}}}{1 - \sqrt{\dfrac{u_A\, K_A}{u_B\, K_B}}} \right).$$

Für $K_A > K_B$ ($\mathrm{p}_{K_A} < \mathrm{p}_{K_B}$) und ausgenommen für $\dfrac{u_A}{u_B} < \dfrac{K_A}{K_B} < \dfrac{u_B}{u_A}$ erhält man für
das optimale $\mathrm{p_H}$ die *Differenz der Nettobeweglichkeiten:*

$$U_A - U_B = \frac{u_B \left(\sqrt{\dfrac{u_A\, K_A}{u_B\, K_B}} - 1 \right)^2}{\dfrac{K_A}{K_B} - 1}.$$

Zur leichteren Auswertung haben CONSDEN, GORDON und MARTIN[3] ein Diagramm (vgl.
Abb. 229) angegeben, in dem $\dfrac{U_A - U_B}{u_B}$ gegen $\mathrm{p}_{K_B} - \mathrm{p}_{K_A}$ $\left(\text{für verschiedene } \dfrac{u_A}{u_B}\right)$ aufgetragen
ist. Die $\mathrm{p_H}$-Kurven geben in den Schnittpunkten das $\mathrm{p_H}$-Optimum für maximale Differenz
der Nettobeweglichkeiten der Ionen an. Man setzt für die Säure mit größerem p_K HB; bei
Basen gilt das Umgekehrte.

---

[1] Literatur bei KUNKEL, H. G., u. A. TISELIUS: J. Gen. Physiol. **35**, 89 (1951).

[2] Nettobeweglichkeit (U) = Beweglichkeit des ionischen Molekülanteils.

[3] CONSDEN, R., A. H. GORDON u. A. J. P. MARTIN: Biochemic. J. **40**, 33 (1946). — CONSDEN, R., u. A. H. GORDON: Biochemic. J. **46**, 8 (1950).

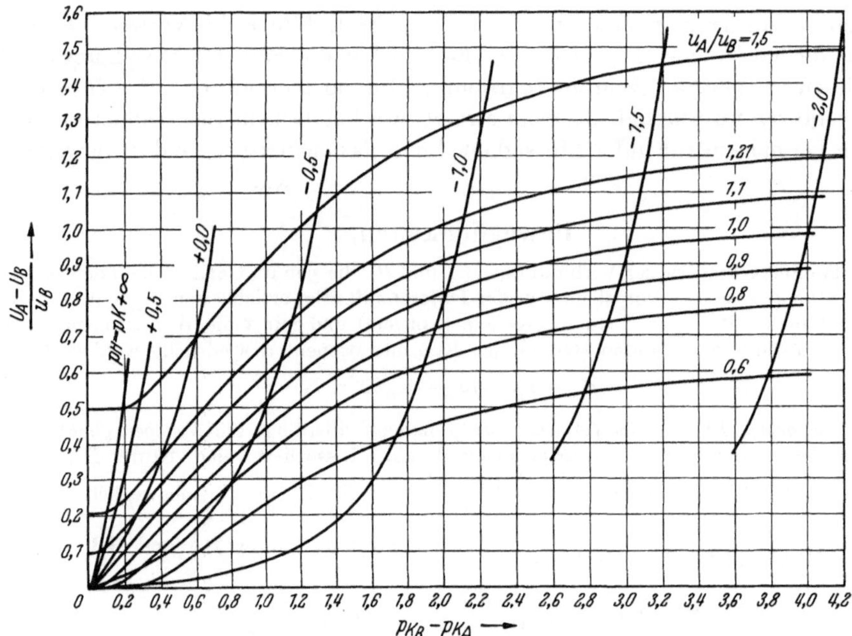

Abb. 229. *Diagramm der Differenzen der Nettobeweglichkeiten zweier Säuren* für eine vorgegebene Differenz der p_K-Werte und vorgegebene Ionenbeweglichkeiten, bei Trennungen beim optimalen p_H (Werte durch die Schar schneidender Kurven gegeben). [Nach R. Consden, A. H. Gordon und A. J. P. Martin, Biochemic. J. **40**, 33 (1946).]

Dispersion der Banden; Diffusion.

Neben dem Unterschied der Beweglichkeit spielt auch die Dispersion der Banden während der Wanderung eine wichtige Rolle. Man kann speziell im Fall der Trägerionophorese eine Art von „Diffusionskoeffizienten im erweiterten Sinn" einführen, der die eigentliche Diffusion, Temperaturgradienten und Unvollkommenheiten der Banden einschließt. Ein solcher „Pseudodiffusionskoeffizient" hängt selbstverständlich von der experimentellen Technik und von der Art der untersuchten Substanzen ab; man ermittelt ihn empirisch.

Wegen der schnelleren Diffusion im Fall eines höheren Konzentrationsgradienten besteht eine Grenze dafür, das zu untersuchende Substanzgemisch in möglichst konzentrierter Form in einer möglichst schmalen Zone aufzubringen, um eine entsprechende Trennung der Komponenten schon auf kürzerer Wanderungsstrecke zu erreichen. Jedenfalls wird man mit der Konzentration nicht höher als nötig gehen, die ursprüngliche Bande aber schmal halten. Ähnlich wie bei der Chromatographie beobachtet man meist ein mehr oder minder ausgeprägtes Scharfbleiben der Bande während des Versuchs; fließt dagegen kein Strom, so werden die Zonen bald unscharf. Bei hohem Spannungsgefälle (etwa 50 V/cm) sind die Versuchszeiten entsprechend kürzer und damit die Diffusion geringer; das ist ein bedeutender Vorteil für niedermolekulare Substanzen (Aminosäuren, Peptide), die rasch diffundieren, und kommt in scharfen, schmalen Zonen (s. Abb. 202, 245g) zum Ausdruck. In solchen Fällen ist die „Hochspannungsionophorese" oft die Methode der Wahl.

Endosmose.

Bei der Bestimmung der ungefähren Beweglichkeiten muß man neben dem hindernden Einfluß des Trägers (Abb. 230)[1] die Endosmose in Rechnung stellen, die meist einen kathodisch

---

[1] Es läßt sich leicht zeigen, daß die für die „freie" Elektrophorese errechneten Formeln (z. B. $d = u\,\tau\left(\dfrac{V}{l}\right)$, wobei d die Wanderungsstrecke, u die Beweglichkeit, τ die Zeit, V die Feld-

gerichteten Flüssigkeitsstrom bewirkt. Da diese Strömung dem Spannungsgefälle etwa proportional ist, kann man zur Bestimmung der Beweglichkeit einen Korrekturwert für Anionen addieren und für Kationen subtrahieren. Man erhält den Wert für diese Korrektur durch Bestimmung der Wanderung einer ungeladenen Substanz (Dextran usw.) unter gleichen Bedingungen. Faktoren, welche die Endosmose (über das elektrokinetische Potential und über die Viscosität der Lösung) beeinflussen, sind vor allem p_H, Pufferkonzentration, Ionenstärke, Material und Dicke der Diaphragmen, Vorbehandlung des Trägers usw.

Temperatureffekte.

Durch den Fluß eines elektrischen Stroms wird Wärme entwickelt, die dem Quadrat der Stromstärke proportional ist. Im Fall eines zylindrischen Rohres, in dem sich der elektrolytgetränkte Träger befindet, fließt daher ein ständiger Strom von Wärme radial von innen nach der Wandung, die meist durch Umspülen mit Wasser gekühlt wird. Dies führt zu einer parabolischen Temperaturverteilung, die von der Stromstärke und dem Spannungsgefälle abhängt. Da auch die Ionenbeweglichkeiten von der Tem-

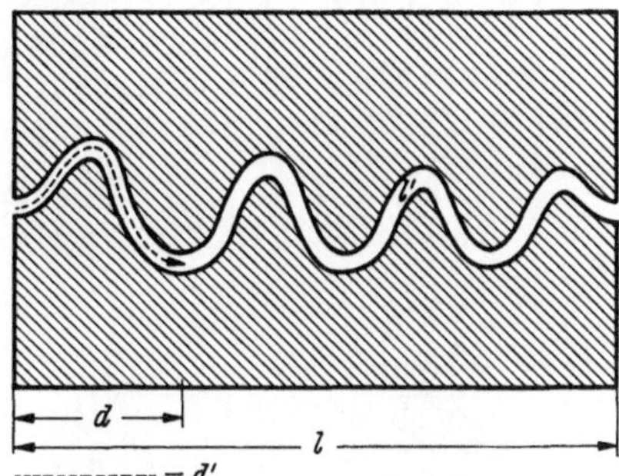

Abb. 230. *Schematische Skizzierung des Weges, den ein wanderndes Ion in einem porösen Träger (Filterpapier) einschlagen muß. d′ und l′ zurückgelegte Strecke und Länge des Flüssigkeitskanals im Träger; d und l die sich im Falle freier Elektrophorese ergebenden Werte.* [Nach H. G. KUNKEL und A. TISELIUS, J. Gen. Physiol. **35**, 89, (1951).]

peratur abhängen und auch die freie Diffusion mit der Temperatur ansteigt, entsteht eine parabolische Verteilung der Komponenten, deren Banden sich mit der Wanderungszeit verbreitern.

Diese Erscheinungen beschränken die Höhe des Spannungsgefälles, das man zu einer möglichst raschen Trennung der Komponenten anlegen kann. Hält man den Querschnitt rechteckig und dünn (entsprechend der „klassischen" Einrichtung nach TISELIUS), so kann man durch Verbesserung der Kühlung in gewissem Maße Abhilfe schaffen. Dieser Anforderung genügt die Apparatur nach CONSDEN, GORDON und MARTIN, bei der eine dünne Kieselgelschicht als Träger dient, die zwischen zwei gekühlten Glasplatten liegt (s. unten). Allerdings kommt es infolge der Bewegung der Flüssigkeit in den Kapillarflächen zwischen Gel und Glasplatte zu Störungen, so daß mehrere Autoren bei der Papierelektrophorese auf ein Einbetten zwischen Glas verzichteten und den Filterpapierstreifen frei in einer feuchten Kammer ausgespannt verwendet haben. Das Eintauchen der Papierstreifen in eine nichtleitende organische Flüssigkeit hat sich nach unseren Erfahrungen für die Trennung von Proteinen nicht besonders bewährt; für die rasche Trennung von Aminosäuren und Peptiden bei hohen Spannungen, die neuerdings beschrieben wurde, scheint dagegen eine solche besondere Kühlung nicht entbehrlich zu sein[1].

---

stärke und l die Länge des Flüssigkeitskanals bedeuten) für die „Trägerelektrophorese" mit einem „Korrekturfaktor" versehen werden müssen $(d' = u \tau \dfrac{V}{l'}$, wobei $l' > l$ den vielfach gewundenen Flüssigkeitskanal im porösen Träger bedeutet). Mit Hilfe des für eine bestimmte Papiersorte einmal bestimmten Quotienten l/l' kann man (unter Berücksichtigung der Endosmose) die Beweglichkeiten im Papierelektropherogramm annähernd berechnen. Für Munktell 20-Papier bestimmten H. G. KUNKEL und A. TISELIUS [J. Gen. Physiol. **35**, 89 (1951)] bei Veronalpuffer p_H 8,8 $(\mu = 0,1)$ $\dfrac{l}{l'} = 0,77 \pm 0,03$, woraus sich für die Beweglichkeit von Serumeiweißkörpern folgende Werte ergaben (Zahlen in Klammern Werte für „freie" Elektrophorese):

Albumin 6,48 (6,43); α_1-Globulin 5,15 (5,05); α_2-Globulin 3,97 (3,74); β-Globulin 3,02 (2,85); γ-Globulin 1,27 (1,11); die Übereinstimmung ist also einigermaßen befriedigend. — Zur Theorie elektrolytischer Trennverfahren auf porösen Trägern s. auch Helv. chim. Acta **36**, 424 (1953).

[1] Zur Kühlung durch Metallplatten vgl. K. A. KRAUS und G. W. SMITH [J. Amer. Chem. Soc. **72**, 4329 (1950)].

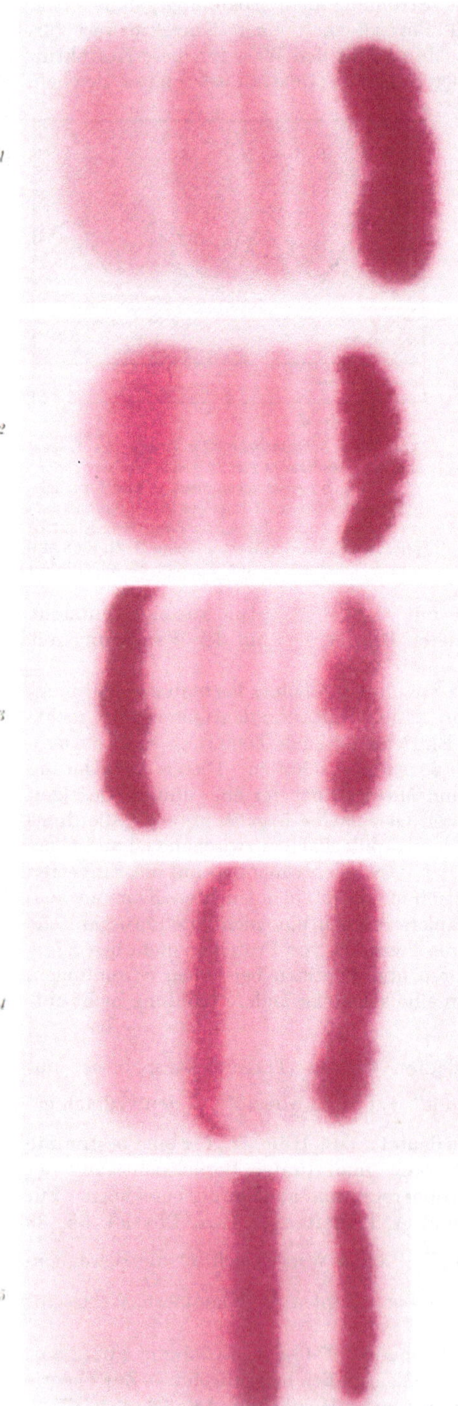

Bei der Ionophorese in Filterpapierstreifen, die in einer feuchten Kammer ausgespannt sind, kommt es an den Wandungen infolge des Abdampfens des Wassers an die Wandungen bis zur Einstellung eines Gleichgewichts[1] zur allmählichen Konzentrierung der Pufferflüssigkeit. Nach unseren Erfahrungen ist dieser Effekt für die Trennung z. B. der Serumproteine sogar von Vorteil, da man auf diese Weise schärfere und besser getrennte Zonen erhält (vgl. Abb. 231). Bei zu hohem Spannungsgefälle (zu hoher Stromstärke) kommt es dagegen in der Versuchsanordnung des frei ausgespannten Streifens (ebenso wie bei ursprünglich zu hoher Pufferkonzentration) zur starken Verschlechterung der Trennung.

321. Apparaturen, Gang des Versuchs.

Eine von COOLIDGE[2] angegebene Apparatur, in der gemahlene Glaswolle als Träger dient und mit deren Hilfe eine Trennung der Serumproteine (2 cm³-Proben) in Albumine und Globuline gelingt, ist in Abb. 232 wiedergegeben. In einer ähnlichen Apparatur von BUTLER und STEPHEN[3]

---

[1] Auch DURRUM [J. Colloid Sci. **6**, 274 (1951)] fand, daß bei Beendigung des ionophoretischen Versuchs die getrennten Aminosäuren etwa die gleiche Position einnehmen, ob die Aufgabe kathoden- oder anodennahe oder in der Mitte des Streifens erfolgte.

[2] COOLIDGE, T. B.: J. of Biol. Chem. **127**, 551 (1939); vgl. präparative Ionophorese in einem senkrecht angeordneten Stärke-Stab, NIKKILÄ, E., E. HAAMTI u. R. PESOLA, Acta chem. scand. (København) **7**, 1222 (1953).

[3] BUTLER, J. A. V., u. J. M. L. STEPHEN: Nature (Lond.) **160**, 469 (1947).

Abb. 231. *Papierelektropherogramme von menschlichen Seren nach der Methode von* TURBA *und* ENENKEL (überlassen von Dr. G. KÖRVER, Kinderklinik der Universität Mainz). *1* Normalserum; *2—5* pathologische Seren bei: *2* PFEIFFERschem Drüsenfieber (γ-Globulin vermehrt), *3* γ-Plasmocytom (γ-Globulin vermehrt), *4* β-Globulinvermehrung, *5* Lipoidnephrose (je 15 mm³ Nativserum). Veronalpuffer 0,1 m, pH 8,6; Poerringer-Papier 1389; 24 Std; 60 V an den Enden der Streifen (1,5—2,5 mA); gefärbt mit Azokarmin (kalt gesättigt) in Methanol: Eisessig 1:1 (10 min), Entfärben in 3 Bädern (je 15 min) mit Methanol: Eisessig 9:1. Quantitativ ausgewertet durch Elution des Farbstoffs aus den herausgeschnittenen Zonen der Einzelfraktionen.

(Abb. 233) mit Asbestfasern als Träger konnte die Trennung von Glycin und Glycylglycin durchgeführt werden.

Consden, Gordon und Martin[1] verwenden als stabilisierenden Träger Kieselgel, das in einem wassergekühlten Trog auf einer Glasplatte eingegossen ist. Die Elektroden (Kathode: Messing; Anode: Kohle) tauchen in fließende Pufferlösung ein, so daß Elektrolysenprodukte laufend entfernt werden.

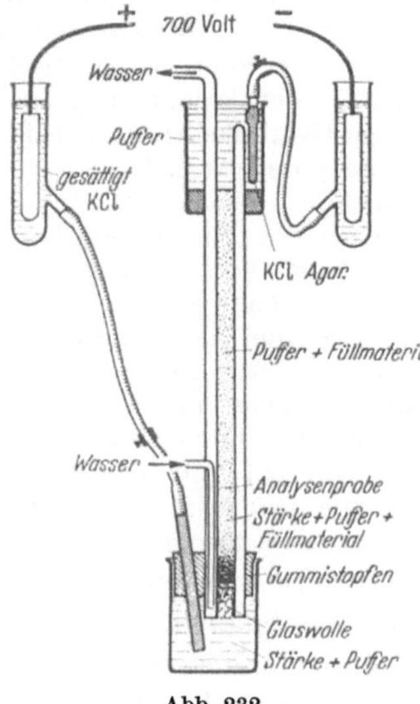

Abb. 232.

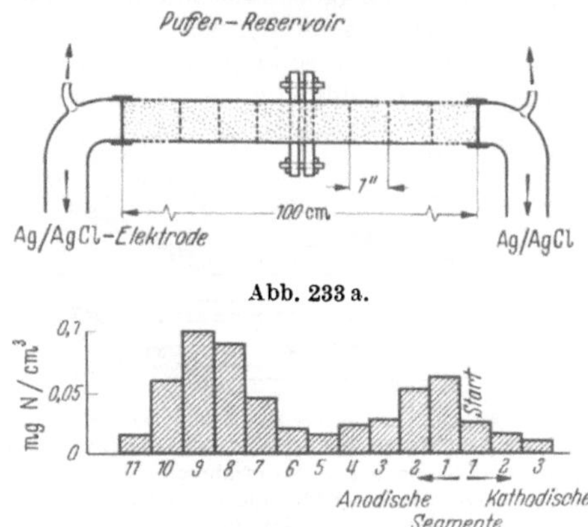

Abb. 232. Apparatur zur Trägerelektrophorese nach T. B. Coolidge [J. of Biol. Chem. **127**, 551 (1939).] Rohr 15 × 35 cm, Mantel 3 cm Durchmesser.

Abb. 233a u. b. a *Apparatur nach* J. A. V. Butler und J. M. L. Stephen [Nature (Lond.) **160**, 469 (1947)] *zur präparativen Trägerelektrophorese.* Füllung des horizontalen Rohrs mit Gooch-Asbestfasern in einzelnen „Abteilungen", die durch Filterpapierscheiben getrennt sind. b *Trennung von Glycin und Glycylglycin in dieser Apparatur* (2 V/cm Rohrlänge, pH 9,3; 24 Std).

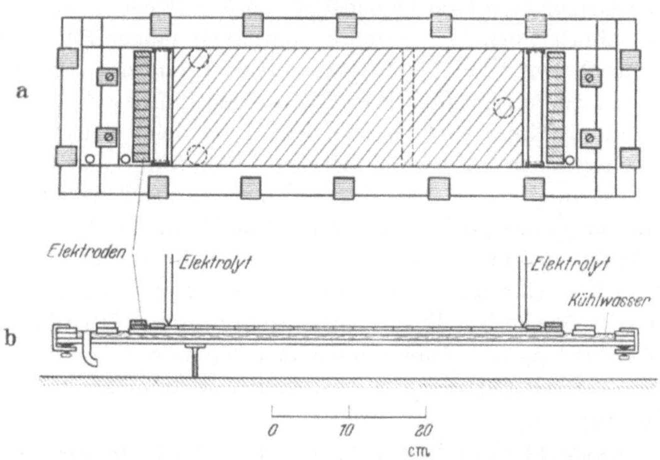

Abb. 234a u. b. *Apparatur zur Elektrophorese in Kieselgel nach* R. Consden, A. H. Gordon und A. J. P. Martin [Biochemic. J. **40**, 33 (1946)]. a Aufsicht; b Querschnitt.

Die verwendete Apparatur ist in Abb. 234 wiedergegeben. Das Aufkitten der Glasstreifen auf die gläserne Grundplatte geschah einfach mit Vaseline. Das Nachfließen des Puffers erfolgte durch lange Capillaren aus einer Mariottschen Flasche. Zur Herstellung des Kieselgels wurde

---

[1] Consden, R., A. H. Gordon u. A. J. P. Martin: Biochemic. J. **40**, 33 (1946).

eine 4,3 normale Lösung von Wasserglas (28 cm³) auf 350 cm³ verdünnt, mit 1,6 m-Phosphorsäure bis eben p_H 7 versetzt, die Lösung in den Trog gegossen und das Absetzen des Kieselgels abgewartet. Zum Einbetten der Analysenlösung wurde etwa in der Mitte ein 1 cm breiter Streifen ausgeschnitten und die mit Wasserglas + Phosphorsäure verrührte Probe an dieser Stelle eingeschlämmt. Für kurze Versuche wurde der Trog offen verwandt, für längere Versuche mit einer Glasplatte bedeckt. Beim Anlegen einer Spannung von 190 V erhielt man eine Stromstärke um 400 mA. Da bei langen Versuchen das Kieselgel infolge Austrocknens rissig wird, muß man in solchen Fällen der Trägermasse Papierpulver zusetzen. Ein Nachteil des Bedeckens des Troges mit einem Glasdeckel besteht darin, daß infolge der Bewegung von Flüssigkeit zwischen der Geloberfläche und dem Glasdeckel trotz Einheitlichkeit einer Substanz zwei Banden entstehen können. Die Ausbeuten lagen bei 80—100%. In der angegebenen Anordnung lassen sich 1—2 mMole der Substanz einsetzen. Bei dünnerem Glas und besserer Kühlung könnte diese Menge noch auf das Dreifache gesteigert werden. Die Handhabung von g-Mengen käme aber in einer Laboratoriumsapparatur dieser Art wohl nicht in Frage.

Zur Sichtbarmachung der Trennung kann man einen „Abzug" der Geloberfläche durch Abpressen mit einem Filterpapierstreifen herstellen, den man anschließend mit geeigneten Farbreagentien usw. behandelt.

TH. WIELAND und FISCHER[1] zeigten unabhängig von amerikanischen Untersuchern (DURRUM), daß eine ionophoretische Trennung von *Aminosäuren und*

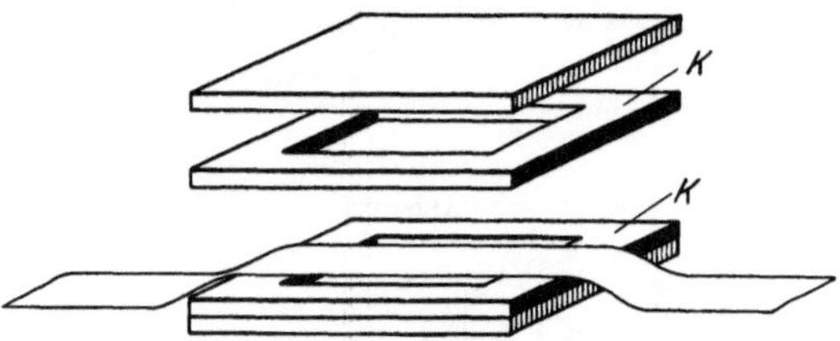

Abb. 235. *Kammer zur Papierionophorese (speziell für Aminosäuren und Peptide)* nach TH. WIELAND [Angew. Chem. **60**, 313 (1948)]. *U*-Rohre, *K* Kunststoffrahmen. Länge des Papierstreifens 7—8 cm; Kohle- oder Zinkelektroden in je einem mit Gips verschlossenen Glasrohr, das ebenso wie die Petrischalen, in welche die beiden Papierenden eintauchen, mit Puffer gefüllt ist.

Peptiden auf Filterpapierstreifen durchzuführen ist. Die verwendete Apparatur[2] bestand aus zwei Glasplatten mit dazwischen gelegtem Kunststoffrahmen, die durch Klammern zusammengepreßt wurden: bei einer Randbreite der Rahmen von 1 cm hatten die Glasplatten eine Dimension von 5 × 12 cm (Abb. 235). Ein mit Pufferlösung getränkter, etwa 1 cm breiter und 20 cm langer Filterpapierstreifen war in der beschriebenen Kammer ausgespannt und hing mit beiden Enden aus der Kammer in je eine Petrischale, die mit demselben Puffer gefüllt war und in die jeweils eine unten mit Gips verschlossene, etwa 1 cm weite Glasröhre eintauchte. Diese enthielt den gleichen Puffer und die Elektroden (Zink oder Graphit). Beim Anlegen einer Spannung von 110 V Gleichstrom trennt sich bei dieser Versuchsanordnung z. B. bei p_H 5,0 (m/10 Acetatpuffer) ein Gemisch von Glutaminsäure, Alanin und Histidin in einer Stunde in drei etwa 1 cm voneinander entfernte Flecken (anodisch: Glutaminsäure, nicht gewandert: Alanin, kathodisch: Histidin); bei p_H 7,5 wandert Lysin kathodisch, während Histidin an der Aufgabestelle bleibt; bei p_H 3,7 gelingt auch eine Trennung von Asparagin- und Glutaminsäure. (Die Auswertung der Elektropherogramme kann auch retentiographisch erfolgen; vgl. S. 103).

TURBA und ENENKEL[3] wandten diese Versuchsanordnung als erste zur Trennung von *Proteinen* an. Die verwendete Apparatur, die aus Glasplatten und darauf

---

[1] WIELAND, TH., u. E. FISCHER: Naturwiss. **35**, 29 (1948).

[2] Die später von W. GRASSMANN [Med. Mschrift **10**, 707 (1951)] beschriebene Elektrophoresekammer, deren industrielle Herstellung die Firma Bender & Hobein, München, übernahm, entspricht im wesentlichen der WIELANDschen Apparatur.

[3] TURBA, F., u. H. J. ENENKEL: Naturwiss. **37**, 93 (1950); vgl. Mitt. Physiologentagung Göttingen, August 1949.

geklebten Glasstreifen besteht, unterscheidet sich von der oben genannten nur in den Dimensionen und durch die Verwendung poröser Tonstifte als Diaphragmen an Stelle des Gipsverschlusses der Elektrodenröhren.

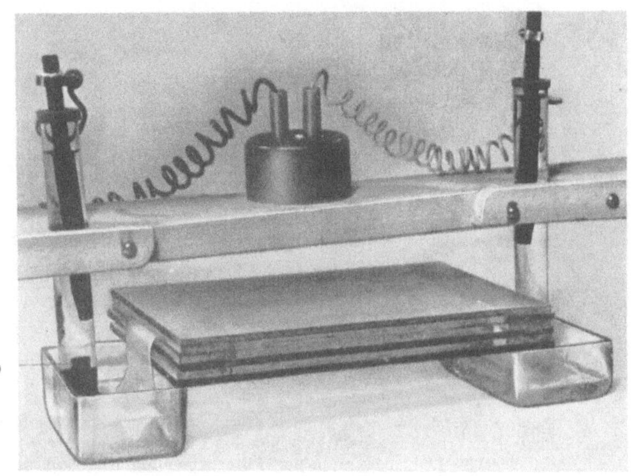

Abb. 236. *Anordnung zur Papierelektrophorese von Proteinen nach* F. Turba *und* H. J. Enenkel [Naturwiss. **37**, 93 (1950)]. *D* Tondiaphragma. Aufnahme: Dr. G. Körver.

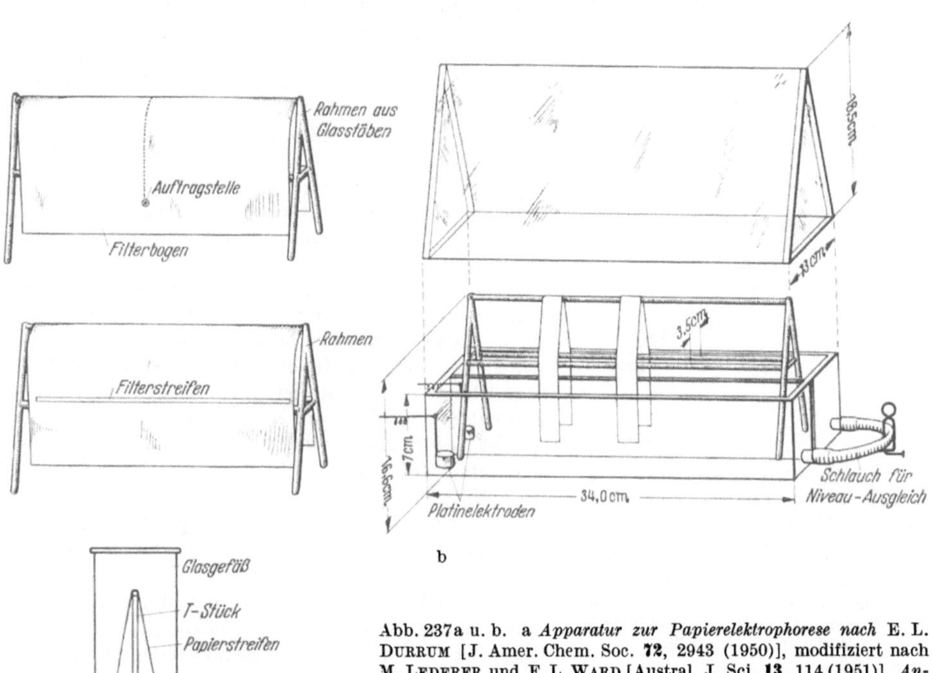

Abb. 237a u. b. a *Apparatur zur Papierelektrophorese nach* E. L. Durrum [J. Amer. Chem. Soc. **72**, 2943 (1950)], modifiziert nach M. Lederer *und* F. L. Ward [Austral. J. Sci. **13**, 114 (1951)]. *Anordnung für einzelne Papierstreifen.* b *Apparatur zur Papierelektrophorese nach* E. L. Durrum [J. Colloid Sci. **6**, 274 (1951)]; *Anordnung für Serien von Papierstreifen, bzw. für Papierbögen* (Anordnung für zweidimensionale Papierelektrophorese, für größere Mengen [mikropräparative Papierelektrophorese] oder für die [aufeinanderfolgende] Kombination von Papierelektrophorese und Papierchromatographie).

Dieser sehr einfache und fast ohne Kosten in kurzer Zeit zusammenstellbare Apparat hat sich in dreijähriger Erprobung für praktisch alle in Frage kommenden Zwecke besser bewährt

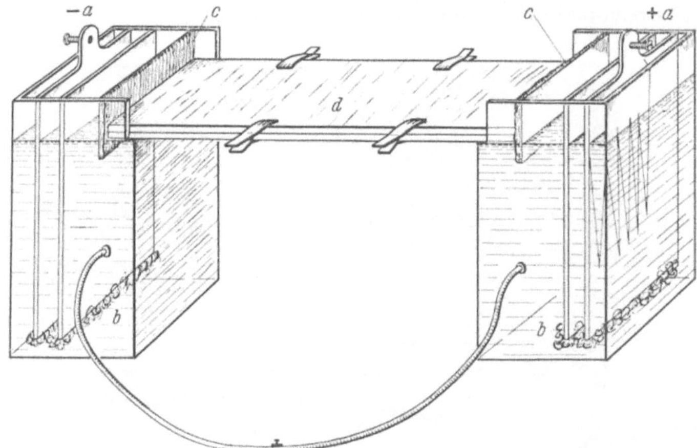

Abb. 238. *Apparatur zur Papierelektrophorese nach* H. G. KUNKEL und A. TISELIUS, s. S. 333. *a* Gewundene Platinelektroden; *b* Glaswolle an der Verbindungsstelle zwischen den Elektrodenkammern; *c* poröses Filterpapier zur Flüssigkeitsverbindung zwischen Elektrodenraum und Filterpapier mit Analysenprobe; *d* Glasplatten (imprägniert mit Silikon, seitliche Fugen mit Silikonkitt gedichtet).

als die zahlreichen, teilweise komplizierten Modifikationen, die von uns geprüft wurden. Man kommt im allgemeinen mit zwei verschiedenen Größen von Kammern aus: ein kleinerer Typ für die Trennung von Proteinen, ein größerer für weite Trennungen schnell wandernder, niedermolekularer Substanzen. Da der Mechanismus der Trennung offenbar wesentlich komplizierter als ursprünglich angenommen und von zahlreichen Faktoren (Temperatur, Volumen der feuchten Kammer, Pufferkonzentration, Stromstärke, Spannungsgefälle usw.) abhängig ist, sind die folgenden Angaben genau einzuhalten.

Zur Trennung z. B. von Serumproteinen wird ein Streifen Filterpapier 5×30 cm (Schleicher-Schüll 2043 b gibt voneinander weiter entfernte, aber auch etwas breitere Zonen, während Poerringer 1389, das härter und dünner ist, sehr scharfe Zonen, aber schmalere Zwischenräume liefert) mit m/10 Veronalpuffer p_H 8,6 (77 cm³ einer Lösung, die 20,8 g Veronalnatrium je Liter enthält, $+$ 13 cm³ n/10 HCl) getränkt. (TH. BÜCHER und Mitarbeiter[1] setzen je 1000 cm³ Puffer 200 mg Versene = Äthylendiamintetraacetat zu). Nun wird ein etwa 2 cm breiter Streifen an der späteren Aufgabestelle, die etwa im ersten Drittel auf der kathodischen Seite liegen soll, gut mit einem trockenen Filterpapier abgetrocknet, der schwach feuchte Streifen hohl über den Boden der Glaskammer gespannt und mit einer Mikropipette 15—20 mm³

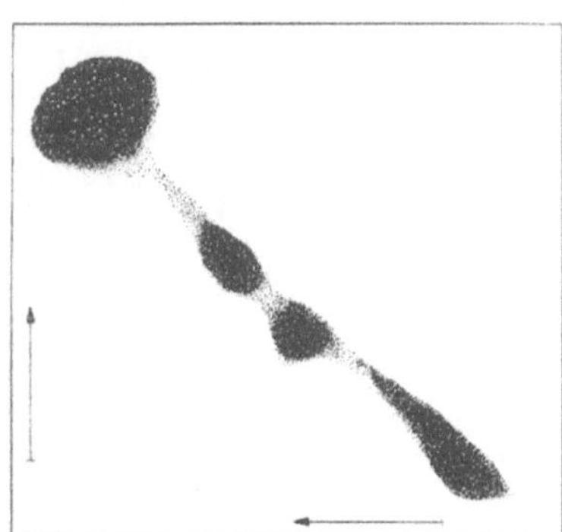

Abb. 239. *Zweidimensionale Papierelektrophorese von Serumproteinen* (Veronalpuffer p_H 8,6 in beiden Richtungen). Der Vorteil der Methode besteht im Nachweis, daß die dunklen Zonen zwischen den Flecken einer Vielzahl von Komponenten unterschiedlicher Beweglichkeit entsprechen; der diagonale Verlauf beweist die Übereinstimmung in den definierten Beweglichkeiten in beiden Richtungen. (Nach H. G. KUNKEL und A. TISELIUS, s. S. 333.)

Proteinlösung, die nicht dialysiert zu werden braucht, in einem möglichst schmalen Strich aufgegeben, wobei ein mindestens 1 cm breiter Rand jederseits frei bleibt. Nach Auflegen des Glasdeckels und eventuell vorsichtigem Nachspannen des Papiers werden die Filterenden in Petrischalen gelegt, auf denen die Glaskammer beiderseits aufliegt, und die mit dem gleichen

---

[1] BÜCHER, TH., D. MATZELT u. D. PETTE: Klin. Wschr. **1952**, 325.

Puffer etwa $^{1}/_{2}$ cm hoch gefüllt sind[1]. Die übrige Versuchsanordnung geht aus Abb. 236 hervor. Beim Anschließen von 110 V Gleichstrom an die Enden der Kohlenstäbe soll ein Strom von $^{1}/_{2}$—1 mA fließen (an den Papierenden liegen etwa 60 V an), der im Lauf einer Stunde auf 1—2 mA steigen und dann konstant bleiben soll. Die Außentemperatur soll nicht über 20° liegen. Die Trennung ist nach 12—24 Std beendet. Der vorsichtig gestraffte Papierstreifen kann nun abgehoben, frei hängend getrocknet, eluiert oder mit Farbreagentien behandelt werden.

Unabhängig von unseren Untersuchungen erzielte DURRUM[2] mit einer etwas abweichenden Versuchsanordnung (s. Abb. 237 a und b) ähnliche Ergebnisse. Ausgehend von dieser Arbeit berichteten wenig später CREMER und TISELIUS[3] über eine etwas modifizierte Form der Papierelektrophorese, bei der zur Trennung von Proteinen der Filterpapierstreifen zwischen Glasplatten gepreßt und in ein Kühlbad von Chlorbenzol versenkt wurde. Neuerdings gibt TISELIUS[4] eine vielseitiger verwendbare Anordnung an, bei der unter Verzicht auf das Chlorbenzolbad die seitlichen Öffnungen der beiden Glasplatten mittels Silikon gedichtet werden.

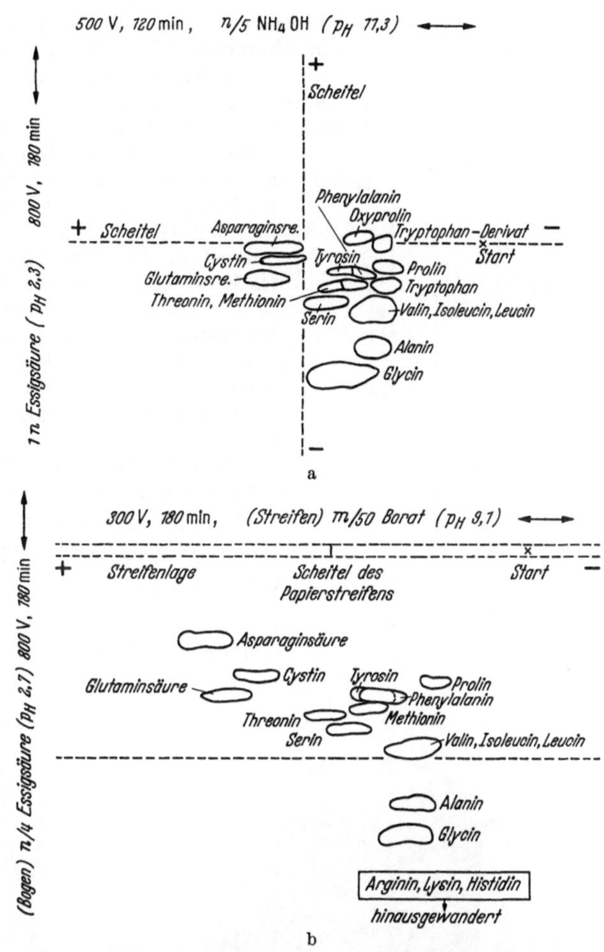

Abb. 240a u. b. *Papierelektrophoretische Trennung von Aminosäuregemischen in zweidimensionaler Ausführung. a Gemisch punktförmig aufgetragen* (äquimolekulare 0,04 m-Lösungen der einzelnen Aminosäuren in verdünntem Ammoniumhydroxyd; $^{1}/_{40}$ cm³ in einem 5 mm-Whatman-2-Filterscheibchen aufgesaugt [etwa 270 γ-Gemisch], am Startpunkt aufgelegt auf einen Bogen [30 × 30 cm] des pufferfeuchten Whatman Nr. 2-Filterpapiers, wo es durch Adhäsion haftet). Höhe des Scheitels (vgl. Abb. 237 b) 14,5 cm. Nach der Trennung in der ersten Richtung und Trocknen des Bogens wurden die Aminosäuren durch Aufsteigenlassen des zweiten Lösungsmittels von beiden Seiten aus in der Mittellinie zu dünnen Strichen zusammengedrängt und erst dann in der zur ersten Wanderung senkrechten Richtung Spannung angelegt. b *„Streifenübertragung“.* Nach der Trennung in einem schmalen Streifen (Whatman 3 MM, 5 mm breit) wird dieser noch feucht auf den pufferfeuchten Bogen an der bezeichneten Stelle aufgelegt und in der dazu senkrechten Richtung Spannung angelegt. Vorteilhaft bei Verwendung von nicht flüchtigen Puffern in der ersten Richtung. (Nach E. L. DURRUM, J. Colloid Sci., s. S. 334.)

---

[1] Das p_H des Puffers in den Petrischalen ändert sich selbst bei 24stündiger Ionophorese nicht; kompliziertere Anordnungen oder größere Pufferreservoirs sind darum in dieser Ausführungsform entbehrlich.

[2] DURRUM, E. L.: J. Amer. Chem. Soc. **72**, 2943 (1950).

[3] CREMER, H. D., u. A. TISELIUS: Biochem. Z. **320**, 273 (1950).

[4] KUNKEL, H., u. A. TISELIUS: J. Gen. Physiol. **35**, 89 (1951).

In dieser Versuchsanordnung werden Verdampfung, Erwärmung und Gradienten der Pufferkonzentration auf ein Minimum reduziert, so daß beispielsweise eine ungefähre Bestimmung der Beweglichkeiten der untersuchten Proteine möglich wird. Abb. 238 zeigt den verwendeten Apparat; die Elektrodengefäße enthalten eine sehr große Menge Puffer (800 cm³), die Elektroden sind aus Platindraht gefertigt. Das verwendete Filterpapier war Munktell Nr. 20

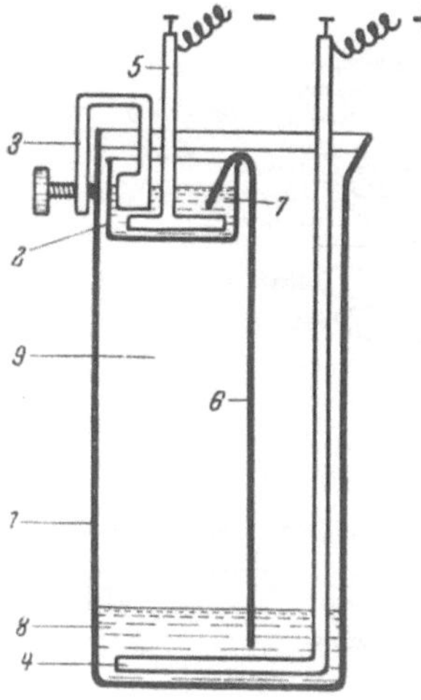

(150 g), bei dem die Elektroosmose relativ gering war. Man gab meist 0,01—0,04 cm³ der zu untersuchenden Lösung auf das Papier. Bei Verwendung von Metallplatten im Kontakt mit den Glasplatten bei 3° im Kälteraum konnte eine Stromstärke bis 20 mA verwendet werden. Nach Beendigung des Versuchs öffnete man die Glasplatten fächerartig, ohne sie aneinander vorbei gleiten zu lassen; andernfalls wurden die getrennten Zonen verwischt. Auch erwies es sich aus dem gleichen Grund als zweckmäßig, die Innenflächen der Glasplatten z. B. mit Silikon wasserabstoßend zu machen (nach unseren Erfahrungen sind Plexiglasplatten gut geeignet).

Auch zweidimensionale Elektrophorese läßt sich so durchführen (Abb. 239 und 240).

Durch Erhöhung des Spannungsgefälles auf etwa 50 V/cm[1] erreichte H. MICHL[2] eine Abkürzung der Versuchszeiten und dadurch eine weitgehende Ausschaltung der Diffusion, ein Vorteil, der im Scharfbleiben der Zonen zum Ausdruck kommt. Die verwendete Apparatur ist in Abb. 241a wiedergegeben. Das angegebene Lösungs-

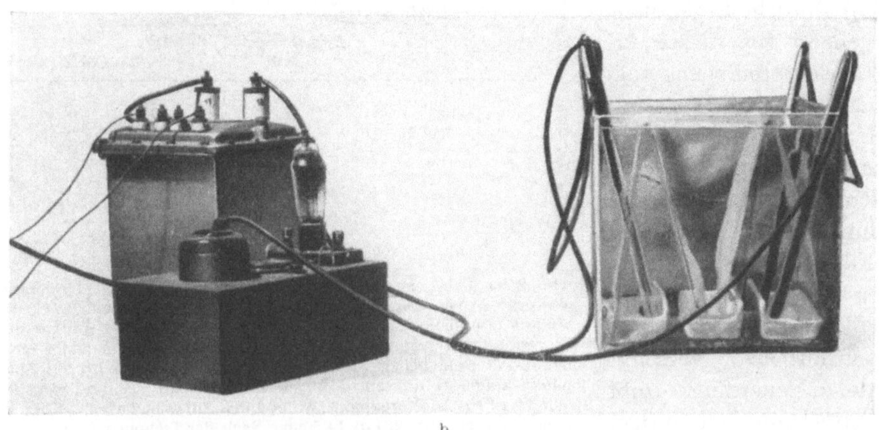

Abb. 241a u. b. a *Apparatur zur Papierionophorese bei hohen Spannungsgefällen (50 V/cm)* nach H. MICHL [Mh. Chem. **82**, 489 (1951)]. *1* Standglas; *2* Kristallisierschale; *3* Klammer; *4, 5* Zinkelektroden; *7, 8* Pufferlösung (10% Essigsäure + Pyridin zum gewünschten p_H); *9* Toluol. b Anordnung im Labor des Autors mit Hochspannungstransformator (7000 V), Gleichrichter, Glaswanne mit Toluol (50 l), Kohleelektroden in Glasröhren mit Diaphragmen, Porzellanschalen mit Puffer und Glasgestellen (entsprechend Abb. 237b).

mittel (Essigsäure:Pyridin:Wasser, vgl. Abb. 242) läßt sich leicht durch Erwärmen, Vakuumtrocknung oder Extraktion mit entsprechenden Lösungsmitteln entfernen, was einen großen Vorteil für mikropräparative Arbeiten und für eine anschließende Papierchromatographie bedeutet. Diese Methode ist

---

[1] E. L. DURRUM hat ebenfalls schon mit Spannungsgefällen von etwa 30—40 V/cm gearbeitet [vgl. z. B. J. Colloid Sci. **6**, 274 (1951)].

[2] MICHL, H.: Mh. Chem. **82**, 489 (1951).

besonders für Niedermolekulare (Aminosäuren und Peptide, vgl. Abb. 245) zu empfehlen. Bei Proteinen (Lipoproteiden) ist das Eintauchen in die verwendete Kühlflüssigkeit Toluol nicht immer statthaft.

Bei längeren Versuchsdauern besteht, besonders bei hohem Spannungsgefälle, die Gefahr des *Austrocknens des Papierstreifens*, in den dann von beiden Puffer-reservoirs her Flüssigkeit einströmt und so bereits erreichte Trennungen verwischt; man verwendet in diesen Fällen zur Füllung der Elektrodenräume *puffergetränktes Filterpulver* (Filterpapier im Blendor mit Puffer verrührt und abgesaugt). Das *Kühl-toluol* muß von Zeit zu Zeit *regeneriert* werden, da es Bestandteile der Puffer-flüssigkeit aufnimmt und dann während des Versuchs transparente Streifen im Papier entstehen, wobei die Stromstärke fast auf Null absinkt. — Mit den Störungen durch Temperatureffekte sind die Grenzen der Methode gegeben.

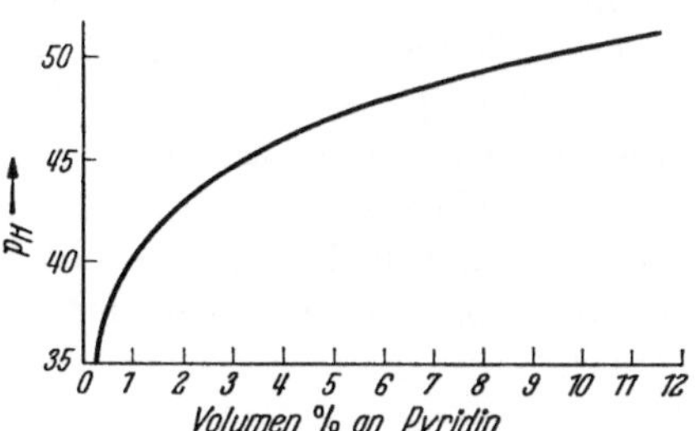

Abb. 242. *Abhängigkeit des p_H von der Zusammensetzung des Pyridin: Essigsäure: Wassergemisches für die „Hochspannungsionophorese"* nach H. MICHL [Mh. Chem. **82**, 489 (1951)]. (Zu 10%iger wäßriger Essigsäure werden die angegebenen Mengen Pyridin zur Erreichung des gewünschten p_H-Wertes hinzugefügt.)

322. Sichtbarmachung der Zonen.

Die *Sichtbarmachung der getrennten Zonen* erfolgt im Fall von Aminosäuren oder Peptiden wie üblich durch Ansprühen mit Ninhydrin bzw. mit spezifischen Reagentien (vgl. S. 86ff.). Im Fall von Proteinen mußte eine neue Technik entwickelt werden. Nach verschiedenen Vorversuchen (Ninhydrinfärbung, Diazoreaktion, Argininreaktion nach SAKAGUCHI), die nur in speziellen Fällen erfolgreich waren, fanden wir[1] eine den *histologischen Färbeverfahren*[2] entsprechende Methode als allgemein anwendbar und hinreichend empfindlich. Dabei wird die Lösung eines sauren Farbstoffs in essigsäurehaltigem Methanol (um die Proteinflecken nicht zu lösen und gleichzeitig die basischen Gruppen der Salzbildung mit dem sauren Farbstoff zugänglich zu machen) als Farbbad für das Elektropherogramm verwendet und darauf der überschüssige Farbstoff mehrmals mit essigsaurem Methanol wieder eluiert. Unter den von uns untersuchten Farbstoffen bewährte sich am besten Azocarmin und Pikrinsäure. Die Technik des Anfärbens der Proteinflecken mit sauren Farbstoffen ist in der Folge von zahlreichen anderen Autoren übernommen worden, wobei man die Farbstoffe selbst vielfach variierte. Besonders der von GRASSMANN und HANNIG[3] angegebene Farbstoff Amidoschwarz, der allerdings wesentlich schwieriger als Azocarmin aus den unbeladenen Papierstellen auszuwaschen ist, wurde mehrfach verwandt. Selbstverständlich können

---

[1] TURBA, F., u. H. J. ENENKEL: Naturwiss. **37**, 93 (1950).

[2] Die sich in Verfolgung dieser Methodik ergebenden Möglichkeiten sind noch bei weitem nicht erschöpft. Man wird aus dem großen Erfahrungsmaterial der histologischen Färbetechnik noch viele Anregungen zur spezifischen Anfärbung verschiedenster Substanzen (Lipoide, Nucleinsäuren usw.) schöpfen können.

[3] GRASSMANN, W., K. HANNIG u. M. KNEDEL: Dtsch. med. Wschr. **1951**, 333.

viele weitere Farbstoffe oder Farbstoffkombinationen für spezielle Zwecke[1] Vorteile bringen. MICHL[2] weist auf die guten Eigenschaften des zum Retuschieren von photographischen Negativen verwandten Agfa-Farbstoffs *Neucoccin* hin, der gut anfärbt und die Lichtstrahlen beim Herstellen von Kontaktkopien stark absorbiert.

Eine unterschiedliche Färbetechnik hat DURRUM[3] angegeben. Er verwendet eine äthylalkoholische Lösung von 1% Bromphenolblau, die mit Quecksilber-(2)-Chlorid gesättigt ist. Besondere Vorsicht erfordert das Auswaschen des überschüssigen Farbstoffs aus dem Papier mit 0,5% Essigsäure (4mal je 20 min). In Ammoniakdämpfen kann die gelbe Farbe der Flecken nach blau vertieft werden. Waschen des Papiers mit Methanol oder Äthanol führt zu Farbstoffverlusten, aber das Aussehen der Färbung gewinnt dadurch (KUNKEL und TISELIUS[4]).

323. Bestimmungsmethoden.

Zur *quantitativen Auswertung der Papierelektropherogramme* sind insbesondere für den Fall der Proteine zahlreiche Vorschläge gemacht worden. Bei sauberen Trennungen scheint das zuerst von TURBA und ENENKEL[5] angegebene Verfahren, die gut getrennten Zonen auszuschneiden, den Farbstoff mit verdünnter Lauge zu eluieren und die Farbstoffkonzentration, die unter Einhaltung bestimmter Kautelen zur Proteinkonzentration in einem konstanten, reproduzierbaren Verhältnis steht, photometrisch zu messen, immer noch den Vorzug zu verdienen (s. unten). Zerschneidet man das Elektropherogramm in untereinander gleiche, schmale Streifen senkrecht zur Wanderungsrichtung und bestimmt die Farbstoffkonzentration in jedem Anteil wie oben, so ergeben die Punkte eine Kurve, die dem bekannten, aus Messungen der Berechnungsindices im Falle der „freien" Elektrophorese resultierenden Diagramm ähnelt (CREMER und TISELIUS[6]); durch Bestimmung des Flächeninhalts jedes „Gipfels" (durch Planimetrieren, Auszählen

---

[1] Bei Arbeiten mit geringen Substanzmengen bzw. bei sehr niedrigen Konzentrationen einzelner Komponenten wird man nach möglichst intensiven Färbungen suchen. Dafür bewähren sich nach H. MICHL [Mh. Chem. **83**, 210 (1952)] Gemische von *Neucoccin* (I) mit *Naphtholblauschwarz B* (II)

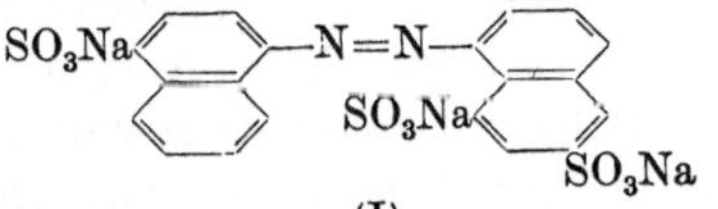

(I) und (II) — chemische Strukturformeln

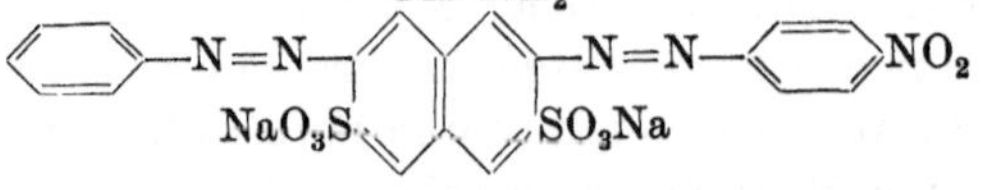

(kalt gesättigte Lösung beider Stoffe in Äthanol:Eisessig:Wasser 2:1:1 + 2% Trichloressigsäure; Nachweis von 1γ Eiweiß je cm Streifenbreite), Zusatz von Nickel- oder Kupferacetat (2%) zum Färbebad und Nachbehandeln mit Rubeauwasserstoffsäure, zusätzliche Anfärbung mit FOLINS Reagens (1,2-Naphthochinon-4-sulfonsaures Natrium), oder schließlich Kontaktkopieren auf hart arbeitendes Photomaterial (vgl. S. 338).

[2] MICHL, H.: Mh. Chem. **83**, 210 (1952).

[3] DURRUM, E. L.: J. Amer. Chem. Soc. **72**, 2943 (1950).

[4] KUNKEL, H., u. A. TISELIUS: J. Gen. Physiol. **35**, 89 (1951).

[5] TURBA, F., u. H. J. ENENKEL: Naturwiss. **37**, 93 (1950).

[6] CREMER, H. D., u. A. TISELIUS: Biochem. Z. **320**, 273 (1950).

auf mm-Papier oder Ausschneiden und Wägen) erhält man hier die Konzentration der einzelnen Komponenten (vgl. Abb. 243). Im Prinzip ähnlich ist ein Verfahren, das der von R. J. BLOCK[1] für Papierchromatogramme (z. B. von Aminosäuren, Ninhydrinfärbung) schon früher angegebenen Methode entspricht; dabei wird der durchleuchtete Streifen an einem Spalt vor einer Photozelle vorbeibewegt und in kleinen Abständen der Ausschlag am Galvanometer in Abhängigkeit von der Wegstrecke bestimmt; die erhaltenen Punkte ergeben wieder die oben erwähnte Kurve

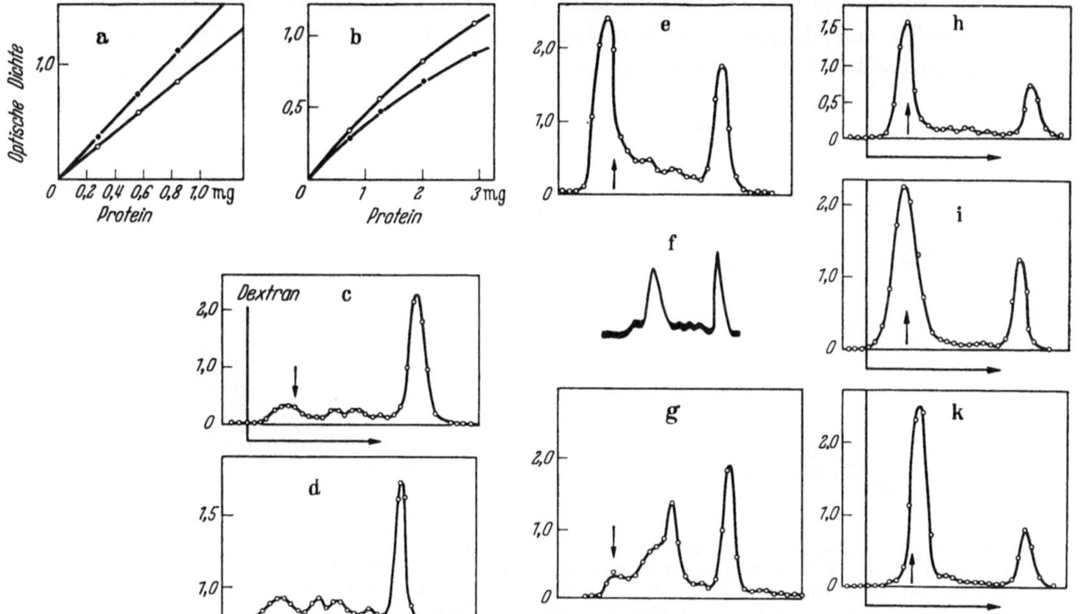

Abb. 243a—k. *Auswertung von Pherogrammen durch Elution des Farbstoffs bzw. durch Bestimmung der Proteinkonzentration mit 1,2-Naphthochinon-4-sulfonat* (FOLINsche Methode). a Farbintensität/mg Protein für Albumin (●) und γ-Globulin (○) für die Bromphenolblau-Elutionsmethode; b für die FOLINsche Methode; c Pherogramm von Normalserum, nach der Farbstoffelutionsmethode; d nach der FOLINschen Methode ausgewertet; e Cirrhoseserum, nach der FOLINschen Methode ausgewertet; f das gleiche Serum bei „freier" Elektrophorese (absteigende Banden); g Nephroseserum (FOLIN); h, i, k 3 Myeolomseren, nach der Farbstoffelutionsmethode ausgewertet. Pfeil: Dextranlinie. (Nach H. G. KUNKEL und A. TISELIUS, s. S. 333.)

(GRASSMANN und HANNIG[2]). Das Filterpapier wird bei dem letzteren Verfahren durch Eintauchen in Bromnaphthalin durchscheinend gemacht und zwischen Glasplatten eingebettet, was eine gewisse Komplikation bedeutet, außerdem das Messen in UV[3] nicht gestattet. Bei unvollkommenen Trennungen, bei denen die Darstellung der Abhängigkeit der Konzentration jeder Stelle des Pherogramms von der Wanderungsstrecke in Kurvenform angezeigt ist, haben wir uns des in Abb. 80 schematisch dargestellten, vollautomatischen Verfahrens bedient. Eine weitere Möglichkeit zur quantitativen Auswertung von Pherogrammen, die sowohl für Aminosäuren wie für Proteine ausgearbeitet wurde, ist die Retentionsanalyse[4],

[1] BLOCK, R. J.: Analyt. Chem. **22**, 1327 (1950).

[2] GRASSMANN, W., K. HANNIG u. M. KNEDEL: Dtsch. med. Wschr. **1951**, 333.

[3] Proteinnachweis auf Elektrophoresestreifen durch Ultraviolettabsorption (240—290 mμ; zweckmäßig bei 250 mμ) nach Tränken in Glycerin beschreibt K. H. KIMBEL [Naturwiss. **40**, 201 (1953)].

[4] WIELAND, TH., u. L. WIRTH: Angew. Chem. **62**, 473 (1950).

die allerdings als Routinemethode bisher nur selten verwandt wurde. Ein einfaches, kontinuierliches und selbstregistrierendes Verfahren wurde von H. MICHL[1] angegeben: Es besteht, wie aus Abb. 244 ersichtlich, in der vergrößerten Abbildung des gefärbten und transparent gemachten Pherogramms oder besser dessen photographischen Negativs mittels einer Cylinderlinse, deren Brechungsgefälle in Richtung des Filterpapierstreifens liegt, auf photographischem Papier unter Zwischenschaltung eines Graukeils. Man erhält Schattenkurven, die durch Umwandlung der verschieden starken Lichtstreifen in größere oder kleinere Hügel entstanden sind; die jeweilige Höhe dieser Hügel ist ein Maß für die Extinktionsdifferenz zwischen angefärbten und nicht gefärbten Stellen des Papierstreifens,

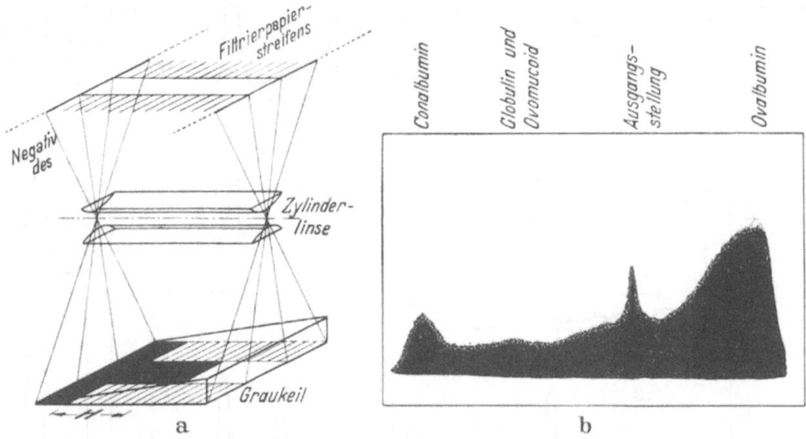

Abb. 244a u. b. *Auswertung von Pherogrammen nach* H. MICHL [Mh. Chem. **83**, 210 (1952)]. a Prinzip des Verfahrens. Es gilt: $H = E/K$ (E Differenz der Extinktionen am Filterpapierstreifen, bzw. dessen Negativ; H Höhe der Hügel der Schattenkurven in Zentimeter; K Keilkonstante [zweckmäßig 0,5—0,6]). b Schattenbild eines Pherogramms von Eiproteinen.

und damit für die Eiweißkonzentration an dieser Stelle, während die Gesamtkonzentration eine Eiweißkomponente der Fläche eines Hügels proportional ist. Um die Verlaufbreite an der Grenze der Schattenkurven möglichst schmal zu halten, kopiert man zweckmäßig nochmals um (Einengen auf etwa $^1/_5$).

Diskussion der quantitativen Verfahren.

Das direkte Ausschneiden und Eluieren der Farbstoffzonen ist wegen seiner Einfachheit, Billigkeit, Zuverlässigkeit und Genauigkeit in vielen Fällen die Methode der Wahl. TH. BÜCHER, D. MATZELT und D. PETTE[2] finden in einer sehr gründlichen Untersuchung, daß sich diese Auswertung nach TURBA und ENENKEL beim Vergleich mit der Methode von GRASSMANN im Routineversuch als zuverlässiger und geschwinder erwiesen hat; die Unsicherheit beim Zerschneiden der Streifen zwischen den Banden sind nicht größer als die Unsicherheiten beim Planimetrieren der GRASSMANNschen Diagramme. Die in verschiedenen Veröffentlichungen als Nachteil des Ausschneideverfahrens hervorgehobene Tatsache, daß man dabei „keine Kurven, die für den Kliniker wichtig sind", erhält,

---

[1] MICHL, H.: Mh. Chem. **83**, 210 (1952).

[2] BÜCHER, TH., D. MATZELT u. D. PETTE: Klin. Wschr. **1952**, 325.

hat nur für unvollkommene Trennungen Bedeutung; gerade in solchen Fällen ist aber auch die Unterlegung zahlreicher sich schneidender GAUSSscher Kurven von zweifelhaftem Wert. Die Form der einzelnen Banden (Breite in der Wanderungsrichtung, langsamer oder steiler Abfall der Vorder- bzw. Rückfront) ergibt sich für den mit der Methode Vertrauten aus dem Bild des Pherogramms. Das Verfahren des Zerschneidens in Streifen von wenigen mm Breite ist umständlich, obwohl man den Zeitbedarf z. B. durch Verwendung einer Anzahl kammartig angebrachter Messer beim Zerschneiden oder durch eine Einrichtung zur Elution in Serien ohne weiteres herabdrücken könnte. Der größte Nachteil besteht aber darin, daß auf die individuelle Form der einzelnen Zonen bei der summarischen Behandlung keine Rücksicht genommen wird und so z. B. bei nierenförmigen Banden der Effekt guter Trennungen durch das schablonenmäßige Zerschneiden wieder herabgemindert wird. Das Verfahren nach GRASSMANN scheint uns vor allem zur Darstellung der qualitativen Eigenschaften der Pherogramme instruktiv. Allen Färbeverfahren haftet, soweit sie sich auf die Gesamtmenge aufgenommenen Farbstoffs beziehen, der Nachteil an, daß sich die Anfärbung unter Denaturierung der Proteine von der *Außenseite* der Streifen her vollzieht: darum findet man bei gleichen Proteinmengen relativ größere Farbstoffkonzentrationen für größere Proteinflecken kleinerer Konzentration als umgekehrt. Der Nachteil des Zerschneideverfahrens in schmale Streifen (mangelnde Berücksichtigung der individuellen Zonenformen) haftet natürlich allen optischen Verfahren an, bei denen ein Lichtspalt über die ganze Breite des Papierstreifens reicht; aber auch bei punktförmigem Beleuchten können bei unregelmäßig geformten Zonen grobe Fehler entstehen. Ist die Breite der verschiedenen Banden senkrecht zur Wanderungsrichtung stark unterschiedlich, so kann es zu erheblichen Differenzen der Extinktionen kommen: so gibt bei gleichen Farbstoffmengen eine senkrecht zur Wanderungsrichtung schmälere, dunkle Bande infolge der beiderseits unbeladenen Stellen eine höhere Durchlässigkeit als eine die ganze Breite der Papierstreifen einnehmende, entsprechend hellere Bande. Manche in der Literatur gemachten Angaben über die Genauigkeit der erhaltenen Werte sind als unkritisch zu bezeichnen. Ebenso unsachlich sind manche Diskussionen über Vorteile oder Nachteile der verwandten Farbstoffe hinsichtlich von „*Faktoren*" (Relation von Protein- zu Farbstoffkonzentration); man wird sich nach einer der präparativen Papierelektrophoresemethoden einige mg der einzelnen Proteinkomponenten herstellen und damit eine Eichkurve unter den Versuchsbedingungen experimentell ermitteln.

324. Beispiele für Papierionophoresen und -elektrophoresen.

Beispiele für die papierelektrophoretische Trennung von Serumproteinen (normalen und pathologischen) zum Teil gemeinsam mit kurvenförmiger Darstellung der Konzentrationen, sowie einiger Peptid- und Aminosäuregemische durch Hochspannungsionophorese sind in Abb. 245a—g wiedergegeben. Abb. 246 zeigt eine interessante Verbindung dieser Methode mit dem Verfahren der Isotopenmarkierung[1], nämlich die Bestimmung der Neubildungsraten einzelner

---

[1] Vgl. z. B. auch Untersuchungen über den Transport von Hormonjod in einer „Zwischenfraktion" der Serumproteine [HORST, W., u. H. RÖSLER: Klin. Wschr. **31**, 13 (1953)].

Al-Gly
Gly-Gly
Leu-Gly-Gly
Leu-Ty
Leu-Gly
Gly-Ty
Gly
III-Gly
II-Gly
Gly
III-Gly
II-Gly
Alanin
Tri-β-Alanin
Alanin
Tri-β-Alanin
β-Alanin
Di-β-Alanin
Di-β-Alanin
β-Alanin

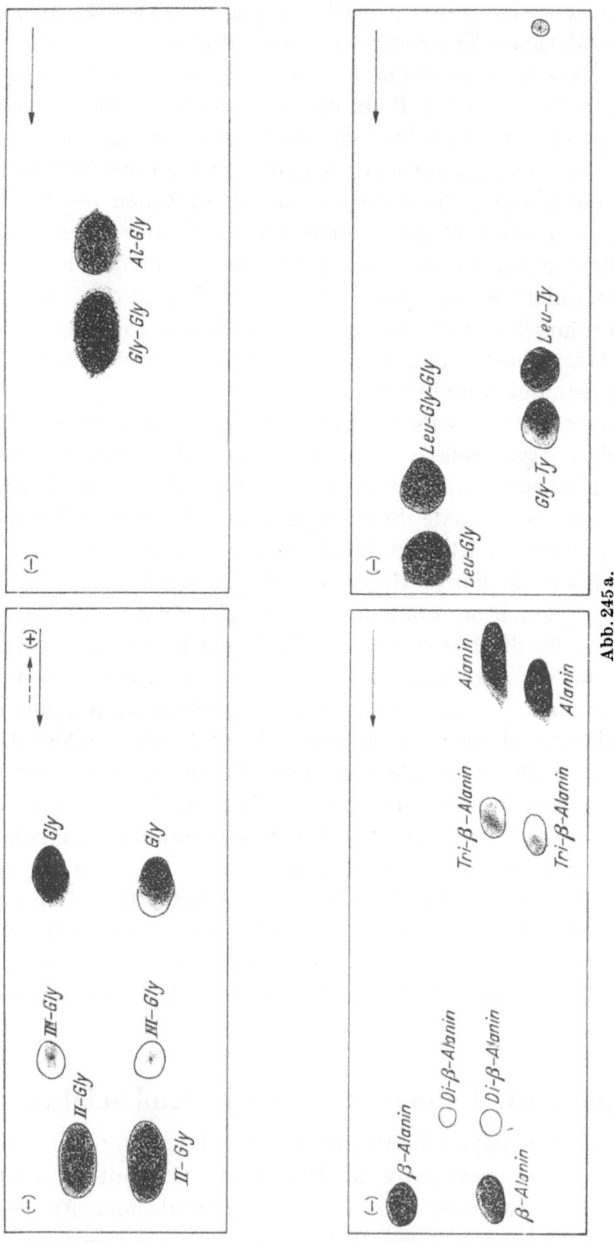

Abb. 245a.

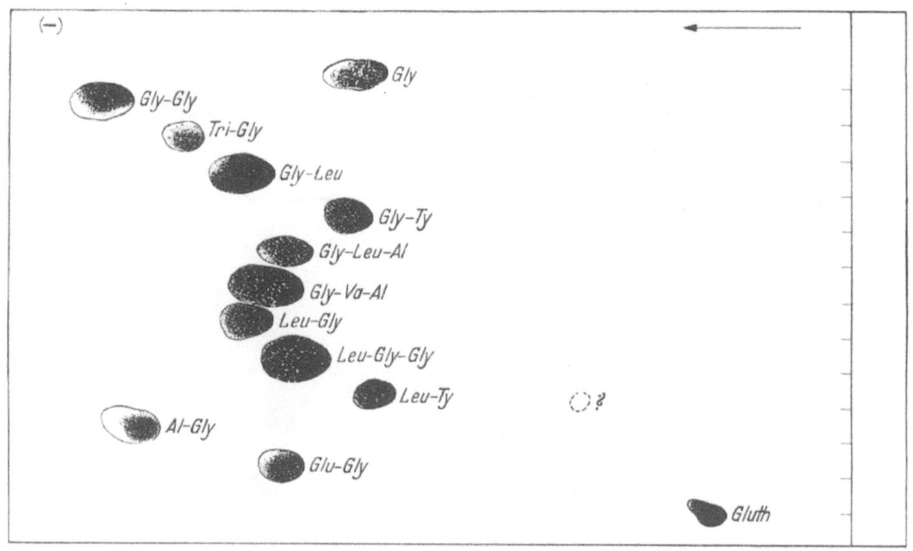

Abb. 245 b.

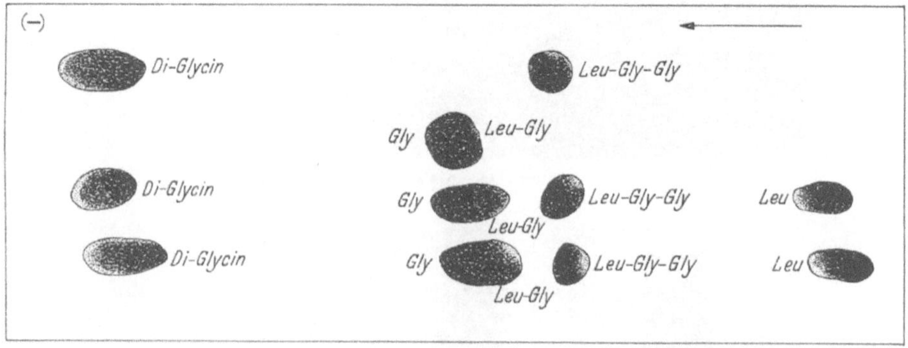

Abb. 245 c.

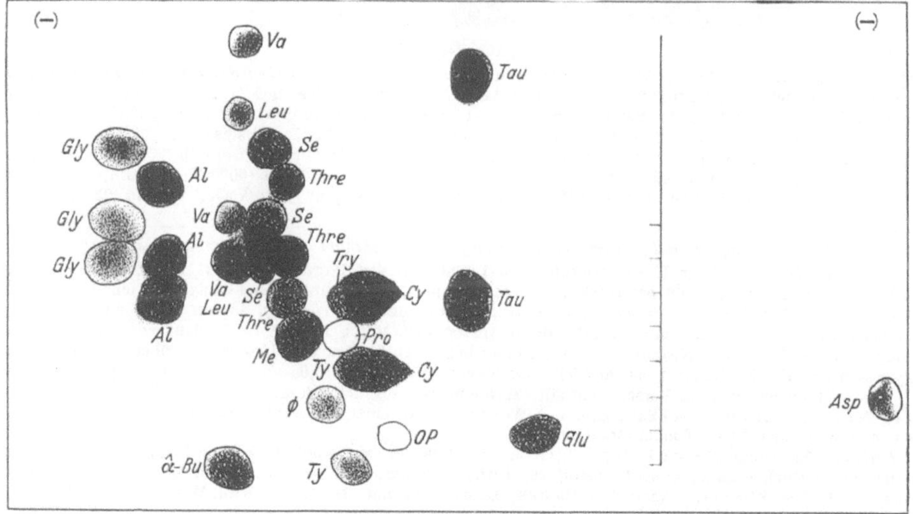

Abb. 245 d.

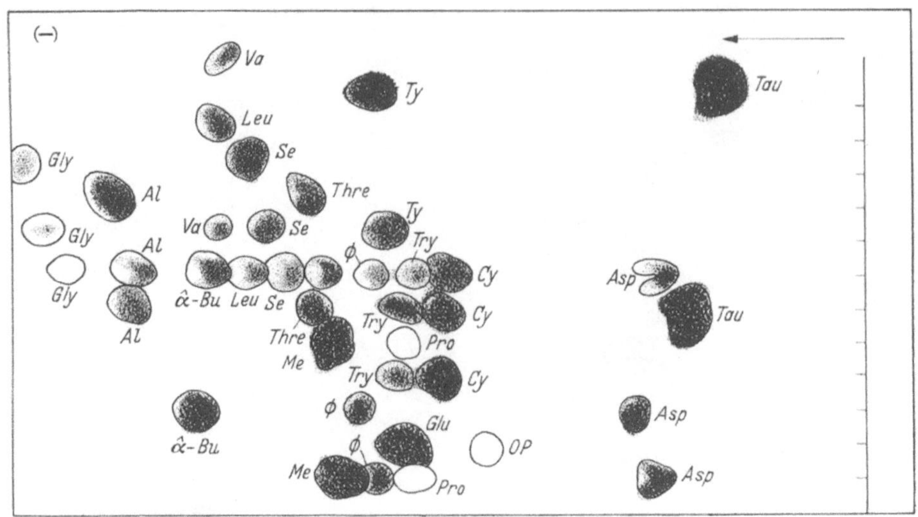

Abb. 245 e.

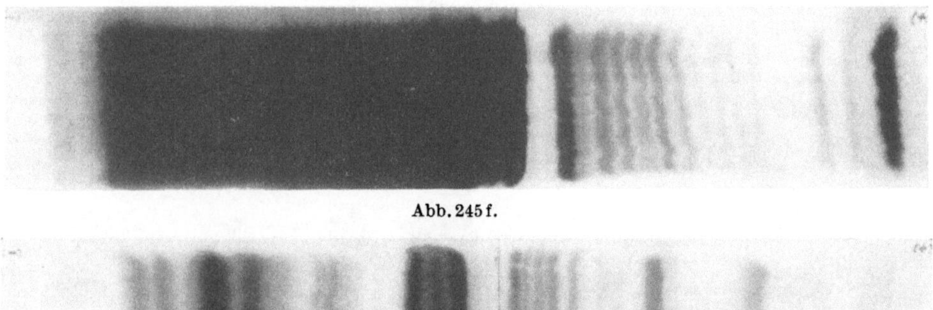

Abb. 245 f.

Abb. 245 g.

Abb. 245 a—g. *Beispiele für die Trennung von Aminosäure- und Peptidgemischen durch Hochspannungs-Papierionophorese.* [Nach B. KICKHÖFEN und O. WESTPHAL, Z. Naturforsch. **7 b**, 655 (1952).] a p_H 1,9 (2 n-Essigsäure + 0,6 n-Ameisensäure 1:1); 2800—6000 V, 1,0—1,3 mA/cm, 60—110 min. b p_H 1,9; 2800 V, 1,1 mA/cm, 60 min. c p_H 1,9; 100 V/cm (6000 V); 1,3 mA/cm, 50 min. d p_H 2,3 (1 n-Essigsäure), 70 V/cm (2800 V), 0,5 mA/cm, 180 min. e p_H 1,9; 70 V/cm (2800 V), 0,8 mA/cm Streifenbreite, 200 min. f Perameisensäurebehandeltes Eialbumin, mit Salzsäure partialhydrolysiert; p_H 3,6, 120 V/cm (6000 V), 1,4 mA/cm, 25 min. g Desgl., p $_I$ 6,1 (Pyridin: Eisessig: Wasser 10:0,4:89,6), 120 V/cm (6000 V), 3,5 mA/cm, 23 min.

Abb. 247. *Liquor und Serum bei Encephalitis*; *Pherogramme und Konzentrationskurven.*

Versuchsbedingungen. Zur Konzentrierung von Liquor auf das 100fache wurden 10 cm³ sofort nach der Punktion auf 0° gekühlt, 5 min bei 15000 U/min zentrifugiert, zur dekantierten Flüssigkeit 2 cm³ 1% Versene (= Trilon B [1] = Komplexon = Äthylendiamintetraacetat-Na) zugesetzt (p_H 8,6), in ein Kältebad eingetaucht und eben vor dem Gefrieren mit 15 cm³ kaltem Aceton p. a. unter Rühren im Verlauf von 5 min versetzt (Temperatur → —5°). Der Niederschlag wird 10 min bei hohen Touren zentrifugiert, die überstehende Lösung abgegossen und das Zentrifugenglas randlich ausgewischt. Man löst in 0,05—0,1 cm³ des Puffers (Veronal 8,6, 0°), der je 1000 cm³ 200 mg Versene enthält (Zusammensetzung des MICHAELIS-Puffers: 29,4 g Veronal-Na, 19,4 g Na-Acetat, 218 cm³ n/10 Salzsäure, mit Wasser ad 5000 cm³). Unstabilisierter Gleichstrom von 110 V, an den Papierenden 60 V; Tondiaphragmen.

Färbung. 5 g Amidoschwarz 10 B p. a. „Bayer" auf 1000 cm³ Methanol: 10 Vol.-% Essigsäure 1:1 (20 min, Zimmertemperatur), 4 Bäder ohne Farbstoff zur Differenzierung; je 8 Streifen werden dazu auf eine langsam rotierende Walze gespannt. (Nach TH. BÜCHER, D. MATZELT und D. PETTE, Klin. Wschr. **1952**, 325.)

[1] Hersteller-Firma: Badische Anilin- und Sodafabrik Ludwigshafen.

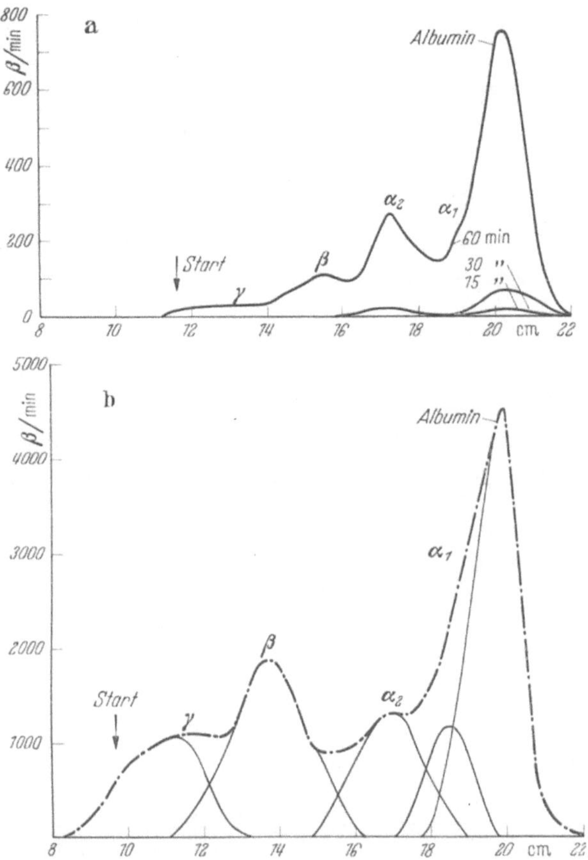

Abb. 246a u. b. *Verteilung von S^{35}-Aktivität im Pherogramm von Serumeiweiß nach oraler Gabe von 2 mC S^{35}-L Methionin an Ratten.* a S^{35}-Verteilungskurve nach 15 min, 30 min und 60 min nach S^{35}-Methioningabe. b Verteilungskurve nach 24 Std und Zerlegung in einzelne Fraktionen (Ordinatenmaßstab gegenüber a auf $^1/_4$ verkleinert). [Nach A. NIKLAS und W. MAURER, Naturwiss. **39**, 261 (1952).]

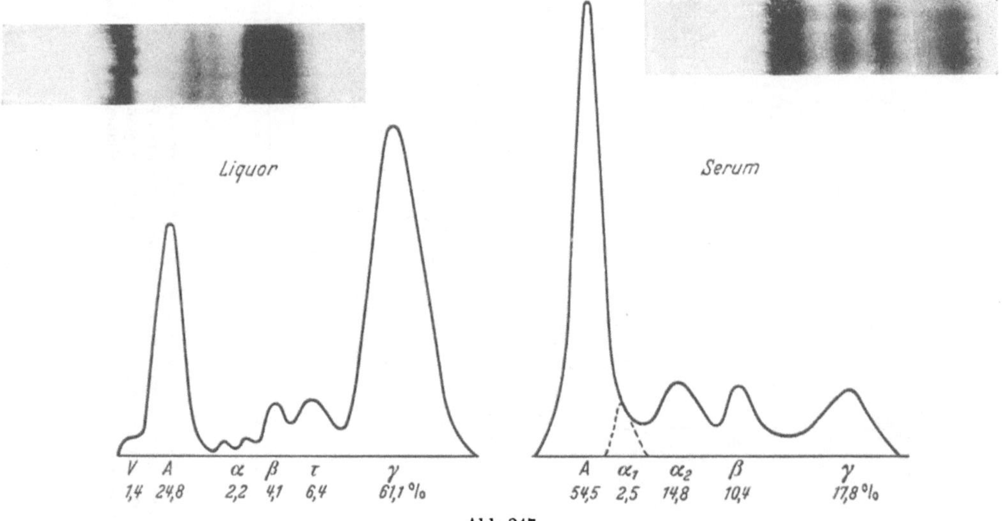

Abb. 247.

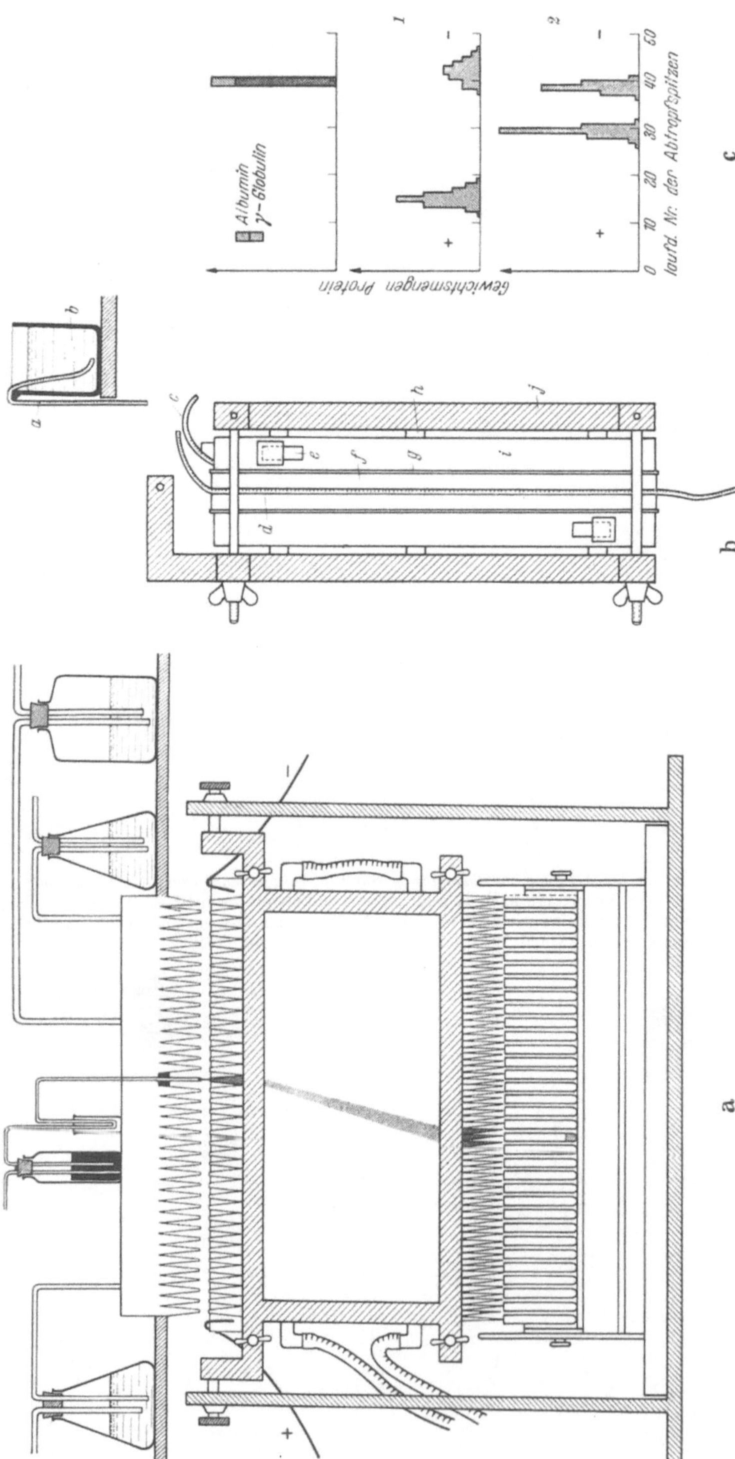

Abb. 248a—c. *Apparatur zur kontinuierlichen Papierionophorese und -elektrophorese.* a Frontalansicht der Apparatur; b Seitenansicht (Apparatur aus dem Metallträger herausgenommen). *a* Filterstreifen zur Versorgung mit Puffer; *b* Pufferreservoir; *c* Kunstharzhalterung der Filterpapierspitzen; *d* Filterpapier (40×20 cm); *e* Anschlüsse für Kühlwasser; *f* Glasplatten, mit Silikon wasserabstoßend gemacht; *g, h* Gummidichtungen; *i* Kühlmantel; *j* Metallrahmen. c Papierelektrophorese von 0,7% Serumalbumin und 0,56% γ-Globulin in Phosphatpuffer pH 7,70. Strömungsgeschwindigkeit 0,15 cm³/Std/Abtropfspitze. *1* Ionenstärke des Puffers 0,05; 32 mA; 1000 V. *2* Ionenstärke 0,2; 55 mA; 470 V. [Nach J. BRATTSTEN und A. NILSSON, Ark. kemi (Stockh.) **3**, 337 (1951).]

getrennter Serumeiweißfraktionen nach oraler Gabe von S^{35}-Methionin[1]. Abb. 247 gibt eine Trennung der Liquorproteine wieder; dieses Beispiel zeigt eine einfache Methode zur Konzentrierung relativ eiweißarmer Lösungen zur Papierelektrophorese auf (Fällung mit Aceton)[2].

Weitere Untersuchungen: über Aminosäuren[3], über Proteine[4], speziell Enzyme[5].

325. Präparative Trennung durch Papierionophorese und -elektrophorese.

Nachdem schon früher PHILPOT[6] einen Vorschlag zur kontinuierlichen präparativen Trennung durch Elektrophorese in bewegten, durch Schwere stabilisierten Flüssigkeitsschichten gemacht hatte, entwickelten unabhängig voneinander SVENSSON[7] sowie GRASSMANN und Mitarbeiter[8] eine relativ komplizierte Apparatur, bei der die Richtung des elektrischen Feldes senkrecht zur Laufrichtung des Elektrolyten in einem geeigneten Träger (Glaspulver, Filterpapier) anliegt. Die recht instruktive Abb. 248a und b gibt das Wesentliche der Versuchstechnik, Abb. 248c einige Beispiele wieder. Diese Zusammensetzung zweier Vektoren ist theoretisch auch für Kombination anderer Verfahren (s. unten) von Interesse; auch mag eventuell eine technische Anwendung des Prinzips möglich sein. Vgl. die einfachere Anordnung in Abb. 249.

Weniger anspruchsvoll ist eine Vergrößerung der oben für analytische Trennungen beschriebenen Versuchsanordnung der „feuchten Kammer" auf etwa das 10fache

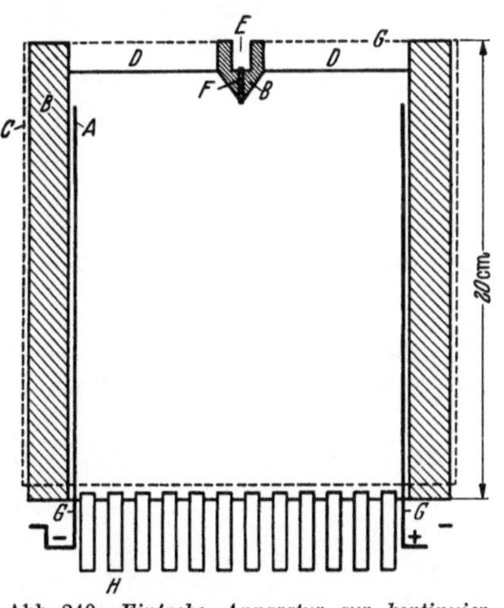

Abb. 249 *Einfache Apparatur zur kontinuierlichen Papierionophorese und -elektrophorese.* [H. H. STRAIN und J. C. SULLIVAN, Analyt. Chem. 23, 816 (1951).] *A* Filterpapier; *B* Filterpapier, imprägniert mit Paraffin (gelöst in CCl_4); *C* Außenränder der Glasplatte; *D* Zugabestelle der Waschflüssigkeit; *E* desgleichen der Analysenlösung; *F* Papiersteg durch die paraffinierte Stelle; *G* Platinelektroden in Vertiefungen der Glasplatten; *H* Papierstreifen für gleichmäßiges Abtropfen. 160—180 V (50—100 mA). Die Glasplatten werden durch Quetschhähne zusammengepreßt.

[1] NIKLAS, A., u. W. MAURER: Naturwiss. 39, 261 (1952).

[2] BÜCHER, TH., D. MATZELT u. D. PETTE: Dtsch. med. Wschr. 30, 325 (1952).

[3] BISERTE, G.: Biochem. et Biophysica Acta 4, 416 (1950). — CONSDEN, R., A. H. GORDON u. A. J. P. MARTIN: Biochemic. J. 44, 548 (1949). — DURRUM, E. L.: J. Amer. Chem. Soc. 72, 2943 (1950). — J. Colloid. Sci. 6, 274 (1951). — Science (Lancaster, Pa.) 113, 66 (1951). — WIELAND, TH., u. E. FISCHER: Naturwiss. 35, 29 (1948). — WIELAND, TH., K. SCHMEISER, E. FISCHER u. H. MAIER-LEIBNITZ: Naturwiss. 36, 280 (1949).

[4] DURRUM, E. L.: J. Colloid Sci. 6, 274 (1951). — SCHNEIDER, G., u. G. WELLENIUS: Scand. J. Clin. a. Labor. Invest. 3, 145 (1951). — SCHWARTZ, U.: Nature (Lond.) 167, 404 (1951). — TURBA, F., u. H. J. ENENKEL: Naturwiss. 37, 93 (1950).

[5] MILLS, G. T., u. E. E. B. SMITH: Biochemic. J. 49, Proc. VI (1951). — WALLENFELS, T., u. E. v. PECHMANN: Angew. Chem. 63, 44 (1951). — HEINRICH, W. D.: Biochem. Z. 323, 469 (1953).

[6] PHILPOT, J. S. L.: Trans. Faraday Soc. 36, 38 (1940).

[7] SVENSSON, H., u. I. BRATTSTEN: Ark. Kemi 1, 401 (1950). — STRAIN, H. H., u. J. C. SULLIVAN: Analyt. Chem. 23, 816 (1951).

[8] GRASSMANN, W., u. K. HANNIG: Z. angew. Chem. 62, 170 (1950).

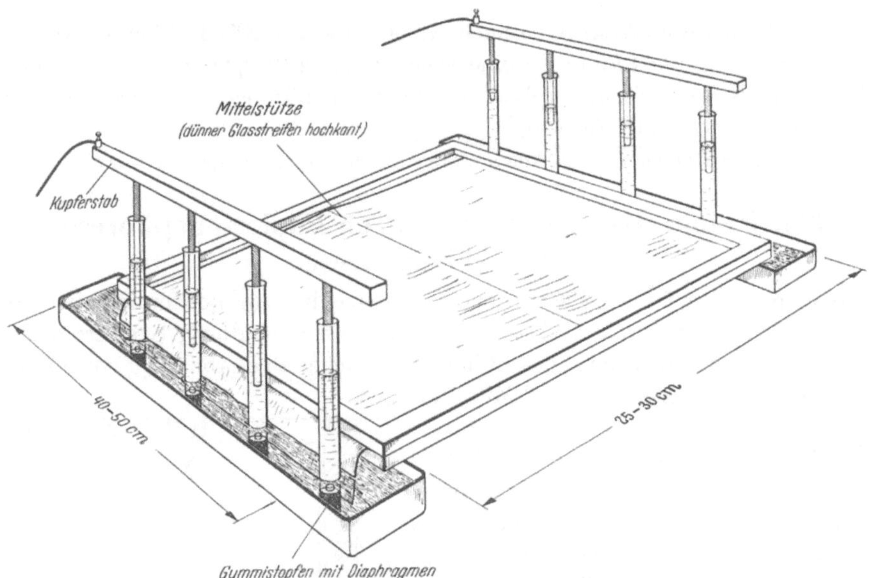

Abb. 250. *Versuchsanordnung zur mikropräparativen Papierelektrophorese.* (F. TURBA, unveröffentlicht.) Aufgeben der Lösung in einem Strich über die Breite des Bogens.

(Abb. 250), der wir für die meisten Laboratoriumszwecke wegen ihrer Unkompliziertheit, Betriebssicherheit und Billigkeit den Vorzug geben. Allerdings arbeitet diese Methode nicht kontinuierlich; bedenkt man anderseits, daß bei normalem Spannungsgefälle die Trennung z. B. der Serumproteine etwa 12—24 Std beansprucht (weswegen die Laufgeschwindigkeit der Pufferlösung bei kontinuierlichem Betrieb so geregelt sein muß, daß in dieser Zeit die Länge des „Trägers" eben durchströmt wird), so genügt ein Wechseln des Trägers (Filterpapiers) im diskontinuierlichen Verfahren nach Ablauf dieser Zeit, um den gleichen Wirkungsgrad zu erzielen. Allerdings ist in dem Versuch mit Glaspulver usw. als Träger eine größere Menge Substanzgemisch unterzubringen; aber abgesehen von der wesentlich schwierigeren Handhabung in diesem Fall kann man durch gleichzeitigen Betrieb von zehn einfachen Kammern bei viel geringerem Aufwand diesen Mangel wettmachen[1]. Die Trennung ist gleich scharf wie im „analytischen" Versuch; Ausschneiden eines „Probestreifens" aus der Mitte und Anfärben des Bogens markiert die auszuschneidenden und zu eluierenden Banden.

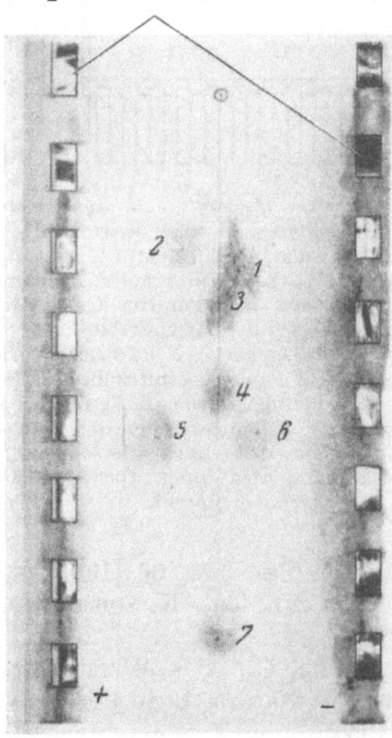

Abb. 251. *Photographie des Chromatogramms/Ionopherogramms von 7 Aminosäuren* (Chromatographie bei gleichzeitiger Ionophorese). [Nach G. HAUGAARD und TH. D. KRONER, J. Amer. Chem. Soc. **70**, 2135 (1948).]

---

[1] Über die präparative Papierelektrophorese von Serumproteinen in dem 2 mm dicken Filterpapier Schleicher-Schüll 2071 vgl. HARTMANN, F., u. H. J. MÜLLER: Naturwiss. **39**, 283 (1952).

Sehr vorteilhaft ist es, die Papierstreifen mit dem zur Elution vorgesehenen Puffer usw. zu homogenisieren. Ausbeute mit neutralem 75—90% Puffer je nach Art des Proteins, mit 0,1 n-Lauge meist 100%.

Auf die *Kombinationsmöglichkeit von Verteilungschromatographie und Elektrophorese*[1] haben HAUGAARD und KRONER[2] hingewiesen. Abb. 251 zeigt ein Papierchromatogramm eines Aminosäuregemisches, wobei gleichzeitig senkrecht zur Wanderung der Flüssigkeitsfront eine Ionophorese durchgeführt wurde. Das verwendete Filterpapier (Whatman Nr. 1) wurde mit Phosphatpuffer (m/15) p_H 6,2 getränkt und luftgetrocknet; bei Verwendung von Puffern stärkerer Konzentration (m/4 oder m/8) trat „tailing" auf. Die unter den angegebenen Bedingungen erzielten R_F-Werte für eine Reihe von Aminosäuren sind in Tabelle 101 wiedergegeben.

Tabelle 101. *R_F-Werte von Aminosäuren in Phenol (HCN) in Whatman Nr. 1-Papier, gepuffert mit m/15 Phosphat 6,2; 23°* (vgl. Abb. 251). [Nach HAUGAARD, G., u. TH. D. KRONER: J. Amer. Chem. Soc. **70**, 2135 (1948).]

Aminosäure	R_F	$\sqrt{\Sigma \delta^2/(n-1)}$
Serin	0,21	±0,02
Glycin	0,28	±0,04
Alanin	0,49	±0,04
Valin	0,74	±0,02
Leucin	0,82	±0,02
Prolin	0,86	±0,02
Asparaginsäure . .	0,16	±0,02
Glutaminsäure . .	0,32	±0,03
Lysin	0,17	±0,02
Arginin	0,32	±0,03

Viel vorteilhafter ist die *Kombination von Papierelektrophorese (besonders der Hochspannungsionophorese und Papierchromatographie)* in aufeinanderfolgenden Operationen. Abb. 252 und 253, die Arbeiten von DURRUM[3] sowie von KICKHÖFEN und WESTPHAL[4] entnommen sind, demonstrieren dies deutlich.

Bei der „*Streifen-Übertragungs*"-*Methode* (vgl. auch Abbildung 240a und b) wird zunächst ein Chromatogramm mit einem schmalen Filterstreifen angefertigt und dieser Streifen dann auf einen mit Elektrolytlösung befeuchteten Filterbogen in der in Abb. 240b angedeuteten Weise aufgelegt, wo er durch Adhäsion haftet; danach wird die Ionophorese in der zur Achse des Chromatogramms senkrechten Richtung durchgeführt (Abb. 252).

Zur *Kombination von Chromatographie mit der Hochspannungsionophorese* wurde Whatman-Papier Nr. 1 in der in Abb. 253a angegebenen Weise angeschnitten, in Richtung der Ionophorese geknickt, mit dem Falz in eine Mischung von 2 n-Essigsäure : 0,6 n-Ameisensäure (1:1) getaucht, mit einer Gummirolle gut abgepreßt, auf die nochmals abgetrocknete Aufgabestelle

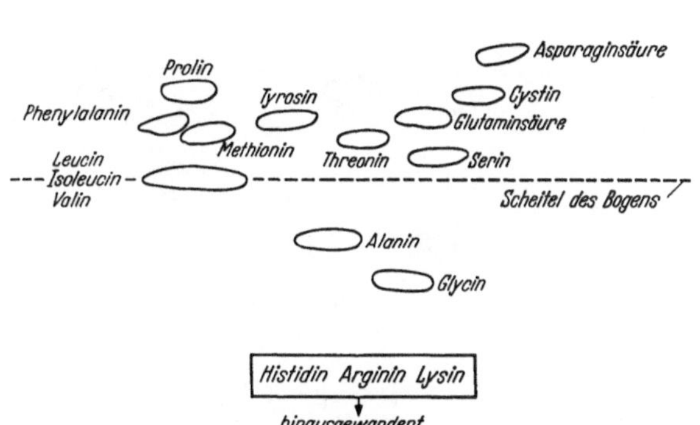

Abb. 252. *Trennung von Aminosäuren durch Papierchromatographie und Ionophorese; „strip-transfer"-Technik.* [Nach E. L. DURRUM, J. of Colloid Sci. **6**, 274 (1951).]

[1] Auf die Ionophorese in Ammonacetatpuffer und Papierchromatographie in dazu senkrechter Richtung nach Wegsublimieren der Puffersalze ist auf S. 181 bereits hingewiesen worden.

[2] HAUGAARD, G., u. TH. D. KRONER: J. Amer. Chem. Soc. **70**, 2135 (1948).

[3] DURRUM, E. L.: J. Colloid Sci. **6**, 274 (1951).

[4] KICKHÖFEN, B., u. O. WESTPHAL: Z. Naturforsch. **7b**, 659 (1952).

die Analysenlösung (1—5 γ jeder Aminosäure) mit einer Platinöse aufgetragen, das Blatt in der skizzierten Weise eingerollt und durch Gardinenklammern in dieser Form gehalten. Man legte eine Spannung von 2800 V für 200 min an (Apparatur in Abb. 241a; Elektrodenräume mit

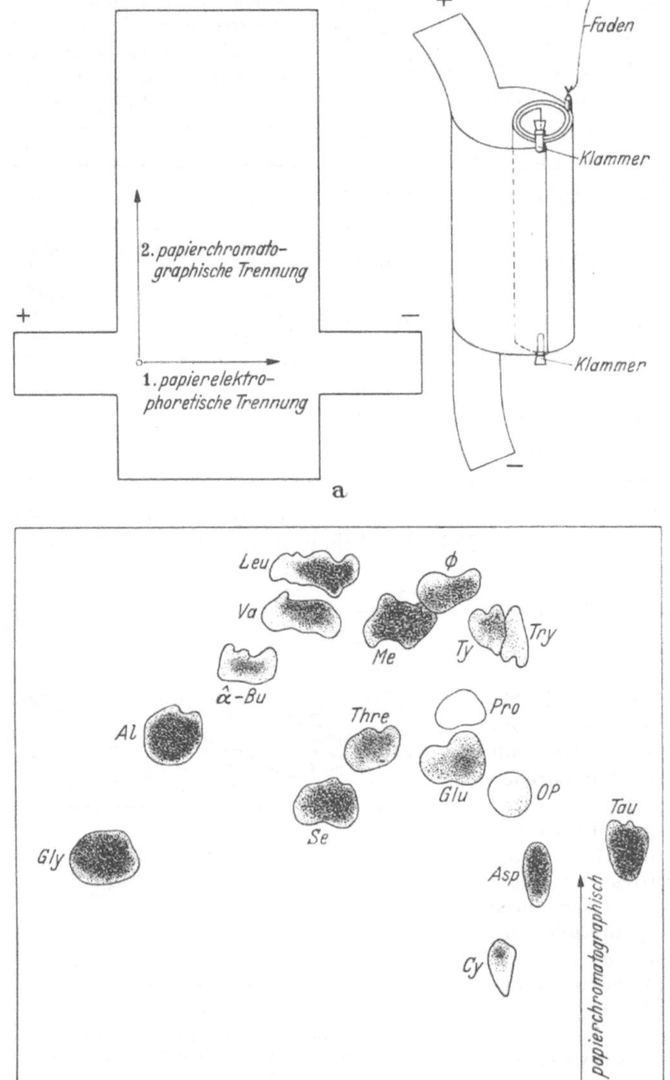

Abb. 253a u. b. *Kombination von Papierionophorese und Chromatographie in aufeinanderfolgenden Operationen.* [Nach B. KICKHÖFEN und O. WESTPHAL, Z. Naturforsch. **7b**, 659 (1952).] a Form und Anordnung des Papierbogens für den papierionophoretischen Arbeitsgang. b Zweidimensionale Aminosäuretrennung (*1* Papierionophorese, *2* Papierchromatographie).

pufferfeuchtem Filterbrei ausgekleidet, Papierlaschen auf den abgepreßten Filterkuchen aufgedrückt, um guten Kontakt zu sichern). Nach Trocknung bei 60° führte man die Papierchromatographie aufsteigend (17 Std) mit Pyridin:Eisessig:Wasser 35:50:15 durch.

Auf die von STRAIN[1] bei Farbstoffgemischen beschriebene *Kombination von Adsorptionschromatographie (in Säulen) und Elektrophorese* sei nur kurz hingewiesen. Noch aussichtsreicher scheint, namentlich für Proteintrennungen, die *Kombination von Ionenaustausch* (z.B. an einem schwach basischen Carboxylharz wie IRC-50) *und Trägerelektrophorese* (in vorstehend erwähnter Anordnung oder mit Ionenaustauschharz-beladenem Filterpapier, eine Arbeitstechnik, die allerdings noch nicht versucht wurde).

Anhang.

In diesem Kapitel sollen kurz zusammenfassend einige Verfahren erwähnt werden, die nur in losem Zusammenhang mit den bisher erwähnten chromatographischen bzw. ionophoretischen Verfahren (in Trägern) stehen, und zwar die „freie" Elektrophorese in Mehrzellenapparaten (z.B. zur Vorfraktionierung von Aminosäure- oder Peptidgemischen; vgl. S. 225), die Kombination von Elektrophorese und Konvektion (zur präparativen elektrophoretischen Trennung besonders von Proteinen) sowie eine Methode zur kontinuierlichen Extraktion von ausgefällten Gemischen (ausgesalzenen Proteinen) zum Zweck ihrer Fraktionierung, die gewissermaßen die eine Hälfte eines chromatographischen Vorgangs (Gegenstromvorgangs) zur fraktionierten Kristallisation, der bisher noch nicht beschrieben wurde, darstellt.

Freie Ionophorese in einem 4-Zellenapparat. Abb 254 gibt eine von SANGER und TUPPY[2] zur Fraktionierung von Peptiden des Insulins verwendete 4-Zellenapparatur wieder, die im wesentlichen der von SYNGE 1951 beschriebenen Anordnung entspricht. Sie unterscheidet sich von der Apparatur nach THEORELL und ÅKESON[3] durch den Mehrbesitz eines mit 0,1 n-Schwefelsäure gefüllten Anodengefäßes (vgl. die „Entsalzungsapparatur" S.70), wodurch eine Berührung der sauren Fraktionen mit der Anode und damit deren Zersetzung (namentlich durch entwickeltes Chlor) vermieden wird. Die Membran a besteht aus Cellophan, die Membranen b und c aus formolbehandelter Gelatine[4]. Die Elektroden[5] werden an 200 V Gleichstrom mit einer 40 W-Glühlampe in Serie gelegt; die Kammern werden während des Betriebs gekühlt. Das auf etwa p_H 5 bis 4,5 (grün gegen Bromkresolgrün) eingestellte Gemisch (Hydrolysat) wird in Zelle 3 eingefüllt und laufend durch Zugabe verdünnten Ammoniaks auf dem gleichen p_H gehalten, um den Eintritt des schwach basischen Histidins in diese Zelle zu vermeiden; aus dem gleichen Grund wird die 0,02 n-Ammoniaklösung während des Betriebs zweimal gewechselt. Gleichzeitig wird dadurch eine wesentliche Zersetzung von Arginin oder Argininpeptiden vermieden, die bei längerem Stromdurchgang

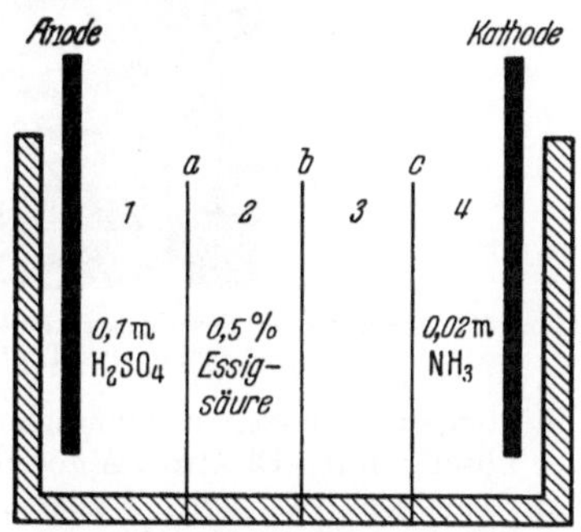

Abb. 254. *Schema der 4-Zellen-Ionophoreseapparatur nach* F. SANGER *und* H. TUPPY [Biochemic. J. **49**, 465 (1951)]. *a* Zellophanmembrane, *b* und *c* Membranen aus formaldehydbehandelter Gelatine.

andernfalls leicht eintritt (vgl. die analogen Verhältnisse bei der Entsalzung). Man erhält einen Stromdurchgang um 100 mA, der zunächst langsam ansteigt und dann wieder abfällt. Nach Absinken auf 20—30 mA wird der Stromdurchgang noch etwa 1 Std fortgesetzt und

---

[1] STRAIN, H. H.: J. Amer. Chem. Soc. **61**, 1292 (1939).

[2] SANGER, F., u. H. TUPPY: Biochemic. J. **49**, 463 (1951).

[3] THEORELL, H., u. Å. ÅKESON: Ark. Kem., Mineral. Geol., Ser. A **16**, Nr. 8 (1942).

[4] Man kann auch Pergament mehrere Stunden in 10% Formalinlösung einlegen und danach gut auswaschen.

[5] R. L. M. SYNGE empfiehlt Platinelektroden, deren kreisförmig gebogene Enden dicht an die Membranen gebracht werden.

der Versuch dann beendet. Der Inhalt der Zellen 2, 3 und 4 entspricht den sauren, neutralen und basischen Bestandteilen des Gemisches.

Elektrophoresekonvektion (KIRKWOOD[1]). Die Methode entspricht im Prinzip der Isotopentrennsäule nach CLUSIUS, nur daß an Stelle des horizontalen Transports durch Thermodiffusion ein horizontaler elektrophoretischer Transport tritt, der durch einen vertikalen Konvektionstransport überlagert wird. Der Endeffekt besteht in einer Anreicherung der Komponenten mit höherer Beweglichkeit in einem Bodenreservoir, das durch einen vertikalen, schmalen, laminare Strömung ermöglichenden Kanal mit dem oberen Reservoir, in dem sich

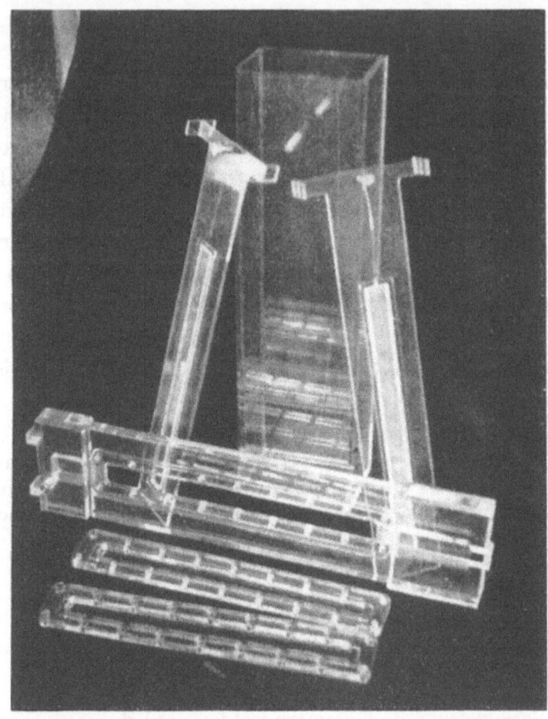

Abb. 255. *Apparatur zur Elektrophoresekonvektion.* [Nach J. R. CANN und J. G. KIRKWOOD, Cold Spring Harbor Symp. Quant. Biol. **14**, 9 (1949).] Erläuterung siehe Text.

die Komponenten kleinerer Beweglichkeit anreichern, verbunden ist. Um eine Verunreinigung der Lösung durch Elektrolyseprodukte zu vermeiden, bestehen die Wände des Konvektionskanals aus semipermeablen Wänden, die von den Elektroden durch Pufferlösung getrennt sind. Der Prozeß muß bei komplizierten Gemischen oft wiederholt werden. Bezüglich technischer Einzelheiten sei auf die Originalarbeiten verwiesen. Abb. 255 zeigt die aus Plexiglas gefertigte Apparatur mit der oberen und unteren Kammer und dem rechteckigen, vertikalen Kanal, der durch schmälere, vertikale Kanäle mit den beiden Reservoirs in Verbindung steht. Abbildung 256 gibt als Beispiel die Elektrophoresediagramme des Ausgangsgemisches (Rinderserum) und des Inhalts des oberen Reservoirs nach einmaligem Versuchsablauf wieder.

Fraktionierung durch kontinuierliche Extraktion (HAUSMANN und TURBA[2]). In der in Abb. 257 schematisch wiedergegebenen Apparatur wird durch kontinuierliche Änderung der Salzkonzentration[3] (von hohen nach niedrigeren Werten) der in der Fritte befindliche Nieder-

---

[1] CANN, J. R., u. J. G. KIRKWOOD: Cold Spring Harbor Symp. Quant. Biol. **14**, 9 (1949).

[2] Vortrag F. TURBA, physikal.-chem. Kolloquium Univ. Mainz, 19. Juli 1951. Vgl. eine ähnliche, unabhängig von uns entwickelte Versuchsanordnung von R. K. ZAHN, II. Congrès international de Biochimic, Résumés des Communications 1952, S. 492.

[3] A. F. REID und F. JONES fraktionierten die Blutplasmaproteine durch Erniedrigung der Ionenstärke mittels Austauscherharzen [Ind. Engng. Chem. **43**, 1074 (1951)].

schlag von Proteinen fraktioniert aufgelöst und die Lösung anteilsweise im Fraktionenschneider gesammelt. Der entscheidende Schritt ist die Vermeidung der Bildung von Klumpen des Proteinniederschlags, die an der Oberfläche eine andere Zusammensetzung zeigen als im Inneren. Nach Ausprobieren einer schichtenförmigen Anordnung (von unten nach oben:

Sand, Sand + Kieselgur, Kieselgur + Proteinniederschlag, Kieselgur, Sand) sind wir dazu übergegangen, die Prozedur nicht voll kontinuierlich, sondern in kleinen Schritten ablaufen zu lassen: Das durch Zusatz von Celit filtrierbar gemachte Proteingemisch wird nach jedem Füllvorgang des Kollektors automatisch einige Minuten gerührt, bis die letzten Klumpen zerschlagen sind und erst dann wieder mit frischer Lösung überschichtet. Die Flußgeschwindigkeit muß sehr klein sein, um vollkommene Einstellung des Gleichgewichts zu gewährleisten. Wie auf Grund der Aussalzungskurven zu erwarten, findet man keine vollständige Trennung, sondern nur weitgehende Anreicherung der Kom-

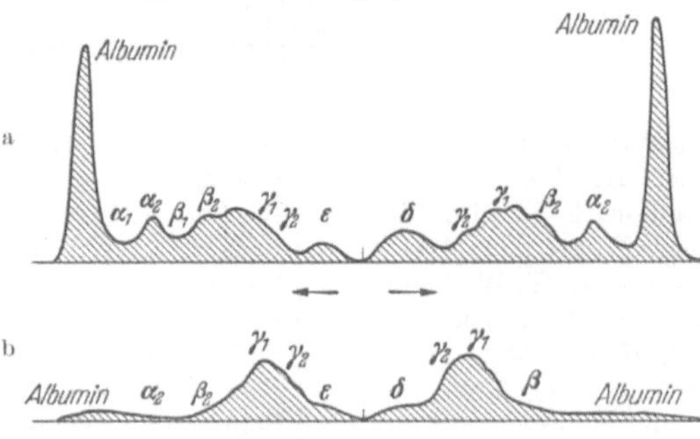

Abb. 256a u. b. *Elektrophoresediagramme* („freie" Elektrophorese) *von Rinderserum* (a) *und der Fraktion im oberen Reservoir des Elektrophorese-Konvektionsapparates* (b) *nach* KIRKWOOD (vgl. Abb. 255); Veronalpuffer p_H 8,7 ($\mu = 0,1$). [Nach J. R. CANN und J. G. KIRKWOOD, Cold Spring Harbor Symp. Quant. Biol. **14**, 14 (1949).]

ponenten; doch kann der Vorgang mit den einzelnen Fraktionen wiederholt und dabei ein neuer Gradient (p_H, organische Lösungsmittel) eingeschaltet werden, so daß man bei relativ großen handzuhabenden Mengen (mehrere hundert Gramm) zu sehr gutem Wirkungsgrad

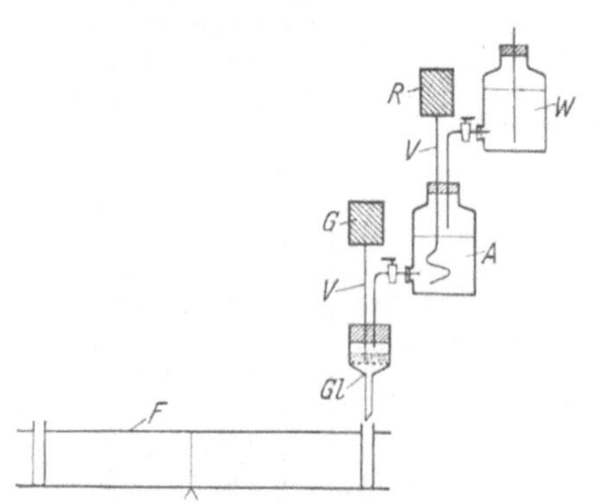

Abb. 257. *Schematische Darstellung der Apparatur zur kontinuierlichen Extraktion von Proteinniederschlägen* (R. HAUSMANN und F. TURBA, unveröffentlicht). *F* Fraktionensammler, *Gl* Glasfritte, *V* Vakuumdichter Rührer, *G* Grammophonmotor (läuft 2 min aus), *R* Rührmotor, *A* Ammonsulfatlösung, *W* Wasser.

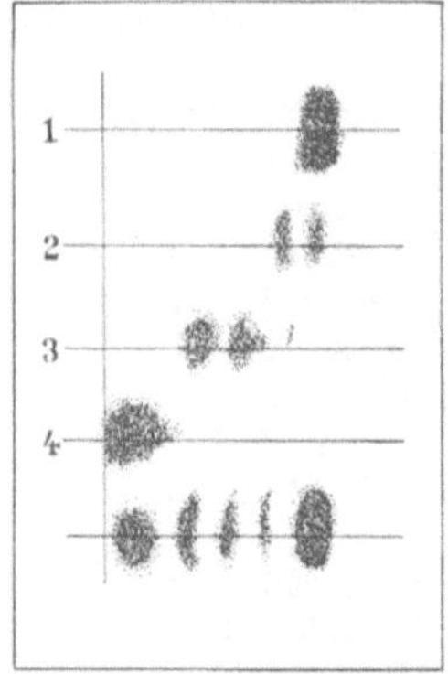

Abb. 258. *Vier Stadien der Trennung von Serumproteinen durch fraktionierte Extraktion; Papierelektropherogramme nach* TURBA *und* ENENKEL. Kontinuierliche Verdünnung der gesättigten Ammonsulfatlösung mit Wasser; p_H 6,5.

kommen kann. Als Test für das Fortschreiten der Trennung diente uns die Papierelektrophorese. Abb. 258 zeigt das Ergebnis eines einzelnen Versuchsablaufs mit ammonsulfatgefälltem Serum.

Selbstverständlich sind mit dieser Anordnung die Möglichkeiten eines auf Löslichkeitsunterschieden basierenden Verfahrens nicht ausgeschöpft; durch Hinzunahme etwa eines Temperaturgradienten entlang einer Säule könnte der Lösungs-Fällungsvorgang reversibel gemacht und durch langsames Herabschieben der „wärmeren" Zonen entlang der Säule (als „Elutionsprozeß") eine echte chromatographische Methode erarbeitet werden.

Namenverzeichnis.

Hoppe-Seyler/Thierfelder
Handbuch der physiologisch- und pathologisch-chemischen Analyse

Für Ärzte, Biologen und Chemiker. Zehnte Auflage. Herausgegeben von Professor Dr. Dr. **K. Lang,** Direktor des Physiologisch-Chemischen Instituts der Universität Mainz, und Professor Dr. **E. Lehnartz,** Direktor des Physiologisch-Chemischen Instituts der Universität Münster i. W., unter Mitarbeit von Privatdozent Dr. Günther Siebert, Mainz. In fünf Bänden.

Erster Band:
Allgemeine Untersuchungsmethoden, I. Teil
Mit 502 Abbildungen. XII, 762 Seiten 4°. 1953. Moleskin DM 185.—
Bei Verpflichtung zur Abnahme des gesamten Handbuches
Subskriptionspreis Moleskin DM 148.—

Inhaltsübersicht: **Untersuchung von Krystallen mit dem Polarisationsmikroskop.** Von A. Rittmann, Alexandria, und B. Flaschenträger, Alexandria. — **Mikromethodik.** Von H. Lieb, Graz, und W. Schöniger, Graz. — **Elektrophorese.** Von E. Wiedemann, Basel. — **Die Ultrazentrifuge.** Von E. Hellman, Uppsala/Schweden. — **Chromatographie.** Von H. M. Rauen, Frankfurt a. M. — **Die Gegenstromverteilung.** Von H. M. Rauen, Frankfurt a. M., und W. Stamm, Frankfurt a. M. — **Mikromethoden zur Kennzeichnung organischer Stoffe und Stoffgemische.** Von L. Kofler†, Innsbruck. — **Absorption und Emission von Strahlung.** Von G. Kortüm und M. Kortüm-Seiler, Tübingen. — **Nephelometrie.** Von G. Kortüm und M. Kortüm-Seiler, Tübingen. — **Refraktometrie und Interferometrie.** Von G. Kortüm und M. Kortüm-Seiler, Tübingen. — **Polarimetrie.** Von G. Kortüm und M. Kortüm-Seiler, Tübingen. — **Elektrische Leitfähigkeit.** Von G. Schmid, Köln. **Wasserstoffionenkonzentration.** Von F. Ender, Heidelberg. — **Colorimetrische Bestimmung der Wasserstoffionenkonzentration.** Von W. Esselborn, Darmstadt. — **Redoxpotentiale.** Von F. Ender, Heidelberg. — Namen- und Sachverzeichnis.

Fünfter Band:
Untersuchung der Organe, Körperflüssigkeiten und Ausscheidungen
Mit 44 Abbildungen. IX, 938 Seiten 4°. 1953. Moleskin DM 168.—
Bei Verpflichtung zur Abnahme des gesamten Handbuches
Subskriptionspreis Moleskin DM 134.40

Inhaltsübersicht: **Untersuchung der Körperflüssigkeiten und Ausscheidungen: Blut.** Harn. Von K. Hinsberg, Düsseldorf. Liquor cerebrospinalis. Pathologische Flüssigkeitsansammlungen. Von K. Hinsberg und W. Geinitz, Düsseldorf. Speichel. Sputum. Von K. Hinsberg und G. Schmid, Düsseldorf. Magensaft und Mageninhalt. Darmsaft. Pankreassaft. Galle. Von K. Hinsberg und F. Bruns, Düsseldorf. Faeces. Von K. Hinsberg, Düsseldorf, H. D. Cremer, Mainz, und G. Schmid, Düsseldorf. Konkremente. Von K. Hinsberg und W. Geinitz, Düsseldorf. — **Untersuchung der Organe:** Von H. D. Cremer, Mainz, und J. Führ, Hamburg. Allgemeines und Normalwerte. Die einzelnen Organe: Leber. Niere und Harnorgane. Milz und lymphatische Gewebe. Lunge. Magen und Darm. Zentralnervensystem und periphere Nerven. Muskel, Herz und Uterus. Auge. Sexualorgane und Fortpflanzung. Haut, Hautsekrete, Haare und Hornsubstanzen. Bindegewebe, Fettgewebe und Gefäße. Knochen, Knochenmark, Knorpel, Gelenke und Gelenkflüssigkeit. Zähne. Innersekretorische Drüsen (ausschließlich Hormone): Hypophyse. Schilddrüse. Nebenschilddrüsen. Thymusdrüse. Nebennieren. Pankreas. Drüsen ohne endokrine Funktion: Speicheldrüsen. Brustdrüse. Bürzeldrüse. Tränendrüse und Tränen. — **Untersuchung der Milch.** Von W. Diemair, Frankfurt a. Main. — **Untersuchung von Tumoren.** Von C. Dittmar, Frankfurt a. Main. — **Nachweis wichtiger Arzneimittel und Gifte.** Von K. Gemeinhardt†, Berlin. — Namen- und Sachverzeichnis.

Ferner sind vorgesehen:
Zweiter Band: **Allgemeine Untersuchungsmethoden, 2. Teil.**
Dritter Band: **Bausteine des Tierkörpers, 1. Teil.**
Vierter Band: **Bausteine des Tierkörpers, 2. Teil.**